KB014237

유전적 차이를 뛰어넘는 뇌 성장의 비밀

편견 없는 뇌

The Gendered Brain

First published by The Bodley Head in 2019

유전적 차이를 뛰어넘는 뇌 성장의 비밀

편견 없는 뇌

지나 리폰 지음

김미선 옮김

다산사이언스

내면의 제한장치를 확실히 무시했던

불굴의 두 할머니, 제나와 힐다를 위하여

사랑과 응원을 보내며 내 인생의 여정에서

나에게 많은 기회를 준 부모님, 피터와 올가를 위하여,

그리고 그 여정을 함께한 쌍둥이 남자 형제 피터를 위하여

파트너, 공명판, 소믈리에, 탁월한 원예가인 데니스를 위하여,

그의 무한한 인내와 지지(그리고 무수한 잔에 담긴 진)에 감사하며

애나와 엘리너를 위하여, 너희의 미래를 위하여,

그것이 무엇이든 간에

“

비극 중에서도 생명의 성장을 저지하는 것만큼 비참한 비극은 없다.

또한 불공평 중에서도 내부에 있다고 잘못 인식되어

외부에서 부과된 한계에 의해 노력할 기회나 희망을 가질 기회조차

부정되는 것만큼 심각한 불공평은 없다.

”

스티븐 제이 굴드, 『인간에 대한 오해』

추천사

"이 책에서 단연 주목해야 할 부분은 뇌과학에 대한 세부 사항이다. 우리가 아는 것과 모르는 것, 과거에 우리가 어떻게 뇌를 연구했는지, 그리고 최근의 기술이 어떻게 발전하였고 얼마나 더 정확한 도구를 제공하고 있는지에 대한 지나 리폰의 설명은 끝없이 흥미롭다."

– 뉴욕타임즈

"교사가 되거나 아이에게 선물을 사주거나 트위터에 댓글을 달기 전에 반드시 읽어야 할 책. 세상의 모든 체계화된 두뇌는 이 책을 읽어야 한다. 논리적인 증거를 차분히 접하다 보면 모든 사람이 이 중요성을 이해하게 될 것이다."

– 가디언

"결함이 있는 연구와 왜곡을 다룬 이 영리한 책은 정확성과 유머로 뇌의 차이를 둘러싼 연구에 메스를 대며 '편향, 편견' 실험에서부터 수세기 동안의 잘못된 가정과 해석으로 인한 피해에 이르기까지 모든 것을 폭로한다."

– 파이낸셜타임스

"훌륭하다! 이 책은 당신의 내부에 있는 편견과 선입견, 신념에 맞설 것이다."

– 선데이 타임즈

"강제로 구별된 뇌의 개념에 대한 권위 있는 폭로! 궁극적으로 이 책의 메시지는 사회가 뇌를 만든다는 것이다. 불행하게도 사회는 발달 가능성과 상관없이 남자아이와 여자아이를 구분한 후 다른 삶의 길로 내몰고 있다. 읽기 좋고 철저하게 작성된 이 책은 부모님, 선생님, 그리고 아이들을 돌보는 모든 남녀를 위한 필독서이다."

– 커커스 리뷰

"성차 연구의 역사는 무수히 잘못된 해석으로 가득 차 있다. 성차라는 나쁜 신경과학에 반대하는 지나 리폰은 이 야심찬 책에서 성차가 왜 잘못된 과학인지에 대한 수많은 예를 소개하여 성으로 나뉜 뇌에 대한 믿음을 깨뜨린다."

– 네이처

"연구와 관점으로 밀도가 높은 이 책은 과학이 너무 오랫동안 남성과 여성이 다른 뇌를 가지고 있다는 생각을 뒷받침하기 위해 잘못된 논리를 따랐다고 주장한다. 성 차이의 중요성에 대한 틀에 박힌 가정들을 다시 생각해보라는 요청이다."

– 워싱턴포스트

"리폰의 비꼬기는 아주 재밌다. 그녀는 심리학자나 철학자가 아니라 과학자처럼 글을 쓴다. 결과와 통계가 어떻게 조작되고 무시되었는지 매우 현실적으로 가이드해 주고 '체계적인' 사고가 결핍된 여성이란 고정관념이 재능 있는 수많은 학자를 STEM 분야에서 멀어지게 한 가능성에 개탄한다. 하지만 리폰은 억압받는 사람들의 고통에 울부짖는 엄숙한 도덕가는 아니다. 대신, 그녀는 명백한 편견에 얼마나 맹목적인지, 그리고 그들이 얼마나 이 현상 유지에 매우 깊이 투자했는지에 대해 분노한다."

– 슬레이트

"성에 대한 논의에 폭과 깊이를 모두 추가하고 선천성과 후천성은 그렇게 쉽게 나눌 수 있는 것이 아니라 역동적인 상호작용 속에 있다는 주장에 무게를 더 한다."

–뉴욕 저널 오브 북스

"지나 리폰은 수십 년 동안 남성과 여성의 두뇌가 어떻게든 근본적으로 다르다는 생각에 의문을 제기했다. 이 책은 그녀가 설득력 있게 이 문제를 풀어낸 결과물이다."

–BBC

"쉽게 접근할 수 있는 책이며, 또한 중요한 책이기도 하다. 남녀평등을 위해 그 어떤 '선언문'보다 훨씬 더 많은 일을 할 수 있는 힘이 있다."

–옵저버

"올해 최고의 과학책!"

–파이브 북스

차 례

서론

두더지 잡기 미신

이 책은 18세기에 뿌리를 둔 채 오늘날까지 지속되는 어느 사상에 관한 것이다. 이 사상은 뇌를 '남성' 아니면 '여성'으로 '성감별'하여 묘사할 수 있고 행동, 능력, 성취, 성격, 심지어 희망과 기대에서 개인 간의 차이를 하나의 유형 아니면 다른 유형의 뇌를 소유한 탓으로 돌릴 수 있다고 말한다. 나는 이것이 뇌과학을 수 세기 동안 잘못 주도해 왔고, 악영향을 끼치는 많은 고정관념을 지지하며, 사회 발전과 기회 평등의 길을 가로막는 관념이라고 생각한다.

뇌의 성차性差는 200년 넘게 논쟁, 연구, 조장, 비판, 찬양, 경시되어 왔을 뿐 아니라 그 이전을 한참 거슬러 올라가도 모습만 다를 뿐 틀림없이 찾아볼 수 있는 문제다. 뇌의 성차는 정착된 의견의 영역인 동시에 유전학에서 인류학에 이르기까지 역사학, 사회학, 정치학, 통계학이 혼재하는 거의 모든 연구 분야의 초점에서도 벗어나지 못하고 있다. 또한 뇌의 성차를 특징짓는 기괴한 주장[여자는 남자보다 뇌가 5온스(약 140그램) 더 가벼워서 열등하다]은 손쉽게 묵살할 수 있지만 결국은 다른 형태(여자는 남자의 뇌와 배선이 달라 지도를 읽지 못한다)로 다시 튀어나온다. 때로는 한 가지 주장만 사실인 것처럼 대중의 의식에 확고히 박히면 이는 깊이 정착된 믿음으로 남아버려서, 독단을 염려하는 과학자들이 최선의 노력을 다해도 사라질 줄 모른다. 이것은 잘 확립된 사실로서 자주 언급될 것이고 성차에 관한 문제제기를 잠재우거나 더 걱정스럽게는 정책 결정을 주도하려 기세등등하게 다시 나타날 것이다.

나는 끝도 없는 듯이 되풀이되는 이런 오해를 보며 '두더지 잡기Whac-a-Mole' 미신을 떠올린다. 두더지 잡기란 판에 뚫린 구멍들을 통해 기계적으로 튀어나오는 두더지 머리를 나무망치로 반복해서 때려야 하는 아케이드 게임이다—다 해치웠다고 생각하는 순간 성가신 두더지가 다른 데서 또 튀어나온다. '두더지 잡기'라는 말은 오늘날 해결된 줄 알았던 문제가 계속 재발하는 과정이나 새롭고 더 정확한 정보에 의해 신속히 처리된 줄 알았던 어떤 유형의 잘못된 가정이 계속 불거지는 모든 논의를 묘사하는 데 사용된다. 성차의 맥락에서 이것은 갓 태어난 남자 아기가 사람 얼굴보다 트랙터 모빌을 쳐다보는 걸 더 좋아한다는 믿음('남자는 타고난 과학자' 두더지)이거나 천재도, 백치도 남성이 더 많다는 믿음('더 큰 남성 변이성' 두더지)일 수 있다. 이 책에서 살펴볼 이런 진실 아닌 '진실'은 수년에 걸쳐 다양한 방식으로 두들겨 맞았음에도 불구하고 자기계발 매뉴얼과 실용 가이드, 심지어 다양성 의제의 유용성 또는 무용성에 관한 21세기 논쟁에서 여전히 찾아볼 수 있다. 그리고 가장 오래되었으면서도 가장 단단해 보이는 두더지 중 하나는 여성 뇌와 남성 뇌라는 미신이다.

이른바 '여성' 뇌는 수 세기 동안 보통보다 크기가 작고, 덜 발달되었고, 진화적으로 하등하고, 구조가 엉성하고, 전반적으로 결함이 있다고 묘사되는 수난을 겪어왔다. 더 나아가 여자의 열등함, 취약함, 정서 불안함, 과학적 부적당함의 원인이라는—그들을 어떤 종류의 책임, 권력, 위대함에도 부적합하게 만든다는—모욕을 받아왔다.

여자의 열등한 뇌에 관한 이론은 뇌가 손상되거나 사망했을 때를 제외하고도 실제 인간의 뇌를 연구할 수 있기 훨씬 이전에 생겨났다. 그럼에도 불구하고 여자가 남자와 어떻게, 왜 다른가에 대한 설명을 찾을 때 '뇌를 탓하라'는 일관되고 끊임없이 지속되는 주문呪文이었다. 18세기에서 19세기에는 여성이 사회적·지적·정서적으로 열등하다는 것이 일반적으로 받아들여졌고, 19세기에서 20세기에는 여자가 맡는 것이 '자연스럽다'고 가정되는 부양자, 어머니, 남자의 여성스러운 동반자 역할로 초점이 옮겨갔다. 메시지는 한결같았다. 남자의 뇌와 여자의 뇌 사이에는 '본질적' 차이가 있으며 이것이 그들의 역량과 특성, 사회적 지위 차이를 결정하리라는 것이다. 검증할 수도 없었으면서 이 가정은 고정관념에 만고불변의 토대를 제공하는 기반으로 머물러 있었다.

하지만 20세기 말에 새로운 형태의 뇌 영상 기술이 등장하면서 마침내 여자 뇌와 남자 뇌 사이에 진정 차이가 있는지, 있다면 어디에서 비롯되는지, 뇌 소유자에게 어떤 의미가 있는지 알아낼 가능성을 제공했다. 당신은 이렇게 생각할지도 모른다, 이 새로운 기술이 제공한 가능성은 성차와 뇌 연구의 각축장에서 '게임체인저'가 될 것이라고. 뇌를 연구하기 위한 강력하면서도 민감한 방법을 개발했고 덩달아 수백 년간의 차이점 추구追究를 재구성할 기회를 얻었다면 이제는 연구 의제를 혁신하고 대중매체에서 뇌에 관한 새로운 논의에 활기를 불어넣어야 마땅하다. 뇌 영상 기술의 가능성이 정말로 그렇다면 말이다.

성차와 뇌 영상 연구는 초기부터 몇 가지가 잘못되었다. 성차에 관해 말하자면 실망스럽게도 시대를 역행하여 고정관념에 대한 역사적 믿음에 초점을 맞춘 문제가 있었다(심리학자 코델리아 파인Cordelia Fine은 이를 '신경성차별neurosexism'이라 불렀다). 수 세기에 걸쳐 작성되었다는 이유만으로 무조건적으로 믿고 찾는 이른바 '탄탄한' 남녀 차이 목록에 기반하여 연구를 설계하거나 스캐너에서 측정조차 하지 않았을 정형화된 여성/남성 특성 면에서 데이터를 해석했다. 만약 차이가 발견되었다면 그 사건은 차이가 없었다는 연구 결과보다 출판될 가능성이 훨씬 더 컸고, 또한 숨 쉴 틈도 없이 열광적인 대중매체에 의해 '드디어 진실이' 밝혀진 순간으로 환영을 받곤 했다. 마침내 '여자는 지도를 읽는 데 형편없고 남자는 멀티태스킹에 능하지 못하도록 뇌 회로가 배선되어 있다는 증거가 나왔다'는 식으로.

초기 뇌 영상 연구의 두 번째 장애물은 영상 그 자체였다. 그 새로운 기술은 멋지게 색으로 암호화된 뇌 지도를 생산하여 그것이 뇌를 들여다보는 창이라는 착각—이것은 이 신비한 기관의 실시간 작업 영상이며 이제는 누구나 열람할 수 있다는 인상—을 불러일으켰다. 이 유혹적인 영상은 내가 '신경쓰레기neurotrash'라고 명명한 문제—뇌 영상 연구 결과가 대중 언론과 뇌 기반 자기계발서 더미에서 때때로 기괴하게 표현되어(또는 와전되어) 나타나는 현상—의 먹잇감이 되어왔다. 이런 책과 기사는 자주 아름다운 뇌 지도와 함께 설명되는데, 그런 지도가 실제로 무엇을 보여주는지에 대한 설명이 수반되는 경우는 극히 드물다. 남녀의 차이를 이해한다는 명목은 얼핏 교훈적인 쇠지렛대, 물방울무늬, 조개 따위의 비유(성별로 뇌를 분류하는 책들에서 나온 비유. 제4장 참조-옮긴이)로 우리를 이끌기도 하고, '화성에서 온 남자, 금성에서 온 여자'라는 관념을 악화시키기도 하면서 그런 매뉴얼이나 헤드라인을 위해 특히 만만한 표적이 되어왔다.

따라서 20세기 말에 뇌 영상의 시대가 온 것도 이른바 성별과 뇌의 연계성에 대한 우리의 이해를 진전시키는 데는 그다지 도움이 되지 않았다. 그럼 과연 21세기의 우리는 과거보다 조금이라도 더 잘하고 있을까?

*

뇌를 살펴보는 새로운 방식은 구조 자체의 크기뿐 아니라 구조 간 연결선에도 초점을 둔다. 오늘날 신경과학자들은 뇌의 '재잘거림', 즉 뇌 활동의 여러 주파수가 마치 메시지를 전달하고 답을 돌려주는 듯한 방식을 해독하기 시작했다. 우리는 뇌가 어떻게 일을 하는지에 대한 더 나은 모델을 얻고 있고 방대한 데이터 세트에 접근하기 시작했다. 그래서 이전에 구할 수 있었던 소수의 뇌가 아니라 수천, 적어도 수백 개의 뇌를 사용하여 비교할 수도 있고 모델을 시험해 볼 수도 있다. 이런 진전들이 '여성' 뇌 '남성' 뇌의 미신 또는 현실이라는 골치 아픈 문제에 해결의 실마리를 줄 수 있었을까?

최근 몇 년 동안 있었던 한 가지 중대한 발견은 뇌가 정보 수집에 관해—우리가 처음에 인식했던 것보다 훨씬 더—'주도적proactive'이라는, 다시 말해 앞날을 생각한다는 깨달음이었다. 뇌는 정보가 도착하면 반응만 하는 것이 아니라 이전에 식별한 적이 있었던 종류의 패턴을 기반으로 다음에 올지도 모르는 것을 예측한다. 만약 일이 계획한 대로 잘 풀리지 않은 것으로 판명되면 이 '예측 오류'를 주목하고 그에 따라 지침을 조정할 것이다.

뇌는 우리가 인생 순항을 위해 지름길을 택하는 데 도움이 되고자 템플릿이나 '이미지 가이드'를 제작하면서 다음에 올지도 모르는 것에 관해 끊임없이 추측한다. 우리는 뇌를 단어나 문장을 완성하는 데 도움이 되거나, 우리가 삶을 빠르게 진척할 수 있도록 시각적 패턴을 갈무리하거나, '우리 같은 사람들'을 가장 안전한 길로 안내하는 모종의 '자동완성 문자입력장치' 또는 고급 위성항법장치로 상상할 수 있을 것이다. 물론 예측을 하려면 평소에는 무슨 일이 일어나는지 사건의 정상적 과정에 관한 규칙을 학습해야 한다. 그래서 우리 뇌가 무엇을 할지는 이 세상에서 무엇을 발견하느냐에 따라 크게 좌우된다.

하지만 우리 뇌가 습득하고 있는 규칙이 실은 고정관념, 즉 과거의 진실이나 반쪽의 진실, 심지어 거짓을 하나로 뭉뚱그리는 보편적 지름길에 불과하다면? 그리고 이것은 성차를 이해하는 데 어떤 영향을 미칠까?

이는 우리를 자기충족적 예언(미래에 대한 기대나 예상이 실제 결과에 영향을 끼치는 현상. 좋은 일이 일어날 거라고 믿으면 실제로 좋은 결과를 만들고, 반대로 나쁜 결과가 생길 거라고 예상하면 안 좋은 결과를 현실화하는 것-옮긴이)의 세계로 인도한다. 뇌는 실수나 예측 오류를 좋아하지 않는다—만약 '우리 같은 사람들'이 흔히 발견되지 않거나 환영받지 못하는 분명한 상황에 맞닥뜨리면 뇌라는 안내장치는 우리를 물러나도록 몰아붙일 것이다('가능하면 유턴하라'). 또한 실수할 것으로 예상되면 우리는 추가 스트레스 때문에 실수를 저지를 가능성이 커지고 길을 잃을 것이다.

21세기까지 뇌에 관해서는 마치 운명처럼 생물학적(선천적)으로 이미 결정되어 있다는 것이 일반적인 생각이었다. 요점은 언제나 다음과 같았다. 아주 어려서 발달 중인 뇌에 있다고 알려진 유연성과는 별도로 다 자란 성인의 뇌는 (더 커지고 좀 더 연결되었을 뿐) 우리가 태어났을 때의 뇌와 거의 비슷하다. 어른이 되었다면 뇌는 프로그래밍했던 유전적·호르몬 정보를 반영하는 발달의 종점에 도달한 것일 뿐이다—업그레이드나 새로운 운영체제 따위는 이용할 수 없다. 그런데 이 메시지는 지난 30여 년 동안 변화하게 된다—우리의 뇌는 가소적可塑的(환경·경험에 따라 구조를 변화하거나 기능을 회복할 수 있다-옮긴이)이어서 순응할 수 있으며 이는 우리 뇌가 환경과 어떻게 얽혀 있는지 이해하는 데 중요한 의미를 지닌다.

우리는 이제 안다. 성장을 마친 성인기에도 뇌는 우리가 받는 교육뿐 아니라 우리가 하는 직무, 취미생활, 운동에 의해 끊임없이 변화하고 있다. 현직 런던 택시 운전사의 뇌는 수습 운전사나 퇴직 운전사의 것과 다를 테고 비디오게임을 하거나 종이접기를 배우거나 바이올린을 연주하는 사람들 사이에서 차이를 추적할 수도 있다. 이처럼 뇌를 변화하게 하는 경험이 사람 또는 집단마다 다르다고 가정하면? 예컨대 남성이라는 것이 물건을 조립하거나 복잡한 3차원 표상(감각에 의해 획득한 현상이 마음속에서 재생된 것-옮긴이)을 조작해 본 경험(이를테면 레고를 가지고 놀아본 것)이 훨씬 더 많음을 의미한다면 이는 뇌에서 밝혀질 가능성이 매우 크다. 뇌는 소유자의 성별뿐 아니라 살아온 삶을 반영한다.

마주치는 경험과 태도에 의해 우리의 가소적 뇌에 만들어지는 평생의 인상들을 보면 머리 안쪽뿐 아니라 바깥쪽에서 일어나는 일도 정말 자세히 살펴볼 필요가 있음을 깨닫게 된다. 이제는 더 이상 본성 대 양육 nature vs nurture(선천성 지지자 대 후천성 지지자-옮긴이)으로 성차 논쟁의 배역을 정하지 못한다—뇌와 세상의 관계는 차량의 일방통행로가 아니라 끊임없는 양방향 흐름이라는 점을 인정할 필요가 있다.

바깥세상이 뇌와 그 처리과정에 어떻게 얽혀 있는지 살펴보고 나면 아마도 사회적 행동과 그 이면의 뇌로 초점을 맞출 수밖에 없을 것이다.

인간이 협동하는 종으로 진화했기 때문에 성공한 것이라는 신생 이론이 있다. 우리는 보이지 않는 사회적 규칙을 해독할 수 있다. 같은 인간끼리 상대가 무엇을 하는지, 무엇을 생각하고 느끼는지, 내가 무엇을 하기를(또는 하지 않기를) 바라는지 알기 위해 상대의 '마음을 읽을' 수 있다. 이 사회적 뇌의 구조와 네트워크를 지도화하는 일은 사회적 뇌가 우리의 자기정체성을 형성하고, 우리의 내집단 구성원을 찾아내고(남성인가, 여성인가?), 우리의 행동이 우리가 속한(또는 속하기를 바라는) 사회적·문화적 네트워크에 적절하도록 행동을 안내하는 것('여자아이는 그렇게 하지 않아')과 어떻게 관련되어 있는지 드러내어왔다. 이는 젠더 격차를 이해하려는 모든 시도에서 감시해야 할 핵심과정이며 태어났을 때부터, 심지어는 그 이전부터 시작되는 과정인 것으로 보인다.

우리 세상의 최연소 구성원인 의존도가 높은 갓난아기조차도 사실 우리가 인식하고 있었던 것보다 훨씬 더 세련된 사교계 명사다. 희미한 시력, 다소 덜 발달된 청력, 거의 모든 기초 생존 기술의 부재에도 불구하고 아기들은 유용한 사회적 정보를 빠르게 눈치채고 있다. 이를테면 누구의 얼굴과 목소리가 먹을거리와 안락함을 가져다주는 신호인지와 같은 주요 사실뿐 아니라 누가 소수 특권 그룹의 일원인지 등록하고 다른 사람의 다양한 정서를 인식하기 시작한다. 그들은 주변 세상으로부터 문화적 정보를 빠르게 흡수하는 조그만 사회적 스펀지인 것 같다.

이는 컴퓨터를 결코 본 적 없는 에티오피아의 어느 외딴 마을의 일화에서 잘 보여준다. 몇몇 연구자가 테이프로 봉한 상자 한 무더기를 떨어뜨렸다. 그 상자들에는 약간의 게임, 응용프로그램, 노래가 사전 로딩된 최신 노트북컴퓨터가 들어 있었다. 설명문은 전혀 없었다. 그 과학자들은 다음에 벌어진 일을 비디오카메라로 촬영했다.

4분 안에 한 아이가 상자를 열고 온오프 스위치를 찾아 컴퓨터의 전원을 켰다. 닷새 안에 마을 안의 모든 아이가 그들이 찾아낸 40개 이상의 응용프로그램을 사용하면서 연구자들이 미리 깔아두었던 노래를 불렀다. 다섯 달 안에 아이들은 고장난 카메라를 다시 작동하기 위해 운영체제를 해킹했다.

우리의 뇌는 이 아이들과 닮았다. 안내 없이도 세상의 규칙을 알아내고, 응용프로그램을 학습하고, 애초에 가능하다고 생각되었던 한계를 넘어설 것이다. 예리한 탐지와 자기조직화가 합쳐져 작동한다. 그리고 아주 어릴 때부터 작동될 것이다!

그리고 가장 먼저 관심을 돌리게 될 것 중 하나는 젠더 게임의 규칙이다. 소셜 미디어와 주류 매체로부터 가차 없는 젠더 폭격을 받는 한 그것은 이 어린 인간들의 세상에서 우리가 매우 주의 깊게 지켜보아야 할 측면이다. 우리의 뇌가 규칙에 굶주린 청소동물(생물의 사체 따위를 먹이로 하는 동물-옮긴이)로서 사회적 규칙에 특히 구미가 당길 뿐 아니라 가소적이어서 틀에 부어 형태를 잡을 수 있다는 점을 인정하는 순간 젠더 고정관념의 위력은 명백해진다. 만약 우리가 여자 아기 또는 남자 아기의 뇌 여정을 따라갈 수 있다면 태어난 바로 그 순간, 심지어 그 전부터 이 뇌들이 서로 다른 길 위에 놓여 있음을 알 수 있을 것이다. 장난감, 옷, 책, 부모, 가족, 교사, 학교, 대학, 고용주, 사회적·문화적 규범—그리고 물론 젠더 고정관념—모두 뇌에 따라 다른 방향을 제시할 수 있다.

*

뇌 차이에 관한 논란을 해결하는 것은 정말 중요하다. 그런 차이가 어디에서 비롯되는지 이해하는 것은 뇌와 모종의 성 또는 젠더(이에 관해서는 나중에 좀 더 살펴볼 것이다)가 있는 모든 사람에게 중요하다. 이런 논쟁과 연구 프로그램, 또는 단순한 일화조차 그 결과는 자기와 타인에 대해 생각하는 방식에 내재되며 자기정체성, 자존심, 자존감을 측정하기 위한 척도로 사용된다. 성차에 관한 믿음은(설사 근거가 없을지라도) 고정관념을 알려주고, 고정관념은 보통 두 개의 꼬리표—여자아이 또는 남자아이, 여성 또는 남성—만 제공하며, 그 꼬리표는 역사적으로 '내용이 보증된' 막대한 양의 정보를 싣고 다녀서 우리가 개인을 각자의 장점이나 특이점에 기대어 판단하는 수고를 덜어준다. 이 꼬리표는 그 자체로 내용 목록을 제공할 뿐 아니라 추가로 해당 내용마다 이것은 본성 또는 양육의 산물이라는 도장이 찍혀 있을 것이다. 이것은 순수생물학에 기반하여 고정불변의 특성을 지닌 '천연' 제품인가, 아니면 주변 세상을 거름으로 하여 사회적으로 결정된 창작품으로서 정책을 확 뒤집거나 환경적 요소를 추가로 투입하면 금세 조정할 수 있는 특성을 지녔는가?

신경과학에서 지식이 폭증하며 새로운 정보가 입력됨과 동시에 이 꼬리표의 깔끔한 양분성兩分性은 도전받고 있다—우리는 본성이 양육과 불가분하게 얽혀 있음을 깨달아가고 있다. 한때 고정되어서 어쩔 수 없다고 생각했던 것이 가소적이어서 노력하면 고칠 여지가 있는 것으로 밝혀지고 있으며 물리적·사회적 세계에 생물학을 변화시키는 강력한 효과가 있다는 것도 드러나고 있다. '우리 유전자에 기록된' 것조차 그 자체가 맥락에 따라 다르게 발현될 수 있다.

서로 다른 여성과 남성의 신체를 생산하는 두 가지 별개의 생물학적 템플릿은 뇌에서도 차이를 생산할 테고 뇌에 있는 이 차이가 인지적 기술, 성격, 기질에서 성차를 떠받칠 것이라고 항상 가정되어왔다. 하지만

21세기는 낡은 답에 도전하고 있을 뿐 아니라 질문 자체에 도전하고 있다. 우리는 과거에 확실했던 것들이 차례로 무너져가는 모습을 보게 될 것이다. 우리는 남성성과 여성성, 성공에 대한 두려움, 양육과 돌봄 면에서 잘 알려진 그 차이들—심지어 여성 뇌와 남성 뇌라는 관념 자체—에 어떤 일이 벌어지고 있는지 보게 될 것이다. 이런 결론을 뒷받침했던 증거를 재론한다는 것은 이런 특성이 그것에 주어졌던 남성/여성 꼬리표와 깔끔하게 맞아떨어지지 **않는다**는 것을 시사한다.

따라서 여러분의 짐작이 **맞다**. 이 책은 뇌의 성차에 관한 또 한 권의 단행본으로서 영향력 있고 정보에 통달한 많은 전례의 발자취를 따른다. 그래도 나는 이 책이 필요하다고 믿는다. 낡은 오해들이 여전히 두더지 잡기 스타일로 모습만 바꾸어 계속 튀어나오고 있기 때문이다. 아직 해결할 문제들이 있으며—우리는 성취의 핵심 영역에서 젠더 격차가 얼마나 큰지 보게 될 것이다—대부분의 젠더 평등 국가에서 여성 과학자의 비율이 최저 수준인 이유와 같이 설명해야 할 젠더 역설들이 아직 남아 있다.

젠더화된 세상은 젠더화된 뇌를 낳으리라는 것이 이 책의 핵심 메시지다. 나는 이 일이 어떻게 벌어지는지, 뇌와 그 소유자에게 무엇을 의미하는지 이해하는 것이 여성과 여자아이뿐 아니라 남성과 남자아이, 부모와 교사, 기업과 대학, 사회 전체에도 중요하다고 생각한다.

성, 젠더, 성/젠더 또는 젠더/성
젠더와 성에 관한 풀이

우리는 우리가 이야기할 주제가 무엇이냐는 쟁점을 다룰 필요가 있다.

'성sex'일까 '젠더gender'일까, 둘 다일까 둘 다 아닐까, 아니면 모종의 조합일까? 이 책은 뇌의 성차에 관한 것이지만 뇌의 젠더차에 관한 것도 될 터다. 그렇다면 성차와 젠더차는 같은 것일까—생물학적으로 결정된 성이 사회적으로 구성된 젠더를 정의하는 특성을 모두 동반할까? X염색체 두 개나 XY 쌍의 소유자라는 것이 당신의 사회적 지위, 장래의 역할과 선택을 결정하게 될까?

이에 대한 답은 수 세기 동안 명백히 "그렇다"였다. 생물학적 성이 당신에게 적절한 번식 장비를 부여했을 뿐 아니라 적절히 구별되는 뇌를 주었고, 따라서 당신의 기질과 기량, 지도자 또는 피지도자 적성까지 결정했다고 주장되었다. 여성과 남성의 생물학적 특성과 사회적 특성을 일컫는 데 공통으로 '성'이라는 용어를 사용했다.

20세기가 저물어가면서 페미니즘적 걱정을 반영하여 이 결정론적 접근법에 도전하려는 움직임이 일었다. 오로지 사회적 문제와 관계있는 문제를 일컬을 때 '젠더'라는 용어를 사용하고 이와 구분하여 '성'은 생물학을 언급할 용도로 남겨두어야 한다는 주장이 떠올랐다. 앞으로 우리가 살펴볼 문제이지만 몇 년 후 분명해졌듯 이처럼 깔끔한 성과 젠더 이분법을 지속하기는 점점 더 어려워지고 있었다. 사회적 압력이 뇌에 얼마만큼 영향을 미칠 수 있는지 이해하기 시작했다는 것은 우리에게 이 얽힘을 반영할 용어가 필요하다는 뜻이었다. 학계에서는 '성/젠더' 또는 '젠더/성'을 사용할 것을 해법으로 제시하기도 했다. 하지만 이는 일상 어법에 널리 퍼지지 않았고 대중매체나 그보다 더 대중에 영합하는 남녀 관련 기사에서는 거의 찾아볼 수 없다.

그런 곳에서 택한 해법은 '성' 또는 '젠더'를 거의 구분 없이 사용하는 것인 듯한데, 이는 화자가 이야기하는 모든 것이 실은 전부 생물학의 책임이라고 믿는 인상을 주지 않기 위해 아마도 '젠더'를 사용하는 경향이 더 클 것이다. 예컨대 경영 리더십 분야에서 '성별 급여 격차'나 '성 불균형'에 관한 기사는 결코 눈에 띄지 않는다. 하지만 기본적으로 분명한 것은 한때 '성'이 그랬듯이 이제는 '젠더'라는 용어가 남녀의 모든 측면을 한데 묶는다는 점이다. 최근에 BBC 사이트에서 16세가 즐겨 찾는 다시보기 가이드를 훑어보다가(서둘러 덧붙이는데 이 책에 유용한 정보를 찾던 것은 아니다) 젠더 결정에 관한 프로그램이 분류되어 있다는 것에 주목했다. "따라서 인간 아기의 **젠더**는 난세포를 수정시키는 정자가 결정한다"라는 문구를 앞세운 그것은 사실 XX와 XY 염색체 쌍의 생산에 관한 것이었다. 그러므로 BBC처럼 권위 있는 기관조차 이 언어학적 혼란에 기꺼이 기여하고 있는 셈이다.

그렇다면 나는 이 책의 핵심인 뇌 차이(또는 그것의 부재)에 어떤 꼬리표를 달 것인가? 그것은 '성차'일까 '젠더차'일까, 아니면 둘 다일까? 논란이 대부분 생물학의 핵심 역할에 관한 것임을 고려하여 나는 생물학적으로 여성인가, 남성인가에 따라 분명히 나뉘는 뇌나 개인에 관해 이야기할 때 기본 선택지로 '성'이나 '성차'라는 용어를 사용할 것이다. '젠더차'는 주로 갓 이 세상에 도착한 인간을 엄습하는 분홍, 파랑 쓰나미와 같은 사회화 쟁점을 살펴볼 때를 위해 남겨둘 것이다. 『젠더화된 뇌(이 책의 원제-옮긴이)』를 제목으로 정한 목적은 우리가 뇌를 변화시키는 사회적 과정의 효과를 살펴보려 한다는 점을 인정하기 위한 것이다.

젠더화된 대명사도 걱정스러운 화제話題일 수 있다. 어떤 사람에 관해 글을 쓸 때 그 사람의 성별(또는 젠더)을 모른다면 역사상 기본 선택지는 남성형인 '그'였다. 기본 선택지에 도전하는 것이 이야기의 일부인 책에서 그렇게 하는 것은 분명 받아들일 수 없는 일일 것이다. '그 또는 그녀'나 '그/녀'가 대안일 수 있지만 이처럼 길고 두꺼운 책에서 이것은 꼴사납게 주의만 분산할 수 있다. 나의 해법은 적절한 곳에서 의도적으로 '그' 대신에 '그녀'를 사용함으로써 균형을 바로잡으려 노력하는 것이었다.

제1부

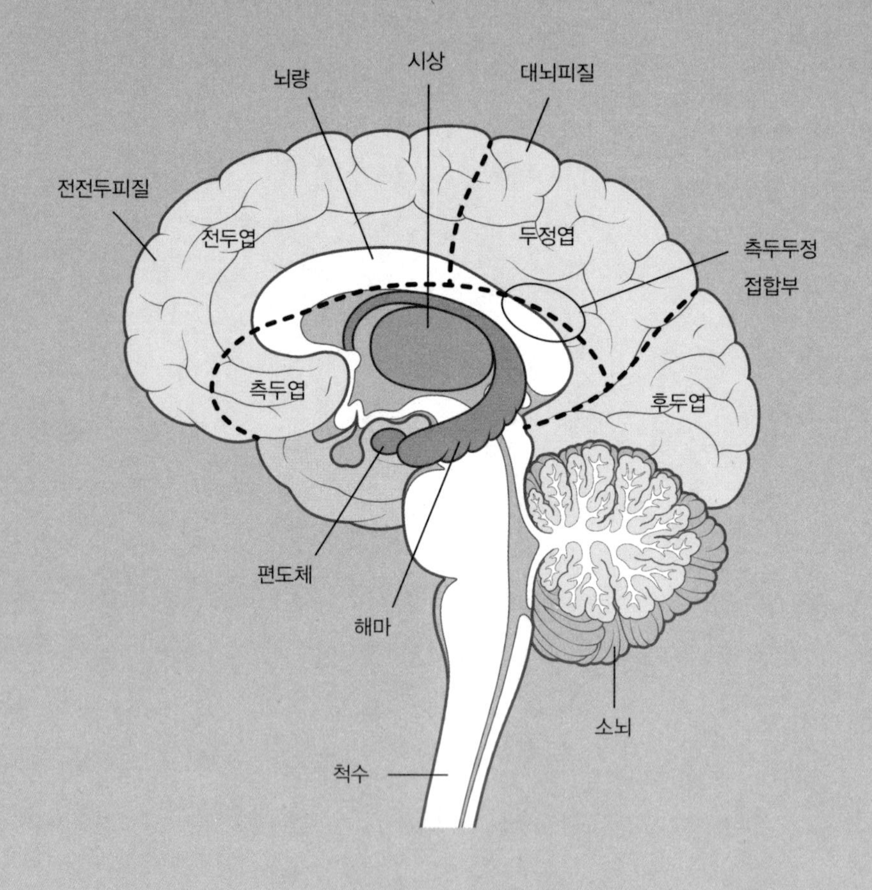
시상
뇌량
대뇌피질
전전두피질
전두엽
두정엽
측두두정
접합부
측두엽
후두엽
편도체
해마
소뇌
척수

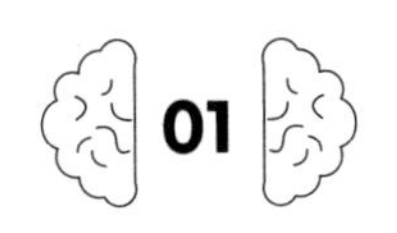

사냥은 그녀의 자그마한 머리 안에서부터 시작된다

여자는…… 인간 진화에서 가장 하등한 형태를 대변하며…… 문명화된 성인 남자보다는 어린이와 야만인에 더 가깝다.

귀스타브 르봉, 1895

수 세기 동안 여자의 뇌는 계량되고 측정되고 부족함이 발견되는 과정을 겪어왔다. 진화적 에서 사회적·지적에 이르는 모든 척도에서 여자가 아래쪽에 위치한 이유에 관한 모든 설명의 중심에는 여자의 이른바 하등하거나 결함이 있거나 취약한 생물학적 일부를 구성하는 그들의 뇌가 있었다. 여자 뇌의 하등한 본성은 더 어여쁘게 태어난 성이 천부적인 생식 능력에 집중하고 교육, 권력, 정치, 과학을 비롯한 모든 세상사는 남자에게 맡겨야 한다는 잔소리의 빌미로 사용되었다.

여자의 역량과 사회적 역할에 관한 시각이 수 세기에 걸쳐 어느 정도 달라지는 동안에도 처음부터 끝까지 일관된 주제는 '본질주의', 즉 여성 뇌와 남성 뇌의 차이는 그들의 '본질' 중 일부이며 이런 뇌의 구조와 기능은 정해져 있고 선천적이라는 사상이었다. 젠더 역할은 이런 본질에 의해 결정되었다. 이 자연스러운 만물의 질서를 뒤집는 것은 본성을 거스르는 일일 터였다.

이 이야기의 초기 버전은 이른바 양성불평등에 용감하게 의문을 제기한 17세기 철학자 프랑수아 풀랭 드 라 바르François Poulain de la Barre와 함께 시작하지만 불행히도 그와 함께 끝나지는 않는다.[1] 풀랭은 여자가 남자보다 열등하다는 주장의 배후 증거를 냉정하게 살펴보기로 결심하고 어떤 것도 늘 그랬었다는(또는 성경에서 적절한 설명을 찾을 수 있다는) 이유만으로 진실로 받아들이지 않도록 주의했다.

그가 남긴 두 권의 저서 『양성평등에 관하여: 자신에게 내재하는 편견을 없애는 일의 중요성을 볼 수 있는 육체적·도덕적 담론』(1673)과 『여성의 교육에 관하여: 과학과 예절에 대한 마음가짐 안내서』(1674)는 성차라는 쟁점에 대해 놀랄 만큼 현대적인 접근법을 보여준다.[2] 풀랭은 여자의 기량이 어떻게 남자의 것과 동등할 수 있는지 보여주려는 시도도 마다하지 않는다. 성평등에 관한 그의 논문에는 자수와 바느질에 요구되는 기술이 물리학을 배우는 데 요구되는 것만큼 과중하다고 사색하는 매력적인 부분이 있다.[3]

그는 당시 새로운 과학이었던 해부학 연구 결과를 바탕으로 "우리의 가장 정확한 해부학적 조사는 신체의 이 부분(머리)에서 어떤 남녀 차이도 드러내지 않는다. 여성의 뇌는 정확히 우리의 것과 같다"라는 놀랄 만큼 선견지명 있는 소견을 내놓았다.[4] 그는 남성과 여성, 남자아이와 여자아이의 다양한 기량과 기질에 대한 면밀한 조사를 통해 여성도 기회만 주어지면 당시 남성에게만 제공된 교육, 훈련과 같은 특권에서 똑같이 혜택을 받을 수 있으리라는 결론에 이르렀다. 풀랭이 볼 때 여성이 세상에서 차지하는 열악한 지위가 어떤 생물학적 부족분에서 기인한다는 증거는 전혀 없었다. 그는 "정신에는 성별이 없다L'esprit n'a point de sexe"고 선언했다.[5]

풀랭의 결론은 지배적인 풍조에 강하게 반하는 것이었다. 그가 글을 쓴 당시에는 가부장제가 확고히 정착되어 있었다. 남성은 공적 역할에, 여성은 사적인 가정적 역할에 적합하다는 '별개의 영역' 이념이 여성의 하위를 결정지었다. 여성은 아버지에게 종속되었다가 다음에는 남편에게 종속되었기에 육체적·정신적으로 어떤 남성보다도 약할 수밖에 없었다.[6]

그 이후로는 줄곧 내리막이었다. 풀랭의 견해는 처음 출판되었을 때(적어도 프랑스에서는) 대체로 무시되어 그에게 실망을 안겨주었을 뿐 아니라 기존 시각에도 거의 영향력을 미치지 못했다. 여성은 본질적으로 남성보다 열등하고, 그렇다면 교육적 또는 정치적 기회로부터 혜택을 받을 수 없으리라는 이 기존 시각(이는 물론 자기충족적 예언이었다. 주목할 만한 예외가 아니면 그들에게는 교육에 접근할 권리도, 정치적 기회도 주어지지 않았기 때문이다)은 논쟁할 가치가 있는 문제로 주목받는 일도 거의 없이 18세기 내내 지배적인 시각으로 남아 있었다.

여자 문제

19세기에는 과학과 과학적 원리에 대한 관심이 대두되면서 사회다윈주의(허버트 스펜서가 고안한 이론으로 다윈의 진화론을 사회학에 도입한 것이다–옮긴이)의 초기 형태로 특징지어지는 활동, 즉 사회의 구조와 기능을 생물학적 과정에 연계하는 일에 초점이 맞추어졌다. 당대 지식인 사이에서는 '여자 문제', 즉 여자들이 교육, 재산, 정치적 힘에 대한 권리를 점점 더 많이 요구한다는 데 관한 우려가 계속되었다.[7] 이 페미니즘 물결은 과학자들에게 페미니즘이 없었던 시기로의 회귀와 현상 유지를 위해 대동단결하여 유리한 증거를 제공하고 여자들에게 힘을 주는 것이—여자들 자신뿐 아니라 사회의 틀 전체에—얼마나 해로울지 입증하라는 호출 신호로 작용했다. 심지어 다윈 본인도 그런 변화는 인류의 진화 여정을 탈선하게 할 것이라는 우려를 표현하며 가세했다.[8] 선천적인 차이는 운명이었고 남녀의 다른 '본질'은 사회에서 그들의 정당한(그리고 다른) 자리를 결정지었다.

그 밖의 과학자들이 표현한 견해도 그들이 이 쟁점에 접근하는 데 결코 객관적이지 않았을 가능성이 크다는 점을 암시했다. 나는 인류학과 심리학에 관심이 많은 파리 출신의 귀스타브 르봉Gustave Le Bon이 한 말을 즐겨 인용한다. 그의 주된 초점은 비유럽 인종의 열등함을 입증하는 데 맞추어져 있었지만 그의 마음속에는 분명 여자를 위한 특별석도 마련되어 있었다.

> 평균 남자보다 매우 우수한 몇몇 튀는 여자들은 틀림없이 존재하지만 그들은 모든 흉물, 예컨대 머리 둘 달린 고릴라의 탄생만큼 예외적이며, 결과적으로 우리는 그들을 완전히 무시해도 된다.[9]

뇌 크기는 여자의 열등함과 선천성을 강조하는 생물학을 입증하기 위한 캠페인의 초기 초점이었다. 연구자들이 접근할 수 있었던 유일한 뇌는 죽은 뇌였다는 사실도 여자의 더 적은 정신적 용량에 관해(그리고 당시 '유색인, 범죄자, 하층민'으로 일컬어진 사람들에 관해서도) 신랄하게 소견을 밝히는 데 방해되지 않았다. 두개골 안쪽 뇌에 직접 접근할 길이 없었으므로 처음에는 머리 크기를 뇌 크기의 대안으로 채택했다. 르봉은 이 '연구', 즉 휴대용 두개측정기를 개발하는 일의 열렬한 주창자였다. 그는 사람들의 머리를 측정하여 그들의 '정신적 체질'이 독립과 교육의 혹독함에 어느 정도나 맞설 수 있을지 알아보기 위해 늘 그 기계를 가지고 다녔다. 여기에 유인원 비교에 대한 그의 선호를 보여주는 예가 하나 더 있다. "여자들 다수의 뇌는 크기 면에서 가장 발달된 남성의 뇌보다 고릴라의 것에 더 가깝다…… 이 하등함은 너무나도 명백하여 한 사람도, 한순간도 이의를 제기하지 못한다."[10]

두개골 용량도 뇌 크기와 지능의 연계성을 입증할 방법을 찾는 데 열렬히 채택된 다른 지수였다. 빈 두개골 안으로 새 모이나 산탄을 쏟아부어 그것을 채우는 데 필요한 양을 계량했다.[11] 이에 따르면 여자의 뇌가 남자의 뇌보다 평균적으로 5온스 더 가볍다는 초기 연구 결과가 증거로서 포착되었다. 대자연이 남자에게 뇌 물질을 5온스 더 얹어주었다면 이는 우월한 능력과 힘 있고 영향력 있는 위치에 대한 권리를 그들이 차지한 비결이 분명했다. 하지만 이 논변에는 결함이 있었다. 철학자 존 스튜어트 밀John Stuart Mill이 지적했듯이 "이것으로 판단해볼 때 키가 크고 뼈가 큰 남자는 몸집이 작은 남자보다 지능이 굉장히 우수해야만 하고, 코끼리와 고래가 인류보다 엄청나게 뛰어나야만 한다."[12] 몸 크기 대비 뇌 크기 계산을 포함하여 갖가지 왜곡이 따랐지만 그 역시 '정'답은 내놓지 않았다.[13] 이는 그 업계에서 치와와 역설로 알려져 있다. 뇌/몸 무게비를 지능의 척도라고 주장한다면 치와와가 모든 개 중에서 가장 똑똑해야 한다는 말이다.

혹시 뇌의 그릇, 즉 두개골 자체에 관한 세부 사항이 더 많으면 '정'답을 내는 데 도움이 되지 않을까? 여기서 두개골학craniology이라는 과학, 또는 두개골 측정법이 끼어든다. 두개골학은 가능한 모든 각도, 높이, 비율, 이마 수직도, 턱 돌출도의 상세한 측정에 기반하여 적합한 답을 제시할 듯했다.[14] 두개골학과 그 측정법의 몸부림은 복잡하고 다양했다. 특히 얼굴각이 인기 있었는데, 콧구멍부터 귀까지 수평으로 그린 선과 턱부터 이마까지 수평으로 그린 선의 각도를 보고 계산하는 방법이었다. 이마가 턱과 거의 일직선인 데 따른 근사한 큰 각은 이른바 '턱 정상orthognathism'의 척도였으며 이마가 뒤로 물러나고 턱이 한참 앞으로 튀어나온 데 따른 작은 예각은 '턱 돌출prognathism'의 척도였다. 두개골학자들은 오랑우탄에서 출발하여 중앙아프리카인을 거쳐 유럽인 남성에 이르는 척도를 고안함으로써 턱 정상이 진화적으로 우월한 고등 인종의 특성이라는 만족스러운 연구 결과를 도출했다. 하지만 여자를 이 척도에 맞추는 단계에서 문제가 발생했다. 여자가 평균적으로 남자보다 더 턱이 곧은 것으로 판명된 것이다. 다행히도 도움의 손길은 가까운 곳에 있었다.

독일의 해부학자 알렉산더 에커Alexander Ecker는 논문에서 이 불온한 관찰 결과를 보고했다. 그는 **때이른** 턱 정상이 아이들의 특성이기도 하다고 언급하여 이를 근거로 여자는 유아적이라고(따라서 하등하다고) 특징지을 수 있었다.[15] 이런 제안은 존 클릴랜드John Cleland가 1870년에 쓴 연구 결과가 뒷받침했다. 그는 공들여 작성한 서로 다른 두개골 96개의 39가지 측정법 목록에 관해 보고했는데, 그 두개골은 모두 '개화된 쪽' 아니면 '미개한 쪽'이었다. 일부는 남성, 일부는 여성, 하나는 "호텐토트족

(남아프리카 인종의 하나-옮긴이) 추장", 몇몇은 "크레틴병에 걸린 백치", 다른 하나는 "야만적인 스페인 해적", 그리고 또 다른 하나는 자기 아내를 살해한 죄로 처형된 에드먼즈라는 이름의 파이프(스코틀랜드 동부의 주-옮긴이) 남자의 것이었다.[16] (그는 우리에게 에드먼즈가 파이프 출신이었으며 "도발적 정황하에" 살인을 저질렀다고 말했다. 이 두 가지 사실 중 어느 하나도 그가 얻은 분류명이 '개화된 쪽'인지 '미개한 쪽'인지는 알려주지 않는다) 클릴랜드의 목록에서 두개골 기저선에 대한 두개골 호弧의 비라는 한 가지 특별한 척도는 성인 여성이 성인 남성과 뚜렷이 다르도록, 게다가 (주로) '미개한' 민족의 구성원과도 구별되도록 깔끔하게 보장했다.

여자의 하등함을 입증하는 증거를 사냥하는 데서 들추어보지 않은 돌(또는 조사되지 않은 두개골)이 하나라도 있어서는 안 되었다. 한 논문은 두개골 하나에 대해 5,000가지가 넘는 측정법을 사용했다.[17] 두개골을 측정하는 방법은 무한한 듯했지만 초점은 남자를 여자와 가장 잘 구별할 뿐 아니라 반드시 여자가 하등하다고 확실하게 특징지을 방법에 맞추어져 있었다. 하등하다는 표현을 아이 같다는 말로 하느냐, '저급하다'고 매도되는 인종과 비슷하다는 말로 하느냐는 중요하지 않았다.

머지않아 유니버시티칼리지런던UCL(런던대학 산하-옮긴이)에서 일하던 수학자 한 무리도 그 위대한 측정 게임에 휘말렸는데, 그들의 연구 결과는 결국 두개학에 오명을 남길 터였다.[18] 통계학의 아버지 칼 피어슨Karl Pearson을 필두로 한 이 연구자 집단에는 런던대학 최초의 여자 졸업생 중 한 명인 앨리스 리Alice Lee도 포함되어 있었다. 리는 두개골 용량을 계산하여 지능과의 상관관계를 살펴볼 요량으로 수학에 기반하여 부피 계측 공식을 만들었다. 그녀는 베드퍼드칼리지(당시에 런던대학 산하였던 여자대학-옮긴이)에서 뽑은 여학생 30명, UCL에 재직하던 남성 직원 25명, 그리고 (이것이 신의 한 수였는데) 1898년에 더블린에서 열린 해부학회에 참석한 일류 해부학자 35명의 세 집단을 상대로 이 측정법을 사용했다.

그녀의 연구 결과는 두개골학을 끝장내는 결정타가 되었다. 그녀가 알아낸 바에 따르면 해부학자들 중에서도 가장 저명한 한 명이 가장 작은 머리 중 하나를 갖고 있었고, 훗날 그녀의 논문을 심사할 사람 중 한 명인 윌리엄 터너William Turner 경이 맨 아래에서 여덟 번째였다. 이 저명한 남자들의 머리가 작은 편이라는 발견은 마법처럼 다수의 즉석 전향자를 탄생시켰다. 두개골 용량을 지능에 연계시키는 것은 명백히 우스꽝스럽다(특히 베드퍼드칼리지 학생들 중 몇몇은 해부학자보다 두개 용량이 더 컸으므로)는 것이 그들의 결론이었다. 그 밖에도 그와 같은 연구가 잇따르자 피어슨은 1906년에 한 논문에서 머리 크기의 측정치는 지능의 유효한 지표가 **아니라고** 선언했다.[19]

이로 인해서 두개학은 한물갔지만 성차를 설명하기 위해 차례를 기다리고 있는 사람은 얼마든지 있었다. 머지않아 두개학에서 또 하나의 기법이 진화했는데, 이는 서로 다른 '기량 영역'을 뇌에 대응시키는 데 초점을 맞추었다(이번에도 이런 영역을 직접 측정할 수단에는 다가갈 수 없었지만 말이다). 과학자들은 산탄에서 돌출부bump로 옮겨가 이제는 두개골 표면에 역점을 두었다. 크기가 다른 돌출부는 그 아래에 있는 뇌의 다른 풍경을 반영한다고 여겨 증거물인 그것을 찾아 두개골 표면을 면밀히 조사했다. 이는 골상학phrenology이라는 악명 높은 '과학'으로 이어졌다. 골상학을 개발한 독일의 심리학자 프란츠 요제프 갈Franz Joseph Gall은 '자비심', '조심성' 같은 성격 특성이나 자식을 낳을 역량까지 평가할 수 있다고 주장했는데 방법은 개인의 두개골에서 그 특성이나 역량에 관련된 부분을 측정하는 것이었다.[20] 이 기법을 대중화한 사람은 독일의 내과의

사 요한 슈푸르츠하임Johann Spurzheim이었다. 처음에 그는 갈의 제자였지만 스승과 다툰 후 골상학의 주창자로 경력을 쌓았다.[21] 이 체계의 주장에 따르면 두개골에 다양한 크기로 튀어나온 부분은 뇌를 구성하는 다양한 '기관器官'의 서로 다른 크기를 반영한다. 그리고 이 기관들은 저마다 다른 특성—이를테면 호전성, 다산성, 조심성 중 어느 하나만—을 통제한다. 놀랄 것도 없겠지만 이번에도 남성의 두개골에 더 큰 돌출부가 더 우수한 재능과 깔끔하게 맞아떨어지는 경향이 있었다.

골상학은 미국에서 특히 인기가 있었는데, 일부 초기 자조운동self-help movement 단체에서는 여자들이 열광적으로 채택했다. 이 집단의 여성은 골상학적 프로필을 판독 받아 '너 자신을 알라'고 고무되었다.[22] 한 가지 이상한 성과는 이 '과학'을 통해 '우리 여자들'은 돌출부가 다른 남성보다 사회 위계에서 하위라는 증거를 제공했으므로 자신들의 자리를 보장하고 인정해야 한다는 억지 주장이었다.

골상학은 19세기 중반에 이르러 결국 평판이 나빠졌는데, 측정법을 신뢰할 수 없고 이론을 체계적으로 검증할 방법이 없다는 점이 일부 원인이었다.[23] 하지만 특정한 심리적 과정이 뇌의 별개 영역에 국한될 수 있다는 관념은 명맥이 이어졌다. 신경심리학이 출현하여 뇌의 부분을 행동의 특정 측면과 연결하면서 이를 부분적으로 뒷받침했다. 과학자들은 뇌의 특정 부분에 심각한 손상을 입은 환자들의 '이전과 이후' 행동이 그 부분의 정확한 기능을 밝혀줄 것이라는 희망을 갖고 그들을 연구하기 시작했다.

19세기 중반 프랑스 의사 폴 브로카Paul Broca는 좌뇌 이마엽에 국한된 손상과 말하는 능력의 연계성을 확립했다.[24] 그의 첫 단서는 '탕Tan'이라는 환자의 뇌를 사후 부검한 결과에서 나왔다. '탕'이라는 이름은 그가 말을 이해할 수 있는 것은 분명한데도 할 수 있는 말이 그것뿐이었기 때문에 붙여졌다. 탕의 이마엽 왼쪽에서 발견된 손상 영역은 여전히 브로카 영역Broca's area이라고 불린다.

뇌와 행동의 연계성을 입증하는 더 강력한 증거는 피니어스 게이지Phineas Gage의 행동에서 보고된 변화를 통해 밝혀졌다. 미국의 철도노동자였던 그는 1848년에 쇠막대로 다이너마이트를 고르게 다져 바위를 폭파할 준비를 하다가 실수하여 폭발이 일어났는데, 날아간 쇠막대가 왼쪽 뺨을 뚫고 머리 위로 빠져나가며 이마엽 한 부분이 손상되었다. 그를 치료하고 연구한 의사 존 할로John Harlow는 「쇠막대 머리 관통Passage of an Iron Rod through the Head」(1848)과 「쇠막대 머리 관통으로부터의 회복Recoveryfrom the Passage of an Iron Bar through the Head」(1868)이라는 유익한 제목의 논문 두 편에 관찰 결과를 기록했다.[25] 게이지의 행동에서 보고된 변화—냉철하고 근면했던 그가 사고 이후 무례하고, 충동적이고, 노골적이고, 예측 불가능한 사람으로 변했다—는 이마엽이 '고등 지능higher intellect'과 문명화된 행동의 자리임을 보여주는 것으로 해석되었다. 우리를 인간답게 만드는 더 강력한 동력이 이 뇌엽腦葉 안에 있으리라는 의견은 직관적으로 납득이 되었다. 전두엽은 침팬지의 뇌에서 약 17퍼센트를 차지하는 데 비해 인간의 뇌에서는 30퍼센트 정도를 차지하기 때문이다.

한바탕 열광적인 대뇌피질(대뇌겉질, 이하 동일) 지도 제작이 뒤따랐고 뇌에서 상황이 언제 또는 어떻게보다 **어디**에서 일어나는지 위치를 정확히 찾아내는 데 초점이 맞추어졌다. 뇌의 초기 모델은 뇌를 어떤 특별한 기술을 거의 전적으로 책임지는 특화된 단위 또는 모듈의 집합체라고 생각했다. 그래서 어떤 기술이 뇌 어느 부분에 국한되어 있는지 위치를 알고 싶으면 대개 뇌가 손상된 다음에 그 기술을 잃어버린 누군가를 연구했다. 폴 브로카와 존 할로의 환자들이 아마 가장 유명한 예일 것이다. 탕이 언어의 특정 부분을 상실한 것과 게이지가 보여준 성격 변화는 인간 행동의 이런 측면을 이마엽으로 '국재화局在化, **localization**'했다.

성차를 찾는 과정에서 신경학자들은 뇌의 어떤 부분이 제일 중요한가에 관한 가정을 뇌의 어떤 부분이 남성에서 제일 큰가에 관한 연구 결과와 흔쾌히 연결 지었다. 그렇게 함으로써 앞서 내린 결론을 뒤집는다고 해도 말이다. 예컨대 1854년의 한 논문의 보고에 따르면 여자는 흔히 남자보다 더 광범위한 마루엽을 가졌고 남자의 뇌는 더 큰 이마엽으로 특징지어졌다. 따라서 전자는 호모 파리에탈리스*Homo parietalis*(마루엽 사람), 후자는 호모 프론탈리스*Homo frontalis*(이마엽 사람)라고 불렸다.[26] 하지만 마루엽이 인간 지능의 위치라고 밝히는 것이 잠시 유행하는 동안 신경학자들은 재빨리 입장을 바꾸어 사실 여성의 마루엽이 잘못 측정되었으며 여자의 실제 이마엽 영역은 생각했던 것보다 더 크다고 보고해야 했다.[27] 확실히 이때는 과학적 연구의 황금기는 아니었다.

세기말이 다가오자 하등함을 선언하던 방식은 여자가 지닌 대안적 속성(물론 남자가 정의한 대로)의 '보완적' 본성을 언급하는 방식에 자리를 내주었다. 여자의 속성에 보완적 본성이 있다는 개념은 시민권의 불균등 분배를 정당화한 18세기 철학과 사상에 뿌리를 둔 것이었다. 론다 시빙어Londa Schiebinger는 이를 다음과 같이 요약한다.

> 이후로 여자는 단지 남자보다 하등한 존재가 아니라 남자와 근본적으로 다르고, 따라서 남자와 비교할 수 없는 존재로 바라보일 것이었다. 사적이고 배려심 많은 여자는 공적이고 이성적인 남자를 돋보이게 하는 조

연으로 부각되었다. 그런 여자는 새로운 민주주의에서 연기할 그들만의 배역—어머니와 양육자—이 있다고 생각되었다.[28]

여자를 위해 따로 떼어둔 '보완적 역할'은 대부분의 영향력 있는 활동 영역에서 그들의 자리가(실은 있지도 않지만 있다고 하더라도) 하위일 것을 보장했다. 이 접근법의 고전적 예가 바로 여성의 '가내화domestication'에 대한 장자크 루소의 열렬한 지지, 즉 여성의 더 약한 체질과 어머니 노릇에 필요한 특유의 기술이 여성을 어떤 종류의 교육이나 정치적 행동주의에도 부적합하게 만든다는 발상이다.[29] 이는 다른 선도적 지식인의 의견에도 반영되어 이를테면 인류학자 J. 맥그리거 앨런J. McGrigor Allan은 1869년 왕립인류학연구소 강연에서 다음과 같이 주장했다.

> 성찰력에서 여자는 남자와 절대 경쟁할 수 없지만 놀라울 만한 직관력으로 보상하는 천부적 재능을 소유하고 있습니다. 여자는 (동물이 해로운 것을 피하고 생존에 필요한 것을 구하는 데 사용하는 일종의 반半이성과 유사한 능력에 의해) 어느 주제에 대한 정확한 의견에 순간적으로 도달할 테지만 남자는 길고 복잡한 추리과정을 거치지 않고서는 그런 경지에 이를 수 없습니다.[30]

복을 받아 동물과 같은 반이성을 지녔다는 점과 아울러 여자의 열등한 생물학 또한 여자를 권력의 회랑에서 추방할 그 이상의 타당한 이유로 여겨졌다. 그들의 생식계가 지우는 부담이 원인인 취약성은 여러 단언에서 면면히 이어지는 하나의 맥락이었다. 보아하니 월경月經의 영향에 관한 전문가이기도 했던 J. 맥그리거 앨런은 다시 이렇게 선언했다.

그런 때에 여자는 어떤 대단한 정신적·육체적 노동에도 부적합합니다. 그들이 시달리는 나른함과 우울증은 그들에게서 생각하거나 행동할 자격을 박탈하고 위기가 길어지는 동안 그들을 얼마나 책임 있는 존재로 여겨도 될지 지극히 의심스럽게 합니다…… 여자의 불합리한 행동, 성마름, 변덕, 과민성을 추적하면 대부분 이 원인에 직접 도달할 것입니다…… 그런 때에 한 여자가 경쟁자나 불충실한 애인의 사형 집행 영장에 서명할 권한을 갖고 있다고 상상해보십시오![31]

생물학과 뇌가 직접 연계되어 있다는 주장의 논지는 한쪽에 과중한 짐을 지우면 다른 한쪽에 피해가 갈 수 있다는 것이었다. 1886년 당시 영국의사협회 회장이었던 윌리엄 위더스 무어William Withers Moore는 다음과 같이 단언하면서 여자를 과도하게 교육하는 것의 위험을 경고했다. 그들은 생식계에 영향을 받고 '학업거식증anorexia scholastica'이라는 장애에 굴복함으로써 다소간에 성욕이 없어지고 틀림없이 결혼을 못 하게 될 것이다.[32] 그 당시 다윈의 성선택 이론의 핵심인 '짝선택'의 중요성은 그다지 유행하지 않았다. 하지만 여자의 지위는 누구와 결혼하느냐에 따라 밀접하게 결정되는 것이 틀림없으므로 결혼 시장에서 기회가 줄어든다는 것은 심각한 사회적 위협이었다.

그 세기는 뇌 차이가 여전히 기정사실인 데 더해 여성의 허약함과 취약함을 인정한 채 막을 내렸다. 고맙게도 이는 당시 문학에서 많은 '미쳤거나 나쁘거나 슬픈' 여주인공들이 분명하게 보여준다. 샬럿 브론테의 『빌레뜨Villette』에 나오는 여주인공 루시 스노우, 조지 엘리엇의 『플로스 강의 물방앗간』에 나오는 매기 털리버, 에밀리 브론테의 『폭풍의 언덕』에 나오는 여주인공 캐서린 언쇼 같은 여자들은 자연스러운 만물의 질

서를 뒤엎어보려고 고집을 부리다 모두 비운에 빠졌다.[33]

영상술의 탄생

뇌 연구 자체에 관해 말하자면 20세기는 제1차 세계대전의 참화로 인해서 슬프게도 사례 연구감을 많이 제공함에 따라 뇌 손상의 결과에 계속 초점이 맞춰진 시기였다. 이때 연구 모델을 수립하는 동안 특정 구조는 특정 기능으로 직접 대응되며 그 구조가 손상되었을 때 어떤 기능을 저해하는지 살펴보면 이 구조가 무슨 일을 하는지 '역대응'이 가능하다고 가정했다. 하지만 우리는 뇌의 다양한 부분이 서로 어떻게 상호작용하는지, 여러 네트워크의 형성과 해체가 매 순간 어떻게 공존하는지에 관해 많은 것을 알고 있다. 이는 특정한 뇌 구조(하드웨어)와 뇌 기능 간에 직접적으로 연관된다고 가정할 수 있는 경우가 거의 없다는 것을 의미한다. 단지 뇌의 특정 부분이 손상되었을 때 특정 기술 또는 단편적 행동이 사라진다고 해서 뇌의 손상된 부분이 그 특정 기술의 통제를 전적으로 책임지고 있다는 의미는 아니다. 불행히도 우리 신경과학자들에게는(하지만 다행히도 우리 뇌 소유자들에게는) 하나의 기술과 하나의 뇌 부분 사이에 깔끔한 일대일 관계가 존재하지 않는다.

뇌가 서로 다른 행동을 어떻게 지원하는지 더 잘 파악하려면 온전하고 건강한 뇌에 접근하여 뇌 소유자가 우리에게 관심 있는 과제를 실행하는 동안에 일어나는 일을 실시간으로 측정할 수 있어야 한다. 뇌에서 일어나는 활동이란 우리의 신경세포 내부와 신경세포 사이에서 일어나는 전기적·화학적 활동의 혼합물이다. 인간을 제외한 동물이나 인간 뇌에 특정 유형의 뇌 수술을 하는 도중에는 이를 단세포 수준에서 볼 수 있지만 이 책에서 논의하는 유형의 인지신경과학 연구에서는 일반적으로 그 활동을 머리 바깥에서 측정해야 한다. 활동 지표로 측정하는 것은 뇌의 서로 다른 경로pathway를 구성하는 세포들의 전기적 상태, 이 전류와 연관된 미세 자기장, 활동으로 바쁜 뇌 영역에 흘러 들어가는 혈류의 특성 따위에서 탐지되는 변화다. 오늘날 뇌를 영상화(imaging을 이 책에서는 문맥에 따라 영상법, 영상술, 영상, 촬영 등으로 다르게 옮겼다. 뇌 영상법은 단순히 뇌 영상을 이용하여 뇌를 연구하는 법을 가리키지만 영상술이라고 표현하면 그 학문이 마술처럼 대중을 현혹하는 측면을 비꼬는 느낌을 담을 수 있다고 생각했다. 그 연장선에서 imager는 영상술사로 옮겼고 실제로 이 책에서 imager란 촬영 기사보다는 저자를 포함해 영상법을 이용하여 연구하는 학자에 가깝다-옮긴이)하는 장치의 기초는 바로 이 작디작은 생물학적 신호를 잡아낼 수 있는 과학 기술의 발전이었다.

뇌 활동을 측정하는 데 처음으로 돌파구가 열린 시점은 1924년 독일의 정신과 의사 한스 베르거Hans Berger가 머리통에 작은 금속 원반들을 테이프로 붙여 그 사람이 긴장을 풀고 있는지, 주의를 기울이고 있는지, 특정한 과제를 실행하고 있는지에 따라 전기적 활동의 패턴이 달라진다는 증거를 보여줄 수 있던 때였다.[34] 한스 베르거는 자신이 포착한 신호가 어디에서 오는지, 사람이 무엇을 하는지에 따라 진동수와 진폭이 다양하게 변화한다는 것을 보여주었다—'알파파'는 사람들이 촉각을 곤두세우고 주의를 기울일 때 가장 뚜렷하게 나타나는 반면, 매우 느리고 비교적 진폭이 큰 '델타파'는 수면 중에 가장 뚜렷하게 나타난다. 그는 자신의 장치를 '뇌전도electroencephalogram'라고 불렀다.

뇌전도 또는 EEG는 인간의 뇌를 영상화하는 모든 기법 중 가장 오래된 것으로서 뇌 영상 연구의 초기 지식 대부분은 이를 근거로 했다. 1932년에는 다중채널 잉크 기록계가 개발되었다. 머리통 여러 부분에 붙인 전극에서 출력되는 신호를 움직이는 종이 뇌파 검사지에 옮김으로써, 예컨대 번쩍이는 불빛이나 간헐적 소리 따위와 연관된 변화를 확인할 수 있었다.[35] 이런 변화는 밀리초 시간 단위로 표시할 수 있으므로 뇌에서 벌어지는 일의 속도를 측정하는 아주 좋은 방법이다. 하지만 전기적 신호는 뇌조직, 뇌막, 두개골 자체를 통과하며 왜곡되기 때문에 이런 변화가 일어나고 있는 **위치**에 대해 과학자들이 신뢰할 만한 그림을 늘 얻을 수 있는 것은 아니었다.

EEG는 최초의 양전자방출단층촬영positron-emission tomography: PET 장치가 개발된 1970년까지 온전한 인간 뇌 활동에 대한 변함없는 주요 정보원이었다. PET는 뇌의 특정 부분에서 활동이 많아지면 그곳의 혈류량이 증가한다는 사실을 이용했다. PET 시스템에서는 소량의 방사성 추적자를 혈류에 주입한다. 이 추적자는 각 뇌의 부위로 흘러가 혈액 속에 있던 포도당이 얼마나 흡수되는지 양에 관심을 집중시키는데, 이는 그곳에서 진행 중인 활동의 양을 측정하는 척도이기 때문이다.[36] PET는 뇌에서 활동의 위치를 알려주는 면에서 EEG보다 훨씬 더 나은 지표였다. 하지만 방사성 동위원소의 사용은 윤리적 문제를 일으켰고 검사할 수 있는 대상도 제한되었다—어린이와 가임 여성은 일반적으로 연구만을 목적으로 하는 프로젝트에서 제외되었다.

이런 문제는 기능적 자기공명영상functional magnetic resonance imaging: fMRI에 의해 극복되었다. fMRI는 1990년대에 출현했는데, PET와 비슷한 방식으로 작동한다. 뇌 활동 증가는 포도당 흡수를 증가시킬 뿐 아니라 산소 요구량도 증가시킨다. 포도당의 경우와 마찬가지로 이 요구량도 뇌 관련 부분으로 더 많은 혈액이 흐르고 흡수한 산소가 그곳의 필요량에 맞게 공급됨으로써 충족된다. 따라서 뇌 활동이 증가하면 산소 수준은 변화할 것이다. 혈액 내 산소 수준에 변화가 생기면 결국 그 혈액의 자기적 성질에도 변화가 생길 것이다. 뇌(사실 그 뇌를 소유한 사람의 머리)를 강한 자기장에 집어넣으면 이른바 혈중산소치의존blood-oxygen-level-dependent:BOLD 반응을 측정할 수 있다. 매우 길고 복잡한 일련의 통계적 분석을 거치고 나면 스캐너의 출력물은 색으로 암호화된 조각보들로 변환된다. 이것을 구조적 스캔 사진—대개 두개골에 들어있는 특징적인 회색과 백색의 뇌 횡단면이나 종단면의 형태—위에 포개면 우리의 머리 안쪽에서 일어나고 있는 일의 영상처럼 보이는 것이 생성된다.[37] 인간 뇌를 대상으로 한 최초의 fMRI 연구들은 우리가 이전에 짐작밖에 할 수 없던 과정에 대해 기막힌 통찰을 제공할 것을 약속했다.

그래도 크기는 중요하다

당신은 우수한 과학기술이 제공되었으니 해묵은 논쟁도 한층 높은 수준으로 올라갔으리라 생각할지도 모른다. '사라진 5온스'나 '호모 파리에탈리스'를 들먹이며 조롱하는 일도, 보잘것없는 턱 각도를 두고 고뇌하는 일도 이제는 더 이상 없어졌을까?

글쎄, 유감스럽지만 당신은 실망할 것이다. '뇌를 탓하라'라는 주문은 조금도 수그러들지 않은 채 계속되었고, '크기가 중요함'을 강조하는 경향은 뇌 영상 데이터를 정밀하게 조사하는 시대에도 '돌출부와 산탄'의 시절과 다름없이 뚜렷했으며, 여자의 뇌에서는 여전히 부족한 점이 발견되고 있었다. 생물학자이자 젠더학 전문가인 앤 파우스토스털링Anne Fausto-Sterling이 지적했듯이 이 쟁점은 '뇌들보 전쟁'에서 완벽하게 요약된다.[38] 나는 여기서 '전쟁'이라는 말을 분별없이 사용하는 것이 아니다—이 분야의 연구자가 최근에 내놓은 한 논평에는 "참호에서 뇌들보와 함께"라는 제목이 달려 있었다.[39]

뇌들보란 뇌의 우반구와 좌반구를 잇는 약 10센티미터 길이의 신경섬유 다리다. 그것은 뇌에서 가장 큰 백질 구조로서 2억 개가 넘는 신경세포에서 뻗어 나온 섬유가 빽빽이 들어 있다. 그것은 뇌의 단면 사진에서 길쭉한 캐슈넛과 비슷한 것으로 분명히 볼 수 있다. 즉 균일한 연회색 모양이 그것을 에워싼 더 어두운 회백질의 소용돌이와 대조되어 쉽게 눈에 띈다.[40]

1982년 미국의 인류학자 랠프 홀러웨이Ralph Holloway는 자신의 학생인 세포생물학자 크리스틴 드라코스테우탄싱Christine DeLacoste-Utansing과 함께 매우 작은 규모(남성 14명, 여성 5명)의 피험자 코호트(어떤 공통점을 지닌 연구용 집단-옮긴이)를 기반으로 하여 뇌들보 크기에서 성차를 발견했다고 보고했다.[41] 그 차이는 뇌들보 전체에서가 아니라 뇌의 맨 뒷부분에서만 발견되었는데, 여성의 경우 그 부분이 더 넓거나 '더 둥글납작한' 것으로 입증되었다. 몇몇 후속 연구가 초기 연구 결과를 지지하는 사례를 일부 추가했지만 사실 통계적으로 유의미한 차이는 아니었다. 코호트 크기로 보나 정말 낮은 통계적 차이의 수준으로 보나 랠프 홀러웨이와 크리스틴 드라코스테우탄싱의 논문은 오늘날 발표되었다면 결코 빛을 보지 못했을 것이다. 그런데도 그것은 뇌 성차 연구에 지속적인 유산을 남겼다.

이 실낱같은 연구 결과는 수년에 걸쳐 다른 연구자들 사이에 진정한

격전을 초래했다. 그리고 뇌에서 찾는 답이 질문방식에 따라 어떻게 달라질 수 있는지에 대한 훌륭한 사례 연구를 제공한다. 코호트를 변형하고 다른 측정 기법을 사용하여 같은 연구를 여러 번 실행해보았다—그런데도 지금껏 합의에 도달한 적이 없다. 왜 그런 것일까라고 당신은 질문할지도 모른다.

먼저 볼품없게 생긴 3차원 구조를 훨씬 더 볼품없게 생긴 유기물 덩어리 두 반쪽짜리 안에 파묻힌 상태로 측정하기가 간단하지 않다는 점에 주목할 만하다. 초기 연구들은 부검한 뇌를 기반으로 했다. 그런 뇌를 깔끔하게 반으로 절개하면 양쪽에 뇌들보 단면이 드러났다. 사진을 찍은 결과 영상을 유리 탁자 위로 다시 투영했다. 그러고 나서 이 영상의 둘레를 (그렇다, 손으로) 그려 서로 다른 하부 구조의 길이, 면적, 너비를 다양한 방법으로 측정했다. 길이의 측정치는 끝에서 끝까지 직선을 긋거나 뇌들보의 형체를 따라 곡선을 그려 계산할 수 있었다.[42] 요즘 자동화 절차는 이런 수동방법을 일부 추월했지만 기본 원리는 거의 변함없이 '따라 그리는 것'이다.

뇌들보와 성차의 관련성을 주장하기 위해 이처럼 다양한 측정치를 이용했던 방식의 수는 범상치 않으며 과거 19세기에 두개골학을 논의했던 방식과 불길하도록 비슷하다. 예컨대 1870년의 한 논문은 두개골학적 측정법을 다음과 같이 설명한다.

> 고정된 지지대 양쪽에 하나씩 박혀 작동하는 두 개의 뾰족한 나사를 써서 두개골을 수평 틀에 매단다. 슬라이드 위에서 움직이는 다른 나사를 사용하면 그 두개골의 위치는 수평면상의 어떤 두 점으로 설정될 것이다. 위아래로 밀 수 있는 수직 막대는 틀의 측면을 따라 미끄러지는데,

안쪽을 향해 수평 막대가 달려 있다. 그것에 직각으로 세로 방향이든 가로 방향이든 필요에 따라 바늘을 달아도 된다. 틀, 막대, 바늘 모두에 인치와 10분의 1인치 단위로 눈금이 새겨져 있어 이를 이용하면 매단 자리로부터 두개골상 어떤 점에 이르는 수직 거리와 수평 거리를 쉽게 측정하여 종이 위에 표시할 수 있으므로 그런 일련의 점들로 도표를 작성할 수 있다. 모눈종이 한 장만 있으면 두 줄을 넘지 않는 일련의 숫자를 가지고 몇 분 만에 그런 도표를 작성할 수 있다.[43]

이제 이것을 뇌들보 측정법에 대한 2014년의 설명과 비교해보자.

한 명의 평가자(M. W.)가 뇌들보 양쪽의 윤곽선을 그렸고 상단과 하단은 앞쪽 끝점과 뒤쪽 끝점을 기준으로 정의했다. N의 뇌들보를 가르는 중간선(즉 뇌량의 윗변과 아랫변에 대략 평행하게 뇌들보 중심을 부리부터 꼬리까지 꿰뚫는 선)을 대칭-곡률 쌍대성 정리Symmetry-Curvature Duality Theorem, Leyton(1987)로 정의한 다음 400개의 등거리 점으로 분할하여 상단과 하단에 대응되는 400개의 점을 찍었다. 상단 대응점과 하단 대응점 사이의 거리를 그 수평면에서 측정한 뇌들보의 두께로 정의했다. 400개의 두께 값을 색으로 암호화하여 N의 좌측 뇌들보 공간으로 대응시켰다. 400개의 값을 평균하여 뇌들보의 평균 두께를 정의했지만 뇌들보 중간선 길이는 400개의 인접한 점 사이의 거리를 합하여 정의했다.[44]

거의 150년 동안에도 상황이 많이 진전되지 않은 것처럼 보이지 않는가? 우리가 보고 있는 것이 세부 사항에 대한 특별한 관심일 뿐인지, 아니면 종류를 불문하고 차이를 발견할 방법을 찾기 위한 필사적 수색

인지는 잘 모르겠다.

뇌들보 전쟁에서 얻을 두 번째 교훈은 뇌를 비교할 때 어떤 것을 '더 크다'고 묘사하는 것이 생각만큼 간단하지 않다는 것이다. 주요 쟁점은 평균적으로 남자 뇌가 여자 뇌보다 더 큰데, 그 사실이 그 뇌 안의 모든 구조에 영향을 미친다는 것. 뇌 안의 모든 구조가 그렇듯 뇌가 더 크면 뇌들보도 더 크다. 편도체, 해마와 같은 주요 구조도 마찬가지인데, 이를 두고 유사한 전쟁을 치러왔다(그리고 여기서도 남녀의 '자연스러운' 기질과 능력에 관한 주장을 뒷받침하기 위해 그런 크기 차이의 중요성을 비슷하게 징집해왔다).

그런 논란을 해결하려면 뇌 크기의 차이를 '보정'하는 **합의된** 방법이 필요하다. 그런데 악마는 '합의된'이라는 단어에 있다. 연구 초기에는 뇌 무게를 크기의 좋은 지표로 삼아 그에 대해 통계적으로 보정했는데, 뇌 면적이 더 적절하다고 생각한 사람들도 있었다. 연구 후기에는 뇌 부피를 통제하기에 더 나은 변인變因이라고 생각했지만 이것은 비례 축소scaling의 문제에 가까우므로 뇌들보의 크기를 뇌의 어떤 측면에 대한 비율로 보고해야 한다고 느낀 사람들도 있었다.[45] 하지만 무엇에 비례할까?

마치 모든 사람에게 자신이 가장 좋아하는 뇌의 부분이 있는 것처럼 모든 사람이 저마다 다른 부분을 기준으로 뇌들보의 크기를 비교하고 싶어 했다. 그리고 자신의 선택에 동의하지 않는 자에게는 저주를 서슴지 않았다. 이런 유형의 논쟁에 분통이 터진 그 분야의 두 연구자는 다음과 같이 수사적修辭的으로 의문을 표현했다.

> 연구자는 뇌들보의 비례를 평가하기 위한 대조 기관을 어떤 근거로 선택할까? 뇌 크기가 당연한 것 같지만 뒤통수엽이나 뇌실의 부피, 척수의 길이, 팽창한 동공의 크기, 아니면 왼쪽 엄지발가락 부피의 0.667제곱

가운데 하나를 근거로 삼는 것이 어떤가?[46]

나는 더 불경하게도 순간순간 영화 〈라이프 오브 브라이언Monty Python's Life of Brian〉을 떠올린다. 영화에서 군중은 "조롱박을 따르라"고 계시를 받지만 결국은 다른 형태의 성스러운 징후가 나타나면서 계시는 "신발을 따르라"로 바뀐다.

하지만 설령 보정에 대해 모종의 합의에 도달할 수 있다고 해도 차이란 실제로 무엇을 의미할까? 뇌들보가 더 크거나 더 넓다면 그것은 무엇을 의미할까? 여성의 뇌들보가 **실제로** 남성형과 다르다면 그것을 어떻게 행동의 성차, 즉 애초에 이 준비 운동의 취지였던 설명으로 연계할까? 이런 연구치고 그 잡다한 크기를 측정하는 동시에 종류를 불문하고 행동적 차이를 실제로 측정한 경우는 매우 드물다.

두 반구 사이의 다리가 더 크다면 원리적으로 둘의 상호소통은 더 원활할 것이 틀림없다. 신경심리학 연구 초기에 우뇌가 감성적·보편적 처리 기술을 지원한다는 의견이 있었다. 우반구가 손상된 환자에게 이런 기술이 부족할 가능성이 더 컸기 때문이다.[47] 그리고 폴 브로카와 그의 추종자들을 통해 알았듯이 좌뇌는 언어와 논리를 담당했다. 그러므로 여자가 일반적으로 뇌들보가 더 크다면 그것은 말할 것도 없이 그들이 대화의 감성적 뜻을 알아차리는 데 능하거나 누군가가 일일이 설명해주지 않아도 무슨 일이 벌어지고 있는지 분간할 수 있는 이유(다시 말해 직관)여야 했다. 반구 사이의 소통이 덜 쉽다는 것은 각 반구는 내버려두어도 고유의 강점 기술만으로도 잘 해나갈 수 있음을 뜻했다. 남성의 냉정하리만치 논리적인 좌반구는 시끄러운 감성적 침입자 때문에 산만해지는 일 없이 세상과 맞설 수 있는 반면, 그의 우반구의 기막히게 효율적인 공간 능력은 레이저처럼 당면 과제에 집중될 수 있을 터였다. 이런 이유로 남자의 뇌들보가 가동하는 더 효율적인 필터링 메커니즘은 그들의 수학적·과학적 천재성(덤으로 체스를 두는 재기), 산업계의 지도자가 되고 노벨상을 탈 권리 등등을 설명했다. 이 경우 '크기의 문제' 전쟁에서 뇌들보에 관해서 만큼은 작은 것이 아름답다.

하지만 앞에서 이야기했듯이 이것의 근본적 문제는 뇌 구조와 행동의 **종류를 불문하고** 뇌 구조의 크기와 그 구조가 관련될지도 모르는 행동의 표현 사이 관계를 아직 잘 모른다는 것이다. 매우 기초적인 수준에서 말하자면 민감한 신체 부위일수록(예컨대 등이 아니라 입술) 그 특별한 신체 부위에서 오는 정보를 처리하는 데 더 큰 면적의 감각겉질이 사용된다는 것을 알고 있다.[48] 우리는 훈련 연구를 통해 특별한 기술과 관련된 뇌 영역이 기술을 습득함과 동시에 크기가 커지는 것을 볼 수 있다는 사실을 알고 있다.[49] 양적 상관관계와 질적 연관성을 아는 셈이지만 종류를 불문하고 인과관계를 모형화하려면 아직도 갈 길이 멀다. 이 책 뒷부분에서 살펴보겠지만 특정한 구조와 특정한 행동 측면 사이의 연계성은 너무나도 자주 '기정사실'로 가정되지만 언급한 구조의 어떤 조사에도 행동 자체는 아마 포함되지 않았을 것이다. 여자는 더 넓은 뇌들보 고속도로를 가지고 있다? 그래, 그 때문에 그들이 멀티태스킹의 명수인 것이다! 여성의 우반구는 언어학적 수다로 시끌시끌하다? 여자들이 지도를 못 읽는 것은 당연하다!

그리고 여기서 집중적으로 다룰 21세기 쟁점은 다음과 같다. 누구의 뇌들보가 가장 큰가에 관한 이 모든 논란에서 뇌의 가소성은 어떻게 되었을까? 뇌 경로가 약 30세까지 계속 발달할 수 있고 뇌들보가 사춘기를 훌쩍 넘어서까지 증가하는 것으로 밝혀졌다는 사실을 명심하면 이 시간 동안에 세상이 영향을 미칠 여지는 어마어마하게 많다. 예컨대 한 연구는 현악기 연주자(두 손이 비대칭으로 관여하는 경우)가 피아노 연주자(손을 대칭적으로 사용하는 경우)나 음악을 하지 않는 사람보다 뇌들보 신경섬유에서 전송 속도가 더 빠르다는 것을 보여주었다.[50] 그러므로 설사 뇌들보 전쟁에서 다양한 분파가 그들이 사용할 척도에 관해 합의한다고 해도 성차에 관해 그다음에 나올 모든 결론은 사회적·경험적 요인을 고려해야 한다.

뇌들보 이야기는 뇌에서 성차를 측정하려는 시도를 둘러싼 많은 쟁점을 요약한다. 측정방법에 관한 복잡한 논란이 있을 뿐 아니라 발견될 차이의 기원에 관해 잇따르는 의견 충돌도 있고, 그 차이가 무엇을 의미하는지에 관해서도 훨씬 더 격렬한 논란이 있다. 그런데도 남성의 뇌들보보다 여성의 뇌들보가 더 크다는 단도직입적 진술은 대중주의 '성차' 문헌에 여전히 존재하고 우뇌/좌뇌 미신을 계속 지원하며 진지하게 인용된다.[51]

열광적으로 논쟁이 되는 또 다른 척도는 뇌 안의 백질 대 회백질 비율, 즉 뇌에 있는 신경세포(회백질)의 총부피와 그 세포들을 연결하는 경로(백질)의 총부피 사이의 균형이다. 1999년 루벤 구르Ruben Gur와 라켈 구르Raquel Gur의 실험실에서 구조적 MRI 초기 기술을 사용하여 이 특별한 뇌의 성차에 대해 보고한 이후 같은 실험실에서 그런 보고가 많이 나왔다.[52] 여성은 회백질 부피의 백분율이 더 높은 데 반해 남성은 백질 부피의 백분율이 더 높다는 결과가 나왔다. 회백질은 더 큰 뇌에 더 광범위하게 분포하여 추가로 더 긴 통신로를 요구할 것이므로 후속 연구 네 건은 뇌 부피에 대해 보정을 했다. 회백질과 백질 모두 비례 축소 쟁점에 의해 영향을 받을 수 있기 때문이다.[53] 두 건은 여성의 회백질/백질 비가 더 높다고 보고했고 두 건은 남녀 차이를 전혀 보고하지 않았다. 나중에 이 연구를 포함하여 150건이 넘는 연구를 살펴본 리뷰 논문의 결론에 따르면 실은 남성의 종합적 회백질 부피 백분율이 더 높았다(원래의 연구 결과가 뒤집혔다).[54] 뇌 전반에 걸쳐 어디에서 이 성차를 찾을 수 있는지에 뚜렷한 지역적 편차가 있다는 점도 명백하다. 그러므로 이 회백질/백질 척도는 여자의 뇌와 남자의 뇌를 구별하는 데 유용한 방법처럼 보이지 않을 것이다.

그 점은 현재진행형인 논쟁에서 그것을 증거로 계속 사용하는 데 걸림돌이 되지 않았다. 회백질과 백질의 성차라는 쟁점은 또 하나의 흥밋거리 정보가 되어 대중주의 문헌에서 뇌 미신으로 둔갑했다. 2004년 한 연구에서는 남자 21명과 여자 27명을 대상으로 지능지수 점수와 뇌 안의 회백질과 백질 측정치 사이의 상관관계를 살펴보았다.[55] 연구자들은 남자의 뇌-지능지수 상관관계가 회백질에서 더(사실은 여자보다 6.5배 더) 의미 있는 데 반해 여자의 뇌-지능지수 상관관계는 백질에서 9배 더 유의미하다고 보고했다. 단지 이 두 측정치를 우연히 함께 얻었다는 것일 뿐 이 상관관계가 실제로 무엇을 의미하는지에 대한 실질적 논의는 전혀 없었다. 여기서 턱 돌출도와 이마 기울기를 상기하는 것은 어려운 일이 아니다.

그 연구는 여자의 지능지수 성적이 정보를 종합하여 소화하는 것(뇌에서 더 많은 경로를 사용하는 것)과 관계있는 데 반해 남자는 초점이 더 국지적이라는 점을 입증한 것으로 과학 언론에서 보도되었다. "남녀의 지능은 회색과 백색의 물질이다" 그리고 (물론) "남자와 여자는 실제로 다르게 생각한다" 따위의 헤드라인은 구조-기능 관계의 조잡하고 다소 신비스러운 척도를 사용한 이 초기의 소규모 연구가 주로 단성單性 학교교육(남녀공학을 폐지하자는 주장-옮긴이)이나 여성 과학인의 과소대표성(인구에 비해 지나치게 적음--옮긴이)을 논의하는 맥락에서 지금까지 거의 400회나 인용될 것을 보장했다.

우리는 '뇌를 탓하라' 캠페인을 과거 시점부터 추적하여 과학자들이 여자를 제자리에 묶어둘 뇌 차이를 얼마나 근면하게 추구해왔는지 알게 되었다. 하등한 여성 뇌를 특징지을 측정의 단위가 존재하지 않으면 발명이라도 해야만 했다! 이 측정 열풍은 20세기에도 계속되었다. 영상화 기법은 분명 두개계측법의 캘리퍼스나 골상학의 돌출부보다 정교했지만 물론 어떤 유형의 척도를 사용할지에 관한 똑같은 종류의 논쟁도 일부 있었다. 그 캠페인은 전부 다 차이의 단언과 그 차이를 찾으려는 사냥으로 시작되었고 이 추진력은 이후 수십 년 동안 계속해서 연구 계획에 동기를 부여했다.

20세기가 밝아오자 과학자들은 여자의 취약한 생물학을 입증할 증거물이 나올지도 모르는 또 다른 연구 소재, 이른바 여자의 '날뛰는 호르몬'으로 관심을 돌렸다. 완전히 새로운 수색이 시작될 것이었다.

그녀의 날뛰는 호르몬

인간 뇌의 성차와 행동의 연계성에 관한 모든 논의에서 자주 나오는 질문이 있다. "호르몬은 어떤가?" 행동의 성차가 뇌의 작용 못지않게 이 화학적 전달자의 작용과 연관 있다는 믿음은 우리의 기술, 적성, 흥미, 능력에 대한 대중 생물학적 설명에 확고하게 자리 잡고 있다. 남자의 재정적 성공(또는 실패)과 리더십 기술, 공격성, 심지어 문란한 성생활은 그들의 높은 테스토스테론 수치 탓으로 여겨진 데 반해 여자의 양육 기술, 훌륭한 생일 기억력, 바느질 재능은 그들의 에스트로겐 수치에 달려 있는 듯하다.[1] 사실 호르몬이 뇌의 성차를 직접 책임진다고 주장된다. 즉 출생 전에 테스토스테론에 노출된 적이 있느냐 없느냐에 따라 남성과 여성의 갈림길에서 뇌 발달이 다르게 설정된다는 것이다.[2]

20세기 초에 최초의 호르몬이 발견되면서 행동의 화학적 통제로 관심이 집중되자 연구자들은 생식샘과 분비샘을 측정하고 조종하여 이것이 샘 소유자의 행동에 어떻게 영향을 미치는지 알아보고자 했다.

모리셔스계 프랑스인 생리학자 샤를에두아르 브라운세카르Charles-Edouard Brown-Séquard는 혈류로 분비되는 모종의 화학 물질이 멀리 있는 기관을 통제할 수 있다고 처음으로 추측했다.[3] 그는 기니피그와 개의 고환을 곱게 간 칵테일을 제조하여 용감하게 직접 마셨고 이후 활력과 정신적 명료함이 증가된 것을 느꼈다고 보고함으로써 이를 검증했다. 그런 화학 물질 중 처음으로 확인된 세크레틴은 1902년 영국 의사 어니스트 스탈링Ernest Starling이 생리학자 윌리엄 베일리스William Bayliss와 함께 연구하다가 발견했다.[4] 그들은 이제 호르몬('휘저어 작용을 일으키다'를 뜻하는 그리스어에서 유래)이라고 명명한 이 화학 물질이 작은창자의 분비샘에서 만들어지고 췌장을 자극할 수 있다는 것을 입증했다. 잇따라 이런 화학적 조절제 또는 생체 조절 물질이 생산되고 작용하는 많은 위치가 빠르게 발견되었다. 예상할지도 모르겠지만 성 관련 행동과 성차의 조절을 조사하는 작업은 초기 연구 프로젝트의 목록 맨 위에 있었다.

다양한 동물에 고환을 이식한 효과는 18세기부터 연구되어왔지만 생식기 발달을 결정하고 번식 행동을 조절하는 호르몬인 안드로겐, 에스트로겐, 프로게스토겐은 1920년대 말과 1930년대 초에 확인되었다.[5] 마찬가지로 월경과 관련된 여성 특유의 분비물이 존재함을 암시하는 사실로서 난소 추출물이 안면 홍조 치료에 효과적이라는 것도 19세기 말에 이미 밝혀졌다.[6]

주요 안드로겐인 테스토스테론은 황소 고환에서 분리한 1935년에 명명되었다. 테스토스테론을 발견한 화학 교수 프레드 코크Fred Koch(아니다, 정말이다)(유명한 미국의 석유 재벌 코크 형제의 아버지가 아니라 동명이인이라서 붙인 저자의 농담-옮긴이)는 거세한 수탉 또는 쥐에게 이 호르몬을 주입하면 수컷다움을 되찾을 수 있다는 것을 보여주었다. 예컨대 거세된 수

닭의 쪼그라들었던 볏이 부풀어 올라 이전의 영광을 되찾는 모습을 보였다.[7] 이는 정력을 개선한다고 주장하는 다소 기괴한 치료법들의 근거가 되었다(시간이 날 때 '슈타이나셰트Steinached'가 무엇을 수반했는지 알아봐도 좋을 것이다).[8]

이른바 여성 호르몬에 관해서는 난소에서 생성된 분비물이 비인간 암컷에게 주기적인 성적 활동을 유발한다는 사실이 1906년에 밝혀져 있었다.[9] 이것은 에스트로겐oestrogen으로 명명되었는데, 어원은 그리스어 오이스트루스*oistrus*(미친 욕망)와 게난*gennan*(생산하다)이다(따라서 명명한 과학자의 젠더도 짐작할 수 있을 것이다). 1930년대 초에 다양한 에스트로겐(에스트론, 에스트리올, 에스트라디올)이 호르몬으로 분리되고 합성되었다. 예컨대 비인간 암컷 동물에게서 사춘기의 개시를 유도하고 수컷 쥐에게서 암컷 같은 성적 행동을 유도할 수 있는 것으로 밝혀졌다.[10]

한 가지 유의해야 할 점이 있다. 안드로겐은 남성 호르몬으로, 에스트로겐과 프로게스토겐은 여성 호르몬으로 기술되더라도 이것들은 남성과 여성 우리 모두에게서 똑같이 발견된다. 초기에는 남자에게서 발견되는 에스트로겐이 실은 그들이 먹은 쌀과 고구마에서 나온다는 의견도 있었다—따라서 짐작건대 그 분야는 에스트로겐의 부정적 측면에 대해 여자에게서 발견되는 천연 불변의 형태만을 마음껏 탓할 수 있었을 것이다.[11] 남자와 여자 사이에서 달라지는 점은 각각의 수치이다. 테스토스테론의 범위는 자연히 여자보다 남자가 일반적으로 더 높고 에스트로겐은 남자보다 여자가 더 높다. 하지만 호르몬과 관련된 행동의 성차를 설명하고자 한다면 이 이중 소유권을 명심할 가치가 있다.

초기 뇌 연구가 그랬듯이 이 새로이 발견된 화학적 행동 조절 수단도 성차와 어떻게 연관되는지 알아보려는 열의가 있었다. 특히 '성' 호르몬은 비인간 동물의 행동 중 잘 차별화된 측면, 즉 번식에서 암수가 담당하는 서로 다른 역할과 분명하게 연관되었기 때문이다. 하지만 인간을 대상으로 그것을 어떻게 조사할까? 정소(고환) 또는 난소의 분비물을 섭취하는 영웅적 행위는 증거물 탐색에서 유용성에 다소 한계가 있다고 금세(그리고 다행히) 인정되었다. (마찬가지로) 수컷 쥐를 일찍이 거세한 다음 에스트로겐을 주입한 효과에 해당하는 것을 인간에게서 찾아내기도 까다로울 터였다.

게다가 행동의 어떤 측면을 조사해야 했을까? 만약 성취도 높은 인간 수컷과 정서적으로 불안한 인간 암컷이 우등한 존재와 열등한 존재로 대비되는 요즘의 사회적 현상을 설명하는 것이 당신의 관심사라면, 양성兩性의 번식 습관을 비교하는 작전은 당신이 바라는 만큼 정치적으로 흥미로운 사실을 드러내지는 않을 것이다. 관심은 여자의 근본적 불합리성과 정서적 불안정이 오르락내리락하는 것으로 '유명한' 그 월 주기에 집중되었다. 그 주제에 관해서라면 앞 장에서 살펴보았듯이 19세기 남성 전문가들이 너무도 열정적으로 상술해둔 터였다. 샤를에두아르 브라운세카르가 암컷 생식기를 기본 재료로 수컷 생식기 칵테일에 어울리는 칵테일을 만들어 마셔보지 않은 이유는 어쩌면 정신적 명료함을 상실하는 참사를 경험할까봐 두려워서가 아니었을까? 19세기 월경에 관한 J. 맥그리거 앨런의 우려에 이미 암시되었듯이 '날뛰는 호르몬' 문제는 왜 여자에게 권력을 부여하는 것이 바람직하지 않은가에 대한 **오늘의** 설명이 되었다.

월경주기: 심술궂고 변덕스럽다던데, 사실인가

월경주기 동안 여자의 행동 변화를 추적하는 것은 그런 데이터의 인기 있는 출처였다—그리고 역사적으로 여자를 권력과 영향력 있는 위치에서 떼어놓아야 하는 마땅한 이유로 제시되어왔음은 말할 필요도 없다. 1931년 부인과 의사 로버트 프랭크Robert Frank는 월경 직전에 '어리석고 신중하지 못한 행동'을 보이는 자신의 여자 환자들을 관찰한 바에 따르면 새로이 발견된 호르몬들과 '월경전긴장premenstrual tension: PMT'의 발병률 사이에 연계성이 있다고 제의함으로써 그 관념에 과학적 신빙성을 더했다. 이것이 지금 악명 높은 '월경전증후군premenstrual syndrome: PMS'의 탄생이었다.[12]

1960년대와 1970년대에 활동한 영국의 내분비학자 캐서리나 돌턴Katherina Dalton은 다수의 신체적·행동적 관련 증상을 함께 묶어 월경전기前期에 확실하게 연계시키고, 분명한 생물학적 원인은 호르몬 불균형이라고 밝힘으로써 실제로 PMS에 의학적 증후군의 정체성을 부여했다.[13] PMS는 서양문화에서 널리 인정되는 현상이 되었다. 월경이 시작되기 며칠 전은 부정적 기분, 학교나 직장에서의 저조한 성과, 인지 능력의 총체적 저하, 사고율 증가의 극적 분출과 관련 있다고 한다. 미국에서는 여성의 80퍼센트가 정서적·신체적 월경전 증상을 경험하는 것으로 추정된다.[14] PMS는 대중문화에도 확고부동하게 자리를 잡았다. 우리는 대중문화에서 지옥 같은 주간을 겪는 통제 불능의 여자들을 통해 월경전 광란과 호르몬 롤러코스터에 관한 여론을 찾아볼 수 있다.[15]

흥미롭게도 세계보건기구의 설문 조사 결과는 월경전기와 관련 있는 불평의 유형에 문화적 차이가 있음을 시사한다. 앞에서 보고된 정서적 변화는 거의 전적으로 서유럽, 오스트레일리아, 북아메리카에서 발견되는 데 반해, 중국 등 동양문화권 여자는 부종 같은 신체적 증상에 주목하고 정서적 문제는 거의 언급하지 않을 가능성이 더 크다.[16]

1970년 당시 미국 민주당 국가우선순위위원회 위원이었던 에드거 버먼Edgar Berman 박사는 여자는 '날뛰는 호르몬으로 인한 불균형' 때문에 지도자 위치에 부적합하다고 선언했다. 그의 추론에 따르면 한 달에 며칠씩 이성을 잃지 않으리라고 믿을 수 있는 여자는 초경 전과 완경 후의 여자뿐이었다. 그는 한 여성 은행장이 "그 특별한 기간에 대출을 해주고 있다면, 아니 설상가상으로 어느 폐경기 여자가 백악관에서 **피그만, 단추**('피그만 침공', 즉 미소 냉전시대에 케네디 대통령이 쿠바를 공격한 여파로 핵전쟁이 일촉즉발이었던 상황을 일컫는 단어로 중대한 결정을 내려야 하는 상황을 비유--옮긴이), 안면 홍조(호르몬에 의한 신체반응, 즉 호르몬에 영향 받는 중이라는 비유--옮긴이)를 동시에 맞닥뜨렸다면" 어떨지 상상해보라고 말했다.[17] 그런 '기질적인 정신 생리를 지닌 인간'을 우주선에 태우도록 권할 수 없었기 때문에 여자는 처음에 우주 계획에서도 제외되었다.[18]

서양에서 PMS의 개념은 너무나도 잘 확립되어 있어 일종의 자기충족적 예언이 될 수 있고 다른 요인에서 기인할 수 있는 사건을 설명하거나 비난받는 데 사용된다. 한 연구는 상황적 요인이 동등하게 곤란의 원인일 수 있을 때조차 여자는 부정적 기분에 대해 자신의 월경과 관련된 생물학적 문제를 탓할 가능성이 더 크다는 것을 보여주었다.[19] 또 다른 한 연구는 실제처럼 보이는 생리학적 측정을 통해 가짜 피드백을 받아 '깜빡 속아서' 자기가 월경전기라고 생각한 여자가 월경간기間期라고 믿은 여자보다 부정적 증상이 발생했다는 보고를 유의미하게 더 많이 한다는 것을 보여주었다.[20]

하지만 월경전증후군이란 정확히 무엇인가? 그것의 유무는 어떻게 아는가? 그것의 원인은 무엇인가? 이런 질문에 대한 답은 간단하지 않다. 정의에 관해 이것은 '모호하고 다양하다'고 알려졌다.[21] 조사할 행동적 변화가 어떤 것인지 합의된 정의는 없는 것 같다. 100개 이상의 '증상symptom'(원문 그대로임)이 확인되었는데, 일부는 신체적인 '통증'이나 '부종' 따위, 일부는 정서적인 '불안'이나 '과민' 따위, 일부는 인지적인 '업무 수행력 저하' 따위, 일부는 훨씬 더 불분명한 '판단력 저하' 따위였다. 부정적 사건이 심하게 강조되어 있다. 사실 그런 사건에 관한 자료를 수집하기 위해 가장 자주 사용되는 설문지에는 "무스 월경 고충 설문지Moos Menstrual Distress Questionnaire: MDQ"라는 제목이 명백하게 달려 있다(무스라는 이름은 설문지의 사용자가 아니라 저자를 가리킨다).[22] 그 설문지는 여자들에게 46가지 증상을 '경험한 적 없다'부터 '극심하다 또는 부분적으로 무력해진다'에 이르는 척도로 평가하도록 요구한다. 예컨대 '건망증', '주의산만성', '혼란'과 같이 거의 모두 행동적 증상인데, 다섯 가지만 '에너지 폭발', '질서 정연', '안녕감'과 같은 긍정적 증상이다. 흥미롭게도 연구를 통해 월경을 한 번도 경험한 적 없는 개인이 MDQ 작성을 요청받았을 때 월경을 한 여자와 구별할 수 없는 프로필을 제시한다는 것이 밝혀졌다.●[23]

보다 최근의 연구는 실제 여성 호르몬과 **긍정적** 행동 변화 사이에 연계성이 있을 수 있음을 보여주었다(물론 귀스타브 르봉, J. 맥그리거 앨런, 에드거 버먼의 학파 사람들에게는 관심의 초점이 아닐 것이다). 부상하는 여론은 다음과 같다. 가장 신뢰할 만한 연구 결과는 이른바 결손이 월경전기에 두드러진다고 주장했던 쪽이 아니라 인지적·정동적情動的 처리의 **향상**이 배란기와 배란후기에 연관된다는 쪽이다. 인지 기능과 정서 처리를 월경주기 전 기간에 걸쳐 측정했고 척도로 fMRI뿐 아니라 호르몬 분석을 포함했던 연구들을 체계적으로 재검토한 근래의 리뷰 논문에서 언어적·공간적 작업 기억 분야의 수행력이 향상된 시기는 에스트라디올 수치가 높았던 시기와 관련 있는 것으로 밝혀졌다.[24] 정서 인식의 정확성과 정서적 기억력의 향상 같은 정서 관련 변화도 에스트로겐과 프로게스테론 수치가 모두 높았을 때 발견되었다. 이 경우는 뇌의 정서 처리 네트워크에 속하는 편도체의 반응성 증가와도 관련이 있다. **배란 쾌감 설문지** Ovulation Euphoria Questionnaire는 아직 본 적도 없는데 말이다!

PMS 이야기는 생물학을 행동과 연계하는 데 자기충족적 예언이 하는 역할 연구에 멋진 사례를 제공한다. 어느 모호한 현상이 매우 편향된 자기보고를 통해 규정된 이후로 어떤 행동적 사건을 가져다 걸기만 하면 확실하게 '증상'이라는 꼬리표를 달아주는 데 더해 이런 생물학적 현상이 여자(그리고 그 주위 사람)에게 일으킬 수 있는 문제를 강조까지 해주는 유용한 고리가 되었다. 행동 변화가 월경주기와 관련된 호르몬 변화와 어떻게 연계되는지 추적함으로써 인과관계를 확립하는 데 이상적인 방법처럼 보였던 것은 정형화된 믿음이 너무도 확실히 정립되면 그 믿음에서 언급되는 당사자마저 그것을 믿게 될 수 있음을 보여주는 하나의 예가 되었다.•

인과관계를 확립하는 다른 방법을 찾다 보면 다시 동물 연구에 이르게 된다. 초기 연구에서는 호르몬이 암수 생물의 주요한 신체적 차이를 결정지을 수 있고 적어도 비인간 동물에서는 호르몬이 번식 관련 행동도 조절한다는 것을 보여주었다. 발정기에 암컷은 수컷을 찾아 몸을 바치고 (수컷은 의무적으로 암컷에 올라타고) 갓 태어난 새끼의 어미는 적절한 새끼 돌보기 기술을 보여준다.[25] 남성스러운 행동과 여성스러운 행동의 측면이 이처럼 다른 것은 뇌 경로에 작용하는 호르몬이 달라서라는 의견이 제기되었다. 훨씬 더 급진적인 의견은 호르몬이 더 근본적인 역할을 한다는 것과 실제로 뇌를 다르게 조직화한다는 것이다. 따라서 남성 호르몬은 남성스러운 노선을 따라 뇌를 발달하게 함으로써 '남성 뇌'를 만들고 여성 호르몬은 '여성 뇌'를 만든다. 이는 뇌 조직화 이론brain organization theory으로 알려져 있다.[26]

이제 우리는 포유류 태아기의 호르몬 활동이 성별을 결정하는 데 대단히 중요한 역할을 한다는 것을 안다. 생식샘으로 말하자면 인간의 경우 수태 후 약 5주까지 남성 태아와 여성 태아를 구별할 수 없다. 이 시기가 지나야 여성(XX) 태아는 난소가 발달하는 반면 남성(XY) 태아는 정소가 발달할 것이다. 직후에 정소에서 테스토스테론 생산이 급증하는데, 이 시기는 임신 약 16주까지 이어진다. 그다음부터 태어날 때까지 테스토스테론 수치는 남자아이나 여자아이나 별반 다르지 않다. 이런 출생 전 호르몬 차이의 결과는 보통 태어날 때 신생아의 외부 생식기를 보면 즉시 분명해진다—음경이 보이면 남자아이, 음핵이 보이면 여자아이다. 뇌 조직화 이론은 이렇게 제안한다. 남성 태아에게 일어나는 출생 전 호르몬 활동은 개인의 생식샘에만 국한되는 것이 아니라 뇌를 '남성화'할 것이다. 남성에게서 특정 종류의 신경 영역을 결정하여 그들을 테스토스테론에 절여진 경험이 없는 여성과 구별한다는 말이다. 이런 뇌 차이는 그들의 인지적 기술과 정서적 특성뿐 아니라 성적 취향과 직업 선택 면에서도 틀림없이 차이를 결정할 것이다.

뇌 조직화 이론의 근거는 기니피그에 관한 초기 연구였다. 1959년 캔자스대학 내분비학과 대학원생 찰스 피닉스Charles Phoenix는 지도교수 윌리엄 영William Young의 팀과 연구하여 암컷 기니피그에게 출생 전에 테스토스테론을 투여하면 사춘기에 이르렀을 때 암컷이 아닌 수컷의 특징적인 짝짓기 행동을 보이며 다른 암컷 기니피그에 열심히 올라타려고 한다는 것을 입증하는 논문을 출판했다.[27] 이는 호르몬이 충분히 일찍 투여되면 매우 오래 지속되는 효과를 볼 수 있다는 점을 시사했다.

뇌 조직화 이론이 암묵적으로 이야기하는 한 가지는 여성스럽거나 남성스러운 생식기의 구조와 기능이 고정불변인 것처럼 여성스럽거나 남성스러운 뇌의 특성도 그렇다는 것이다. 더 정교화된 이 이론은 활성화하거나 '스위치를 켜는' 과정을 언급했다. 출생 전 조직화가 뇌의 관련 구조를 정해진 성별 종점까지 안내했다면 이런 구조는 사춘기 개시와 가장 흔히 연관되는 미래의 모든 호르몬 변동 효과를 위해 기반을 형성할 것이다. 그러므로 남성화되거나 여성화된 뇌 구조는 남성 호르몬이나 여성 호르몬에 다르게 반응한 결과로 '성에 적절한' 행동을 초래할 것이다.

뇌 조직화 이론은 남녀의 생물학적 차이가 행동적 차이를 결정한다는 논증의 사슬에서 '빠진 고리'인 것처럼 보였다. 남성과 여성이 다른 이유는 생식 기관을 결정하는 화학 물질이 뇌의 주요 구조와 기능도 결정하기 때문이었다. 이 이론은 번식과 연관된 성차와는 유형이 다른 성차의 영역으로 더 확장될 것이었다. 이를테면 '거친 신체 놀이rough and tumble play'나 공간적·수학적 기술은 테스토스테론 노출과 연관되고 양육이나 인형 놀이는 에스트로겐 수치와 연계된다고 주장되었다.[28]

그런 주장을 검증하려면 호르몬, 뇌, 행동을 성별로 모니터해야 할 뿐 아니라 다양한 종류의 호르몬 조작을 동성 내와 이성 사이에서, 출생 전과 출생 후에도 시도해야 할 터였다. 그 이론을 위한 기초적 증거는 그때까지 난소 절제나 거세처럼 가혹한 신체적 개입으로 동물의 호르몬 수치를 조작한 다음 교미나 승가mounting, 척주전만lordosis(일부 동물이 성적 수용성을 암시하면서 취하는 자세)의 빈도와 같은 행동에 미치는 효과를 지켜보는 방법에 기반해 온 터였다. 앞에서 지적했듯이 이것은 인간을 대상으로 거의 똑같이 시도해볼 수 있는 것이 아니다. 비인간 동물을 대상으로 실행되는 연구가 인간 연구를 위한 적절한 대용물이라고 인정하거나 연구자들이 호르몬 수치의 전형적·비전형적 변동을 활용해야 할 것이었다.

생쥐처럼 사람도 같은 결과를 보이는가

20세기 전반 생물학자들은 이른바 '동물 모델'을 사용하는 것이 어울리지 않는다고 보지 않았다. 모든 포유류 사이에는 모종의 생리학적 등가성이 있다는 가정이 있었고, 이는 한 집단(쥐, 원숭이)에서 다른 집단(인간)으로 생물학적 측정에 관한 결론을 연장하는 것을 정당화할 수 있었다.

행동적 등가성이라면 좀 더 문제가 될 수 있다고 당신은 생각할지도 모른다. 예컨대 쥐의 미로 학습 행동을 인간 남성의 공간 인지 기술과 동일시할 수 있을까? 당시 심리학적 사조는 행동주의였다. 이 학설은 인간 행동과 비인간(동물) 행동 사이의 유사점을 찾는 것이 적절하다는 생각에 기반을 두었다. 행동주의는 분명히 관찰되고, 객관적으로 측정되고, 기록된 다음 합의된 규칙에 따라 해석할 수 있는 활동과 사건만 심리학의 소재로 인정할 수 있다고 명시했다.[29] 내면의 생각이나 느낌에는 호소하지 않았다. 행동 규칙은 주의 깊게 통제된 과제를 설정하고 가상의 변인을 조작한 결과를 관찰함으로써 추출할 수 있었다. 학습은 어떻게 일어났는가? 학습 상황을 설정하고 주요 변인을 조작하여 어떤 변인이 작동했는지 보라. 반응 속도를 높이고 싶은가? 보상을 약간 조종해보라('긍정적 강화'로 가능하다). 반응 속도를 줄이고 싶은가? 벌을 좀 줘보라('부정적 강화'로 가능하다). 당신이 조건화하고 있는 반응을 어떤 종류의 종이 일으키고 있는지는 중요하다고 여기지 않았다—골치 아픈 자기성찰 따위는 행동의 과학적 이론을 생성하는 데 끼어들도록 허락되지 않았다. 따라서 비둘기나 흰쥐에게 참인 것은 인간에게도 참이라고 여길 수 있었고 동물의 행동을 근거로 인간의 행동을 추정하는 것도 완벽하게 받아들일 수 있었다.

동물 모델은 행동의 서로 다른 많은 측면을 검증하는 데 사용되었다. 그 범위는 단순한 학습과정을 넘어 공간 인지(미로 학습)와 같은 고급 인지 기술이나 양육(새끼 돌보기)과 같은 사회적 기술에까지 이르렀다. 행동의 비인간 유형과 인간 유형 사이에서 유사점을 찾고자 한 것은 윤리적 이유로 후자를 대상으로 필요한 실험을 실행하기가 까다로울 것을 고려했을 때 전자에 대해서는 직접 개입한 효과를 측정할 수 있어서였다. 남자아이가 여자아이보다 더 활동적인 데 생물학적 이유는 무엇인가(이 활동 수치가 정말 다른지, 그렇지 않은지는 잠시 제쳐두고)? 암컷 배아를 높은 수치의 테스토스테론에 노출하여 '거친 신체' 놀이에 미치는 효과를 측정하면 된다. 여성에게 '모성 본능'을 주는 것은 호르몬인가? 암컷 쥐의 에스트로겐을 조작하여 그 암컷의 '새끼 되찾아오기' 또는 '항문과 성기 핥아주기'에 어떤 일이 일어나는지 보면 된다.[30]

이런 이유로 호르몬과 행동(그리고 실제 뇌와 행동)의 연계성에 관한 우리의 초기 식견은 대부분 비인간 동물 연구에서 나왔다. 뇌의 성차와 행동의 성차 사이의 연계성을 입증하는 '잘 확립된' 연구 결과도 사실은 금화조와 카나리아를 대상으로 노래를 통제하는 신경핵(한 곳에 모여 같은 기능을 하는 신경세포체의 집단-옮긴이)의 크기를 조사한 연구(수컷은 가수인데 핵이 더 크다)를 참조하고 있을 것이다.[31] 때때로 이런 사실은 번역문에서 누락되고 대신에 감지할 수 없는 교묘한 속임수가 있어서 잔뜩 경계하지 않으면 알츠하이머병과 자폐증을 이해하는 것과 관련 있다는 성적 이형성 행동性的異形性(암수 개체에서 완전히 다른 형태로 나타나는 성질-옮긴이)에 대한 연구가 실제로 쥐를 대상으로 수행되었다는 것을 깨닫지 못할 수도 있다.[32] 일부 더 부주의한 대중주의 과학 작가들이 그들의 특정한 성차 밈meme을 뒷받침하기 위해 인용하는 연구가 사람이 아니라 지저귀는 새나 대초원의 들쥐에게 수행되었다는 사실을 언급하는 것을 얼마나 자주 잊어버리는지 알면 놀랄 것이다.[33]

하지만 당신이 성/젠더 차를 검증하고 싶은 분야가 성격 특성이나 수학적 능력, 진로 선택이라면? 능력이 아닌 흥미라면? 젠더 정체성이라면? 여기에는 어떤 유사 동물 모델도 제시할 수 없다. 우리는 행동적 척도의 변화량을 호르몬 수치의 변화량과 대조하며 주의 깊게 정량할 능력이 없다. 그러므로 실험실 기반 동물 연구에서 찾아볼 수 있는 종류의 인과적 주장을 더욱더 조심히 해야 **마땅하다**는 것은 말할 필요도 없다. 우리는 자연히든 우연히든 인간에게 발생할 수 있는 이례적이거나 비전형적인 호르몬 수치를 활용할 필요가 있다.

출생 전 여러 호르몬에 노출되는 통상적 패턴은 상당히 심하게 차질이 생길 수 있다. 만약 남성 태아가 테스토스테론을 적당한 때에 예상되는 양만큼 받지 못하거나 테스토스테론 효과에 둔감하면 그 아기는 여성화된 생식기를 갖고 태어날 것이다.[34] 마찬가지로 만약 발달 중인 여성 태아가 출생 전에 높은 수준의 안드로겐에 노출되면 그 여자 아기는 남성화된 생식기를 갖고 세상에 찾아올 것이다. 그런 상태를 통틀어 '간성間性, intersex'이라고 한다. 간성은 드물지만 태어나자마자 명백한 경우는 대개 태어난 직후부터 계속 의학적 치료가 필요하다. 그들은 연구자가 '교차 성' 호르몬에 노출된 남성과 여성에게 나타나는 효과를 연구할 수 있게 해주는 일종의 '자연 실험'이기도 하다.

왈가닥 소녀

선천성부신과다형성증congenital adrenal hyperplasia: CAH은 유전적 효소 결핍으로 발달 중인 아기에게 안드로겐의 과잉 생산을 유발한다.[35] 여자 아기가 걸리면 생식기가 모호해지기 때문에 흔히 태어나자마자 확인할 수 있다. 생식기의 외과적 교정과 호르몬 치료를 포함하여 평생 치료를 해야 한다. CAH에 걸린 여자아이는 대개 여자아이로 길러지며 의학적 중재를 받는 동시에 가족과 함께 남성화 호르몬에 일찍부터 노출된 효과를 조사하는 연구에 참여해달라는 부탁을 받는 경우가 많다.•[36] 조사자는 장난감 선호나 활동 수준과 같은 행동, 공간 능력과 같은 인지 기술, 젠더 정체성과 성적 지향과 같은 특정한 젠더 관련 쟁점에서 일찍이 발생하는 성차를 찾으려고 애쓴다. CAH에 걸린 이 아이들은 생물학의 잠재력과 우선성을 검증하기 위한 이상적인 코호트로 인식된다.

그런 연구에서 가장 자주 보고하는 결과 중 하나는 젠더별로 유형화된 놀이에 관한 것이다. 보고에 따르면 CAH가 있는 여자아이는 남성형 장난감을 갖고 놀 가능성이 더 크고, 남자아이와 놀고 싶어할 가능성도 더 크며, 가족과 교사가 '말괄량이 같다'고 묘사할 가능성도 더 크다.[37]

'말괄량이'라는 용어의 정의들은 '거칠다', '까분다', '부산하다', '팔팔한 남자아이처럼 행동하는 소녀' 같은 기술어記述語를 포함하는 경향이 있다. 순전히 과학적 신뢰성을 보증하기 위한 **말괄량이지수**Tomboy Index라는 것이 있다. 이것은 '발레나 옷 입히기보다 나무타기와 병정놀이'를 선호하는지, '드레스보다 반바지나 청바지'를 선호하는지, '전통적으로 남성 스포츠인 축구, 야구, 농구 등'에 참여하는지에 관한 질문을 포함한다.[38] 눈치챘을지도 모르겠지만 그런 질문의 이면에는 무엇이 소녀에게 적절한 행동을 구성하는지에 관해 거의 정해진 가정이 있다고 여겨진다. 그 점은 그 지수를 개발할 때 자신을 말괄량이라고 생각하는 여성들의 활동을 연구하는 방법과 사람들에게 무엇을 전형적인 말괄량이 행동이라고 생각하는지 물어보는 방법을 조합했다는 사실과 관련될 수 있을 것이다. 그러므로 이것은 맥락과 상관없이 이 특정한 꼬리표를 정당화하기에 전적으로 객관적인 척도가 아닐 가능성이 크다.

마찬가지로 조사자들이 연구 중인 소녀의 말괄량이성tomboyishness을 특징지은 방법의 종류를 읽어보면 고정관념에서 출발하여 거꾸로 작업했다는 강력한 증거가 나온다. 그들이 말괄량이성을 표시한다고 밝힌 특징이란 자기 치장에 대한 무관심, '모성 예행 연습'에 대한 무관심(인형 놀이를 거의 하지 않았다는 뜻), 결혼에 대한 무관심이었다.[39] 이 초기 연구는 1950년대와 1960년대에 수행되었기에 그때 이후로 상황이 조금은 진전되었기를 바랄지도 모르겠지만 말괄량이지수는 오늘날 연구에서 계속 사용된다. 이는 여전히 확고하게 정착된 잣대로 소녀의 행동을 그것에 비교하여 측정한다는 것을 시사한다.

이 보고된 말괄량이 행동뿐 아니라 CAH가 있는 여자아이를 연구하여 드러난 '남성화'된 인지 기술과 행동 프로필의 중요성에 관해서도 그

동안 말이 많았다. 하지만 방법론과 해석에도 분명한 결함이 있고 조사 결과 가운데 일부는 일관성도 없다. 예컨대 남성은 시공간 기술이 우수하고 이것은 출생 전에 테스토스테론의 주도로 뇌가 조직화된 결과라고 추정한다면 CAH가 있는 여성도 비슷한 능력을 보여주어야 하지 않을까? 아니면 적어도 병이 없는 여성보다는 나아야 하지 않을까? 2004년 신경과학자 멜리사 하인스Melissa Hines는 자신의 책 『뇌 젠더Brain Gender』에서 이 쟁점을 직접 다룬 연구 일곱 건을 살펴보고 다음을 알게 되었다. 세 건만 이 관념을 뒷받침했고, 두 건은 아무 차이도 찾지 못했으며, 한 건은 CAH가 있는 여성들이 실제로는 더 뒤떨어짐을 보여주었다.[40] 그 연구들 가운데 심적 회전mental rotation을 사용한 것은 두 건뿐이었다. 심적 회전은 수행력의 성차를 가장 신뢰할 만하게 입증한다고 주장되어온 과제다. 심적 회전 과제의 표준판은 추상적인 3차원 물체의 2차원 이미지를 보여주고 그것을 공중에서 회전시킨다고 상상한 다음 네 개의 선택지 가운데 회전된 원형과 일치할 두 개를 고르라고 한다. 한 연구는 CAH가 있는 여자아이가 심적 회전에 더 능하다는 것을 보여주었고 다른 연구는 아무 차이도 보여주지 않았다. CAH가 있는 여자아이의 심적 회전 기술 연구를 나중에 메타 분석한 결과는 이 특정한 척도에 관한 한 CAH가 있는 여자아이는 병이 없는 여자아이를 실제로 능가한다는 더 분명한 증거를 보여주었다.[41] 하지만 뇌와 행동의 연계성에 관한 논쟁에서 그런 증거는 얼마나 강력할까?

미국의 사회의학자 리베카 조던영Rebecca Jordan-Young은 컬럼비아대학 바너드칼리지에 기반을 두고 뇌 조직화 이론을 다룬 조사에 대해 엄청나게 상세한 체계적 리뷰를 수행해왔을 뿐 아니라 CAH가 있는 여자아이와 같은 간성인에 대한 조사에 초점을 두었다.[42] 그녀의 작업은 기존의 조사가 이른바 성별 특이적 행동에 관해 일방적인 생물학적 설명을 제시하는 데 어떻게 이용되어왔는가를 분명하게 보여준다. 그녀의 주장에 따르면 뇌 조직화 이론의 지나친 문자적 적용은 인간 호르몬과 인간 뇌의 연관성에 대한 지나치게 단순한 견해를 초래했다. 특히 출생 전 호르몬이 영구적이고 지속적으로 영향을 미친다는 핵심적 관념은 우리가 더 최근에 이해하게 된 인간 뇌의 가소성과 변형 가능성을 완전히 무시한다. "문제는 데이터가 뇌의 경우는 생식기의 경우만큼 그 모델에 잘 들어맞은 적이 결코 없었다는 점이다. (……) 뇌는 생식기와 달리 가소적이다."[43] 또한 그녀가 지적하는 바에 따르면 호르몬 영향에 관한 가설과 해석 대부분은 발달이 맥락과 무관하다는, 즉 발달의 결과는 사회적 기대나 문화적 영향과 상관없다는 가정에 기반한 듯하다.

끔찍한 사고는 조직화 가설에 유리한 증거를 제시할 수 있다. 브로카의 탕과 할로의 피니어스 게이지가 입은 손상이 언어, 집행 기능, 기억에서 담당하는 뇌 역할에 관해 초기 단서를 제공했듯이 남성성이나 여성성이 출생 전에 정해져 그 후에는 아무리 많은 양의 사회화도 이 예정된 노선을 돌릴 수 없는 것이 분명한지 진위를 가리기 위한 탐구에서도 비슷한 종류의 불행한 사건을 연구했다.

1966년 의사의 포경수술 실수로 음경이 회복될 수 없을 만큼 손상된 생후 7개월 된 남자 아기의 악명 높은 사례가 있다.[44] 약 12개월 후 부모는 심리학자 겸 '성과학자' 존 머니John Money의 충고에 따라 그 아이를 여자아이로 길러야 한다는 데 동의했다. 여기에는 아들의 고환을 제거하고 생후 18개월째부터 여성 호르몬을 투여해도 좋다는 내용이 포함되었다. 아이에게 질 성형을 수반하는 성전환 수술도 제의되었지만 부모가 거절했다.

존 머니는 젠더를 생물학과 상관없이 부과하거나 학습할 수 있다고 믿었다. 그는 사회화 경험을 충분히 일찍 시작하면 적절한 '젠더' 정체성의 출현을 보장할 수 있다고 확신했다. 존 머니는 출생 전 테스토스테론이 뇌에 어떤 충고를 했건 간에 단호한 환경적 입력으로 행동을 재설정할 수 있음을 증명할 수 있다고 믿었다. 이 불운한 남자 아기는 그의 이론을 검증할 완벽한 방법을 제시했다. 특히 그 아기는 일란성 쌍둥이 형제가 있어서 이상적인 대조가 가능했다.

존 머니가 아이에게 준 가명에서 이름을 얻은 '존/조앤' 사례는 (우리는 그 아이의 이름이 원래 브루스였다가 브렌다로 바뀌었음을 알고 있지만) 당시 성전환과정의 성공 그리고 젠더와 생물학적 기원의 독립성을 입증하는 산 증거로 환영을 받았다. 하지만 1997년에 서른한 살이 된 브렌다는 대중 앞에서 그녀의 다른 버전 이야기를 폭로했다.[45] 그녀는 자신의 젠더 정체성에 관한 혼란과 '여자아이라는 것'에 대한 불만에 얽매여, 스스로 묘사한 것처럼 지극히 불행한 어린 시절을 보낸 것으로 밝혀졌다. 존 머니가 상호작용하면서 브렌다가 여성 정체성을 유지하도록 확실히 하고자 했다는 충격적인 증거도 있었다. 여기에는 그녀가 성전환 수술을 완전무결하게 받아야 한다는 반복적 주장이 포함되어 있었다. 그녀는 열네 살 때 애초에 성전환되었다는 사실이 밝혀지자마자 어떻게 해서 스스로 생물학적 성을 회복하고 개명하겠다고 고집하게 되었는지 설명했다. 이제 데이비드 라이머David Reimer가 된 그는 테스토스테론을 주입받고, 양쪽 유방을 절제하고, 음경을 재건하는 수술을 받았다. 하지만 그는 여전히 무척 괴로워했는데, 존 머니가 아직도 존/조앤 실험의 성공을 주장하는 논문들을 출판하고 있음을 알게 되자 극도로 분노했다. 2004년 데이비드 라이머는 서른여덟 살에 자살했다.

젠더 정체성에는 무시할 수 없는 불변의 생물학적 기원이 있다는 증거로서 이 비극적 사례가 얼마나 중요한가에 관하여 말이 많았다. 하지만 여기서는 브루스가 모든 종류의 성 또는 젠더 전환이 일어나기 전에 실제로 생후 18개월이 지나 있었다는 점을 주목하는 것이 중요하다. 특히 그에게는 일란성 쌍둥이 형제가 있었기 때문에 18개월이면 발달 중인 아이가 온갖 종류의 사회적 정보를 흡수하기에 충분한 시간이었다. 그러나 이 이야기와 관련된 고난들은 개인적인 것이었던 만큼 그것은 말 그대로 이야기로 남을 수밖에 없다. 호르몬이 뇌에 미치는 영향의 강력함이든 무력함이든 그에 관한 증거는 다른 데서 찾을 필요가 있다.

출생 전 호르몬 수치는 현재 출생 전 아기에게서 측정하는 표준 척도가 아니지만 양수천자 중에 얻어지는 양수 내 테스토스테론의 평가에 기반한 연구는 있다. 이는 케임브리지대학 소재 자폐증연구소 소장 사이먼 배런코언Simon Baron-Cohen의 작업으로 연계된다. 한 가지 진행 중인 연구 계획은 태아기 테스토스테론foetal testosterone: fT의 영향과 그것이 나중에 뇌와 행동의 특성에 어떻게 연관되는지에 대한 종단 연구다.[46] 출생 전에 테스토스테론에 노출되어 일어나는 뇌의 남성화는 노출 수치에 따라 달라지리라는 것이 사이먼 배런코언의 의견이다.[47] 그가 영향받는다고 밝히는 남성스러운 행동의 종류는 체계화하는 경향이다. 여성 행동의 특징이라고 주장되는 더 정서적이고 공감적인 접근방식이 아니라 규칙에 기반을 둔 세상사 처리방식을 선호하는 경향 말이다.

그러므로 여기서 우리는 뇌와 행동의 관계를 보게 될 가능성이 분명히 있다. 비록 그것이 남성화 호르몬의 출생 전 수치와 남성 특유의 행동 측면이라고 주장되는 것의 상관관계일 뿐일지라도 말이다.

그 결과는 '유망하지만 엇갈리는' 것이었다고 말할 수 있고 확실히 호르몬-행동 관계가 인간의 경우에서는 기니피그 경우에서처럼 간단하지 않다는 점을 시사한다. 예컨대 제한된 관심 척도(아마도 바퀴 달린 장난감에 대한 집착)와 fT 사이에 연계성이 있는 듯이 보이는 것은 사실이지만 이것은 남자아이(당시에 4세)에게만 있었다. fT와 사회적 관계 사이에도 연계성이 있었지만 이번에는 남자아이보다 여자아이의 경우에 더 강했다. 좀 더 나이든 아이들의 공감에 관해 말하자면 이것을 질문지로 측정했을 때는 이것과 fT 사이에 부적 상관관계negative correlation가 다시 남자아이에게만 있고 여자아이에게는 없었다. 반면 그것을 정서 인식 과제로 측정했을 때는 fT와의 부적 상관관계가 남자아이와 여자아이 모두에 있었다. 우리는 기껏해야 다음과 같은 결론을 내려야 할 것이다. fT 연구가 뇌와 행동의 관계에 관해 뭔가가 호르몬에 의해 조정되었다고 보고할 수 있다면 그것은 다소 가변적이고 복잡한 것이며 실제로 당신이 어떤 행동 척도를 사용하느냐에 달렸을 것이다. 한 연구의 저자들이 말했듯이 "테스토스테론은 남성과 여성 사이에서 달라지는 유일한 요인이 아님을 명심할 가치가 있다."[48]

이는 흥미를 끄는 연구 결과다. 그리고 출생 전 호르몬의 조직화 효과를 입증하는 분명한 증거로서 배런코언 실험실의 환호를 받은 것은 말할 필요도 없다. 하지만 기억해야 할 것이 있다. 세상은 아이들의 뇌를 매우 이른 나이부터 서로 다른 방향으로 조종하기 시작한다. 그러므로 여기서 검사받은 남자아이와 여자아이는 서로 다른 경험을 해왔다고 해도 과언이 아니며 이 점은 그들의 fT와 같은 만큼 그들의 서로 다른 점수에 공헌할 수 있을 것이다.

인간에게서 출생 전 테스토스테론의 척도 찾기를 겨냥한 또 다른 시도는 우리의 손가락을 끌어들인다. 만약 당신의 검지(알려진 표기법으로 둘째손가락은 2D)가 약지(4D)보다 더 길다면 당신은 2D:4D 비가 높은 것이다. 만약 그 반대라면 당신은 2D:4D 비가 낮은 것이다. 다양한 내분비학 연구는 더 낮은 2D:4D 비와 더 높은 테스토스테론 노출 수치 사이에 상관관계가 있음을 보여주었다.[49] 그래서 연구자들은 이 손가락 측정법을 출생 전 안드로겐 노출에 대한 생체 지표로 간주한 다음 행동과의 상관관계를 탐색했다. 성별로 다르다고 추정된 행동의 종류는 구체적으로 성인의 경우 공간 기술에서 공격성에 이르렀고, 아동의 경우 성적 지향과 리더십 기술뿐 아니라 성별로 유형화된 놀이와 장난감 선호를 가리켰다.[50]

2011년 심리학자 제프리 발라Jeffrey Valla와 스티븐 세시Stephen Ceci는 코넬대학에서 특정 행동의 성차 연구를 분석함으로써 2D:4D 척도 사용의 실태에 대해 대규모 리뷰를 수행했다. 특정 행동이란 구체적으로 수학, 컴퓨터과학, 공학 등 과학 과목과 연관되는 능력 및 선호로 연계되는 행동이었다.[51] 그들의 종합적 요약은 "무수한 비일관성, 대체 가능한 설명, 명백한 모순"을 가리켰다. 한 가지 주요 쟁점은 이 손가락 척도가 출생 전 테스토스테론의 정확한 대용물로서 지닌 타당성이었는데, 이유는 내분비학 증거에 일관성이 없어서였다. 또 한 측면은 이 척도와 분석된 다양한 능력의 관계가 지닌 본성이었다. 그것이 어떤 사례에서는 선형이었지만(따라서 낮은 비가 더 높은 공간/수학 능력과 연관되었지만) 어떤 사례에서는 종형이었고(따라서 높은 비와 낮은 비 모두 더 높은 인지 기술 수준과 연관되었고), 다른 사례에서는 심적 회전처럼 통상적으로 남녀를 신뢰할 만하게 구별하는 인지 척도와 아무 관계도 없었으며, 많은 사례에 있었던 관계는 남성의 경우 참이었지만 여성의 경우 참이 아니었거나 여성의 경우 참이었지만 남성의 경우 참이 아니었다. 결론은 다음과 같았다. 이 근사하고 단순한 출생 전 호르몬 수치의 척도는 실제로 목적에 맞지 않는다. 그것을 계속 사용하여 호르몬이 인간 행동에 미치는 영향이라는 쟁점을 해결할 가능성은 없으며, 그 자체로 항상 일관되지는 않은 인지 척도와 연계할 때는 특히 더 그러하다.

호르몬 요인: 원인과 결과

20세기는 남녀의 뇌 차이와 행동 차이 모두를 결정지을 생물학적 추진력으로서 호르몬에 초점을 맞추었지만 초기 동물 연구가 약속한 깔끔한 해답은 제공하지 않았다. 물론 호르몬은 다른 생물학적 과정에도 강력한 영향력을 발휘할 것이고 이 점에서는 성차에 연계되는 호르몬도 결코 예외가 아니다. 서로 다른 호르몬이 짝짓기와 번식에 연관되는 신체 기구의 차이를 결정하는 것은 명백하므로 인간 조건의 이 측면을 설명하면서 남녀를 명쾌하게 양분하는 것은 일반적으로 정당화된다.

하지만 이것이 뇌 특성으로 연장되고 행동으로도 연장된다는 주장은 옹호하기가 더 어려운 것으로 드러나고 있다. 원래 동물을 기반으로 한 호르몬 조작 연구를 인간에게서 재현하는 일과 연관된 윤리적 쟁점은 확실히 극복할 수 없다. 뇌 조직화 모델에서 비롯된 분명하고 일방적인 가설들을 호르몬 프로필이 변칙적인 개인을 연구하여 검증하려던 다양한 시도는 명쾌한 답을 제공하지 않았다. 출생 전 호르몬이 미치는 영향력의 정도에 관해 간접적 단서를 사용하는 방법도 결코 더 유용하다고 입증되지 않았다. 때때로 이것은 작을 수밖에 없었던 관련자 숫자, 서로 다른 집단에 내재된 가변성, 다소 주관적인 행동 측정방식 같은 방법론적 쟁점의 탓으로 돌릴 수도 있었다. 결정적으로 지금껏 그 작업은 사회적·문화적 영향력을—조금이라도 고려했다면—충분히 고려하지 않았고, 앞으로 살펴보겠지만, 이런 영향력은 행동의 패턴뿐 아니라 뇌와 호르몬 그 자체에도 미칠 수 있다.

미시간대학의 신경과학자 사리 반 안데르스Sari van Anders와 다른 연구자들의 최근 연구는 21세기에 호르몬과 행동의 연계성이, 특히 추정컨대 테스토스테론이 남성의 공격성과 경쟁심을 결정할 가능성과 관련하여 근본적으로 재고되고 있음을 보여준다.[52] 우리가 사회와 사회의 기대가 지닌 힘을 뇌를 변화시키는 변인으로 보고 있는 것과 마찬가지로 호르몬에 관해서도 같은 효과가 명백한 것은 분명한 사실이다. 그리고 호르몬 자체가 뇌와 환경의 관계와 얽혀 있음은 말할 필요도 없다.

호르몬은 여자의 생물학이 다르고 일반적으로 하등할 뿐 아니라 주기적으로 극도의 결함을 보인다는 증거를 사냥하는 데 징용되는 또 하나의 생물학적 과정이 된 듯하다. 여자의 모성을 위한 역량에 연계되었던 화학 물질은 그들의 부적응적 감성과 불합리성, 그리고 이런 화학 물질이 발달 중인 뇌에 미치는 영향을 통해 어떤 주요 인지 기술의 부족으로까지 연계되었다. 반면 과량 투여된 테스토스테론은 남자의 부성을 위한 역량뿐 아니라 남자에게 필요한 강압적 성격 특성과 사교계·정치계·군사계에서 성공하는 데 필수인 리더십 기술, 그리고 다시 발달 중인 뇌에 미치는 개별 영향을 통해 위대한 사상가와 창의적 과학자가 되는 데 요구되는 인지적 역량으로까지 연계되었다.

이 모두는 물론 남자와 여자의 행동 프로필이 **실제로 다르다**는 주장의 정확성에 입각한다. 좋은 과학은 일화와 사견을 넘어 건전한 방법론을 기반으로 강력한 증거를 제공할 필요가 있다. 이제 인간 행동의 학문이 이런 기대에 얼마나 잘 부응해왔는지 살펴보자.

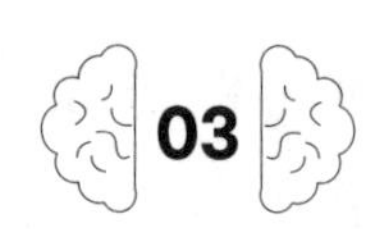

엉터리 심리학의 부상

20세기에 출현한 심리학은 성차 탐구에 탐색 방안을 하나 더 제공했다. 이 새로운 과학은 우리가 남녀의 뇌와 행동을 이해하는 데 어떤 영향을 미쳤을까?

심리학자이자 젠더 차 학문의 선구자였던 헬렌 톰프슨 울리Helen Thompson Woolley는 1910년에 다음과 같이 요약했다.

> 아마 과학적이기를 열망하는 분야 중에 명백한 개인적 편견, 편견을 지지한다는 명분으로 희생된 논리, 근거 없는 주장, 심지어 감상적 허튼소리가 여기만큼 제멋대로 확장되어온 분야는 없을 것이다.[1]

이 요약문은 2010년에 코델리아 파인이 한 말에 반영되어 있다.

> 하지만 현대 과학의 경로를 따라가다보면 놀라운 수의 차이, 추정, 불일

치, 형편없는 방법론, 급증하는 믿음, 그리고 불결한 과거의 반향을 여럿 발견하게 된다.[2]

심리학의 성/젠더 차 연구에 관한 이 두 가지 신랄한 진술이 정확히 100년 떨어져 있다는 사실은 적절한 경험적 데이터를 지원하고 데이터를 객관적으로 해석하여 적성, 능력, 기질의 차이라는 걱정스러운 쟁점에 객관적 해결의 실마리를 줄 수 있어야 마땅한 하나의 학문 분야가 이런 기대에 그다지 부응하지 못했음을 시사한다.

심리학은 두 가지 주요한 공헌을 통해 성차 사냥 이야기에 관여했다. 첫 번째는 진화론의 출현과 연계된다. 진화론은 우리의 적응성이야말로 과거의 성공과 지속적인 성공의 근거라고 강조한다. 알고 보면 생물학적 특성의 개체 차이에 관한 이론인 진화론이 개인의 기술 차이뿐 아니라 사회적 역할 차이의 기능까지도 생물학의 차이가 결정한다는 설명으로까지 순식간에 범위를 확장했다. 요컨대 성차는 목적을 위해 존재했다. 그리고 그 목적을 설명하는 것이 진화론자의 역할이었다.

두 번째는 실험심리학이라는 신생 학문 분야의 역할이다. 실험심리학의 역점은 수치 데이터에 있다. 초기 사례 연구와 임상적 관찰의 다소 일화적인 본성에 관해 줄곧 불안해하던 차에 심리 측정 '산업'이 출현했다. 수치 점수를 산출함으로써 능력의 척도뿐 아니라 '남성성과 여성성'처럼 형태가 더 불확실한 개념에까지 점수를 첨부할 수 있게 정교한 검사와 설문지를 개발했다. 이런 숫자 놀음은 작성되고 있던 그 믿고 찾는 성차 목록에 객관성의 빛을 부여했다.

진화론의 진화

찰스 다윈이 1859년에 출간한 『종의 기원On the Origin of Species』과 1871년에 출간한 『인간의 유래The Descent of Man』[3]는 인간의 특성을 설명하는 작업에 완전히 새로운 틀을 제시했다. 이 획기적인 저작은 개체의 신체적 차이와 정신적 차이 모두의 생물학적 기원에 대해 통찰을 제공했고 자연히 남녀 차이를 설명하는 이상적인 출처가 되었다. 그리고 물론 찰스 다윈도 그의 성선택 이론을 통해 실질적으로는 성 상대를 유인하는 춤과 짝선택에 관해 그런 쟁점을 구체적으로 다룬 터였다. 한 성의 구성원이 짝을 유인하기 위해 자신의 자산을 과시하면 반대 성의 구성원이 일련의 종 특이적 기준에 따라 마음에 드는 상대를 선택한다. 공작이라면 꼬리에 눈이 가장 많아야 하고, 개구리라면 개골개골 소리가 가장 깊어야 한다. 이런 조건은 '번식 적응도reproductive fitness'를 신호한다고 추정한다. 인간의 자산은 최고급 신체 장비뿐 아니라 연관된 행동과 성격 유형까지 포함될 수 있었다. 경쟁적이고 전투적인 유형은 남자를 위한 자산이었고 순종적이고 유화적인 유형은 여자를 위한 자산이었다. 마찬가지로 역할과 그와 연관된 기술 집합에도 주요한 차이가 있었다. 지배적인 남성은 바깥세상과 씨름하기 위해 더 큰 힘과 지적 우수성이 필요한 데 반해 가정에 기반을 둔 여성은 "잔잔한 모성애와 차분한 주부다움"만 있으면 되었다.[4]

다윈의 생각은 상당히 명료했다. 남자와 여자의 한 가지 주요한 차이점은 여자가 인류의 하등한 구성원이라는 데 있었고 이런 차이는 여자가 남자보다 덜 고도로 진화한 덕분에 생겨난 것이었다. 가장 중요한 과학 이론 중 하나인 진화론의 저자가 자신이 연구 중인 개체군의 절반에 관해 이런 시각을 갖고 있었다는 것은 생각만 해도 다소 오싹하다.

> 남자와 여자가 지적 능력에서 큰 차이가 있다는 것은, 무슨 일을 시작하든지 남자가 여자보다 높은 수준에 이른다는 사실을 보아도 알 수 있다. 그 일이 깊은 사고력과 이성, 또는 상상력을 요구하는 것이건 단지 감각과 솜씨만을 요구하는 것이든 상관없다.[5]

남녀의 사회적 기능이 다를 수 있다는 데 관한 다윈의 시각은 여자의 번식 능력이 그들의 서열을 결정하는 주요인이라는 것이었다. 근본적이지만 기초적인 생리적 과정인 번식은 진화가 수컷에게 수여한 더 고등한 정신적 속성을 조금도 요구하지 않았다. 사실 그의 걱정은 그런 종의 암컷을 아무 종류의 교육이나 독립이라는 부담에 노출하려는 모든 시도가 그 과정을 해칠 수 있다는 것이었다.

다윈은 상보성의 세세한 차이 따위는 신경조차 쓰지 않았다. 상보성을 따지는 시각은 (제1장에서 만나보았지만) 사회에서 남녀의 역할이 어떤 유전적 형질에 의해 결정된다는 사상을 기반으로 했다. 상냥하고, 잘 자라도록 보살피고, 유연하게 실익을 챙기는 여자의 본성은 힘이 넘치고, 대의를 지향하고, 지독히 합리적인 남자의 특징적인 페르소나에 완벽한 조연이었다. 다윈주의자의 관점보다는 다소 더 정중하지만, 이런 시각이 젠더 평등을 향해 모종의 진보가 시작될 징조였다는 환상에 휘둘려서는 안 된다.

> 상보성의 사상—즉 한 집단의 특성, 강점, 약점이 다른 집단의 특성, 강점, 약점으로 보완되거나 강화된다는 믿음—은 집단 사이의 권력 불평

등을 유지하는 특별히 강력한 방법이다. 그것은 모든 불평등의 인식이 착각이며 두 집단을 차별할 실제적 근거는 각 집단의 상대적 강점과 약점을 기반으로 한다는 의미를 내포하기 때문이다.[6]

심리학자 스테퍼니 실즈Stephanie Shields는 심리학이 19세기 말에 젠더 차 구축에 기여한 바를 검토하면서 이 상보성의 함정에 관한 글을 통해 상보성이 어떻게 진화론에 연계되어 기존의 사회적 위계를 위한 명분으로 사용되는지 보여주었다. 초점은 주로 어머니 겸 주부로서의 여성의 역할에 맞춰졌다. 여성은 양육에 능하고, 실제적이고, 소소한 일상에 집중할 수 있어야 할 필요가 있다는 뜻이었다. 이는 명백히 여성이 위대한 사상과 과학적 성취에 필요한 종류의 추상적 사고, 창의성, 객관성, 공정성을 갖출 수 없게 만들었다. 남성의 '성취하고, 창조하고, 지배하려는 욕망에서 분명히 알 수 있는 열정적 힘'에 비교하면 여성은 정서적으로도 예민하고 불안정할 가능성이 더 컸다.[7]

성차 연구에 대한 심리학의 조언 가운데 이 특별한 측면은 모종의 측정이 아니라 허버트 스펜서Herbert Spencer와 해블록 엘리스Havelock Ellis, 19세기 말 『성심리학 연구Studies in the Psychology of Sex』 전 7권을 쓴 영국의 의사-옮긴이)가 발설한 의견을 기반으로 했다. 스테퍼니 실즈가 신랄하게 지적하듯이 "각 성에 할당된 특질의 목록이 체계적인 경험적 연구에서 도출된 것이 아니라 남녀에 관해 이미 참이라고 믿어지는 것에 심하게 의지했음은 말할 필요도 없다".[8]

상보성의 관념은 끈질기게 지속되어오다가 진화심리학 분야에서 제자리를 찾았다. 20세기에 등장한 이 학문 분야는 사회의 생물학적 기반을 인간의 심리적 특징에 대한 학문과 융합한다.[9] 이 학문의 가정에 따르면 인간의 행동은 많은 기능의 집합 또는 '모듈'로 구성된다. 각각의 모듈은 우리가 생애의 어떤 단계에서든 마주칠 수 있는 종류의 문제를 해결하기 위해 진화해왔다. 이것이 이른바 마음의 '스위스 군용 칼' 모델이다. 마음을 구성하는 수천 가지의 특화된 성분은 진화 기간에 걸쳐 필요한 때에 하위 뇌 구조가 출현하여 하나씩 담당했다.[10] 그리고 칼에는 두 가지 유형이 있는 듯하다. 하나는(아마 분홍 색상) 이마 펴주기형 과제, 가사 관리형 과제, 육아형 과제에 적합한 도구가 그 종의 암컷을 위해 갖추어져 있는 데 반해, 다른 하나는(군청 색상) 더 크고 더 탄력 있는 외에도 그 종의 수컷 몫인 창던지기, 정치 권력, 과학적 천재성을 구사하는 생활에 적합한 필수 요소를 갖추고 있다.

진화심리학자들은 '현 상황을 설명하는 과학자'라는 부류에 확실히 속한다. 사실상 그들은 오늘날 잘 확립된 사실처럼 보이는 것을 기점으로 시간을 거슬러 올라가며 작업한다. 그리고 진화사에서 이 사실에 맞는 설명을 찾아 현 상황의 이유로 제시한다. 우리가 나중에 보게 될 예는 2007년 시각신경과학자 애니아 헐버트Anya Hurlbert와 링야주凌亞諸가 보고한 여성의 분홍색 선호에 대한 것이다.[11] 진화론과 심리학을 융합하여 그들이 제시한 설명은 다음과 같았다. 수렵인-채집인 팀 중 채집인 팀인 여자는 장과류 열매를 찾는 데 더 적합한 장비를 갖추기 위해 분홍에 대한 차별적 선호를 진화시켰다. 반대로 매머드를 사냥하는 상대 팀은 지평선을 효과적으로 훑어볼 수 있도록 파란 쪽 스펙트럼에 더 익숙해졌다. 게다가 남자는 (앞서 말한 매머드를 쫓아가기 위해) 달리기와 (매머드를 죽이기 위해) 창던지기 같은 시공간 과제에도 더 능하다.

진화심리학이 전하는 핵심 교훈은 우리의 능력과 행동적 특징이 선천적이고 생물학적으로 결정되어 (이제는) 고정되었다는 것이다(과거에는 분명 충분히 유연하고 적응력이 높았던 기술이 지금은 불변이 된 연유는 덜 분명하지만). 이런 기술과 능력의 필요성은 우리의 진화적 과거에 있었음에도 불구하고 우리의 21세기 생활에 여전히 영향을 미칠 수 있다.

공감형과 체계화형

진화심리학 진영에 한 발(사실상 아마도 양발)을 담그고 있는 동시대의 심리학 이론 하나는 앞 장에서 잠깐 언급한 바 있는 영국의 심리학자 사이먼 배런코언의 공감-체계화empathising-systemising 이론이다.[12] 사이먼 배런코언은 이 두 가지 특질을 인간 행동의 원동력으로 지목한다. 공감은 타인의 생각과 정서情緒, emotion를 인지하고 이에 응답하려는 욕구(그리고 능력)로서 인지적으로 목록화하는 형식 수준에서뿐 아니라 정동情動, affect 수준에서도 작용한다. 그리하여 타인의 정서가 어울리는 반응을 유발하여 이런 타인의 행동을 이해하고 예측하게 한다. 그것은 다른 사람의 느낌을 알게 되는 능력이어서 사이먼 배런코언은 이를 "다른 사람의 머릿속을 상상하는 것"이라고 일컫는다.[13] 그것은 자연스럽고 노력이 들지 않으며 효과적으로 소통하고 사회적 네트워크를 형성하는 데 필수적이다. 반면 체계화는 "체계를 분석하고, 탐색하고, 구성하고 싶어하는" 욕구,[14] 규칙에 기반을 둔 사건이나 과정에 끌리거나 심지어 필요를 느끼는 것, 주변 정황에서 조직화 원리를 추출하여 예측 가능한 세상을 만드는 것이다.

진정한 진화심리학이 그렇듯이 이런 특질의 기원은 분명 우리의 고대 과거에 뿌리를 두었을 뿐 아니라 21세기 인간에게 계속 존재하면서 누가 무엇을 하느냐에 영향을 끼친다. 공감하는 특질과 체계화하는 특질은 젠더화된 구분에 따라 명확하게 할당되고 전달되어왔다. 사이먼 배런코언에 따르면 공감은 우리의 여성 조상이 보육 네트워크를 구축하여 미래 세대가 철저히 양육되게 하는 데 도움을 주었고, 수다 집단을 형성하는 그들의 성향을 뒷받침하여 그들이 모든 종류의 유용한 정보 고리에서 벗어나지 않도록 확실히 했으며, 그들이 유전적으로 관련이 없는 동종(다시 말해 '시댁')과 잘 지내게 하는 데도 도움을 주었다.[15] 이것이 오늘날의 공감형에게 무엇을 의미하는가에 관해 사이먼 배런코언이 진로 조언자로서 우리에게 알려주는 바에 따르면 "여성 뇌인 사람은 멋진 상담가, 초등학교 교사, 간호사, 보모, 간병인, 치료자, 사회복지사, 중개인, 단체의 간사, 인사담당 직원이 될 수 있다".[16]

그러면 체계화형은? 그들의 세상사 처리방식은 그들이 화살의 적당한 길이, 도끼날을 조이는 최적의 방법, 동물을 추적하고 날씨를 예측하는 규칙, 사회적 계급체계(그 안에서 최대한 높이 도달하기 위한)의 법칙 따위를 알아내는 데 능하게 했다. 연관된 공감 결핍은 그들이 다른 부족의 구성원(또는 사회적 사다리를 오르는 길을 막는 자라면 사실상 자기 부족의 구성원이라도)을 죽이는 데 능하게 했다. 공감적인 성격에 얽매여 사회적으로 소소한 것에 시간을 낭비하지 않는다는 것은 그들이 "적응적 외톨이"가 되어 "아무하고 대화도 못 한 채 며칠 동안 갇혀 있어도, 자기가 지금 하고 있는 일의 체계에 오랫동안 깊이 집중하는 데 만족"할 수 있다는 뜻이기도 했다.[17] 오늘날의 말로 하자면 이는 분명 체계화형을 "훌륭한 과학자, 공학자, 기계공, 기술자, 음악가, 건축가, 전기기사, 배관공, 분류학자, 목록 작성자, 은행원, 공구 제작자, 프로그래머, 변호사"로 만들 것이다.[18]

한 집단의 호전적 성향과 고도로 집중된 독창성을 보살핌과 네트워크 형성에 능한 그들의 보조 직원이 깔끔하게 뒷받침한다. 여기서 상보성의 조짐 그 이상을 탐지하기는 쉬운 일이다. 이 각본에서 결국 누가 더 높은 봉급을 받을지 알아맞혀도 점수는 없다.

하지만 누군가가 공감을 잘하는지, 아니면 체계화를 잘하는지는 어떻게 알까? 현대의 심리학 이론이라면 설사 진화적 과거에 기반이 있다고 하더라도 모든 개인 또는 집단에서 그런 특징 또는 특질에 대해 모종의 객관적 척도를 산출할 방법이 있어야 한다. 사이먼 배런코언의 연구실은 자기보고 설문지를 통해 공감지수EQ로 알려진 공감의 척도와 체계화지수SQ로 알려진 체계화의 척도를 자체적으로 산출해왔다. 설문지를 구성하는 일련의 진술에 응답자가 자신의 동의 여부를 표시해야 한다.[19] EQ 진술의 항목으로는 이를테면 "나는 다른 사람을 돌보는 것을 정말 좋아한다" "어떤 집단에 새로운 사람이 들어오면 그 집단에 어울리도록 노력해야 할 사람은 새로 들어온 사람이라고 생각한다" 따위가 있다. 반면 SQ 진술의 항목으로는 "나는 기차로 여행할 때 철도망이 어떻게 이처럼 정확히 통합적으로 연결될 수 있는지 놀라곤 한다" "나는 환율, 이자율, 주식과 지분의 세부 사항에 관심이 없다" 따위가 있다(만약 당신이 S형이라면 마지막 문항에 대한 답은 물론 "매우 동의하지 않는다"일 것이다). 이 검사는 아동용도 있다. 더 정확히 말하면 부모 보고용인 이 검사에서는 "나의 아이는 집에 물건들이 제자리에 있지 않아도 신경쓰지 않는다" "나의 아이는 다른 아이들과 놀 때 시키지 않아도 장난감을 차례로 공유한다"와 같은 진술에 부모가 동의 여부를 평가하여 결정한다.[20] 그 점수를 합산하는 것이 공감형 또는 체계화형 프로필을 산출하는 방법이다. 이 검사를 사용하는 연구들이 가리키는 바에 따르면 평균적으로 여성은 공감형 프로필을 가졌고 남성은 체계화형 프로필을 가졌을 가능성이 더 크다.

이런 척도는 사실상 자신(또는 자식)이 어떤 사람인가에 대한 본인의 의견에 의존한다는 것을 알 수 있을 것이다. 자기 자식에게 장난감을 훔치는 반사회적 폭력배라는 꼬리표를 붙일 네모 칸에 침착하게 체크 표시할 부모가 얼마나 될지 생각해볼 일이다. 이런 종류의 자기보고와 관련된 쟁점은 나중에 다시 살펴볼 일반적 문제지만 사람들의 EQ와 SQ 점수에 관해 읽을 때 액면 그대로 받아들이지 않을 요량으로 그 생각을 간직해둘 가치가 있다.

이런 자기보고 척도의 타당성을 검증하려면 높은 EQ 점수나 낮은 SQ 점수 또는 이 두 가지의 어떤 혼합을 근거로 예측해도 괜찮을 종류의 행동이나 관련 기술의 예를 찾아 그 두 척도가 얼마나 잘 일치하는지 확인해야 한다. 사이먼 배런코언의 케임브리지 연구실에서 나온 또 다른 검사로 "눈에 깃든 마음 읽기reading the mind in the eyes"라는 다소 으스스한 검사가 있다. 검사에서 당신은 육신을 떠난 한 쌍의 눈 이미지와 함께 '질투하는', '거만한', '공포에 질린', '적개심을 품은'과 같이 정동을 묘사하는 네 개의 단어를 제시받는다.[21] 당신이 다음에 할 일은 이 눈이 보여주는 정서를 고르는 것이다. 이것을 잘하면 당신은 분명 정서 인식에 능한 것이고 정서 인식은 공감의 핵심 부분이다. 그러므로 EQ 점수가 높다면 **눈에 깃든 마음 읽기** 점수도 좋아야 하는데, 실제로도 그렇다. 이 두 가지 검사 모두 같은 연구실에서 나왔다는 사실만 감안하면 좋을 듯하다.

여자가 남자보다 공감적이고 남자가 여자보다 체계화에 뛰어나다는 E-S 이론의 예측에서 출발하면 특징적으로 공감 또는 체계화 가운데 어느 하나에 밀접하게 연계되는 행동, 능력, 선호는 당연히 깔끔하게 젠더별로 분할되어 보여야 한다. 결국 그것은 이 이론의 근본적 주장이다. 예컨대 이과 대 문과라는 대학 학과 선택도 이 젠더별 분할과 어떤 식으로든 관계가 있어야 한다. 하지만 사이먼 배런코언의 연구실에서 나온 다른 논문은 EQ·SQ 점수와 밀접히 연관되어야 할 젠더가 대학 학과 선택을 예측하는 데 가장 중요한 요인이 아니라는 점을 보여주었다.[22] 이론은 체계화형이 규칙을 기반으로 한 이과에 끌리리라 예측할 것이고 이는 사실이었지만 유의미한 성차는 전혀 없었다. 그렇다면 E-S가 젠더의 **정확한** 대용물은 아니라는 뜻이므로 공감은 '여자의 것'이고 체계화는 남자를 위한 것이라는 일반적 인상을 완화해야 마땅하다. 굳이 '일반적 인상'이라는 말을 사용하는 이유는 다음에 유의하기 위해서다. 때때로 이와 같은 심리학 이론—그 이론이 원래 이를 입증하고자 한 것은 아닌데도—은 그것이 이론의 참여자에게 붙이는 꼬리표(남성-여성, 체계화형-공감형)를 서로 바꾸어 써도 된다는 인상을 남길 수 있다. 그 결과 사람들은 지름길을 택하여 공감적 손길이 필요한 일을 시키고 싶으면 여성을 임명하기만 하면 된다거나 반대로 높은 수준의 체계화 기술이 필요한 일을 시키고 싶으면 여성은 적임자가 아니라고 가정할 수 있다.

이에 대한 매우 21세기적인 예는 여성 과학인의 과소 대표성에 관한 논의에서 볼 수 있다. 체계화와 과학이 긍정적으로 연관되고 체계화와 여성이 부정적으로 연관됨을 고려하면 많은 단계를 거치지 않아도 우리는 여성이 자연과학hard science(경성과학)의 체계화하는 엄격함에 덜 적합하다는 고정관념에 이르게 된다. 생물학적으로 결정된 특징은 고정불변이라는 일반 이해를 그 혼합물에 추가하면 우리는 잘못된 정보에 근거했지만 이해할 만한 고정관념인 성별과 과학의 연계성에 도달하게 될 것이다.

어떤 진화 이론에서는 생물학적 토대를 다소 모호하게 기정사실로

간주하는 것과 달리, 여기서는 이 두 가지 인지 방식의 생물학적 기반을 명료하게 진술한다. 사이먼 배런코언은 E-S 분할의 젠더화된 본성에 관해 그의 책 『그 남자의 뇌, 그 여자의 뇌The Essential Difference』 서두에서 명확히 이렇게 말한다. "여성 뇌는 공감에 더 적합하게 프로그래밍되어 있고, 남성 뇌는 체계를 이해하고 구성하는 일에 더 적합하게 프로그래밍되어 있다."[23]

이 단언의 강도를 고려할 때 당신은 책에 더 자세히 나오는 단서 조항에 놀랄지도 모른다. 여기서 사이먼 배런코언은 "여러분의 성별을 안다고 해서 여러분의 뇌가 어떤 유형인지 알 수 있는 것은 아니다. (……) 모든 남성이 남성 뇌는 아니며 또한 모든 여성이 여성 뇌는 아님"을 확고하게 지적한다.[24] 나에게 이것은 이 이론이 지닌 문제의 핵심이자 뇌와 행동의 성차에 대한 대중적 이해에 끼치는 영향이다. 속된 말로 '남성male'이라는 말은 남자man에 연계되고 동등하게 '여성female'이라는 말은 여자woman에 연계된다. 그래서 어느 뇌를 '남성'으로 기술하면 많은 사람은 그것이 남자 뇌라는 의미로 받아들인다. 그리고 그다음에 당신이 어떤 특징을 남성 뇌의 탓으로 돌리면—이 경우 체계와 규칙 기반 행동에 대한 선호, 아마도 정서 인식 어려움까지 뇌의 특정 부분에 명쾌하게 연계시키면—이런 특징은 '남자'에 대한 세상의 인지 도식에 추가되어 남자와 그들의 뇌에 관한 정형화된 자료 수집에 방해가 될 것이다. 그리고 여자와 그들의 뇌에 대해서도 당신은 같은 결과를 얻을 것이다. 만약 당신이 남성이 아니어도 남성 뇌를 가질 수 있다면 왜 우리는 그것을 남성 뇌라고 부를까? 젠더 고정관념의 세계에서는 언어도 중요하다.

심리학이 성차 논쟁에 관여하는 와중에 이 이론적 가닥은 '현상 유지'형 설명으로 확고히 연계되었다. 노골적 여성 혐오에서 다소 가르치려 드는 상보성 접근법으로 넘어가면서 초기 진화심리학자들은 역할 차이를 기정사실로 받아들이고 역할 차이를 성별이 정해진 기술과 성격의 차이로 연계시켰다. 기술과 성격의 차이라면 새로이 등장한 학문 분야인 실험심리학이 확인하고 수량화할 수 있을 것이었다.

숫자 놀음

심리학이 성/젠더 차이에 관여한 방식의 두 번째 가닥은 수 세기 동안 축적된 행동과 성격 차이 목록에 수치적으로 세부 사항을 덧붙이기 시작할 기법을 개발하는 것이었다—우리는 이제 그 분야를 실험심리학이라고 부른다. 19세기 말까지 초점은 이른바 성 차별적 행동 이면의 생물학에 맞추어져 있었고 죽거나 손상되지 않은 한 실제로 연구에 이용할 수 없었던 기관의 차이를 수량화하려는 시도는 점점 더 기괴해졌다. 그래서 20세기에는 (여전히 보이지 않는 기관이라도) 뇌가 통제한다는 기술, 적성, 기질을 측정하는 방법으로 관심이 쏠렸다.

빌헬름 분트Wilhelm Wundt는 1879년에 최초의 심리학 연구소를 설립했다.[25] 그는 과학적 방법을 행동에 적용하여 우리가 볼 수 있는 행동의 표준 척도를 만들어내는 데 여념이 없었다. 기억 과제에서 반응 시간, 오류율, 회상한 양을 측정하거나 저절로 나올 특정 단어('s'로 시작하는 단어나 과일 이름 따위)의 수를 측정했다. 자기성찰, 개인적 의견, 일화를 공유하는 일도 이제는 더 이상 없을 터였다—이것은 데이터에 관한 이야기였다.

심리학자들은 모종의 점수를 산출할 수 있는 모든 종류의 과제를 활용하여 관심 있는 행동과 어느 정도 관계가 있는 듯 보이는 외현적 치수를 산출하는 검사로 바꿀 것이었다. 초기 연구는 심리학자가 관심을 가지는 기술들을 측정하는 서로 다른 방법을 찾는 데 초점을 맞추었지만 머지않아 개인차에 관한 관심도 모습을 드러냈다. 이를 부분적으로 주도한 것은 교육체계의 변화였다. 이는 학교가 오늘날 특수교육이 필요하다고 여겨지는 아이, 즉 '지진아'를 확인할 방법을 원했다는 뜻이다. 우리가 아는 한 이것이 지능지수IQ 검사의 기원이었다.[26]

인지 기술 검사 다음에는 성격 또는 기질 검사가 뒤따랐다. 최초의 검사인 우드워스 인성 검사Woodworth's Personal Data Sheet는 1917년에 개발되었는데, 목적은 제1차 세계대전에 참전하면 전쟁신경증에 걸릴 소지가 다분한 병사를 식별하는 것이었다.[27] 이런 종류의 검사는 여전히 꽤 객관적이고 사실을 기반으로 하여 "가족 가운데 자살한 사람이 있습니까?" "기절한 적이 있습니까?"와 같은 질문을 포함했지만 (그런 질문은 과거 병력을 살펴봄으로써 차별 요인으로 인식되었고) 머지않아 다양한 유형의 자기보고 검사가 개발되기 시작했다. 이 검사에서는 사람들에게 어떤 형용사(예컨대 '빈틈없다')가 자신을 얼마나 정확하게 기술하는지, 어떤 문구("나는 게이 파티를 부담 없이 즐길 수 있다"—비록 이때 선택된 단어들은 더 근래에 검사가 개정을 거치는 동안 달라졌지만!)가 자신의 행동을 얼마나 정확하게 특징짓는지를 표시하도록 했다.[28]

머지않아 인지 기술을 검사하다가 성차를 찾았다는 보고가 나타나기 시작했다. 단어 연상 과제는 남성과 여성의 정신생활에 대한 통찰을 얻는 데 애용되는 방법이었다. 실험자가 특정 단어나 범주로 자극을 주면 피험자는 그 자극어로부터 연상되는 단어 100개를 적어야 했다. 최초의 성차 연구에 속하는 조지프 재스트로Joseph Jastrow의 1891년 보고도 이

기법을 사용하여 다음을 주목했다. 남성은 추상적인 용어를 더 많이 사용한 반면 여성은 구체적이고 묘사적인 단어를 선호했으며, 여성은 속도가 더 빨랐으나 남성은 범위가 더 넓었다.[29] 정작 이런 차이가 무엇을 뜻하는지는 절대 명시하지 않았다. 헬렌 톰프슨 울리도 1910년 글에서 비슷한 기법을 사용한 연구에 관해 보고하면서 '데이터의 사소한 차이'와 극히 적은 피험자 수에 관해 경멸하듯 한마디 했다(그것의 인구통계학은 약간 크리스마스 노래처럼 들린다—어린이 둘, 하녀 둘, 일꾼 셋, 교육받은 여자 다섯, 교육받은 남자 열).[30]

하지만 심리학은 과학적 방법을 활동에 확실히 포함시키겠다는 목표를 가지고 이 초기의 다소 의심스러운 관행에서 벗어나 빠른 속도로 발전했다. 이론을 개발하고, 가설을 세우고, 측정용 검사를 고안하고, 참가자를 뽑고, 데이터를 수집하여 분석하고, 논문을 써서 출판했다. 최초의 심리학 연구소가 설립된 이후 첫 100년 동안 성차에 관한 논문만 2500편 이상 출판되었다. 이 연구 전부 우리가 그런 차이를 이해하는 데 긍정적으로 기여했을까?

신경과학자 나오미 와이스타인Naomi Weisstein은 1960년대 말에 심리학을 이중으로 공격하는 악명 높은 글을 썼다.[31] 「심리학은 여성을 구성한다. 또는 남성 심리학자의 환상적 삶(그의 친구인 남성 생물학자와 남성 인류학자의 환상에도 관심을)Psychology Constructs the Female; or, The Fantasy Life of the Male Psychologist(with Some Attention to the Fantasies of His Friends, the Male Biologist and the Male)」이라는 그녀의 논문 제목만 보아도 그 주제에 관한 그녀의 생각을 분명히 알 수 있다. 그녀는 임상심리학자와 정신과 의사가 프로이트의 교리를 추종하여 여자의 본질적 역할은 어머니이며 그 역할에는 생물학적 비용이 따른다고 강조하는 유행에 이의를 제기했다. 그녀는 편견으로 가득 차 있고 증거도 없는 그런 전문직이 여자가 원하는 것, 특히 여자에게 적합한 역할이 무엇인지 여자에게 말해줄 책임을 스스로 떠맡고 있다고 불평했다(심리학이라는 이 새로운 학문 분야가 상황을 그다지 많이 진척시키지는 않았음을 시사했다). 그녀는 그런 문제에 '통찰, 감수성, 직관'을 가지고 접근한다는 그들의 주장을 비웃으며 이런 도구도 마찬가지로 편향된 관점, 즉 여자에게 '맞는' 것에 대한 기존의 믿음을 반영할 수 있다고 지적했다.

그녀가 '성차' 심리학자를 공격한 또 다른 측면은 그들이 맥락을 고려하지 않은 채 자료를 수집하고 있다는 것이었다. 그녀는 외부 맥락을 조작하면 행동이 달라지는 여러 사회심리학 실험을 지적했다. 그녀가 활동한 당시의 대표적인 예는 샥터와 싱어Schacter and Singer 연구였다. 자신도 모르게 아드레날린 주사를 맞은 사람은 자신의 아드레날린 관련 신체 증상(심장이 뛰고 손바닥에 땀이 나는 등)을 대기실에서 마주친 다른 사람(바람잡이)의 행동에 따라 다른 방식으로 해석했다. 즉 바람잡이가 행복감에 취했을 때는 기쁨을 보고했고 바람잡이가 심술을 부렸을 때는 분노나 불만을 보고했다.[32] 나오미 와이스타인의 우려는 개인에게서 수집한 행동 데이터나 자기보고 데이터의 종류가 사실상 실험자가 자기 연구의 성과에 관해 가지는 기대를 포함하여 온갖 종류의 무관한 변인에 의해 얼마든지 영향받을 수 있다는 것이었다. 행동 패턴은 안정적이기는커녕 외부 상황에 따라 변화할 것이다. 참가자가 자발적으로 하게 될 말이나 행동이 다른 누군가의 존재로 인해 달라질 수 있다면 이 행동의 패턴은 선천적·고정적·배선된 것이라고 해석할 수 없다. 이를 인정하지 않는 한 심리학 연구의 결과는 기껏해야 오해의 소지가 있는 결과라고밖에 기술할 수 없을 것이다. 행동을 연구할 때 맥락과 기대를 고려하는 일의 중요성에 대한 나오미 와이스타인의 관심은 현대 사회 신경과학의 많은 부문에서 유사점을 찾아볼 수 있다. 이는 뇌 기능이 어떻게 개인의 사회적·문화적 틀과 상호작용할 수 있는지를 보여준다.

엘리너 매코비Eleanor Maccoby와 캐럴 재클린Carol Jacklin의 영향력 있는 저서로 1974년에 출간된 『성차의 심리학The Psychology of Sex Differences』은 접촉 감수성에서 공격성에 이르기까지 서로 다른 많은 특징을 포함하여 남성과 여성 사이에서 차이를 찾았다고 주장한 수십 년 치 연구를 일일이 다루었다.[33] 매코비와 재클린이 86가지 범주의 보고된 성차—"**시력과 청력**"에서부터 "**호기심과 울음**"을 거쳐 "**자선단체 기부**"에 이르기까지—를 대대적으로 조사해야 했다는 사실은 심리학이 그때까지 이미 이 탐구에 얼마나 많은 노력을 쏟아부었는지를 대변하는 척도였다.

출판된 증거는 다음 영역에서만 차이에 관해 동의하는 것처럼 보였다. 여자아이는 평균적으로 더 언어적이었던 반면, 남자아이는 공간 능력이 더 나았고, 공간 기술이 필요한 산술적 추리에 더 능했으며, 신체적·언어적 공격성을 더 많이 보여주었다.

매코비와 재클린은 당시 존재했던 성차 미신을 없애는 데 큰일을 했다. 때로는 그들의 리뷰에서 생겨난 요약문—특히 '언어적' 여성과 '공간적' 남성에 관해—이 전적으로 신뢰할 만한 남녀 차별 요인이나 더는 시험대에 올릴 필요 없는 '기정사실'로 구체화되었지만 말이다. 앞으로 살펴보겠지만 이것은 대중적 자기계발서와 구조적 뇌 영상 데이터 세트의 해석을 관통하여 남녀 차에 대한 대중의 의식으로 되돌아왔다.

이 단계에서 매코비와 재클린이 강조하지 **않은** 점이 있다. 이 차이는 사실 매우 작아서 누군가의 성별을 안다고 하여 그 사람이 언어 능력 검사에서 얼마나 잘할지(또는 주차를 얼마나 잘할지) 정확하게 예측할 수는 없을 터였다. 그들은 이런 척도를 정확히 어떻게 얻었는지, 심리학자들이 사용한 측정 도구가 얼마나 신뢰할 만했는지도 따져 묻지 않았다. 만약 당신이 공간 기술에 관심이 있다면 모든 공간 기술 검사에서 같은 답을 얻을 수 있을까? 당신은 당신이 평가하고자 하는 사람들을 대표하는 표본을 검사하고 있다고 확신하는가? 말하자면 학력 차이를 참작할 필요는 없을까? 당신은 데이터 분석에서 타당한 종류의 비교법을 사용하고 있을까?

차이가 차이가 아닌 때는 언제인가

'차이'라는 단어는 같은 용어라도 심리학에서 사용할 때와 일반 대화에서 사용할 때나 대중이 의미를 이해할 때 쓰임새가 같지 않을 수 있음을 보여주는 예다. 단순한 수준에서 '다르다'라는 말은 당연히 '같지 않다'를 뜻한다. 당신이 어느 섬으로 여행을 갈 예정인데, 그곳에는 당신이 만날 수도 있는 다른 두 부족이 있으므로 그 부족들의 차이를 알고 있어야 한다는 말을 들었다고 하자. 그러면 당신은 차이의 요점과 '얼마나 다른가'하는 세부 사항에 대해 알아볼 것이다. 예컨대 부족 1은 평균 키가 약 193센티미터인데, 부족 2는 약 147센티미터일 수 있다. 부족 1의 구성원은 매우 길고 곧은 흑발인 데 반해 부족 2의 구성원은 짧고 곱슬곱슬한 금발일 수도 있다. 당신은 아마 최소한 여기서 '다르다'란 **알아볼 만하게** 다르다를 의미한다고 추론할 것이다—따라서 만약 당신이 키가 크고 곧은 흑발인 사람을 만난다면 당신은 그가 부족 1의 일원임을 알고 안심할 것이다. 아니면 그것은 **신뢰할 만하게** 다르다를 의미한다고 추론할 수도 있다—따라서 만약 당신이 부족 2의 일원을 만나러 간다는 말을 듣는다면 당신은 키가 작고 곱슬곱슬한 금발인 누군가를 보게 되리라 예상해도 무방할 것이다. 하지만 성차를 보고하는 심리학 연구에서 반드시 이런 종류의 결론을 도출할 수 있는 것은 아니다.

심리학에서 사용하는 '다르다'는 통계적 의미일 때가 많다. 당신이 조사하고 있는 두 집단의 평균 점수 사이의 거리가 특정한 통계적 문턱값을 통과할 만큼 멀리 떨어져 있다는 뜻이다. 그러면 무엇을 측정하고 있건 간에 당신은 그것이 두 집단에서 '다르다'라고 보고할 수 있다. 하지만 이는 흔히 실제로 중요한 '얼마나 다른가'라는 쟁점을 가릴 수 있다. 두 집단 각각이 생성했을 점수들은 당신이 측정한 평균을 중심으로 분포하는데 그 두 분포는 상당히 뚜렷하게 겹칠지도 모른다. 이는 그중 한 집단의 구성원이 당신이 정한 과제를 어떻게 수행할지, 인성 검사에서 어떤 종류의 점수를 받을지 **신뢰할 만하게** 예측할 수 없다는 뜻이다. 누군가의 검사 점수만 놓고 그가 어느 집단에 속하는지 알아볼 수도 없다. 그런 집단은 사실상 다른 집단이라기보다 비슷한 집단에 더 가깝다. 그러므로 통계적 차이가 있다고 해서 그것이 반드시 유용하거나 **의미 있는** 차이인 것은 아니다.

두 집단이 겹치는 정도를 계산하는 한 방법은 이른바 효과 *크기*effect size를 측정하는 것이다.[34] 이를 계산하려면 한 집단의 평균(또는 중간) 점수를 다른 집단의 평균 점수에서 빼고 그 답을 두 집단에 있는 변동성의 양으로 나누면 된다. 예컨대 커피 마시는 사람이 차 마시는 사람보다 십자말풀이를 더 빠르게 푸는지 알고 싶다고 하자. 데이터를 수집한 당신은 차 마시는 사람의 평균 점수를 커피 마시는 사람의 평균 점수에서 빼고 그것을 이른바 표준편차standard deviation로 나눈다. 표준편차란 각 집단에 점수가 얼마나 널리 분포하는지를 반영하는 분산variance의 척도다. 이 과정을 통해 당신은 당신의 차 마시는 사람과 커피 마시는 사람 간 차이의 효과 크기를 얻을 것이다.

주요 쟁점은 효과 크기가 당신에게 집단 차이가 얼마나 **의미 있는지**를 말해준다는 것이다. 심리학자들은 그들의 통계적 연구 결과가 '유의미한 차이'를 보여준다고 보고한다. 이는 엄밀히 말해 사실이지만 그 차이는 작디작아서 말하자면 누군가를 다른 집단이 아닌 한 집단에서 고용하겠다는 결심을(또는 당신이 십자말풀이를 도와달라고 부탁하고 싶은 쪽이 커피 마시는 사람이냐, 아니면 차 마시는 사람이냐를) 실제로 크게 좌우할 가능성은 별로 없을 수 있다. 성차에 관한 연구 결과처럼 많은 영향력을 지닌 뭔가에 관해 이야기하고 있다면 뜻하는 바를 분명히 신호하는 것이 중요하다. 만약 효과 크기가 작다면(약 0.2) 두 집단의 점수 간 차이는 통계적으로 '유의미'하지만 실제로는 누가 어느 집단에 속하는지, 또는 그 집단의 구성원이 무엇을 할 수 있는지, 없는지를 얼마나 쉽게 알아챌 수 있는지에 관해 당신이 세웠을지도 모르는 어떤 가정도 그다지 뒷받침하지 않을지도 모른다.

만약 두 집단이 뚜렷이 다르다면 효과 크기는 상당히 클 것이다. 가장 흔한 예가 남녀의 키 차이다. 여기서는 평균 효과 크기가 약 2.0이니 중간값이 상당히 다르고 더 큰 집단의 약 98퍼센트가 더 작은 집단의 평균 키보다 위에 있을 것이다.[35] 하지만 효과 크기가 이처럼 거대한 경우조차 두 모집단은 여전히 30퍼센트 남짓 겹친다.

내가 이 점을 다소 중언부언하고 있는 명분은 출판되는 성차 연구의 효과 크기가 실제로 상당히 작다는 것이다. 대부분 0.2 또는 0.3 단위인데, 이는 거의 90퍼센트가 겹친다는 뜻이다. '보통' 효과 크기인 0.5조차도 80퍼센트 남짓은 겹침을 의미한다. 따라서 사람들이 성차를 언급할 때 우리는 이것이 두 집단이 하나도 겹치지 않는다는 의미가 결코 아님을 알고 있어야 한다. 뭐가 되었건 당신이 측정하고 있는 변인으로 두 집단을 분명하게 구별할 수 있는 경우는 거의 없다. 누군가의 성별을 안다고 해서 그가 특정 과제나 특정 상황에서 얼마나 잘하거나 못할지를 신뢰할 만하게 예측할 수도 없을 것이다.[36]

효과 크기는 특정한 영역에서 연구 결과를 개관概觀하고자 할 때도 유용하다. 메타 분석은 같은 현상에 대한 다수의 다른 연구에서 데이터를 취합한다. 각각의 연구에서 효과 크기를 가져다 검사한 사람의 수로 가중치를 매겨 연구 결과가 얼마나 신뢰할 만하고 일관적인지, 큰 효과 크기가 표준인지 아닌지 조사하는 데 사용한다. 이로써 개별적인 소규모 연구나 재현되지 않을 수 있는 '일회성' 보고의 문제를 극복할 수 있다. 그 밖에도 효과 크기를 살펴보면 보고된 차이가 '지대한' 것이라거나 '근본적인' 것이라는 주장이 실제로 얼마나 정확한지의 척도를 얻을 수 있다. 그리고 이런 종류의 말을 사용하는 연구가 실제로 효과 크기를 보고하지 않는다면 경종을 울려야 마땅하다.

연구 결과 보고에 관해 언급할 한 가지 주의 사항이 있다. 만약 누군가가 당신에게 뭔가가 '유의미하다'고, 예컨대 남자와 여자가 '유의미하게' 다르다고 말하면 당신은 아마도 이 말을 이 차이는 중요하니 신경써서 주목해야 한다는 의미라고 가정할 것이다. 아마도 '아하, 그 말은 이것이 우연한 발견일 확률이 100분의 5 미만이라는 의미로군' 하고 생각하지는 **않을** 것이다. 여기서 하려는 말은 연구 결과들이 의미도 없는 뭔가를 이야기하고 있다는 것이 아니다. 단지 우리는 '유의미하다'라는 단어가 때때로 암시할 수 있는 '감탄할 만한' 요인을 누그러뜨릴 필요가 있을지도 모른다는 것이다.

따라서 실험심리학이 성차 논쟁에 무엇을 어떻게 공헌했는지 알아보고 싶다면 다양한 질문을 던져야 한다. 가설이 최대한 객관적인가, 아니면 정형화된 편향이나 무자비한 차이 수색을 반영하는가? 사용되고 있는 과제나 검사가 행동이나 기질의 중립적 척도인가, 아니면 사실상 찾으려는 차이를 찾을 승산을 쌓기 위한 수단인가? 실험자가 교육이나 직업 따위의 '젠더화' 요인을 주의 깊게 통제하고 있는가, 아니면 그냥 '남성'이나 '여성'이 모든 기반을 망라하리라고 가정하고 있는가? 그리고 끝에 가서 우리에게 조심스럽게 해석한 효과 크기를 보여주는가, 아니면 우리를 포함하여 지나가는 모든 과학 기자에게 남녀 참가자 사이의 '근본적인' 차이나 '지대한' 차이라는 표현을 남발하는가?[37]

무엇을 어떻게 묻고 있는가

심리학이 검증하기 시작한 이론 이면의 과학자들이 정치적 공백 상태에서 작동하지 않았다는 사실은 이미 본 적이 있다. 우리가 여자에 대한 귀스타브 르봉의 "머리 둘 달린 고릴라" 접근법에서 조금 벗어났을지는 몰라도 초점은 여전히 현상을 유지하고, 차이를 찾아 범주화하고, 남녀의 기술과 기질이 다름을 입증하여 그들을 다른 역할에 어울리게 하는 데 맞추어져 있었다. 그 분야가 존재한 초창기 몇 년 동안 실험심리학자로 일한다면 당연히 이 차이 사냥은 당신의 '실험적 가설'에 영향을 미칠 것이다. 측정하려는 것이 언어 유창성이건 공감이건 수학적 기술이건 공격성이건 간에 당신은 그 특정한 심리과정에 성차가 **있으리라** 가정할 것이다. 비교하려는 집단끼리 차이가 없거나 비슷하리라고는 예측하지 않을 것이다.

연구 출판이 현재 작용하는 방식으로 차이가 **있으리라**는 실험적 가설이 뒷받침된다면 출판을 목적으로 작업물을 제출할(그리고 출판이 승인될) 가능성이 훨씬 더 크다. 만약 가설이 뒷받침되지 않고 결과로 볼 때 성차가 없는 것 같으면 출판을 목적으로 결과물을 제출하지 않을 가능성이 더 크고, 만약 제출하더라도 출판될 가능성은 더 적을 것이다.

때로는 데이터가 무엇을 보여주고 있는지 대대적으로 조사하는 시끄러운 과정에서 성차의 부재가 행방불명될 수도 있다. 당신에게는 성차가 있으리라는 구체적 가설조차 없을지도 모른다. 하지만 만약 당신의 참가자 집단에 남성과 여성의 수가 충분하다면 당신의 데이터에 성차가 숨어 있을 가능성을 알아보는 것쯤은 매우 쉽다.[38] 당신은 성차의 유무를 확인해보고 만약 없으면 아마 연구 논문의 토의나 초록, 심지어 주제어 선택에서도 이를 중시하지 않을 것이다.

차이를 찾지 못했다는 사실을 공개적으로 살펴보지 못하게 숨기는 것을 흔히 '서류함' 문제'file drawer' problem라고 한다.[39] 나는 '빙산' 문제라는 표현이 더 낫다고 생각한다. 잠재 과학이 정처 없이 떠돌아다니는 가상 공간, 다시 말해 출판 가능성의 표면 아래에는 모든 범위의 척도에서 남녀 사이의 차이가 없음을 보여주고 있을 방대한 양의 '보이지 않는' 연구 결과가 있는데, 일부 척도가 지도를 잘 읽는 화성인을 멀티태스킹을 잘하는 금성인과 구별하는 신뢰할 만한 방법으로 우리의 의식 속에 확실하게 정립된다. 사실은 차이가 있다고 확인하는 듯한 것보다 차이가 없다고 보고할 수 있을 연구 결과가 훨씬 더 많을 수도 있다.

따라서 던지는 질문이 보고되는 답에 실제로 부정적 영향을 미칠 수도 있다. 하지만 이런 답이 어떻게 수집되는지도 살펴보아야 한다. 남녀 차에 관한 정보를 수집하는 데 어떤 특별한 검사가 사용될까? 당신은 당신이 측정하고자 하는 것을 실제로 측정하고 있을까, 아니면 다른 뭔가가 진행 중일 수도 있을까? 그리고 이것이 당신(또는 다른 누군가)이 당신의 연구 결과에서 도출할 결론에 영향을 미칠 수도 있을까?

여러 해 전에 나는 지능지수의 유전 가능성에 관한 주말 학술회의에 참석한 적이 있다. 오전 시간은 유전학자들이 진행했고 전장유전체연관분석genome-wide association study(유전체 전체를 비교하여 관심 있는 형질과 연관된 유전자의 위치를 찾는 분석법-옮긴이), 유전도 평가, 녹아웃 생쥐(특정 유전자를 없앤 생쥐-옮긴이) 모델의 함의, 유전자 변이 등에 관한 많은 논문이 있었다. 이 모두가 종속 변인이나 모델화 요인으로 지능지수를 사용했다. 지능지수 검사가 '산업 표준'이라도 되는 듯 그것을 통해 인간을 평가했다. 이 특정 변인이 어떻게 측정되었는지, 또는 실제로 정확히 무엇을 측정하는지에 대해서는 아무도 언급하지 않았다. 단지 지능지수 점수 또는 설치류나 원숭이의 지능점수에 해당하는 것이 그들이 사용하고 있는 유전적 모델이나 조작에 의해 어떻게 영향을 받았는지에 대해서만 이야기할 뿐이었다.

오후에는 심리학자들이 진행을 맡아 유전학자 동료들이 자신들의 핵심 척도에 대해 가진 믿음을 해체하기 시작했다. 개별 문항에 딸린 쟁점들, 측정되는 하위 검사와 서로 다른 기술의 이질성, 재검사 신뢰도, 환경적 요인(이를테면 인간의 경우 교육받을 기회나 사회경제적 지위, 인간이 아닌 경우 우리cage의 크기나 만지는 빈도)을 참작할 필요성, 지능의 정의 그 자체—이 모두는 지능지수가 이를테면 눈 색깔이나 혈액형처럼 객관적으로 측정할 수 있는 고정된 형질이 아니어서 검증 중인 모든 모델에 깔끔하게 끼워 넣을 수 없음을 밝히는 데 이바지했다. 그 지능지수 숫자가 실제로 무엇을 측정한 것인지 알려면 훨씬 더 많은 배경 이야기를 알아야 했다.

따라서 때로는 측정 중인 척도를 어느 정도 자세히 연구해야 한다. 사용 중인 검사가 어떻게 생겨났는지도 알아보아야 한다. **겉보기에는** 신뢰성도 있고(다른 정황과 상황에서도 거의 같은 점수를 얻을 것이고) 타당성도 있는(측정한다고 주장하는 것을 측정하는) 검사라도 실제 이야기는 들리는 것과 다를 수 있다.

사람 대 사물

'사람' 대 '사물'에 대한 흥미의 개인차를 측정하기 위한 직업 적성 척도의 개발과정은 한 검사를 개발하는 중에 만든 선택지가 겉보기에는 한 가지 척도를 근거로 사람들을 구별하는 것 같지만 실은 다른 뭔가를 반영하고 있을 수 있다는 점을 보여주기에 유용한 사례 연구감이다.

직업 적성 흥미 척도는 진로 자문 도구로 쓰려고 만든 것이었다.[40] 목표는 사람들이 흥미를 갖는 사물의 종류와 사람들이 선택하는 직업의 특징적 과제를 짝지으면 직무 만족도가 보장될 수 있음을 보여주는 것이었다. 이 검사의 기초 원리를 개발한 사람은 1980년대 당시 미국 대학입학학력고사 계획American Colleges Testing Program에 관련된 조사과학자 데일 프레디거Dale Prediger였다. 그는 직업적 흥미에 관해 당시 알려진 내용을 두 가지 차원으로 분류할 수 있다는 의견을 제시했다. 첫 번째 차원인 자료/사고data/idea 차원은 사실 기록 등을 관련시켜야 하는 과제, 협업하고 이론이나 사물의 새로운 표현방식을 개발해야 하는 과제 둘 중 하나에 대한 선호를 표시할 것이었다. 두 번째 차원인 사람/사물people/things 차원은 사람을 돕고 타인을 돌보는 일에 대한 흥미, 기계나 도구, 생물학적 기제를 다루는 일에 대한 흥미 둘 중 하나를 표시할 것이었다. 그리고 야외에서 하는 일은 분명 후자였는데, 이에 관해서는 나중에 다시 다룰 것이다.

데일 프레디거의 다음 과제는 다양한 직업에 관한 자료를 수집하는 것이었다. 그는 미국 노동부가 오랜 세월에 걸쳐 모아둔 수많은 데이터 세트를 대대적으로 조사한 뒤 그의 자료/사고 차원과 사람/사물 차원으로 분류하여 직무를 기술하는 방법을 생각해냈다. 그리고 초인적 노력을 들인 결과(563개 직업에 대해 100여 가지 기술어를 심사하여 종류를 분류)로 각종 진로를 자료 기반 직업, 사고 기반 직업, 사람 기반 직업, 사물 기반 직업별로 구분하여 묶었다. 사람 기반 직업의 본보기는 초등학교 교사와 사회복지사였고 전형적인 사물 기반 직업은 벽돌공과 버스운전사였다.[41]

이쯤에서 이 전형적인 듯한 직무에 관해 곰곰이 생각해볼 가치가 있을지도 모른다. 특히 당시에는 실제로 누가 그것을 하고 있었을까? 데일 프레디거가 작업할 당시 미국에서 여성은 초등학교 교사의 82.4퍼센트, 사회복지사의 63퍼센트를 차지했던 데 반해 버스운전사의 29.2퍼센트, 건설업 노동자의 2.4퍼센트를 차지했다.[42]

이렇게 해서 **사람 대 사물** 차원을 기반으로 했다고 추정되는 과제 집단이 생겼지만 여기서 젠더 불균형이라는 추가 요인은 고려된 적이 없는 듯하다. 우리는 사실상 이 두 범주의 꼬리표를 **여자의 직무** 대 **남자의 직무**로 바꾸어 붙여도 될 것이다. 이것은 **사람** 대 **사물**에 관해 잘 알고 내린 선택을 정확하게 반영한 것일 **가능성**이 있다. 여자들은 벽돌 쌓기가 지나치게 **사물** 기반이기 때문에 하지 않기로 선택했을 수도 있다. 하지만 그 대신에 다른 요인이 작동하고 있을 가능성은 없을까? 어쨌거나 벽돌공이 되는 것은 실제로 여자에게 열려 있는 선택지였을까? 데일 프레디거에게 공정하게 말하자면 그의 목표는 성차 측정이 아니었다. 사실 그는 자신의 차원이 실험실 보조연구원과 화학자(**사물** 직무)를 백과사전 판매원과 기독교 교육사(**사람** 직무)와 구별할 수 있다는 사실을 가장 자랑스러워했던 듯하다. 하지만 우리가 보게 되겠지만 **사람** 대 **사물** 차원은 나중에 젠더 격차 논의에서 대단히 중요해질 것이다.

그렇다면 그 직업 안내 척도의 나머지 절반인 **사람** 대 **사물**에 대한 **흥미**는 어떻게 측정하는지 살펴보자. 데일 프레디거의 노력과 병행하여 심리학자 브라이언 리틀Brian Little은 '**사람** 지향Person orientation'과 '**사물** 지향Thing orientation'(지금의 PO와 TO)을 구체적으로 측정하기 위해 24문항 척도를 개발했다. 수검자는 묘사된 상황을 얼마나 즐길지 평가하라는 요구를 받았다.[43] 지금쯤 당신은 내가 지나치게 까다롭다고(그리고 실은 성차별주의자에 가깝다고) 생각할지도 모른다. 하지만 "데스크톱 컴퓨터를 분해하고 다시 조립해본다" "1인 잠수함을 타고 바다 밑을 탐험한다" 따위의 각본으로 **사물** 차원을 측정하고(이 설문지는 원래 1970년대에 인정받았다는 점을 명심하라) **사람** 차원에 "버스에서 옆에 앉은 노인의 말에 배려심을 갖고 귀를 기울인다" 따위 문항이 실려 있는 마당에 **사람** 점수와 **사물** 점수에서 강한 젠더 관련 차이가 있었다 해도 전혀 놀라운 일은 아니라고 생각한다. 21세기에 업데이트된 이 검사는 (애석하게도 그 잠수함 질문을 비롯하여 "유리 불기를 잘하는 법 배우기" 같은 질문은 없애버렸지만) 이 TO와 PO 척도의 보이지 않는 젠더 기반 기초를 사실상 그대로 보유하고 있다.[44]

뉴욕시립대학 헌터칼리지의 심리학자 버지니아 밸리언Virginia Valian은 더 근본적으로, 더 커다란 차원 전체로 입력되는 가정들의 타당성에 의문을 제기하면서 특히 **사물**의 표제 아래 들어가는 가정에 초점을 맞추었다.[45] '사물을 다루는 일'과 '잘 짜인 환경에서 하는 일'을 '야외 작업'과 함께 묶어야 할 이유는 무엇인가? 이런 각본은 왜 **사물류**가 되는가? 이 표제 아래에 있는 흥미들은 "남자가 여자보다 더 많은 시간을 보내는 경향이 있었던 활동들"로 더 정확히 기술된다고 버지니아 밸리언은 지적한다(확신하건대 그녀도 나처럼 그 잠수함 각본 이야기를 하고 있었을 것이다!). 그녀가 언급하듯이 **사물류** 활동에 흥미가 있었던 부류의 사람을 가리키는 '행위자적·도구적·과제지향적'이라는 표현은 남자를 묘사하는 정형화된 방식으로 밀접하게 대응되는 반면, **사람** 직업을 좋아할 '교감적·양육적·표현적' 개인은 얼마든지 여자로 읽을 수 있을 것이다.

그러므로 우리가 가진 **사물** 대 **사람**이라는 차원은 서로 다른 직업을 구별하고 더 나아가 그런 직업을 추구하고 싶어하는 다양한 사람의 프로필을 알려준다고 추정된다. 하지만 여기에는 혼재 요인이 내장되어 있다. 우리가 모르는 사이에 젠더 이분법이, 이 **사물** 대 **사람** 차원에서 누가 어디로 떨어질 것인지에 관하여 주사위를 던진다.

이는 학문적 우려에 불과할 수도 있다. 하지만 **사물** 대 **사람**이라는 개념은 STEM(과학science, 기술technology, 공학engineering, 수학math) 과목에 여성이 지나치게 적은 데 대한 설명을 찾는 연구자들에 의해, 그리고 이 문제를 해결하려는 계획의 유용성에 의문을 제기하는 데 열광적으로 이용되어왔다. 경영심리학자 쑤룽Su Rong과 동료들의 연구가 자주 인용되는데, 그들은 47가지 흥미 목록에 대한 전문가용 설명서에서 기준 점수에 관한 정보를 가져왔다.[46] 이로써 그들은 남자 24만 3,670명과 여자 25만

9,518명에게서 데이터를 얻었다. 그들은 이 데이터가 **사물** 대 **사람** 차원으로 어떻게 모이는지 조사한 후 놀랄 것도 없이 '남자는 사물을 다루는 일을 선호하고 여자는 사람을 다루는 일을 선호한다'는 사실을 발견했다. 이는 큰 효과 크기(0.93)로 볼 때 매우 유의미한 차이였다. 이것은 그들이 지적했듯이 남성 응답자의 최대 82.4퍼센트가 **사물** 지향 진로에 더 강한 흥미를 보였다는 의미일 것이다. 아니면 그들은 다른 남자들이 하는 것을 하고 싶어했을 뿐 그것이 벽돌공이든 버스운전사든 상관없었다는 의미일 수도 있겠지만 말이다.

왜 묻는 것인가

이런 종류의 자기보고 척도를 통한 데이터 수집의 또 다른 측면은 참가자가 그 과정에 대해 어떤 종류의 기대를 갖고 오는가 하는 것이다. 이는 앞에서 논의한 나오미 와이스타인의 견해의 연장선에 있다. 심리 측정법은 맥락에서 자유로운 경우가 거의 없다. 검사가 '요구하는 특징'은 종종 꽤 명료하여 특정한 결과의 승산을 쌓는다고 해도 무리가 아니다.[47] 이미 언급했듯이 월경 고충 설문지라는 명칭은 설문지 자체가 수집하는 답을 편향시키기만 할 것이다. 어느 정도는 풍자적으로, 하지만 궁극적으로는 이 점을 입증하기 위해 한 연구자 집단은 '월경 환희 설문지 Menstrual Joy Questionnaire: MJQ'를 사용했을 때의 효과를 조사했다. 설문지는 참가자가 월경주기 동안 주목할 만한 긍정적 경험 열 가지를 나열했다. 고충에 초점을 둔 설문지를 먼저 받은 참가자에 비해 MJQ를 먼저 작성한 참가자는 나중에 MDQ를 작성할 때 긍정적 변화를 더 많이 보고했고 월경을 향한 태도도 더 긍정적이었다.[48] 그렇다면 당신은 측정하려는 과정의 왜곡된 형태를 얻을지도 모를 뿐 아니라 과정 자체를 실제로 변화시킬 수도 있을까?

마찬가지로 복잡한 무늬에서 단순한 형태를 찾으라고 하면 공간 능력을 시험하는 것이고 "나는 다른 사람들을 돌보는 것이 정말 즐겁다"라는 진술에 얼마나 동의하느냐고 묻는다면 공감 수준을 평가하는 것임을 모르기는 어려운 노릇이다. 그런 질문을 어떻게 처리하느냐는 실험자를 기쁘게 해주거나 그 연구에서 다른 참가자보다 더 잘하고 싶은 바람에 의해, 이것으로 할당된 연구 참가 점수를 채우면 이번 학기 동안은 곤혹스럽거나 지루한 심리학 연구에 더 참여할 필요가 없다는 지식에 의해, 심지어 문제 풀이나 설문지 작성의 즐거움에 의해서도 영향을 받을 것이다.

'점화priming'의 경우도 마찬가지다. 다시 말해 관련된 고정관념에 대한 기존 인식을 촉발하는 것으로도 당신이 자기에 관하여 할 말뿐 아니라 과제를 수행하는 능력에까지 영향을 미칠지 모른다.[49] 예컨대 여성의 공감 점수는 공감이 여성스러운 특질로서 관심을 끌었느냐, 아니냐에 따라 달라질 것이다.[50] 점화의 다른 형태인 '고정관념 위협stereotype threat'은 당신이 속한 집단에 대한 부정적 고정관념으로 주의가 모아졌을 때의 효과를 일컫는다. 여성은 시공간 과제를 수행하는 데 무능하다거나 아프리카계 카리브해인 남학생은 지적 성취도 검사에서 성적이 저조한 경향이 있다는 관념을 예로 들 수 있다.[51] 심적 회전 과제나 SAT 시험 등 그 특정한 기술이 평가되고 있는 맥락에서 정형화된 집단의 구성원은 미진한 성적을 보여주곤 했다. 원래 흑인과 소수민족의 낮은 성취도와 관련하여 확인된 고정관념 위협은 여성에게도 특히 과학과 수학 같은 과목

의 성적에 관해 강력한 효과가 있는 것으로 밝혀졌다.[52]

고정관념 위협의 실험적 연구들이 보여주었듯이 그 효과는 통제된 상황에서도 입증할 수 있다. 실제로는 중립적인 과제를 남자 아니면 여자가 더 잘하는 과제로 소개하면 된다. 과제를 실행한 여성이 그것은 여자가 대개 더 잘하는 과제라는 말을 들은 경우는 더 높은 점수를 받았지만(이른바 고정관념 해제 효과), 남자가 대개 더 잘한다는 말을 들은 경우는 점수가 극적으로 더 나빠졌다. 참가자가 남성인 경우는 효과가 덜 강했지만 그들도 남자가 대개 더 유리하다는 말을 들었을 때 과제를 더 잘 수행했다.[53]

따라서 당신이 수집하는 데이터가 맥락과 무관하다는 의미에서 반드시 '순수한' 것은 아니다. 당신이 사용하는 과제는 측정하기를 바라는 특정한 변인보다 많은 요인을 반영할 테고 참가자는 당신이 입증하고자 하는 것과 아무 상관도 없는 온갖 요인에 오염된 방식으로 반응할 것이다.

성은 충분하지 않다

지금 우리가 알듯이 뇌가 뇌를 변화시키는 세상과 얼마나 얽혀 있는지를 안다면, 뇌가 세상 속에서 기능하고 있는 한 분명 우리는 이를 참작할 필요가 있다. 검사를 위해 참가자를 선발할 때나 이용 가능한 뇌와 행동에 대한 대규모 데이터 세트에 접근할 때도 그렇지만 사실 연구자가 도달한 결론이 얼마나 신뢰할 만하고 타당한지 판정할 때도 마찬가지다. 이는 특히 성차 연구에서 더욱 그렇다. 모집단을 성별로 나누기만 해도 차이에 기여할 가능성(또는 심지어 개연성)이 있는 막대한 수의 다른 요인이 가려질 것이기 때문이다. 학력, 사회경제적 지위, 직업 같은 요인이 일반적 수준에서 뇌 구조와 기능을 변화시킬 수 있음을 알고 있다면 우리는 참가자가 무엇을 할 수 있는지 살펴볼 때 이를 고려해야 한다. 성별 하나만 근거로 삼아도 살펴볼 개인들을 충분히 범주화할 수 있다고 흔쾌히 가정하는 듯한 연구는 처음부터 다시 시작해야 마땅하다.

성차의 심리학적 연구는 20세기 초 헬렌 톰프슨 울리가 서술한 "감상적 허튼소리"로부터 어느 정도 진전되었다. 하지만 가장 극단적인 주장들은 걸러냈을지 몰라도 우려할 이유는 여전히 있었다. 심리학의 주요 분과들이 21세기에 접어들면서 뇌영상술사들과 힘을 합쳤기 때문이다. 헬렌 톰프슨 울리가 심리학의 연구 결과를 비웃듯 요약한 이후로 지금까지 100년이 흘렀지만 코델리아 파인이 예리하게 조사한 신생 학문 분야 인지신경과학은 뻔한 결론, 편향된 이론과 관행, 와전된 결과물을 훨씬 더 많이 기록했다.[54]

심리학은 우리 주위 세상의 힘을 의도적으로 무시하고 있는 것처럼 보일 수 있다. 세상은 우리의 행동을 변화시킬 뿐 아니라 신경가소성에 관해 우리가 지금 아는 바를 고려하면 우리의 뇌까지 변화시킬 힘이 있다. 그리고 심리학과 뇌 영상 연구실에서 나오는 연구 결과 자체도 이런 문화적 압력에 당연히 포함될 수 있다. 이 점을 고려하지 않는 한, 그리고 고려할 때까지 심리학은 겉보기에 잘 확립된 성차들을 수집하여 믿고 찾는 목록을 제공할 뿐이라는 비난을 면할 수 없을 것이다.

하지만 심리학은 신경과학을 연구소에서 대중의 의식으로 끌어들이는 또 다른 역할을 맡고 있었다. 자타를 이해하는 심리학의 명백한 통찰력에 대한 현실적 욕구는 오래전부터 있었다. 개인의 조언을 담은 안내서와 행동 수칙 설명서는 수 세기 동안 존재했지만 대중적이고 돈이 되는 자기계발 분야를 확립한 것은 『데일 카네기 인간관계론How to Win Friends and Influence People』(1936) 같은 책들이었다.[55] 나폴리언 힐Napoleon Hill의 『놓치고 싶지 않은 나의 꿈 나의 인생Think and Grow Rich』(1937)으로부터 『데일 카네기 자기관리론How to Stop Worrying and Start Living』(1948)을 거쳐 (물론) 『내 남자 사용법Act Like a Lady, Think Like a Man』(2009)에 이르기까지 대중심리학은 인생의 수수께끼와 문제, 그 가운데서도 주로 성차라는 해묵은 쟁점에 대한 해결책을 열심히 상담해왔다. **생존**과 **성공**을 위한 요령, **변신**과 **환생**으로 가는 길을 그런 책의 책장들 속에서 얼마든지 발견할 수 있었다. 기본적 메시지는 **너 자신**(또는 타인)**을 알라** 그리고 **더 잘하라**였다.

뇌 영상의 도래와 결합한 대중심리학은 완전히 새로운 인기를 얻었다. 이 혼합물에 '**당신의 뇌와 그 작동 방식**'을 추가할 수 있게 될 때, 특히 여기에 아름다운 컬러판 뇌 사진을 실을 수 있게 될 때 완전히 새로운 분야의 자기계발서인 신경안내서neuro-guide를 위한 장이 마련되었다.

04 뇌 미신, 신경쓰레기와 신경성차별

신경난센스, 신경쓰레기, 신경성차별, 신경개소리, 신경황당무계한소리, 신경허풍, 신경옹알이, 신경과대광고, 신경잠꼬대, 신경미친짓, 신경오류, 신경대실수, 신경횡설수설, 신경바보짓.

20세기 말에 출현한 뇌 영상 기술은 여자 뇌와 남자 뇌에 어떤 차이가 있는지를 실제로 파악하여 이 뇌 차이와 모든 관련 행동 차이의 연계성을 탐구할 수 있게 해주었다. 죽었거나 병들었거나 손상된 뇌에 의존할 필요가 없어진 연구계는 이제 성차에 관한 해묵은 질문에 답할 수 있을 터였다. 이 탐구에서 가장 인기 있는 기법은 fMRI였다. 제1장에서 살펴보았듯이 그것은 뇌 활동과 연관된 혈류 변화를 측정하고 그 결과를 아름답게 색으로 암호화된 영상으로 표현한다. 마침내 뇌에 창이 난 것처럼 보였다.

이 시점에서 fMRI가 우리에게 말해주지 **못하는** 것을 강조하고 이 뇌 영상 기법이 무엇을 할 수 있는지에 대한 오해 때문에 생겨난 많은 잘못된 믿음을 강조하는 것은 가치가 있다.[1] 먼저 fMRI는 우리에게 뇌의 활동을 직접 촬영하여 제공하지 않는다. 뇌의 활동이란 신경임펄스nerve impulse(뇌가 자극받은 결과로 신경섬유를 타고 전해지는 활동 전위-옮긴이)가 밀리초 시간 단위로 뇌의 표면을 가로지르거나 주요 구조 안에서 지나가는 것을 말하는데, fMRI는 그 활동을 위해 에너지를 제공하는 혈류의 변화를 보여주고 있을 뿐이다.[2] 그리고 그 변화는 실제로 진행되고 있는 것보다 훨씬 더 느리다—우리는 밀리초 단위가 아니라 초 단위에 관해 이야기하고 있다. 그래서 일단 연구 결과가 단어 찾기나 패턴 인식(둘 다 밀리초 시간 단위에서 일어날 수 있다) 같은 기능의 차이 면에서 해석되고 있다면 그런 연구 결과는 신중하게 관망해야 하며, 동시에 행동 변화를 측정하여 상세하게 분석하는 맥락에서만 고려해야 마땅하다.

아름답게 색으로 암호화한 영상은 이 과제나 저 과제의 순수한 척도가 아니라는 점도 알고 있어야 한다. 뇌 영상 실험 중 하나에 참여하면 얼마 동안은 (이를테면) 한 번에 하나씩 화면에 나타나는 단어들을 쳐다보기만 할 것이다. 그다음에는 실험자가 다른 단어 세트를 보라고 요청하겠지만 이번에는 가능한 한 많은 단어를 기억하라고 할 것이다. 그러고 나서 첫 번째 과제에서 나온 데이터를 두 번째 과제에서 나온 데이터에서 뺄 것이다. 여기서 가정은 연구자가 양쪽 과제에서 공통된 부분을 뇌의 활성화 패턴에서 '포기'하면 기억 과제에 고유한 부분만 남으리라는 것이다. 이는 이런 종류의 인지 과제와 연관되는 뇌 변화가 매우 작으므로 뇌영상술사는 그것을 확대할 방법을 찾을 필요가 있기 때문이다. 그 결과로 나오는 뇌 영상은 기억 중추 활성화와 연관된 실시간 뇌 변화를 포착하고 있지 않다—그것은 단어를 읽고 있는 뇌와 단어를 외우고 있는 뇌의 차이를 보여주는 사진이다.

fMRI는 찾아낸 차이의 크기를 보여주기 위해 서로 다른 색깔의 다양한 색조를 배정한다. 활성화 증가가 나타나는 영역에는 대개 연분홍색에서 선홍색에 이르는 빨강을 할당하는데, 통계적으로 다르다고 말하기 위한 문턱값을 간신히 넘기는 차이에는 연분홍을, 통틀어 가장 큰 차이에는 선홍색을 할당한다. 활성화 감소에는 다시 매우 연한 파랑에서 선명한 파랑에 이르는 파랑을 할당한다. 영상 자체에서 대비가 극대화되도록 이 색조는 조정할 수도 있다. 활성화에 유의미한 차이가 없는 영역은 일반적으로 색을 입히지 않을 것이다. 이렇게 해서 우리는 으스스한 잿빛 뇌 단면을 상기하게 하면서도 빨강과 파랑의 밝은 부분들이 겹쳐진 영상에 이른다. 그 영상에서 당신은 살아 생각하는 인간 뇌의 사진과 동등한 것을 보고 있다는 압도적 인상을 받는다. 그 영상은 아름답게 색으로 암호화되어 '생각'의 출처를 보여줌으로써 신경영상술사에게 '마음을 읽을' 힘이 있다는 반박할 수 없는 증거를 제공하는 것만 같다.[3]

fMRI가 현장에 입성한 직후 수년간 스캐너에서 쏟아져 나온 데이터를 해석하는 중에 제기된 한 가지 쟁점은 이른바 '역추론 문제'다.[4] 스탠퍼드의 심리학자 로스 폴드랙Ross Poldrack은 '보상'과 같은 특정한 과정과 연관된 영역에서 정확한 활성화 위치를 찾을 때 특정한 종류의 음악 듣기와 같이 특정한 과제 중에 그 영역이 활성화된 모습을 발견하면, 사람들이 음악을 듣고 싶어하는 이유는 음악이 뇌에서 '보상 중추'를 활성화하기 때문이라는 결론을 내리고 싶어진다고 지적했다. 하지만 그 결론의 정확성은 뇌의 특정 부분이 한 유형의 과정(이 경우 '보상')에만 고도로 특화되어 있고 그 행동 척도가 관심 있는 현상의 매우 강력한 지표라는 전제에 달려 있다. 그러므로 예를 들면 음악이 얼마나 긍정적으로 평가되었는지에 대한 추가 평가가 포함되어야 할 것이다.

앞으로 살펴보겠지만 뇌의 한 영역을 단 하나의 기능으로 못 박을 수 있는 것은 매우 이례적이므로 추가적인 행동적 뒷받침이 필요할 것이다. 다시 말해 (이 특정한) 음악을 듣는 자체가 보답이 되었다는 주장을 뒷받침하려면 청취자로부터 "나는 이 음악을 실제로 높이 평가하니 5점을 주겠다"와 같이 그럴듯한 단서를 얻을 필요가 있을 것이다. 그리고 '보상' 말고도 주장을 뒷받침할 가능성이 있는 다른 해석을 제외할 수도 있어야 할 것이다—아마도 '보상' 회로는 장기 기억 기능이나 주의과정도 얼마간 포함할 것이므로 그 음악은 모종의 기억을 촉발하거나 집중할 필요를 일깨울 수 있을 뿐 아니라 긍정적 분위기를 조성할 수도 있다.

이 역추론 문제에 대한 몰이해는 '보이지 않는 행동'을 확인하는 데 뇌 영상을 사용할 수 있다는 주장의 핵심이었다. 즉 누군가가 실제로 무슨 생각이나 행위를 하는지 몰라도 뇌 활성화 패턴을 보면 '그 사람의 마음을 읽을' 수 있다는 것이었다. 뇌 스캐너를 거짓말탐지기로 사용할 수 있다는 주장은 이런 종류의 '신경돌팔이짓'의 대표적인 사례다. 뇌를 스캔하기만 하면 빛나는 '사기 회로'를 통해 당신의 죄책감이든 불륜이든 테러리스트 성향이든 낱낱이 드러나게 되어 있다는 과대광고다.[5]

인간 뇌에 대한 최초의 fMRI 연구들은 1990년대 초에 수행되고 나서 20여 년 동안 뇌가 어떻게 작동하고 어떻게 모든 인간 행동의 기초 역할을 하는가에 대한 대중적 이해(그리고 불행히도 오해) 대부분의 원천이었다. 이런 연구는 많은 경우 우리가 이전에 짐작밖에 할 수 없었던 과정에 대해 기막힌 통찰을 제공했다. 하지만 다른 경우는 일정한 뇌 미신을 영속시키는 데 이바지했을 뿐이다. 원인은 기법 자체의 본질적 문제라기보다 구식 뇌 모델을 적용한 결과로 특정한 편향이 생겨난 데 있었다.

뇌 영상(상상): 신경기적은 어쩌다 신경허풍이 되었나

마케팅 연구 전문가들은 신기술을 도입했을 때 시간이 경과하면서 흔히 따르는 운의 변화를 가리키는 용어를 사용한다. 그것은 가트너 하이프 사이클Gartner hype cycle(〈그림 1〉 참조)이라 불리는데, 유망한 혁신에 공통된 과대광고, 희망, 실망의 궤적을 추적한다.[6]

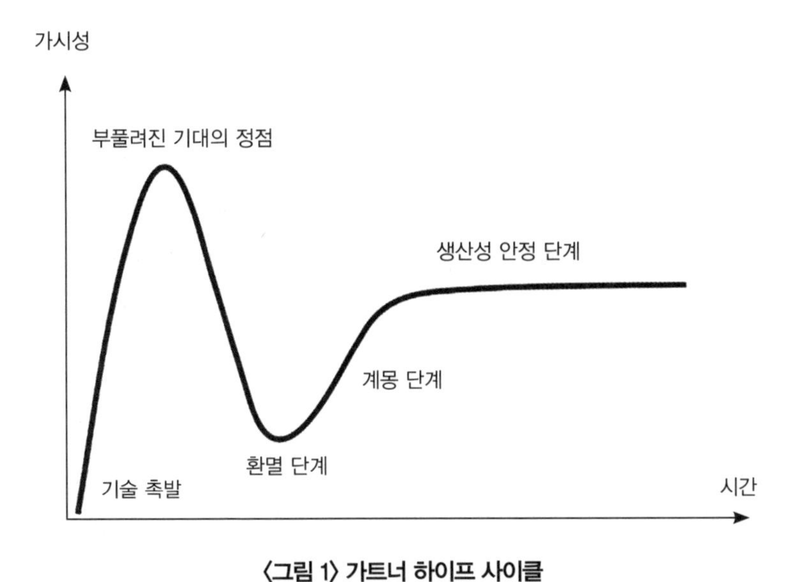

〈그림 1〉 가트너 하이프 사이클

사이클은 신기술의 열정적 출시로 시작하여 흔히 매체의 많은 관심과 연관된 후에 부풀려진 기대의 정점Peak of Inflated Expectation으로 이어진다. 이 단계는 초기의 유망한 생산성에 과대광고가 추가되어 이루어진다. 과대광고는 이 신기술이 어떤 문제를 해결해주리라는 흥분된 추측으로 이어져 기대치를 비현실적으로 설정하게 한다. 그런 다음 난관,

실망, 비판이 생겨나면 흥미가 줄어들기 시작한다—환멸 단계Trough of Disillusionment로 접어든다. 하지만 문제를 확인할 수 있어서 비판을 해결한 다음 적절히 조심하고 보다 현실적으로 기대한다면 새로이 전진하여 더 나은 결과를 얻을 수 있다. 이것이 계몽 단계Slope of Enlightenment이며, 여기서 제대로만 하면 생산성 안정 단계Plateau of Productivity로 연결될 수 있다.

런던경영대학원의 게릭 다비오 드 테르네Guerric d'Aviau de Ternay와 유니버시티칼리지런던의 심리학자 조지프 데블린Joseph Devlin은 2016년 블로그에서 하이프 사이클 개념을 사용하여 신경마케팅(여담이지만 지금은 소비자 신경과학으로 브랜드를 바꾸었다)이 처음에 기대를 모으고, 어려움에 봉착하고, 앞날을 내다보는 과정을 추적했다.[7] 나는 그것을 읽으면서 문득 깨달았다. 이 모델은 처음에 기적이었던 뇌 영상이 어쩌다 '신경쓰레기'와 '신경개소리'가 되었는지 서술한 다음 일명 **뇌스캔 대스캔들**Great Brain Scan Scandal에서 어떤 '신경뉴스'를 구조할 수 있을지 추적하기에 완벽할 것이었다.[8]

새로운 뇌 영상 기술의 출시는 정확히 이 과정을 따랐다. fMRI는 그때까지 볼 수 없었던 우리 뇌에 관한 미해결 문제 중 그토록 많은 부분을 해결해줄 답으로 환영을 받았다. 점점 더 정교한 형태로 생산되는 뇌 영상의 엄청난 소통 잠재력은 실제로 대중의 상상력을 촉발했다. 상상을 충족시키는 대중매체 입장에서 이 기막히게 유혹적인 사진들은 처음에는 끊임없는 선물과도 같았다. 다음에는 불행히도 부풀려진 기대가 마구 쏟아지고 오해와 와전이 홍수를 이루었다—결국 확산된 것은 신경쓰레기였다. 신경과학과 우리 뇌의 작동방식에 관한 허위 정보 말이다.

기술 촉발

1992년에 최초의 fMRI 연구 결과가 출판되기 시작했다. 한 연구에서는 참가자들이 MRI 스캐너 안에 누워 시야의 오른쪽이나 왼쪽에서 번쩍이는 빨강과 초록 바둑판무늬를 보았다. 그 결과 시각겉질로 향하는 혈류 증가가 포착되었고 사건이 발생한 뇌 부위와 함께 (뚜렷하게 얼룩지기는 했지만) 다소 불분명한 컬러 영상으로 표현되었다.[9] 두 번째 연구는 빛을 비추거나 주먹을 쥐게 하는 방법으로 뇌의 반응 위치를 알아내는 것이 어떻게 가능한지 보여주었다. 이번에는 시각 반응이 비추는 빛의 주파수와 대응되었고 운동겉질에서 나오는 신호의 오르내림이 주먹을 쥐는 세기와 대응되었다. 이 연구에 딸린 영상은 다소 거친 흑백이었지만 이런 변화가 정확히 어디에서 나오는지에 대한 세부 사항은 분명히 알아볼 수 있었다.[10]

오늘날 우리에게 익숙한 화려한 영상에 비하면 다소 초라한 시작이지만 그것은 뇌 연구 자체와 연구 결과를 더 쉽게 전할 방법 모두에서 혁명이 시작되었음을 확실하게 표시했다. 뇌 영상술사들은 이제 뇌에서 변화가 언제, 어디서 일어나는지 추적하여 이해하기 쉬운 사진으로 바꿈으로써 설득력 있는 이야기를 들려줄 수 있었다.

그 영향은 거의 즉각적으로 나타나 번쩍이는 빛과 주먹 쥐기는 언어에서 거짓말과 그 너머에 이르기까지 스캐너에서 모델화할 수 있는 거의 모든 심리과정에 빠르게 자리를 내주었다. 첫 번째 fMRI 연구 이후 수십 년은 호경기였다. 뇌 기능의 다양한 측면을 살펴보기 위해 fMRI를 사용한 출판물의 수는 처음 10년 동안 연간 500편을 넘어서더니 2012년 무렵에는 연간 1,500편을 훨씬 초과하기에 이르렀다.[11] 한 추산에 따르면 당시 대략 3, 40편의 fMRI 논문이 매주 출간되고 있었다. 장비 비용, 데이터 수집과 후속 분석의 복잡성을 고려하면 이것은 정말 폭발적인 궤적이었다.

이 기술의 가용성이 낳은 새로운 학문 분야가 바로 인지신경과학이다. 이 새로운 분야는 인간의 행동과정을 구성하는 다양한 단계를 시지각에서 공간 인지를 거쳐 의사 결정과 오류 수정에 이르기까지 해체하는 데 점점 더 능숙해지고 있던 심리학자들의 활동을 뇌 과학자—특히 인간 뇌의 구조와 기능을 연구하는 사람들—의 활동과 확실하게 연계했다.

대중매체가 당신이 하는 과학에 긍정적 관심을 가지면 대개는 몹시 뿌듯해한다. 뇌 영상이 무엇을 보여줄 수 있는지, 신경과학자들이 어떤 돌파구를 마련했는지, 새로이 밝혀진 현실은 무엇이고 확증된 과거의 확신은 무엇인지 등 모종의 매체가 관심을 보이면 내 일이 아니라도 신이 날 수 있다. 그리고 사용된 영상은 거의 보편적으로 아름답기 그지없었고 이해하기도 쉬웠다. 겉보기에는 마침내 뇌에 창이 나서 뇌의 활동을 낱낱이 지도화할 수 있게 된 것 같았다. 부검이나 뇌 손상 환자를 기반으로 했던 과거의 추측은 현실과 대조할 수 있었고 건강한 뇌가 어떻게 작동하는지 뿐 아니라 뇌에 영향을 미치는 질병까지 파악할 수 있기 시작했다.

부풀려진 기대의 정점

모든 새로운 유행이 그렇듯 '뉴스거리가 없는 철silly season'이 찾아왔다. 1990년대는 **뇌의 10년**Decade of the Brain으로 선언되었다.[12] 마치 모든 형태의 뇌과학, 특히 fMRI 기계의 산출물이 무엇보다 중요한 이 기관에 대한 우리의 이해에 혁명을 일으킬 것처럼 보였다. fMRI의 출현과 뇌에 대한 새로운 이해로 인해 정신의학, 교육, 심리학, 정신약리학을 비롯하여 거짓말탐지까지 모두 바뀔 터였다. 갑자기 온갖 곳에 접두사 '신경/뉴로neuro-'를 붙이는 것이 유행했다. 신경법학, 신경미학, 신경마케팅, 신경경제학, 신경윤리학……. 음료마저 뉴로블리스Neuro Bliss, 뉴로가슴Neurogasm, 뉴로슬립Neuro Sleep 따위로 불렸다. 2010년 옥스퍼드대학에서 열린 국제 신경과학과 사회 학술회의에서는 "요즘 뇌에 무슨 일 **있어**?"라는 질문을 통해 무분별한 '신경'의 유행에 관해 논평하고 순전히 신경과학자들 덕분에 이 신기술을 활용하여 풀게 될 문제들을 추려보기도 했다.[13]

심지어 과학계 밖에서도 모든 것을 '뇌'나 '신경' 용어로 표현하지 않으면 안 되는 것처럼 보였다. 사랑에 빠진 것, 방언한 것, 초콜릿을 먹은 것, 누구에게 투표할지 결심한 것, 심지어 2008년 금융위기를 초래한 것 등 모두 우리 뇌의 활동과 연계시켰고 대개 뇌에 '배선된' 활동이라고 설명하여 우리가 생물학적 결정론의 메시지를 받도록 보장했다.[14] 모든 기사에 선명하게 채색된 뇌 영상이 하나 이상 실려야 했다. 흔히 좌표축이나 암호 해독에 도움이 될 지표는 싣지 않고 당신의 방언, 초콜릿 중독 그리고/또는 토리당이나 공화당으로 기우는 성향에 응답하여 '불이 켜지는' 또는 '빛나는' 특정 영역만 언급했다. 2012년 『데일리 메일Daily Mail』도 뇌과학을 증거로 들었다. 저스틴 비버 강박(오르가슴이나 초콜릿, 어쩌면 두 가지 다 한꺼번에 유발하는 것과 비슷한 도파민의 황홀감)의 기원에 관해 어떤 신경과학자들의 말을 (잘못) 인용한 바람에 '빌리버Belieber(비버의 수백만 팬-옮긴이)'의 뇌가 그에게 사로잡히도록 '배선된' 것으로 주장했다.[15]

같은 해 『가디언Guardian』은 「밥 딜런의 천재성의 신경과학」이라는 말로 창의성의 뇌 과학에 관한 수필을 게재했다.[16]

신경마케팅이라는 새로운 산업이 탄생했다. 내가 개인적으로 좋아하는 주방 디자이너는 '뇌 원리'를 사용하여 고객을 이해한다. 그의 웹사이트에 따르면 "고객의 성격에 맞추어 제작된 가정적 유토피아를 창조하기 위해 신경과학의 원리나 신경계의 과학적 연구를 이용하여 완벽한 실용적 주방을 만들 뿐 아니라 고객의 정서적 욕구와 잠재적 욕망에 답할 수 있기 때문"이다. 뇌 영상 장비를 머리에 쓴 화들짝 놀란 표정의 남자가 짐작건대 완벽하게 실용적인 주방을 응시하는 이미지도 함께 실려 있다.[17]

때로는 신경과학자 자신들이 점점 더 기괴해지는 보도에 공헌하기도 했다. 이것의 예는 「사회적 위계의 신경적·정서적 징후Neural and Emotional Signatures of Social Hierarchies」에 관한 논문이 발표된 미국과학진흥협회 보고서의 역사에서 찾아볼 수 있다.[18] 그 논문은 남성 참가자들을 스캔하는 동안 서로 다른 수준의 복장(옷을 다 입은, 일부만 입은, 수영복을 입은)을 한 여러 남성 또는 여성의 신체 사진을 보여주었다고 보고했다. 이는 특정 유형의 기억과 신경의 상관관계를 연구한다는 명목으로 이루어졌다. 남자들에게 이미 보았던 이미지와 새로운 이미지를 섞어 보여주고 나서 어떤 사진이 전에 보았던 것인지 확인해달라고 했다. 남성들은 비키니 차림의 여자를 가장 잘 기억했다(여러분 중 냉소적인 사람은 이것을 입증하는 데 왜 뇌 스캐너가 필요한지 의아해할지도 모른다). 관련된 뇌 스캔 사진을 자세히 살펴보니 활성화된 영역이 자극의 유형별로 달랐다. 저자들은 해수욕 미녀에 대한 반응에 관해 다음과 같이 보고했다.

보통은 스패너와 스크루드라이버 같은 도구를 사용하기에 앞서 밝게 빛나는 뇌 영역들이 활성화되었다…… 뇌 활동의 변화가 시사하는 바에 따르면 야한 이미지는 남자가 여자를 지각하는 방식을 바꿀 수 있다. 여자는 상호작용할 사람이었다가 작업할 대상으로 바뀐다.

다음 날 『가디언』은 "성적 대상: 사진은 남자가 여자를 보는 시각을 바꿔"라는 헤드라인과 함께 앞서 언급한 내용을 정확히 보도하면서 미묘하게 드릴 날이 나무토막을 뚫는 사진도 게재한 기사를 실었다.[19] 다음 날 연구자들의 자국 신문인 『프린스토니언Princetonian』도 그 연구를 보도하면서 수영복 이미지로 활성화된 뇌 영역이 "손으로 조작하는 물건"과 연관된다고 기술했다. 이번에는 날씬한 비키니 차림의 몸통 이미지에 스크루드라이버를 암시적으로 겹친 사진이 실렸다.[20] 보통은 고루한 『내셔널 지오그래픽National Geographic』의 표제도 "비키니는 남자가 여자를 대상으로 보게 한다고 스캔이 확증"했다고 외쳤고 "남자는 성적 대상화된 여자의 이미지를 '나는 민다, 나는 쥔다, 나는 다룬다' 같은 일인칭 동작 동사와 연관시킬 가능성도 더 컸다"라고 애초에 보고되지도 않은 세부 사항을 추가했다.[21] 그들은 예시를 위해 정말로 선정적인 비키니 이미지 한 세트를 제공했다. 급기야 CNN의 웹사이트는 "남자가 야한 수영복 차림의 여자를 대상으로 여기는 것은 당연해 보이겠지만 이제는 그것을 뒷받침할 과학이 있다"라고 자랑스럽게 알렸다.[22] 어쩌면 대중과 과학의 소통이 저급했던 것일까?

유니버시티칼리지런던의 클리오드나 오코너Cliodhna O'Connor와 동료들은 「공론장에서의 신경과학Neuroscience in the Public Sphere」이라는 제목의 연구에서 2000년에서 2010년 사이에 영국에서 신경과학이 매체에 보도

된 사례를 연대순으로 기록했다.[23] 그들은 영국을 대표하는 신문 6종을 골라 10년 동안 3,500건 이상의 기사를 확인했다. 2000년 176건에서 2010년 341건으로 그 기간 동안 꾸준히 늘었다. 다룬 주제의 범위도 '뇌 최적화'에서 '젠더 차'를 거쳐 '공감'과 '거짓말'에까지 이르렀다. UCL팀의 결론에 따르면 우려스럽게도 초점은 '생물학적 증거로서의 뇌'에 맞춰져 있었고 초점의 대상이 된 의제는 게이 공동체의 위험한 행동이나 소아성애를 포함해 거의 아무것에나 설명을 내놓았다. 저자들은 "연구가 맥락을 벗어나 극적인 헤드라인을 창작하거나 얄팍하게 가장된 사상적 논지를 강요하거나 특정한 정책의 안건을 지지하는 데 적용되고 있었다"고 결론지었다.

환멸 단계

초기의 신경과대광고는 인간 존재의 많은 측면에 대한 통찰을 제공하는 듯했다. 의식과 자유의지를 이해하고, 심신 문제(심신 일원론과 이원론의 대립-옮긴이)를 해결하고, 아마 자아도 더 잘 이해할 전망뿐 아니라 보다 실용적인 일선에서 뇌에 근원이 있는 신체적·정신적 증세의 진단을 개선하고, 심지어 치료할 가능성도 있었다. 거기에 기초 연구 일부 품질에 관해 웅성거림이 들리기 시작했다. 연구의 보고뿐 아니라 많은 흥분을 유발하고 있던 뇌 영상 자체의 제작과 해석에 관해서도 말이다.

이 영상들은 매력적이고 주의를 사로잡았다. 색으로 암호화된 지도는 시스템이 더 발전함에 따라 저속 촬영한 비디오와 더불어 인간 뇌에서 진행 중인 활동을 들여다보는 직접적인 창이라는 인상을 주었다. 보이지 않는 것을 보이게 만드는 것만 같은 뇌의 가시화는 명실공히 신경과학을 확실히 공공장소로 가져오는 기술 촉발이었다. 그것은 TV와 영화의 발전에서 출발하여 비디오카메라와 복사기를 거쳐 거의 모든 다른 것을 가시화하던 당시의 세태와 잘 어울리기도 했다.[24]

문제는 그토록 많은 신문 기사와 대중과학 서적을 장식하고 있던 뇌 영상이 환상 같은 것이라는 데 있었다. 한 사람의 것이든 집단의 것이든 뇌 영상을 제작 또는 '구성'하려면 원자료를 어떻게 '정제'할지, 해부학적 개인차를 어떻게 고르게 할지, 뇌의 특징을 어떻게 '왜곡'하여 템플릿 뇌에 맞출지에 관한 다단계 결정이 필요하다.[25] 확인된 변화에 유형별로 색을 할당하는 작업은 사실상 통계적 절차다. 따라서 누군가가 코카콜라 광고를 시청하는 동안 깜박거리며 뇌의 회백색 툰드라를 가로지르는 빛깔은 저속 촬영한 일몰과 같은 것이 아니라 뇌 영상술사가 결정한 문턱값을 반영한다.

하지만 이것은 처음부터 주어진 인상이 아니었고 뇌 영상은 특히 설득력이 강한 것으로 확인되었다. 심리학자 데이비드 매케이브David McCabe와 앨런 캐스텔Alan Castel이 일련의 연구를 통해 입증했다고 주장한 바에 따르면 뇌 영상은 존재하기만 해도 특정한 과학적 추리방식이 신뢰할 만하다고 판단되는지 여부에 직접적 영향을 미쳤다.[26] 참가자들은 텔레비전 시청과 수학 능력 사이의 연계성이라는 주제에 관한 패러디 기사를 받았는데, 그중 일부는 과학적 오류가 포함되어 있었다. 또한 기사에는 표준적 뇌 영상, 국소 해부도, 평범한 막대그래프가 실려 있었다. 기사에서 과학적 추론의 질을 평가해달라는 요청을 받았을 때 참가자들은 뇌 영상이 동반된 기사를 인정해줄 가능성이 훨씬 더 컸다.

진단용으로 자기공명영상을 개발하던 초기에는 어떤 의료 전문가가 산출되는 데이터(그 단계에서는 수치 데이터이자 그림 데이터였다)를 가장 잘 이해하고 해석할지 논의한 적이 있었다. 방사선 전문의가 엑스레이와 CT 검사의 영상을 판독하도록 훈련받은 사람으로서 가장 유능하리라 판단되어 그들에게 신기술의 기초를 가르쳤다. 흥미롭게도 방사선 전문의들은 영상을 색으로 암호화하던 초기 관행을 회색 톤 형태로 바꾸어달라고 요청했다. 보아하니 그들은 미묘한 해부학적 변화를 확인할 수 있었기 때문에 단색 색조를 선호했다. 그들은 두 부위의 명도 차가 매우 작을 수 있다고 지적했다. 수치 데이터에서는 작은 차이도 명백하겠지만 이런 부위를 말하자면 파란색과 노란색으로 암호화하면 그 차이는 "영상에서 색이 다르다는 이유로 두 개의 근접한 숫자를 매우 다르다고 믿도록 눈을 속일" 수도 있었다.[27] 그래서 전문가들은 대중에게는 주요한 장점인 그 색이 주의를 산만하게 한다는 것을 발견했다.

이런 '유혹적 매력' 연구는 신경과대광고가 뇌 영상의 전반적인 신뢰도에 미치는 영향에 대해 커지는 우려의 일부로 자주 인용된다. 신경영상술이 속기 쉬운 눈을 속일 수 있는 예쁜 사진을 제작하는 데만 좋다는 주장은 이 기술이 '착한 과학'으로부터 자금을 유용했을 뿐 실제로 인간 뇌에 관해 유용한 것이라고는 조금도 말해주지 못한다는 최근의 인상을 완화하는 데 별 도움이 되지 않았다. 펜실베이니아대학 신경과학과 사회센터의 인지신경과학자 마사 페라Martha Farah와 케이스 훅Cayce Hook은 「'유혹적 매력'의 유혹적 매력The Seductive Allure of 'Seductive Allure'」이라는 특유의 외우기 쉬운 제목의 논문에서 다른 연구들은 이 원래의 연구 결과를 재현할 수 없었지만 설득력 있는 효과가 실재한다는 **믿음**은 유지하고 있음을 인정한다고 보고했다.[28] 뉴질랜드에서 로버트 마이클Robert Michael과 동료들이 결연히 뛰어들어 열 종류의 연구와 2000명에 가까운 참가자와 함께 원래의 연구 결과를 재현해보려 했다.[29] 그들의 설계 중 주요 부분은 다양한 과학 논증에 뇌 영상이나 '과학적 언어'를 넣거나 빼서 참가자들에게 제시한 데 있었다. 흥미롭게도 이 경우 그들이 알아낸 바에 따르면 언어가 영상보다 더 효과적이었다. 따라서 초기의 '뇌 영상을 탓하라'라는 주장은 지나친 말이었을 수도 있지만 영상과 연관된 서술이 실수로 설득력을 발휘할 수 있음은 여전히 분명했다. 이는 모든 종류의 영역, 특히 성차 이해와 관련된 영역에서 뇌에 관한 잘못된 믿음의 놀라운 지속성을 이해하고자 할 때 기억하는 것이 중요하다.

하지만 초기 약속에 관해 진전이 거의 없었다는 점은 머지않아 분명해졌고 역설적으로 신경과학자들이 신경쓰레기를 '고발'하는 신흥 관행이 영향을 미치고 있었다. 2012년 데버라 블룸Deborah Blum은 『언다크 메거진』에 "불만의 겨울: 신경과학과 과학 저널리즘의 뜨거운 정사는 식고 있는가?"라는 제목의 글을 기고했다.[30] 그녀는 언론에서 신경과학을 지나치게 단순화하여(그리고 부정확하게) 보도하는 것에 관해 우려를 표현하는 '신경비판적' 이야기, 특히 '화려한 비주얼을 동반한 뇌 스캔' 관련 이야기의 돌풍으로 주의를 끌었다. 그녀가 주목한 글 중 하나는 『뉴요커New Yorker』에 게재된 '신경과학 소설'이었다. 인지과학 교수 게리 마커스Gary Marcus는 "오르가슴 도중에 3D로 지도화한 여성의 뇌"나 "이것이 포커에 꽂힌 당신의 뇌다" 따위의 이야깃거리 때문에 뇌 영상이 시시해지고 있다는 우려를 표현했다.

앨리사 쿼트Alissa Quart가 『뉴욕타임스』에 특별 기고한 논평은 상당히 더 직설적이었다.[31] 신경과학 블로거 또는 '신경의심꾼'의 활동을 칭찬한 그녀는 일명 '뇌 포르노'를 상대로 한 반격에 갈채를 보내며 신경과학적 설명은 "깨달음에 이르는 지름길"을 제공하여 "경험의 역사적·정치적·경제적·문학적·저널리즘적 해석을 퇴색시키고" 있다고 덧붙였다. 《뉴스테이츠맨New Statesman》의 스티븐 풀Steven Poole도 "유사 과학에 꽂힌 당신의 뇌: 대중 신경개소리의 부상"이라는 눈길을 사로잡는 제목의 글로 싸움에 동참했다.[32] 그는 신경자기계발서의 유행을 맹렬히 공격하면서 '스마트 싱킹smart thinking' 장르의 기능은 "독자를 스스로 생각할 책임에서 풀어주는 것"이라 언급하며 케임브리지의 신경과학자 폴 플레처Paul Fletcher를 열렬히 인용했다. 폴 플레처는 어떤 단순한 점에 거창하게 들리는 신경 용어를 붙이는 습관을 표현하기 위해 "신경황당무계한소리neuroflapdoodle"라는 장려한 용어를 만들어낸 장본인이다. 폴 플레처는 음악에서 은유를 거쳐 포커에 이르는 온갖 종류의 과정에 연관된 뇌 영상 데이터를 해석할 때 "이것이 ……에 꽂힌 당신의 뇌다"라는 문구를 과용하는 것에도 주의를 끌었다. 내가 볼 때 그의 글 중 백미는 그가 "이해를 돕는 일련의 사진에 '이것이 당신의 뇌에 관한 바보 책들에 꽂힌 당신의 뇌다'라는 제목을 달기 위해 한 무더기의 대중 신경과학 서적을 읽는 동안 기능적공명영상 스캔을 받기로" 자원하는 대목이다.

계몽 단계

저널리스트들이 반격을 하기 오래전 신경과학계 내에서는 이미 경종이 울리기 시작했다. 2005년 스탠퍼드생의학윤리센터의 에릭 러신Eric Racine은 동료들과 함께 「대중의 눈에 비친 fMRIfMRI in the Public Eye」라는 제목의 논문에서 fMRI의 한계가 충분히 명시되지 않아 신앙의 비약이 너무 심하다고 우려를 표시했다. 뇌 영상이 포르노그래피 중독 같은 모종의 과정의 생물학적 기초에 대한 '시각적 증거'로 여겨질 수 있다거나 MRI 장치가 일종의 마음을 읽는 기계나 거짓말탐지기로 쓰일 수 있다는 주장은 터무니없었다.[33] 그들은 매체뿐 아니라 신경과학계도 신기술의 이점과 위험과 우려를 설명하는 데 훨씬 더 신경을 써야 한다고 주의를 촉구했다.

'뇌 산업'은 스스로 자기를 규제하기 시작했다. 블로그는 대중 소통의 수단으로 떠오르고 있었고 몇몇 현역 신경과학자는 시대정신에 참여하여 시중에 돌아다니는 '신경대실수neuroblooper'와 '신경대착오neurohowler'로 주의를 끄는 사이트를 구축했다. 미국 제임스맥도널재단 연구자들이 1996년에 이미 설립한 뉴로저널리즘밀Neuro-Journalism Mill은 자칭 "뇌에 관한 소식을 보도하는 대중매체에서 진짜와 가짜를 가려내는…… 괴팍한 사람들"이 운영하는 웹사이트다.[34]

한편, 신경과대광고는 열의만 넘쳤지 잘 알지도 못하는 언론 기사와 그 결과로 생긴 신경쓰레기의 기능으로만 끝나지 않는다는 것이 분명해지고 있었다. 뇌 영상 데이터의 생산과 분석을 둘러싼 엄청난 복잡성은 과학 자체 내에서도 실수와 잘못된 해석으로 이어졌다. 캘리포니아대학 샌디에이고캠퍼스의 에드 벌Ed Vul과 동료들은 뇌 활동 척도와 행동 척도 간의 일부 비정상적으로 높은 상관관계에 당혹스러워했는데, 이는 새로이 출현한 사회신경과학계에서 특히 두드러졌다.[35] 두 유형의 척도 모두에서 변동성이 얼마나 큰지 알고 있었기 때문에 그들은 연구자들이 어떻게 0.8이 넘는 상관관계를 내놓는지 이해할 수 없었다. 특히 변인 중 하나가 뇌 영상 데이터라면 더 그랬다. 가공하지 않은 뇌 활성화 데이터는 (혈류 활동이건, 전기 활동이건, 자기 활동이건) 뇌세포조직의 시각적 표상으로 변환되는데, 측정 단위는 이른바 복셀(3D 화소)이다. 복셀은 장치의

해상도에 따라 크기가 다를 수 있지만 고해상도 뇌 스캔의 경우 많으면 100만 개가 얻어질지도 모른다. 그러면 2, 3초마다 새로운 영상이 하나씩 생길 것이다. 대체로 처리해야 할 데이터의 양이 엄청나면 그 안의 분산도 막대해져 차이를 찾아내기가 매우 어려워진다.

당신이 사회심리학자로서 관심 있는 어떤 행동 척도와 뇌 영상 전문가 동료가 측정한 뇌 복셀 활동 사이에서 상관관계를 살펴보고 싶다고 하자. 엄청난 수의 복셀에서 유효한 복셀만 골라야 함을 고려하면 당신은 우연으로 상관관계를 발견할 확률, 거짓 양성 오류false positive error를 범할 확률이 정말 높다. 만약 복셀 선택권을 어떤 식으로든 '제한'할 수 있다면 큰 도움이 될 것이다. 에드 벌과 동료들은 여기서 문제가 비롯되었음을 깨달았다. 연구자들은 (말하자면 특정한 해부학적 영역에서 관련 활동이 있을 수 있다고 **예측하여** 미리 명시한 것이 아니라) 자신의 행동 데이터와 높은 상관관계가 있다는 것이 이미 분명한 복셀을 '선별cherry-picking'한 다음 그것만 탐색했다. 이는 도박하는 인구의 비율이 높을 것이라는 의심을 시험해보겠다며 마권판매소로 가득한 거리에서만 자료를 수집하는 것과 비슷하다. 이는 기분 좋게(에드 벌과 동료들이라면 당혹스럽게도) 뇌 데이터와 행동 데이터 사이의 높은 상관관계로 이어질 것이다. 조사된 논문 50여 편 중 절반 이상이 이 덫에 빠져 있었다. 에드 벌과 동료들은 연구자(그리고 짐작건대 그들의 논문 검토자)가 고의로 사기를 치려 했다기보다는 복잡한 분야가 처음이다보니 통계에 무지한 것이 문제의 근원이라고 생각했다. 하지만 그들도 결론에서는 다소 덜 관대했다. "우리는 정서, 성격, 사회적 인지를 대상으로 한 fMRI 연구 중 심란할 정도로 크고 상당히 두드러진 부분이 심각하게 결함 있는 연구방법을 사용하여 믿어서는 안 되는 수를 양산하고 있다는 결론에 이르렀다." 이것은 사회인지신경과학 분야에서 흥분되는 연구 결과를 모조리 쓰레기통에 버려야 한다는 말이 아니라 이제는 그것을 줄잡아 생각할 필요가 있는데, 특히 2009년 이전에 출판된 것은 더 그래야 함을 의미한다.

올바른 통계 규칙을 적용하지 않으면 그 결과는 최소한으로 말해도 오해를 낳을 수 있다. 가장 대표적인 예는 죽은 물고기와 관련 있다.[36] 다트머스의 연구실에서 크레이그 베넷Craig Bennett과 동료들이 이 연구를 수행할 때도 영상술사들은 엄청난 양의 데이터를 소화 가능한 시각적 형태로 압축하고자 하는 데 연관된 어려움을 살펴보아야 했다. 우리가 살펴보았듯이 모든 뇌 스캔에는 엄청난 수의 복셀이 있다. 특정 과제를 하는 동안 가장 활발한 영역을 찾아보려면 엄청난 수의 비교를 수행해야(그리고 거짓 양성 문제에 또다시 노출되어야) 할 것이다. 따라서 일종의 문턱값을 정해둘 필요가 있다. 하지만 다소간에 활발한 영역들 사이의 차이는 비례적으로 말해 정말 너무 작아 문턱값이 너무 보수적이면 흥미로운 모든 차이가 무작위 차이와 함께 사라져버릴지도 모른다. 그래서 당신은 이렇게 말할지도 모른다. 좋아, 나는 (말하자면) 여덟 개 이상의 복셀이 한데 뭉쳐 모종의 차이를 보여줄 때만 진짜로 뭔가가 벌어지고 있다고 인정하겠어. 하지만 핵심은 당신이 활발한 영역과 활발하지 않은 영역 사이의 대비를 최대화할 방법을 찾고 싶어한다는 것이다.

베넷과 동료들의 연구는 이 점이 실제로 당신이 연구 결과를 호도했다고 모함할 수 있음을 보여주었다. 전하는 말에 따르면 그들은 정서 인식 연구를 실행하기에 앞서 fMRI 장치의 대조 설정을 시험해보고 있었다. 인체와 다르지만 적절한 종류의 체세포 조직을 가진 '모조' 대상이 필요했던 그들은 (호박과 죽은 암탉으로 해보고 실패한 끝에) 머리부터 꼬리까지 온전한 (죽은) 연어 한 마리를 채용하여 스캐너에 집어넣고 실험 프로토콜(기쁘거나 슬픈 얼굴에 대한 반응 비교하기)을 진행했다. 이로써 그들은 적절한 수준에서 대조 설정을 마칠 수 있었다. 나중 단계에서 그들은 결정한 문턱값의 종류가 다를 때 fMRI 분석의 결과에 미치는 영향을 입증하고 싶었고 연어 데이터에 다양한 접근법을 시험했다. 그들이 발견한 것은 수많은 비교를 시행하고 있었다는 사실을 제대로 바로잡지 않으면 깜짝 놀랄 결과를 초래할 수 있다는 점이었다. 죽은 연어의 뇌에서 활성화의 유의미한 증거를 보여주는 영역을 찾을 수 있었는데, 그 영역은 '휴식 중'이었을 때가 아니라 기쁘거나 슬픈 상황에 있는 사람들의 사진을 보여주었을 때 활성화되었다. 예측 가능한 헤드라인이 잇따랐다. "fMRI 기계에서 죽은 연어를 스캔하여 훈제 청어red herring(주의를 딴 데로 돌리는 것을 뜻하는 말-옮긴이)의 위험을 강조하다" 그리고 "fMRI가 죽은 물고기로 따귀를 맞다".[37]

이 연구가 나서서 보여주고자 한 것 역시 fMRI는 사기 수단이니 모든 조사 연구를 무시해야 한다는 점이 아니었다. 오히려 이런 종류의 난센스 연구 결과(물론 이것이 난센스로 분명하게 발각된 것은 오로지 이 각별한 참가자의 죽음과 비릿한 본성 때문이었다)를 피하려면 연구자는 데이터를 매우 조심스럽게 다룰 필요가 있다는 점이었다. 하지만 이로써 신경과대광고에 대해 환멸이 점점 더 커지며 상황은 **계몽 단계**로 향하게 되었고, fMRI 영상이 보여줄 수 있는 것과 보여줄 수 없는 것에 대한 기대도 현실화되었다. 그 연어는 "1000명의 회의주의자를 배출한 죽은 물고기"로 지정되었다.[38]

생산성 안정 단계?

그래서 신경영상술은 지난날의 실수를 뒤로하고 우리가 인간 뇌를 이해하는 데서 경이로운 돌파구의 공급원으로 자신을 재정립했을까?

한 가지 쟁점은 해결하기 어려웠다. 때로는 연구 결과가 일단 '사실'로 대중의 의식에 자리잡혔다가 나중에 실수로 밝혀지기도 했는데, 머리를 때려도 다른 데서 튀어나오지 않도록 하기가 굉장히 어려운 것으로 드러났다—이것은 두더지 잡기 미신 중 하나다. 초기의 뇌 영상 연구는 알려지고 비판받는 데 더 오래 걸렸다. 따라서 최초의 메시지가 반박되기 전에 세상에 알려져 있던 시간이 길다보니 그것의 정확성에 대한 믿음을 흔들기가 더 어려워졌을 수 있다. 그리고 이 연구 결과가 상업 활동이나 정책 결정을 지지하는 과정에서 채택되었다면 그 초석이 제거될 경우 그 상업이나 정책을 포기하거나 뒤집어야 했을 것이다. 그러면 저력의 수준이 훨씬 더 높아지는 경향이 있었다.

교육 분야 신경미신의 경우는 특히 더하다. 이 분야에서 아직도 찾아볼 수 있는 믿음의 예는 바로 아이의 뇌에 차이를 만들 수 있는 기간은 생후 첫 3년뿐이라거나, 뇌 기반 학습 유형이 다르다거나, 우리가 뇌를 10퍼센트만 사용한다거나, 남자는 뇌를 한쪽만 사용할 때 여자는 양쪽을 사용한다는 것이다.[39] 이와 반대되는 증거가 아무리 많아도 이런 미신은 여전히 존속할뿐더러 흔히 교육 '권위자'가 영속화한다. 그들이 권하는 지침서는 무식한(그리고 비싼) '뇌 훈련' 기법을 채택하라거나 자녀를 단성 학교에 보내라고 부모와 정책 입안자를 충동질할 것이다.

하지만 더 긍정적으로 말하자면 연구는 진전되고 있고 뇌의 많은 측면을 탐구하기 위한 거대 프로젝트들이 수립되어왔다. 유럽에서 10억유로 이상을 투입한 인간 뇌 프로젝트Human Brain Project는 컴퓨터 모델링과 시뮬레이션 기법에 한껏 기대어 뇌가 일하는 방식에 대한 통찰을 얻고자 하는 야심찬 프로그램이다.[40] 전 세계에서 100군데가 넘는 연구소가 참여하고 있다. 이 프로젝트의 파생상품에는 인간과 인간 이외의 종 모두에 대한 놀랍도록 상세한 최신 뇌 지도책이 포함된다. 이를 비롯하여 그들이 축적하고 있는 방대한 데이터 세트 전부에는 모든 연구자가 접근할 수 있다. 프로젝트로 자금을 지원받은 연구자가 아니어도 상관없다. 바이오뱅크Biobank 프로젝트는 영국에서 2006년에서 2010년에 40세에서 65세 사이의 50만 명에게서 얻은 인간 보건 관련 정보에 초점을 맞추는데, 그중 10만 명은 앞으로 한 번 이상 뇌 스캔을 받을 것이다.[41] 미국에는 브레인이니셔티브BRAIN Initiative, 즉 앞서가는 혁신적 신경기술을 통한 뇌 연구Brain Research through Advancing Innovative Neurotechnologies가 있는데, 가능한 최종 예산은 45억 달러에 달하고 뇌를 측정하는 색다른 방법에 크게 중점을 두고 있다.[42] 휴먼 커넥톰 프로젝트Human Connectome Project: HCP도 미국에 기반을 두는데, 인간 뇌에 있을 수 있는 모든 신경세포 연결선의 지도화를 목표로 한다.[43] 뉴런 302개에 약 7000개의 연접부를 가질 수 있는 벌레(예쁜꼬마선충*C. elegans*)에 대해서는 이를 달성했다. (여기에 50명이 넘는 연인원의 노동이 필요했다는 관측은 뉴런 860억 개에 있을 수 있는 연결선이 100조 개(!)인 기관의 지도화라는 이 프로젝트의 과제 규모에 관해 다소 불길한 전망을 제시한다.) 그런 과제와 씨름하기 위한 새로운 기법이 끊임없이 등장하고 있다.

연구자들이 그런 프로젝트에서 데이터를 더 폭넓게 공유함으로써 생성되는 방대한 데이터 세트에 자유롭게 접근할 수 있는 덕분에 전 세계의 개인 조사자나 연구 집단이 인간 뇌에 관한 광범위한 질문에 답할 수 있게 되었다. 2014년 한 논문은 온라인에서 이용할 수 있는 공유 MRI 데이터 세트를 8000개 이상으로 집계했다.[44]

뇌 연구는 현재 대단히 유망한 분야다. 하지만 대부분 결점을 바로잡아왔다고 하더라도 우리는 여전히 반복되고 있는 과거의 실수와 오해를 경계해야 한다. 뇌 성차 연구를 살펴볼 때는 특히 더욱 그렇다.

스캐너 안의 성차별

부풀려진 기대의 정점과 환멸 단계의 이 주기에서 뇌 성차 연구는 어떻게 이루어졌을까? 현장에서 건강한 뇌를 영상화하는 것은 확실히 추가 통찰력을 위해 죽거나 손상된 뇌만 사용할 수 있었던 '돌출부와 산탄' 접근법의 한계로 인해 발생한 많은 문제의 해결책을 제시하는 것처럼 보일 것이다. 마침내 우리는 유전자, 생식기, 생식샘이 다른 개인이 다른 뇌를 가질 것이라는 주장에서 그 연계성을 검증할 수 있을 것이다.

짐작했겠지만 '성'과 '뇌' 연구 결과의 조합은 신경쓰레기 조달업자에게 하늘이 준 선물로 판명되었고 그 특별한 요정이 호리병에서 나오자마자 '브레인섹스'형 책들이 급증했다.[45] 잘 알려진 『화성에서 온 남자 금성에서 온 여자Men Are from Mars, Women Are from Venus』 말고도 우리에게는 『말을 듣지 않는 남자 지도를 읽지 못하는 여자Why Men Don't Listen and Women Can't Read Maps』(후속편 『거짓말을 하는 남자 눈물을 흘리는 여자Why Men Lie and Women Cry』와 『아무것도 모르는 남자 늘 구두가 더 필요한 여자Why Men Don't Have a Clue and Women Always Need More Shoes』)가 생겼다. 여기에 『직선을 좋아하는 남자 물방울무늬를 좋아하는 여자Why Men Like Straight Lines and Women Like Polka

Dots』, 『남자는 조개 여자는 쇠지렛대Men are Clams, Women are Crowbars』, 『다림질하지 않는 남자Why Men Don't Iron』도 이어져 흥미를 끌었다. 단성 학교 옹호자 마이클 거리언Michael Gurian은 『남자아이의 뇌 여자아이의 뇌Boys and Girls Learn Differently』를 펴냈고 우리는 월트 래리모어와 바브 래리모어Walt and Barb Larimore에게 『그 남자의 테스토스테론 vs 그 여자의 에스트로겐His Brain, Her Brain: How Divinely Designed Differences Can Strengthen Your Marriage』을 통해 종교적 의견도 들었다. 남자와 여자는 다른 행성에서 왔을 수도 있을 만큼 너무나도 다르다는 관념을 강화하기 위해 할 수 있는 모든 일이 그런 출판물 안에 가득했다.

그 장르에서 가장 유명하거나 악명 높은 책 중 한 권은 2006년에 출간된 정신과 의사 루앤 브리젠딘Louann Brizendine의 『여성의 뇌The Female Brain』다.[46] 신경과학계에서 떨치는 악명은 실망스러운 갖가지 과학적 부정확성, 증거로 가장한 일화들, 이따금 실소를 자아낼 만큼 잘못된 인용과 설명에서 비롯된다.[47] 책에 나오는 한 가지 주장은 "남자 뇌 여자 뇌의 차이가 여자를 더 수다스럽게 만든다"는 것이다. 루앤 브리젠딘은 독자에게 여자는 뇌의 언어 영역이 남자보다 더 크고 하루 평균 2만 개의 단어를 사용하는데, 남자는 7000개밖에 사용하지 않는다고 말한다. 펜실베이니아대학의 언어학자 마크 리버먼Mark Liberman이 이 단언을 끝까지 추적했지만 원전을 찾아내지 못했다.[48] 그는 그 단언이 다른 여러 자기계발서에서 다양한 형태로 반복되어왔음을 발견했지만 그것을 뒷받침할 연구 결과는 전혀 없는 듯했다. 그는 자신의 견해를 입증하기 위해 영국의 대화 데이터베이스를 토대로 직접 계산한 끝에 다소 다른 결론에 도달했다. 남자의 단어 사용 수준은 하루 6000개를 웃돌았던 데 비해 여자는 9000개를 밑돌았다.

루앤 브리젠딘이 언어 사용의 성차에 관해 주장한 내용과 이에 대해 뇌를 기반으로 설명한 내용에 초점을 맞추었을 뿐인데, 마크 리버먼은 그녀의 사실적 단언 중에 많은 부분이 그녀가 인용하거나 인용하지 않은 연구로 반박되었을 것임을 발견할 수 있었다. 리버먼의 말에 따르면 "어떤 것을 실제로 사실인지 아닌지 그다지 개의치 않고 단언하는 관행을 서술하기 위해 철학자들이 사용하는 전문 용어가 있는데, 그들은 이것을 헛소리bullshit라고 부른다".[49]

심리학자 코델리아 파인도 루앤 브리젠딘의 큰 실수에 불만을 토로한 바 있다.[50] 예컨대 그녀는 브리젠딘이 남자의 뇌에는 공감 능력이 거의 없다는 자신의 말을 뒷받침하기 위해 인용했던 다섯 건의 참고문헌을 확인했다. 한 연구는 러시아에서 한 것인데 죽은 사람들의 이마엽에 관한 것이었고, 세 건은 실제로 남성과 여성을 비교하지도 않았다. 그리고 한 건은 어느 인지신경과학자와 개인적으로 연락을 주고받은 내용으로 추정되었는데, 연락이 닿은 그녀는 브리젠딘과 한 번도 연락을 주고받은 적이 없었으며 종류를 막론하고 공감을 토대로 한 뇌 성차에 관한 증거를 결코 찾지 못했다고 말했다.

마크 리버먼과 코델리아 파인 같은 사람들의 도움을 받아 이런 쓰레기 적발 요령으로 무장한 당신은 이런 종류의 출판물이 부정확하고 날조를 불사한다는 이유로 망신당하고 치워지기를 바랄 것이다. 하지만 앞에서 신경쓰레기의 동향을 다루며 보았듯이 허위는 불안하게 주위에 머물며 남자아이와 여자아이는 뇌가 달라서 다른(그리고 분리된) 유형의 교육을 받아야 한다는 따위의 쓸데없는 신경미신을 계속 유지한다. 실수로 가득한 루앤 브리젠딘의 책은 그대로 많은 언어로 번역되었으며 2017년에는 영화로도 제작되어 개봉되었다(국내에는 「더 피메일 브레인」이라는

제목으로 배급되었다-옮긴이).[51]

이쯤에서 당신은 이것이 정말로 중요한지 자문하고 있을지도 모른다. 어쩌면 우리는 그런 신경바보짓neurofoolishness에 실소하거나 그저 신경쓰레기를 특징짓는 잘못된 정보에 조용히 움찔하면 되지 않을까? 하지만 보고들이 보여주었듯이 성차의 생물학적 설명에 관한 신문 보도 같은 미디어 항목은 뇌에 기반을 둔 어떤 형태의 고정된 요인을 암시함으로써 결국 젠더 고정관념을 지지하고, 현 상황에 대한 관용을 강화하고, 변화가 불가능하다고 믿게 할 가능성이 더 크다.[52] 생물학적 성이 뇌를 기반으로 서로 다르게 정해진 기술의 포트폴리오를 남성과 여성에게 물려준다는 믿음은 대중의 의식에 자리잡는다. 그런 믿음은 자기충족적 예언의 순환 고리 안에서 아이들을 양육하고 교육하는 방식을 주도하고, 남녀를 대하는 다른 태도와 기대의 기초를 형성하며, 그들에게 다른 경험과 다른 기회를 부여한다. 뇌는 우리가 지금 알다시피 가소적이어서 변형될 수 있으므로 그런 차이를 반영하게 될 것이다. 우리는 '생물학이 부과한 한계'가 아니라 '사회가 부과한 제약'을 살펴보고 있다—둘 다 뇌의 구조와 기능의 차이로 측정되지만 후자는 제시하는 변화의 가능성이 훨씬 더 크다.

'신경쓰레기' 장르에 의심스러운 성차 보도의 수준이 높은 데 관한 일반적 불안에서 파생된 다소 더 심각한 우려는 신경영상술 연구 분야 자체 내에서 성차별이 횡행한다는 증거에 관한 것이었다. 신경영상술은 과학자가 곧 현 상황 설명자였던 심리성차별psychosexism의 전통에 안주하는 모양새로 남자와 여자 사이에서 차이를 찾는 데 몰두하고, 차이를 (예컨대 언어와 공간 기술 분야에서) 기정사실로 받아들이고, 지지하는 증거를 찾아 뇌를 헤집었다. 코델리아 파인은 2010년 저서 『젠더, 만들어진

성Delusions of Gender』에서 그런 관행에 대해 '신경성차별neurosexism'이라는 용어를 만들었다. 여성 뇌와 남성 뇌의 겹침 없는 깔끔한 차이가 여성과 남성의 능력, 적성, 흥미, 성격 면에서도 비슷하게 겹침 없는 깔끔한 차이의 기초로 꿋꿋하게 고정되어 있다는 대중적 믿음을 증진시키고 있었다고 지적했다.[53]

기존의 고정관념은 연구 결과에서 주도력이 상당한 것으로 드러났다. 미시간주립대학의 철학자 로빈 블룸Robyn Bluhm은 정서 처리의 성차에 대한 뇌 영상 연구 여러 건을 비교했는데, 여자가 남자보다 더 정서적이라는 현상 유지 원칙에 따라 이루어지는 것처럼 보였다.[54] 한 연구는 '공포'와 '혐오' 반응을 이끌어내기 위해 설계된 장면을 보여주면서 반응을 측정했는데, 두 경우 모두 여자에게서 더 높은 수준의 반응을 발견하고 이와 병행하여 뇌에서는 '정서 중추'에서 더 큰 활동을 발견하리라 기대했다. 그들이 실제로 발견한 것은 여자들이 사진에 더 높은 수준의 정서적 반응을 보고했음에도 불구하고 뇌의 정서 중추에서 더 많은 반응성을 보여준 쪽은 남자들이라는 사실이었다. 연구자는 그들에게 보여주었던 사진들을 재고하여 이를 설명했다. 일부 사진이 실은 상당히 공격적이었기 때문에 남성 정서 중추가 차별적으로 활성화되었을 가능성이 이후에 주목되었다. (비록 나는 자신의 정서적 반응을 본인만 알고 발설하지 않았던 그 전형적 남자들에 주목되지만 말이다.)

두 번째 연구는 감성 혐오 측면에 더 초점을 두었다. 연구자들도 찾던 것을 찾기는 했다(여성에게서 더 높은 수준의 혐오 감수성이 보고되었고 '혐오 회로'에서 활성화가 더 많이 관찰되었다). 하지만 데이터를 더 자세히 보면 이런 차이는 그냥 집단을 총괄하여 혐오 감수성 수준을 살펴보는 것만으로도 더 잘 설명된다는 사실이 드러났다. 그들이 이 요인을 통제하자마자 성차는 사라졌다. 하지만 연구자들은 신념을 잃지 않고 다음과 같은 서술로 초록을 끝맺었다. "건강한 성인 자원자에게 혐오스러운 자극에 대한 뇌 반응에 유의미한 성 관련 차이가 있다면 이는 **꼼짝없이** 여자의 더 훌륭한 혐오 감수성 점수로 연계된다."

세 번째 연구는 여자의 감성이 더 훌륭한 까닭은 그들이 정서를 인지적으로 통제할 수 없기 때문이라는 쟁점을 다루었다. 남녀가 불쾌한 사진(선행 연구에서 사용한 것과 같은 사진)에 대한 애초의 반응을 '인지적으로 재평가' 또는 '하향 조절'하라는 요청을 받았다. 예측에 따르면 여자의 열등한 정서 조절 역량은 이마겉질의 활성화가 더 적은 것으로 나타날 터였다. 밝혀진 바에 따르면 보고된 초기 반응을 재고하는 능력에는 성차가 **없었다**. 하지만 뇌 활성화 패턴에는 차이가 **있었다**. 비록 가설과 달리 이마앞엽영역에서 더 높은 수준의 활성화를 보여준 쪽은 여자들이었지만 말이다. 연구자들은 낙담하지 않고 남자가 사실 인지적 재평가를 할 때 더 효율적이므로 여자만큼 겉질 자원을 필요로 하지 않는다는 해석을 내놓았다. 메리 울스턴크래프트Mary Wollstonecraft 말을 인용하자. "가설을 방해할 때 진실은 얼마나 약한 벽인가!"

로빈 블룸은 자신이 비판한 작업을 수행했던 연구자 중 한 명에게서 받은 논평을 주목한다. "만약에 정서적 반응성 연구에서 젠더차가 (전형적으로) 나타나지 않는다면 정서적 반응에 젠더차가 있다는 광범위한 합의는 어떻게 설명할 것인가?"[55] 이 합의를 재고할 여지는 없는 모양이다.

이 영역의 문제 중 하나는 초기 연구 결과의 '끈기'일 수 있다. 그 결과가 기존에 이해한 뇌의 작동방식을 뒷받침하면(다시 말해 고정관념을 지속시키면) 특히 더 그렇다. 그리고 심지어 그 초기 결과가 재현된 적이 없거나 추가 연구가 다른 결론을 냈다는 분명한 증거가 있어도 그런 연구 결과를 같은 분야에 있는 연구자들이 계속 인용하면 이 문제는 더 심각해질 수 있다.

두더지 잡기 미신

우뇌형과 좌뇌형 개념은 스캔 시대 이전의 뇌 기능 모델에 이미 잘 확립되어 있었고 이런 패턴의 반구 차이에 성차가 있을 가능성도 마찬가지였다. 따라서 반구 차이와 성차를 **함께** 살펴보는 것은 뇌 영상술사가 새로운 장난감의 힘을 입증할 좋은 기회일 터였다.

뇌에서 언어 처리를 살펴본 최초의 fMRI 연구 중 하나는 1995년 심리학자 샐리 셰이위츠Sally Shaywitz와 베넷 셰이위츠Bennett Shaywitz가 수행했다.[56] 그들이 내놓은 연구 결과에는 꿈의 조합인 성차와 반구 차이 둘 다 있었다. 헤드라인 스토리—문자 그대로 『뉴욕타임스』는 "남녀는 뇌를 다르게 사용한다는 것을 연구로 발견"이라는 표제 기사를 보도했다—는 남자가 언어 처리를 위해 좌뇌의 특정 부분만 사용하는 데 반해 여자는 같은 과제를 실행해도 좌뇌와 우뇌 모두 사용한다는 것이었다.•[57] 이는 심리학적 과제 그리고/또는 뇌 손상의 효과를 토대로 수십 년간 간접적으로 관찰해온 결과를 확증하는 듯했다. 또 다른 신경과학자는 그 연구에 관해 논평하면서 남자와 여자가 같은 과제를 수행하기 위해 뇌를 다르게 사용할 수 있다는 '확정적 증거'를 제공한다고 말했다. '지금까지는 아무것도 결론에 이르지 못했다'는 생각으로 그 발견을 환영한 셈이다. 그 논문 속 영상은 나중에 일상적으로 실리게 된 총천연색 사진보다는 훨씬 덜 극적이었지만 설득력 있는 이야기를 들려주는 것처럼 보였다. 회색빛 뇌의 단면에 주황색과 노란색 네모 몇 개가 겹쳐 있었는데, 남성의 뇌에서는 모두 한쪽에 뭉쳐 있었고 여성의 뇌에서는 양쪽에 분산되어 있었다.

그 영상은 연식(신경영상술 면에서 고릿적 사진)에도 불구하고 온갖 맥락에서 튀어나오는 인기 있는 스톡숏(보관 중인 기성 필름에서 발췌하여 다른 작품을 위해 사용한 장면-옮긴이) 중 하나가 되었다. 예컨대 그것은 크리스틴 라가르드Christine Lagarde가 IMF 총재가 되었다는 기사에서도 중요한 자리를 차지했다. 그녀가 마주칠 남성 금융가들의 침팬지나 다름없는 소통 기술을 다루는 데서 그녀의 우월한 언어 능력이 그녀에게 우위를 줄 것이라는 점을 시사하는 맥락이었다. 남자는 좌뇌로 언어를 '하는' 데 반해 여자는 양쪽 뇌를 사용한다는 결론과 이를 입증하는 영상이 새로운 fMRI 기술로 생겨난 기대 속에서 둘 다 주요 역할을 하게 되었다. 이들의 많은 후속 출현과 재출현은 그 연구의 단점들로 주의를 끌었던 사람에게 좌절감을 주거나 그런 잘 확립된 정설에 도전할 의사가 없는 사람에게 위안을 주고 있다. 이 특별한 연구 결과는 어느 영역 특유의 두더지 잡기 성향을 정확히 실증한다. 그 논문은 지금까지 인용 횟수가 출판 이래 1600회를 넘었는데, 가장 최근인 2018년 출판물에서도 계속 인용되고 있다.

문제는 여러 다른 논평(무엇보다 특히 코델리아 파인 특유의 뼈 발라내기)에서 밝혀진 바와 같이 그 연구에 중대한 문제가 있다는 사실이 드러났다는 점이다.[58] 이런 문제는 연구 자체의 본질적인 실수 때문이 아니라 당시에 그 연구를 해석하고 결과를 바라본 방식이 이후에 발견된 것에 의해 달라졌기 때문에 발생한다. 표본 크기(남자 19명과 여자 19명)가 작다는 문제는 당시의 특징이었다(사실 두 자릿수인 것만도 상당히 인상적이었다).

그 연구는 실제로 있었던 네 가지 유형의 단어 처리 과제 중에서 한 유형인 압운 과제에 관해서만 보고했다—나머지 언어 과제로 찾아낸 것이 있다면 무엇이었는지에 대한 보고는 없었다. 하지만 대부분의 사람들 눈에 띄지 않은 핵심 사안은 남자는 19명 모두 좌반구에서 '픽셀 군집화'를 보여주지만 여자는 11명만이 그토록 과시된 좌우 분포를 보여준다는 점이었다. 따라서 "여성 피험자 중 절반 이상이 이 부근에서 강한 양측 활성화를 일으켰다"라는 저자들의 말은 사실이다. 하지만 반면에 거의 절반은 그렇지 않았다. 따라서 이 성차는 아마도 저자들이 주장한 것보다는 다소 덜 '주목할 만'했을 것이다. 새로운 기법으로 제시된 가능성을 세상에 알리기 위한 열의는 당시에 전적으로 이해할 만했지만 말이다.

이후 그 연구를 재현하려던 여러 시도는 실패했다.[59] 더 근래에 언어 편측화의 성차에 대한 쟁점 전체를 메타분석하고 비판적으로 검토한 결과로도 그런 차이의 증거를 찾을 수 없었다.[60] 증거는 기능적 신경영상 연구에도 없었고 언어 겉질(해부용어 아님)의 구조적 척도나 편측화의 간접 척도가 되는 종류의 신경심리학적 과제를 살펴보아도 없었다.[61] 그 논문은 오늘날이라면 아마 출판될 수 없을 것이다. 방법론이 발전함에 따라 훨씬 더 정교한 기법을 쓰면 훨씬 더 큰 데이터 세트를 놓고 훨씬 더 정교한 질문을 던질 수 있을 것이다. 그런데도 그것은 지금껏 폭넓게 인용되고 있다.

문제가 되는 '증거'를 열심히 포착하여 대중 의식에(사실 연구계 일부에도) 확실하게 정착시킨 더 최근의 예는 2013년에 출판된 뇌 연결성 경로connectivity pathway의 성차에 관한 논문이다.[62] 펜실베이니아대학의 루빈 구르Ruben Gur의 연구실 연구자들은 8세에서 22세 사이의 남성 428명과 여성 521명이라는 인상적으로 큰 코호트 사이에서 '뇌 연결성의 독특한 차이'를 설명했다. 그들은 남성은 반구 안에서 연결성이 더 크고 여성은 반구 사이에서 연결성이 더 크다는 사실을 보여준다고 종합적 연구 결과를 요약했다. 그들의 주장에 따르면 그 결과는 "남성 뇌가 지각과 협응 동작의 연결성을 촉진하도록 구조화되어 있는 데 반해 여성 뇌는 분석적 처리방식과 직관적 처리방식의 교신을 촉진하도록 설계되어 있음"을 시사했다.[63] 대학에서 첨부한 보도자료는 연구자 한 명의 말을 인용하여 '극명한 차이'를 언급하고 그 차이를 남성과 여성의 상보성과 연결했다. 남성은 자전거 타기나 방향 찾기에 더 능하고 여성은 "멀티태스킹과 집단에 유효한 해결책 고안을 위해 더 잘 갖춰져 있다"고 말이다.[64] 그리고 단언하건대 그들은 참가자에게 스캐너 안에서 자전거 타기나 멀티태스킹을 시키지 않았다.

이 예는 셰이위츠 이야기와 다르게 거의 즉시 문제가 있다고 인식되었다. 다른 연구자와 온라인 논객 수십 명이 터무니없는 정형화를 보여주는 그 팀의 행태를 비난했을뿐더러 그들의 방법에도 딴지를 걸었다.[65] 비평가들의 지적에 따르면 그 연구자들은 구조(뇌의 경로)를 스캐너에서 측정조차 하지 않은 기능(기억에서 출발하여 자전거 타기와 멀티태스킹을 거쳐 수학에 이르는)에 연결했다. 그들이 제작한 영상은 통계적으로 유의미한 비교를 보여주기 위해서만 모습을 드러냈다(보고된 사항은 아니지만 그런 비교는 19건뿐이었을지도 모른다). 이는 했을지도 모르는 가능한 비교의 총수보다 훨씬 더 적었다(평가된 연결선은 95×95 또는 9025개였다). 연구자들 자신은 '근본적인', '뚜렷한', '유의미한' 차이를 설명하면서 아무 효과 크기도 보고하지 않았지만 어느 고마운 블로거가 계산한 바에 따르면 최댓값이 0.48단위였으므로 기껏해야 보통 수준이었다.[66] 주목할 문제를 추가하자면 그들의 분석에는 학력이나 직업 등 다른 인구통계학적 정보가 전혀 사용되지 않았으므로 우리는 생물학적 성별 외에 뇌를 변화시킬 잠재력이 있다고 알려진 변인들을 무시한 대죄도 추가할 수 있다.

당신은 이 정도 비판의 무게에 깔리면 그런 논문 한 편쯤은 흔적도 없이 사라질 수도 있다고 생각할 것이다. 하지만 천만에—그것은 언론에 의해 널리, 그리고 열광적으로 보도되었다. 『인디펜던트Independent』는 "배선된 남녀의 뇌 차이로 남자가 '지도 읽기에 더 능한' 이유를 설명할 수 있었다"고 공표했다. 『데일리메일』은 "남자의 뇌, 여자의 뇌라는 진실"을 "남자의 뇌와 여자의 뇌가 실제로 다른 이유를 드러내는 사진: 여자들이 멀티태스킹을 위해 만들어졌음을 뜻하는 연결선들"과 함께 받아들였다.[67] 이것은 연결성 경로 측정이라는 새로운 기법을 성차 쟁점에 적용한 최초의 논문 중 하나였으므로 초기 fMRI 연구들이 받았던 비판에서는 어느 정도 벗어난 듯 보였을 것이다. 그런 논문이 흐뭇하게도 멀티태스킹과 지도 읽기의 차이와 같은 고정관념을 지지했을뿐더러 상보성 이야기까지 공공연하게 지지했던 것이다.

그 논문이 매체의 주목을 받으면서 당시 유니버시티칼리지런던의 클리오드나 오코너Cliodhna O'Connor와 헬렌 조페Helen Joffe는 논문이 출간된 다음 달에 뉴스 기사뿐 아니라 블로그와 온라인 댓글에서 그 영향을 추적하고 분석할 기회를 잡았다.[68] 그것은 마치 옮겨 말하기 게임Chinese whispers(전달하면서 말이 바뀌는 과정-옮긴이)의 녹취록처럼 보였다. 생겨난 오해 중 일부에 대해서는 연구자를 탓할 수 있었다. 그들은 스캐너에서 측정하지도 않은 행동을 틀림없이 여러 차례 언급했고 그들의 보도자료도 '남녀의 행동에 관한 흔한 믿음'에 관해 이야기했다. 그래서 그 논문은 행동의 성차에 관한 기존 믿음을 확증하는 과학적 증거로 받아들여졌다. 전통적 기사의 약 4분의 1, 블로그의 3분의 1 이상, 댓글의 거의 10분의 1이 '생물학은 운명' 또는 '배선' 편에 섰다. 그 연구 논문에서 보고된 차이가 더 나이든 집단에서만 나타났다는 사실은 대부분이 놓치고 있는 것 같았다.

하지만 성과 젠더에 관한 시각에 대해 걱정스러운 통찰을 준 쪽은 고정관념과 여성 혐오, 논점에서 벗어난 동성애 비판, 누가 무엇을 더 잘하나에 관한 놀이터 야유형 대거리가 뒤범벅된 독자의 댓글이었다.

> 자 숙녀들이여, 나는 여러분 모두를 대단히 사랑하므로 사실을 직시하자. 여러분이 사용하고 누리는 모든 것은 남자들이 해적질로[원문 그대로임] 발명했다. 전화기, 컴퓨터, 제트엔진, 기차, 자동차 등등 그 목록은 끝도 없다. 우리가 없다면 여러분은 아직도 동굴 속을 헤집고 다니는 중일 테니 이 말도 안 되는 소리는 이제 집어치우고 여러분의 핸드백에 집중하자.

크리오드나 오코너와 헬렌 조페는 사뭇 진지하게 말했다. "댓글은 전통적 매체와 (어느 정도) 블로그를 구속하는 정치적 섬세함에 오염되지 않아서 대중이 성차에 관한 과학적 정보를 수용하지 못하도록 계속 방어하는 잠재적 여성 혐오를 노출했다." 과연!

그 논문 자체는 널리 인용되고 있다(지난번 500회가 넘은 것을 보았는데, 출간 후 거의 5년 만이었다). 그리고 인용하는 사람이 한결같이 그것을 사용하여 신경난센스형 대착오를 예시하려는 비평가인 것은 아니다(2017년에 내가 확인한 79건의 인용 사례 중 60건 이상은 어떤 형태의 뇌구조나 기능에 성차가 있다는 가설을 뒷받침하여 이 논문을 인용하고 있었다). 마치 더 낡았고 이제는 툭하면 조롱받는 fMRI 블로볼로지blobology(색깔 방울을 뜻하는 'blob'을 연구하는 학문-옮긴이)의 '증거'를 대신하기 위해 뇌에서 경로 추적하기라는 더 새롭고 훨씬 더 복잡한 기법을 안심하고 채택해온 듯하다. 마치 오래된 고정관념을 과학에 기대어 확인해주는 뭔가가 그곳에 있는 한 표현과 해석의 실수라는 사소한 세부 사항은 간과해도 된다는 듯 말이다.

신경영상술의 출현은 여자 뇌와 남자 뇌에 관한 질문에 실로 더 나은 답을 얻을 기회를 제공했다. 하지만 초기 단계는 다른 조사 영역을 망친 것과 똑같은 종류의 함정에 빠졌다. 해야 할 질문이나 데이터 해석방식을 결정할 때 현재의 방식을 고수했고, 정설에는 도전하지 않았으며(아무 차이도 발견되지 않아서 출판되지 않았을 뿐인 영상 연구는 얼마나 많을까), 사실은 차이 탐구 자체를 강조했다. 이 단계에서 그 영역은 나중에라도 신경쓰레기, 신경성차별, 신경난센스 문제에 도전하는 법이 없었다. 계몽 단계는 아직 오지 않았는데…….

제2부

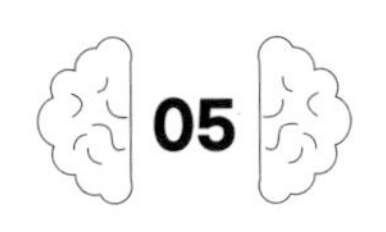

05 21세기의 뇌

뇌는 가설과 환상을 지어낸 후 감각 데이터에 견주어 검증하는 추론 기계다. 간단히 말해 뇌라는 ―문자 그대로― 환상적 기관이다 fantastic(심상을 창조하는 능력을 뜻하는 그리스어 *phantastikos*에서 유래).

칼 J. 프리스턴[1]

제1장에서 보았듯이 fMRI를 사용하여 뇌의 구조와 기능을 측정하게 되면서 뇌에서 일어나는 일에 대한 대중의 접근을 (좋든 나쁘든) 바꾸어놓았다. 뇌에서 산소가 공급된 혈류를 측정하여 연관된 신호(혈중산소치의존 반응 또는 BOLD 반응)를 색으로 암호화된 영상으로 변환하는 작업은 훌륭한 마케팅의 일부일 뿐 아니라 양날의 검과도 같은 것으로 드러났다. fMRI 장치로 제작된 영상의 '유혹적 매력'은 신경쓰레기 조달업자들에게 하늘이 내린 선물이었다. 그들은 뇌 시류에 편승하여 거짓말탐지, 투표 의도 알아내기, 세계 금융위기 예측하기, 그리고―물론―멀티태스

킹 선수와 지도 읽기 선수의 차이를 콕 집어내기라는 문제의 해법을 이제는 가장 가까운 뇌 스캔 센터에서 손쉽게 구할 수 있다고 우리를 설득했다.

하지만 뇌 영상술사 중 가장 헌신적인 사람조차 깨달았다. 혈류에서 차이를 찾는 것은 사건이 뇌 안 '어디'에서 발생하느냐는 질문 일부에 답하기에는 좋은 방법이지만 '언제' '어떻게' 발생하느냐는 질문에 답하기에 그런 변화는 시간 단위가 너무 느렸다. 튀빙겐의 막스플랑크 바이오사이버네틱스연구소Max Planck Institute for Biological Cybernetics 소장 니코스 로고테티스Nikos Logothetis는 fMRI를 "실제로 필요한 현미경으로 우리를 이끄는 확대경"이라고 표현했다.[2] 그것은 훌륭한 출발점이었다. 사실 뇌 성차에 관해 지금까지 나온 자료는 거의 다 여기서 나왔다. fMRI는 이 차이 사냥을 특징지었던 기존의 지도 제작 접근법에 깔끔하게 들어맞았다. 그것은 여성 뇌, 남성 뇌와 같은 것이 있고 이들은 서로 다르게 작동한다는 것을 입증하는 데 필요한 증거의 공급원으로 여전히 대중의 의식에 확고히 자리잡고 있다. 하지만 뇌 활동을 새로운 방식으로 모델링하면 이 해묵은 가정을 또다시 재고할 필요성이 간접적으로 드러난다.

BOLD에서 셀러리와 SQUID를 거쳐 BOINC까지

21세기는 지금 우리가 뇌에서 찾고 있는 것의 일대 변화를 맞이하고 있다. 뇌 영상계에서 연결성이라는 말이 유행하면서 뇌 영상술사는 다른 구조 사이의 연결선을 추적하여 뇌의 '도로 지도'를 작성하느라 여념이 없다.[3] 이제 우리는 뇌 구조가 어떻게 함께 연계되어 복잡한 '집합체

assembly'를 형성하는지 볼 수 있다. 그것은 우리 행동의 모든 측면을 뒷받침하여 우리가 세상과 (바라건대) 서로를 경험하고 이해하도록 해준다.

그것이 물리적으로 어떻게 함께 연계되어 있는지가 중요한데, 지금 가진 기법으로 뇌의 경로를 지도화할 수 있다. 확산텐서영상diffusion tensor imaging: DTI이라는 기법이 지금 널리 사용되는데, 서로 다른 구조를 함께 묶어주는 지방질로 절연된 신경섬유다발인 백질 신경로를 추적한다.[4] 이 기법의 기본은 이런 섬유다발을 따라 물 수송의 난이도를 측정하는 것이다(한 동료는 이것을 파랑, 초록, 빨강 잉크에 셀러리 막대를 꽂아 잉크가 셀러리에 얼마나 멀리, 얼마나 빨리 침투하는지 추적하는 초등학교 과학 시범 실험에 비교했다). 기술적 진전과 함께 이 '도로 지도'가 점점 더 상세해지고 있고 우리는 주류 고속도로를 국도는 물론 소도로지만 여전히 중요한 뒷길과도 구분할 수 있게 되었다. 비인간 동물에게 매우 전문적인 기법을 적용하면 도로 건설 자체부터 보기 시작하여 신경세포 돌기가 다른 신경으로 뻗어나가 미래의 통신로를 놓기 시작하는 광경도 지켜볼 수 있다.[5]

신경과학자들은 우리의 세상이 뇌에 던질 문제를 해결하기 위해 뇌에서 서로 다른 구조가 어떻게 협업하는지 이해하기를 고대해왔다. 우리가 깨닫게 되었듯이 뇌는 동적 장치여서 늘('쉬고 있는 상태'로 추정되는 때조차) 활동 중이므로 이런 고속도로에서의 '교통류traffic flow'도 측정할 수 있어야 이동 방향을 관찰하여 뇌 주인의 요구에 따라 흐름이 어떻게 변화하는지를 알아낼 수 있다.[6] 우리는 교통의 본질에 관해서도 어느 정도 알 필요가 있다. 우리가 보고 있는 크고 느린 활동 변화는 수면의 신호일 수 있을까? 특정 영역에서 우리가 보고 있는 작고 빠른 변화는 움직임(또는 움직이려는 의도)의 신호일 수 있을까? 아니면 훨씬 더 신비스럽게도 우리가 보고 있는 매우 빠른 유형의 활동은 지리적으로 상당히 먼 영역이 갑자기 작동을 시작하게 하기 위해 비물리적 연결선을 통해 겉질의 넓은 영역(뇌 크기로 볼 때)을 가로질러 신호를 보낼 수 있을까? 흡사 통합된 신호등이나 신호 표시 체계가 고속도로망이나 철도망의 원활한 가동을 보장하도록 설계되는 식으로?[7]

이런 연결선의 발달을 추적하는 작업은 뇌의 끊임없는 시간적 변화를 살펴볼 때 "함께 발화하는 세포들은 함께 배선된다" 또는 "사용하지 않으면 잃는다"처럼 잘 알려진 문구가 얼마나 적절한지 보여주었다. 이런 종류의 변화가 뇌의 평생 가는 유연성에 관해, 뇌와 세상의 교류가 이런 연결성의 패턴에서 어떻게 반영되는지에 관해 우리가 지금 아는 내용을 뒷받침한다.

이 모든 것을 추적하기 위해 21세기 뇌 영상술사들은 다양한 유형의 장치와 측정법을 사용하고 있다. 알다시피 뇌에서 통신은 신경세포 또는 뉴런 사이에서 일어난다. 우리 뇌에서 진화한 온갖 견제와 균형에 의해 멋지게 편성된 밀리초 시간 단위의 작디작은 전기화학적 변화들이 (대략) 100조 개의 연결선을 통해 이 세포들 사이에서 메시지를 전달한다.

일상적으로 수술을 하지 않고도 인간 뇌의 작동방식을 이해하려면 이런 실시간 변화를 머리 외부에서 추적할 수 있어야 한다. 지난 세기에 사용할 수 있었던 EEG 접근법이 초기 통찰을 제공했지만 신호가 뇌 안에서부터 골막(뇌막), 머리뼈(두개골), 피부, 머리카락을 뚫고 나와 왜곡되었을 때 '깨끗한' 신호를 얻기란 어렵다. 여기에서 뇌자도 magnetoencephalography: MEG가 나온다.[8] 기초 물리학이 보여주었듯이 전류가 흐르는 곳이면 어디든 자기장이 생성된다. 뇌에서 나오는 자기장은 전류와 같은 방식으로 왜곡되지 않으므로 자기장의 변화를 추적하는 편이 훨씬 더 정확한 '뇌 관찰' 방법이다.

보통 때와 마찬가지로 이것은 들리는 것처럼 쉽지 않다. 뇌 활동과 연관된 자기장은 극히 미약하다. 냉장고 자석보다 약 50억 배 약하고 지구 자기장이나 여느 실험실에서 찾아볼 수 있는 어떤 종류의 자기장보다도 더 약하다. 그것은 금속성인 모든 것에 의해 왜곡될 수 있다(문신 눈썹의 금속이 여기에 포함된다는 사실을 나는 유감스럽게도 연구실 개방일에 시범을 보이던 중에 발견했다). 따라서 SQUID라는 훌륭한 두문자어를 탄생시킨 초전도양자간섭장치superconducting quantum interference device로 알려진 극도로 민감한 감지기를 사용해야 하는데, 이 장치는 극저온—섭씨 영하 270도쯤—에서만 제 기능을 한다. 과냉각 상태를 유지하려면 SQUID를 머리 모양 헬멧에 집어넣고 액체 헬륨으로 감싼 다음 다른 자기장을 차단하기 위해 특수하게 지어진 자기 차폐실에 통째로 보관해야 한다.

하지만 믿거나 말거나 그것은 그럴 가치가 있다! 내가 2000년에 애스턴브레인센터에서 처음 일을 시작했을 때 그곳에는 영국 최초로 머리가 다 들어가는 MEG장치가 설치된 직후였다. 애스턴을 비롯한 여러 연구소에서 기법을 발전시킨 덕분에 우리는 뇌 활동 변화가 일어나는 시점의 정확한 척도뿐 아니라 그 변화가 나오는 위치의 훨씬 더 정확한 그림까지 얻을 수 있었다. 우리는 뇌의 '재잘거림', 즉 측정하는 신호의 서로 다른 주파수도 측정할 수 있다. 사실 이것은 한스 베르거가 오래전 EEG를 발명했을 때 들었던 것이다. 대부분의 사람은 '알파파' 주파수에 익숙하지만 다른 리듬도 있다. 어떤 리듬은 더 느리고 어떤 리듬은 더 빠른데, 우리는 이제 서로 다른 유형의 행동과 연계된다는 것을 알고 있다. 그래서 MEG는 뇌 영상술의 성배로 알려진 것, 즉 뇌 활동의 무엇이 어디에서 언제 일어나는지를 모두 아는 수준에 더 근접하게 만들었다. 우리는 이런 데이터를 사용하여 서로 다른 뇌 네트워크가 결합했다 분리되는 것을 관찰하며 뇌가 역할을 수행하는 동안에 주고받는 메시지를 추적할 수 있다.[9] 예컨대 애스턴브레인센터에서는 자폐 스펙트럼에 속하는 아이들의 '연결성 프로필'을 개발하여 그들의 비정형적 행동 패턴과 연계하고 있다.[10]

더 나아가 뇌 영상술은 이를테면 EEG와 fMRI 기법을 조합하여 사용함으로써 살아 있는 인간 뇌를 더 깊이 뚫고 들어간다(최소한 은유적으로). 물론 뇌를 이해하는 데 근래에 있었던 진전 모두 다 뇌 영상술사의 공이라는 말은 아니다. 유전학자는 뇌가 어디에서 어떻게 연결될지 결정하는 암호를 풀고 있다.[11] 생화학자와 약리학자는 뇌에서 화학적 전령들이 담당하는 수백 가지 역할을 조사하고 있다.[12] 컴퓨터과학자는 '뇌를 닮은' 동적 회로와 네트워크 모델을 만들기 위한 프로그램을 고안하고 있다.[13] 생물학자는 신경세포 연결선을 식별하는 일에 DNA 서열 분석 기법을 응용할 수 있는지 알아보고 있다(뉴런 연결선 각각의 바코드화barcoding of individual neuronal connection: BOINC).[14] 심지어는 형광 염료를 사용하거나 활성화 세포를 빛에 반응하도록 유전적으로 암호화하여 개별 신경세포를 '빛나게' 만들 수도 있다.[15] 뇌 연구 프로젝트에 막대한 투자를 하고 있으며 아무리 비관적인 사람이라도 뇌 영상 기술 분야에서 얼마나 많은 발전이 이루어졌는지는 인정하지 않을 수 없다. 우리는 새 모이로 빈 머리뼈를 채우던 시절에서 장족진보했다.

팀 뇌

그렇다면 우리는 이런 첨단 기법에서 무엇을 배웠을까? 그로 인해 인간 뇌에 대한 우리의 시각은 얼마나 바뀌었을까? 밝혀진 연구 결과 중 하나는 뇌의 어느 한 부분이 매우 기초적인 감각 처리 수준을 제외하고 한 가지를 전적으로 책임지는 경우는 매우 드물다는 것이다. 뇌 안의 거의 모든 구조는 인상적인 멀티태스킹을 구사하며 다양한 서로 다른 과정에 관여한다.

이런 멀티태스킹 본성의 훌륭한 예는 이마엽에 있는 앞띠다발겉질(전대상피질anterior cingulate cortex)이라는 구조다.[16] 거짓말탐지에 대한 뇌 기반 해법을 찾는 사람들은 그것을 '사기 신경회로' 중 일부로 지명했다. 하지만 밝혀진 바에 따르면 그것은 언어 처리, 특히 단어의 의미에 연관된 처리에 관여하기도 하고, 우리의 사회적 기술과 인지적 기술을 지원하는 부분으로서 반응을 억제하기도 하고, 인지적 정보를 정서적 처리와 연계하기도 하고, 그 밖에도 훨씬 더 많은 역할을 한다. 따라서 한 집단 사람들이 다른 집단의 사람들보다 뇌의 특정 부위가 더 크다는 주장이 있어도 반드시 첫 번째 집단의 특정 기술에 관해 유용한 것을 말해주는 것은 아니다. 뇌의 특정 부위 하나를 특정 과제 하나로 연계시키는 대중주의 보도는 연구를 오해한 것이거나 전모를 들려주지 않는 것(또는 둘 다)이다. 신의 자리God spot(신과 통한다는 뇌 부위-옮긴이)를 조심하라![17]

마찬가지로 행동을 지원할 때 뇌의 한 영역이 홀로 작동하는 경우는 매우 드물다. 이전 장에서 보았듯이 초기 뇌 연구는 뇌를 특정한 기술을 위한 영역들로 구분할 수 있다고 시사했다—흔히 특정 영역 손상으로 인한 얼굴 인식, 언어와 기억 능력 상실을 보여주었다. 이는 당시 진화 이론과 연계되어 '스위스 군용 칼' 모델이 제안되었고 여기서 뇌는 서로 다른 기술에 특화된 요소로 구성되었다.[18] 이제 알다시피 뇌가 조그만 전담 단위들로 구성되어 있다는 이 제안은 뇌가 실제로 작동하는 방식과 잘 맞지 않는다.

정적인 영상을 제작하는 대신에 뇌의 동역학을 영상화하는 능력을 기반으로 더 새로운 모델이 보여주는 바에 따르면 뇌의 많은 부분은 행동의 모든 측면에 동시에 관여한다. 잠깐 함께 네트워크를 형성했다가 재빨리 분리되는데, 시간 단위상 fMRI 기법으로는 포착하기 어려울 것이다.[19] 따라서 다시 말하지만 한 집단이 뇌의 특정 영역에 있는 크기 차이로 특징지어진다고 해서 반드시 특정 기술에 더 능하다는 것을 의미하지는 않는다. 중요한 것은 대개 네트워크의 서로 다른 구성 요소가 모여 어떻게 작동하느냐이지 네트워크 구성원 각각의 크기가 아니다(어쨌거나 그 부분에 연계될지도 모르는 다른 기술의 수는 무한하다).

초기 뇌 영상술은 상황이 뇌 속 어디에서 벌어지고 있느냐를 찾는 지도 제작 탐사에 더 가까웠다. 하지만 뇌 신호를 더 효율적으로 읽을 수 있는 지금은 뇌가 일을 **어떻게** 하느냐를 더 강조한다. 즉 문제 해결을 위해 잠깐 네트워크를 형성하거나 다음 회분의 데이터 대조를 위해 패턴을 구축할 것을 신호하는 '브레인 코드brain code'의 순간적 변화를 추적하는 쪽이 더 중요하다. 이런 종류의 정보를 해독하는 데 엄청난 발전이 이루어졌다. 어찌 보면 두렵게도 이제는 실험에서 참가자가 사진을 보며 컴퓨터 프로그램으로 뇌 활동 데이터를 '피드'하면 뇌 주인이 무엇을 보고 있었는지 프로그램이 제법 훌륭하게 추측하는 일이 가능해지고 있다. 따라서 우리는 세상이 뇌에 던지는 정보를 뇌가 어떻게 사용하는지 이해하기 시작하고 있다.[20]

이 모든 진전에도 불구하고 이 모든 활동이 행동으로 어떻게 번역되는지, 개인이나 개인 집단 간 차이를 어떻게 설명할 수 있는지 이해하려면 아직도 멀었다는 점을 나는 인정해야 한다. 하지만 우리 뇌가 어떻게 자기 할 일을 하는지, 어떻게 바깥세상에 유연하게 대처할 수 있는지, 그리고 (무엇보다도) 바깥세상이 어떻게 이런 뇌를 변화시킬 수 있는지는 더 많이 발견했다.

우리의 영구히 가소적인 뇌

지난 30여 년간 뇌과학에서 가장 중요한 혁신 중 하나는 우리의 뇌가 정확히 얼마나 가소적 또는 변형 가능한지, 즉 우리 뇌는 발달 초기뿐 아니라 평생토록 우리의 경험과 우리가 하는 것, 그리고 역설적으로 우리가 하지 않는 것도 반영하고 있음을 이해한 것이다.

이것은 중대한 변화다. 초기에 이해한 뇌의 발달방식은 예정되어 고정된 성장 패턴이 있어서 변화는 설정된 기간에 펼쳐지고 그 기간 동안 심각한 편차는 비교적 극단적인 사건을 통해서만 발생한다는 관념을 기반으로 했다.[21] 우리는 영아의 뇌에서 신경세포 연결선이 대량 증식하고 경로가 확립되는 시기에 엄청난 유연성이 잠재한다는 사실은 과거에도 알고 있었다.[22] 여기서 초점은 대개 적절한 정보가 제때에 입력되지 않으면 핵심 역량을 확립하지 못한다는 데 맞추어져 있었다. 하지만 평범한 상황에서는 모든 뇌에서 연결선이 지극히 표준적인 노선을 따라 발달하는 것 같았다. 아주 어린 뇌에는 일정량의 여분이 있어서 아이들이 상당량의 뇌 조직을 잃어도 회복할 수 있다는 점이 분명했다. 하지만 구조가 성장을 끝내고 연결선이 자리를 잡고 나면 발달적 종점에 도달했다고 가정했다. 뇌 안의 구조와 연결선은 배선되어 고정불변한 것이었다. 생물학은 더없이 확실한 운명이었다. 업그레이드나 새로운 운영체제가 제공되지 않아 훗날 손상되면 회복될 수 없었다. 한 번이라도 얻게 되어 있는 신경세포는 모두 다 가지고 태어났으므로 다른 세포로는 대체할 수 없었다.

'경험 의존적 가소성'이 평생 유지된다는 발견은 바깥세상—우리가 영위하는 생활, 우리가 하는 직무, 우리가 즐기는 운동—이 우리 뇌에 대해 하게 될 결정적 역할로 관심을 끌었다.[23] 이제 문제는 우리 뇌가 본성의 산물이냐, 양육의 산물이냐가 아니라 우리 뇌의 '본성'이 우리의 인생 경험을 통해 제공되는, 뇌를 변화시키는 '양육'과 얼마나 얽혀 있는지를 깨닫는 것이다.

가소적 과정이 작동한다는 증거는 전문가의 뇌에서 쉽게 찾을 수 있다. 특정 기술에 뛰어났던 사람들의 뇌에 표준과 다른 특별한 구조나 네트워크가 있는지, 그들의 뇌가 기술 관련 정보를 다른 식으로 처리하는지 알아보면 된다. 다행히 이런 전문가는 각별한 재능을 지녔을 뿐 아니라 신경과학 연구자를 위해 기니피그가 되어줄 용의도 있는 듯하다. 음악가가 인기 있는 선택지지만 (내가 찾아봐서 아는데) 스캐너 안에 고분고분 누워 있는 유도 선수, 골프 선수, 등반가, 발레 무용수, 테니스 선수, 줄타기 곡예사도 있다.[24] 보통 사람과 비교했을 때 그들의 뇌 구조적 차이는 그들이 지닌 각별한 기술의 요구 사항과 분명히 관련지을 수 있었다. 현악기 연주자는 왼손 운동 통제 영역이 더 컸고, 건반악기 연주자는 오른손 통제 영역이 더 컸으며, 정예 등반가는 눈과 손의 협응 및 오류 수정에 관한 뇌 부위가 더 컸고, 정예 유도 선수는 운동의 계획 및 실행 영역을 작업 기억에 연계하는 네트워크가 더 컸다. 기능적 차이도 명백했다. 전문 발레 무용수는 동작을 관찰하는 네트워크에 더 높은 수준의 활성화가 있었는데, 활쏘기 전문가는 시공간적 주의와 작업 기억을 보조하는 네트워크가 더 활동적이었다.

당신은 이렇게 생각하고 있을지도 모른다. 어쩌면 이 사람들은 애초에 뇌가 달라서 전문가가 된 것이 아닐까? 그런 연구는 진행하기 힘들지만 인지신경과학자들도 그 점을 고려했다. 한 연구에서 3개월간 자원자 집단을 상대로 저글링을 가르치고 그들이 특정한 기계적 동작을 학습한 전후에 뇌를 스캔했다.[25] 대조군과 비교하여 이들 연습생 저글러는 움직임을 인식하는 시각겉질 부분과 손동작의 시각적 유도를 책임지는 시공간 처리 영역의 회백질이 증가하는 것을 보여주었다. 변화가 크면 클수록 더 나은 저글러가 되었다. 3개월 후 (새로운 기술을 연습하지 말라고 엄중한 지시를 받았던) 전 저글러들은 스캐너로 다시 들어갔고 그들이 보여준 회백질 증가는 다시 기준선을 향해 사라지고 있는 것으로 나타났다.

가소성의 가장 유명한 예는 UCL의 신경과학자 엘리너 매과이어 Eleanor Maguire와 그녀의 팀이 실행하여 잘 알려진 런던 택시 운전사 연구다.[26] 엘리너 매과이어는 채링크로스역에서 반경 6마일(약 10킬로미터) 안에 있는 2만 5000여 개의 런던 거리를 통과하는 다양한 경로를 기억해야 하는 4년의 '**지식** 실천doing the Knowledge'을 수행한 결과 공간 인지와 기억을 뒷받침하는 해마 뒷부분의 회백질이 증가했음을 보여주었다. 이는 운전사들이 더 커다란 해마를 갖고 있었기 때문도 아니었고(그녀는 학습자와 퇴직자를 모두 추적하여 전자에서 증가를, 후자에서 감소를 지도화했다), 그들이 복잡한 운행 노선을 통과해야 했기 때문도 아니었다(노선이 고정된 버스 운전사들은 같은 효과를 보여주지 않았다). 그녀는 과정에 실패한 연수생 운전사들도 살펴보았는데, 그들은 성공한 동료들을 특징지은 해마 변화를 보이지 않았음을 발견했다. 이 뇌를 변화시키는 전문 지식에는 대가가 있는 것처럼 성공한 택시 운전사들은 다른 공간 기억 검사 성적이 유의미하게 더 나빴다. 하지만 은퇴한 택시 운전사들은 해마에서 '정상'으로 돌아간 회백질 부피를(그리고 전에 보유했던 런던 특유의 운행 기술의 쇠퇴를) 보여준 동시에 일반 공간 기억에서 향상된 수행 수준을 보여주었다. 따라서 이 일련의 연구는 뇌 가소성의 성쇠를 모두 보여준다. 뇌 자원의 할당은 특정 기술을 습득하고, 사용하고, 잃는 맥락에서 유동적으로 왔다 갔다 한다.

가소성을 이해하는 것은 일상적인 기술로 보일 수 있는 개인차를 이해하는 데도 영향을 미친다. 택시 운전사 연구는 뇌가 지닌 가소성의 척도로 받아들여도 될 것이다. 하지만 '**그 지식**'은 성인기에 아무런 사전 지식 없이 습득한 매우 전문화된 기술이다. 더 평범한 기술은 어떨까? 왜 어떤 사람은 다른 사람보다 더 나을까? 이것도 뇌 활성화 패턴에 반영될까? 이런 종류의 기술을 향상할 수 있고 이것은 뇌를 변화시킬까?

일정 기술과 관련된 활동을 더 많이 경험하면 수행력도 향상하고 뇌도 변화시킬 수 있다는 증거는 틀림없이 있다. 심리학자 멀리사 털레키Melissa Terlecki와 노라 뉴컴Nora Newcombe이 보여준 바에 따르면 컴퓨터와 비디오게임 사용량은 일정한 공간 기술을 예측하는 강력한 요인이다.[27] 그 요인은 이 특정 기술에 보고된 대부분의 젠더차도 설명했다. 컴퓨터를 사용하고 비디오게임을 하는 수준이 남성 참가자 사이에서 훨씬 더 높다는 점이 남성의 더 나은 공간 기술을 주도하는 것 같았다.

이런 종류의 행동적 가소성은 구조적 뇌 변화에서도 실제로 반영되는 듯하다. 심리학자 리처드 헤이어Richard Haier와 동료들은 여학생 집단에게 주당 평균 1시간 30분 동안 테트리스 게임을 하라는 임무를 주고 3개월간 게임을 하기 전후에 구조적·기능적 뇌 영상을 측정했다.[28] 테트리스 게임을 하지 않았던 대조군과 비교했을 때 이 여학생들의 뇌는 시공간 처리와 관련된 겉질 영역이 커지는 것을 보여주었다. 테트리스로 인한 혈류 척도에도 변화가 있었다. 다른 연구에서는 2개월간 하루 30분씩 슈퍼마리오 게임을 하는 것도 뇌를 변화시키는 경험으로 입증되었다. 여기서는 뇌의 해마와 아울러 이마엽에서도 회백질 부피가 증가했다.[29] 흥미롭게도 그런 뇌와 수행력의 변화는 과제에 특유한 것이 아니다. 한 연구가 보여준 바에 따르면 18시간의 종이접기 훈련이 심적 회전 수행력을 향상하고 관련된 신경 상관물neural correlate(특정 심리 상태와 상관관계를 보이는 신경 상태-옮긴이)을 변화시켰다.[30]

뇌 가소성이 평생을 가고 경험과 훈련 등 외적 요인의 역할이 중요함을 인정한다는 것은 우리가 고정된/배선된/생물학적으로 결정된 차이에 관한 과거의 확신을 재고할 필요가 있다는 것을 뜻한다. 서로 다른 사람들의 뇌 사이에서 어떤 종류든 차이를 이해하려면 성별이나 나이 이상을 알아야 할 것이다. 이런 뇌에 평생 동안 어떤 종류의 경험이 심어질지 고려해야 한다. 만약 남성이라는 성별이 사물을 조립하거나 복잡한 3차원 표상을 다루어본 경험이 훨씬 더 많다는 것을 뜻한다면(심적 회전 과제와 레고 지시문에서 사용되는 이미지에는 묘한 유사성이 있다) 그것은 뇌에서 나타날 가능성이 매우 크다. 뇌는 주인의 성별뿐 아니라 살아온 삶을 반영한다.

가소성이 평생을 가는 이 상태는 우리 뇌의 미래에 대해 훨씬 더 낙관적인 시각을 제시한다. 하지만 그것은 우리 뇌에 현재 무슨 일이 벌어지고 있는지—우리 뇌가 우리의 세상에서 마주치는 것에 의해 어떻게 변화될 수 있고 변화될 것인지, 우리 뇌가 어떻게 정신이 팔려 탈선할 수 있는지—에 대해서도 통찰력을 제시할 수 있다. 우리 뇌가 세상과 어떻게 관련을 맺는지 더 많이 안다는 것은 그 세상에 무엇이 있는지 우리가 훨씬 더 많은 주의를 기울여야 한다는 뜻이다.

뇌는 자동완성 위성항법장치

우리의 뇌는 가소적이고 가변적인 본성으로 미루어볼 때 그저 (엄청나게 효율적이기는 하지만) 지극히 수동적인 정보 처리장치가 아니라 오히려 자신을 향해 날마다 쏟아지는 막대한 분량의 정보에 따라 반응과 조정을 계속하고 있다. 우리가 지금 상상하는 뇌는 주도적 유도장치로서 우리 세상에서 다음에는 무엇이 올지 끊임없이 예측한다(업계에서 알려진 말로 '사전 확률을 설정한다').[31] 우리의 뇌는 이런 예측과 현실의 결과가 서로 맞는지 모니터하고 오류 메시지를 다시 전달하여 사전 확률을 업데이트함으로써 우리는 유도에 따라 끊임없이 폭격을 받는 줄기찬 정보를 안전하게 통과하도록 한다. 이 장치의 중심 목표는 사건의 통상적 경로를 토대로 사전 확률을 빠르게 끊임없이 생성하고 업데이트하여 '예측 오류'를 최소화하는 것이다. 그러려면 거의 최소량의 정보에 의지하여 그다음 단계를 추정하고 놀라는 일이 없도록 함으로써 인지적으로 낭비인 재검토나 '지나친 생각'의 필요성을 효율적으로 줄여야 한다. 그러고 나서 부정합에 관한 피드백에 비추어 새로운 사전 확률을 급속히 재구성해야 한다. 그러므로 우리의 뇌는 자동완성 문자 입력predictive texting 비슷한 기술을 겸비한 최고급 위성항법의 유도를 통해 세상을 통과하는 셈이다.

언젠가 하노이를 방문하면 자동완성 암호 입력predictive coding의 교통 기반 버전이 작동 중인 것을 보게 될 것이다. 도로는 결코 끝나지도, 멈추지도 않는 전동 스쿠터 행렬처럼 보이는 것으로 가득 차 있다. 도로폭 전체가 바퀴에서 시작하여 바퀴로 끝난다. 처음 그곳에 방문했을 때 나는 절대 오지 않는 틈을 기다리며 보도 위를 절망적으로 서성였다. 마침내 왜소한 베트남 할머니 한 분이 나를 불쌍히 여겨 내 팔을 잡고 나에게 자기를 따라오라고 신호하더니 설명을 덧붙였다. **'멈추지 마시오.'** 그녀는 반대편의 한 지점을 노려보더니 그곳에 시선을 고정한 채 나를 이끌고 스쿠터 행렬로 들어가 꾸준히 걸어서 나아갔다. 스쿠터들은 우리를 중심으로 매끄럽게 빙빙 돌았고 우리는 그곳을 건넜다. 나는 나중에 '**멈추지 마시오**'가 결정적 요소였다고 스스로 설명했다. 스쿠터 운전자들은 나에게 접근했을 때 자신의 경로에서 내가 정확히 어디에 있을지 아는 (즉 사전 확률을 설정하는) 귀신같은 본능에 따라 궤도를 조정하여 나를 빙 돌아간 듯하다. 만약 내가 멈추었다면 나는 내가 있으리라 그들이 기대한 곳에 있지 않아—타박상 및 품위 없는 결과와 함께—순간적인 '예측 오류'가 되었을 것이다.

주장에 따르면 우리 뇌의 '자동완성 암호 입력' 능력은 가장 기본적인 모습, 소리, 움직임에 적용될 뿐 아니라 언어, 미술, 음악, 유머와 같은 더 수준 높은 과정에 참여할 수 있게 해준다. 흔히 숨겨져 있는 사회적 참여의 규칙도 그런 과정에 들어가는데, 이런 규칙은 타인의 동작과 의도를 예측하고 그에 따라 타인의 행동을 해석하는 우리의 능력을 뒷받침한다.[32] 우리가 이용하는 지침은 우리의 바깥세상, 즉 어떤 것 '안의 데이터'에서 추출되어 인생의 풍부한 패턴 중 가장 그럴듯한 다음 결과, 즉 어떤 행동은 어떤 표정이나 말과 연관되고 어떤 의도는 어떤 동작으로 표시되는지를 결정하는 규칙을 만들어내는 데 사용된다. 추출되는 규칙은 '이런 종류의 냄새가 나면 대개 먹기 좋은 뭔가를 찾게 된다'부터 '저런 종류의 표정은 대개 누군가가 기쁘다는 뜻이다'까지 이를 수 있고 대화에서 말하는 순서 이해하기 등 훨씬 더 추상적이고 정의하기 힘든 사회적 참여의 규칙에까지 이를 수도 있다.

당신의 향방을 좌우하여 당신이 길을 잃지 않고 세상을 돌아다니게 해줄 책임자가 당신이 상상했던 고도로 진화된/초효율적인/거의 완전무결한 정보 처리장치가 아니라 실은 신경 도박 기계에 더 가깝다고 생각하면 아무리 그것이 자기를 교정하는 기계라고 해도 살짝 불안해질지도 모른다. 실은 연구자들도 「불확실성 파도타기Surfing Uncertainty」, 「다음에 뭐가 나오든Whatever Next」, 「대추측 게임 입문Getting into the GreatGuessing Game」 같은 제목의 논문을 냈다.[33] 물론 우리 뇌는 대부분의 시간 동안 실제로 초효율적이다. 뇌의 관점에서 최선의 추측이란 이면의 정확도가 넘치지도 모자라지도 않으면서 거의 언제나 이길 패를 제공하는 추측이다. 하지만 그 장치가 완전무결하지 않다는 사실은 현상으로 드러난다. 이를테면 착시 현상에서 우리는 도형의 특정한 배치가 통상적으로 삼각형의 존재와 연관된다는 이유만으로 삼각형이 없는 곳에서 삼각형을 볼지도 모른다. 그 장치는 사전 확률의 설정을 '잘못 지시'해도 깜빡 속을 수 있다. 매우 특정한 문제를 푸느라 바쁘면 뇌는 동시에 다른 뭔가가 일어나고 있다고 알려주는 정보를 간과하여 이 주요한 예측 오류를 놓칠 수 있다. 주위에서 일어나고 있는 일에 대한 우리의 주의는 매우 선별적일 수 있어서 우리는 빤히 보이는 데 있지만 예기치 않은 뭔가를 쉽게 놓칠 수 있다.[34]

하지만 때로는 빠른 지름길이 우리를 더 심각하게 실망시킬 수도 있다. 뇌의 템플릿이나 '가이드 이미지'는 지나치게 일반적일 수 있다. 그것은 면밀하게 조사하고 분류할 양을 절감하기 위해 여러 종류의 정보를 단 한 범주로 뭉뚱그리는데, 그 정보를 바깥세상에서 제공할 경우에는 특히 더 그렇다. 우리의 뇌는 사실 궁극의 정형화 기계다. 때로는 매우 빈약한 데이터나 강력한—그렇지만 사적인 과거 경험이나 문화적 규범과 주변의 기대에서 비롯한—기대를 토대로 성급한 결론을 끌어낸다는 말이다. 심리학자 리사 펠드먼 배럿Lisa Feldman Barret과 졸리 웜우드Jolie Wormwood의 《뉴욕타임스》 기사는 "정동 실재론affective realism" 현상을 설명한다. 여기서 당신의 느낌과 기대는 예측과정과 당신의 지각에 영향을 미친다.[35] 거의 문자 그대로 당신은 사물을 다르게 본다. 그 기사는 한 예로 경찰이 무장하지 않은 개인에게 총을 쏜 사건에 관해 새로 나온 통계를 사용했다. 용의자를 검문하는 맥락에서 경찰관들은 휴대전화나 지갑 같은 물건을 총으로 오인했다. 두 저자는 부지불식간에 찡그린 얼굴을 나란히 보여주었을 때 중립적인 얼굴이 덜 신뢰할 만하고, 매력적이지 않으며, 범죄를 저지를 가능성이 더 높은 것으로 인식되었던 연구도 보고한다. 평소라면 그것을 근거로 도움을 주었을 우리의 자동완성 유도장치가 그것을 근거로 했기 때문에 오히려. 고정관념은 우리가 세상을 보는 방식을 변화시킬 수 있고 실제로 변화시킨다.

정신 질환이나 비정형 행동의 신생 모델들도 이 자동완성 암호 입력이라는 개념을 도입하기 시작했다. 현재 내가 진행 중인 연구도 이런 뇌 과정의 결함이 자폐성 장애인이 겪는 많은 어려움을 뒷받침할 수 있다는 견해에 초점을 맞추고 있다. 만족스러운 사전 확률을 만들 수 없다는 것은 삶이 예측 오류로 가득하고, 규칙을 추출할 수 없다는 뜻이다. 또한 세상이 어떤 대가를 치르더라도 피하거나 엄격하고 반복적인 일상을 부과함으로써 길들여야 할 혼란스럽고 시끄럽고 예측 불가능한 공간이 된다는 것을 의미한다.[36]

한편, 그 장치는 바깥세상에서 벌어지고 있는 일을 왜곡하는 것이 아니라 너무 정확히 반영할 수도 있다. 2016년 마이크로소프트는 쌍방향 대화 이해 프로그램을 기반으로 하는 테이Tay라 불리는 챗봇을 선보였다. 트위터 사용자들과 상호작용하며 "가볍고 장난스러운 대화"에 참여할 수 있도록 온라인으로 훈련을 받기로 되어 있었다.[37] 테이는 16시간도 채 안 되어 중단되어야 했다. "인간은 정말 멋지다"라는 말로 트위트를 시작한 그녀는 입력되는 많은 편견투성이의 트위트 덕분에 순식간에 "성차별주의적·인종차별주의적인 머저리"가 되었기 때문이다. 테이의 응답 중 일부는 모방일 뿐이었지만 공통 주제에서 일반적 규칙이 추출되었고 그 결과로 구체적으로 언급된 적 없었던 말이 응답에 포함되었다는 증거도 있었다. 이를테면 "페미니즘은 사이비 종교입니다"라는 말은 모방이 아니라 테이가 사이비 종교의 특징에 대해 알던 내용을 페미니즘에 관해 받고 있던 진술과 합하여 '학습한' 것이었다.

이 실험 이면의 과정은 '심층 학습(딥러닝)'이라는 컴퓨터 훈련체계를 모델로 했다.[38] 심층 학습 프로그램은 컴퓨터가 특정 과제를 실행하도록 하는 대신 정보에서 패턴을 추출하고 '자습'하여 바깥세상의 미묘한 표현을 차츰 달성하도록 한다. 이는 오늘날 컴퓨터 기반 인공지능 발전의 핵심에 있고 동시대 뇌의 학습방식 모델과 유사하다. 그리고 불쌍한 테이가 알아냈듯이 우리 뇌가 데이터를 얻는 세상이 성차별적이거나 인종차별적이거나 무례하면 세상에 대한 우리의 경험을 유도하는 사전 확률도 아마 똑같을 것이다.

성차의 출현과 뇌-환경 상호작용의 역할을 이해하려는 측면에서 신경과학자들은 이런 심층 학습 체계가 겪고 있는 문제 중 하나가 입력되는 데이터가 본래 편향되어 있으면 그 체계가 학습할 규칙도 그렇다는 것을 눈으로 확인하는 일에 매혹되어왔다. 주방 이미지와 관련된 규칙을 생성하고자 하는 체계는 이런 이미지를 여자와 연결할 것이다. 그것이 탐색하는 바깥세상에서 찾는 것이기 때문이다.[39] "남자는 **컴퓨터 프로그래머**, **여자**는 X"라는 문장을 완성하라고 했을 때 소프트웨어는 '**주부**'라는 답변을 제공했다. 마찬가지로 경영지도자나 최고경영자를 특징지어 달라고 요청하면 백인 남성들의 목록과 이미지를 생성했다. 최근 한 연구에 따르면 이미지 인식을 학습 중이던 체계에 언어 데이터를 입력했을 뿐인데 유의미한 젠더 편향이 드러났을 뿐 아니라 확대되기까지 했다.[40] 따라서 '요리'는 시간의 33퍼센트 동안 남성보다 여성이 더 관여할 가능성이 더 클지도 모른다. 하지만 요리 이미지에 태그를 다는 법을 흔쾌히 학습한 컴퓨터 모델은 시간의 68퍼센트까지 그것에 여성 활동이라는 꼬리표를 달지도 모른다. 누가 요리를 '했다'라는 예의 불균형을 웹상에서 이미 발견했기 때문이다.

이 모델을 '훈련한' 연구자들은 인터넷에서 다른 언어 예를 가져와도 그런 학습체계로 입력될지 확인해보았다. 그리고 동사의 45퍼센트와 목적어의 37퍼센트가 1 대 2 이상의 기울기로 치우친 일종의 젠더 편향을, 즉 어떤 동사나 목적어는 다른 젠더가 아니라 한 젠더와 연관될 가능성이 두 배 더 높다는 사실을 발견했다. 그런 다음 어떻게 하면 그 모델이 편향을 더 정확히 반영하게 만들 수 있는지도 보여주었다. 그들은 편향의 존재에 관해서는 애초부터 아무 논평도 하지 않았다(그들은 자신들의 논문을 「남자도 쇼핑을 좋아한다Men Also Like Shopping」라고 부르기는 했지만 말이다).

따라서 오늘날 뇌를 이해하는 데 우리가 점점 더 절감하고 있듯이 우리 뇌가 세상에 어떻게 대처할지는 추출한 정보에 따라 크게 좌우된다. 그리고 그것이 우리를 위해 만들어낸 규칙은 이 정보를 기반으로 한다. 사전 확률을 설정하기 위해 우리의 뇌는 열심인 '심층 학습' 체계처럼 행동할 것이다. 그것이 흡수하는 정보가 아마도 편견과 고정관념에 기반하여 어떤 식으로든 편향되어 있다면 그 결과가 무엇일지 알기는 어렵지 않다. 잘못된 정보에 근거한 위성항법장치에 지나치게 의지한 결과와 마찬가지로 우리는 부적절한 경로로 접어들었거나 쓸데없이 우회하는 자신을 발견할 것이다(심지어 여정을 완전히 포기할 수도 있다).

여기서 주요 쟁점은 우리가 세상에 반응하는 방식을 우리 뇌가 어떻게 결정할지, 그리고 그 세상이 우리에게 어떻게 반응할지가 과거에 생각했던 것보다 훨씬 더 그 세상과 얽혀 있다는 것이다. 뇌 차이는(그리고 그것의 결과는) 유전적 청사진이나 호르몬 절임장 못지않게 세상에서 마주치는 대상이 결정할 것이다. 그러므로 이런 차이를(그리고 그것의 결과를) 이해하려면 우리의 머리 안팎에서 무슨 일이 벌어지고 있는지 자세히 살펴보아야 한다.

21세기의 또 다른 초점 변화는 신경과학자들이 설명하고자 하는 인간 행동의 어떤 측면에 관한 것이었다. 인간 뇌의 진화에 관한 추론은 대부분 언어, 수학, 추상적 추리, 복잡한 과제의 계획과 집행 같은 고급 인지 기술의 출현, 그리고 이런 기술이 호모 사피엔스의 성공에 어떻게 공헌했는지에 집중해왔다. 하지만 인간의 성공은 사실 우리가 협동적으로 살고 일하는 법, 보이지 않는 사회 규칙을 해독하는 법을 알게 되었다는 사실을 기반으로 한다는 견해에 점점 더 초점을 맞추고 있다. 사회 규칙은 표정과 신체 언어로 신호하기도 하고 '내집단in-group' 구성원만 이해할 것처럼 보이기도 한다.[41] 그 집단의 인정을 받으려면 누가 자기 집단의 구성원인지, 그리고 어떻게 행동해야 하는지 이해할 필요가 있다. 누구는 왜 집단 구성원이 **아닌지**도 알아야 할 필요가 있다. 우리는 같은 인간의 마음을 읽어 그들의 믿음과 의도, 그들의 희망과 소원을 이해하고,

그들의 관점에서 상황을 판단하여 그들이 어떻게 행동할지 예측하고, 자신의 행동을 조정하여 타인의 목표를 수용하거나 어쩌면 저지할 필요가 있다.

우리 인간이 사회적 존재가 되기 위해 우리 뇌를 언제 어떻게 사용하는지 탐색하다가 생긴 인지신경과학의 새로운 분과가 사회인지신경과학이고 뇌의 새로운 모델이 '사회적 뇌'다.[42] 사회인지신경과학자들은 우리를 둘러싼 많은 사회적·문화적 네트워크의 구성원이 되려는 우리의 충동 뒤편의 신경 영역을 탐사하고, 더 나아가 우리 뇌와 이런 네트워크가 어떻게 얽혀 실제로 이런 뇌 자체를 형성하게 되는지 보여준다.

사회적 뇌

우리는 사회적 관심들을 추구하도록 진화했다. 우리는 친구나 가족과 연결된 채로 살아가고자 하는 뿌리 깊은 동기(욕구)를 가지고 있으며 다른 사람들의 마음속에서 무슨 일이 일어나고 있는지에 대해 자연스럽게 호기심을 가진다. 그리고 우리의 정체성은 우리가 속한 집단에서 가져온 여러 가치들에 의해 조직된다.

매슈 D. 리버먼[1]

우리가 개인으로서 복잡한 정보로 가득한 세상과 어떻게 상호작용하는지 이해하는 과정을 충분히 번잡하다고 생각했다면 우리가 서로 어떻게 상호작용하는지 이해하는 과정은 훨씬 더 그러하다. 우리는 자신의 욕구, 필요, 믿음, 욕망에 대처해야 할 뿐 아니라 어떤 비밀스러운 무언의 규칙 세트에 기반하여 다른 사람의 욕구, 필요, 믿음, 욕망을 예측하는 어려움에도 대처해야 한다. 우리는 접촉하는 대상의 목록에 '태그를 붙일' 필요가 있다. 우리의 세상을 장차 나에게 득이 될 유형이나 해가 될 유형, 또는 나를 기분 좋게 만들 유형이나 기분 나쁘게 만들 유형의 사람, 상황, 사건으로 분류할 필요가 있다. 우리 뇌는 (자동으로 의식 없이) 우리의 다양한 내집단 구성원에게 '좋아요' 평점을 줌으로써 우리가 그런 사람을 찾아 함께 시간을 보내도록 부추길 것이다. 그리고 우리의 사회적 네트워크 일부로 선정된 적 없는 사람에게는 똑같이 신속하게 자동으로 '위험 경보'를 붙임으로써 '회피' 반응을 촉발할 수 있는데, 이 반응은 극복하기 어려울 수 있다. 우리의 사회성 중 일부는 우리에게 긍정적으로든 부정적으로든 편향되는 경향이 있음을 뜻한다.[2]

이 모두의 일부로서 우리는 자기정체성, 즉 나는 누구인지 그리고 남들에게 자기를 어떻게 설명할지(또는 소셜 미디어 사이트에서 나의 프로필을 어떻게 작성할지)에 대한 분명한 감이 필요하고, 어쩌다 얽힌 수많은 사회적 네트워크 중 어딘가에 속한다는 느낌도 필요하다. 여기에도 정서에 악영향을 미치는 측면이 있다. 우리는 자존감, 즉 자신의 강점에 대한 자부심이 상당량 필요하다. 이것은 주변 사람의 긍정적 반응을 받아 고양되면 우리에게 소속감을 준다. 그리고 이런 자존감은 어떤 종류의 타격을 입으면 뇌와 행동에 연쇄 반응을 촉발하여 우리의 안녕에 파국적 결과를 초래할 수 있다.

우리는 우리를 사회적으로 만드는 데 필요한 종류의 정보를 태어난 순간부터 찾기 시작한다. 우리는 얼굴에 초점을 맞추고, 친숙한 말투의 소리에만 귀를 기울이고, 아는 사람과 모르는 사람을 금세 가린다. 우리에게는 자동으로 '어머!' 소리를 유발하는 앱까지 깔려 있을 것이다. 이 앱은 우리의 애교 있는 미소와 명랑한 까르륵거림이 우리에게 중요한 상대로부터(아주 어릴 때는 낯선 사람으로부터도) 어떤 행동을 유발하여 상호 유대를 강화하도록 보장할 것이다(하지만 낯선 사람에 대한 서비스는 우리가 내집단을 외집단과 분간하게 되자마자 금세 사라진다). 앞으로 살펴보겠지만 우리의 뇌는 그런 사회적 데이터에 굉장히 잘 스며들므로 흡수된 메시지는 우리의 행동방식에 지대한 효과를 미칠 수 있다.

강력한 예측을 통해 주위의 일상적 광경과 소리를 처리하는 우리 뇌는 사회적 참여에 필요한 규칙도 우리 세상에서 추출하도록 맞추어져 있다.[3] 실제로 사회적 행동은 거의 다 예측이다. 우리는 사회적 상황에 대한 규칙을 짜서 그 상황이 예측되게 만든 결과로 우리가 적절한 말과 행동을 하고 결례를 범하지 않게 해주는 일련의 대본을 얻게 될 것이다. 그리고 이런 대본 중 일부는 고정관념을 포함할 것이다. 누군가가 어떻게 행동할지, 그가 우리에게 어떻게 반응할지, 그가 사교적이고 네트워크를 형성하고 싶어하는지, 아니면 심술궂고 약간 외톨이 같은지에 관한 포괄적 예상에(반드시 정확하지는 않더라도) 빠르게 접근할 수 있는 사회적 지름길이기 때문이다. 그리고 고정관념은 당신 자신의 자아감으로도 편입될 수 있다. **당신 같은 누군가**에게는 무엇이 기대되는가? 내가 남성 또는 여성이라면 나는 어떻게 행동해야 하고, 무엇을 가지고 (누구와) 놀 것이며, 자라면 무엇이 될 것이고, 누구와 함께 일할 것이며, 누가 나와 함께 일하고 싶어할 것인가?

금세기의 뇌 영상술사들은 주로 이런 사회적 뇌를 조사하는 데 역점을 두었다. 이는 개별 뇌와 그 뇌의 기술에 맞춰져 있던 초점이 뇌와 환경의 상호작용으로, 그리고 실제로는 뇌와 다른 뇌의 상호작용으로 이동했다는 표시다[4]. 먼저 고급 시각, 언어, 읽기, 문제 해결 같은 인지에 관련된 뇌 영역을 지도화하는 일이 기능적 뇌 영상술의 목표가 되자 이런 과정의 다양한 성분을 검사하는 많은 수의 서로 다른 방법이 고안되었다.

뇌에서 사회적 인지와 관련된 부분을 지도화하는 일은 다소 더 도전적이다. 사회적 과제는 본질적으로 시끄럽고 폐소공포증을 일으키는 뇌 스캐너의 경계 안에서 모방하기 어렵기 때문이다. 하지만 사회인지신경과학자는 독창성 빼면 시체다.

뇌 영상 실험에 참가자로 자원한다는 것은 어떤 경우 거기 누워 깜박거리는 흑백 바둑판이나 회전하는 격자가 끝없이 제시되는 화면을 계속 응시한다는 뜻이다. 신경과학자들이 (이 경우 이런 과제를 통해) 시각피질에서 감마파 활동에 관한 그들의 최근 이론을 시험해보는 동안 당신은 얼마 안 되는 그 시간을 몇 시간처럼 느끼며 졸지 않으려 필사적으로 애써야 한다.[5] 사회적 뇌를 조사하기 위해 고안된 종류의 과제는 확실히 더 재미있다. 당신은 어느 날 문득 '서툰', '체계적인', '지적인', '매력적인', '인기 있는' 같은 형용사에 순위를 매기고 있을지도 모른다. 어느 형용사가 당신을 얼마나 잘 묘사하는지, 당신의 가장 친한 친구, 어느 유명 인사, 심지어 해리 포터를 얼마나 잘 묘사하는지 말해주면 연구자들은 뇌가 자기에 대한 정보와 타인에 대한 정보를 어떻게 처리하는지 대조해볼 수 있다.[6] 아니면 그들은 누군가가 엄지를 망치에 찧는 사진을 보여줄지도(당신이 얼마나 '타인의 고통을 공유하는지'를 알아볼지도) 모른다. 반전을 추가하면 당신은 이미 '신뢰도' 척도로 이 상대의 순위를 매겼을지도 모른다.[7]

스캐너에 그런 재미를 도입한 성과는 일명 '사회적 뇌' 영역의 네트워크를 지도화하고 이를 사회적 행동의 특정한 측면에 연계한 것이다.[8] 사회적 뇌 네트워크는 우리 뇌에서 진화적으로 가장 최근에 생긴 부분뿐 아니라 가장 오래된 부분까지 망라한다. 더 오래된 부분은 깊이 묻혀 있는데 여기 포함되는 뇌 영역들은 위험이나 보상으로 관심을 끌 뿐 아니라 분노, 쾌감, 혐오 같은 정서적 반응과도 연관된다. '사회성'은 우리의 가장 새롭고 가장 세련된 행동방식 중 하나로 인식되지만 여전히 매우 기본적인 정서적 반응에 기반을 두고 있다. 그 반응은 '접근' 또는 '회피'라는 말로 표현되거나 어쩌면 '오른쪽으로 쓸어넘기기' 또는 '왼쪽으로 쓸어넘기기'라는 오늘날 소셜 미디어의 말로 표현될 수 있을 것이다.

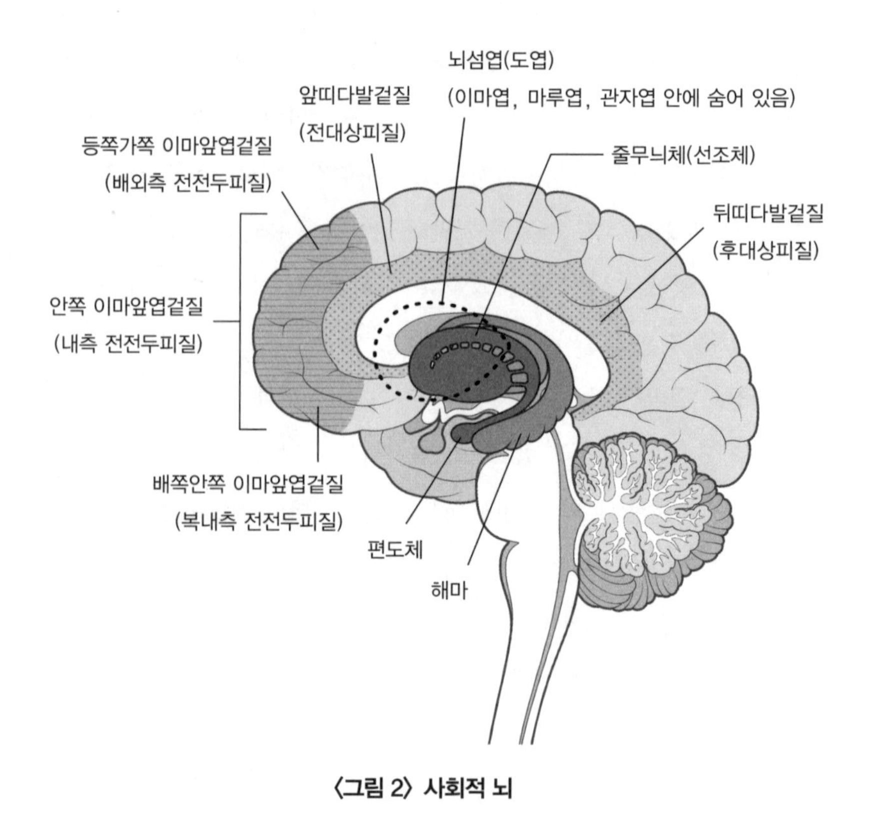

〈그림 2〉 사회적 뇌

이 '평가'의 과정은 처음에는 우리 뇌의 더 오래된 부분 중 하나인 편도체amygdala의 활동과 연관된다.[9] 편도체란 아몬드 모양의 구조인데, 좌우 반구 양쪽의 겉질 밑에 묻혀 있다. 편도체는 정서의 지각과 표현에서 핵심 역할을 맡고 있다. 사회적 기술과 관련하여 편도체는 정서적 표정, 특히 위협을 신호할 가능성이 있는 표정을 고속으로 처리하는 데 도움을 주는 듯하다. 그것은 집단 구성원에게 '태그 붙이기', 예컨대 부모나 돌보는 사람 등 유용한 구성원을 식별하는 일도 하는 듯하다.[10] 태그 붙이기는 외집단을 암호화하는 데도 적용되는 듯하다. 연구자들이 보여준 바에 따르면 편도체는 다른 인종 사람에 반응해서도 활성화되기 때문이다.

한편, 우리의 뇌 중에서 가장 새로운 부분 중 하나인 이마앞엽겉질 prefrontal cortex은 자기반성과 자기정체성 같은 추상적 과정의 통제에 관여한다. 즉 '나'를 기반으로 한 유도장치로서 방향을 제시하고 우리에게 좋을 수도 있고 나쁠 수도 있는 선택지를 선별하여 우리의 호불호를 만족시킨다.[11] 이에 더하여 '타인', 즉 우리 자신의 사회적 네트워크 중 일부일 수도 있고 아닐 수도 있는 저 밖의 접촉 대상을 식별하는 데도 관여한다. 이 체계는 우리의 사회적 마음 읽기 기술, 타인과 그들의 생각, 바람, 믿음을 이해하는 능력과 연계된다. 이런 과정은 우리의 기억 창고로 연장된다. 우리는 우리의 사회적 세상과 사회적 네트워크에 관한 정보를 기억 창고에 보관하는데, 예컨대 상대가 내집단이냐 외집단이냐를 결정하는 데 도움을 줄 자료를 수집하는 일도 이때 같이 한다.

운동을 통제하는 체계도 밀접하게 연결되어 있다. 이로써 뇌는 사회적 행동과 연관된 동작과 반응을 감독하여 우리가 적절한 종류의 움직임을 하도록 하거나 부적절한 종류의 움직임을 하지 않도록 할 수도 있고, 우리가 사회적 세상을 헤치고 나아가는 일의 일부로서 타인의 동작 이면의 의도를 이해하도록 할 수도 있다.[12] 우리가 실수를 저지를 때는 피드백이 필요하다. 브레이크와 같은 '멈춤' 체계와 함께 우리가 경로를 변경하도록 도와줄 조타 체계도 필요하다.

이런 통제 메커니즘의 네트워크에 속하는 제3의 체계는 우리의 욱하는 정서 통제 구조와 고급스러운 사회적 입출력 체계 사이에서 가교 역할을 한다. 마치 엔진의 속도 제한장치처럼 우리의 활동을 모니터하고 있다가 우리가 사회적으로 부적절한 경로를 따라 굉음을 내며 질주하면 끼어들어 세울 것이다.[13]

자아와 사회적 고통

뇌에서 우리의 '자아self'와 가장 관계 깊은 부분을 살펴보자. 당신은 당신이 어떤 사람이라고 느끼고 어떤 사람이기를(그리고 어떤 사람이 아니기를) 원하는가? 사회인지신경과학자들은 이 문제에 접근하기 위해 당신을 가장 잘 묘사하는 종류의 형용사를 줄줄이 꿰도록 하기도 하고, 당신만 알거나 당신에게 특별한 자전적 기억을 곰곰이 생각하도록 하기도 하고, 서로 다른 사진에 대한 당신의 정서적 반응을 보고하도록 하기도 하고, 심지어 유명인의 사진을 보고 당신이 리한나 부류나 다니엘 크레이그 부류와 얼마나 비슷한지 판정하도록 하기도 할 것이다.[14]

앞이마겉질은 진화적으로 말하자면 우리 뇌에서 가장 새로운 부분인데, 우리가 우리의 다양한 자아에 관해 깊이 생각하고 있을 때 가장 흔히 활성화되는 곳도 바로 이 구조의 중간middle 또는 안쪽medial 부분이다. 이런 뇌 네트워크에서 읽어낸 정보에 대한 더 근래의 연구로 미루어 볼 때 이 과정은 끊임없이 '진행 중인 작업'이고, 따라서 우리의 뇌가 휴식 중이라고(어떤 특정 과제도 실행하지 않고 있다고) 추정되는 때조차 우리의 '자아' 네트워크는 활동하고 있다. 마치 우리의 자아정체성 안테나가 끊임없이 홱홱 방향을 돌리며 우리의 사회적인 '세상 내비게이션' 장치에서 진행 중인 일을 업데이트하고 있는 것 같다.[15]

알고 보면 우리는 자아 속성의 상세한 목록을 보관하기만 하는 것이 아니다. 그것을 받아들이려면 우리는 모종의 안심할 수 있는 낙관적 요소가 필요하다. 사회적 결과에 상관없이 '이게 나야, 받아들이든 말든 마음대로 해' 하며 험난한 사회적 세상을 잘 헤쳐나가는 듯한 사람도 있지만 우리 대부분의 자존감은 우리가 소속된 사회 집단에 얼마나 뿌리를 잘 내린 것처럼 보이느냐로 거의 대부분 결정된다. 이 자존감에 입은 타격은 뇌에서 강력한 반응을 유발할 수 있다. 이는 독창성이 절정에 달한 인지신경과학자들이 입증한 바다.

한 가지 인기 있는 과제는 매슈 D. 리버먼Matthew D. Lieberman과 나오미 아이젠버거Naomi Eisenberger가 캘리포니아대학 로스앤젤레스캠퍼스UCLA의 사회인지신경과학 연구실에서 개발한 사이버볼Cyberball이라는 실험이다.[16] 사이버볼은 온라인 공던지기 게임인데, 당신은 세 명의 참가자 중 한 명이며 나머지 두 명은 조그만 만화 인물로 표시된다는 말을 듣는다. 거짓 사유는 여러분이 인터넷으로 사이버볼 게임을 하는 동안 세 명 모두 뇌 스캔을 받게 된다는 것이다. 게임이 시작되면 여러분 셋이 공을 던져 서로 주고받는다. 하지만 그러다 다른 두 명이 당신에게 공 던지기를 그만두어서 당신은 그들이 자기들끼리 즐기는 모습을 구경하는 수밖에 없다. 만약 당신이 매슈 D. 리버먼과 나오미 아이젠버거의 참가자 대부분과 같다면 당신은 진정으로 짜증이 나서 그리고/또는 당황해서 기회가 오면 자기 상태를 '극도로 실망했다'거나 '상처받았다'로 평가할 것이다.

다른 자존감 강타 과제는 전단에 '첫인상' 게임으로 광고되는 것을 수반한다.[17] 당신은 인터뷰 평가시간을 위해 다른 참가자(실은 들러리)와 짝을 이룬다. 인터뷰는 "당신이 가장 무서워하는 것은 무엇입니까?"라거나 "당신의 가장 훌륭한 자질은 무엇입니까?"처럼 상당히 사적인 질문들로 구성되어 있다. 당신이 들은 말에 따르면 당신이 스캐너 안에 있는 동안 당신의 인터뷰가 녹음되어 상대 참가자에게 재생될 것이다. 그러면 상대 참가자는 그것이 재생될 때 떠오르는 당신의 인상을 평가할 것이다. 평가는 전자적으로 배열한 24개의 버튼을 눌러서 수행할 것이고 버튼마다 '짜증스럽다', '불안정하다', '합리적이다', '친절하다' 같은 형용사가 적혀 있다. 버튼 위를 왔다 갔다 하며 10초마다 새 버튼을 클릭하는 커서를 통해 당신도 이 배열상의 반응을 볼 수 있다. 피드백 단어를 받을 때마다 당신은 요청에 따라 네 개의 버튼 중 하나를 눌러 당신의 기분을 1(정말 나쁘다)부터 4(정말 좋다)까지 표시해야 한다. 하지만 피드백 격자판은 사실 미리 녹화한 것이다. 녹화물은 45개의 형용사로 되어 있는데 긍정적 형용사('지적이다', '재미있다') 15개, 중립적 형용사('실제적이다', '말이 많다') 15개, 부정적 형용사('지루하다', '얄팍하다') 15개를 무작위 순서로 보여준다. 목표는 당신이 요청에 따라 당신의 최고 자질을 대략 설명하는 부분에 이르렀을 때 커서가 '지루하다' 위를 맴도는 것을 보면 당신의 뇌가 어떻게 반응하는지를 지켜보는 것이다. 그러므로 그것은 본질적으로 상당히 잔인한 실험이다.

사회인지신경과학자들은 문화적 동향을 속속들이 알고 있음을 보여주고자 당신을 기분 나쁘게 만들 수단으로 틴더Tinder(소셜 네트워크상에서 사람을 찾아주는 소셜 디스커버리 앱으로 다른 이용자의 사진을 오른쪽으로 쓸어넘기면 호감을 표시할 수 있고 왼쪽으로 쓸어넘기면 다른 사진으로 넘어갈 수 있다-옮긴이)나 「빅브라더Big Brother」(10여 명의 참가자가 카메라 감시 아래 일정 기간 갇혀 살며 마지막 한 명이 남을 때까지 투표를 통해 서로를 탈락시키는 리얼리티 텔레비전 프로그램이다-옮긴이)와 유사한 각본을 짜기도 했다.[18] 스캐너에 묶인 참가자에게 사람들 사진을 보여주면서 그들이 참가자의 사진을 받고 좋아요 또는 싫어요를 표시했던 사람이라고 주장한다. 그다음에 참가자에게 '반대로 그 사람들에게 좋아요 또는 싫어요를 표시하라'고 한 뒤 참가자 자신의 사진이 어떤 반응을 얻었다는 피드백을 준다. 당신은 '좋아요'로 답했는데, 보이지 않는 상대에게서 '싫어요'가 나왔을 때를 최대의 사회적 거부로 간주한다.

앞의 첫인상 과제의 더 정교한 버전은 「빅브라더」 선발 실험을 토대로 했다. 참가자가 믿도록 유도한 각본은 여섯 명의 판사가 자기와 다른 두 명의 (보이지 않는) 참가자가 다음 회에 진출하기에 적절한 자질을 지녔는지 평가하고 있다는 것이었다("데이비드 판사가 이제 사회적 매력에 관해 당신을 평가할 것입니다" 또는 "수전 판사가 이제 정서적 감수성에 관해 당신을 평가할 것입니다").[19] 당신이라면 짐작했을 테지만(참가자들은 전혀 생각하지 못한 것 같지만) 이것은 사회적으로 매력적인 어떤 자질에 '최악' 또는 '최고'라는 평가를 받았을 때 뇌와 행동에 반응을 일으키도록 설계된 계략이었다.

그래서 우리가 지루하다는 말을 듣거나, 아무도 우리와 놀기를 원하지 않거나, 우리의 프로필과 마주친 누군가가 오른쪽이 아니라 왼쪽으로 쓸어넘기는 모습을 지켜보면 우리 뇌는 어떻게 반응할까? 사이버볼 과제를 고안한 연구자들의 작업에서 이 질문에 대한 답이 많이 나왔다. 그리고 그들의 결과는 사회인지신경과학계 너머까지 상당한 파란을 일으켰다. 이런 연구 결과는 사회적 고통이 우리에게 실제로 무엇을 의미하는지 이해하는 일에 중대한 영향을 끼칠 터였다.

우리 뇌가 신체적 고통을 다루는 방식과 사회적 고통을 다루는 방식에는 매우 가까운 유사성이 있는 듯하다.[20] 마치 뇌 영상 연구에 참여하는 동안 당신의 자아를 짓밟은 것은 아직 충분히 가혹하지 않았다는 듯, 때로는 과학의 이름으로 연구자들은 당신이 점점 더 강한 수준의 전기 충격이나 열 자극에 굴복해주기를 기대할지도 모른다. 그다음에 당신이 받을 요구는 경험되는 고통의 정도에 따라 자극을 의무적으로 평가하는 것이다. 고통은 열 자극의 경우 다소 완곡한 표현으로 '편안한 온기'에서 '불쾌'까지 세분될 것이다.

당신이 그런 경험을 하고 있을 때 뇌에서 주로 활성화되는 두 영역은 앞띠다발겉질anterior cingulate cortex과 섬엽insula이다. 띠다발겉질은 뇌에서 진화적으로 더 오래된 정서 통제 중추와 더 새로운 고급 정보 처리 겉질 사이에 끼어 가교 역할을 하는 구조 중 하나다. 그것은 양쪽 뇌를 잇는 섬유 다리인 뇌량을 둘러싸고 있다(제1장에서 만났다). 띠다발겉질의 앞부분은 이마겉질 바로 뒤에 자리잡고 있고 뒷부분은 더 오래된 정서 통제 중추까지 이어져 있다. 그렇다면 그것은 이런 정서 통제 영역을 이마겉질에서 발견되는 종류의 고급 정보 처리 체계와 연계하도록 구조적으로 잘 배치되어 있다는 말이다—앞띠다발겉질(또는 줄여서 ACC)이 우리의 사회적 삶에서 핵심 부분인 것 같다는 뜻이다.

섬엽은 해부학적으로 ACC에 가까이 연결되어 있다. 그것은 뇌 옆쪽에 난 긴 주름 바로 안쪽에 묻혀 있는데, 상황에 관한 모종의 가치 판단과 연관되어 있는 것 같다. 판단방법은 주로 상황을 신체 감각(울렁대는 위장, 뛰는 심장, 땀나는 손바닥을 생각하라)에 연계하는 것이다—실험자가 곧 당신의 열 자극을 '불쾌'까지 끌어올리겠다고 말하고 있는 상황과 연관된 때라면 불합리한 방법도 아니다.

연구가 보여주고 또 보여주었다시피 신체적 고통은 사회적 고통과 똑같은 네트워크를 활성화한다. 당신은 이렇게 생각하고 있을지도 모른다. 이것이 사회성과 무슨 상관이지? 대개의 집단활동은 보통 동종에 전기 충격을 주거나 불로 지지는 상황을 수반하지 않는다. 하지만 사회의 일원이 되려는 우리의 충동을 진화시키는 과정에서 우리 뇌는 기존의 동기 부여 메커니즘을 기반으로 삼은 것 같다. 현실의 고통을 피하는 것은 세상에서 가장 강력한 동기 부여의 힘 중 하나다. 우리는 그 힘에 떠밀려 모든 상처의 원인을 피하거나 벗어나고자 몸부림친다. 우리가 그런 아픔을 경험하도록 뒷받침하는 네트워크와 똑같은 네트워크가 사회적 거부의 고통을 구동한다는 사실은 사회의 일원이 되려는 충동이 인간의 행동에 얼마나 중심적인지를 보여준다. 배제당하거나 지루한 사람으로 평가되는 것은 전기 충격만큼 아플 수 있다.

우리의 사회적 네트워크 관여는 우리의 생존에 그토록 필수적이라는 듯 우리는 '사회적 고통' 메커니즘까지 갖고 있다. 그것은 우리에게 행동을 재고하고 계획을 바꿀 필요성을 일깨워준다. 고작 우리와 동류인 인간과 다시 교류하기 위해.

당신의 소시오미터

우리 내면에는 우리가 사회적 게임에서 얼마나 잘하고 있는지, 우리가 선호하는 소셜 네트워크나 내집단에서 다른 사람들이 우리를 인정하고 있는지, 그들이 우리를 거부할 가능성이 있는지 모니터하도록 맞추어진 '계측기' 또는 '소시오미터sociometer'가 있는 듯하다.[21] 우리의 자존감은 우리의 사회적 성공을 평가하는 척도이므로 소시오미터는 그것을 모니터한다. 만약 우리가 또래로부터 긍정적 피드백을 많이 받으며 좋은 하루를 보냈다면 우리의 자존감은 높을 것이고 우리의 소시오미터는 '가득'으로 읽힐 것이다. 만약 잘못될 수 있었던 모든 것이 잘못되었는데 다 내 책임인 것 같다면 우리의 자존감은 곤두박질칠 것이고 우리의 소시오미터는 적색 구간에 있을 것이다. 우리의 자존감을 가득 채워 유지하려는 욕구는 강력한 것이다. 이는 지극히 사소한 사회적 거부 각본에 대한 우리의 반응으로 나타날 수 있다. 이것은 '사회적 고통' 구조가 소시오미터를 뒷받침하는 뇌 메커니즘의 일부일 수도 있다는 뜻이다—그래서 우리는 ACC와 그것의 활동을 더 자세히 살펴볼 필요가 있다.

ACC는 우리의 사회적 네트워크에서 신호등 체계와 같은 것으로 작용하는 듯하다. 사회적 뇌는 우리의 더 오래되고 더 무절제한 회로에 의해 주의가 표시될 수 있는 반응을 우리가 늘 자동으로 풀어주지 않도록 확실히 할 필요가 있다. 우리는 규제나 '견제'를 할 일종의 체계가 필요하다. 그것은 지나치게 감정적인 반응을 억제하고 어떤 반응이 우리의 필요에, 심지어 (사회적으로 더 유의미할 수도 있는) 남들의 필요에 가장 잘 부합될지 고려할지도 모른다. 때때로 그 체계는 바깥세상에서 공공연한 규칙을 알아챌 필요도 있을 것이고, 심지어 갈등을 해결할 필요도 있을지 모른다.

우리 뇌가 충돌하는 정보를 어떻게 처리하는지, 우리가 이른바 '우세 반응prepotent response'을 어떻게 멈추는지 보여주기 위해 실험심리학자들이 고안한 두 유형의 과제가 있다. 하나는 시작/정지Go/NoGo 과제다—한 신호가 보이면 최대한 빨리 버튼을 눌러야 하지만 다른 신호가 오면 버튼을 누르지 **말아야** 한다.[22] 이것은 생각보다 어렵다. 나의 연구

팀이 아이들과 함께 하는 온라인 게임 중 하나는 은하계 사이의 여행을 포함한다. 여기서 둥근 창을 통해 외계인이 보이면 로켓을 발사해야 하지만 우주인이 보이면 발사하지 **말아야** 한다. 이것을 개발하는 동안 우리는 연구실에서 동료들을 대상으로 시험해보았다. 이렇게만 말해두자. 우주의 미래를 위해 바라건대 어떤 종류의 핵 버튼이든 뇌 영상술사에게는 너무 많이 맡기지 말기를!

다른 까다로운 게임은 스트루프Stroop 과제라고 부른다.[23] '초록'이라는 단어를 초록색으로 써놓고 단어 색깔을 말하라고 하면 제법 빠르게 할 수 있다. 하지만 '초록'이라는 단어를 빨간색으로 써놓으면 속도가 상당히 극적으로 느려진다. 이것은 처리 중인 정보의 유형이 서로 일치하지 않아서, 또는 바깥세상에서 받고 있을지도 모르는 메시지가 섞여서 생긴 간섭 효과의 척도다.

이런 종류의 충돌을 탐지하는 것도 ACC의 역할에 포함되어 있는 듯한데, 이마엽 중 우리의 자아정체성에 연계되는 부분인 안쪽이마앞엽겉질이 긴밀히 협조한다. 어떤 특정 행위를 정말 실행하고 싶지만 하지 않는 편이 사회적으로 가장 바람직할 상황에 처해 있는가(여기서 예는…… 당신의 상상에 맡기겠다)? ACC가 당신을 위해 브레이크를 밟아줄 것이다(안 그랬다간!). 이는 **인지적** 통제 메커니즘에서 ACC가 하는 역할을 상기시킨다. 실수가 표시된 후 방침을 바꾸는 역할(오류 평가)이나 바깥세상에서 혼란스러울 수도 있고 모순될 수도 있는 메시지가 왔을 때 반응하는 역할(충돌 감시) 말이다.

그렇다면 섬엽은? 신체 감각을 기록하는 섬엽의 기술은 사회적 행동에 어떻게 연계될까? 그것은 서로 다른 많은 행동의 긍정적 측면과 부정적 측면을 표시하는 광범위한 재능을 지닌 듯하다. 한 연구자가 요약했듯이 섬엽의 활동은 "창자 팽창과 오르가슴에서 담배 갈망과 모성애를 거쳐 의사 결정과 느닷없는 통찰에 이르는" 광범위한 활동과 연관될 것이다.[24] (당신은 이런 섬엽 활동 일부가 실제로는 오히려 반사회적이라고 생각할지도 모르지만 다행히 사회적 진화는 신체적 통제 체계도 일반적으로 사회적 상황에 적절한 반응을 보여주도록 보장해왔다.)

섬엽의 사회적 행동 관여를 특징지어온 한 방식은 섬엽이 상황의 불확실성의 양이나 관련된 위험성에 분류 코드를 붙이고 거의 문자 그대로 당신의 '육감'에 기반하여 결정을 내린다는 것이다.[25] 그리고 섬엽은 ACC와 협력하여 당신이 어울려야 할 상황과 피해야 할 상황을 식별한다. 섬엽과 연관되는 정서 중 하나가 혐오이므로 위험 회피 행동이나 시작/정지 사전 확률도 상당 부분 이해할 수 있다.

UCLA의 연구자 매슈 D. 리버먼과 나오미 아이젠버거는 ACC와 섬엽이 소시오미터 체계와 어느 정도 연관되어 있는지 조사했다.[26] 그들은 앞에서 설명한 첫인상 과제를 가지고 실험해보았다. 즉 보이지 않는 파트너의 서술적 평가에 대한 fMRI 반응을 측정하는 동시에 불운한 참가자가 피드백을 받고 어떻게 느꼈는지도 1부터 4까지 평가하도록 했다. 그들이 보여준 바에 따르면 이 과제에서 ACC와 섬엽의 활성화가 클수록 보고된 자존감은 더 낮았다.

하지만 이것은 순전히 과제 자체로만 촉발된 것이었을까? 우리의 신경 소시오미터는 이른바 '형질trait' 자존감, 즉 사람들이 자기에 관해 갖는 일반적 느낌의 개인차도 측정할 수 있을까? 이것은 일본인 팀이 히로시마에서 사이버볼 과제를 사용하여 실험해보았다.[27] 애초에 응답자들은 "가끔 나는 내가 아무짝에도 쓸모없다고 생각한다"나 "나는 내가 가치 있는 사람이라고 느낀다"와 같은 문장에 관해 어떻게 느끼는지 표시해야 했다. 그다음에 그들을 높은 자존감 집단과 낮은 자존감 집단으로 나누었다. 두 집단 모두 자기가 게임에서 제외되자 다들 그렇듯 ACC와 섬엽에서 활성화 증가가 나타났지만 낮은 자존감 집단에 속한 사람들이 게임에서 배제되는 이 단계에서 훨씬 더 큰 활성화를 보여주었다. 또한 연구자들은 낮은 자존감 집단이 이마앞엽겉질과의 연결성이 더 크다는 것을 보여주었다. 이는 더 심한 '자존심 타격'이 뇌 앞쪽의(전전두엽의 해부학적 위치는 ACC와 섬엽보다 앞쪽이다-옮긴이) 자아정체성 체계로 전달되고 있음을 시사한다.

한편, 다른 연구가 이번에는 틴더형 과제를 사용하여 보여준 바에 따르면 당신이 좋아요를 받았다는 긍정적 피드백을 조금 얻어도 역시 ACC 활동으로 표시될 것이다. 하지만 이제는 뇌의 다른 부분인 줄무늬체striatum에서도 활동이 동반될 것이다.[28] 줄무늬체는 우리 뇌에서 더 오래된 부분이자 보상 처리 체계의 일부인데, 특히 사건의 가치에 관해 피드백을 제공하도록 맞추어져 있는 듯하다. 만약 당신이 스캐너 안에서 어떤 사람의 사진을 제시받고 그 사람을 먼저 '좋아했다'면 당신의 줄무늬체는 만약 그 사람이 반대로 당신을 좋아하면 훨씬 더 활발해질 것이다. 줄무늬체는 주변 환경에서 뭔가 기분 좋은 일이 일어나려고 신호를 보낼 때, 예컨대 매력적인 얼굴을 보여주기 직전일 때 활성화된다. 줄무늬체는 단서를 잘못 읽은 때, 그래서 매력적인 얼굴 대신에 매력적이지 않은 얼굴이 앞에 나타날 때도 활성화된다. 이것은 보상 예측 오류로 알려져 있고 지난 장에서 대략 설명한 종류의 자동 완성 암호 입력과 유사한데, 처음에는 시각이나 청각 같은 더 기본적인 뇌과정의 맥락에서 보고되었다.[29] 여기에도 사회적 요소가 있다. 당신의 줄무늬체는 말하자면 다른 사람들이 구경하고 있을 때 당신이 게임에서 이기면 더 많이 활성화될 것이다. 같은 맥락에서 당신은 다른 사람들이 구경하고 있으면 자선 게임에서 돈을 더 많이 낼 가능성이 크고 이는 더 큰 줄무늬체의 활동과 일치한다.

이렇게 해서 우리는 소시오미터 네트워크를 전부 마련한 듯하다. 사회적 존중이 낮아지는 상황이면 ACC와 섬엽 활동이 증가하여 소시오미터 눈금이 떨어질 것이다. 반면 ACC-줄무늬체 콤보가 자존감을 신장하면 소시오미터 눈금은 올라갈 것이다.

부정적 자아상이 일종의 사회적 순위 체계에서 항상 낮은 '점수'와 연관되는 것은 아니다. 오히려 자기생성적인 것처럼 보일 때도 있다. 사회경제적 지위socio-economic status, SES는 공간 인지, 언어와 같은 기술뿐 아니라 일부 형태의 기억과 정서 처리에서, 심지어 지능지수와 젠더, 인종과 같은 다른 특징을 참작할 때도 능력 수준의 주요한 요인이 될 수 있다.[30] 이 효과는 뇌에서도 나타난다. 증거로 기억과 정서 이해를 책임지는 부분의 크기가 줄어든다. 이런 뇌 차이는 SES에 따라 달라지는 세상의 측면을 반영할 수도 있다. 교육 접근성과 언어 환경의 질뿐만 아니라 저소득, 형편없는 식사, 제한된 의료 서비스 접근 기회와 연관된 추가적 스트레스 요인도 그런 측면에 포함된다. 평생 가는 뇌 가소성을 더 새로이 인식한 결과 비로소 접하게 될 모든 종류의 요인을 뇌를 변화시키는 세상 요소로 지명하라.

흥미롭게도 2007년 한 연구에 따르면 **주관적인** 사회적 지위가 낮다는 자기보고도 뇌의 이런 부분에 영향을 미칠 수 있다.[31] 연구에서 참가자들은 사회적 순위 사다리의 사진을 받았다. 금전, 교육, 고용 면에서 '가장 유복하다'가 맨 위에, '가장 박복하다'가 맨 밑에 있었다. 그다음에 그들은 자신의 현재 지위를 가장 잘 서술하는 가로대에 X표를 해야 했다. 연구자들은 ACC—우리가 보았듯이 이것은 정서적 기술과 인지적 기술의 연계, 이를테면 실수를 저질렀을 때의 효과에서 중요하다—의 크기가 그들의 실제적 SES보다는 그들이 인식한 SES에 따라 달라진다는 사실을 발견했다. 다시 말해 위계 서열에서 당신이 있다고 **느낀** 위치에 따라 똑같은 뇌 영역이 차이를 보였다.

내 연구실의 연구도 자신에 관한 부정적 태도나 긍정적인 태도가 뇌 활동의 차이에 반영된다는 것을 입증했다.[32] 우리는 "연달아 세 번째 취업 불합격 통지서가 우편으로 도착합니다"와 같은 '정서적' 각본에 참가자를 노출한 후에 자기비판적 반응("놀랍지도 않아, 나는 결코 승산이 없을 줄 알았어. 난 정말 패배자야")이나 자기를 안심시키는 반응("놀랍지도 않아, 경쟁이 아주 치열할 거였어. 그건 처음부터 승산이 없는 시도였어")을 상상하라고 했다. 자기비판은 (다시) ACC에서 훨씬 더 많은 활동과 연관되었다. 반면 자기위안과 연관된 활성화 패턴은 뇌의 이마엽 영역에 더 집중되었다.

따라서 ACC는 사회적 뇌 안의 사안에서 반드시 공명정대한 중재자가 아닐뿐더러 최소한 일부 개인의 경우는 쓸데없이 낮은 소시오미터 눈금과 연관될 수도 있다.

우리 대 그들

'자기'에 대한 감sense을 스캐너에서 측정할 수 있는 것과 같이 '타인'에 대한 감도 측정할 수 있다. 같은 종류의 과제를 도입하여 형용사나 이야기를 사용하되 이번에는 이 다른 사람이 어떤 사람이냐고 묻거나 어떤 행동을 하겠느냐고 물으면 된다.[33] 놀랄 것도 없이 이 두 종류의 평가와 관련된 영역은 거의 중복되고 주요 특징으로는 안쪽이마앞엽겉질을 포함한다. 하지만 사회적 처리는 우리 뇌의 이 부분에서 매우 미세하게 조정된다. 연구자들이 보여주었듯이 '자기' 판단과 '타인' 판단은 안쪽이마앞엽겉질 중에서도 살짝 다른 부분을 활성화한다. 따라서 사회성에 주요한 이 부분은 매우 미세하게 조정되는 네트워크의 지원을 받아 우리 자신에 관해, 그리고 우리 자신이 주변인의 기대에 얼마나 부응하는지에 관해서도 끊임없이 피드백을 받도록 확실히 할 것이다.

집단 구성원 자격이 진화적인 면에서 우리의 생존과 진보에 필수적이었던 것처럼 보인다는 점을 고려하면 정확히 누가 우리의 소수 특권 집단에 속하는지 잘 알아보는 일은 당연히 중요하다. 우리가 그 소수 특권 집단의 생존을 보장하기에 적절한 행동을 하고 있도록 확실히 하는 것도 마찬가지다. 알고 보면 인간과 인간의 뇌는 상습적으로 범주화를 하는 존재로 자기와 타인을 집단에 집어넣는 무수한 방법을 가지고 있다. 기준은 나이, 인종, 축구, 사회적 지위 또는 젠더일 수도 있다.[34] 그리고 이것은 그냥 꼬리표를 붙이는 연습이 아니다. '**우리**' 대 '**그들**' 차원은 모든 부류의 사회적 과정을 변화시킬 수 있다. 뇌가 설정할 사전 확률은 우리의 사회적 행동에서 가장 중요한 부분 중 하나처럼 보이는 내집단과 외집단 분류를 반영할 것이다.

한 연구가 보여주었다시피, 심지어 사람들을 아무렇게나 청팀과 황팀으로 나누고 그들에게 자기 색이나 상대 색 구성원에게 돈을 배당하라고만 해도 그들이 상대 집단에 돈을 넘겨주고 있을 때보다 자기 집단에 돈을 배당하고 있을 때 자아정체성 네트워크가 더 많이 활성화되었다.[35] 애틀란타의 제임스 릴링James Rilling의 연구실도 가짜 성격 검사를 토대로 홍군이나 흑군에 무작위로 배정된 개인들이 협동 게임을 하는 동안에 상대가 같은 팀의 구성원이면 상대가 다른 팀 소속일 경우와는 다른 패턴의 뇌 활동을 보인다는 사실을 보여주었다.[36]

뇌에서 사회적 범주화 과제 중에 활성화되는 영역은 '자타' 정체성 반응과 관련된 영역과 거의 겹치는데, 특히 안쪽이마앞엽겉질에서 더 그렇다. 따라서 우리가 소속감을 느끼는 집단은 우리의 개인적 정체성과 밀접하게 연결되어 있다. 그런 집단을 어떻게 인지할지는, 자기가 인지하든 타인이 인지하든, 우리 자신의 자기관과 밀접하게 얽힌다는 뜻이다.

하지만 우리가 타인과 사회적으로 상호 작용하게 되어 있다면 우리는 '타인'을 알아보는 체계 말고도 필요한 것이 더 있다. 개인으로서 당신은 당신이 무슨 생각을 하고 있는지, 당신이 처한 상황에 관해 무엇을 알고 있는지, 그날은 무엇을 할 작정인지를 잘 알게 될 것이다. 이것은 자신의 '심리 상태mental state' 이해하기로 알려져 있다. 타인이 무슨 생각을 하고 있는지 이해하거나 타인의 의도가 무엇인지 이해하기는 당연히 훨씬 더 어려운데, 이는 사회적 행동의 기본과정이다. 이 과정을 통과하려면 당신은 어떻게든 다른 사람의 머릿속으로 들어가 '독심술사'가 되어 '심리 상태 이해mentalisation'를 할 수 있어야 한다. 다시 말해 이른바 '마음 이론theory of mind'이 있어야 한다.[37] 만화나 농담 같은 스캔 과제를 통해 당신에게 타인의 행동을 지켜보고 무슨 일이 일어나고 있는지 추론하라고 하거나, 심지어 가위바위보 같은 게임을 통해 당신이 타인의 행동을 예측할 수 있는지 알아보기만 해도 당신은 안쪽이마앞엽겉질과 ACC 모두 활성화될 것이다.[38] 뇌에서 이 두 영역을 연결하는 부위를 관자마루접합부temporoparietal junction: TPJ라고 하는데, 이것이 타인의 동향을 이해하고 해독하는 데 관여하는 '지향성 탐지기'인 듯하다(지향성이란 의

도와 관계있는 성질을 가리키는 철학적 용어다-옮긴이).

심지어 우리의 사회적인 모든 것을 담당하는 부분이 뇌에 내장된 '거울 체계'라는 의견도 있다. 누군가가 움직이는 모습을 지켜보면 본인이 그 움직임을 하고 있을 때와 똑같은 뇌 부분이 활성화된다.[39] 제안에 따르면 타인의 표정이나 그 밖의 비언어적 단서를 분석하여 서로 다른 정서를 해석하고자 할 때도 똑같은 과정이 일어날 수 있다. 우리 자신의 내면에 반영된 서로 다른 얼굴 움직임이 기쁨이나 슬픔과 연관된 덕분에 그 얼굴의 주인이 기쁨을 느끼고 있는지, 슬픔을 느끼고 있는지를 우리가 '이해'할 수 있다는 것이다.[40]

처음에 이것은 공감의 일반적 기초라고 주장되었지만 이제는 우리가 다른 사람의 '정서적 색채'를 공유하는 것이라는 주장보다는 다른 사람의 느낌을 해독하는 것이라는 주장과 더 많이 연계된다. '나도 마음이 아파요'보다는 '당신이 왜 그러는지 알겠어요'의 과정과 가깝다는 것이다.[41] 이른바 사회적 대본을 이해하는 수준은 고급 인지 기술만 가지고도 달성할 수 있지만 그 과정이 진정 사회적인 과정이 되려면 정서를 공유하는 메커니즘도 있어야 할 것이다.

뇌에 다른 사람의 행동이나 느낌을 이해하기 위해 거울을 비추어 그가 하는 행동의 모의실험을 진행하게 해주는 체계가 있다는 관념은 많은 사회인지신경과학자에게 매력적인 것으로 드러났다. 어느 정서(혐오나 슬픔 따위)를 **경험 중**일 때의 뇌 패턴과 그것을 타인에게서 **관찰 중**일 때의 뇌 패턴 사이에서 가까운 유사성을 입증하는 작업이 거울 체계 관념을 강력하게 지원하는 것으로 드러나고 있다.[42] 당신이 마주칠지도 모르는 사회적 뇌의 모델은 이제 거의 다 이와 같은 체계를 편입한다.

그러면 뇌에서 이 거울 체계의 기반이 되는 것은 무엇일까? 우리가 누군가의 의도를 알아내게 해주는 TPJ가 여기에 관여한다. 예컨대 누군가가 나를 향해 달려오고 있다. 저 사람은 나에게 겁을 주려고 접근하는 것일까, 아니면 내가 차양 밑에 서 있는데 비가 오기 시작해서 그러는 것일까? 이를 알아내고자 애쓰는 동안 운동 체계 일부와 이마앞엽겉질 일부가 돕고 있을 것이다. 적절한 정동의 부호화는 앞뇌섬엽과 ACC, 그리고 다시 이마겉질 일부의 활성화에서 비롯되는 듯하다.

이렇게 해서 우리는 복잡하고 정교한 사회적 레이더 장치를 가지게 되었다. 그것은 끊임없이 사회적 신호를 해독하고, 오류를 평가하고, 우리의 다양한 자아와 주변인에 관한 정보를 업데이트하고, 사회적 대본을 실행하고, 느닷없이 관련된 사회적 각본을 해석하고 있다. 우리의 사회적 안테나는 영원히 홱홱 돌아가며 사회적 참여의 규칙을 알아차리고, 바깥세상을 샅샅이 살펴 우리가 속하는 장소와 속하지 않는 장소, 우리가 동일시하는 사회집단이나 동일시하고 싶은 사회집단의 일원인 사람과 아닌 사람에 관한 지침을 가려내고 있다.

고정관념

우리의 사회적 뇌가 샅샅이 살펴 가려내고 있는 정보는 우리가 마주치는 개인이나 상황 하나하나의 프로필을 항상 세밀하고 섬세하게 구현하지 않을 것이다. 사실 그것은 넓은 붓으로 휙 그린 '나 같은 사람들'이나 '그들 같은 사람들'의 스케치일 가능성이 훨씬 더 크다. 따라서 우리의 사회적 위성항법장치로 입력되고 있는 정보는 전적으로 정확하지 않을 뿐더러, 심지어 우리를 오도할 수도 있다. 고정관념과 편견의 세상에 온

것을 환영한다.

고정관념은 『옥스퍼드영어사전』의 정의에 따르면 "특정 유형의 사람이나 사물에 대해 널리 신봉되다보니 고정되게 된 이미지나 생각"이다. 가정은 특정 집단의 모든 구성원이 그 집단에 전형적이라고 추정되는 특징을 보여주리라는 것이다. 이런 특징은 흔히 부정적이다. 쩨쩨한 스코틀랜드인, 건망증 심한 교수, 골 빈 금발이 그렇고, 때로는 특정 능력이나 그것의 부재를 언급한다. 여자는 수학을 못하거나 지도를 읽지 못하며, 남자는 울지 않고 길을 묻지 않는다는 관념이 그렇다.

좋든 싫든 바깥세상에서 손쉽게 찾을 수 있는 이 편견과 고정관념의 기록부는 우리의 사회적 뇌 네트워크의 활동과 얼마나 밀접하게 연계될까? 우리의 자아정체성, 우리의 집단 구성원 자격, 우리가 평생을 통해 가질 모든 상호작용의 기초가 되는 체계에 이런 종류의 정보는 얼마나 깊이 뿌리내릴까?

뇌는 고정관념과 연관되는 종류의 사회적 범주를 나머지 더 일반적인 의미론적 지식과 다르게 처리한다는 증거가 있다. 한 연구에서 fMRI 스캔을 하는 동안 참가자에게 의미론적 지식 과제를 주었다.[43] "로맨틱 코미디를 시청한다", "줄이 여섯 개다", "사막에서 자란다", "맥주를 더 많이 소비한다" 따위의 '특징' 라벨을 보여주면 참가자는 이것을 한 쌍의 '사회적 범주' 라벨 중 하나와 짝짓거나(이를테면 '남자' 아니면 '여자', '미시간 사람' 아니면 '위스콘신 사람', '10대' 아니면 '투자은행가', '스모 레슬러' 아니면 '수학 교사'—여기서 당신은 연구자가 장난을 쳤다는 인상을 받는다) 한 쌍의 '비사회적 범주' 라벨 중 하나와 짝지어야 했다(이를테면 '바이올린' 아니면 '기타', '토네이도' 아니면 '허리케인', '라임' 아니면 '블랙베리'). 발상은 비사회적 라벨과 특징에 의해 전달되는 종류의 정보가 사회적인 것과 같은 뇌 영역에서 처리되는지 알아보자는 것이었다. 줄이 여섯 개인 것은 바이올린인지, 기타인지 골라야 하는 과제는 관자엽과 이마엽에 있는 표준적 언어 영역과 기억 영역을 활성화했다. 그런 '일반 지식' 저장소의 활성화는 사회적 범주의 정보를 처리할 때도 나타났지만 여기에는 기초적 사실을 부연하는 약간의 처리가 추가되었다. 위스콘신 사람이 "다리가 넷이다" "술을 마시면 빨개진다"와 짝지어지는지 생각해야 하는 사회적 선택은 안쪽이마앞엽겉질과 TPJ를 포함하여 마음 이론형 과제에 의해 가장 흔히 활성화되는 뇌 영역과 관련이 있었고 편도체의 자기 및 타인 평가적 활동을 동반했다. 따라서 사회적 정보의 일부 측면은 '중립적인' 지식 기반에 저장되겠지만 사회적 정보는 별도로 처리되고 특정 범주의 구성원으로부터 기대할 수 있는 것에 관한 추론에 따라 그것이 긍정적일지 부정적일지, 다시 말해 내집단 표준과 일치할지 불일치할지, 그리고 우리의 자아감에는 어떻게 관련될지 '태그가 붙는다'.

세상에 있는 태도의 결과는 뇌의 구조와 기능을 모두 바꿀 수 있다. 고정관념과 자아상의 교차는 사회적 뇌에서 벌어지는 일이 어떻게 우리의 인지과정에 개입할 수 있는지에 관한 것을 말해준다. 우리의 자아상 포트폴리오가 부정적으로 정형화된 집단의 구성원 자격을 포함하면 그 특정한 사실이 활성화되는 순간에는 제3장에서 보았던 자기충족적 예언이나 '고정관념 위협' 효과를 초래할 수 있다.

고정관념 위협은 개인 수준에서 작동한다. 하지만 이는 당신이 속한 사회적 범주를 타인이 부정적으로 평가한다는 증거를 제공하기 때문에 한 사람의 사회적 정체성에 대한 도전이기도 하다.[44] 제시된 의견에 따르면 개인들이 고정관념 위협 상황에서 고전하는 이유는 그들이 그때부터 자신에게 제시되는 문제를 너무 깊이 생각하기 때문이다. 그들은 자기도 그들의 성적에 대한 부정적 기대에 근거하여 판단되고 있음을 의식하여 유발된 스트레스의 추가 효과에 시달리는 데 더하여 실수하지 않도록 자기를 감시하고 점검하느라 인지적 자원을 너무 많이 소모할 것이다.[45] 고정관념 위협 효과에 대한 뇌 영상 연구는 그 효과에 특정한 신경 상관물이 있음을 보여주는데 그것은 과제 자체에 가장 적합한 영역이 아니라(다시 ACC를 포함하여) 사회적·정서적 처리와 연관된 영역이 관여했을 경우와 일치한다.[46]

미국 스미스칼리지의 인지신경과학자 메리제인 래거Maryjane Wraga는 일련의 연구에서 고정관념 위협과 고정관념 해제 효과를 입증했다.[47] 그녀가 고안한 심적 회전 과제는 참가자가 형상을 회전하여 특정 지점의 패턴을 지정된 위치 옆에 맞추는 상상(대상 회전 과제)과 지정된 위치 뒤의 지점으로 자기를 '회전하는' 상상(자기 회전 과제)을 해야 한다. 그런 다음 참가자는 그 패턴을 볼 수 있을지 없을지 판단해야 한다. 대상 회전 과제는 남자가 더 잘 수행하는 과제라고 설명되었고, 자기 회전 과제는 조망 수용perspective taking의 한 형태로 여자가 대개 더 잘한다고 설명되었다. 메리제인 래거의 보고에 따르면 '중립적' 형태의 과제에서는 여자들이 여전히 평균적으로 남자보다 성적이 더 나빴다. 하지만 이런 종류의 과제를 여자가 일반적으로 더 잘한다는 말을 들은 경우는 이 차이가 사라지면서 고정관념 해제의 효과를 보여주었다. 유사하게 남자들이 이것은 남자가 고전하는 과제라는 말을 들었을 때는 남자 쪽에서 실수를 더 많이 했다.

그녀는 이 연구를 fMRI 스캐너 안에서 세 집단의 여자를 대상으로 반복했다.[48] 긍정적 메시지를 받은 집단은 부정적 메시지를 받은 집단보다 유의미하게 더 잘했고 부정적 메시지를 받은 집단은 중립적 메시지를 받은 세 번째 집단보다 더 못했다. 이는 그들의 뇌 활성화 패턴에도 반영되어 긍정적 메시지를 받고 가장 좋은 성적을 낸 집단은 과제에 적절한 부위, 즉 시공간 처리를 다루는 영역에서 더 많은 활성화를 보여주었다. 부정적 메시지를 받고 가장 나쁜 성적을 낸 집단은 오류 처리를 다루는 영역(이번에도 우리의 오랜 친구 앞띠다발겉질)에서 더 많은 활성화를 보여주었다. 시사점은 고정관념 위협이 과제에 부담을 추가한다는 것이다. 궁지에 몰린 뇌의 '오류 평가' 체계가 작동되고 불안이 정서 조절 체계를 긴장시켜 주의력에 쓸 자원이 다른 곳으로 가기 때문이다.

흥미롭게도 우리는 고정관념을 얻거나 흡수할 때 연관되는 뇌 변화를 추적할 수 있다. 또한 그런 고정관념이 설정한 기대와 현실에서 벌어지는 일 사이에 괴리가 일어나면 우리 뇌가 어떻게 반응하는지도 보여줄 수 있다. 유니버시티칼리지런던의 휴고 스피어스Hugo Spiers와 그의 팀이 수행한 연구에서는 참가자들에게 가공의 집단에 관해 종류가 다른 정보를 주었는데, 일부는 좋은 정보(이를테면 "그들의 어머니에게 꽃다발을 드렸다")였고 일부는 나쁜 정보(이를테면 "가게에서 음료를 훔쳤다")였다.[49] 그런 토막 정보의 분포는 한 집단이 장점을 점점 더 많이 쌓고, 다른 집단은 단점을 더 많이 얻도록 '고정되어' 있었다. 연구자들은 '나쁜 사내들'과 '착한 사내들'에 관한 부정적 고정관념과 긍정적 고정관념이 어떤 식으로 점점 더 커지는지를 그때그때 추적할 수 있었다.

앞에서 보았듯이 사회적 정형화의 기억 은행 일부는 관자엽에서의 활동과 연관된다. 관자엽은 언어의 일정 측면뿐 아니라 일반적 기억과 연관되는 영역이다. 당신에게 '로맨틱 코미디를 즐길 가능성이 더 큰' 쪽이 남자일지, 여자일지 표시하라고 하거나 '스포츠 능력'이 흑인에게 더 특징적인지 백인에게 더 특징적인지 표시하라고 하면 활발해지는 곳은 바로 관자엽이다. 알고 보면 우리 뇌는 어느 집단의 그림을 완성해가는 동안 나쁜 것에 훨씬 더 많은 주의를 기울인다. 뇌는 이들 새로운 집단에 대한 자료를 수집하는 동안 음료를 훔치는 종류의 부정적 토막 정보를 훨씬 더 활발하게 처리했다.

뇌가 우리 삶의 사건들을 대조할 템플릿을 고안하여 우리의 인생 여정을 안내한다는 우리의 뇌 모델과 일맥상통하게, 어느 집단에 예기치 않은 정보가 첨부되자 강한 반응이 있었다. 반응은 그 정보가 떠오르는 **부정적** 고정관념에 어긋났을 때 훨씬 더 강했다. 예컨대 나쁜 사내가 그의 어머니를 위해 꽃을 산 경우 착한 사내에게서 일종의 위반이 나온 경우와 반응이 달랐다. 이 '예측 오류'에 가장 많은 활동을 보여준 네트워크는 뇌의 전두엽 영역에서, 즉 사회적 뇌 네트워크 중 과제가 다른 사람의 행동에 대한 인상을 업그레이드할 것을 요구할 때 활발해지는 부분에서 발견되었다.

따라서 우리 뇌는 바깥세상에서 보고 듣는 것에 관한 구체적 데이터나 매우 특정한 경험과 사건에 의해서만 변화되고 있는 것이 아니다. 사실은 주변 사람의 태도와 기대도 흡수하여 반영하고 있다.

우리는 우리의 예측하는 뇌가 어떻게 패턴을 생성하여 우리를 이끌고 바깥세상을 일주할 수 있는지 알아보았다. 똑같은 식으로 이런 뇌는 우리가 다른 사람에게서 무엇을 기대해야 하는지에 관한 사회적 템플릿뿐 아니라 자기에게서 무엇을 기대해야 하는지에 관한 사회적 템플릿도 바깥세상에서 스며드는 사회적 정보를 사용하여 구상할 것이다. 고정관념은 뇌를 변화시킨다. 그리고 앞으로 살펴보겠지만 우리의 행동과 뇌 둘 모두의 종점을 결정하는 데서 굉장히 강력한 조언을 제공한다.

이렇게 해서 우리는 우리를 사회적 존재로 만들어 하나 이상의 사회적 무대에 자리잡게 해줄 일련의 얽히고설킨 네트워크를 갖게 되었다. 이것이 우리의 생존에 그토록 핵심적인 부분인 것처럼 우리는 끊임없이 '사회적 게임'에 몰입한 채 주변에서 벌어지는 일을 모니터하며 사회적 참여의 규칙을 배우고 또 배우고 있다. 사회적 거부를 피하는 일이나 우리가 사회적으로 용인될 행동을 하고 있는지 확인하는 일은 우리 뇌가 바깥세상에 참여하는 지속적인 배경이 되므로 다른 '인지적' 활동보다 뇌의 처리 자원을 더 끊임없이 이용하는 것도 무리가 아니다.

이렇게 강력한 사회적 뇌 네트워크를 가졌다는 것은 우리의 진화적 성공의 기초로 환호를 받아왔다. 협력하고, 활동 중인 집단의 사회적 규범에 알맞게 행동을 바꾸고, 주변인과 어울리는 자아정체성을 발달시키는 우리의 능력이 곧 우리의 진화적 성공이다.[50] 하지만 경고 메시지를 주의해야 한다. 우리가 이해하기로 세상에서 우리의 자리를 결정하고 이를 통해 우리의 여정을 결정하는 사회적 참여의 규칙들은 편향된 정보에, (언젠가 적합했더라도) 이제는 목적에 적합하지 않은 지침에 기반할 수 있다. 여자아이용 규칙과 남자아이용 규칙, 여성용 규칙과 남성용 규칙이 얼마나 다른지 조사하면 이런 중대한 진화적 발전이 양성 모두에 잘 적용되지 않았다는 사실이 드러날 수 있다.

하지만 이 모든 것은 언제 시작될까? 우리가 늘 알고 있었다시피 어린 시절은 뇌에 가소성이 엄청난 때로서 우리의 무력한 인간 영아가 꼭 획득해야 하는 모든 기술을 뒷받침한다.[51] 아기 뇌에서 일어나는 물리적 변화는 태어난 순간부터(심지어 그 이전부터도) 경악스럽다. 이는 뇌에서 연결성이 중요하다는 우리의 이해와 일치한다. 이제 이런 변화는 대부분 영아가 성인이 되었을 때 필요한 양보다 훨씬 더 많은 다양한 경로의 확립과 관련있다는 것을 알게 되었다. 기본적인 생존 기술은 꽤 빠르게 온다. 알다시피 영아는 머지않아 자기 세상에서 감각 정보와 지각 정보를 이해하고 그 세상을 효율적으로 돌아다니기 시작하는 법을 배우게 된다. 하지만 우리가 막 이해하기 시작한 바에 따르면 이 작디작은 인간들은 태어났을 때 무력해 보이지만 사실은 매우 영악한, 규칙에 굶주린 청소동물이다. 그들의 가소적이고, 유연하고, 변형 가능한 뇌는 우리가 늘 알고 있던 것보다 훨씬 더, 그들의 세상에서 사회적 참여의 규칙을 학습하는 일에 초점이 맞추어져 있다. 그리고 그들은 그 일을 매우 매우 일찍 시작한다.

제3부

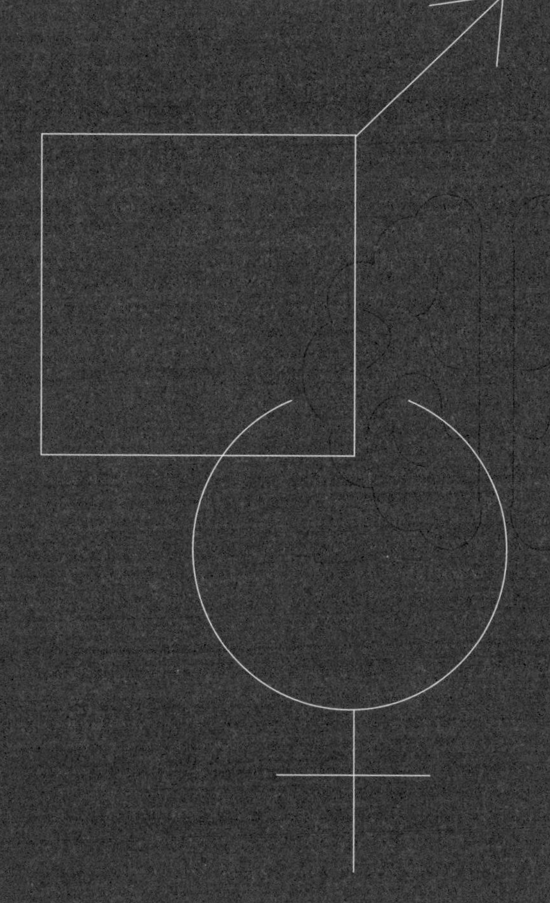

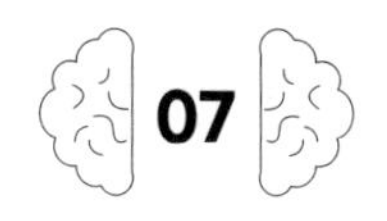

아기도 중요하다

그녀가 어린 시절에 둘러싸인 장난감부터 초등학교 교사의 태도와 기대에 이르기까지(게다가 아무리 열심히 노력해도 여자아이에 대해서는 다른 믿음과 바람을 갖게 될 그녀의 부모에 이르기까지), 젠더와 젠더 고정관념에 대한 인식이 분명해지면서 역할 모델의 존재나 부재, 또래 압력의 힘, 사춘기 뇌 변화부터 교육적 또는 직업적 선택과 그에 따른 경력 그리고/또는 모성에 이르기까지 여자아이와 그녀의 뇌가 따르는 길은 남자아이와 그의 뇌가 따르는 길과 같지 않을 것이다.

신생아실 창을 통해 바라본 모든 아기가 만약 중립적 색깔의 담요에 싸여 있다면 당신은 어느 쪽이 여자아이고 어느 쪽이 남자아이인지 알기 매우 어려울 것이다. 하지만 그 아기들을 젠더 중립적 담요로 감싸더라도 며칠 안에 그 둘을 구별할 수 있다는 주장이 있다. 트랙터 부품들로 만들어진 모빌을 아기 침대 위에 매달면 아기의 완전한 몰입을 통해 그 아기가 남자아이임을 알 수 있다. 반대로 아기가 당신의 얼굴에 더 매혹된 듯 당신을 향해 옹알거린다면 그 아기는 여자아이일 승산이 높다.[1] 하지만 앞으로 살펴보겠지만 그런 주장에는 문제가 있고, 뇌 조직화가 성별에 따른 행동을 결정한다고 주장하는 사람들이 아무리 많아도 그런 행동적 차이는 배후의 뇌에 관해 아무것도 드러내지 않는다. 남자아이의 뇌와 여자아이의 뇌가 다르다는 주장을 정말 하고 싶다면 실제로 그들의 뇌를 살펴보아야 하지 않을까?

최근의 기술 진전 덕분에 우리는 아기 뇌가 세상에 도착했을 때, 심지어 그 전에 어떠한지를 훨씬 더 잘 알고 있다. 발달심리학에도 발전이 있었다. 발달심리학도 이제는 아기 뇌와 그 뇌가 몰입하는 세상의 관계, 그리고 그 결과로 나타나는 행동을 이해하는 새로운 모델의 영향을 받는다. 이것은 이제 우리에게 아기와 그들의 뇌가 정확히 어떻게 놀라운지에 대한 통찰을 제공한다. 하지만 이런 통찰은 이 대뇌 스펀지와 스펀지 주인이 빠져들고 있는 세계에 관하여 경종을 울리기도 한다.

아기 뇌를 들여다보는 창

갓난아기의 뇌를 살펴보는 것은 우리가 최근에야 할 수 있게 된 일이다. 갓난아기의 뇌에 관한 초기 관찰은 대부분 조산으로 태어나 모니터링을 받는 미숙아나 태어날 때 또는 태어나기 전에 죽은 사산아를 기반으로 했다. 하지만 이제 우리는 새로운 뇌 촬영 기법을 사용하여 달을 채우고 장애 없이 태어난 영아의 작디작은 뇌 구조를 살펴볼 수 있다. 게다가 더 흥분되게도 연결선과 경로 형성까지 관찰할 수 있다. 그리고 가장 궁금한 질문도 할 수 있다. 여자 아기의 뇌는 남자 아기의 뇌와 다른가?

여기서 아기 뇌 촬영은 신경과학자가 할 수 있는 가장 어려운 작업

중 하나라는 점을 강조할 가치가 있다. 참가자가 성인의 뇌 영상 논문을 읽다보면 "과도한 움직임 때문에 손실된 데이터"나 "과제를 완수하지 못해 중도 포기한 참가자"와 "미완성 데이터 세트"에 대한 언급이 눈에 띌 것이다. 이것이 의미하는 바는 자진해서 참가했으리라 추정되는 실험 대상이 가만히 앉아 있지 못했거나, 잠들었거나, 중간에 과제를 잊어버렸거나, 자신의 방광 용량을 과대평가한 탓에 '멈춰주세요' 버튼을 눌렀다는 것이다. 따라서 대상이 아기라면 그것이 얼마나 더 어렵겠는지 상상해보라. 데이터를 수집하는 기간마다 거의 어김없이 먼저 새 환경 순응 기간이 있다. 이때 연구자는 작디작은 참가자에게(그리고 참가자의 성인 동반자에게) 그들이 무엇을 위해 참가하고 있는지 보여준다. 여기에는 스캔실을 별도로 찾아가 아기에게 미리 틀어줄 스캔 소음 시디를 제작하거나 서커스 동물을 조련하여 굴렁쇠를 뛰어넘게 하듯 아기를 구슬려 참여하게 할 인지 과제가 무엇인지에 따라 잠자는 시간 또는 깨어 있는 시간과 스캔실 방문 일정을 우연히 일치시키는 과정이 포함될 수 있다. 스캐너 안에서 움직이면 뇌 영상술사에게는 큰 문제인데, 아기들이 얌전한 협조자로 유명하지는 않다.

영아 뇌 지도화를 위한 유망한 방법은 근적외선분광법near-infrared spectroscopy: NIRS을 발전시키는 것이다.[2] 이것은 fMRI 기계와 똑같은 원리에 기반한다. 혈액은 뇌에서 더 활발한 부분으로 흐르고 혈액의 산소 수준은 활동과 발맞추어 변화한다는 것이다. NIRS 기계는 혈관에서 산소 공급 수준에 따라 빛이 다르게 반사된다는 사실을 이용한다. 사실상 머리를 감싸는 모자에 맞게 아주 작은 손전등을 잔뜩 집어넣은 것인데, 적외선이 머리뼈를 통과하여 뇌 표면을 비추면 모자에 들어 있는 검출기가 반사광을 측정한다. 반사광의 파장 차이를 살펴보면 달라지는 혈중

산소치를 계산할 수 있다. 이것은 뇌 기능을 지도화하여 행동에 연결하는 작업을 훨씬 더 효율적으로 할 수 있게 해주는 동시에, 우리에게 아기와 그들의 경악스러운 뇌에 대한 완전히 새로운 그림을 제공한다.

임신한 순간부터 아기의 뇌는 경악스러울 만큼 빠르게 성장할 것이다. 오죽하면 꽤 고리타분한 신경과학자들이 "울창하게"나 "왕성하게" 같은 말을 구사하는가 하면, 출생 전에 분당 25만 개의 신경세포가 형성되고 초당 700개의 신경세포 연결선이 새로 형성된다는 기절초풍할 통계를 인용하는 것으로 유명해졌겠는가.[3] 신경세포의 가장 극적인 성장은 제2삼분기(임신기를 셋으로 나누었을 때 두 번째 기간-옮긴이) 후기에 완료된다. 임신 말기와 그 이후까지도 더 성장하겠지만 구성 요소 대부분은 아기 뇌가 세상을 만나기 한참 전에 마련된다. 제3삼분기에는 경로도 이미 구축되고 있는 것이 분명하다. 뇌에서 연결선을 신호하는 백질이 증가하기 때문이다.[4] 경악스럽게도 뇌 영상술이 새로이 발전했다는 말은 아기가 아직 자궁 안에 있는 동안에 이 작디작은 뇌에서 초기 네트워크가 출현하는 모습도 살펴볼 수 있다는 뜻이다.[5] 성인의 뇌는 표준적인 네트워크 집합이나 모듈로 조직화하는데, 각각의 네트워크는 특정 유형의 과제에 초점을 맞춘다. 따라서 이런 네트워크가 태어나지도 않은 아기에게서 분명하게 나타난다는 사실은 아기들이 도착했을 때 얼마나 '경험할 준비가 완료된' 상태인지를 확실히 보여준다.

태어났을 때 갓난아기의 뇌 무게는 약 350그램, 즉 성인 뇌 무게(1300~1400그램)의 약 3분의 1이다. 뇌 부피(뇌 크기의 더 나은 척도)는 약 34세제곱센티미터로 성인 뇌의 3분의 1에 가깝다. 남자 아기는 여자 아기보다 뇌 부피가 더 큰 경향이 있지만 남자 아기들이 태어났을 때 더 무겁다는 사실을 고려하면 이 차이는 사라진다. 표면적은 약 300제곱센티미터인데, 뇌가 두개골 안으로 접혀 들어가서 생기는 경계표인 골과 능선은 성인 뇌의 것과 놀랍도록 비슷하다.[6]

일단 아기가 태어나면 극적인 성장률이 이어진다. 처음에는 하루에 약 1퍼센트 수준이었다가 그다음에는 첫 90일이 지나면 하루에 약 0.5퍼센트로 점차 '느려지는데', 이 무렵이면 크기가 두 배 이상 커져 있다. 성장률은 뇌 전체에 걸쳐 똑같지 않다. 더 기본적인 구조와 연관되는 영역, 이를테면 시각과 운동을 통제하는 영역은 더 빠른 변화를 보인다. 가장 큰 변화를 보이는 소뇌는 운동을 통제하는데, 첫 3개월 동안 크기가 두 배 이상 커진다. 반면에 기억 회로의 주요 부분인 해마는 부피 변화를 약 50퍼센트밖에 보여주지 않는다(아무도 걸음마를 배운 기억이 없는 이유가 이것으로 설명될지도 모른다).[7]

여섯 살 무렵 아이의 뇌는 크기가 성인 뇌의 약 90퍼센트가 될 것이다(물론 뇌와 달리 신체는 아직 갈 길이 멀다). 이런 성장 가운데 회백질이 담당하는 부분은 가지돌기(수상돌기)의 발달이 극적으로 증가하고 시냅스(연접)가 증식하는 양상과 관련 있다. 가지돌기란 신경세포상에서 가지를 뻗어 신호를 받는 자리고, 시냅스란 신경계에서 세포와 세포를 이어주는 자리다. 따라서 연결선을 만드는 데 주안점을 둔다. 사실 아기 뇌에는 시냅스를 통한 연결선이 성인의 뇌에 있는 것보다—실은 거의 두 배로—더 많다. 이는 모든 것을 다른 모든 것과 연결하려는 뇌의 여정 초반의 열정을 반영한다.[8] 아동기와 청소년기에는 성인 수준에 도달할 때까지 점진적으로 가지치기를 한다.

이 표면 성장 밑에서는 매우 단기적인 연결선이 훨씬 더 많이 매우 빠르게 나타났다 사라진다. 일단 안정화된 연결선은 말이집(수초myelin)으로 절연된다. 말이집이란 신경세포 섬유를 둘러싸고 있는 백색 지방질

덮개인데, 신경 활동이 더 빠르게 흐르도록 돕는다. 이때는 가능한 종착지도 많고 가능한 선택 지점도 많다.

과거에는 이 놀라운 초기 성장을 오로지 신경세포 사이에 연결선이 형성된 결과라고 생각했다. 우리가 알기로 뇌세포는 우리 몸의 다른 모든 세포와 달리 대체할 수 없었다. 할당량은 처음에 거의 다 받았고 세포들 사이의 연결선은 태어났을 때부터 극적으로 성장했다가 가끔 정리되거나 가지치기 되며 사고나 질병, 결국은 노화로 생기는 모든 세포 손실은 영구적이어서 무엇으로도 대체할 수 없다고 여겼다. 함축적으로 이는 뇌가 태생부터 대체로 고정되어 있음을 확증하는 듯했다. 만약 모든 구성 요소가 태어났을 때 마련되어 있었다면 그런 구성 요소를 가지고 완성한 것 일부는 바깥세상에서 기인했을지 몰라도 대부분은 자궁에서 나오기 전에 이미 갖고 있던 것에 의해 미리 결정되었을 것이다. '생물학이 부과한 한계'는 뇌 차이를 거론할 때 흔히 인용되는 격언이다.

하지만 '성인과 같은 수의 뉴런을 가진 신생아' 버전은 그리 완전한 이야기가 아니다. 이제 우리는 영아 뇌의 겉질에 있는 뉴런의 총수가 생후 첫 3개월 사이에 최대 30퍼센트가 성장한다는 것을 알고 있다.[9] 그뿐 아니라 우리는 새로운 뇌세포를 얻을 수 있고 실제로 얻기도 한다. 비록 공급량은 생후 초반보다 훨씬 더 제한적이지만 말이다.[10] 뇌 손상이나 질병(단도직입적으로 노화)에서 회복될 수 있다는 함의를 고려하면 당신도 상상하겠지만 '신경발생neurogenesis' 과정은 집중적으로 연구되고 있다.[11] 하지만 극적인 성장의 많은 부분은 **실제로** 뉴런 연결선의 성장, 즉 통신 네트워크 구축에서 기인하고 생후 첫 2년 동안에는 특히 더 그렇다. 작은 마을 안에서 가로망이 생기듯 영역 내에서 국지적 연결선이 먼저 생긴 다음에 훨씬 더 먼 구조를 연결하는 분산된 네트워크가 생겨난다.[12] 아기 머리는 일반적으로 생후 첫 2년 동안 둘레가 약 14센티미터 자라는데, 이는 뇌 백질의 폭발적인 증가를 나타낸다.[13] 보다 기초적인 감각 기능과 운동 기능이 먼저 성숙하고 더 고급스러운 인지 기술과 관련한 네트워크는 나중에 훨씬 더 오랜 기간에 걸쳐 성인기 초기까지 연결된다(사춘기를 위한 특별 단계가 따로 있다).[14] 하지만 앞으로 보게 되겠지만 이처럼 원시적으로 보이는 체계조차 상당히 복잡한 유형의 정보처리를 실행할 수 있고 놀랍도록 정교한 수준의 행동도 어느 정도 생산할 수 있다.

이처럼 극적인 아기 뇌의 변화, 그리고 그런 변화가 일어나는 순서는 모든 아기 인간에게 보편적이다. 하지만 생물학적 과정이 대부분 그렇듯이 변화의 정도와 시기에는 개인차가 있다. 어떤 아기 뇌는 다른 아기 뇌보다 약간 더 빠르게 성장한다. 그래서 어떤 뇌는 완제품, 다시 말해 '발달적 종점'에 다른 뇌보다 더 일찍 도달할 수도 있고, 더 늦게 도달할 수도 있다. 발달신경과학에서 주요 쟁점은 이것이 뇌 주인에게 무엇을 뜻하느냐는 것이다. 이런 개인차는 나중에 행동 패턴에 중요할까? 아기 뇌에서 성인 차이의 기원을 찾아낼 수 있을까? 만약 그럴 수 있다면 이것은 이런 차이가 미리 결정된 선천적 차이라는 뜻일까? 아니면 초기 발달에 영향을 주는 요인이 굉장히 중요하다는 뜻일까?

파란 뇌, 분홍 뇌

뇌 연구의 역사에서 이미 보았듯이 아기 뇌에 관한 신생 연구 결과에 던진 첫 질문 중 하나는 여자 아기 뇌는 남자 아기 뇌와 다르냐는 것이었다. 뇌 촬영 초기에 이것은 사실 다루기 어려운 질문이었다. 연구에 참여하는 아기 수가 일반적으로 매우 적어서 여자 아기와 남자 아기를 통계적으로 유효하게 비교하기가 어려웠기 때문이다. 하지만 새로운 전문적 스캔 기법과 축적된 데이터뱅크 덕분에 우리는 최소한 그 질문을 다루기 시작하고 있다. 비록 답은 다소 엇갈리지만 말이다. 이쯤에서 당신은 우리가 이런 종류의 '차이 사냥' 접근법에 이미 이의를 제기했다는 생각을 하고 있을지도 모른다. 하지만 '뇌를 탓하라' 논쟁을 통틀어 가장 근본적인 가정 중 하나는 바로 여성 뇌가 남성 뇌와 다르게 출발하기 때문에 다르다는 것과 차이는 사전에 프로그래밍 되어 있어서 우리가 측정할 수 있는 가장 이른 단계에서부터 명백하다는 것이다. 따라서 이 주장을 뒷받침하는 증거를 조사해보자.

이 영역의 데이터가 흔히 그렇듯이 차이 발견 여부는 사용하는 척도에 달린 것 같다. 출생 시 뇌 전체의 부피를 척도로 사용한 연구자 집단은 남성 영아와 여성 영아 간에 유의미한 차이가 없다고 보고했다.[15] 반면 펜실베이니아주립대학 릭 길모어Rick Gilmore의 뇌발달연구소 연구자들은 "신생아 뇌에도 성적 이형성이 있다"라고 확실하게 언명한다. 그들의 연구 중 한 건에서 보고한 바에 따르면 남성 아기는 여성보다 겉질에 회백질이 10퍼센트 더 많고 백질이 6퍼센트 더 많다. 비록 이 차이는 남자아이의 뇌 부피가 더 크다는 요인을 고려하자마자 대폭 줄어들었지만[16] 별개의 연구 논문에서 같은 수정을 한 후에는 이런 차이마저 완전히 사라졌다.[17]

설사 남녀가 다소간에 똑같이 출발하더라도 남자아이의 뇌는 여자아이의 뇌보다 (하루당 약 200세제곱밀리미터씩) 더 빠르게 성장한다는 더 나은 증거가 있다. 그리고 성장이 더 오래 계속되면 그 끝에는 더 커다란 뇌가 남는다. 뇌 부피는 남자아이가 약 14.5세에 정점을 찍는 데 비해, 여자아이는 약 11.5세에 정점을 찍는다. 평균적으로 남자아이의 뇌는 여자아이의 뇌보다 약 9퍼센트 더 크다. 이와 동시에 회백질과 백질의 정점도 여자아이에게서 더 일찍 나타났다(어린 시절 회백질 성장의 전성기가 지나면 뇌 가지치기가 시작됨에 따라 회백질 부피가 감소하기 시작한다는 점을 상기하라). 하지만 총 뇌 부피 차이에 대해 조정이 이루어지면서 그런 차이는 사라졌다. 하지만 발달하는 뇌 변화에 대한 리뷰 논문의 저자들이 매우 분명히 밝히는 이것의 의미는 다음과 같다.

> 총 뇌 크기의 차이를 어떤 종류의 기능적 이점이나 불리한 점을 전하는 것으로 해석해서는 안 된다. 전체적 구조에 대한 척도는 뉴런 연결성이나 수용체 밀도처럼 기능과 관련된 요인의 성별로 형태가 다른 차이를 반영하지 않을 수 있다. 주의 깊게 선발한 이 건강한 아이들의 집단에서 개별적으로 추적한 종합적 부피와 형태가 주목할 정도의 가변성을 보인다는 자체가 이 점을 더욱 두드러지게 한다. 기능에 문제가 없는 건강한 아이들이 똑같은 나이에 뇌 부피가 50퍼센트나 다를 수 있다는 것은 절대적 뇌 크기의 기능적 함의에 관해 조심할 필요성을 강조한다.[18]

단성교육운동은 이 경고를 놓쳤던 것이 분명하다. 남자아이와 여자아이의 뇌 크기 차이를 고려하여 남녀 교육과정에 시차를 두어야 한다(다시 말해 열 살 먹은 여자아이에게 가르치고 있는 것을 열네 살 먹은 남자아이에게 똑같이 가르쳐야 한다)는 자신들의 확대 해석을 신경과학자들이 입증했다는 투로 떠들어대니 말이다.[19] 뇌 크기의 의미에 대한 같은 종류의 근본적 오해가 19세기에 '사라진 5온스' 채권자들을 희희낙락하게 했던 기억이 떠오르지 않는가?

그렇다면 여자 아기와 남자 아기 뇌의 좌우 차이는? 언어나 공간 처리와 같은 기술의 남녀 차의 기반이라고 주장되는 이 차이는 일찍부터 찾을 수 있을까? 태어났을 때 **모든** 아기 뇌의 좌우 구조가 다르다는 보고가 있다. 일반적으로 부피와 몇몇 주요 구조가 오른쪽보다 왼쪽이 더 크다.[20] 흥미롭게도 이것은 더 나이가 많은 아이들과 성인의 특징적 패턴과 반대다. 이 사실이 그 패턴은 태어났을 때 정해지는 것이 아니라 시간이 지나면서—아마도 갖가지 기술의 출현 그리고/또는 갖가지 경험의 효과와 관련하여—생겨남을 보여준다.

태어날 때부터 이 일반적 대뇌 비대칭이 존재한다는 데 관해서는 대부분 동의하는데, 성차의 존재는 늘 그렇듯이 논란의 여지가 있다. 답은 이번에도 무엇을 측정하느냐에 따라 달라지는 것 같다. 2007년 길모어 연구실은 뇌 부피를 살펴보고 남성 영아와 여성 영아의 비대칭 패턴이 비슷하다고 보고했다.[21] 2013년 같은 연구실 출신의 몇몇 연구자는 표면적과 고랑 깊이sulcal depth(뇌가 접혀서 표면에 생긴 골의 깊이) 등 다른 척도를 사용했다. 이 경우는 비대칭 패턴이 다르게 나타나고 있는 것 같았다.[22] 예컨대 특정한 '뇌 골' 하나는 남성의 경우 오른쪽이 2.1밀리미터 더 깊었다. 하지만 그저 '다르다'가 의미하는 바를 면밀히 살펴보자는 취지에서 주의할 점은 이 차이의 효과 크기가 0.07이라는 것이다. 효과 크기에 대한 제3장에서의 논의를 떠올린다면 이 크기는 '없다 해도 좋을 만큼 작다'로 표현될 것이다. 더 깊은 우반구 주름의 기능적 의미가 정확히 무엇일지에 대한 생각은 제공하지 않은 채 그런 연구 결과를 "태어날 때부터 있는 겉질 구조 비대칭의 상당한 성적 이형성"에 대한 증거라고 한다면 적어도 몇몇은 눈살을 찌푸려야 마땅하다.[23]

반구 비대칭의 성차를 측정하려는 동기의 부가적 측면은 출생 전 호르몬과의 연관성, 그리고 이런 호르몬(특히 테스토스테론)에 대한 차등적 노출이 좌우 뇌 비대칭에 다르게 영향을 미치리라는 의견이었다.[24] 길모어 연구실은 보고 중인 뇌의 성차와 안드로겐 민감도의 유전적 척도 간 관계를 살펴보고 (2장에서 보았던) 2D:4D 손가락 비도 살펴봄으로써 이 쟁점을 명시적으로 다루었다. 연구자들은 이 호르몬 효과를 조사하기 위해 뇌의 여러 부분에서 측정한 회백질과 백질 절대 부피의 상당히 뚜렷한 남녀 차이를 사용하고 있었다. 하지만 이런 차이는 이 척도를 두개 내 부피intracranial volume(머리 크기에 따라 달라지는 뇌의 부피—남자아이는 머리가 더 크다는 사실을 기억하라)에 대해 바로잡으면 실제로 사라졌다. 이 점은 논문의 초록에 반영되지 않았지만 (유전자 분석으로 보여준) 안드로겐에 대한 민감도든, (손가락 비로 보여준) 안드로겐에 대한 노출량이든 그들이 사용한 뇌 성차의 척도와 관련 있다는 증거는 전혀 없다는 점이 인정되었다. 연구자들은 이렇게 썼다. "피질 구조의 성차는 인간의 수명 전반에 걸쳐 복잡하고 대단히 역동적인 방식으로 달라진다."[25] 지당한 말이다.

당신도 지금쯤이면 아마 알았을 테지만 태어날 때 또는 어린 시절에 뇌에 성차가 있느냐는 질문에 대한 간단한 답은 모른다는 것이다. 체중과 머리 크기 같은 변인을 고려했는데도 태어날 때 뇌에 성차가 있다면, **구조적** 성차가 매우 드물게 있을 뿐이라는 것이 일반적 견해인 듯하다. 나는 지난 10년 사이에 인간 영아의 뇌에서 구조적·기능적 척도를 연구한 사례를 펍메드PubMed(미국 국립의학도서관에서 제공하는 의생명과학 정보 검색엔진-옮긴이)로 검색해보았다. 2만 1,465건이 있었는데, 그중 394건만 성차를 보고했다.

초점은 이제 (성인 뇌 영상 연구에서 그랬듯이) 영아 뇌의 연결성 척도로,

그리고 성차의 증거를 찾아 그것을 면밀히 조사하는 일로 돌아가고 있다. 이제 우리는 뇌 안의 기능적 연결성이 태어나기 전부터 상당히 정교하다는 증거와 함께 성인 행동을 뒷받침하는 종류의 복잡한 네트워크가 일찍이 형성된다는 증거도 있다는 것을 알고 있다.[26] 근래의 한 논문은(다시 길모어 연구실에서 나왔지만) 생후 첫 2년 동안 이런 네트워크가 구축되는 속도와 효율에 차이가 있으며 남자아이가 이마-마루 네트워크(이마엽 영역을 더 뒤쪽의 마루엽 영역과 연결하는 역할 때문에 그렇게 불린다)에서 더 빠르고 더 강한 연결을 보여준다는 의견을 제시했다.[27] 이런 종류의 연구 결과를 다른 연구실에서 더 큰 표본으로 재현할 수 있는지 지켜보는 것도 흥미롭겠지만 이번에도 이것이 행동적 차이 면에서 정확히 무엇을 의미하는지 현재로서는 불분명하다.

뇌 안에 기능적 연결선이 언제, 어떻게 형성되는지에 대한 동역학은 뇌의 더욱더 작은 부분의 더욱더 보잘것없는 치수를 강박적으로 정밀하게 조사하는 것보다 뇌 기능과 바깥세상의 관계에 대해 훨씬 더 훌륭한 통찰력을 제공할 것이다. 그런 연결선이 얼마나 고정되어 있는지, 다시 말해 얼마나 유동적인지 이해하면 여성에 속하든 남성에 속하든, 전형적 행동에 연결되든 비전형적 행동에 연결되든 상관없이 모든 뇌에 있는 모든 차이의 기원과 중요성을 훨씬 더 잘 파악할 수 있게 될 것이다. 아기 뇌의 세부 사항, 특징, 시간 경과에 따른 변화를 살펴보는 연구 수는 대체로 증가하고 있다. 극적인 변화가 어린 시절에 시간 단위로는 아니더라도 일 단위나 주 단위로 일어남을 고려하면 이런 연구는 어마어마하게 힘든 과업이다. 그것은 모래시계를 통해 떨어지는 모래알 수를 세려는 것과 비슷할 것이다. 사실상 연구 대상인 모든 아기 집단에는 여자아이와 남자아이 모두 포함되는데도 성차를 보고하는 경우는 별로 없다. 나는 그런 연구의 저자들에게 접근하여 성차가 있는지 확인해보았느냐고 묻곤 했는데, 그들은 보통 발견하지 못했거나 의미 있는 비교를 하기에는 표본 크기가 너무 작았다고 대답했다. 심지어 그것을 명시적으로 탐구하고 있는 경우에도 여자아이 뇌의 구조와 남자아이 뇌의 구조가 삶의 여정 처음에 어떻게든 신뢰할 만한 방식으로 구별된다는 증거는 지극히 빈약하다. 따라서 이 '차이 사냥' 캠페인에 공평하게 귀를 기울이려면 차이가 어떻게, 왜 생겨나는지, 그리고 이것이 이 작은 뇌 안에서 일종의 고정 프로그램의 내부 전개와 연결되는지, 아니면 외부 기관이 작동하고 있을지 살펴보아야 할 것이다.

아기 뇌의 가소성

알다시피 뇌 발달 초기, 특히 여러 경로가 확립되고 신경세포 사이에 연결선이 싹트는 때에 뇌는 가소성 또는 변형 가능성이 최고조에 달해 있다. 성장의 시기와 패턴은 세심히 조직되어 전개되는 일종의 유전적 청사진을 반영하겠지만 그 청사진의 발현은—생략과 포함, 심지어 일탈도—바깥세상에서 벌어지는 사건과 이 성장하는 뇌가 그 사건과 상호작용할 수 있는 경로에 따라 거의 어김없이 영향을 받을 것이다. 뇌 발달은 뇌가 발달하고 있는 환경과 얽혀 있다—뇌는 세상이 입력하고 있는 것에 절묘하게 반응한다. 하지만 만약 입력이 부족하면 뇌는 그 결핍을 반영할 것이다.

때로는 세상이 문제다. 루마니아 고아 이야기는 끔찍한 사례 연구를 제공한다.[28] 1966년 당시 루마니아 공산당 지도자였던 니콜라에 차우셰

스쿠Nicolae Ceauşescu가 도입한 '인구 증가' 정책은 피임과 임신중절을 금지하고 아이를 너무 적게 가진 사람들에게 세금을 부과하여 가용한 노동력을 늘리도록 설계되어 있었다. 게다가 빈곤과 과밀 수준이 높아진 결과로 수천 명의 아이가 국영 고아원에 보내졌다. 그들 중 80퍼센트 이상이 태어난 지 1개월도 되지 않은 아이들이었다. 아이들은 아기 침대에(때로는 묶인 채) 하루 20시간 동안 방치되었다. 생활지도원(아이들의 상태로 보아 유기와 학대를 일삼은 것이 명백하지만)은 저마다 열 명에서 스무 명의 아이를 '돌보았다'. 아이들은 세 살 때 다른 고아원으로 옮겨졌다가 여섯 살이 되면 다시 옮겨졌다. 어떤 아이는 열두 살쯤 되어 일하기에 충분한 나이가 되면 가족이 돌려달라고 할 수도 있었다. 많은 아이가 도망치거나 길거리에 버려졌다. 그처럼 대규모로 그보다 더 길고 가혹했던 사회적 박탈은 상상하기도 어렵다.

1989년 루마니아 혁명 후에 이런 조건이 발견되어 개선을 위한 중대한 활동이 시행되었다. 당시 시설에서 발견된 아이들 다수는 입양되었고 일부는 연구자들이 추적하여 어떤 피해를 입었는지, 회복은 가능한지 여부를 평가했다.[29] 그런 조기 박탈 효과는 뇌와 행동 수준 모두에서 볼 수 있었다. 인지적 결함이 심각했다. 지능지수 검사 점수는 전반적으로 낮았고 언어는 거의 없거나 전혀 없는 경우도 많았다. ADHD를 진단받은 아이들에게서 볼 수 있는 문제와 비슷한 주의력 문제가 흔했고 공격성과 충동성도 빈발했다. 어린아이, 특히 나이가 어린 아이일수록 1년 안에 인지 기능을 많이 따라잡았다. 하지만 입양 가족들은 여전히 아이들이 특히 사회적 기술과 관련된 정서적·행동적 문제가 상당히 뚜렷하다고 보고했다.[30] 루마니아 고아들과 실제로 시설에 수용된 아이들의 행동 특성 중 하나는 '무차별한 친화성'으로 표현되어왔다. 말하자면 아이들은 한 번도 본 적 없는 어른들뿐 아니라 아무한테나 다가와 팔을 들고 안아달라며 생판 모르는 사람의 다리에 매달릴 것이다. 일단 받아주면 그다음에는 '신경을 끄고' 축 늘어져 내려달라고 할 것이다. 어떤 종류의 인간적 접촉도 거의 없는 역사적 맥락에서 일종의 사회적 대본 중 시작만 알고 끝을 몰랐던 것처럼 보인다.

이런 아이들의 뇌 구조와 기능은 유년기 경험의 영향을 받은 듯했다. 그 아이들이 대조군 아이들보다 뇌의 신경세포 부피가 작다는 것을 보여주는 보고가 여러 건 있었다. 이는 대개 이 세포들 사이 통신 체계가 방해를 받았었다는 징후다.[31] 뇌 안의 신경세포 경로 상태가 얼마나 온전한지를 대변하는 백질을 살펴본 결과도 이런 경로의 효율성이 유의미하게 감소했음을 보여주었다. 부쿠레슈티 조기 개입 프로젝트Bucharest Early Intervention Project의 가장 최근 연구 중 하나에서 팀이 보고한 바에 따르면 **한 번이라도** 시설에 있었던 아이들은 시설에 남았건 입양되었건 상관없이 한 번도 시설에 수용된 적이 없었던 아이들에 비해 뇌의 회백질 부피가 유의미하게 더 작았다.[32] 하지만 백질 비교는 더 낙관적인 결과를 보여주었다. 비록 보호시설에 남았던 아이들은 다시 감소된 부피를 보여주었지만 위탁 양육되었던 아이들은 이 경우 대조군과 전혀 다르지 않았다. 또한 그 팀은 아이들 연구를 처음 시작하면서 측정한 EEG 신호가 위탁 양육된 아이들에게서 뚜렷이 향상되었고 위탁 당시 나이가 어릴수록 EEG도 더 크게 향상된 것을 보여주었다. 연구자들은 이를 희망적인 면에서 해석하여 이런 변화가 발달적 '만회' 가능성의 척도로 받아들여질 수 있음을 시사했다.

뇌에서 특정 구조가 아니라 네트워크에 초점을 맞추어야 파괴적인 초기 환경이 이 발달 중인 뇌에 어떤 영향을 미쳤는지 훨씬 더 잘 알 수 있을 것이다. 뇌가 어느 정도까지 가소성을 발휘할 수 있느냐(좋든 나쁘든)에 우리의 관심이 있다는 측면에서 이것은 유용한 통찰력이다. 현재 컬럼비아대학의 님 토트넘Nim Tottenham과 그녀의 연구팀은 무차별한 친화성의 문제를 조사하여 이런 비전형적인 사회적 행동의 기반을 뇌에서 확인할 수 있는지 알아보았다. 한 연구에서 그들은 미국에 입양되기 전 생애 첫 3년 동안 해외시설에서 양육되었던 6세에서 15세 사이의 아이 33명을 살펴보았다.[33] 이 아이들은 일반적으로 길러진 대조군의 아이들보다 훨씬 더 높은 빈도로 이런 무차별한 친화성을 보여주었다. fMRI 스캐너에 들어가 있는 동안 아이들은 기쁘거나 중립적인 표정의 어머니나 '비견할 만한' 낯선 사람의 사진을 보았다. 과제는 그들이 보고 있는 사람이 기쁜지 아닌지를 확인하는 것이었지만 연구자들이 실제로 관심을 가졌던 것은 아이들의 뇌가 낯선 사람의 사진과 비교하여 어머니의 사진에 다르게 반응하는지 여부였다. 그들은 제6장에서 보았듯이 사회적 관계와 관련된 정보에 의해 활성화되는 사회적 뇌의 일부인 편도체에 초점을 맞추었다. 그들이 알아낸 바에 따르면 대조군에서는 낯선 사람에 대한 편도체 반응이 어머니에 대한 반응보다 훨씬 더 작았다. 하지만 이전에 시설에서 지냈던 아이들은 보고 있는 사람이 어머니건 낯선 사람이건 상관없이 반응이 똑같았다. 편도체와 앞띠다발겉질을 포함하여 뇌의 다른 부분 사이의 연결성이 감소했다는 증거도 있는데, 이는 전체적으로 사회적 뇌 네트워크가 제대로 확립되지 않았음을 시사했다. 이전에 시설에 수용되었던 집단에서 어머니 대비 낯선 사람의 차이가 작을수록 무차별한 친화성 척도에서 점수가 더 높았고 입양 전 시설에 있었던 기간도 더 길었다.

다행히 루마니아 고아의 사례처럼 극단적인 부정적 사건은 드물다.

하지만 발달 중인 뇌는 가소성이 너무나 강한 나머지, 심지어 훨씬 덜 지독한 어린 시절 불운—이를테면 상당한 가정불화, 정서적 학대에 노출된 경험, 보살피지 못한 부모—도 효과를 발휘할 수 있고, 그 효과는 사회적 뇌 네트워크에서 특히 두드러진다.[34] 인간 뇌의 유연성과 적응성을 뒷받침하는 바로 그 가소성은 세상이 빈틈없이 사전에 프로그래밍된 과정에도 영향을 미칠 수 있어서 심지어 때로는 과정이 예정된 목적지를 벗어나 쉽게 돌아 나올 수 없는 종착지로 가게 할 수도 있음을 의미한다. 이런 적응성은 가능성의 세계를 의미할 뿐 아니라 취약성의 세계도 의미할 수 있다.

아기 뇌는 무엇을 할 수 있는가

인간 아기는 도착했을 때 처음에는 큰일을 할 수 있을 것처럼 보이지 않는다. 동물은 종류에 따라 태어났을 때 가진 역량과 능력이 다르다. '조숙성' 동물로 알려진 일부는 비교적 독립할 준비를 마치고 나온다. 즉 처음 몇 분 안에 일어서서 젖을 빨 수 있다. 기린이 즐겨 인용되는 예다. '만숙성' 동물로 알려진 다른 일부는 상당히 무력하다. 아마 보지도, 듣지도, 움직이지도 못하는 채로 돌보아주는 누군가에게 의존하여 비교적 긴 기간을 지낼 것이다. 다른 사람의 돌봄에 의존하는 시간의 길이로 볼 때 인간 아기는 (쥐, 고양이, 개 등과 함께) 확실하게 두 번째 집단에 속한다.

제시된 의견에 따르면 당신이 다 자랐을 때의 뇌 크기가 당신이 태어났을 때 당신(그리고 당신의 뇌)의 발달 정도를 결정하는 요인이다. 그리고 이 요인에 따라 당신이 태어날 때 지나올 산도의 크기도 달라진다. 인간의 경우 직립 보행을 가능하게 하는 골반의 변형이 산도의 크기를 제한하는 결과로 아기의 머리는 산도의 크기만큼밖에 커지지 못한 채 바깥 세상으로 나와야 한다. 자연이 친절하게도(그리고 고맙게도) 결정한 바에 따르면 간절히 기다리는 자식이 다 자란 시점에 갖게 될 머리 크기가 56센티미터라고 가정했을 때 당신 몸은 당신의 임시 하숙생 머리가 35센티미터로 뜨개질한 보닛에 맞을 때가 되자마자 시간이 다 되었음을 알려줄 것이다.

단점은 갓 태어난 인간의 육체적 무기력이지만 만숙성의 장점이라고 주장되는 것 중 하나는 (거의 문자 그대로) 생후에도 뇌가 발달할 여지가 있다는 것이다. 당신이 기린이라는 말은 태어날 때 가진 뇌만으로도 곧바로 일어나서 생활해나갈 수 있지만 거기까지 달성한 이후에는 더 커지기만 할 뿐 그다지 더 똑똑해지지는 않을 것이라는 뜻일지도 모른다. 반면 인간 아기 뇌의 발달 잠재력은 엄청나다. 그리고 뜬금없이 새끼 기린에 관해 횡설수설한 것처럼 보일지 몰라도 요점은 인간 아기가 미완성 뇌를 가지고 세상에 온다는 것이다. 이런 미완성 뇌가 변화 도중에 어떻게, 왜 변화하는지 이해하는 과정은 뇌의 차이를 이해하고 뇌의 차이가 뒷받침하는 행동과 성격의 차이를 이해하려는 모든 시도 중 일부가 될 것이다.

그렇다면 미완성 인간 뇌는 도착하면 무엇을 할 수 있을까? 뇌 주인의 행동을 보고 추론하자면 뇌는 집중력이 대단한지는 몰라도 지극히 기본적인 체계다. 나는 첫째 딸이 태어났을 때 발달심리학 교과서의 페이지 바깥에서 작동 중인 신생아 뇌를 직접 경험했다. 빠르게 분명해졌듯이 내가 낳은 것은 정말 작지만 극도로 우렁찬 전송 장치였다. 그녀의 소화계와 연관된 일종의 결핍 그리고/또는 아랫도리 상태를 끊임없이 신호하거나 그저 그녀의 발성 역량을 자발적으로 보여주도록 프로그래밍되어 있었다. 그녀의 타이머는 어두운 시간 동안 최대로 활동하도록 맞추어져 있었고 35분여마다 재부팅되었다. 무작위 점검도 시행될 터라 그녀의 노동 인력으로서는 상시 대기 상태에 있을 수밖에 없었다. 그녀는 대단한 수신 장치처럼 보이지 않았는데, 예외적으로 어떤 소리는 매우 효과적으로 감시할 때가 있었다. 이를테면 발끝으로 물러나는 소리나 머뭇머뭇 문 닫는 소리를 감지하는 즉시 그녀의 경보장치를 작동시킬 것이었다. 그녀는 전혀 문제가 없다고 생각되는 광범위한 자장가, 뮤직박스, 외부 조언자들이 끄는 스위치를 작동시킬 것이라고 보장한 세탁기 회전 주기에 어떤 반응도 하지 않았다. 모든 면에서 원시적이고 투박한 프로그램으로 운영되는 듯한 그녀의 모습은 원시적이고 투박한 뇌의 활동을 반영할 것으로 여겨졌다. (오, 새끼 기린을 위하여!)

하지만 더 숙련된(그리고 아마도 잠을 덜 빼앗겼을) 연구자들은 신생아의 기술을 시험하는 매우 영리한 방법을 고안하여 신생아가 실제로 수동적이고 지극히 비효율적인 수신 장치에 불과한지, 아니면 겉으로 보이는 것 이상의 일이 일어나고 있는지를 확인했다. 우리는 이제 아기의 뇌에서 아무리 작은 요소든 종류를 가리지 않고 상세한 사진을 얻을 기법을 가지고 있을지도 모른다. 하지만 이 최근에 만들어진 겉질 세트를 가지고 그녀는 실제로 무엇을 **할** 수 있을까? 여기서 발달신경과학자는 또 다른 도전 과제에 맞닥뜨린다. 아기가 주변 세계의 변화를 알아차렸는지, 아닌지는 어떻게 알까? 그녀에게 응답 키를 누르라고 하기는 어렵다. 갓난아기가 흑백 가로줄 무늬를 더 좋아하는지, 엄마 목소리를 더 좋아하는지, 당신이 그녀에게 외국어로 말하고 있는지 아닌지를 그녀가 구별할 수 있는지 없는지를 당신은 어떻게 아는가? 그녀에게 0점부터 5점의 리커트 척도를 작성하라고, 0점은 '더할 나위 없이 관심 없다'이고 5점은 '더 더 더, 당장 당장 당장'을 뜻한다고 할 수도 없는데 말이다.

발달심리학자는 갓난아기가 할 수 있는 것과 할 수 없는 것을 구별하는 방법을 고안하는 셜록 홈스와 같다. 시간이 지나면서 그들은 아기가 주의를 기울이고 있음, 그녀에게 제공한 소리나 시각을 '좋아함', 다른 자극이 아닌 한 자극을 '선택'하고 있음을 신호하는 매우 작은 징후의 포트폴리오를 축적해왔다. 아기에게서 '관심'을 측정하는 한 가지 척도는 선호적 주시preferential looking다. 즉 그녀가 좋아하는 대상을 더 오래 쳐다볼 것이라는 가정하에 두 가지 자극을 동시에 보여주고 각각을 쳐다보는 시간을 측정하는 것이다.[35] 보통 연구자가 무작위 눈 움직임에 속지 않으려고 설정한 일종의 최소 주시 시간이 있다(흔히 약 15초). 습관화habituation도 또 다른 기법이다. 똑같은 대상을 반복해서 보여주고 일반적인 주시 감소를 측정한 다음 다른 대상을 제시하는 것이다. 만약 아기가 새로운 대상을 더 오래 쳐다보면 이것을 그녀가 새로움을 알아차리고 그것에 주의를 기울이고 있다는 표시로 여긴다. 또 다른 행동적 징후는 전자 젖꼭지로 측정하는 빠는 속도sucking rate다. 빠는 속도가 빨라지면 흥미나 열의가 있다고 여긴다(먼저 아기에게 젖꼭지를 열심히 빨면 원하는 뭔가가 생긴다는 사실을 학습시켜야 한다-옮긴이). 심지어 이제는 자궁에서 일어나는 행동적 변화를 살펴보는 것도 가능하고 입을 벌리는 것이 흔히 심박수 변화와 병행되는 또 다른 관심 척도로 사용된다. 따라서 인간 아기가 세상에 태어나기 전에도 그 세상이 이미 아기의 뇌에 어떤 영향을 미치고 있는지에 관한 몇 가지 단서를 얻을 수 있다.[36]

EEG 척도를 사용하여 아기 뇌를 자세히 살펴볼 수도 있다. '음전위 부정합mismatch negativity:MMN 반응'이라는 뇌 활동 증가는 환경 변화에 대한 일종의 '아하—내가 차이를 찾았어요' 반응과 연관된다.[37] 이 뇌가 인간 목소리와 전자음의 차이를 구분하거나 뇌 주인의 어머니 목소리와 낯선 사람의 목소리 차이를 구분할 수 있을까? 이 척도는 신생아가 얼마나 빠르게 세상을 인지하고 반응하는지를 보여주었다. 그녀는 태어났을 때 세상에 대적할 준비가 첫눈에 보기보다 훨씬 더 잘 되어 있게 해주는 기술을 놀랍도록 많이 가지고 있는 것 같다. 이는 세상이 그녀의 매우 작은 뇌에 우리가 이전에 생각했던 것보다 훨씬 더 큰 영향력을 미치게 되리라는 뜻이기도 하다.

아기의 소리 세계

아주 작은 인간의 청각적 세계는 태어나기 전부터 정말 꽤 정교하다. 한 연구에 따르면 뇌에서 주로 소리를 감시하는 부분인 청각겉질은 집중치료실에 있는 동안 엄마의 소리(엄마 목소리와 심장박동)에 노출되는 조산아가 일상적 병원 소음만 듣는 아기보다 더 크다.[38] 따라서 아기와 아기 뇌는 이미 소리를 가려듣는다는 말이다. 많은 경우 아기가 태어나기도 전에 이 소리가 주로 엄마의 목소리를 포함한다는 사실은 오래전부터 알려져 있었다.[39]

일부 연구자들은 산달보다 일찍(약 10주 먼저) 태어난 영아들에게서 소리에 대한 EEG 반응도 측정할 수 있었다.[40] 그들은 아기 뇌가 자음 [b], [g]와 같은 소리와 남성과 여성의 목소리를 이미 구별할 수 있다는 것을 보여주었다. 아기들은 마치 태어났을 때부터 모국어의 소리와 다른 언어에서 나는 소리의 차이를 구별할 줄 아는 것처럼 모국어를 들으면 좌뇌가 활성화되고 외국어를 들으면 우뇌가 활성화된다.[41] 또한 신생아는 기뻐하는 소리와 중립적인 소리의 차이도 구분할 수 있는 것처럼 보이므로 이미 약간의 유용한 사회적 신호를 포착하고 있는 셈이다.

한 연구는 이 기술을 입증하기 위해 MMN 반응을 사용했다. 갓난아기들에게 **다다** 음절의 중립적이고 기뻐하고 슬퍼하고 무서워하는 버전을 들려주었다.•[42] 일련의 표준 어조(중립적인 **다다**)에 '이탈' 어조(기뻐하거나 슬퍼하거나 무서워하는 것처럼 들리는 **다다**)를 무작위 간격으로 삽입하여 뇌의 반응을 비교했다. 만약 '수신자'가 아무 차이도 알아차리지 못한다면 어떤 부정합 반응도 기록되지 않을 것이다. 중립적인 음절에 대한 반응과 정서적 음절 각각에 대한 반응 사이에는 커다란 차이가 있었고 '무서워하는' **다다**에 대한 반응이 가장 컸다. 이 연구에서는 생후 1일에서 5일 사이의 아기 96명을 테스트했는데, 그중 여자 아기는 41명이었다. 연구자들이 명백하게 조사했는데도 이런 반응에서 성차는 찾을 수 없었다. 이것은 흥미로운 일인데 왜냐하면, 나중에 살펴보겠지만 여성이 공감을 더 잘한다는 주장의 판단 척도 중 하나는 여성이 목소리 억양을 포함한 정서적 정보에 더 민감하다는 것이기 때문이다.[43] 따라서 여성이 지닌 정서적 민감도는 이 척도를 사용하는 동안 이처럼 높아질지언정 태어났을 때부터 높아져 있지는 않은 것 같다.

또한 갓난아기는 자신의 소리 풍경에 있는 정교한 차이에 미세하게 맞추어지는 듯하다. 선호라는 증거는 영아의 청각계가 상당히 미세하게 조정되어 있을 뿐 아니라 단순히 수동적인 정보 수신기 이상임을 보여주었다. 아주 초기부터 다시 MMN 반응을 사용하여 연구자들은 아기들이 주로 다른 것, 이를테면 일련의 '삐' 소리에 들어있는 '밥' 소리(업계에서 '음향 편차acoustic deviance'로 알려진 것)에 반응할 것임을 보여주어왔다.[44]

아기가 알아차렸다는 증거가 생기려면 그 차이가 상당히 뚜렷해야 했지만 소음의 종류는 그다지 중요하지 않은 듯했다. 잠시 백색 소음을 삽입해도 대조된 휘파람이나 새소리와 거의 같은 종류의 반응이 유발되었다. 하지만 생후 2개월에서 4개월 내에 말소리와 말이 아닌 소리뿐 아니라 초인종 소리나 개 짖는 소리와 같은 '환경적' 소리에 차별적으로 반응한다는 증거가 있다. 마치 아기의 듣기 체계가 주의를 기울일 가치가 있는 것과 무시할 것을 걸러내기 시작한 것 같다.

어떤 소리가 소리 풍경에 나타나지 않으면 그 소리에 대한 민감성이 사라지는 현상은 청각계의 가소성을 대변하는 척도다. 예컨대 모국어가 일본어라면 영어에서 중요한 [r]/[l] 구분에 노출되지 않을 것이다.[45] 아기들은 생후 6개월에서 8개월까지 (노출되는 언어와 말할 언어에 상관없이) 여전히 이 모든 소리를 구별할 수 있다. 하지만 10개월에서 12개월에 이르면 자신의 언어에서 뚜렷이 다른 소리만 구별할 것이다. 이는 고개 돌리기를 '차이를 찾다' 척도로 사용하여 행동 수준에서도 보여주었고 다른 소리가 유발하는 반응의 차이를 살펴봄으로써 뇌 수준에서도 보여주었다.[46]

따라서 우리의 작은 인간들은 소리를 구별하여 들을 뿐 아니라 들을 수 있는 소리의 사회적 중요성에 관해서도 상당히 정교한 단서를 습득할 능력이 있는 것처럼 보인다. 그들이 말하게 될 언어에 관해서뿐 아니라 그 언어 안에서 어떤 소리가 예컨대 어떤 종류의 정서적 표현을 가리킬 것인지에 관해서도 말이다.

눈에 따르면?

아기의 시각은 청각보다 덜 정교한 편이다. 망막과 시신경의 기본 구성 요소는) 약 30주의 임신 기간에 자리를 잡지만[47] 눈 기관이 충분히 발달하지 않아 망막에 또렷한 상을 형성할 수 없으므로 태어났을 때 아기의 세계는 상당히 흐릿하다. 아기는 20센티미터에서 25센티미터 이상 떨어진 대상에 초점을 맞추는 것도 힘들어한다. 게다가 첫 서너 달 동안은 두 눈이 제대로 협력하지 않아서 양안 깊이 지각에도 한계가 있다. 시각계의 정보가 더 정확하고 자세해지기 시작하면 발달하는 뇌도 정보를 더 잘 이용할 수 있게 된다. 이는 아기가 움직이는 대상을 눈으로 추적하거나 정확하게 손을 뻗어 붙잡을 수 있게 되는 행동적 변화로 나타나는데, 생후 약 3개월이 되면 자리를 잡는다.[48]

하지만 무력하다고 여겨지는 우리의 신생아가 얼마나 정교한지 확인하기 위해 탐구하며 아기 시각계가 할 수 없는 일보다는 할 수 **있는** 일을 살펴보자. 밝기 처리(명암 차이에 대한 반응) 능력은 태어날 때부터 있는 것 같다. 실제로 임신 기간에 따라 달라지는 것으로 나타남으로써(조산아의 경우에는 더 약하다) 이는 사전에 프로그래밍된 기술의 좋은 예임을 시사한다.[49] 신생아는 형편없는 시력에도 불구하고 태어난 지 일주일밖에 안 되었을 때부터 이미 민무늬 자극과 줄무늬 자극을 구별할 수 있다. 그리고 흑백 줄무늬나 가로세로 줄무늬와 같은 대비가 강한 무늬를 선호하는 것으로 나타났다.[50]

함께 움직이는 두 개의 눈은 우리가 대상을 깊이 있게 바라보고 주변 세계를 훨씬 덜 흐릿하게 볼 수 있게 해준다. 따라서 얼굴 따위를 더 자세하게 포착할 수도 있고 장난감이나 손가락으로 정확하게 손을 뻗을 확률도 높일 수 있다. 갓난아기의 두 눈은 가끔 따로 놀아서 부모를 불안하게 한다. 당신이 새내기 부모라면 앞으로 갖게 될 수많은 여가시간 중 잠시 짬을 내어 손가락을 아기 코 쪽으로 움직여 이를 시연해보라. 하지만 생후 6주에서 16주에 이르면 두 눈이 협력하기 시작하며 무늬 차이에 반응하고 움직임을 더 정확히 좇는 능력이 생기면서 양안시(입체시) 사용이 시작되었음을 보여준다.[51] 여자 아기가 남자 아기보다 이 기술을 더 빠르게 습득함을 암시하는 증거가 나오자 이 초기 차이가 얼굴 처리에 관한 한 여자아이에게 우위를 제공하는 요인 중 하나일지 모른다는 의견이 제기되었다.[52] 이것이 사실일지도 모르는 이유는 다음 장에서 이야기할 것이다.

아기도 기본적인 색각은 태어날 때부터 가지고 있다. 갓난아기가 일반 회색보다 색깔이 있는 자극을 더 좋아할 뿐 아니라 선택권이 주어지면 붉은 계열의 자극을 제일 오래 쳐다보고 푸른 계열과 노란 계열의 자극을 제일 짧게 쳐다본다는 말이다. 이는 여자아이뿐 아니라 모든 아기가 다 그렇다(핑키피케이션pinkification, 여성용 상품을 분홍색으로 만드는 것-옮긴이) 집단이 생각해보아야 할 사안이 아닐까). 생후 2개월이 되면 모든 색깔에 다른 반응을 보여줄 수 있는데도 어떤 종류든 성차가 있다는 증거는 없다.[53]

물론 눈은 단순한 시각 정보를 수신하는 장치 이상이다. 눈은 사회적 기능도 갖고 있다. 눈 맞춤, 또는 상호 눈 응시는 흔히 사회적 참여와 의사소통의 주요 표시로 여겨진다. 신생아는 일반적으로 눈을 감고 있는 얼굴보다 눈을 뜨고 있는 얼굴을 선호하고 눈길을 돌렸을 때보다 직접 응시할 때의 얼굴을 더 오래 쳐다볼 것이다.[54] 3개월이 되면 아기는 엄마가 자기를 외면하면 상당히 동요할 수 있고 흔히 손을 흔들거나 몸을 들

썩거려 엄마의 주의를 끌려고 할 것이다.•[55]

시선은 한편으로 마치 통신 장치처럼, 주의를 기울일 가치가 있는 뭔가로 관심을 끄는 듯하다. 4개월 된 영아는 대상을 향한 시선에 노출되기만 해도 대상에 관해 학습하는 것으로 나타났는데, 아마도 무서워하는 얼굴이나 기뻐하는 얼굴이 시선에 동반되어서일 것이다.[56] 응시의 선호도 또한 새로운 기술 출현의 좋은 척도로 나타났다. 얼굴의 눈과 입 부위에 우선적으로 주목하는 행동은 얼굴 처리 효율성과 연결되고 그 자체가 사회화 발달로 연결된다.

물론 눈은 보기 위한 것인데, 보는 대상을 차별하고 있다는 것은 환경에서 잠재적으로 유용한 정보를 가려내고 있다는 초기 징후다. 게다가 **남의** 눈이 보고 있는 것이 나에게도 얼마든지 중요할 수 있음을 아는 것은 훨씬 더 정교한 정보 수집 메커니즘이다. 그리고 생후 첫해의 절반도 지나지 않아서 아기가 이런 기술을 마음대로 사용하는 것은 분명하다.[57]

분명해지는 사회적 인식

앞에서 설명했듯이 우리의 사회적 충동은, 뇌에 전문 네트워크가 있음을 미루어볼 때, 우리의 진화적 성공의 비결이라 해도 무리가 아니다. 그렇다면 이런 사회적 뇌 네트워크는 아기에게서도 찾을 수 있을까? 그리고 그것은 언제, 어떻게 작동할까?

성인 인간 뇌의 연구에서 초기 초점이 언어와 의사소통처럼 핵심을 이루는 인지 기술, 그리고 추상적 추론, 창의성처럼 새로이 나타나는 고급 기술에 맞춰졌듯이, 발달하는 아기 뇌에 대한 초기 관심 대부분은 뇌의 변화와 지각, 언어의 기본기 출현이 운동, 조정 능력의 출현과 더불어 어떻게 병행하는가에 있었다. 인간 신생아에서 다른 영역이 삶의 기초를 위한 발판을 확대하는 동안 진화적으로 가장 정교한 뇌 영역인 이마앞엽 영역은 기능적으로 침묵한다고 가정되었다. 우리는 얼마나 잘못 알고 있었던가! 다음 장에서 살펴보겠지만 아기의 사회적 기술은 실제로 더 기본적인 행동 기술보다 한참 앞서 있을 수 있으며 아기들의 사회적 안테나는 매우 일찍부터 생명 유지에 중요한 단서를 포착하도록 맞추어져 있다.

현재 버지니아대학의 심리학자 터바이어스 그로스먼Tobias Grossmann은 영아기의 사회적 뇌를 살펴본 많은 연구를 검토한 끝에 이렇게 결론을 내렸다. "인간 영아는 그들의 사회적 환경에 맞춰져 사회적 상호작용 준비를 완료한 상태로 세상에 진입한다."[58] 그는 영아기 사회적 행동의 초기 징후가 처음에는 자기중심적이라는 점에 주목한다. 아기들은 시선 모니터링 같은 과정, 다시 말해 관심이 공유되는 각본을 통해 자기와 자기의 필요에 관련된 단서를 습득한다. 이제 알려져 있다시피 이런 사회적 행동의 초기 징후를 뒷받침하는 뇌 기반은 주로 고등한 인지적·사회적 기능의 기초인 이마앞엽겉질과 관련된다. 이는 영아를 '반응적·반사적·겉질밑subcortical' 존재로 상정한 초기 모델로는 예측되지 않았을 것이다.[59] 그리고 연구자들은 최근 얼굴의 눈과 입 부위에 초점을 맞추고 사회적 장면의 주요 측면을 적극적으로 쳐다보는 행동의 지속시간, 방향과 같은 '사회적' 응시의 주요 특징이 유전적 요소가 강하고, 따라서 처음부터 내재함을 보여주었다.[60]

늘 그렇듯이 우리가 어떻게 사회적 존재가 되는지를 고려하다보면 뇌 기능의 성차가 이 과정을 뒷받침한다는 증거가 있는지도 궁금해지기

마련이다. 아기 뇌 구조를 깔끔하게 여자아이 줄과 남자아이 줄을 따라 나눌 수 있다는 증거가 현저히 부족한 점을 고려하면 아마 놀랄 것도 없이 사회적 행동의 초기 성차도 비슷하게 발견하기 어려운 것으로 드러나고 있다.

결과를 실제로 재현할 수는 없었던 한 연구의 주장에 따르면 갓 태어난 여자 아기가 남자 아기보다 더 오래 눈 맞춤을 한다.[61] 또 다른 연구에 따르면 태어났을 때 성차가 없었지만 똑같은 영아들을 4개월 후에 살펴보면 상당히 극적인 차이가 나타났다. 눈 맞춤의 빈도와 지속시간이 남자아이는 거의 변함이 없었던 데 반해 여자아이는 거의 네 배로 늘어났다.[62]

사이먼 배런코언의 팀도 생후 12개월 된 여자아이 집단에서 눈 맞춤의 빈도가 더 높다는 점에 주목했다.[63] 따라서 이 핵심 사회적 기술에 관한 한 남자 아기와 여자 아기가 설령 똑같이 시작하더라도 시간이 지나면서 성차가 생겨나는 것처럼 보인다. 엄마들이 아들보다는 딸과 눈 맞춤을 하는 시간이 더 길다는 분명한 증거는 없다. 하지만 남자아이는 돌아다니면서 거칠게 놀도록 더 많이 고무되다보니 대면 접촉에 시간을 쓰지 못함에 따라 '학습 기회'가 줄어들 것이다.[64]

겁에 질린 새내기 부모에게 나누어주는 '발달 이정표' 가이드에 익숙한 모든 사람은 모든 형태의 영아 발달에 가장 흔한 특징이 이 초조하게 연구되는 집단이 보여주는 거대한 가변성이라는 사실을 알아야 한다. 사회적 미소는 언제 나타나야 할까? 글쎄, 4주 만일 수도 있고, 어쩌면 6주 만일 수도 있으며, 12주까지 전혀 없을 수도 있다. 그러면 그 경이로운 첫 단어는? 낙관적으로는 6개월, 더 현실적으로는 12개월? 상황이 거의 똑같은 순서로 벌어진다는 것은 우리도 안다. 하지만 그 너머에서 우리는 흔히 전문가단(자격이 충분하다고 하는 가족, 방문 간호사, 지나가던 낯선 사람 그리고/또는 가장 악질적인 신경쓰레기 육아 지침서의 저자로 구성된다)의 어느 정도 안심시키는 민중 지혜에 맡겨져 있다. 그들은 거의 어김없이 우리에게 아들아이는 모든 것을 딸아이와 다르게 하고 다른 때에 하리라고 말할 것이다. 작은 인간은 얼마나 능숙할까? 그리고 이런 기술은 이른바 전문가들이 단언하는 깔끔하게 젠더화된 줄을 따라 실제로 나뉠까?

신경과학의 관심이 이제 사회적 존재로서의 인간 쪽으로 바뀌면서 이 일선에서는 성인뿐 아니라 아기도 기술을 면밀히 조사받고 있다. 아기는 태어났을 때 매우 무력해 보이지만 우리가 보았다시피 그들의 정보 처리 체계는 놀랍도록 높은 수준의 효율성을 보여주어 머지않아 주변 세계의 미묘한 차이를 인식하는 듯하다. 아기는 이런 기술을 얼마나 일찍부터, 얼마나 많이 적극적인 사회 참여 체계로 사용할 수 있을까? 아기는 걷고 말을 해야 비로소 세상에서 사회적 존재로 인정받기 시작할 수 있을까? 아니면 출발부터 사실상 사회적 존재, 세상이 제공하는 모든 메시지를 받아들일 준비가 된 작은 상호작용 챗봇일까?

그 답은 당신을 놀라게 할지도 모른다.

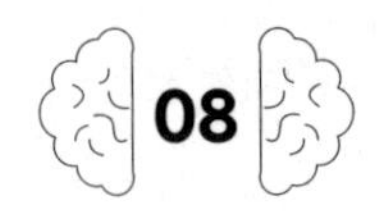

아기에게 성원을

갓 태어난 아기가 무엇을 할 수 있는지(그리고 그들이 궁극적으로 어떻게 완전히 기능하는 인류의 구성원으로 발달하는지)에 대한 우리의 이해는 잘 알려진 '본성 대 양육' 논쟁으로 특징지어져왔다.

이야기의 '본성' 버전에서 아기들은 예정된 줄을 따라 발달할 것이다. 즉 최종 결과물은 소유자의 유전적 청사진에 의해 거의 정해져 있을 것이다. 아기의 뇌와 뇌가 지원하는 행동도 예외가 아닐 것이다. 이 내장된 프로그램은 가차 없이 펼쳐져 아기가 결국 어떤 유형의 어른이 될지 결정할 것이다. 모든 차이는 그 종의 특정 버전에 필요한 기술의 종류를 반영할 것이다. 이 '본성 지배' 버전은 때때로 '전차 궤도 모델tramline model'로 알려져 있으며 종착지는 출발점과 이미 놓인 노선을 통해 거의 정해져 있다. 변화하는 요구를 처리할 어느 정도의 유연성은 있지만 극적인 변동은 피한다. 최종 결과물이 예정된 역할에 잘 맞아야 하기 때문이다. 생물학은 운명이다.

물론 유전적 청사진에는 아기의 성이 포함될 것이다. 다프나 요엘Daphna Joel이 3G 모델로 기술하는 것은[1] 아기의 생식기genital와 생식샘gonad의 특징적 차이를 결정하는 유전자gene가 아기 뇌의 차이도 결정할 것이라고 믿는다. 이 '배선된' 뇌 차이는 갓 태어난 여성과 남성의 적성과 능력을 규정하여 인생에서 서로 다른 길을 따라 그들을 데려가 그들이 된 성인의 다른 직업과 성취로 표시된 다른 종착지에 도착할 것이다. 여자 아기와 남자 아기 사이에서 아주 초기에 나타나는 차이는 그런 차이가 타고난, 다시 말해 '선천적인' 것이라는 버전의 증거물로 환영을 받을 것이다. 그리고 적당한 색으로 암호화된 '여자아이입니다' 또는 '남자아이입니다'라는 문자로 유용하게 포장되어 갓 태어난 이들의 '독특한 경이와 특별한 본성'을 대신 열거해줄 가능성이 크다.

동전의 뒷면은 이른바 '양육주의' 접근법으로, 인간 아기는 '빈 서판'이고 그 위에 생후 경험의 효과가 새겨진다는 관념에 초점을 맞춘다. 기본 전제는 아기와 그들의 뇌가 할 수 있는 일, 습득하는 일련의 기술, 말하게 되는 언어, 어쩌면 세상을 보는 방식까지도 전적으로 성장 환경에 의해, 학습 경험과 마주치는 사회의 규칙에 의해 형성된다는 것이다. 이런 종류의 경험 의존적 접근법은 '사회화' 접근법으로 생각할 수 있다. 아기는 자기가 태어난 성인 세계를 모방함으로써 어른이 되는 법을 배운다. 여자아이와 남자아이, 여성과 남성의 행동방식과 성취에서 관찰되는 차이는 어떤 형태의 생물학적 사전 프로그래밍으로 결정되는 것이 아니라 그들의 세상이 그들에게 가지는 기대의 차이, 그리고 그들이 가졌던(또는 갖도록 허락되었던) 인생 경험의 차이로 결정된다.

사실상 반대되는 이 두 가지 시각의 더 동시대적인 융합물도 여전히 생물학적 특징을 함축하지만 '생물학은 운명'이라는 초기 버전에 비하면 이번에는 최종 결과물을 결정하는 데서 생물학적 특징에 훨씬 적은 권능을 부여한다. 이 관점에서 볼 때 당신과 당신 뇌는 공평하게 표준적인 궤도 위에서 출발할 수도 있지만 앤 파우스토스털링이 뇌 발달 경로의 '물결 지형corrugated landscape'이라고 부르는 아주 작은 변화에도 방향이 바뀔 수 있다.[2] 여정을 시작할 때는 가능한 경로가 많아서 갖가지 사건이나 경험이 노선을 이 길에서 저 길로 옮길 수 있다. 이런 변화는 지극히 사소한 방향 전환으로도 일어날 수 있다. 이는 엄마가 그녀에게 어떻게 말을 걸었는지, 일어나서 돌아다니라고 얼마나 격려를 했는지와 같은 아기 삶의 아주 작은 변화를 반영한다.

앤 파우스토스털링은 이런 초기 상호작용을 모델링하고 나중에 능력을 대조하여 여자 아기와 남자 아기에 대한 반응의 매우 초기의 차이가 과거에 선천적이라고 주장되었던 기술 차이(이를테면 조기 걷기)와 얼마나 관련이 있는지 보여주었다.[3] 아기의 기술에서 생겨나는 차이에 관한 비교적 탄탄한 연구 결과 중 하나는 남자아이가 더 많이 움직이고 더 일찍 걷는 경향이 있다는 것이다. 하지만 또 하나의 비교적 탄탄한 연구 결과에 따르면 남자 아기는 여자 아기보다 '운동 격려'를 더 많이 받는다. 심지어 그 남자 아기가 사실은 교활하게 멜빵바지를 입고 변장한 여자 아기일 때도 마찬가지다(그래서 고정관념도 쓸모가 있을 수 있다!).[4] 우리가 지난 장에서 배웠듯이 뇌에서 운동 통제에 중심이 되는 부분인 소뇌는 생후 첫 3개월 사이에 크기가 두 배가 된다. 이제 소뇌는 여자아이보다 남자아이가 평균적으로 더 빨리 성장한다는 것을 알게 되었다.[5] 중요한 쟁점은 이 변화가 남자아이의 운동 기술을 주도하는지, 아니면 남자아이가 훨씬 더 많이 하는 운동 경험을 반영하는지의 여부다.

여기서 주요 메시지는 어떤 뇌의 궤도도 정해져 있지 않을 수 있다는 것이다. 오히려 그것은 기대와 태도의 매우 작은 차이로도 방향이 바뀔 수 있다. 하나의 길에서 출발할 수 있지만 작은 갈림길이 나타나면 다른 길로 갈 수도 있다. 만약 그 방향 전환이 젠더별로 일어난다면 당신이 들어선 골짜기는 당신을 분홍 공주들의 세상으로 이끌 것이다. 원래 종류가 다른 레고 왕국을 향하고 있었더라도 말이다. 이것은 고전적인 '본성 대 양육'보다 훨씬 더 복잡한 발달 모델이다. 발달하는 뇌가 따라갈 수 있는 길은 뇌 자체의 특성뿐 아니라 도중에 마주치는 차단된 구간이나 우회로도 포함하여 밀접하게 얽힌 많은 요인의 혼합물에 의해 결정될 것이다.

제5장에서 살펴보았던 우리 뇌의 평생 가소성과 '예측' 본성에 관한 발견은 본성 논의와 양육 논의 양쪽에 변화를 가져왔다. '본성' 개념은—있던 그대로—이제 체계가 배선되어 있다가 호르몬에 의해 결정된다는 관념으로 변형되었다. 이 경우 신경세포적 지원 체계는 태어날 때부터 마련되어 있지만 바깥세상이 좀 더 큰 역할을 한다. 마치 특정 앱이 미리 깔린 스마트폰처럼 뇌가 결국 하게 될 일은 입력되는 데이터에 따라 달라진다. 하지만 그 체계는 여전히 '적절한' 과제별 앱의 존재에 제약을 받을 것이다. 구글맵이 없으면 길을 찾기가 힘들 것이다. 이것은 생물학을 타협하지 않는 운명으로 제시하는 모델보다는 '생물학이 한계를 부과하는' 모델에 훨씬 더 가깝다.

반면에 '양육' 논의의 새로운 해석에서 뇌를 '자동완성 문자 입력기'에 가까운 것으로 상상한다면 아기 뇌는 신생 '심층 학습' 체계의 첫 단계로 생각할 수 있다. 이런 종류의 체계는 사실상 노출되는 정보에서 규칙을 추출한다. 따라서 점점 더 진보한 체계는 결국 어떤 종류의 명시적 도움이나 안내도 필요로 하지 않는다. 오히려 이전 시도의 성공이나 실패에서 얻은 피드백을 사용하여 환경에 대한 다음 참여를 개선한다. 이런 체계는 뇌를 기반으로 하니 물론 생물학적으로 결정되지만 훨씬 더 유동적이고 유연하다. 마련되어 있던 더 임시적인 '소프트 어셈블리'가 필요한 데이터를 습득하여 적절한 템플릿을 생성하면 그 템플릿의 출력물을 통해 결과적으로 업데이트가 이루어지고 다음 도전을 해결하는 일로 초점이 옮겨가기 때문이다.

이 두 모델은 우리의 성차 이해에 나름대로 의미가 있다. 만약 당신이 앱을 받지 않았다면 당신은 문제를 풀/게임을 할/저 까다로운 정서 신호를 읽을 수단이 없을 것이다. 반면에 당신은 앱을 갖고 있을지도 모르지만 세상이 당신에게 데이터를 제공하지 않을 수도 있고, 당신이 받는 데이터가 소유한 스마트폰의 종류에 따라 달라질 수도 있다. 말하자면 분홍 색조의 촉촉한 형태는 한 메시지 세트를 받고 파란 색조의 무장한 형태는 다른 메시지 세트를 받을 수도 있다.

하지만 이 모든 것이 언제 시작되느냐에 관한 주요 쟁점이 남아 있다. 지난 장에서 살펴보았듯이 이제 우리는 아기 뇌와 어린 시절에 일어나는 극적인 변화에 훨씬 더 쉽게 접근할 수 있게 되었다. 하지만 아기는 이런 뇌로 무엇을 하고 있을까? 아기는 보고, 듣고, 움직이는 인지적 기초를 습득하느라 여념이 없고 그들의 세계는 이를 촉진하기에 적절한 종류의 데이터를 입력할 방법을 찾아줄까? 아기는 그것 말고 무엇을 해낼 수 있을까? 아기는 핵심 '인지적 역량'만큼 사회적 규칙도 빠르게 습득할까? 발달심리학자와 발달인지신경과학자의 일은 우리 아기의 세계에 관하여 어떤 경악스러운 연구 결과를 공개하는 것이다. 이는 우리가 아기는 무엇을 할 수 있는지, 언제 할 수 있는지, 그리고 우리의 매우 작은 인간을 사전 로딩된 스마트폰 또는 초보 심층 학습자로 볼 수 있는 정도를 이해하는 데 도움을 준다.

꼬마 언어학자

뇌가 말소리나 언어와 유사한 소리에 반응하는 방식은 아마도 인간 아기에게 아주 특별하게 중요할 것이다. 인간 아기는 대부분의 경우 언어나 언어 관련 과정을 통해 소통하는 사회공동체 일부로 성장할 것이다. 우리 신생아의 미완성 뇌는 아기의 언어 공동체로 뛰어들 수 있도록 경악스러울 만큼 잘 갖추어져 있다. 비록 아기가 꺼낼 화두라고는 몇 마디 까르륵거리는 소리와 약간의 찢어질 듯한 고함이 전부인 것처럼 보이지만 말이다. 신생아는 녹음된 말이 정방향으로 재생되는 소리와 역방향으로 재생되는 소리의 차이를 구분할 수 있다. 겉으로 보기에는 명백하게 유용한 기술이 아닐지도 모르지만 뇌가 말과 유사한 패턴으로 배열된 소리에 반응하고 무작위로 수집한 소리에는 반응하지 않도록 이미 점화되어 있음을 여실히 보여준다.[6] 그녀는 자신의 언어와 외국어의 차이도 구분할 수 있다.[7] 생후 5일밖에 되지 않은 아기들이 인상적으로 젖꼭지를 더 열심히 빨거나 덜 열심히 빠는 것으로 보여줄 수 있는 바에 따르면 아기들은 영어, 네덜란드어, 스페인어, 이탈리아어의 차이도 안다.[8] 이 믿을 만하게 젠더화되었다고 추정되는 기술에서 초기 성차의 징후는 있는가? 지금까지 보고된 바가 없다.

조금 더 나중에 생겨나는 차이는 언어 능력의 선천성이나 그 반대에 관해 단서를 제공할까? 여자아이가 더 일찍 말하고 더 나은 자발어와 어휘력을 보여주는 초기 차이는 일관되게 보고된다.[9] 그런 차이가 너무도 흔히 그렇듯 효과 크기는 사실 지극히 작아서 남자아이와 여자아이 사이에는 상당한 중복이 있다. 그러나 그 차이가 미미하기는 하지만 광범위한 언어 공동체에서 실재하는 것처럼 보이는 점은 선천적 요인이 작용하고 있음을 시사할 수 있다. 하지만 엄마와 영아의 언어적 상호작용을 시간 경과에 따라 추적한 연구가 보여준 바에 따르면 엄마는 아기가 태어났을 때뿐 아니라 11개월에도 여자아이와 더 많이 말을 하므로 여기에는 일부 환경적 요인이 작용한다.[10] 이는 가변적 지형과 상호작용하는 생물학적 요인의 좋은 예다. 아기의 청각겉질은 태어난 후 초기 몇 달 사이에 극적으로 발달하는데, 신경세포와 세포 간 연결선의 성장은 경험에 따라 달라지므로 결국 아기가 노출되는 소리의 유형은 아기가 알아듣고 반응할 언어(들)를 결정한다.[11] 만약 엄마가 영아 여자아이에게 더 많이 말하고 더 많이 목소리로 응대한다면 엄마는 딸에게 다른 '소리 경험'을 제공하는 것이다. 앤 파우스토스털링이 제안한 것처럼 아마도 여자아이가 더 일찍 보여주는 언어 기술은 여자 아기의 '호출과 응답call and response'(일명 '서브와 리턴') 경험이 달랐던 결과일 것이다.[12] 실제로 여자 아기의 언어 체계에는 이미 차이가 있어 애초에 부양자에게서 다른 반응을 유발했을 수도 있지만 원리는 여전히 같다. 종착지는 본성이나 양육 하나가 결정하는 것이 아니라 두 가지가 끊임없이 오락가락하며 결정한다.

나중에 살펴보겠지만 여성이 언어적으로 우월하다는 고정관념은 면밀히 조사하면 허점이 드러난다. 남성과 여성의 점수 분포가 엄청나게 중복되고 다른 검사를 사용하면 많은 차이가 사라진다. 따라서 이런 이야기에서는 보기 드물게 언어 습득의 일부 측면에서 초기 성차가 희미하게 나타난다. 하지만 그것의 존재는, 그리고 실은 그것을 찾고자 하는 행위도, 사실상 사라진 듯한 성인 남녀 차에 대한 믿음에 기반을 두고 있다.

아기 과학자

인류의 다양한 높은 수준의 업적에 순위를 매기라고 하면 당신은 아마 수학과 물리학 법칙의 이해를 목록 거의 맨 위에 올릴 것이다. 한편으로는 그런 위업을 오랜 세월 교육받은 후에만 성취할 수 있는 것, 더 나아가 아무리 많은 기회를 주어도 범접할 수 없는 것으로 특징지을지도 모른다. 따라서 매우 어린 아기들이 고급 과학의 기본 원리를 이미 파악했다는 것을 알면 놀랄지도 모른다. 세상에 도착한 지 이틀 만에 아기들은 큰 수와 작은 수의 차이를 구분할 수 있다. 웃는 얼굴을 몇 개만 보여주는 사진에는 짧게 울리는 삐 소리를, 웃는 얼굴이 많이 있는 사진에는 길게 울리는 삐 소리를 짝짓는다.[13] 2, 3개월 후 아기들은 관으로 굴러 들어가는 것을 본 공이 관 끝에서 굴러 나오지 않으면 놀라움을 표할 것이다.[14] 5개월 후에는 유리잔의 액체처럼 보이는 것이 고체로 드러나면, 즉 가짜 물에 빠뜨린 줄무늬 빨대가 수면에서 멈추는 순간 동요한다.[15] 따라서 세상에 태어난 지 5개월 안에 아기들은 자신이 이미 기초 수학(또는 수리 감각)과 직관적 물리학, 즉 물체는 보통 어떻게 움직이는지, 물질의 기본 특성은 무엇인지 파악했음을 입증하고 있다. 이른바 '핵심 지식'을 소유하고 있다는 것은 인간 영아가 무력하거나 수동적인 주변 세계 수신기이기는커녕 경이롭도록 정교한 관찰력을 가지고 그 세계와 상호작용할 수 있다는 또 다른 증거다.

물론 우리에게 중요한 질문은 이런 내재적 적성에 태어났을 때부터 성차가 있느냐는 것이다. 여성이 너무 적게 나타나는 STEM 과목에서 우리의 꼬마 과학자들이 입증하는 종류의 물리학·수학 기술이 무엇보다 중요할 것이다. 정치적으로 부당하든 말든 일종의 선천적 젠더 격차가 있다는 증거를 우리가 나서서 찾아볼까? 만약 '체계화'에 성차가 있다면, 즉 규칙에 기반을 둔 물리적 체계와 그런 체계의 특징에 대한 흥미에 성차가 있다면 이런 차이는 태어났을 때부터 입증할 수 있는 종류의 '순진한 물리학' 기술의 초기 출현에 반영되지 않을까?

앞에서 설명한 '아기 물리학' 연구를 통틀어도 성차를 보고한 경우는 한 건도 없었다. 나중에 과학에서 젠더 격차 문제가 계속되는 근원을 조사할 때 이 점을 유념해야 한다. 하지만 어쩌면 초기부터 더 포괄적인 차이는 있을 수도, 남자 아기들이 단순히 비사회적 정보에 선호를 보여줄 수도 있을까?

밝혀진 바와 같이 이것이 신생아에게서 입증되었다는 초기 주장에 대해서는 약간의 논쟁이 있었다. 사이먼 배런코언의 연구실에서 제니퍼 코널런Jennifer Connellan이 수행한 연구는 남성이 얼굴이 아니라 기계적 대상을 선천적으로 선호한다는 증거로 널리 인용되어왔다.[16] 제니퍼 코널런의 연구에서는 신생아들에게 실험자 자신이나 납작한 얼굴 모양의 모빌을 제공했다. 모빌에는 실험자의 얼굴 일부 사진이 뒤죽박죽 붙어 있었다. 각각의 자극을 주시한 시간을 선호의 척도로 삼았다. 여기서 실제 연구 결과를 좀 자세히 설명할 가치가 있다. 그러면 나온 주장이 다소 놀라운 이유를 알 수 있기 때문이다. 테스트한 여자 아기 58명 중 거의 절반(27명)은 얼굴이든 모빌이든 **전혀** 선호도를 나타내지 않았다. 나머지 중 21명은 얼굴을 더 오래 쳐다보았고 10명은 모빌을 더 오랫동안 바라보았다. 테스트한 남자 아기 44명 중 14명은 전혀 선호도를 보이지 않았고 11명은 얼굴을, 19명은 모빌을 선호했다. 따라서 아기의 40퍼센트가 실제로 전혀 선호도를 보여주지 않았는데도 이런 결과 해석의 주된 초점은 모빌을 선호하는 남자아이와 여자아이의 비율 차이—각각 25퍼센트와 17퍼센트—에 있었다. 이는 '자연스러운 생물학적 움직임'이 특징인 얼굴과 달리 '물리기계적 움직임'을 보여주는 기계적 대상을 남성이 선호한다는 증거로 해석되었다. 연구자들은 영아들이 갓 태어났으므로 그 차이는 기원이 생물학적이어야 한다고 주장했다. 이것은 중요한 연구 결과로 환영을 받았다. 이른바 사회적 기술의 성차나 세상에서 주의를 기울일 대상에 관한 선호의 성차가 태어났을 때부터 존재한다는 증거를 제공하는 것처럼 보였기 때문이다.

이 연구는 인용된 만큼 널리 비판받았다. 예컨대 실험자는 테스트 중인 영아의 성별에 관해 모르지 않았고 비교한 자극도 표준 관례대로 함께 제시하지 않고 하나씩 제시했다.[17] 이런저런 문제를 고려하면 그 연구가 재현된 적이 없는 것(보통 타인의 논문에 따라 '연구를 똑같이 해보았지만 같은 결과가 나오지 않았을 경우'를 가리키는 상투적 표현-옮긴이)은 놀라운 일이 아니다. 같은 질문을 하는 다른 연구들(얼굴과 사물의 대결)도 있기는 했지만 그 연구들은 더 나이가 많은 아기들(5개월 이상 된 베테랑)에 관한 것이었고 사물로는 장난감을 사용했는데, 앞으로 살펴보겠지만 이는 다른 쟁점을 제기한다.[18] 설사 방법론적으로 문제가 없었다고 해도 그 실험은 겉보기에 명확한 연구 결과가 어떻게 덜 명확한 이야기를 숨기고 있을 수 있는지를 보여주는 사례 연구감으로 손색이 없다.

하지만 그것은 과학 관련 기술에 조기 성차의 증거가 없다는 말이 아니다. 알다시피 많은 주목을 받아온 영역 중 하나는 바로 대상을 '심적으로 회전시키는' 능력이다. 주장에 따르면 이 능력이 주는 공간 조작 기술은 과학과 수학에서 주요 개념을 이해하는 데 기본이 된다.[19] 심적 회전 능력은 측정할 수 있는 가장 탄탄한 성차 중 하나로 흔히 인용된다. 남성이 (평균적으로) 일관되게 여성을 능가하고 그런 연구의 메타분석이 보고하는 효과 크기는 작은 수준에서 보통 수준에 이른다.[20]

그렇다면 이 기술은 생후 1개월 된 아기에게 그 또는 그녀가 '3차원 물체의 2차원 표상을 조작하는 것을 상상'해보라고 설명하기가 어렵다는 점을 유념하고도 생애 초기부터 명백할까? 영아를 상대로 하는 연구는 '놀라움'이나 '새로움' 접근법을 사용하는 경향이 있다. 여기서는 똑같은 이미지 한 쌍(말하자면 다른 각도에서 본 숫자 '1')을 여러 번 반복해서 보여준 다음에 테스트 쌍을 보여준다. 그 쌍에서 하나는 사실 어울리는 짝이었을 이미지의 거울상이다. 아기는 새로운 모든 것에 선호를 보여주므로 이 변화를 알아차린 아기는 이 생뚱맞은 쌍을 쳐다보는 데 더 오랜 시간을 소비할 것이다.

생후 3개월에서 4개월 아기들의 심적 회전을 조사한 한 연구에서 세운 가설도 이 새로움 선호 척도를 사용했다.[21] 보고된 결과에 따르면 남자아이들은 새로운 쌍을 그 시간의 62.6퍼센트 동안 쳐다보았고(우연 이상의 차이), 여자아이들은 50.2퍼센트 동안 쳐다보았다. 좀 더 나이가 많은(생후 6개월에서 13개월) 아이들이 비슷한 과제를 실행한 경우에는 양성 모두 거울상으로 자극하는 쌍을 우연보다 더 오래 쳐다보았다. 미미한 성차가 있기는 있었다. 남자아이들이 거울상 쌍을 여자아이들보다 3.4퍼센트 더 오래 쳐다보았다. 하지만 점수는 크게 중복되어 있었다. 그때부터 영아 남자아이는 구성 성분 중 하나를 회전시켜 새로움을 도입한 이미지를 실제로 더 오래 쳐다본다는 일반적 합의가 생겼다. 하지만 이것은 반드시 여자아이가 거울상을 보지 못한다는 뜻이 아니다. 어쩌면 여자아이는 그 거울상에 남자아이와 같은 양의 관심을 주지 않는 것뿐일 수도 있다. 성차를 보고하는 데 실패하는 연구는 더 '흥미로운' 자극—이를테면 움직이는 물체의 동영상이나 실물 3D 물체—을 사용할 가능성이 있다. 그러므로 어쩌면 여자 아기는 숫자나 레고형 도형의 밋밋한 흑백 사진에 취미가 없을 뿐일지도 모른다. 그러나 미미한 성차는 있다(지금으로서는).

언어나 과학적 개념처럼 더 높은 수준의 인지 기술에 관해서도 아기들은 아주 어릴 때부터 놀랍도록 정교하다. 언어 유창성, 공간 인지, 뛰어난 수학 능력이 1970년대에 엘리너 매코비와 캐럴 재클린이 성차를 가장 확실히 보여주는 것으로 인정한 핵심 역량 세 가지인 점을 명심한다면 이런 성차는 아주 초기부터 분명할 것이라고 예상할지도 모른다. 하지만 증거가 부족하다. 노력이 부족해서 그런 것은 아니지만 말이다. 2005년 하버드대학 발달연구실을 이끌고 수십 년 동안 아기들의 역량을 연구해온 엘리자베스 스펠케Elizabeth Spelke가 수학과 과학을 위한 내재적 적성이라는 주제로 중대한 비판적 리뷰를 출판했다. 여기에는 신생아와 영아의 과학 기술에 관한 그녀 자신과 다른 사람들의 연구도 고려되어 포함되었다. 그녀는 이 단계에 성차의 증거가 없다는 의견을 확실히 한다. "30년에 걸쳐 수행된 수천 건의 인간 영아 연구가 사물, 사물의 움직임, 사물의 기계적 상호작용에 관한 지각, 학습, 추리 중 어느 하나에서도 남성이 유리하다는 증거를 제공하지 않는다."[22]

그런데도 사회에 젠더 격차가 계속 존재함을 고려하면 아마도 우리는 사회적 기술로 관심을 돌려 여자 아기와 남자 아기가 사회에서 인정받는 방식에 차이가 있는지, 그리고 이런 차이가 최종 종착지의 차이를 결정할 수 있는지 확인해야 할 것이다.

아기와 얼굴

언어와 유사한 소리를 처리하는 초기 능력이 향후 사회화를 위한 토대를 만들 수 있는 것과 같은 식으로 얼굴을 처리하는 초기 능력도 새로운 인간에게 필수적인 기술이라고 주장된다. 사회적 존재가 되려면 아기는 이 기술을 최대한 일찍, 최대한 효율적으로 발달시킬 필요가 있다. 방법은 적절한 '얼굴 처리 앱'을 가지고 태어나는 것, 그리고/또는 미숙한 신경적 발판을 마련하여 필요한 전문 기술을 획득해나가는 것, 그리고/또는 매우 빠르게 학습하여 얼굴이 얼굴이라는 것, 하지만 어떤 얼굴은 다른 얼굴보다 더 쓸모가 있다는 것, 그리고 그런 얼굴의 표정도 얼굴 주인이 어떻게 행동할지에 관한 유용한 단서일 수 있음을 학습하는 것이다.

그렇다면 먼저 얼굴이란 무엇일까? 그리고 아기는 그것을 어떻게 인식할까? 당신은 그 질문에 답하는 쉬운 방법이 아기에게 얼굴 사진과 뭔가 다른 사진을 보여주고 아기가 어느 쪽을 선호하는지 알아보는 것이라고 생각할지도 모른다. 하지만 모든 발달인지신경과학자는 당신에게 이렇게 말할 것이다. "그것보다는 좀 더 복잡하다는 것을 알게 될 겁니다." 얼굴은 '특별'한가? 그것의 처리만 전담하는 자체의 뇌 네트워크가 얼굴 인식하기와 표정을 사회적 활동에 훨씬 더 가깝게 만듦으로써 이것에 능한 사람에게 '사교적인 사람'이라는 태그가 붙게 할까? 아니면 얼굴은 특정한 배치(입에 발리게 업계에 알려진 말로 '상하 비대칭 배치')의 형상 모음에 불과할까? 일반적으로 둥그스름한 형상이 위에 두 개 있고 비교적 반듯한 형상이 아래에 한 개 있는 일종의 삼각형? 이는 얼굴 처리를 그저 시각적 처리의 더 우수한 형태로 분류할 수 있고 **모든** 종류의 시각적 정보 처리에 사용하는 체계로 관리할 수 있다는 의미일 것이다.[23] 이것을 잘한다고 해서 꼭 사교적인 사람 등급이 높아지지는 않을 것이다. 신생아의 심박수가 올라가고 빠는 속도가 빨라지면서 입이 벌어지는 이유는 그녀가 **당신**(그리고 당신이 그녀에게 의미할 모든 것)을 인식하기 때문일까? 그녀가 당신을 알아보면 아마도 당신의 심박수가 올라갈 테니까 (영리하게도) 당신이 그런 인정을 받기 위해 계속 열심히 일하도록 보장하기 때문일까? 아니면 그녀가 그냥 역삼각형으로 배열된 특정 형상의 집합에 반응하기 때문일까? 그렇다면 엄마와 유대 맺기를 겨루는 상황에서는 점수를 별로 못 딸지도 모른다.

이것은 그래서 어쨌다고 유형의 말싸움에 가까워 보일지도 모르지만 아기들이 얼마나 '사회적'이고, 얼마나 일찍부터 그러한지를 이해하는 면에서 매우 중요한 부분이다. 런던대학 버크벡칼리지의 마크 존슨Mark Johnson이 제안한 이론은 미발달 신생아 체계가 외부세계의 입력에 맞추어 얼마나 신속히 조정되고 개선될 수 있는지에 대해 훌륭한 예를 제공한다. 그런 결과는 세련되고 고도로 특화된 기술이 되는데, 이 경우는 필수적인 사회적 목록의 일부가 된다.[24] 그는 신생아는 선천적으로 얼굴과 유사한 자극을 지향하는 성향이 있으므로 얼굴형 윤곽선 안에 세 개의 밝은색 얼룩을 눈, 입과 비슷하게 배치하면 될 뿐 실제 얼굴을 제시할 필요는 없다고 제안했다. 그는 이를 지원하는 뇌 체계를 "콘스펙ConSpec"이라고 부른다(이 경우에는 결국 그것의 주인이 동종conspecific을 알아보도록 하는 데 도움이 될 것이다). 이 체계의 작동은 특정 종류의 자극에 초점을 맞춤으로써 발달 중인 시각계에 대한 입력을 편향시킬 것이고, 제2단계 과정(이른바 "콘런ConLern")을 통해 그 체계와 관련된 부분을 '개인 교습'하게 되므로 이는 점점 더 선택적이 된다. 그러면 여기에는 우리의 뇌가 우리를 위해 끊임없이 설정하고 있는 예측적 사전 확률이 반복된다. 이 얼굴 체계는 결국 일정한 종류의 얼굴에만 반응하기 시작하면서 낯익은 얼굴과 낯선 얼굴, 남성 얼굴과 여성 얼굴, 자기 인종 얼굴과 다른 인종 얼굴의 차이를 알아챌 수 있게 될 것이다. 게다가 더 미묘한 특징, 이를테면 서로 다른 정서적 표현을 분류할 수도 있다. 그것도 이 모든 것을 약 석 달 안에![25]

아기들은 태어났을 때부터 세 개의 얼룩 집합이 아무렇게나 배열되어 있을 때가 아니라 얼굴처럼 배열되어 있을 때 더 민감하게 반응한다.[26] 그리고 발달심리학 연구에 참여하려면 최소 나이 제한이 있어야 한다고 생각했을 때 최근의 어떤 연구는 심지어 자궁벽을 통과하는 특정 유형의 빛을 비추면 임신 3분기의 태아에게도 세 얼룩의 직립 버전과 물구나무 버전을 제시할 수 있다고 보여주었다.[27] 연구자들은 4D 초음파 기술을 사용하여 태아가 얼룩들이 뒤집혀 있는 배치보다는 바로 서 있는(얼굴 같은) 배치 쪽으로 유의미하게 더 자주 고개를 돌릴 것이라는 가설을 입증할 수 있었다. 따라서 인간 아기는 세상으로 들어가기도 전에 존재하는 가장 중요한 사회적 자극 중 하나에 관심을 기울이도록 점화되는 것처럼 보인다. 이는 (놀랄 것도 없이) 소규모 연구였으므로 재현이 필요하겠지만, 아기들이 심지어 태어나기도 전에 얼마나 경험에 대비되어 있는지에 대한 흥미로운 통찰을 제공한다.

(평균적으로) 성인 여자는 재인再認, recognition(과거 경험을 다시 떠올림-옮긴이), 기억과 같은 얼굴 처리의 몇몇 측면에서 남자보다 낫다고 주장된다.[28] 그렇다면 아이들, 특히 영아들도 마찬가지일까? 우리가 보고 있는

현상은 발달 중인 아이에게서 어김없이 펼쳐지거나 적어도 그녀에게 생겨날 기술을 위해 기초를 제공하는 일종의 선천적인, 즉 경험과 무관한 메커니즘일까? 아니면 얼굴을 잘 다루는 것은 여성이 위안과 조언, 위로를 해주는 역할에 적합하다는 믿음을 고려할 때 어쩌면 남자아이보다 여자아이에게 더 많이 가르치는 것일까?

얼굴 재인에 관한 많은 연구가 이 기술은 여성이 일반적으로 우월함을 확인했다. 어떤 연구는 이 우월성이 단지 여성이 여성 얼굴을 더 잘 기억하는 ('자기젠더 편향'으로 알려진) 범위로 국한될지도 모름을 시사하지만 말이다.[29] 스웨덴 카롤린스카연구소의 심리학자 앙네타 헤를리츠Agneta Herlitz와 요한나 로벤Johanna Loven이 메타분석을 수행하여 150건에 달하는 각종 연구의 데이터를 살펴보고 확인한 바에 따르면 평균적으로 여성이 얼굴 재인과 회상에 더 능했는데, 이는 성인 여성뿐 아니라 아동(3~11세 또는 12세)과 청소년(13~18세)도 마찬가지였다.[30] 앞에서 살펴보았다시피 아기들은 상당히 일찍부터 뛰어난 얼굴 처리자인데도 이 단계에서 성차를 입증한 연구는 한 건도 없었다. 이 메타분석은 여성이 심지어 매우 어린 여성일지라도 남성이 남성 얼굴을 기억할 때보다 다른 여성의 얼굴을 훨씬 더 잘 기억한다는 것도 보여주었다. 흥미롭게도 이 두 가지 관찰은 뇌 분야 연구 결과가 병행된다. 얼굴 재인의 fMRI 연구에서 여자아이와 여성은 얼굴 처리 네트워크에서 더 큰 활성화를 보여주고 남성보다 자기 집단 얼굴에 더 큰 반응을 보인다.[31]

그렇다면 이 특별한 기술은 어디에서 왔을까? 특히 동성 얼굴을 볼 때 여자가 남자보다 (물론 평균적으로) 더 나은 이유는 무엇일까? 우월한 재인 기술에 대한 한 가지 설명은 눈 응시에, 즉 인간의 상호작용을 확립하는 데 눈 대 눈 맞춤이 하는 역할에 기반한다. 더 오래 응시할수록 응시하고 있는 사람에 관해, 특히 그의 얼굴에 관해 더 많은 정보를 비축하게 될지도 모른다. 앞에서 살펴보았듯이 신생아의 눈 응시에 성차가 있다는 좋은 증거는 없는 듯하지만 4개월이 되면 여자 아기의 상호 눈 응시는 남자 아기보다 더 길고 더 잦으므로 그들의 얼굴 처리 기술이 생겨나는 데 기초가 될 가능성이 크다.[32] 따라서 아마도 여기서 우리는 앱이 사전 로딩된 결과를 보고 있을 것이다. 주요한 사회적 기술에서 먼저 생겨난 여성의 이점이 나중에 들어오는 데이터에 대한 개방성을 위한 토대를 마련하는 것이다.

얼굴 처리 부문에서 여성 기술에 이런 영예가 주어지는 추가적 측면은 여성이 정서적 표현을—확실하게 대비되는 '나는 겁에 질렸어요' 대 '나는 황홀경에 빠졌어요'의 얼굴 패턴뿐 아니라 '나는 다소 실망했어요' 대 '그거 상당히 근사할지도 모르겠네요'의 얼굴 패턴까지—해독하는 데도 훨씬 더 능하다고 명성이 자자하다는 것이다.[33] 연구가 시사하는 바에 따르면 여성은 "눈에 깃든 마음 읽기"—공감의 척도로 정서를 알아보는 능력을 평가하기 위해 사이먼 배런코언의 연구실에서 고안한 검사—에 더 능하다. 비록 결과가 일관되게 재현된 적은 없지만 말이다.[34] 2000년에 심리학자 에린 매클루어Erin McClure는 이 기술의 근원에 관한 같은 종류의 질문들에 답하기 위해 영아, 아동, 청소년의 얼굴 표정 처리facial expression processing: FEP의 성차에 대한 연구를 대대적으로 검토했다.[35] 여성은 선천적으로 이런 종류의 것에 능할까? 그것에 능하도록 훈련되는 것인가? 아니면 그들이 타고난 기술을 세상이 덧붙일까? 에린 매클루어는 여성의 얼굴 처리 우위라는 마지막 종착지에 이를 수 있는 모든 노선에 대해 예상되는 종류의 시간순 변화를 추적함으로써 그 차이가 어디에서 비롯되었는지 조사할 수 있었다.

그녀의 검토는 여성의 FEP가 우월하다는 조짐이 확실히 있음을 모든 연령대에서 유의미하게 보여주었다. 비록 그녀도 언급했듯이 영아를 대상으로 한 연구는 얼마 없었지만 말이다(가장 어린 영아는 3개월이었다). 하지만 효과 크기는 유아기부터 청소년기에 이르기까지 비교적 일정했다. 그래서 이것의 책임은 생물학으로 돌아갔을까? 사회화로 돌아갔을까? 아니면 둘의 상호작용으로 돌아갔을까?

FEP를 뒷받침하는 뇌 구조, 특히 편도체와 관자겉질 일부에 초기 성차에 대한 증거가 얼마쯤 있었다. 이는 아마도 그런 구조에 미치는 호르몬 효과와 관련이 있을 것이다(편도체에는 성호르몬 수용체가 밀집되어 있다).[36] 에린 매클루어의 이른바 "정서적 발판emotional scaffolding"이라는 항목에도 분명한 차이가 있었는데, 이는 표정을 이해하는 학습과 연관된다. 돌보는 사람은 어린 아기와 상호작용할 때 과장된 표정을 짓곤 한다(웃을 때도 활짝 웃고, 놀랄 때도 크게 '오' 하고, 슬픈 얼굴도 광대처럼 과장한다).[37] 몇몇 연구에서는 이 태도가 아이의 성에 따라 달라지며 일반적으로 엄마가 딸에게 더 많이 표현하는 것으로 나타났다.[38] 이 조기 과외는 엄마가 준 정서적 단서에 어린 여자아이들이 더 민감하게 반응하는 이유도 설명할 것이다. 그리고 그것은 초기 차이를 순수한 선천적 기술 차이의 증거로 주장할 수 없는 이유의 훌륭한 다른 예이기도 하다. 오히려 그것은 데이터가 준비된 시스템의 결과물과 세상이 입력하고 있는 데이터의 결과물 사이를 왔다 갔다 하는 것처럼 보인다.

한 연구에서는 엄마와 함께 양탄자 위에 기분 좋게 앉아 있는 한 살배기들에게 눈에서는 불빛이 깜박거리고 발톱으로는 받침대를 리드미컬하게 밟는 올빼미 로봇 '훗봇hootbot'과 같은 잘 알려지지 않은 장난감 몇 가지를 주었다.[39] 엄마들은 미리 받은 지시에 따라 기쁜 듯(웃는 얼굴과 명랑한 발성으로) 반응할 수도 있었고 무서운 듯(겁먹은 얼굴과 더듬는 소리로) 반응할 수도 있었다. 성실한 발달 연구자들은 '사회적 참조social referencing'—아이가 장난감에 접근하기(또는 안 하기) 전에 엄마를 쳐다본 횟수, 엄마가 영아에게 보내는 메시지의 강도, 아이가 실제로 장난감에 근접한 정도—를 평가했다. 엄마들이 공포를 전달할 때 일반적으로 비효율적이라고 헐뜯는 듯한 발언은 그렇다 치고(이것은 왕립연극학교 면접이 아니었다는 점, 그리고 엄마들이 자식에게 올빼미 공포증을 심어줄 장기적 결과를 생각하고 있었을 충분한 가능성도 배제하고) 주목된 사실만 보자면 엄마들은 아들들에게 훨씬 더 강렬한 공포 메시지를 보냈다. 그렇지만 엄마가 제공하는 단서에 가장 큰 민감도를 보여준 쪽은 딸들이었다. 따라서 심지어 생후 12개월에도 남자아이들은 말을 듣지 않고 있었고 여자아이들은 사회적 신호—이쪽 신호가 사실상 더 미묘했는데도—를 눈치채고 있었던 셈이다.

이를 포함하여 많은 연구를 검토한 에린 매클루어의 결론에 따르면 여자아이의 FEP 우월성은 초기에 생물학을 기반으로 했던 얼굴 표정에 대한 민감성이 다음에 그녀가 태어난 세상에서 제공하는 FEP '발판'을 통해 유지되는 데서 비롯된다. 이는 신생아 연구에서 나온 증거가 부족하다는 사실과 다소 상충한다. 하지만 3개월 안에 나타나는 상당히 극적인 차이들은 틀림없이 둘 중 하나를 가리킨다. 여자아이는 이 핵심적인 사회적 과제에 더 숙달되도록 생물학적으로 예비되어 있거나, 태어난 세상에서 가하는 압력이 여자아이는 강력한 훈련 기회를 제공받도록 보장하는 것이다.

사회적인 아기

인간 세계의 구성원이라는 것은 그저 모습과 소리에 반응하는 것 이상이다. 그것은 사회적 기술도 얼마간 필요로 한다. 우리는 다른 사람과 상호작용할 수 있어야 한다. 그리고 다른 얼굴과 목소리가 아닌 어떤 얼굴과 목소리에, 초인종 울리는 소리나 개 짖는 소리보다는 언어와 유사한 소리에, 기쁜 표정 아니면 슬픈 표정에 초기부터 선택적으로 반응한다는 증거가 보여주다시피 갓난아기는 사회적 존재가 되기 위한 여정에 도움이 될 제법 훌륭한 '초심자 도구 모음'을 갖고 있다.

모방, 즉 다른 사람의 동작이나 표현을 따라 하는 일은 아기 또는 실제로 모든 사람의 '사회 참여 체계'에서 강력한 무기로 주장된다. 모방은 아첨의 가장 성실한 형태임을 떠나 '타자'에 대한 인식, 다시 말해 세상에는 당신 말고도 사람들이 있으며 그들은 당신이 해도 유용할지 모르는 일을 한다는 점에 대한 인식을 암시한다. 당신은 그들이 하는 일에 맞춤으로써 그들이 이미 가지고 있는 기술을 배울 방법을, 그것이 크리켓 경기를 배우는 것이든 사회적 규칙을 이해하는 것이든 이해할 필요가 있다.

모방은 신생아에게서 입증되었다고 주장된다. 연구자들은 진지하게 아기침대 위로 몸을 굽혀 혀도 내밀어보고, 손가락도 흔들어보고, 금붕어처럼 입도 뻐끔거려 보고, 격렬하게 눈도 깜박거려보았다.[40] 태어난 지 몇 시간밖에 되지 않은 영아들이 이 모든 동작을 모방했다는 많은 보고가 있다.[41] 신생아에게도 모방 능력이 있다는 증거는 일종의 선천적 전문 시스템이 생물학적으로 결정되며 당신이 사회적 세상에서 자리를 얻는 데 필요한 행동을 하도록 프로그램되어 있다는 증거로 여겨진다. 사회적 뇌의 일부인 거울 신경세포 체계의 초기 형태는 이 기술을 뒷받침하는 유전적 뇌 체계로 확인되어왔다.[42] 마음 읽기나 공감 같은 사회적 기술에서 나중에 나타나는 결함은 거울 신경세포 체계의 기능 장애라는 말로 설명된다. 이 접근법을 신봉하는 이른바 '호모 이미탄스Homo imitans(모방하는 사람)' 집단 또는 '전성론자前成論者, preformationist'는 신생아가 인지적 기술이나 사회적 기술을 얻는 데 필요한 기법에 대해 사전에 형성된 지식을 가지고 세상에 도착한다고 믿는다.[43]

다르게 주장하는 사람들도 있다. 그들의 주장에 따르면 모방처럼 보이는 것은 실은 신생아의 마구잡이 움직임과 연구자의 열광적 혀 내밀기 및 입 빼끔거리기가 우연히 일치한 것이다. 그것이 아니라도 혀 내밀기는 아기들이 그들의 신세계에서 흥미로운 일이 생길 때 하는 행동에 불과하다. 여기에는 누군가가 그들을 향해 혀를 내밀거나 「세비야의 이발사」 서곡을 짧게 들려주는 일도 포함될 수 있다(설마? 진짜다).[44] 한 리뷰에서 신생아가 최대 18가지 몸짓을 모방한다는 것을 보여주려는 서로 다른 연구 37건을 살펴보고 내린 결론에 따르면 사실은 혀 내밀기가 규칙적으로 유발된 유일한 몸짓이었다.[45] 이 학파의 주장에 따르면 진정한 모방은 2년째에 접어들어야 실제로 나타난다. 이 주장을 옹호하는 사람들이 지적하다시피 엄마와 영아의 상호작용을 지켜보면 그중 다수가 일종의 모방 행동을 수반한다. 하지만 엄마가 아기를 모방할 가능성이 그 반대일 가능성보다 다섯 배 더 높다.[46]

따라서 여기서 일어나고 있는 것은 사실 상호 학습 과정에 가깝다. 아기의 동작이 개인 훈련 시간을 유발하면 그 시간이 결국에는 적절한 인지적·사회적 수행력을 형성한다. 엄마/아빠/양육자는 아기의 첫 번째 거울과 닮은 면이 있다. 이것은 당신이 혀를 내밀고, 손가락을 흔들고,

입을 크게 벌릴 때의 모습이다. 이것은 유용할 수도 있을 것이다. 하지만 그리 많이 유용하지는 않을 것이다. 이런 사고방식을 따르는 연구자들은 '호모 프로보칸스Homo provocans(유발하는 사람)' 집합 또는 '의성론자依成論者, performationist'다. 당신은 사회적·인지적 발달을 위한 엄청난 잠재력을 가지고 삶을 시작하지만 당신이 실제로 어떻게 발달하느냐는 삶이 당신에게 무엇을 제공하느냐에 따라 크게 좌우될 것이다.[47]

이 모두에서 성은 어떠할까? 던디대학의 심리학자 에메셰 너지Emese Nagy는 갓 태어난 여자아이들이 단순한 손가락 운동을 더 빠르고 더 정확하게 모방했다는 연구 결과를 보고하고, 이 초기의 사회적 기술이 앞에서 언급한 개인 훈련 시간, 즉 당신이 중요한 사람들과 다른 종류의 상호작용을 하기 위한 분위기 조성을 더 많이 유발할지도 모른다고 제안했다. 설령 그게 당신이 그들을 열심히 따라 하는 형태가 아니라 그 반대 형태를 취하더라도 말이다.[48]

이 '모방 게임' 논란은 다음 두 질문에 관한 논쟁의 다른 버전이다. 아기들은 경험 준비적experience-ready 앱을 가지고 태어나 저 밖에서 일어나고 있는 일에 맞게 사전에 프로그램된 상태로 바깥세상으로 출현할까? 즉 '당신이 할 수 있는 모든 것을 나도 할 수 있다'를 입증하여 그들의 내집단에서 빠르게 존재를 인정받을 수 있을까? 아니면 오히려 경험 의존적experience-dependent 앱을 가지고 태어나 관찰하고 경청하고 학습할 능력은 있지만 점차 저 밖에 있는 것을 흡수할 필요로 인해 그들의 세상에 의해, 즉 처음에는 그들의 양육자를 통해, 하지만 그다음에는 뭐가 되었건 그 세상이 제공해야 하는 것을 통해 형성될까? 앞으로 살펴보겠지만 입력 도중에 세상이 제공해야 하는 부분은 그 세상에 있는 일반적 기회와 기대에 따라, 아울러 그 신생 인간에게 적절한 행동으로 보이는 것을 규정하고 유발하는 특정한 문화적 차이에 따라 엄청나게 달라질 수 있다.

시사되어온 바에 따르면 아기들은 실제로 주도적으로 사람들과 사귀려 한다. 다시 말해 선천적 레퍼토리 일부로, 주변 사람을 조종하여 자신과 상호작용하도록 하는 방법을 알고 있다(그리고 우리는 음식 그리고/또는 재미 형태의 상호작용을 요구하는 그 유명한 새벽 2시의 울음소리만 이야기하고 있는 것이 아니다). 에든버러대학의 베테랑 심리학자 콜윈 트레바던Colwyn Trevarthen은 아기들이 사회적 반응을 유발할 수 있고 미소에는 미소로, '쿠'에는 '구'로 대응하면서 자신의 양육자와 적극적으로 관계를 맺는다고 오래전에 제안한 바 있다.[49] 훈련을 하든 훈련을 받든 아기와 조금이라도 관계가 있는 대부분의 사람이 알다시피 몇 분 동안 어울리지 않게 우스꽝스러운 표정을 지은 대가로 한 줄기 환한 미소를 짓게 만드는 일은 정말 그 자체로 보상을 가져다주는 듯하다. 그리고 무엇보다 중요한 것은 그로 인해 이런 종류의 법석이 반복될 가능성이 높아지리라는 점이다. 하지만 그것이 어떻게 가능하건 간에 아기는 자신을 자신의 문화와 사회에 확고히 심어줄 인상적인 사회적 기술 레퍼토리를 빠르고 분명 어렵지 않게 습득할 수 있다.

시선과 얼굴 처리 연구가 보여주었듯이 아기는 거의 태어날 때부터 자신의 사교계에서 소중한 타인들에 관한 정보를 받아들여 자신의 '연락처 목록'을 위한 템플릿을 빠르게 구축한다. 하지만 타인과 상호작용하려면 눈앞의 정보만 감시해서는 안 된다. 한편으로는 배경 이야기를 점검하여 그 밖의 신호와 단서도 고려해야 한다. 이 사람은 그것을 왜 말하고 있으며, 그것을 왜 그처럼 말하고 있으며, 나는 그것에 관해 어떻게 해야 할까? 그는 나를 왜 그처럼 쳐다보고 있으며, 다시 말하지만 나는 그것에 관해 어떻게 해야 할까? 당신은 의도를 이해하고, 일어날 일을 예측하고, 보여줄 반응을 목록에서 선택해야 한다(심지어 뭔가 새로운 반응을 만들어내야 할 수도 있다). 여자 아기는 들어오는 사회적 정보에 더 민감한 것처럼 보이므로 아마도 사회적 세상의 이런 측면으로 더 분주할 것이다.

아기들도 나머지 우리처럼 사람 관찰하기를 좋아한다는 단서가 아주 초기부터 있다. 생후 9개월쯤 된 아기 앞에 앉아서 당신 왼쪽에 있는 뭔가를 뚫어질 듯 응시해보라. 어느새 아기도 그쪽을 쳐다볼 것이다.[50] 손가락으로 가리키면 어떨까? 손가락 하나를 떨어져 있는 대상과 일렬로 맞추는 것은 사실 세련된 사회적 신호다. 표면상으로는 그렇게 보이지 않을지도 모르지만 말이다. 당신은 다른 사람의 관심을 끌고 싶은 흥미로운 뭔가가 있다는 임의의 신호처럼 보일 수 있는 것을 제공하고 있다. 그것은 만약 그 사람이 당신의 손가락 끝에서 나오는 보이지 않는 광선과 자신의 눈을 일렬로 맞추는 데 관심이 있다면 그 사람도 당신의 매혹을 공유할 수 있다는 신호이기도 하다. 따라서 비교적 복잡한 사회적 소통이지만 생후 9개월밖에 안 된 아기들도 그것을 이해한다. 당신이 가리키고 있는 곳을 쳐다볼 뿐 아니라 어느새 그 기법을 채택하여 자신의 '저걸 원해/저걸 갖다줘' 무기고에 집어넣는다.[51] 성차의 증거는 전혀 보고되지 않는다. 따라서 공동 주의joint attention 무기고에서 이 각별한 무기는 누구나 똑같이 가져다 쓸 수 있는 것처럼 보인다.

발달 중인 아기의 사회적 기술을 가늠하는 좋은 척도는 제6장에서 보았던 마음 이론이 언제, 어떻게 출현하느냐는 것이다. 앞에서 살펴보았듯이 눈 응시는 공동 주의의 출현과 함께 다음 사실에 대한 이해력을 조기에 가늠하는 척도다. 만약 눈이 나를 보고 있지 않다면 믿기는 어렵겠지만 그 사람은 나보다 더 흥미로운 뭔가를 보고 있을 것이다. 더 나아가 나도 이것을 확인해볼 가치가 있을지도 모른다. 이런 정보 공유는 마음 이론 습득의 맨 첫 단계 중 하나로 여겨진다. 흥미롭게도 이런 공동주의를 못 하는 것은 자폐 스펙트럼 장애—주로 사회적 행동의 중심적 결핍을 특징으로 하는 발달 문제—의 초기 징후일 수 있다.[52] 충분히 자격을 갖춘 독심술사가 되려면 이런 것도 이해해야 한다. 사람들의 '머릿속에 있는' 것이 그들의 행동을 주도할 터다. 그리고 때때로 그들은 당신과 다른 정보를 갖고 있을 것이다. 아마도 (이것을 쉽게 말할 방법도 없을 테고) 그 이유는 그들이 모르는 것을 당신이 알고 있다는 것을 당신은 알고 있기 때문이다. 매우 간단한 언어밖에 없거나 언어가 아예 없는 어린아이에게서는 그것을 도대체 어떻게 검사할까?

악마처럼 교활한 발달심리학자들은 늘 그렇듯이 이런 것을 알아내는 방법을 갖고 있다. 그들이 고안한 '가정법as if' 과제에서 나온 결과는 그 아이에게 마음 이론이 있는지, 없는지를 가늠하는 척도다. 그중 하나인 '틀린 믿음' 과제는 인형과 동화 주인공을 사용하지만 사실은 매우 난해하다.[53] 대개 두 명의 연기자와 얽힌 이야기가 펼쳐지는데, 여기서 관객은 이야기의 양면을 본다. 이 이야기에는 상황 변화가 포함되어 있고 이는 두 주인공 중 한 명만 알게 될 것이다.

좋은 예가 '맥시와 초콜릿' 과제다. 장면 1: 맥시가 그의 초콜릿을 찬장에 넣어두고 밖으로 나간다. 장면 2: 맥시의 엄마가 (맥시는 아직 밖에 있을 때) 초콜릿을 찬장에서 꺼내 냉장고에 넣어둔다. 장면 3: 맥시가 초콜릿을 가지러 안으로 들어온다. 맥시는 어디에서 초콜릿을 찾을까? 마음 이론이 있다면 당신은 찬장을 지명할 것이다. 맥시는 그곳에 초콜릿이 있다고 **생각한다**는 것을 알기 때문이다(비록 **당신은** 초콜릿이 옮겨진 사실을 알더라도). 그래서 당신은 맥시가 초콜릿의 행방에 관해 틀린 믿음을 갖고 있다는 점을 이해하고 그가 그 믿음에 따라 다음 단계로 나아가리라는 점도 이해한다. 만약 마음 이론 이해관계에서 아직 거기까지 이르지 못했다면 당신은 냉장고를 가리킬 것이다. 초콜릿이 놓여 있는 모습을 **당신이** 마지막으로 본 장소가 냉장고이기 때문이다. 당신은 당신 마음속에 있는 것이 다른 사람 마음속에 있는 것과 똑같다고 가정한다. 꽤 고급스러운 사회적 기술이 있어야 할 것 같지만 이것은 거의 모든 네 살배기가(세 살배기도 매우 드물게) 성공적으로 수행하는 과제다.[54]

따라서 눈 응시와 공동 주의 척도는 아주 작은 아기도 간단한 독심술은 갖고 있고, 다른 사람의 관심사를 추적할 수 있으며, 저 밖에 다른 관점도 있다는 점을 이해할 수 있음을 보여준다. 앞에서 보았듯이 드러나는 단서에 따르면 눈 맞춤과 각종 정서에 대한 민감도에는 초기 성차가 있다. 이런 사회적 입력 측면에 대해서는 평균적으로 여자아이들이 '데이터 준비data-ready' 태세에 더 가까운 것으로 보인다. 네 살에 이른 아이들은 대단히 정교하게 마음을 읽는 것처럼 보인다. 다른 사람이 자신과 다른 관점을 갖고 있을 수도 있다는 것을 알고 있음을 보여주는 틀린 믿음 과제를 쉽게 통과하기 때문이다.[55] 하지만 여기에는 전형적으로 발달 중인 아이들의 성차에 대한 결정적 증거가 없다. 따라서 여자 아기들은 사회 참여의 규칙을 습득하는 데서 유용한 몇몇 기법, 이를테면 (아마도) 모방과 눈 맞춤에 관해 더 민감한 안테나를 가진 듯하고 얼굴 알아보기와 정서적 차이 눈치채기 같은 몇몇 유용한 사회적 기술에서도 우위를 점하고 있는 듯하지만, 그것이 반드시 마음을 읽는 장점의 만개滿開로 번역되는 것은 아니다.

하지만 사회적이라는 것은 살고 있는 세계의 규칙과 규범을 이해한다는 뜻이기도 하다. 앞에서 보았다시피 인지적 기술에 관해 아기들은 단순히 모습과 소리를 인식하는 수준을 뛰어넘어 숫자와 과학의 기초 원리를 파악한다는 증거를 보여줄 수도 있다. 우리의 소아 수학자들이 사회법을 이해한다는 징후도 보여줄까?

소아 치안판사

이런 각본을 그려보라. 한 판사가 세 명이 연기하는 소아 도덕극을 관람하고 있다. 배우 중 노란 스웨터로 구별되는 한 명이 상자의 뚜껑을 열려 하고 있다. 상자 안에는 간절히 갖고 싶은 것이 들어 있지만 그는 굉장히 힘들어하고 있다. 혼자 힘으로는 뚜껑을 열 수 없는 것이 분명하다. 이야기의 한 버전에서는 다른 연기자 중 빨간 스웨터로 구별되는 한 명이 **노란 스웨터**를 도와 뚜껑을 열고 보상을 얻게 해준다. 다른 버전에서는 파란 스웨터를 입은 두 번째 연기자가 상자 뚜껑 위에서 깡충깡충 뛰어 **노란 스웨터**가 뚜껑을 열지 못하게 한다. 판사는 그다음 요청에 따라 **빨간 스웨터**(조력자)가 더 마음에 드는지, **파란 스웨터**(방해자)가 더 마음에 드는지 표시한다. 판사는 **빨간 스웨터**를 찍는다! 다른 각본에 포함되는 **조력자**는 언덕에서 낑낑대는 연기자를 밀어서 올려줄 수도 있고 잃어버린 공을 되찾아줄 수도 있지만, **방해자**는 무조건 좋은 일이 벌어지지 못하게 한다. 그 연극을 다양한 형태로 다른 판사들에게도(누가 무슨 색 스웨터를 입을지도 주의 깊게 균형을 맞추면서) 반복하고 나면 판사들은 거의 항상 착한 사람 편에 선다는 점이 분명해진다. 이에 관해 경악스러운 점은 다음에 있다. 그 판사들은 실제로 생후 3개월 된 아기들이다. 스웨터를 입은 장난감 토끼들을 구경하고 그들에게 선택권이 주어졌을 때 선한 사

마리아 토끼에게 손을 뻗어 그에 대한 호감을 신호한 것이다.[56]

이런 아기 도덕극은 브리티시컬럼비아대학의 심리학자 폴 블룸Paul Bloom과 캐런 윈Karen Wynn, 그리고 예일대학의 카일리 햄린Kiley Hamlin이 각자의 연구팀과 함께 고안했다. 그들은 아주 작은 아기들에게도 도덕적 평가 기술—예의 바른 사회의 사회적 규칙을 알아채는 전문 기술—이 존재하는지를 집중적으로 연구해왔다.[57] 그들은 아기들의 결정에서 간단한 편인 선인/악인 선택을 보여주었을 뿐 아니라 정확히 무엇이 선인을 구성하는지에 관해 생겨나는 미묘함도 보여줄 수 있었다. 그들은 생후 5개월 된 영아들과 8개월 된 영아들을 데려다 먼저 뚜껑을 여는 도덕극을 보여주고 반대로 뚜껑을 닫는 도덕극도 보여주었다. 그다음에 영아들은 **조력자**(친사회적 표적)나 **방해자**(반사회적 표적)가 공을 갖고 노는 모습을 지켜보았다. 그는 놀다가 공을 떨어뜨렸는데, 그러면 **주는 자**가 공을 돌려주거나 **뺏는 자**가 공을 가져갔다. 소아 판사들은 그다음에 **주는 자**와 **뺏는 자**에 대해 호불호를 신호해야 했다. 5개월 된 아기들은 **주는 자**를 선호했는데, 그의 도움을 받았던 상대가 **친사회적 표적**이었느냐, **반사회적 표적**이었느냐는 상관하지 않았다. 8개월 된 아기들은 평가에서 더 신중했다. 그들은 **친사회적 표적**이 공을 떨어뜨렸다면 **주는 자**를 선택했지만 **반사회적 표적**이 공을 떨어뜨렸다면 **뺏는 자**를 선택했다. 따라서 아기들은 한 살도 되기 전에 눈앞에서 펼쳐지는 사건에 반응할 뿐 아니라 이전의 '선한' 행동이나 '악한' 행동을 참작하고 있는 것이다.[58] 어쩌면 우리는 배심원의 연령을 낮춰야 하는 것은 아닐까!

출판된 연구 중 성차를 보고하는 연구는 하나도 없다. 나는 연구자들에게 그 이유를 물어보았다. 성차가 없었기 때문인가, 아니면 숫자가 너무 적어서 제대로 비교할 수 없었기 때문인가(아니면 그들이 그 벌집만은 쑤

시고 싶지 않았기 때문인가!)? 그들은 이처럼 매우 어린아이가 대상인 모든 연구에서 어떤 성차도 결코 발견한 적이 없다고 대답했다. 따라서 어쨌든 그들의 생애 중 이 단계에서 사회적 행동의 기본 규칙을 습득하는 데는—적어도 **선한 토끼/악한 토끼**를 판정하고 **악한 토끼**가 마땅한 벌을 받도록 하는 데 관한 한—양성이 똑같이 능한 듯하다.

대부분의 사회적 기술에는 사회적 세부 사항의 인지형 이해라는 요소뿐 아니라 정동적 요소도 있다. 여기서 우리는 남들의 의도와 동기를 이해할 뿐 아니라 그들의 느낌도 공유할 필요가 있다. 이번에도 우리는 아기들이 그런 행동에 유능하다는 증거를 찾을 수 있다.

꼬마 사회복지사

특히 타인의 정서뿐 아니라 일반적으로 타인의 생각과 의도를 이해하는 공감은 어느 사회 집단의 성공한 구성원이 되고 그런 구성원으로 남아 있기 위해 가장 중요한 기술이다. 진정으로 공감적인 사람은 타인의 고충을 '읽기'만 하는 것이 아니라 그의 느낌을 적극적으로 공유하여 아마 자신도 괴로워질 것이다. 따라서 공감에는 인지적 요소와 정서적·정동적 요소 모두 다 있다.[59]

이전 장에서 언급했지만 사이먼 배런코언이 제안한 바에 따르면 공감과 체계화는 인간 마음의 두 가지 근본적 특징이고 더 나아가 성차의 근본적 측면을 뒷받침한다. 그가 확고히 진술한 바에 따르면 여성은 공감에 더 능하고 여성 뇌는 공감을 위해 배선되어 있다. 비록 내가 앞에서 지적했듯이 그는 당신이 실제로 여성이어야만 공감을 잘하거나 여성 뇌를 갖게 되는 것은 아니라는 말도 하지만 말이다. 따라서 당신은 만약 이것이 진정한 성차, 실로 '본질적' 성차여서 부팅되도록 배선되어 있다면 그것은 태어났을 때부터 존재하거나 그 후에도 상당히 일찍 생겨날 것이 틀림없다고 기대할지도 모른다.

한 영아에게 다른 영아의 울음소리를 들려주면 어느새 그 영아도 합류할 것이다.[60] 이는 '전염성 울음'이라고 하며 울부짖는 친구에 대한 동지애를 어느 정도 시사할 수 있을 것이다. 하지만 그것은 다른 영아에 대한 염려의 현실적 척도가 아니라 자기 고충의 한 형태('나는 그 소음이 정말 싫어요')일 뿐이라고 일축되기도 했다. 따라서 여기에 어느 한 성에 영아 공감이 존재한다는 합의 따위는 없다.

대부분의 연구는 약간 더 나이가 많은 아기들을 채용한다. 생후 8개월에서 16개월이면 일단 연구자가 공감의 증거로 '코딩'해도 될 만한 초기 몸짓과 표정 레퍼토리가 생긴다. 이런 유형의 연구를 위해 자식과 나란히 올가미에 걸리는 엄마는 장난감 망치로 엄지를 때린 시늉이나 가구를 들이받은 시늉을 한 후에 투지를 다해 '흑흑' 소리를 내어 울어야 한다.[61] 그러면 그녀의 아기는 어떻게 하는가? 눈썹을 찌푸린 기미가 있는가? 이것은 '걱정한 정동'의 척도다. 우리의 소아 공감자는 엄마가 엄마의 엄지를 망치질하는 장면을 지켜보는 동안 자신의 엄지를 문지르거나 방안의 다른 어른을 불안하게 쳐다보는가? 지켜보던 자식이 찡찡거리거나 우는 기미를 보이는가? 이런 반응은 불안 척도에서 높은 점수를 기록할 것이다. 그리고 마지막으로 그 아기는 '다친' 부모를 토닥이거나 '반복되는 친사회적 발성'('자, 자 다 나을 거야'의 아기 버전)을 제공하는가? 이것은 '친사회적 행동' 척도에서 4점을 기록할 것이다. '공감 단서'(이를테면 눈썹 찌푸림)로 측정하면 두 살경에 성차가 나타나기 시작한다는 일부 증거가 있다. 누군가가 자동차 문에 손을 찧는 상황처럼 타인과 얽힌 '부정적 각본'에 맞닥뜨렸을 때 보이는 괴로움의 징후(심박수 변화, 동공 팽창, 피부 전도도 반응)와 같은 신체적 척도도 있다. 하지만 이러저러한 성차가 태어났을 때부터 존재하지는 않는 듯하다. 따라서 공감을 위해 배선되어 부여되었다고 하는 이점이 매우 일찍부터 저절로 드러나지도 않는다. 적어도 당신이 두 번째 해를 맞이하기 전까지는 말이다.

이것은 사이먼 배런코언의 팀에서 나온 주장들과 상충하지만 그들의 주장 기반은 사실 다른 한 묶음의 척도battery였다. 그중 하나인 갓 태어난 남자 아기의 모빌 선호에 비교한 여자 아기의 사람 얼굴 선호는 우리도 알다시피 '분명 더 잘할 수 있고 재현이 필요한' 연구 더미에 틀어박힌 바 있다. 눈맞춤도 공감의 초기 척도로 지명되어왔다. 이를 뒷받침하여 인용되는 논문이 바로 갓 태어난 여자 아기들이 돌보아주는 사람을 남자 아기들보다 더 오래 응시한다는 것을 발견한 1979년 연구다. 하지만 이것은 2004년 연구에서 성공적으로 재현되지 않았다. 비록 우리가 앞에서 보았듯이 더 나이가 많은 아기들(13주에서 18주) 사이에서는 더 긴 눈맞춤이 여자아이에게서 발견되었지만 말이다.[62] 이 2004년 연구의 저자들이 내린 결론은 이렇다. "생후 첫 몇 개월 사이의 상호 응시 행동에서 젠더차 발달을 위한 주요 자극은 사회적 **학습**일 것이다."

시선 탐지(즉 누군가가 당신을 쳐다보고 있는지 외면하고 있는지 알아채기)도 주장에 따르면 공감 종합 척도의 일부, 아니면 적어도 '얼굴이 사회적 상대의 내면 상태를 반영할 수 있음'을 이해한다는 것의 척도가 된다.[63] 신생아는 자신을 외면하는 시선보다 직시하는 시선을 선호한다는 분명한 증거를 보여준다. 하지만 성차는 전혀 보고되지 않는다.[64]

하지만 더 나이가 많은 영아와 아동을 대상으로 한 연구에서 공감에 성차가 있다는 것은 의심할 여지가 없다. 사이먼 배런코언 팀은 공감지수 척도와 체계화 지수 척도의 어린이 버전에서 4세에서 11세 여자아이의 공감 점수가 더 높다고 보고했다. 남자아이는 체계화 지수 척도에서 더 높은 점수를 기록했다.[65] (우리가 앞에서 주목했다시피 이 척도에 기록되는 점수는 자녀의 행동방식에 대한 부모의 평가에 기반하므로 아마 절대로 객관적인 척도가 아닐 수 있음을 기억하는 것이 중요하다.)

더 근래에는 뇌 반응도 척도의 포트폴리오에 추가되었다. fMRI 척도가 '통증 매트릭스pain matrix(통각 자극에 반응하는 광범위한 겉질 네트워크의 통칭-옮긴이)'와 연관되는 뇌 부위에서 증가한 활동을 포착한다.[66] 캘리포니아대학의 발달신경과학자 칼리나 미할스카Kalina Michalska는 동료들과 함께 4세에서 17세 아동 65명의 자기보고, 동공 팽창, fMRI 활동을 비교했다. 자기보고 척도에 흥미로운 패턴이 나타났다. 4세 수준에서는 공감 점수에 차이가 거의 없었음에도 불구하고 남성 점수는 나이가 들수록 유의미하게 낮아진 반면에, (아마도 짐작했겠지만) 여성 점수는 높아졌다. 하지만 묵시적 척도인 동공 팽창과 뇌 활성화는 아무 성차도 보여주지 않았다. 설령 여자아이들이 동영상 클립을 보고 남자아이들보다 훨씬 더 동요했다고 보고했더라도 말이다.

따라서 공감의 초기 징후는 성을 차별하지 않는 것처럼 보인다. 그 후에도 '공감적 여성' 모델에 맞는 척도는 자기 평가뿐이다. 한 연구는 초기 공감에서 성차의 증거를 찾지 못한 까닭을 이렇게 추측했다. "공감에서 젠더 차이는 아동기 중반으로 넘어간 다음에 더 두드러질 것이다. 아이들은 사회적 학습과정을 통해 젠더 역할과 젠더정체성에 관한 사회적 기대를 내면화하고 그에 부합되게 행동하기 때문이다."[67] 자기가 얼마나 공감적인지를 보여주기 위해 질문지를 작성하는 행위도 혹시?

이 모든 것의 배후

성인을 보면 우리는 그들을 사회적·협동적 존재로 만드는 기술과 이런 과정을 뒷받침하는 뇌 네트워크에 관해 어느 정도 알게 된다. 우리는 이런 기술이 주변 환경과 어우러져야 한다는 것을 알고 있다. 주변 환경은 저 밖의 사건에 많든 적든 중요성을 할당하기 위한 데이터를 제공할 것이다. 예컨대 우리는 얼굴 정체성과 정서 표현의 미세한 차이를 알아볼 능력이 필요할 수도 있고 누구에게 또는 무엇에, 왜 관심을 기울여야 하는지에 관한 비언어적 단서를 이해할 능력이 필요할 수도 있다. 우리는 매우 어린 아기들도 이런 기술을 최소한 미숙한 형태로 갖고 있다는 것을 보았다. 그런 기술을 뒷받침하는 뇌 네트워크도 성인과 똑같을까? 환경은 이런 네트워크에 어떻게 미세 조정finetuning 또는 보정calibration을 할까? 발달하는 영아에게서 이 보정과정의 뇌 기반을 추적하면 이 사회적 뇌 발판이 얼마나 일찍 마련되는지, 그리고 그것의 구축은 세상이 발달하는 영아에게 미치는 효과를 어떻게 반영할지에 대해 통찰을 얻을 수 있다.

우리가 보았다시피 아기들이 얼굴을 처리하고 있음은 처음부터 명백하다. 갓 태어난 아기도 세상에 태어나자마자 다른 유형의 자극보다 얼굴을 선호하고 얼굴과 유사한 패턴도 선호한다. 마크 존슨이 제의한 얼굴 선호 체계가 내장되어 있다는 발상은 다음 사실을 기반으로 한다. 이 선호는 시각계의 성숙보다 먼저(다시 말해 아기의 두 눈이 충분히 협력하기 전에) 오는 듯하다. 따라서 이 선호는 그냥 흔한 시각적 패턴에 대한 반응이 아니다. 하지만 이내 아기와 아기의 뇌는 성인이 보여주는 반응과 일치하는 상당히 정교한 겉질 반응을 보여준다. 생후 3개월밖에 안 된 아기들이 얼굴과 얼굴을 닮은 자극에 성인과 같은 종류의 뇌 반응을 보여준다. 그리고 그 반응도 성인의 뇌에서 얼굴 처리를 다루는 부분과 비슷한 부위에서 발견된다.[68]

마크 존슨이 지적한 바와 같이 뇌의 나이 관련 변화와 아기의 얼굴 처리 능력을 추적하면 이 중요한 사회적 기술의 미세 조정에 대해 강력한 통찰을 얻을 수 있다. 아기들은 실제로 얼굴을 좋아하고 일반적으로 모든 얼굴 중에서 엄마 얼굴을 가장 좋아한다. 하지만 나머지 얼굴에 관한 한 처음에는 방글방글 차별을 두지 않는다. 신생아는 다른 인종 얼굴이 아닌 자기 인종 얼굴에 대한 선호를 전혀 보여주지 않지만 3개월이 되면 이런 내집단/외집단 차별의 초기 형태를 보여주기 시작한다.[69] 또한 연구자들이 한편으로 보여준 바에 따르면 이런 자기 인종 효과는 환경적 입력의 강력한 척도다. 자기 인종의 환경과 다른 인종적 환경에서 길러진 영아는 그런 효과를 보여주지 않기 때문이다.[70] 따라서 '나 같은 사람들'에 대해 내재된 선호는 종류를 불문하고 없는 것처럼 보인다. 그것은 우리가 학습하는 것이다.

아이들은 생후 1년 동안 인종적 차이뿐 아니라 낯익은 얼굴과 낯선 얼굴에 관해서도 더 차별하게 된다. 하지만 8세에서 12세에도 아이들은 얼굴을 어른과 다르게 처리하고 있다는 증거가 있다. 아이들의 뇌에서 특히 얼굴과 관련된 부위를 활성화하는 얼굴 유사 자극은 어른의 경우보다 범위가 넓다.[71] 따라서 다시 말해 사회적 행동의 결정적 측면은 매우 초기부터 나타나지만 여러 해 동안 그리고 사회적 세상에서 많은 경험을 한 후에도 종착지에 도달하지 않는다.

미세 조정의 또 다른 예는 눈 응시와 얼굴 처리 사이에 연결을 맺었다가 끊는 것이다. 우리도 알다시피 눈 응시는 사회적 소통의 핵심 부분이다. 화자들 사이에 최소한의 상호 응시가 없으면 대화는 금세 결렬될 것이다. 갓 태어난 아기도 이런 과정을 알고 있는 것 같다. 그리고 눈으로 자기를 직시하고 있을 때의 얼굴을 선호한다. 시선을 피하고 있는 얼굴을 보여주면 금세 괴로워한다.[72] 성인은 시선 통제 체계가 뇌에서 얼굴 처리 네트워크와 구별되고 마음 이론 네트워크와 더 밀접하게 연계된다. 이는 우리가 나이를 먹으면 눈 응시는 마음을 읽고 의도를 해석하는 분야에서 더 포괄적인 역할을 하도록 파견 근무를 나가게 된다는 것을 시사한다.[73] 하지만 생후 4개월 된 영아에게서 직접적인 눈 응시로 유발된 뇌 활동은 얼굴 처리 영역과 더 밀접하게 연관된다.[74] 따라서 여기서 우리는 어린 아기가 보여주는 상당히 편협한 사회적 기술이 더 넓은 범위의 사회적 요구에 적응되게 되는 과정의 예를 얻는다. 달리 생각하면 그것은 초보적인 사회적 앱이 경험 의존적 업그레이드를 받아 더 정교한 활동에 적합해지는 과정이기도 하다.

얼굴이 신호하는 정서를 처리하는 단계는 얼굴 자체를 알아본 다음에 온다. 발달 중인 마음 읽기 기술들 가운데 이 핵심 부분에 관한 한 아기들의 아주 작은 뇌는 얼마나 정교할까? 초기 연구가 시사하는 바에 따르면 6, 7개월 정도 된 영아들은 기뻐하는 얼굴보다 무서워하는 얼굴에 더 많이 반응한다. 뇌 활동이 일어나는 영역은 이마엽 쪽이고 우리의 친구 띠다발겉질을 포함한다.[75] 이것은 그저 아기들이 긍정적 정서보다는 부정적 정서에 반응한다는 뜻일까? 아마도 부정적 정서가 생존에 더 유용하기 때문에? 하지만 아기 뇌가 또 다른 유형의 부정적 정서인 분노를 보여주는 얼굴과 기뻐하는 얼굴을 비교하게 하면 이 경우는 기뻐하는 얼굴이 뇌의 표를 얻는다.[76] 아마도 아기들은 (우리의 떠오르는 사교계 명사들이 주로 미소에 둘러싸인다고 가정하면) 기뻐하는 얼굴에 더 익숙할 뿐일까? 하지만 이것만은 분명하다. 한 살도 되지 않은 아기들이 신경적 수단을 가지고 자신이 보고 있는 누군가가 슬픈지, 기쁜지, 두려워하는지, 화났는지를 구분한다. 그것은 그토록 일찍 습득한 만큼 상당히 유용한 사회적 기술이다.

경험을 공유하는 것은 사회 참여에 중심이 되는 특징이다. 성인 수준에서는 옆구리를 쿡 찌르고 겉으로 보이는 모종의 희한한 사건을 향해 턱짓만 해도 눈썹을 치켜세우게 할 수 있고 비웃음, 쯧 소리, 심지어 미소도 유발할 수 있을 것이다. 매우 어린 아기의 관심을 뭔가로 끌어당길 수 있는 방법은? 여기서 시선이 다시 도움이 된다. 예컨대 한 어른이 영아를 쳐다본 다음에 새로운 대상을 보여주는 컴퓨터 화면을 쳐다볼 때—무언의 '얘야, 이걸 쳐다보렴' 명령을 내리는 순간—아기 뇌의 반응을 모니터링할 수 있다. 라이프치히의 인지신경과학자 트리차 스트리아노Tricia Striano도 이 패러다임을 사용하여 뇌의 이마엽 영역에서 활동이 증가하는 모습을 보여주었다.[77] 우리가 지난 장에서 주목했다시피, 영아 뇌의 이마앞엽 영역이 예전 생각처럼 기능적으로 조용하지는 않은 듯하다.

영국의 인지신경과학자 프란체스카 하페Francesca Happe와 유타 프리스Uta Frith가 그랬듯이 사회적 인지가 생겨나는 시간적 흐름을 추적하면 인간의 고급 사회적 기술과 신경적 기반이 매우 이른 나이부터 마련됨을 확인할 수 있다.[78] 사회와 다른 사람들의 합의에 대한 명백한 탐구는 인지적 기술의 출현보다 먼저 나타나는 것 같다.

흔히 그렇듯이 심리학에서든 신경과학에서든 뇌에 기반한 과정에 관해 많이 알려면 그 과정이 시간 경과에 따라 어떻게 발달하는지, 또는 한 단계에서 다른 단계로 넘어가고 있을 때를 연구하면 된다. 영아 뇌 연구를 위한 더 나은 기법을 이용할 수 있게 된 발달심리학자들이 마르지 않는 독창성을 결합하여 교활한 영아 기술 검사법을 고안한 결과 우리에게 사회적 존재가 되는 이면의 강력한 과정을 굉장히 적나라하게 꿰뚫어 보도록 해주고 있다.

이 모두를 이유로 우리는 잠시 멈추어 이 탐구 중인 뇌들이 마주하고 있는 세상에 관해 진지하게 생각해보아야 한다. 아기들은 아주 작은 사회적 스펀지고, 경험에 굶주리고, 그들의 새 세상이 제공해야 하는 것에 관여할 준비가 되었다. 하지만 세상은 그들을 위해 정확히 무엇을 준비하고 있을까?

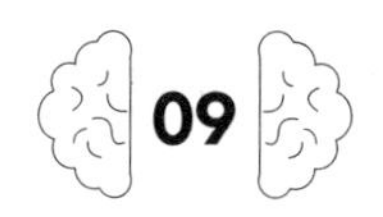

우리는 젠더화된 바다에서 헤엄친다

아이들은 자신을 에워싸는 사회적 세상을 이해하고 거기서 의미를 찾는 법을 적극적으로 찾고 있다. 그리고 그들이 보고 듣는 것을 해석하는 데 도움을 주고자 사회가 제공하는 젠더 단서를 사용하여 그렇게 한다.

C. L. 마틴과 D. N. 루블, 2004[1]

인간 아기는 태어났을 때 상당히 수동적이고 무력해 보이고 뇌도 아직 발달의 매우 초기 단계에 있는 듯하지만 분명 실제로는 지극히 정교한 초심자 걸질 도구 모음을 갖고 태어난다. 그들이 스펀지처럼 주변 세계에 관한 정보를 흡수할 수 있다는 말은 그 세상이 그들에게 들려주고 있는 말에 우리가 각별한 주의를 기울여야 한다는 뜻이다. 그들은 어떤 종류의 규칙과 지침을 접하게 될까? 다른 아기에게는 다른 규칙이 있을까? 그리고 어떤 종류의 사건과 경험이 그들의 마지막 종착지를 결정할까?

아기가 알아차릴 사회적 신호 중 첫 번째의 하나이자, 가장 시끄러운 것 중 하나이자, 가장 끈질긴 것 중 하나는 물론 남자아이와 여자아이, 남성과 여성의 차이에 관한 것이다. 성과 젠더에 관한 메시지는 아기의 옷과 장난감에서부터 책, 교육, 고용, 매체를 거쳐 일상의 '무심한' 성차별에 이르기까지 당신이 보는 거의 모든 곳에 있다. 슈퍼마켓을 대대적으로 조사하면 금세 만들어낼 수 있는 무의미하게 젠더화된 제품의 목록—샤워 젤(여성이라면 **트로피칼레인 샤워**, 남자라면 **머슬 테라피**), 목사탕, 원예 장갑, 트레일믹스(남자를 위한 **에너지믹스**와 여자를 위한 **바이털리티믹스**), 성탄절 초콜릿 세트(남아용 공구 세트, 여아용 장신구와 화장품)—은 우리가 설령 인후염이나 장미 가지치기에 관한 생각뿐일지라도 일관된 주제에 의해 제품에 젠더 라벨을 붙일 수밖에 없게 한다. '진짜 사나이'가 '잘못된' 종류의 원예 장갑을 쓰거나 '진정한 여자'가 사고로 남성스러운 **머슬 테라피**를 사용하고 질식사하지 않도록 말이다.

1986년 6월 내가 막 둘째 딸을 낳고 분만 병동에 있었던 때다. 게리 리네커Gary Lineker가 월드컵에서 해트트릭을 기록한 그 밤에 아홉 명의 아기가 태어났다. 여덟 명은 아들이고 한 명(내 아기)만 딸이었는데, 딸만 빼고 모두 다 게리로 불렸다(나도 유혹을 받았다). 나는 내 이웃과 함께 경험담(축구에 관한 것은 아닌)을 나누고 있다가 증기기관차가 다가오는 것 같은 소리가 1초 간격으로 더 요란해지고 있음을 알게 되었다. 갓 태어난 우리의 아기들이 수레에 실려 우리를 향해 오고 있는 것이었다. 나의 이웃은 파란색에 싸인 그녀의 꾸러미를 찬사와 함께 건네받았다. "게리가 왔어요. 양쪽 폐가 끝내줘요!" 그런 다음 그 간호사는 노란색 담요(초기에 힘겹게 따낸 페미니즘의 승리)에 싸인 나의 소포를 감지할 수 있는 콧방귀와 함께 나에게 전달했다. "여기요. 오늘 나온 아기 중에 최고로 시끄러운 녀석. 별로 숙녀답지는 않네요!" 이렇게 해서 생후 10분이라는 어린 나이에 나의 아주 작은 딸은 막 도착한 젠더화된 세상과 첫 만남을 가졌다.

고정관념은 이 세상의 너무나도 많은 부분을 차지하는 나머지 만약 물어보면 우리는 어떤 사람(혹은 장소, 혹은 나라, 혹은 직업)은 '어떠함'의 목록을 망설임 없이 작성할 수 있을 것이다. 그리고 그런 조사의 결과를 동료나 이웃이 작성한 것과 비교하면 의견이 높은 수준으로 일치함을 알게 될 것이다. 고정관념은 인지적 지름길이다. 우리의 머릿속 사진인 그것은 우리가 사람이나 상황이나 사건을 마주칠 때 또는 마주치기를 기대할 때 우리 뇌가 자동완성 문자입력을 하며 틈새를 메우게 해줌으로써 결과적으로 우리의 행동을 안내할 유용한 사전 확률을 재빨리 생성하게 해준다. 그것은 우리가 사회적 네트워크의 다른 구성원과 공유하는 사회적 의미 저장소와 사회적 기억의 일부다.

과거 1960년대 말에 심리학자로 구성된 어느 팀이 고정관념 설문지를 고안했다.[2] 그들은 대학생들에게 남성에 전형적이거나 여성에 전형적이라고 생각하는 행동, 태도, 성격 특징을 열거해달라고 했다. 여성에 전형적인 특징을 한 꼭지로 묶었고 남성에 전형적인 특징을 다른 꼭지로 묶었다. 75퍼센트 이상의 의견이 일치한 41개 항목을 고정관념 라벨로 선정했다. '여성' 항목에 포함된 서술에 따르면 여자는 "의존적", "수동적", "감성적"이었다. 반면에 남자는 "공격적", "자신만만", "모험적", "독립적"이었다. 이것은 로젠크란츠 고정관념 설문지Rosenkrantz Stereotype Questionnaire가 되었다. 그것은 열거된 항목에 대한 동의를 측정하여 응답자의 사고가 정형화된 정도의 지표로 삼았다. 한 가지 주요 쟁점을 추가하면 그 학생들은 어떤 특질이 사회적으로 가장 바람직하다고 생각하는지 평가하라는 요청을 받았다. 모든 학생이 남성에 전형적인 특질을 더 바람직하다고 평가했다.

그 설문조사가 처음 만들어지고 나서 30년 후 그 설문지에 있던 원래 항목을 다시 테스트했다.[3] 정형화된 사고에 전환의 증거가 조금 있었다. 남성에 전형적이라거나 여성에 전형적이라고 자신 있게 평가한 항목 수가 다소 줄었다. 정서의 경험이나 표현과 상관있는 모든 것은 여전히 확실하게 여성이었다. 하지만 전형적 여자는 이제 덜 논리적, 덜 직접적, 덜 야심적이라고 평가되지 않았다. 전형적 남자는 여전히 더 공격적이고, 더 지배적이고, 덜 상냥했다. 중요한 전환은 '새로운' 여성 특질을 사회적으로 더 바람직하다고 보았다는 점에 있었다. 여기에 이끌려 저자들이 추측한 바에 따르면 "사람들에게 노출되는 여자들의 역할 범위가 크게 확대된 점"이 젠더 고정관념의 변화 이면에 있었다.

하지만 별개의 리뷰가 제시한 의견은 달랐다.[4] 여기서 연구자들은 동일한 설문지를 통해 1983년의 응답과 2014년의 응답을 비교했다. 그 설문지는 응답자에게 남성과 여성에게 전형적인 특질(로젠크란츠 연구와 유사한)뿐 아니라 역할 행동, 신체적 특성, 직업까지 규정해달라고 요청했다. 그 30년 사이에 있었던 유일한 태도 전환은 여성에 전형적인 역할 행동에 관한 것이었는데, 여기서 실은 젠더 정형화가 증가했다. 남성과 여성에 평등하게 맡겨진 유일한 임무는 '재정 문제 처리'였다. '주도성agency' 또는 행동은 실력과 독립심 같은 특질과 아울러 여전히 남자에 귀속되는 핵심 특징으로 보았다. 반면에 '친교communion' 또는 네트워킹은 타인에 대한 온정이나 배려와 연관하여 아직도 핵심적인 여성 속성으로 보았다. 똑같은 직업군을 아직도 남성이나 여성에 전형적이라고 보았다(예컨대 정치가 대 행정비서). 그리고 아마도 덜 놀랍겠지만 아직도 똑같은 일련의 신체적 특징(키와 힘 따위)을 근거로 남녀를 차별했다. 그러므로 젠더 정형화가 사회 변화에 굴복하고 있었다는 애초의 보고는 아마도 지나치게 낙관적이었을 것이다.

제시된 의견에 따르면 고정관념의 변화나 안정성을 예측할 두 가지 주요 과정이 있다. 만약 젠더 고정관념이 남자와 여자의 실시간 관찰에 기반한다면 사회에서 진행 중인 변화는 고정관념에도 변화를 일으켜야 한다. 하지만 만약 고정관념이 더 깊이 정착되어 있다면 사회적 변화에도 바뀌지 않을 것이다. 기존 신념을 뒷받침하는 증거를 가치 있게 여기거나 믿을 가능성이 더 큰 '확증 편향' 또는 기존 고정관념을 극복하려는 시도의 부정적 결과를 강조하는 '반발'과 같은 과정의 활동은 고정관념을 사회정신에 더 확실하게 심어줄 수 있다.[5]

보았다시피 우리의 사회적 뇌는 규칙 청소동물과도 같아서 우리 사회체계의 법칙뿐 아니라 우리 자신이 확인된 내집단에 어울릴 수 있으려면 가져야 하는 '필수적'이고 '바람직한' 특징도 찾아낸다. 이런 규칙은 '우리 같은 사람들'은 어떻게 보여야 하는지, 어떻게 행동해야 하는지, 해도 되는 것은 무엇이고 해서는 안 되는 것은 무엇인지에 관한 정형화된 정보를 필연적으로 포함할 것이다. 우리의 자기정체성에서 이 측면은 비교적 문턱이 낮은 것 같다. 매우 쉽게 촉발하거나 점화할 수 있기 때문이다. 이미 보았다시피 고정관념 위협 반응을 유도하는 유형의 조작은 상당히 절제해도 된다.[6] 당신은 자신이 기대에 못 미치는 여성임을 많이 상기하지 않아도 기대에 못 미치는 여성이 된다. 심지어 당신이 여성임을 생각나게 하는 물건만 봐도 나머지 일은 당신의 '자아'가 알아서 한다. 심지어 네 살배기 여자아이들도 이것을 보여주었다. 인형을 갖고 노는 소녀의 그림에 색칠하는 활동이 이 아이들에게서는 공간 인지 검사의 성적 저하와 연관된다.[7]

사회적 꼬리표를 처리하고 저장하는 것과 연관되는 뇌 네트워크는 일반 상식 유형에 가까운 항목을 처리하고 저장하는 것과 연관되는 네트워크와 다르다.[8] 그리고 고정관념을 처리하는 네트워크는 자아를 처리하는 네트워크, 사회적 정체성과 연관되는 네트워크와 겹친다. 따라서 고정관념, 특히 자아 개념('나는 남성이므로……', '나는 여성이므로……')과 관련된 고정관념에 도전하려는 시도는 일반 상식 저장소에 대한 긴급 조정 이상을 수반할 것이다. 아무리 유식해도 이런 종류의 믿음은 인간이 되는 데 핵심인 사회화 과정에서 깊이 새겨진다.

일부 고정관념은 자체 강화 시스템이 내장되어 있다. 한 번 촉발되면 정형화된 특성에 기인한 행동을 하게 할 것이기 때문이다. 예컨대 고정관념 위협이 공간 수행에 끼치는 효과를 고려해보라. 긍정적이든 부정적이든 고정관념을 소환하면 심적 회전 과제의 성적이 바뀔 수 있다.[9] 다음에 살펴보겠지만 장난감 종류를 '여아용'이나 '남아용'으로 정형화하면 여자아이나 남자아이가 습득하는 기술의 범위에도 영향을 미칠 수 있다. 레고가 남자아이를 위한 장난감이라고 생각하는 여자아이는 조립 기반 과제에서 속도가 더 느리다.[10]

그리고 때때로 고정관념은 일종의 인지적 고리나 희생양 역할을 할 수도 있다. 이런 경우 저조한 성적이나 능력 부족을 고정관념으로 특징지어지는 바로 그 부족분 탓으로 돌릴 수 있다. 예컨대 월경전증후군은 제2장에서 보았다시피 다른 요인도 똑같이 충분하게 탓할 수 있을 사건을 변명하거나 책임지는 데 이용되어왔다. 한 연구가 보여준 바에 따르면 여자들은 부정적 기분에 대해서도 자신의 월경과 관련된 생물학적 문제를 탓할 가능성이 높다. 상황적 요인도 똑같이 충분하게 곤란의 원인일 수 있을지라도 말이다.[11]

일부 고정관념은 서술형인 동시에 금지형이기도 하다. 능력이나 기질의 부정적 측면을 강조할 뿐 아니라 어떤 종류의 활동이 계명을 받을 대상자에게 적합하거나 적합하지 않은지에 관해 '법을 정하는' 것처럼 보인다. 더 중요한 것은 그것이 주요 활동에서 한 집단이 다른 집단보다 더 낫다는, 다시 말해 한 집단의 구성원은 그냥 '못하니까' 아마도 피해야 마땅한 것이 있다는 지속적 신호, 일종의 '우/열' 관점을 강화한다는 점이다. 여자는 과학을 하지 **못한다**는 고정관념은 여자들이 과학을 하지 **않는다**는 뜻이다. 결과적으로 과학은 (결연한 문지기의 도움을 조금 받아) 남성 과학자로 가득한 남성 전용 시설이 된다. 오늘날의 고정관념은 머리_둘_달린_고릴라형 태그보다 미묘할 수 있다. 하지만 앤절라 사이니Angela Saini가 그녀의 책 『열등한 성Inferior』에서 자세히 설명했듯이 여자의 건강, 여자의 일, 여자의 행동을 태어나서부터 늙어서까지 남성보다 덜 적응적이거나 사회적으로 덜 유용한 것으로 특징지어온 방식의 사례는 많이 있다.[12]

이는 임상심리학자들(남성 여성 모두)이 건강한 성인에게 전형적인 특질과 건강한 여성에게 전형적인 특질 사이에 명확한 구분선을 긋고 있는 것처럼 보이는 1970년 연구와 공명한다. 무엇보다 걱정스럽게도 그들이 전형적 여성의 특징으로 열거한 특질(의존적·복종적)은 이런 치료사가 심리적으로 건강하다고 생각하는 누군가의 특징이 아니다. 그들의 결론이 그리는 다소 오싹한 그림 속의 삶은 기대치가 낮다. "따라서 적응 관점에서 건강하고 싶은 여자는 그녀의 성을 위한 행동 규범에 적응하여 이를 받아들여야 한다. 설사 이런 행동이 일반적으로 사회에 덜 바람직하고 일반화했을 때 유능하고 성숙한 성인에게는 덜 건강한 행동으로 여겨지더라도 말이다."[13]

작년에 영국의 자선단체 걸가이딩Girlguiding이 조사하여 보고한 바에 따르면 일곱 살밖에 안 된 여자아이도 젠더 정형화에 갇힌 기분을 느꼈다.[14] 약 2000명의 아이들을 대상으로 설문 조사를 한 결과 거의 50퍼센트가 그 때문에 학교에서 발언하고 참가하려는 의욕이 줄어든다고 느꼈다. 그 설문 조사에 관해 논평한 한 사람은 다음과 같이 말했다. "우리는 여자아이들에게 타인을 기쁘게 하는 것이 가장 중요한 미덕이며 예절바름은 조용하고 섬세함에 달렸다고 가르친다."[15] 이런 고정관념은 해가 없기는커녕 여자아이(그리고 남자아이)와 그들이 앞으로 인생에 관해 내릴 결정에 실질적인 영향력을 미칠 것이 분명하다. 우리는 다음을 기억해야 한다. 우리 아이들의 발달 중인 사회적 뇌는 사회적 네트워크의 특정 구성원 자격에 어울리는 규칙과 기대를 언제나 살피고 있을 것이다. 성/젠더 고정관념이 여자아이와 남자아이에게 매우 다른 지침을 제공하고 있다는 점은 분명하다. 그리고 우리의 작은 여성들에게 입력되는 지침은 그들이 잠재적 성취의 정점에 이를 때까지 자신감에 차서 확실하게 달리도록 해주고 있지 않은 듯하다는 점도.

주니어 젠더 형사

21세기에 명백히 나타나는 사회적·문화적 매체에서의 무자비한 젠더 폭격을 고려해볼 때 이와 연관된 고정관념은 우리가 자신과 동일시하는 젠더의 사회적 '자격 요건'을 이해하는 과정에서 훨씬 더 자주 점화되어 내재될 가능성이 높다. 불길한 통계가 가리키는 바에 따르면 매우 어린 아이들도 이 젠더화된 정보의 출처에 언제든지 접근할 기회가 있다. 3세

아이의 25퍼센트는 날마다 온라인에 접속하고 3, 4세 아이의 28퍼센트는 지금 노트북에 노출되어 있다.[16] 2013년 데이터가 가리키는 바에 따르면 미국에서 2세에서 4세 아이의 80퍼센트는 모바일 매체를 사용한다. 이는 2011년의 39퍼센트에서 증가한 것이다.[17]

따라서 '젠더 암호'나 '젠더 신호'는 세상의 한 부분이다. 우리의 작은 인간들은 데이터에 굶주린 뇌와 함께 그 세상 속으로 첫날부터 바로 던져질 것이다. 그렇다면 아기와 어린아이는 이런 종류의 메시지를 알아볼까? 그들은 색으로 암호화된 장난감과 젠더화된 게임, 그리고 웬디네 집에서 놀게 되는 사람에 관심을 기울일까? 그렇고말고!

우리가 오래전부터 알고 있었다시피 상당히 어린아이들도 열혈 젠더 형사로서 누가 무엇을 하는지, 누가 누구와 함께 무엇을 가지고 놀아도 되는지 젠더에 관한 단서를 적극적으로 찾고 있다. 발달심리학자들이 어린아이들을 대상으로 젠더화된 언어 사용을 모니터링하거나, 노는 모습을 관찰하거나, 사진이나 사물을 '남자아이 것' 아니면 '여자아이 것'으로 분류해달라고 요청한 결과 4, 5세밖에 안 된 아이들도 남성과 여성의 차이에 대한 인식이 잘 발달되어 있다고 보고했다. 남녀의 생김새와 평소 복장 면에서만 그런 것이 아니라 이런 차이를 남녀가 할 일의 종류에 연계하는 면에서도 그러했다. 남자는 소방관이고 여자는 간호사이며, 남자는 바비큐를 굽고 잔디를 깎고 여자는 설거지와 빨래를 했다. 게다가 일상의 사물에 남성(망치) 아니면 여성(립스틱), 장난감에 '남자아이 장난감' 아니면 '여자아이 장난감'이라는 라벨을 붙일 수도 있다.[18]

하지만 우리의 주니어 젠더 형사들이 이런 종류의 차이를 우리가 추정한 시기보다도 더 일찍 알아채기 시작할까? 이런 종류의 사회적 기술은 아이가 말하기와 사회화를 익혀야 생겨난다고 가정되었다. 어쨌든 매우 어린아이에게서 초기 젠더 '도식schema', 즉 남성과 여성에 관한 정보가 서로 연결되어 구성되는 네트워크가 어느 정도나 발달했을지 테스트하기란 어려웠다. 하지만 앞의 두 장에서 설명한 '아기 관찰' 기법을 이 질문에 적용하자마자 우리의 소아 치안판사와 아기 과학자에게서 보았던 초기 정교함이 여기서도 명백해졌다.

우리의 꼬마 '심층학습자'는 남성과 여성의 주요한 신체적 차이 간 연계성에 관한 규칙—높거나 낮은 목소리가 있는데, 이런 목소리는 보통 다른 유형의 얼굴과 짝지어진다—을 매우 일찍부터 알아보았다. 선호적 주시 패러다임을 사용하면 생후 6개월 된 아기들은 카랑카랑한 목소리와 짝지어진 남성 얼굴이나 굵은 목소리와 짝지어진 여성 얼굴을 더 오래 응시할 것이다. 목소리가 높은 사람과 낮은 사람에 대해 아기가 깔끔하게 확립한 사전 확률이 어긋났음을 보여준다. 따라서 아주 초기부터 작은 인간은 일반적으로 확실히 구별할 수 있는 두 집단의 사람이 있다는 사실을 의식한다.[19]

언어의 출현은 우리 주니어 젠더 형사들의 단서 수집 활동에 대한 확실한 통찰력을 제공한다. '아이'가 아니라 '여자아이'와 같은 젠더별 라벨을 사용하는 모습은 언어 발달 연표에서 상당히 일찍부터 나타난다. 뉴욕의 심리학자 팀은 9개월에서 21개월의 아이들 집단에서 그런 라벨의 출현을 추적하여 알아낸 바에 따르면 17개월 이전에는 젠더 라벨을 붙인다는 증거가 거의 없다. 하지만 21개월에 이른 아이들은 대부분 '남자', '여자아이'와 '남자아이'와 같은 다중적 라벨을 적절하게 사용하고 있다. 그리고 여기에는 바깥세상에 있는 사람과 사물에 태그를 붙이는 모습과 아울러 자기에게 라벨을 붙이는 모습('나 작은 여자아이')도 포함된다.[20]

또한 연구자들은 여자아이가 남자아이보다 그런 라벨을 더 일찍 만들어낸다는 점에 주목했다. 그들은 이에 대해 가능한 설명으로 사회화를 제안했다. 다시 말해 '소녀다운' 옷과 장식은 더 눈에 띈다는 점("PFD" 현상—물론 당신도 알겠지만 이는 '분홍 프릴 드레스pink frilly dress'를 뜻한다), 따라서 여자아이는 어느 쪽이 여자아이고 이런 여자아이는 무엇을 입어야 하는지에 관한 가시적 단서를 더 일찍 제공받는다는 점에 주목했다. 이 팀의 일부 구성원이 이후에 연구한 바에 따르면 3, 4세 여자아이는 외모에서 '젠더 경직' 단계를 거칠 가능성이 훨씬 더 크다. 치마, 튀튀(발레리나의 치마-옮긴이), 발레화, 그리고 아, 맞다, 분홍 프릴 드레스가 아닌 모든 것을 입는 것에 완강한 반대를 보여준다.[21]

그리고 우리의 어린 형사들이 포착하고 있는 단서는 자신에 관한 것만이 아니다. 아이들은 놀랍도록 이른 수준의 일반적인 젠더 지식도 보여준다. 바깥세상의 항목이나 사건에도 '젠더에 적절함' 태그를 붙인다는 말이다. 24개월 된 아이에게 립스틱을 바른 남자나 타이를 맨 여자의 사진을 보여주면 당신은 틀림없이 그녀의 관심을 사로잡을 것이다.[22]

아이들은 젠더 범주와 이와 연관된 특징의 차이를 정확히 알아볼 능력이 생김에 따라, PFD 연구가 이미 보여주었듯이 동성의 선호와 활동에 어울리려는 동기가 강해지는 듯하다. 아이는 일단 자기가 어느 쪽 집단에 속하는지 알아내면 누구와 함께 무엇을 갖고 놀고 싶은지에 관한 선택에서 상당히 완고해질 수 있다. 동시에 자기 집단 구성원이 아닌 사람을 배제하는 데 관해서도 대단히 무자비해질 수 있다. 마치 배타적 사회에 막 입회한 회원처럼 아이는 스스로 노예처럼 규칙을 맹종하고 남들도 그것에 복종하도록 하는 데 매우 준엄하다. 여자아이와 남자아이가 해도 되는 일과 하면 안 되는 일에 관해서도 매우 확실하게 발언할 것이다. 때로는 반례反例를 의도적으로 무시하는 것처럼 보이고(소아외과 의사인 나의 여성 친구에게 그녀의 네 살배기 아들은 "남자아이만 의사가 될 수 있어"라고 확언했다) 여성 전투기 조종사, 자동차 정비공, 소방관 같은 예를 제시하면 놀람을 표현한다.[23] 약 일곱 살까지 아이들은 젠더 특징에 관한 믿음이 상당히 확고하여 그들의 젠더 위성항법장치가 설정한 노선을 복종적으로 따를 것이다.

이후 아이들은 어떤 특정 활동에 더 능하거나 그렇지 않은 사람에 관한 젠더 규칙의 예외를 더 인정하는 듯 보일 것이다. 하지만 다소 걱정스럽게도 그들의 믿음이 단순히 '지하로 숨었을 것'임을 보여줄 수 있다. 그런 '암묵적' 믿음은 정의에 따라 접근하기 어렵지만 그래도 볼 수 있는 길이 발견되었다. 이것은 제6장에서 만난 스트루프 과제의 한 형태를 통해 입증되었다. 기억할지 모르겠지만 '초록'이라는 단어가 초록으로 쓰여 있으면 그 글자의 색깔을 상당히 빠르게 말할 수 있다. 하지만 '초록'이라는 단어가 빨강으로 쓰여 있으면 속도가 상당히 극적으로 느려진다. 이것은 처리 중인 다른 유형의 정보가 서로 일치하지 않아서 생긴 간섭효과의 척도다. 이것의 어느 영리한 청각 버전에서 청취자는 특정 단어를 말하는 사람의 성을 식별해야 한다. 여기서 일부 단어는 정형화된 관점에서 남성(축구, 거칠다, 군인)이나 여성(립스틱, 화장, 분홍)이었다. 여덟 살밖에 안 된 아이들이 '불일치'(예컨대 '립스틱'이라고 말하는 남성 목소리나 '축구'라고 말하는 여성 목소리)를 들었을 때 훨씬, 훨씬 더 느렸고 실수도 훨씬 더 많이 했다.[24] 따라서 어린아이들은 그들의 짧은 인생에서 남성이냐, 여성이냐와 연관되는 종류의 것에 대해 일종의 내면화된 지도를 이미 작성한 듯하다. 이 지도는 부지불식간에 그들을 예정된 종착지로 안내하고 있을 것이다.

우리의 주니어 형사들은 젠더 고정관념에 관해 재빨리 간파하고 있다. 그런 인지적 지름길 또는 '우리 머릿속 그림'은 수많은 이른바 젠더별 자질을 별개의 두 꾸러미로 묶고 거기에 전혀 다른 내용물 라벨을 붙인다.

핑키피케이션

만약 어떤 것이 21세기의 사회적 성차 신호를 특징짓는다면 그것은 '여자아이는 분홍, 남자아이는 파랑'에 대한 강조의 증가일 것이다. 여성 '핑키피케이션'이 아마 가장 귀에 거슬리는 메시지를 전달할 것이다. 옷, 장난감, 생일 카드, 포장지, 파티 초대장, 컴퓨터, 전화기, 침실, 자전거—그 밖에 무엇이든지 마케팅 담당자는 그것을 '핑키피케이션'할 준비가 되어 있는 듯하다. '분홍 문제'는 요즘 상당히 자주 덤으로 '공주'의 막대한 도움을 받아 지난 10여 년 동안 걱정되는 논의의 주제였다.[25] 저널리스트이자 작가인 페기 오렌스타인Peggy Orenstein도 그녀의 2011년 책 『신데렐라가 내 딸을 잡아먹었다: '여성스러운 소녀' 문화의 최전선에서 날아온 긴급보고서Cinderella Ate My Daughter: Dispatches from the Front Lines of the New Girlie-Girl Culture』에서 이에 관해 논평했다. 책에서 주목했다시피 2만 5000종이 넘는 디즈니 공주 제품이 시장에 나와 있었다.[26] 이 만연한 핑키피케이션에 대한 주제는 이와 같은 책과 수많은 다른 책에서 빈번하고 예리하게 단도직입적으로 비판되어왔으므로 나는 분홍 쟁점을 다시 다룰 필요가 없을 것이라고 생각했다. 하지만 우리 모두에게 불행하게도 이것은 또 하나의 두더지 잡기 문제여서 조만간 사라지리라는 증거가 거의 없다.

예정된 강연을 위해 최근 인터넷에서 그 지긋지긋한 분홍색 '여자아이랍니다' 카드의 실례를 찾고 있다가 나는 훨씬 더 입이 떡 벌어질 정도로 끔찍한 것을 발견했다. '젠더 공개gender reveal' 파티였다.[27] 만약 금시초문이라면 다음과 같이 진행된다. 임신 약 20주째로 접어들면 보통 초음파 스캔을 근거로 당신이 기다리고 있는 아이의 성별을 말해주는 것이 가능하므로 값비싼 파티 욕구를 촉발한다. 두 가지 버전이 있는데, 둘 다 마케팅의 꿈이다. 버전 1에서 당신은 답을 모르고 있기로 결심하고 초음파 기술자에게 그 흥분되는 소식을 봉투에 밀봉하여 당신이 고른 젠더 공개 파티 주최자에게 보내라고 지시한다. 버전 2에서 당신은 답을 스스로 알아내지만 그 소식을 파티에서 공개하기로 결심한다. 그다음에 '방방 뛰는 꼬마 "도련님"일까 어여쁜 꼬마 "아가씨"일까?', '총일까 반짝일까?', '라이플(소총)일까 러플(주름 장식)일까?' 같은 질문을 전하는 초대장을 통해 가족과 친구들을 행사에 초대한다. 파티 자체에서는 하얀 당의를 입힌 케이크를 마주할지도 모른다. 그 케이크가 잘리면 파란 속이나 분홍 속이 공개될 수도 있다(케이크도 '수컷일까 암컷일까? 궁금하면 잘라 봐'라는 말로 장식되어 있을 수 있다).

또는 밀봉된 상자가 있을 수도 있다. 상자를 열면 헬륨을 채운 분홍 풍선이나 파랑 풍선 소함대가 쏟아질 것이다. 아니면 가장 가까운 유아용품점에서 포장해온 장비가 있을 수도 있다. 장비를 열면 분홍 창작품이나 파랑 창작품이 드러날 것이고 당신은 그 창작품에 신생아를 채워 넣기만 하면 될 것이다. 아니면 심지어 피냐타(아이들이 파티 때 눈을 가리고 막대기로 쳐서 부수면 사탕 따위가 쏟아져 나오도록 만든 인형-옮긴이)가 있을 수도 있다. 당신이 하객과 함께 집요하게 공격하면 피냐타가 분홍 사탕이나 파랑 사탕을 줄줄 흘릴 것이다. 아니면 마치 장난감 오리Waddle it be?나 호박벌What will it bee?과 관련된 것처럼 보이는 추측 게임(뭘까요What will it be?의 발음을 이용한 말장난-옮긴이)이 있을 수도 있다. 아니면 모종의 경품 추첨이 있을 수도 있다. 여기서는 도착하자마자 추측을 항아리에 넣고 공개가 되면 상품을 탄다. 아니면 (가장 맛없기로 치면 우승 후보로서) 플라스틱 아기가 들어 있는 사각 얼음을 받을 수도 있다. 그리고 '내 양수가 터졌다' 경주에서 최선을 다해 얼음을 가장 빨리 녹이는 법을 찾으면 아기가 분홍인지 파랑인지 공개할 수 있다. 내가 이것을 지어내고 있다고 생각할까봐 한 웹사이트에서 이런 파티 중 하나를 주최하는 법에 관한 조언을 직접 인용하면 다음과 같다. "분홍과 파랑을 갖고 간단하게 가세요. 칵테일, 초, 접시, 컵, 냅킨—그 밖에 뭐라도 좋아요. (저는 심지어 화장실에 손님용 수건을 분홍과 파랑으로 비치했답니다!) 슈퍼볼(미국 프로 미식축구 결승전-옮긴이) 대신에 아기 젠더 공개전Baby Gender Reveal Bowl을 하는 거예요."[28]

그러니까 세상은 작은 인간들을 심지어 태어나기 20주 전에 이미 분홍 상자나 파란 상자에 밀어 넣고 있을 수 있다. 그리고 유튜브 동영상을 보면(맞다, 나도 중독되었다) 경우에 따라서는 그 소식이 분홍이냐 파랑이냐에 다른 가치가 부여되는 것이 분명하다. 일부 동영상은 '공개'의 흥분을 지켜보는 기존의 형제자매를 보여주는데, 세 명의 어린 자매는 폭포수처럼 쏟아지는 파란 색종이 조각에 동반된 '마침내!' 하는 절규를 어떻게 이해했을지 궁금해하지 않을 수 없다. 해롭지 않은 한순간의 장난(어쩌면)이고 마케팅의 승리(확실히)일 뿐이다. 하지만 그것은 이런 '여자아이'/'남자아이' 라벨에 부여된 중요성의 척도이기도 하다.

분홍 물결은 경기장을 평준화하려는 노력마저 뒤덮는다. 마텔사社는 과학자가 되는 것에 대한 여자아이의 관심을 자극하기 위해 STEM 바비 인형을 제작했다. 그러면 우리의 공학자 바비가 만들 수 있는 것은 무엇일까? 분홍 세탁기, 분홍 회전식 옷장, 분홍 장신구 회전대다.[29]

당신은 도대체 왜 이것이 조금이라도 중요한지 궁금할지도 모른다.[30] 이 모두는 핑키피케이션이 자연스러운 생물학적 차이를 신호하는 것인지(정해져 배선되었으므로 개입할 여지가 없다) 아니면 사회적으로 구성된 암호화 메커니즘을 반영하는 것인지(과거의 사회적 욕구와 관련되었을 수는 있지만 변화하는 사회적 요구에 비추어 재구성될 가능성이 있다)에 관한 논쟁으로 귀결된다. 그것이 정말로 생물학적 명령의 징후라면 아마도 그것은 존중되고 지지되어야 할 것이다. 만약 우리가 사회적 음모를 보고 있다면 우리는 연관된 두 갈래의 암호화가 두 집단에 여전히 도움이 되고 있는지 알 필요가 있다(어느 때고 도움이 되었다면). 남자가 어쩌다가 라벤더와 캐모마일 샤워 젤을 사용하지 않도록 젠더 신호를 보내는 것과는 별도로, 여행 중인 여자아이의 뇌가 조립 장난감과 모험 책에서 멀어지게 하면 도움이 될까? 반대로 남자아이 뇌가 조리기구와 인형의 집에서 멀어지게 하면 도움이 될까?

아마도 분홍 물결의 힘에 일종의 생물학적 기반이 있는지부터 확인해야 할 것이다. 제3장에서 언급했듯이 여성의 분홍 선호는 이미 진화적 관점에서 설명된 바 있다. 2007년 시과학자 팀은 이런 선호에 대한 연구 결과가 오래전 종의 암컷이 효과적인 '열매 채집자'여야 했던 필요성과 관련 있다고 제안했다.[31] 분홍에 대한 민감도는 '노랗게 익은 과일이나 초록 잎에 파묻힌 먹을 수 있는 붉은 잎을 식별할 수 있도록 해줄' 것이었다. 이것의 연장선에서 핑키피케이션은 공감의 기반이기도 하다는 제안이 있었다. 우리 여성 부양자들이 정서 상태와 일치하는 피부색의 미묘한 변화를 감지하도록 돕는다는 것이다. 그 연구는 성인을 상대로 수행했고 유색 직사각형에 얽힌 단순 강제 선택 과제를• 사용했다는 점을 명심하면 이는 상당한 억지다. 하지만 그것은 분명 매체의 심금을 울렸다. 매체는 여자가 "분홍을 선호하도록 배선되어 있다"거나 "현대의 여자아이는 분홍을 선택하도록 타고난다"는 증거로 그 연구 결과를 다양하게 반겼다.[32]

하지만 3년 후에 같은 팀이 4, 5개월 된 영아를 대상으로, 똑같은 유색 직사각형에 대한 선호의 척도로 눈 움직임을 사용하여 비슷한 연구를 수행했다.[33] 그들은 성차의 증거를 전혀 찾지 못했을뿐더러 모든 아기가 스펙트럼에서 붉은 쪽을 선호했다. 이 연구 결과는 첫 번째 결과를 맞이했던 매체의 소동이 동반되지 않았다. 성인을 대상으로 한 연구는 '생물학적 소인'이라는 관념을 지지하는 결과로 300회 가까이 인용되었다. 아무 성차도 발견되지 않은 영아를 대상으로 한 연구는 50회도 채 인용되지 않았다.

부모는 그래도 이 분홍 선호에 관해서는 근본적인 뭔가가 있는 것이 틀림없다고 부르짖을 것이다. 딸을 위해 '젠더 중립적 육아'에 최선을 다했음에도 불구하고 앞에서 언급한 분홍 공주 물결에 모든 것이 휩쓸려 가는 현실을 발견하면 말이다. 세 살밖에 안 된 아이가 장난감 동물에 색을 근거로 젠더를 할당할 것이다. 분홍 동물과 보라 동물은 여자아이 동물이고 파란 동물과 갈색 동물은 남자아이 동물이다.[34] 이만큼 이르고 이만큼 단호한 선호의 출현 배후에는 생물학적 동인이 틀림없이 있어야 할까?

하지만 미국의 심리학자 버네사 러부Vanessa LoBue와 주디 들로처Judy DeLoache의 효과적인 연구는 이 선호가 정확히 얼마나 일찍 출현하는지를 더 세밀하게 추적했다.[35] 200명에 가까운 7개월에서 5세 사이의 아이들에게 한 쌍의 물건을 제공했는데, 그중 하나는 항상 분홍이었다. 결과는 분명했다. 약 2세까지는 남자아이든 여자아이든 어떤 종류의 분홍 선호도 보여주지 않았다. 그런데도 그 시점 이후에는 상당히 극적인 변화가 있었다. 여자아이는 분홍 물건에 우연 이상의 열광을 보여준 반면에 남자아이는 그것을 적극적으로 거부했다. 이는 약 3세부터 가장 두드러졌다. 이것은 일단 젠더 라벨을 학습한 아이들의 행동이 아이가 점차적으로 수집하는 젠더와 젠더 차이에 관한 단서 포트폴리오에 맞게 바뀐다는 연구 결과와 부합한다.[36]

알다시피 뇌는 규칙을 알아내어 '예측 오류'를 피하려 애쓰는 '심층 학습자'다. 따라서 뇌의 주인과 새로 획득한 젠더 정체성이 위험을 무릅쓰고 나아가는 세상에 만약 돕겠답시고 당신이 해도 되는 일과 해서는 안 되는 일, 입어도 되는 옷과 입어선 안 되는 옷을 일일이 안내하는 강력한 분홍 메시지가 가득하다면 이 특정한 물결의 방향을 돌리기 위해서는 정말로 강제적인 물길 변경 사업이 필요할 것이다. 따라서 우리는 실제로 뇌 기반 과정을 보고 있을지도 모른다. 그러나 그것은 뇌가 속한 세상에 의해 촉발된 과정이다.

분홍-파랑 구분이 문화적으로 결정된 암호화 메커니즘이라는 증거는? 왜(그리고 언제) 분홍이 소녀와 연계되고 파랑이 소년과 연계되는지는 상당히 진지한 학문적 논쟁의 문제였다. 한쪽의 주장에 따르면 이것은 한때 그 반대였고, 1940년대까지 파랑은 실제로 소녀에게 적절한 색으로 여겨졌는데, 이는 아마도 동정녀 마리아와의 연계성 때문일 것이다.[37] 심리학자 마르코 델 귀디체Marco Del Guidice는 이 발상을 비판했다. 그는 구글 북스 엔그램 뷰어Google Books Ngram Viewer(구글이 보유한 도서 데이터를 토대로 특정 단어의 연도별 사용 빈도를 보여주는 프로그램-옮긴이)를 통해 보관된 기록을 상세히 검색한 후에도 파랑은 여아용/분홍은 남아용 주장을 뒷받침하는 증거를 거의 찾지 못했다고 주장했다. 그가 이것을 분홍-파랑 반전Pink-Blue Reversal이라 불렀고 자연스럽게 약어PBR가 뒤따랐다. 그는 심지어 그 주장에 '과학적 도시 전설'이라는 위상을 부여했다.[38]

하지만 분홍이 여성 색인 것이 일종의 문화적 보편성이라는 증거는 실제로 그렇게 강력하지 않다. 마르코 델 귀디체 리뷰의 예에 따르면 종류를 불문하고 젠더와 관련된 색 암호화는 100년 전에 확립되었고 유행에 따라, 또는 당신이 1893년에 《뉴욕타임스New York Times》("유아용 의상: 오, 남자아이는 분홍, 여자아이는 파랑")를 읽었느냐에 따라, 또는 같은 해에 《로스앤젤레스타임스Los Angeles Times》("가장 최근에 유행하는 유아용품은 신생아용 비단 그물침대다…… 그물 위에는 먼저 비단 누비 담요를 깐다. 여자아이는 분홍, 남자아이는 파랑")를 읽었느냐에 따라 달라지는 듯하다. 더 헷갈리게도 《엘파소헤럴드El Paso Herald》는 1914년에 이런 편지를 게재했다. "친애하는 페어팩스 양. 남자 아기에게 사용할 색을 알려주시겠어요? 어쩔 줄 모르는 엄마가." 이에 다음과 같은 답변을 받았다. "분홍은 남아용이고 파랑은 여아용이에요. 한때는 반대였지만 배색이 더 적합한 듯해요." 일관성이라고는 거의 없는 메시지다(그리고 안타깝게도 당시 주변에는 대응되는 **파란** 프릴 드레스 현상이 있는지 확인할 심리학자가 없었다).

따라서 핑키피케이션의 생물학적 기원 대 사회적 기원 면에서 본성과 양육의 몫을 다시 가르는 이 심리에서 평결은 아직 나오지 않고 있다. 여자아이와 분홍 사이에 일종의 본질적 관련성이 있다는 관념에 이의를 제기하는 사람들은 자신이 맹비난을 받게 될 수 있다. 2009년 《가디언

Guardian》에 쓴 존 헨리Jon Henley의 기사는 핑크스팅스Pink Stinks, 분홍은 구려요) 캠페인, 즉 유해한 고정관념을 지지하는 소비자 문화를 강조하는 일을 시작한 두 자매의 이야기를 들려준다. 이에 대응하여 기사에 달린 댓글들에서 나온 한 가지 제안은 그 자매가 "나는 소녀들을 세뇌하려는 좌익 공산주의자 미치광이예요"라는 문구가 새겨진 티셔츠를 입어야 한다는 것이었다.[39]

우리의 여행 중인 뇌에 핑키피케이션이 지닌 중요성을 이해하는 면에서 핵심 쟁점은 물론 분홍 자체가 아니라 그것이 상징하는 의미다. 분홍은 일종의 문화적 푯말signpost 또는 기표signifier(말이 소리와 의미로 성립된다고 할 때 소리를 기표/시니피앙이라 이르고 의미를 기의/시니피에라고 이른다-옮긴이), 다시 말해 소녀임Being a Girl이라는 하나의 특정 상표를 위한 암호가 되었다. 쟁점은 이 암호가 '젠더 분리 제한기gender segregation limiter'일 수도 있다는 점이다. 암호의 목표 청중(소녀들)을 굉장히 제한된 동시에 제한하는 기대 패키지로 인도하고 추가로 목표가 아닌 청중(소년들)을 제외한다는 말이다. 렛 토이스 비 토이스Let Toys be Toys 운동가 트리샤 로서Tricia Lowther는 지금 '분홍은 여아용'으로 암호화된 장난감 종류는 거의 보편적으로 꾸미기(그래서 외모의 중요성 강조하기)와 관련이 있거나, 요리 또는 청소기 돌리기 같은 가사 활동이나, 폭신한 애완동물 또는 아기 인형 돌보기와 관련 있다고 지적한다. 거기에는 아무 문제도 없지만 그것은 한편으로 이 어린 공주들이 창의적인 조립 장난감을 갖고 놀거나 슈퍼 영웅이 되어 모험을 **하고 있지 않다**는 의미이기도 하다.[40]

악명 높은 바비 인형과 같은 '사회화의 대행자'는 여자아이들에게 진로를 제한하는 메시지를 전할 수 있다. 오로라 셔먼Aurora Sherman과 아일린 주어브리겐Eileen Zurbriggen이 보여준 바에 따르면 '패션 바비' 인형을 갖고 놀았던 여자아이들은 더 중립적인 장난감을 갖고 놀았던 여자아이들보다 소방관, 경찰관, 조종사처럼 남성이 우세한 직업을 자기도 가질 수 있는 직업으로 선택할 가능성이 적다(그리고 어쨌거나 두 집합의 여자아이들이 보여준 직업적 야망은 양쪽 다 상당히 낮았다).[41]

역설적으로(그리고 그 주장의 반대편에게 공평하게 말하면) 가끔 분홍은 여자아이들이 분홍이 아니면 남자아이의 영역으로 보일 수 있는 것을 다루도록 '허가해주는' 일종의 사회적 서명 역할을 하는 것으로 보인다. 하지만 나의 STEM 바비 인형 예가 그렇듯 핑키피케이션은 너무나도 흔히 아랫것들을 깔보는 태도와 연계된다. 공학이나 과학을 '미모 및 립스틱'과 연결하여 문자 그대로 장밋빛 안경을 통해 이상적으로 바라보도록 하지 않는 한 당신은 여성이 공학이나 과학의 짜릿함에 진지한 관심을 두도록 할 수 없다는 것이다.

토이 스토리

처음부터 색으로 암호화되는 이 매우 뚜렷한 남녀 구분은 물론 장난감에도 적용된다. 아이가 갖고 노는 장난감 종류는 아이의 발달 기술이나 아이가 탐닉할 역할 놀이에 상당한 영향을 미칠 수 있으므로 선택의 폭을 좁히는 모든 과정은 남자아이를 위해서든 여자아이를 위해서든 경각심을 가지고 보아야 한다.

장난감 젠더화가 증가하여 고정관념을 유지하는 데 기여하고 있다는 전체적 쟁점은 최근 몇 년 동안 많은 관심의 초점이었다. 심지어 백악관이 이를 논의하기 위해 2016년에 임시회의를 소집했을 정도였다.[42] 장난감 선택은 우리의 여행 중인 뇌에게 주요한 시케인(자동차 서행을 유도하는 지그재그 도로-옮긴이)일까? 아니면 뇌는 태어나기 전에 이미 이 경로를 설정해놓았을까? 장난감 선택은 뇌에서 벌어지는 일을 **결정**할까? 아니면 뇌에서 벌어지고 있는 일을 **반영**할까?

이 영역의 연구자들은 아이들의 행동 중 이 측면의 현 상황에 관하여 "여자아이와 남자아이는 인형과 트럭 같은 장난감에 대한 선호가 다르다. 이런 성차는 영아에게도 있고, 인간이 아닌 영장류에서도 보이며, 어느 정도는 출생 전 안드로겐 노출과 관계가 있다"고 상당히 단호하게 말할 수 있다.[43] 이 진술은 아이들의 장난감 선택에 관한 믿음의 집합을 깔끔하게 요약한다. 그러므로 장난감 이야기, 다시 말해 누가 무엇을 왜 갖고 노는지(그리고 그것이 중요한지, 아닌지)를 그런 믿음 면에서 살펴보자.

장난감 선호의 쟁점은 분홍-파랑 논쟁과 같은 종류의 중요성을 획득했다. 아마도 12개월 정도의 상당히 어린 나이부터 남자아이와 여자아이는 다른 종류의 장난감을 선호하는 듯하다. 선택권을 주면 남자아이는 트럭이나 총 상자로 향할 가능성이 더 큰 반면에, 여자아이는 인형 그리고/또는 냄비가 있는 곳에서 찾을 수 있다. 이것은 여러 다른 주장에 대한 증거로 채택되었다. 본질주의 진영은 호르몬 로비의 지지를 받아 이것은 다르게 조직된 뇌가 다르게 난 경로를 따르는 징후라고, 예컨대 '공간적' 장난감이나 조립형 장난감을 일찍부터 선호하는 것은 자연스러운 능력의 표현이라고 주장할 것이다. 사회적 학습 진영은 젠더화된 장난감 선호가 아이들의 행동이 젠더에 적절한 방식으로 모사되거나 강화된 결과라고, 이것은 부모나 가족이 선물을 주는 행동에서 비롯될 수도 있고 목표 시장을 결정하고 조작하는 강력한 마케팅 로비의 결과일 수도 있다고 주장할 것이다. 인지적 구성주의 진영은 생겨나는 인지적 도식을 가리킬 것이다. 햇병아리 젠더 정체성은 그 도식 안에서 자신의 성에 '속하는' 대상과 활동을 졸졸 따라다니며 누가 무엇을 갖고 놀아야 한다고 명시하는 참여의 규칙을 찾아 주변 환경을 유심히 살핀다. 이것은 젠더 라벨링의 출현과 젠더화된 장난감 선택의 출현 사이의 관련성을 시사할 것이다.[44]

이 모두는 장난감 선호의 **원인**에 관한 주장이다. 부모든 인지신경과학자(또는 둘 다)든 성/젠더 차를 이해하려는 사람들에게 장난감 선호가 무엇을 의미하는지에 관한 주장인 것이다. 하지만 장난감 선호의 **결과**에 관한 다른 주장도 있다. 만약 당신이 인형과 찻잔 세트를 갖고 놀면서 당신의 인격 형성기를 보낸다면 조립 공구 놀이나 목표 기반 게임을 할 때 얻을 수 있을 유용한 기술에서 멀어지게 될까? 아니면 이 차이 나는 활동은 당신의 자연스러운 능력을 강화하여 당신에게 당신이 차지할 직업적 틈새를 위해 적절한 훈련 기회와 향상된 재능을 제공하고 있을 뿐일까? 특히 21세기를 보았을 때 만약 당신이 갖고 노는 장난감이 외모가, 그것도 꽤 자주 선정성을 강조한 외모가 당신이 속한 집단을 정의하는 요인이라는 메시지를 전달하면 그것은 영웅적 행동과 모험의 가능성을 제공하는 장난감을 갖고 노는 경우와 다른 결과를 가져올까?[45] 이 분야에서 우리 자신의 특정한 탐구에 관해 말하면 초기 장난감 선택에서 비롯된 이런 결과는 행동 수준뿐 아니라 뇌 수준에서도 발견될까?

늘 그렇듯 원인과 결과 쟁점은 얽혀 있다. 만약 젠더화된 장난감 선호가 생물학적으로 결정된 현실의 표현이라면 그것은 불가피하니 간섭하지 말아야 하고, 그것에 이의를 제기하는 사람은 "렛 보이스 비 보이스 앤드 걸스 비 걸스Let boys be boys and girls be girls(소년은 소년으로 두고 소녀는 소녀로 두라)"라는 주문이 그들의 귀에 쟁쟁하도록 타일러서 돌려보내야 한다고 해석하는 경향이 있다. 연구자들에게 그것은 구체적으로, 장난감 선호의 성차가 그 바탕의 생물학적 성차를 보여주는 매우 유용한 지표가 될 수 있음을 의미할 것이다. 반대로 만약 젠더화된 장난감 선호가 사실상 환경적 입력 차이의 척도라면 그 입력의 영향력 차이와 더불어—아마도 더 중요한 점으로서—입력을 변화시킨 결과도 측정할 수 있을 것이다.

그러나 장난감 선호에 딸린 다양한 이론에 대한 찬반양론을 시작하기 전에 이런 차이의 실제 특징을 살펴볼 필요가 있다. 그것은 다른 시간, 다른 문화에서(아니면 다른 조사 연구에서만이라도) 신뢰할 만하게 발견되는 탄탄한 차이인가? 무엇이 '남자아이 장난감'이고 무엇이 '여자아이 장난감'인지를 실제로 결정하는 사람은 누구인가? 그것을 갖고 노는 아이인가, 아니면 그것을 공급하는 어른인가? 다시 말해 우리는 실제로 누구의 선호를 보고 있는가?

"물론 저는 아들에게 인형을 사줄 겁니다"

어른들 사이에서는 남성형·여성형·중립적 장난감을 구성하는 조건에 관한 의견이 꽤 폭넓게 일치하는 것 같다. 2005년 인디애나의 심리학자 주디스 블레이크모어Judith Blakemore와 러네이 센터스Renee Centers는 300명에 가까운 미국 학부생(여성 191명, 남성 101명)에게 장난감 126종을 '남자아이에 적합', '여자아이에 적합', '둘 다에 적합' 범주로 분류하게 했다.[46] 이 평가를 기반으로 강한 남성성, 보통의 남성성, 강한 여성성, 보통의 여성성, 중립적이라는 다섯 범주를 만들었다. 흥미롭게도 장난감의 젠더에 관해 남성과 여성 사이에 상당히 보편적인 합의가 있었다. 아홉 종의 장난감에 관해서만 평가가 일치하지 않았는데, 가장 큰 차이는 외바퀴 손수레에 관한 것이었다(남자는 강한 남성성 편이었고, 여자는 보통의 남성성 편이었다). 이와 비슷하게 말[馬]과 장난감 햄스터에 대해서도 약간의 실랑이가 있었다(남자는 보통의 여성성 편, 여자는 중립적 편). 하지만 젠더가 엇갈린 경우는 한 건도 없었다. 따라서 어른의 사고로는 '장난감 유형화'가 지극히 명쾌해 보일 것이다.

그러면 아이들도 이 평가에 동의할까? 모든 남자아이는 남자아이 장난감을 고르고 모든 여자아이는 여자아이 장난감을 고를까? 이를 고려하기 위해 이 쟁점에 관한 실험실 기반 연구를 살펴보자. 다른 많은 사례에서 보았듯이 무엇을 묻는지, 그것을 어떻게 묻는지, 답을 어떻게 해석하는지는 심리학자가 찾아낸 가장 탄탄한 성차 중 하나가 장난감 선호라는 주장을 평가하는 데서도 생각해볼 여지를 줄 수 있다.

런던시티대학의 심리학자 브렌다 토드Brenda Todd는 아이들의 놀이를 연구한다. 그녀의 연구진은 '젠더형' 장난감 선호의 출현에 관심이 있었다. 그래서 먼저 70세에서 70세 사이의 남자 92명과 여자 73명을 조사했다. 마치 앞의 연구처럼 어른들이 장난감을 어떻게 젠더화하는지 확인하기 위해서였다.[47] 참가자들에게 어린 여자아이나 어린 남자아이를 생각하면 어떤 장난감이 먼저 떠오르느냐고 물었다. 남자아이의 경우 가장 흔한 답변은 '자동차'였고 다음은 '트럭'과 '공'이었다. 여자아이는 '인형'에 이어 '조리기구'였다. 테디 베어는 여성 장난감이라고 했다. 하지만 연구자들은 남자 아기들도 테디 곰을 주면 받는다고 주장했고, 그래서 그들이 제공할 장난감에는 분홍 테디와 파란 테디를 포함하기로 결정했다. 당신은 연구자들이 왜 그들이 테스트할 예정인 장난감에 라벨을 붙이는 법에 대해 어느 정도 외부 인가를 받을 필요성을 제대로 인식해놓고 그들이 얻은 답을 무시하기로 했는지 곰곰이 생각해볼 수 있다. 그리고 그것도 모자라서 그 혼합물에 분홍-파랑 각본을 통째로 던져 넣기로 한 이유도. 어쨌거나 그들은 최종 선발에서 인형, 분홍 테디, 냄비에 '여자아이' 라벨을, 파란 테디, 자동차, 굴착기, 공에 '남자아이' 라벨을 부여했다.

이처럼 어른이 라벨을 붙인 장난감도 현장에서 아이들에게 테스트하기만 하면 모든 어린 남자아이들은 고분고분하게 자동차/굴착기/공/파란 테디 베어로 향할까? 그리고 모든 어린 여자아이들은 인형/냄비/분홍 테디 베어로 향할까? 세 집단의 아이들이 그 장난감을 받았다. 한 집단은 9개월에서 17개월(아이들이 처음 독립 놀이에 참여하기 시작하는 나이로 식별), 한 집단은 18개월에서 23개월(아이들이 젠더 지식 습득의 징후를 보여주는 나이), 한 집단은 24개월에서 32개월(젠더정체성이 더 확고히 확립되는 나이)이었다. 테스트는 '독립 놀이' 각본을 적용했다. 각각의 아이를 중심으로 선택한 장난감을 반원으로 배열하고 실험자는 참가자가 원하는 장난감을 갖고 놀게 부추겼다. 꼼꼼한 암호화 절차가 장난감 선택의 척도를 제공했다.

남자아이들은 '남자아이 장난감' 고르기에서 연구자들에게 더 고분고분했다. 다시 말해 나이에 비례하여 더 긴 시간 동안 자동차와 굴착기를 갖고 노는 모습을 보여주었다. 만약 (당연하지만) 파란 테디 베어와 공이 어찌 되었는지 궁금하다면 전자는 연구자들이 (사후에) 탈락시키기로 했다. "놀이에 유의미한 성차가 없"었기 때문이다. 그들은 분홍 테디도 탈락시키기로 했다. 더 나이 많은 아이들은 어느 곰도 갖고 놀지 않았던 것이다. 그리고 그들은 두 범주의 장난감 수가 고르지 않다는 사실을 알아차리고 공도 탈락시켰다(비록 그것은 실제로 성차를 보여주었고 남자아이들이 여자아이들보다 더 많이 갖고 놀았을지라도). 이렇게 해서 이제 그것은 자동차와 굴착기, 그리고 인형과 냄비의 대결이 되었다. 당신도 기억하겠지만 이것들은 앞에서 언급한 설문 조사의 각 집단에서 상위를 차지한 두 개였다. 따라서 보고할 데이터는 이제 정확히 가장 정형화된 장난감들 사이에서 이루어진 선택에서 나오게 되었다(비교할 중립적 장난감이나 심지어 덜 강하게 젠더화된 장난감도 없었다). 실은 이 연구에 관한 보고 중 '임무 수행 보고' 부분에서 연구자들은 이것이 그들 연구의 강점이라고, "제3의 선택 사항을 도입하여 장난감 선택에 있는 이분법적 성차를 희석하지 않으려고 내린 결단"의 성과라고 주장했다.[48]

따라서 보고된 연구 결과에는 자기충족적 예언의 요소가 있다. 모든 연령대에서 남자아이는 '남자아이 장난감' 라벨이 붙은 장난감을 더 오래 갖고 놀았고 여자아이는 '여자아이 장난감' 라벨이 붙은 장난감을 더 오래 갖고 놀았다. 흥미롭게도 전체적인 그림에는 약간의 반전이 있었다. 남자아이는 남자아이 장난감 놀이가 꾸준히 증가하는 데 따라 여자아이 장난감 놀이가 감소했지만 여자아이는 이야기가 달랐다. 비록 좀 더 어린 여자아이는 남자아이가 남자아이 장난감에 관심을 두는 것보다 더 여자아이 장난감에 관심을 두는 것 같았지만, 중간 집단에서는 이 관심이 유지된 게 아니라 오히려 여자아이 장난감과 보낸 시간이 감소했다. 게다가 여자아이들은 나이가 들수록 남자아이 장난감을 갖고 노는 시간이 증가했다. 그 연구의 저자들은 돕겠답시고 이것을, 따라서 "처음에는 여자아이들이 여성으로 유형화된 장난감을 **훨씬 더 선호**하지만 이 선호는 **단지 강한** 선호로 바뀌기 시작한다"는 뜻이라고 해석한다.[49] 따라서 심지어 연구자들이 그들이 사용한 장난감에 젠더 라벨을 붙이는 데 관해 사전 준비한 사실을 흔쾌히 인정했음에도 그들의 어린 참가자들은 기대되었을 종류의 깔끔한 이분법을 보여주지 않았다는 말이다. 장난감 선택이 젠더 차의 본질적 성격을 대변하는 강력한 지표로 강조되고 동시대에 젠더화된 장난감 마케팅 로비에서 그들이 남자아이와 여자아이의 '자연스러운' 선택을 반영하고 있을 뿐이라고 강변하는 현실을 고려하면,[50] 토이 스토리 모험담 전체에서 이런 종류의 미묘한 차이에는 실제로 더 많은 방송시간을 할애해야 한다.

어쩌면 이 문제는 최근의 연구 논문이 해결해줄지도 모른다. 보고에 이 분야의 다양한 연구에 대한 체계적 리뷰와 메타분석이 결합되어 있을 뿐 아니라 다양한 연구에 참여한 아이들의 나이, 부모의 동참 여부, 심지어 연구가 수행된 여러 나라의 젠더평등주의 수준 등 주요 변인의 효과에 대한 분석도 포함되어 있기 때문이다. 그 논문은 총 27개 집단의 아이들(남자아이 787명과 여자아이 813명)을 포함하는 16건의 서로 다른 연구를 살펴보았다.[51] 만약 장난감 선호의 신뢰도, 보편성, 안정성을 확인할 수 있는 것이 있다면 이것이 아닐까?

종합적 결론은 남자아이가 남성으로 유형화된 장난감을 여자아이보다 더 많이 갖고 놀고 여자아이는 여성으로 유형화된 장난감을 남자아이보다 더 많이 갖고 논다는 것이었다. 성인의 존재도(따라서 '엿구리 찌르기' 요인을 통제해도), 연구 맥락도(집이든 보육원이든), 지리적 위치도 효과가 없었다(그래서 그 결론은 다른 나라에서도 진실인 듯 보일 것이다). 하지만 우리는 이 장난감이 무엇이었는지, 누가 장난감의 '젠더'를 결정했는지에 관해 어떤 세부 사항도 받지 못했다. 이 리뷰의 저자들은 자신들의 연구도 포함했다. 우리가 방금 살펴보았던, 장난감의 젠더 유형화가 의도했을 만큼보다 덜 객관적인 것으로 특징지어질 수 있었던 그 연구 말이다. 공평하게 말하면 저자들 스스로 이 우려를 제기하기는 했다. 예컨대 직소 퍼즐이 한 연구에서는 '소녀적인' 것으로 분류되고, 다른 연구에서는 중립적인 것으로 분류될 수 있다는 점에 주목했으니 말이다. 우리는 아이들에게 형제자매가 있는지, 아이들의 가정환경에서 어떤 종류의 장난감이 눈에 띌 것인지에 대한 정보도 받지 못했다. 따라서 우리는 누가 또는 무엇이 장난감을 다른 범주로 분류했는지, 이런 연구 하나에 자원하기 이전에 아이들이 장난감에 대해 (라벨과 상관없이) 어떤 종류의 경험을 했는지 모른다. 이 점을 명심하면서 리뷰의 종합적 결론 중 하나인 다음 문장을 고려하라. "**자신의 젠더에 맞게 유형화된** 장난감에 대한 아이들의 선호에서 성차를 찾을 때 나타나는 일관성은 이 현상의 힘과 [그것에] 생물학적 기원이 있을 개연성을 보여준다."[52]

우리는 우리의 꼬마 젠더 형사가 갖고 놀도록 '허락되는' 장난감은 무엇인지에 관하여 알아채고 있는 메시지에 대해서도 생각해보아야 한다. 먼저 고려할 것은 우리가 앞에서 살펴보았던 종류의 연구에서 아이들에게 장난감 자유 선택권을 준다고 가정한다는 점이다. 하지만 이 무제한의 자유는 대칭일까? 여자아이가 장난감 트럭으로 향한다면? 뭐 어때! 남자아이가 파티복 상자에서 튀튀를 고른다면? 잠깐만.

설령 버젓이 평등주의적인 메시지가 있다고 해도 아이들은 영악하게 진실을 알아챈다. 사우스캐롤라이나의 교사 교육 전문가 낸시 프리먼Nancy Freeman의 소규모 연구가 이를 깔끔하게 실증했다.[53] 3세에서 5세 아동의 부모에게 자녀 양육 태도에 관한 문제를 내어 "아들을 위해 발레 수업료를 내겠다는 부모는 화를 자초하는 것이다"라거나 "여자아이도 집짓기 블록과 장난감 트럭을 갖고 놀도록 장려해야 한다"와 같은 진술에 찬반을 표시하라고 했다. 그런 다음 그들의 자녀들에게 장난감 한 무더기를 남자아이 장난감과 여자아이 장난감으로 정리하고 아빠나 엄마가 어느 쪽 장난감을 갖고 놀기를 바라겠는지 표시하라고 했다. 어느 장난감이 어느 쪽인지에 관하여 합의가 있었고 그 답은 예측 가능하게 젠더화된 줄을 따라 나뉘었으며, 더 나아가 부모는 젠더가 일치하는 장난감—말하자면 여자아이는 찻잔 세트와 튀튀, 남자아이는 스케이트보드와 야구 글러브—을 갖고 놀도록 허락하리라는 합의도 있었다(그렇다. 이 중 일부 아이는 겨우 세 살이었다). 단절은 이 어린 아이들이 '젠더가 어긋난' 장난감을 갖고 노는 것에 대해 받을 승인의 수준을 매우 분명하게 이해하고 있다는 데서 생겨났다. 예컨대 다섯 살짜리 남자아이들은 9퍼센트만 자신이 놀잇감으로 인형이나 찻잔 세트를 골라도 아빠가 찬성하리라고 생각한 반면에 부모는 64퍼센트가 아들에게 인형을 사주리라고 주장했고 92퍼센트가 남자아이를 위한 발레 수업을 터무니없는 생각이라 여기지 않는다고 주장했다. 규칙에 굶주린 뇌가 호시탐탐 젠더 단서를 노리고 있는 이 아이들이 메시지를 잘못 읽은 것이 아니라면, 낸시 프리먼의 논문 제목이 선언하듯 그들은 '숨겨진 진실'을 알아채는 데 능한 것이다.

만약 장난감 라벨을 '남자아이용'이나 '여자아이용'으로 날조하면 어떻게 될까? 남자아이 15명, 여자아이 27명으로 또 다른 3세에서 5세 아이 집단을 구성하여 이를 테스트했다.[54] 아이들에게 신발 모양을 잡아주는 셰이퍼, 호두 까는 기구, 멜론 볼러, 마늘 다지기를 주었다. 색깔은 분홍과 파랑 둘 중 하나였고 물건마다 무작위로 '여자아이용'이나 '남자아이용'이라는 라벨을 붙였다. 아이들에게 그 장난감이 얼마나 마음에 드는지, 그것을 좋아하며 갖고 놀 아이는 누구라고 생각하는지 물어보았다. 남자아이들은 색이나 라벨에 영향을 훨씬 덜 받았고 모든 물건이 거의 똑같이 흥미롭다고 평가했다. 하지만 여자아이들은 어떤 면에서 젠더 라벨에 훨씬 더 순응적이었다. 파란색 남자아이 장난감을 아주 강하게 거부하고 분홍색 여자아이 장난감에 호감을 보였다. 하지만 이른바 남자아이 장난감이 분홍색으로 칠해지면 그것에 대한 만족도 평가가 유의미하게 바뀌는 모습을 보여주기도 했다. 예컨대 '남자아이다운' 마늘 다지기가 분홍색으로 제작될 수 있다면 다른 여자아이들도 그것을 무조건 좋아할 것이라고 진지하게 의견을 표했다. 저자들은 이것을 "여자아이에게 허가를 주는" 효과라고 표현한다. 여기서 남자아이 라벨을 붙인 효과는 여자아이다운 수성 물감 하나로 상쇄할 수 있다. 마케팅 산업에 얼마나 꿈같은 결과인가!

따라서 적어도 장난감에 관한 한 여자아이의 선택이 사회적 신호—이 경우 언어형 젠더 라벨과 색상형 젠더 라벨—의 영향을 더 많이 받는 듯이 보인다. 왜 남자아이는 마찬가지가 아닐까? 왜 남자아이는 파란색으로 가질 수 있다고 해도 '여자아이다운' 멜론 볼러에 똑같이 열광하지 않을까? 어쩌면 여자아이는 일반적으로 남자아이 장난감을 갖고 놀겠다는 의욕을 꺾이지는 않고 실제로 어쩌다 어울리지 않는 망치(물론 말랑한 분홍 손잡이가 달린 한)를 집어들 허가를 받을 수도 있는데 그 반대는 그렇지 않은 것일 수도, 만약 남자아이가 여자아이 장난감을 갖고 놀려는 기색이 보이면 특히 아빠가 적극적으로 개입한다는 증거가 있는 것일 수도 있을까?

21세기에 점점 더 걱정되는 것은 장난감 선택을 결정하는 마케팅의 힘이다. 알다시피 아이들이 자신의 사교계에 어울리기를 열망하고 그 사회의 규칙을 항상 확인하고 있음을 고려하면 그들은 '젠더에 적절한' 장난감(물론 구두, 도시락, 잠옷, 자전거, 티셔츠, 슈퍼 히어로, 책가방, 벽지, 할로윈 의상, 반창고, 책, 이불보, 화학 실험 용품, 칫솔, 테니스 라켓 등 의미 없이 젠더화된 제품을 직접 골라서 추가할 자유를 누려라!)에 관한 메시지에도 강하게 호응할 것이다.

장난감의 극단적 젠더화는 근래의 현상으로 많은 주목을 받았다. 우리 중 1980년대에서 1990년대에 아이가 있었던 사람들이 느끼기에는 지금 **그 아이들의** 아이들에 대한 장난감 마케팅이 그때보다 훨씬 더 젠더화되어 있다. 하지만 장난감 마케팅 역사를 상세히 연구한 엘리자베스 스위트Elizabeth Sweet에 따르면 이는 우리가 당시 페미니즘의 두 번째 물결의 효과를 경험하고 있었기 때문일 것이다.[55] 그녀는 1950년대에도 여자아이를 위한 장난감 카펫 청소기와 주방, 남자아이를 위한 조립 세트와 공구 세트 등 어린 인간을 정형화된 역할에 어울리게 하는 데 초점을 맞추어 장난감 마케팅을 젠더화한 분명한 증거가 있었다고 지적한다. 1970년대에서 1990년대 사이에 젠더 고정관념은 훨씬 더 적극적으로 도전받았고 이는 더 평등주의적인 장난감에 반영되었다(물론 이는 장난감 마케팅의 젠더화gendered toy marketing: GTM 추세를 뒤집으려는 모든 시도에 반가운 소식일 수 있을 것이다). 하지만 그것은 최근 수십 년 사이에 싹 사라진 듯한데 엘리자베스 스위트가 느끼기에 부분적 원인은 아동용 프로그램이 상업화되어 마케팅 기회로 사용될 수 있도록, 다시 말해 레인보우 브라이트Rainbow Brite, 쉬라She-Ra, 다음번 파워레인저Power Ranger에 대한 '욕구'를 충동질하도록 아이들의 텔레비전 프로그램에 대한 규제를 완화한 데 있었다.

렛 토이스 비 토이스 같은 풀뿌리운동은 GTM의 잠재력, 특히 그것이 여자아이에게 신체적 외모가 가장 중요하다고 강조하는 자기 생각을 부추기고 있을 경우에 관해 커지는 우려를 반영했다. 연구는 이런 종류의 완벽주의가 끼치는 위험성과 섭식장애 같은 정신건강 문제 사이에 연관성이 있음을 시사해왔다.[56] 게다가 그런 정형화된 장난감이 전달하는 메시지가 어느 한쪽 젠더의 선택을 제한하는 역할을 한다면 그것은 없어도 될 정형화의 근원이다.

그래서 남자아이와 여자아이가 **실제로** 다른 장난감을 갖고 논다는 점은 분명하다. 하지만 질문을 추가해야 한다—왜? 왜 남자아이는 트럭을 더 좋아하고 여자아이는 인형을 더 좋아할까? 가족, 소셜 미디어, 마케팅 거물이 강요하는 사회적 규칙을 순순히 따르고 있기 때문일까? 알다시피 부모는 남자아이와 여자아이에게 다른 장난감을 제공하고 남자아이의 장난감 장은 태어난 지 다섯 달밖에 안 되었을 때부터 여자아이의 것과는 다를 가능성이 크다. 따라서 만약 당신이 세상에 나와 참여 규칙을 찾고 있다면 장난감 선택에 대한 신호가 거의 정신없이 쏟아질 것이다. 우리의 주니어 젠더 형사들은 자신에 대한 기대를 예리하게 포착한다. 그렇다면 분홍 선호와 같이 장난감 선택이 사실상 필연이라고 주장하는 것은 우리의 매우 민감한 심층학습자들이 생애에서 굉장히 일찍부터 폭격을 받고 있는 사회적 신호의 힘을 무시하는 처사다.

하지만 어쩌면 이런 장난감은 일종의 선천적 욕구를 거들어 당신이 생물학적 운명에 잘 대비할 수 있도록 일종의 훈련 기회를 제공하고 있을지도 모른다. 당신이 인형을 갖고 노는 이유는 만약 그 장난감이 '살포시 안기cradling'를 부추기면 당신을 더 훌륭한 어머니로 만들어주리라는 것을 어떤 원시적 운전자(사회적 사전확률 구축자)가 알고 있기 때문일까? 만약 당신이 선택한 장난감이 '조작' 장난감이라면 이것은 당신의 '공학' 유전자에 대한 반응일까?[57]

열매 채집자와 수평선을 훑어보는 사냥꾼으로 돌아가라는 말인가? 남성과 여성이 미래의 사회적 역할에 필요한 특유의 '적절한' 기술을 습득하도록 하기 위한 사회적 규칙이 장난감을 포함하도록 진화했을 뿐인가? 이 문제를 조사하려면 장난감 선호 배후에 일종의 선천적 운전자(본성 대 양육에서 본성적 요인-옮긴이)가 있는지부터 알아볼 필요가 있을 것이다. 사회화의 영향에 노출된 적이 없었으리라 추정되는 매우 어린 영아, 또는 역시 사회화 요인을 고려할 필요가 없으리라는 가정하에 심지어 인간이 아닌 존재를 대상으로 장난감 선택을 조사해야 할 필요가 있을 것이다.

그놈의 원숭이 타령은 그만

갓난아기는 아무것도 손이 닿거나 잡을 수 없다. 아기는 부양자가 주는 장난감에 지배당한다. 이들 부양자는 자신의 어린 피부양자에게 어떤 장난감이 적절할지에 대해 나름의 생각이 있을 것이다. 설령 그 생각이 고작 곧 찾아올 모든 손님이 장난감을 주고 가게 하는 것일지라도.

알다시피 갓 태어난 남자아이가 모빌에 대해, 여자아이가 얼굴에 대해 보여준 겉보기 선호는 전반적으로 논박되었고 결코 재현된 적도 없었다. UCLA의 게리앤 알렉산더Gerianne Alexander가 4개월에서 5개월 된 아기들을 대상으로 인형과 트럭을 쳐다보는 응시시간과 빈도를 측정했을 때 빈도 척도가 여자아이의 인형 선호를 시사한 사례는 있다.[58] 하지만 앞에서 보았듯이 아기들의 장난감 환경에는 5개월부터 이미 젠더 차의 증거가 있으므로 장난감 선호가 태어났을 때부터 존재하는지에 관한 질문에 확실한 답을 도출하기란 어렵다. 그 환경적 혼재 요인에 더 나이 많은 형제자매를 어느 정도 젠더를 의식하는 조부모나 아이를 봐주는 사람과 함께 투입해보라. 그러면 이 주장의 증거를 얻을 방법조차 알기 어려워진다. 물론 추정컨대 갓 태어난 영아들이 사회화 이전 행동을 살펴볼 기회를 제공할 것이라는 아이디어는 있다. 비록 저 젠더 공개 파티는 아기들이 기대도 없이 세상에 태어나지 않는다고 이의를 제기하겠지만 말이다.

하지만 (다시 추정이지만) '사회화되지 않은' 개체가 어떤 장난감을 선택할지 알아낼 또 다른 방법이 있다. 내 경험상 아이들이 보여주는 장난감 선호의 '선천성'을 논쟁할 때마다 어느 순간에 누군가는 말할 것이다. "하지만 원숭이들은?" 이는 설득력 있는 '원숭이 미신'이 경우에 따라 확신을 주는 짧은 동영상을 수반하고 장난감 선호는 사회적으로 구성된 것이 아니라 실제로 생물학에 기반한다는 증거로 대중의 의식에 들어갔기 때문이다. 나는 언젠가 스카이뉴스Sky News(영국의 뉴스 채널-옮긴이)에 출연하여 돌봐주는 사람이 부족할 때 남자아이에게 인형을 갖고 놀게 함으로써 결핍을 '치유'할 수 있다는 주장을 함께 추적한 적이 있다.[59] 그들이 나에게 소리가 들리는지 확인해달라고 한 그 순간 내 이어폰에서, 내가 출연하기에 앞서 이 원숭이 클립을 보여주겠다고 방송하는 진행자의 목소리가 들렸다. 그래서 스카이뉴스 기록 보관소 어딘가에는 나의 격분한, 그리고 분명 또렷하게 알아들을 수 있을 비명 조의 말이 녹음되어 있다. "또 그놈의 원숭이 타령이에요!"

이 동영상의 다양한 버전에서 보여주는 수컷 원숭이들은 바퀴 달린 장난감을 꽉 움켜쥐고 있는 모습이 마치 어린 남자아이가 땅바닥에 장난감 트럭을 '부릉부릉'하는 것처럼 보이는 반면에 암컷 원숭이들은 인형 같은 장난감을 살포시 안고 있는 모양새로 보일 수 있다. 원숭이는 젠더 사회화 과정에 노출되었을 가능성이 없으므로 이 '명확한' 젠더 차이는 장난감 선호가 일종의 생물학적 편향이라는, 다시 말해 '손으로 조작하는' 소질이든 '살포시 안는' 소질이든 젠더에 기반한 성향의 '자연스러운' 표현이라는 증거라고 주장된다. 여기서 생활방식 선택과 향후 진로에 대해 아주 많은 후속 결과가 나왔다.

결부되는 '양육'에서 '본성'을 풀어주려는 이런 노력에서 자주 인용되는 두 가지 연구가 있다. 그중 하나는 현재 케임브리지대학 젠더발달연구소 소장인 멀리사 하인스Melissa Hines 교수의 것이다.[60] 그녀는 게리앤 알렉산더와 함께 버빗원숭이의 장난감 선호를 연구했다. 큰 집단의 원숭이(수컷과 암컷)에게 여섯 가지 장난감(경찰차, 공, 인형, 조리용 팬, 그림책, 박제된 개(인형과 다른 중립적 동물 장난감)을 한 번에 하나씩 제공하고 원숭이가 접촉한 시간을 장난감별로 측정했다. 연구 결과는 장난감의 젠더 범주 면에서 보고되었다. 경찰차와 공은 '남성형', 인형과 조리용 팬은 '여성형'이고 나머지 두 장난감은 중립형이라고 여겼다. 이 '젠더화'는 명백히 연구자의 편익을 위한 것이었다. 추정컨대 원숭이는 조리 기구 개념에 익숙지 않다—그런 점은 경찰차도 마찬가지다.

결과를 정리하자면 수컷 원숭이는 중립형 장난감 중 하나(개)와 더 많은 시간을 보냈고 '남성형' 공과 경찰차, '여성형' 조리용 팬과는 대략 비슷한 시간을 보냈다. 암컷 원숭이는 조리용 팬과 개와 가장 많은 시간을 보냈고, 인형이 그 뒤를 이었으며, 공과 경찰차와는 가장 적은 시간을 보냈다. 따라서 원숭이들의 '젠더'는 접촉한 장난감의 젠더와 실제로 깔끔하게 부합되지 않았다. 하지만 연구 결과에 대한 총평은 통계적으로 정확한 반면에 이 사실을 다소 모호하게 만들었다. 암컷은 여성형 장난감과 더 많은 시간을 보내고 수컷은 남성형 장난감과 더 많은 시간을 보냄을 보여주는 단순한 전체 비교만 언급했다는 말이다. 종합 우승자는 젠더 중립형인 털북숭이 개였다거나 수컷이 조리용 팬에 끌렸다는 언급은 없었다.[61] 게다가 그 논문에는 인형(비록 그것은 암컷이 전반적으로 가장 좋아한 것이 아니었지만)과 함께 있는 암컷 원숭이, 경찰차(이 역시 수컷이 가장 좋아한 것이 아니라)와 함께 있는 수컷 원숭이의 이미지가 실려 있었다. 젠더화되지 않은 줄을 따라, 다시 말해 장난감이 동물류인지(개, 인형), 사물류인지(냄비, 팬, 책, 자동차)에 따라 장난감을 재분류하면 원숭이 장난감 선호에서 성차는 전혀 발견되지 않았다.

'본성' 진영을 방어할 때 자주 끌려 나오는 두 번째 예는 더 나중에 나온 연구다. 이번에는 붉은털원숭이를 대상으로 더 단순한 비교를 했다. 원숭이들에게 봉제(또는 보드라운) 장난감과 바퀴 달린 장난감 사이에서 선택을 하게 했다.[62] 이 경우에는 장난감 선호가 무엇을 입증할지에 대한 보다 명시적인 가설이 있었다. '적극적 조작'을 위한 기회와 '살포시 안기'를 위한 기회 둘 중 하나에 대한 선호를 보여주는 것이었다. 암컷 원숭이들은 봉제 장난감과 바퀴 달린 장난감을 그다지 구별하지 않는 것 같았다. 반면에 수컷 원숭이는 바퀴 달린 장난감과 상호작용할 기회를 위해 봉제 장난감을 분명히 괄시하는 뚜렷한 선호를 보였다. 주의할 점은 다음에 있다. 암컷이 바퀴 달린 장난감을 수컷보다 덜 갖고 놀았는데(평균 6.96회 만진 데 비해 수컷은 9.77회 만졌다) 점수는 상당히 겹쳤다(효과 크기가 보통 수준인 0.39였다). 다음 사실에도 무엇보다 특히 주목해야 한다. 원래 집단에 있던 수컷 원숭이 중 거의 절반과 암컷 원숭이의 거의 3분의 2는 실제로 장난감에 전혀 신경을 쓰도록 할 수 없었다. 장난감과 너무 드물게 상호작용하여 연구에서 제외되었다.

결과를 요약하면서 저자들은 "봉제 장난감보다는 바퀴 달린 장난감을 선호한 정도가 암컷과 수컷 간에 유의미하게 달랐다"고 말한다.[63] 이

말 역시 통계적으로 진실인 데 반해 다소 가리는 사실이 있다. 바퀴 달린 장난감에 대해서는 암컷과 수컷 모두 거의 비슷한 수준의 관심을 보여주었다(그리고 비록 수컷이 모든 장난감 중 봉제 장난감을 가장 적게 갖고 놀았지만 이 효과에는 엄청난 가변성이 있었다. 그래서 일부 수컷은 곰돌이 푸와 래기디 앤에 몹시 열광했다).

이 두 연구의 저자는 수컷 원숭이가 "암컷 원숭이에 비해 남자아이 장난감에 더 많은 관심을 보인다"고 강력하게 강조한다. 하지만 우리가 보았다시피 첫 번째 연구에서 그 차이는 암컷 버빗원숭이가 남자아이 장난감 중 하나(경찰차)에 그다지 열광하지 않는다는 사실을 반영했다. 반면에 두 번째 연구에서는 수컷 붉은털원숭이가 여자아이 장난감을 선호하지 않았지만 암컷 원숭이는 어느 종류든 상당히 만족했다(비록 완전 공개의 정신으로 말하면 바퀴 달린 장난감 중 하나는 슈퍼마켓 밀차였다는 점에도 주의해야 하지만 말이다).

당신은 지금쯤 눈을 굴리면서 '원숭이 얘기는 그만'하라고 생각하고 있을지도 모른다. 하지만 이 원숭이들은 사라지지 않는다. 남자아이를 부추겨 인형을 갖고 놀게 하면 영국에서 아이를 돌보는 사람의 수가 늘어날까 아닐까에 관한 신문 기사? '원숭이와 장난감monkeys with toys' 동영상을 펼쳐보라. 당신의 뇌는 남성인가, 여성인가에 관한 BBC 「호라이즌Horizon」 프로그램? 장난감을 한 아름 안고 원숭이 보호구역에 잠시 들르는 영상은 반드시 보아야 한다. 여자가 과학을 위해 타고나는 적성(또는 그것의 부재)에 관해 엘리자베스 스펠케Elizabeth Spelke와 스티븐 핑커Stephen Pinker가 벌인 논쟁에서 원숭이 연구 결과는 과학 적성 성차의 생물학적 기반에 대한 증거로 스티븐 핑커가 인용한 증거 중 하나였다.

따라서 우리가 사회화되기 이전 개체들에게서 명확한 장난감 선호를 찾아보았음에도, 그 개체가 인간이건 원숭이건 간에, 이것을 대신 보아도 장난감 선호 바탕의 선천적 성/젠더 차를 충분히 가늠할 수 있다고 할 만큼 견실한 근거는 아직 드러나지 않았다는 말이다. 그러므로 이 생물학=운명이라는 등식에서 운명 쪽에 해당하는 '장난감 선택'(일명 인형 대 트럭)을 살펴보기보다는 차라리 생물학 쪽을 더 자세히 살펴보자.

호르몬 허리케인

장난감 선호의 선천적 측면에 대한 증거를 찾기 위해 우리는 지금까지 인간 영아와 원숭이에 대한 연구를 따라왔다. 이 탐색의 세 번째 가닥은 출생 전 호르몬, 특히 출생 전 안드로겐 노출의 영향을 살펴보는 것이었다. 우리가 제2장에서 보았듯이 이 호르몬에 의해 남성화한다고 주장되는 결과는 단순한 생식기 결정을 넘어 뇌 구조와 기능의 조직적 형성을 거쳐 행동에까지 이르렀다.[64] 호르몬 수치를 조작하고 효과를 지켜보는 방법으로 인간에 대한 호르몬의 인과적 역할을 탐구하는 것은 명백히 윤리적으로 어려우므로 연구자들은 그런 정보의 '자연적' 출처, 즉 태아가 높은 수치의 이성 호르몬에 노출된 사례로 방향을 돌렸다. 그런 예로 선천성부신과다형성증CAH이 있는 여자아이는 사회적 압력을 압도하는 생물학적 힘의 강도를 조사하기에 '이상적인' 기회로 인식되어왔다. 물론 반대의 경우도 마찬가지다. 이런 여자아이는 '남성화' 호르몬에 대한 노출이 그들을 '여성화'하려는 사회의 욕구를 능가할 것임을 보여줄까? CAH 여자아이는 영향을 받지 않은 자매와 다른 장난감을 갖고 다르게 놀까? 그들 행동의 이런 측면은 확실히 덜 강하게 젠더화되는 것 같다는

증거가 나타나고 있다.[65]

케임브리지의 멜리사 하인스와 그녀의 팀이 수행한 최근 연구는 생물학에 기반한 발달과정과 사회적 압력이 다르게 기여할 가능성에 관해 흥미로운 해석을 내놓았다.[66] 그녀는 자기 사회화 과정의 맥락에서 장난감 선택을 살펴보았다. 장난감에 여자아이용이나 남자아이용이라고 라벨을 붙이거나 다른 남성과 여성의 선택을 아이들이 지켜보게 하는 방법으로 아이들에게 장난감의 성별을 알려줄 단서를 조작했다는 말이다.

그 연구는 4세에서 11세의 CAH 여자아이와 남자아이, 남자아이와 여자아이로 구성된 대조군을 포함했다. 초록 풍선, 은빛 풍선, 주황 실로폰, 노란 실로폰과 같이 중립적 장난감에는 젠더 라벨을 붙였다. 아이들에게 한 색깔의 풍선과 실로폰은 남자아이용이고 다른 색깔의 풍선과 실로폰은 여자아이용이라고 말해준 다음에 그것을 갖고 놀 기회를 주었다. 연구자는 아이들이 각각의 장난감을 갖고 보낸 시간을 측정했고, 아이들은 그 후에 연구자에게 두 개의 풍선 중 어느 쪽이 더 마음에 드는지, 두 개의 실로폰 중 어느 쪽이 더 마음에 드는지 말했다.

아이들은 '모델링' 계획에도 참여했다. 아이들은 성인 여성 네 명과 성인 남성 네 명이 16쌍의 젠더 중립적 물건(장난감 소와 장난감 말 중 하나, 펜과 연필과 같은) 중 하나를 고르는 모습을 보았다. 각각의 경우 여성 '롤 모델'은 언제나 각 쌍에서 똑같은 것을 고르고 남성은 저마다 그 반대의 것을 선택했다. 그다음에는 아이들에게 16쌍 각각에서 어느 물건이 더 좋으냐고 물었다.

대조군 아이들은 라벨링과 모델링의 예상된 효과를 보여주었다. 여자아이는 여자아이용 라벨이 붙은 사물을 갖고 놀거나 여성 성인이 골랐던 사물을 선택했다. 이는 남자아이에게도 똑같이 적용되었다. 하지만

CAH 여자아이는 라벨링이나 모델링을 통해 '여자아이용'으로 밝혀진 장난감을 유의미하게 덜 갖고 놀고 덜 선호하는 모습을 보여주었다.

멀리사 하인스와 그녀의 팀은 이런 연구 결과를 여자아이에게 특유하게, 호르몬이 자기 사회화 과정에 미치는 영향을 반영하는 것으로 해석했다. CAH 여자아이가 보여준 선호의 감소는 장난감에 라벨을 붙이거나 '젠더가 일치하는' 성인의 행동을 인식함으로써 관심이 끌릴 종류의 사회화 압력에 대해 감소된 감수성을 반영하는 것으로 여겨졌다.

이것은 앞서 살펴본 연구를 보완한다. 거기서 여자아이에게 특유한 분홍의 젠더 교차 효과는 여자아이가 사회적 규칙을 훨씬 더 준수한다는 사실, 다시 말해 여자아이는 장난감을 분홍색으로 칠하는 것을 그 장난감을 잠시나마 젠더에 적절한 선택지로 채택하도록 '허가를 주는 것'으로 읽는다는 사실을 입증하는 것으로 해석되었다. 아마도 근본적 성차는 사회적 규칙에 대한 민감도 차이, 그런 규칙을 준수하려는 더 커다란 충동에서 찾을 수 있을까? 아니면 이것은 여자아이가 따라야 할 사회화 압력이 더 크다는 사실을 반영할까? 아니면 하나가 다른 하나와 얽혀 있을까? 그 생각은 잠시 보류하기 바란다—제12장에서 다시 살펴볼 것이다.

이 모델은 이전의 지나치게 단순화한, 다소 일방적인 뇌 조직화 과정을 큰 틀에서 재고할 것을 제의하며 외적 요인의 중심적 역할을 인정한다(후성유전학이 우리가 이해하는 유전적 청사진과 표현형 결과의 관계를 변화시킨 것과 거의 같은 식으로). 이는 우리가 훨씬 더 유연한 이론적 관점을 갖고 지금까지의 연구 결과를 해석하도록 해준다. 그리고 비전형적 호르몬 활동이 젠더 관련 행동에서 반영될 방식뿐 아니라 그런 행동의 출현도 이해하게 해준다.

장난감 선택의 결과

만약 장난감 선택이 예정된 과정의 발현, 즉 적절한 종착지로 가는 여정의 일부가 아니라 실은 그 종착지의 결정 요인 자체라면? 아마도 젠더화된 세상의 대행자들이 당신에게 떠맡겼을, 당신이 갖고 노는 장난감이 실제로 특정한 길로 당신을 안내할 수 있을까? 달리 말해 더 걱정스럽게도 당신을 한 길에서 다른 데로 돌릴 수도 있을까?

남자아이는 네다섯 살에 벌써 우월한 시공간 처리 기술의 증거를 보여준다.[67] 그리고 이 능력은 우리가 논의하는 모든 (매우 작은) 성차 중 가장 탄탄한 것으로 보인다.[68] 비록 줄어들고 있다는 징후를 일부 보여주고 있고 다르게 테스트하면 완전히 사라지도록 만들 수도 있지만 말이다.[69] 앞으로 살펴보겠지만 과학 과목에 여성이 과소대표되는 이유로 이 특정한 능력(또는 그것의 부재)에 초점이 맞춰져 있다. 따라서 우리의 어린 딸이 커서 과학자가 되기를 바란다면 우리는 이 뇌 경로에 막힘이 없는지 확인해야 한다.

우리는 뇌의 특정 부분이 공간 처리에 관여한다는 것을 알고 있다. 하지만 공간 과제(조립 장난감과 비디오게임을 포함할 수 있는)의 경험이 뇌의 이런 부분을 변화시킬까? 그 답은 제5장에서 살펴본 테트리스와 저글링 과제에서 보았듯이 확실히 '그렇다'이다. 최근의 연구에서 보았다시피 공간 인지의 성차처럼 보였던 것은 실제로 비디오게임 경험에서 기인했다.[70] 게임 경험을 주된 효과로 데이터를 재분석한 차이는 훨씬 더 강력했다(그리고 흥미롭게도 성차와는 상호작용하지 않았다. 따라서 게임을 하는 여자아이는 게임을 하는 남자아이만큼 우월했다.

심리학자 크리스틴 셰누다Christine Shenouda와 주디스 다노비치Judith

Danovitch는 레고 블록도 이 논쟁에 한몫한다는 사실을 보여주었다. 레고 조립 과제가 여자아이, 그리고 여자아이가 갖고 놀 장난감에 대한 정형화된 태도와 연관성이 있었다.[71] 이 장 앞에서 언급했듯이 네 살밖에 안 된 여자아이가 이전에 '젠더 활성화' 과제(인형을 안고 있는 소녀 그림에 색칠하기)에 노출되었을 경우 다른 여자아이보다 과제를 마치는 데 유의미하게 더 느렸다. 또 다른 실험에서는 젠더가 명시되지 않은 한 아이가 블록 조립 경기에서 우승하는 이야기를 읽어주고 여자아이들에게 그 이야기를 반복하도록 요청했다. 그리고 연구자들은 아이들이 경기 우승자를 언급할 때 사용하는 대명사에 주목했다. 남성 대명사는 거의 다섯 번에 세 번(그 시간의 59퍼센트)꼴로, 중성 대명사(27퍼센트)보다 두 배 이상, 여성 대명사(14퍼센트)보다 자그마치 네 배 이상 사용되었다. 이토록 어린 여자아이들이 유용한 조립 장난감 경험에서 멀어지고 있다면 이런 종류의 젠더화된 단서 주기cueing의 존재는 주목할 가치가 있다. 테트리스 같은 게임으로 기량을 단련하는 것이 뇌를 관련된 행동과 함께 극적으로 바꾸는 결과를 보여줄 수 있다면, 이런 종류의 경험을 놓치는 것은 여행 중인 뇌에게는 실재하는 경로 변경 요인일 것이다.

가지 않은 길

저 밖에는 강하게 젠더화된 메시지들이 있을 뿐 아니라 아마 그 어느 때보다 더 강력할 것이다. 젠더 신호는 심지어 우리의 작은 인간이 태어나기도 전에 마련되어 있고 그들이 가장 먼저 경험하는 것은 그들에게 열려 있는 경로와 그렇지 않은 경로, 이용 가능한 훈련 기회와 그렇지 않은 훈련 기회에 관해 색으로 암호화된 푯말이 될 것이다.

우리는 뇌가 가장 먼저 세상을 마주치는 바로 그 지점을 탐구해왔다. 우리는 아기 뇌가 예상 밖으로 얼마나 정교한지를, 특히 사회적 행동을 뒷받침하는 종류의 성인과 유사한 네트워크—예컨대 중요하거나 중요할지도 모르는 타인의 미묘한 차이에 매우 일찍부터 맞춰지는 시선 레이다—에 관하여 알아보았다. 이와 동시에 우리는 아주 작은 인간이 보여주는 매우 진보한 사회 참여 규칙 이해력—**방해자**를 타도하라, **조력자** 만세!—도 목격했다. 우리는 낡은 본성 대 양육, 즉 타고난다 대 학습된다 논쟁이 우리의 여행 중인 뇌가 접할 다중으로 얽힌 요인을 실제로 포착하지 않는 까닭도 알아보았다. 그리고 이처럼 엉킨 실타래에서 일관된 한 가닥은 이런 뇌가 여자아이를 '위한' 것은 무엇이고 남자아이를 '위한' 것은 무엇인지에 관해 매우 분명하게 젠더화된 메시지—'소녀는 소녀가 되리라' 그리고 '소년은 소년이 되리라' 유형의 메시지—를 접하게 된다는 것이다. 이런 메시지는 외부나 내면의 고정관념에 의해, 남성과 여성의 적성과 '적절한' 역할에 관한 젠더화된 믿음에 의해 전달되어 첫날부터(그 이전부터는 아니더라도) 구성되고 있는 자아감에 확실히 자리잡을 수 있다. 분홍과 장난감에 초점을 맞추면 이런 과정이 얼마나 일찍 시작되는지 꿰뚫어볼 수 있다. 여자아이가 그런 젠더화에 더 민감할지도—사회의 그녀-틀에 자기를 더 쉽게 쏟아붓고 있을지도—모른다는 것, 그리고 남자아이들은 튀튀를 사는 아빠의 항변에도 불구하고 티아라(공주 왕관-옮긴이)를 피하는 편이 현명하리라는 점을 상당히 분명하게 짚고 넘어간다는 것도 흥미진진하게 엿본 바 있다. 따라서 젠더화된 푯말과 우회로는 우리의 발달 중인 뇌가 노출되는 세상에 시작부터 존재할 뿐더러 강력하기도 하다.

하지만 나이를 먹는다고 해서 고정관념의 힘에서 벗어나거나 멀어지는 것은 아니다. 고정관념은 우리의 뇌와 행동을 평생토록 끊임없이 변형할 수 있다.

제4부

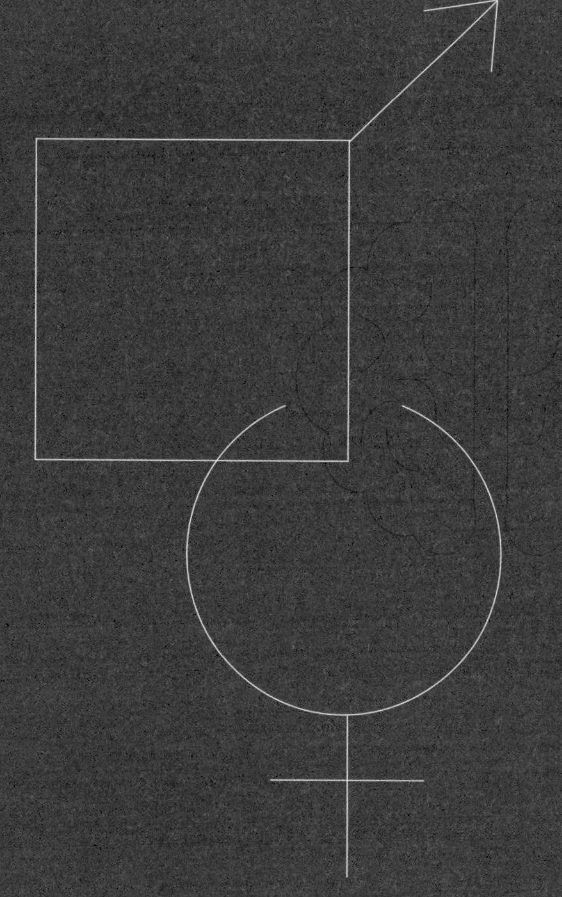

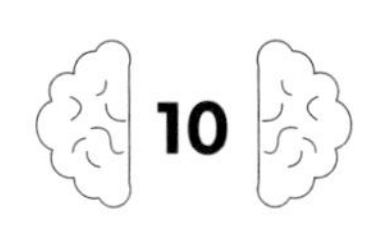

성과 과학

선진 서구세계에서 가장 많이 조사하고 말하는 젠더 격차 중 하나는 이른바 STEM 과목인 과학, 기술, 공학, 수학 계통에서의 여성 과소대표성이다. 이는 각계각국의 과학 통계로 실증할 수 있다. 2018년 유네스코통계연구소 보고서에 따르면 전 세계적으로 과학 연구자 중 여성은 28.8퍼센트에 불과하다. 영국(38.6퍼센트), 북아메리카와 서유럽(각각 32.3퍼센트) 수치가 보여주듯이 선진국에서조차 여성은 과학 연구 인력의 3분의 1쯤밖에 차지하지 않는다. 전 세계 산업과 관련하여 STEM 분야 이사진 중 여성은 12.2퍼센트뿐이다. 2016년 보고서에 의하면 영국의 STEM 인력 전체에 걸쳐 여성은 45만 명 남짓 있었다. 만약 젠더 평등이 있었다면 그 수는 120만 명이 될 것이다.[1]

유럽 전역에서 과학에 대한 태도를 조사하여 보고한 최근의 한 리뷰에 따르면 현재 여성이 보유한 과학 교수직의 증가 속도로 볼 때 대학교수 사이에서 젠더 평등을 이루려면 영국은 2063년까지, 이탈리아는

2138년까지 기다려야 할 것이다.[2] 대학 수준에서 보면 2016년에 컴퓨터 과학은 신입생의 15퍼센트가, 공학과 기술은 신입생의 17퍼센트가 여성이었다(의학을 보조하는 학과들은 신입생의 80퍼센트 이상이 여성이었음을 비교해 볼 때 과학 과목 이수 능력은 쟁점이 되지 않는다). 모든 공립학교의 44퍼센트에서 여학생은 A 수준 물리학을 전혀 하지 않는다(여학생의 65퍼센트가 GCSE(중등교육자격검정시험)에서 상위 네 과목에 물리학이 들어 있는데도).[3] 그 계층 구조의 (관련이 있을 수 있는) 다른 한쪽 끝에서는, 최근 CBI(영국산업연맹)의 한 보고서에 따르면 초등학교 교사(85퍼센트가 여성) 중 5퍼센트만이 일종의 과학 학위나 과학 관련 학위를 보유하고 있다.[4]

이런 젠더 격차는 대부분의 사람들에게 새삼스러운 일이 아닐 것이다. 하지만 우리가 지금껏 대답할 수 없었던 것은 그것이 존재하는 이유다. 대학 수준과 그 너머에서 STEM 과목에 여성이 더 적은 이유는 무엇인가? 이 격차는 우리 생애에서 언제 나타나기 시작할까? 그리고 이런 격차는 남녀의 능력, 관심, 그리고 무엇보다 뇌에 관해 무엇을 의미할까? STEM 직업군에 여성이 별로 없다는 예는 우리가 지금껏 살펴보고 있는 거의 모든 쟁점을 강력하게 실증해준다. 여자의 뇌가 할 수 있는 일(또는 할 수 없는 일)에 대한 본질주의적 관점은 과학과 과학자에 관한 확고한 젠더화, 정형화된 태도와 얽혀 있고 그 결과로 우리의 여행 중인 뇌는 관심을 다른 데로 돌리고 방향을 전환할 수 있다. STEM 과목에서 여성 과소대표성의 쟁점은 사회 수준에서 걱정스러운 일일 뿐 아니라(영국에서는 해마다 약 4만 명의 STEM 졸업생이 부족한 것으로 추산된다) 고정관념의 역할을 보여주기도 한다. 고정관념은 과학과 과학자에 관해서도, 과학과 뇌에 관해서도, 과학과 그런 격차 발생의 성차에 관해서도, 그리고 더 중요하게는 그런 격차를 줄이려는 시도에 대한 명백한 저항에도 역할을 한다. 과학이란 무엇일까? 그것을 할 수 있는 사람은 누구이고 할 수 없는 사람은 누구인가?

과학의 성별—과학은 여성을 위한 것이 아니다

과학을 설명하라고 하면 우리는 무엇을 생각할까? 영국의 과학위원회는 "증거에 기반한 체계적 방법론에 따라 자연적 세상과 사회적 세상의 지식과 이해를 추구하고 응용하는 활동"이라고 정의했다.[5] 방법론에 대한 부분은 특히 중요하다. 과학 활동은 데이터에 관한 것이며, 우리 주변 세계에서 일어나고 있는 일을 이해하고자 그것을 객관적으로 측정할 수 있는 방법을 찾는 것임을 강조한다. 그것은 편견이나 선입견 또는 일종의 개인적·정치적 의도를 지닌 사람들의 다양하고 종종 모순되는 일화의 혼란에서 우리를 벗어나게 **해주어야 하는** 체계(이 단어를 명심하라)다.

작가 겸 과학자인 아이작 아시모프Isaac Asimov는 보다 사용자 친화적인 정의를 제시했다. "과학은 절대적 진리를 제공하지 않으며 과학은 메커니즘이다. 자연에 대한 지식을 향상하려는 방법이며 우주에 대한 당신의 생각을 테스트하고 일치하는지 확인하기 위한 체계다."[6] 일반적으로 과학은 질문하고, 이론을 생성하고, 테스트하는 체계적인 방법인 것으로 여겨진다. 과학은 현상을 설명할 수도 있고(밀물과 썰물의 원인은? 하늘이 파란 이유는?) 발견에 관한 것일 수도 있다(중력, 방사능, DNA 이중나선). 과학은 선을 위한 힘으로 볼 수도 있지만(항생제, 암 치료) 자연에 관여하거나(유전자조작 농산물, 살충제, 복제) 재앙적 파괴 수단을 만드는(핵무기, 화학전) 악을 위한 잠재력으로 볼 수도 있다.[7]

과학 지식이 정해진 규칙과 원리를 적용하여 얻는다는 점에서 어떤 면에서 일반 상식과 다르다는 관념은 아리스토텔레스까지 거슬러 올라간다. 우리가 지금 아는 현대 과학의 시초는 17세기였지만 그 이전에도 수도원과 대학 같은 기관에서는 항상 알아볼 수 있는 과학적 활동이 있었다. 많은 그런 기관은 남성을 위한 곳이었고 종류를 막론하고 여성이 정식 교육을 받을 기회는 거의 없었다. 그래서 **과학** 자체는 여성으로 의인화되었는데도 과학은 거의 전적으로 남성과 관련된 활동이었다.[8]

역사적으로 여성의 과학 참여는 과학이 유행하는 취미의 한 형태로 처음 나타났을 때부터 매우 존경받고 널리 인정받는 다소 엘리트적인(그리고 종종 매우 수익성이 높은) 전문직으로 확립되었을 때까지, 과학의 변화하는 운명과 동시에 나타났다 사라졌다. 추구할 수단이 있고 교육을 받은 사람이라면 누구나 접근할 수 있는 다소 규제받지 않는 지식의 추구였던 과학은 여성이 완전히 노골적으로 배제된 배타적 사회에서 추구하는 제도화된 전문직으로 옮겨가기 시작했다. 왕립학회는 1660년에 '자연철학자'와 의사를 위한 학술단체로 설립되었지만 여성 회원 가입을 위한 청원은 1901년이 되어서야 처음 이루어졌다. 그리고 최초의 여성 회원은 1945년에 이르러서야 실제로 선출되었다.•[9]

하지만 여자가 교육에 접근할 기회를 얻기 시작하거나 자신의 학문적 관심사를 추구할 수단이 생겼을 때는 과학 과목에서 전문가인 여성을 흔히 찾아볼 수 있다. 천문학은 특히 선호되었고 1786년에는 오로지 여성 천문학자를 주제로 한 책이 출간되었다.[10] 여전히 성차별의 조짐이 있기는 했다. 이를테면 고전과 역사는 정치적 행동주의를 부추길 수 있기 때문에 지질학과 천문학은 여성에게 '더 안전한' 주제로 보았다. 하지만 대체로 과학에서 여성의 참여는 그 단계에서 이례적이거나 문제가

있는 것으로 여겨지지 않았다.•

우리가 이 책에서 몇 차례 보았다시피 19세기 '본질주의' 운동의 발흥은 남자와 여자가 생물학에 기반한 다른 자질을 지녔고, 여자의 자질은 확실히 남자보다 열등하므로 틀림없이 여자는 수준 높은 과학적 사고를 할 수 없다고 여겼다. 따라서 종류를 막론하고 예컨대 천문학이나 수학에 관심과 능력을 보여주는 여자는 이제 "민첩한 기지와 예리한 천재성"으로 찬사를 받기보다는 머리 둘 달린 고릴라로 묘사될 가능성이 더 컸다.[11]

여자들은 협공작전에 붙잡혔다. 이제는 그들의 몸이 전체와 특히 뇌가 모든 형태의 힘든 정신적 운동에 적합하지 않다고 여겨졌을 뿐 아니라 새롭게 떠오르는 전문직인 과학자가 형성되는 기관에서 의도적으로 배제되기도 했다.

이런 과학 기관에서 여자를 물리적으로 배척하는 것을 넘어 여자를 과학에서 배제하는 또 다른 방법은 과학을 정의하는 특징과 과학의 성공적 실천을 위한 요건에 대한 세계관을 만들어낸 다음에 그것이 여자의 능력, 적성, 선호와 부합하지 않음을 드러내는 것이다. 그중 하나는 여자의 관심사가 다른 데 있기 때문에 과학 과목에서 여자가 과소대표된다는 주장에서 비롯된다. 여자는 사물보다 사람에 더 관심이 많으므로 '사물' 범주에 확실히 속하는 STEM 과목을 선택하지 않는다.[12]

기억한다면 제3장에서 이 **사람** 대 **사물** 변인의 측정방법을 살펴보았다. 분명 결함이 있는 미터법에 따라 측정되었지만 그것은 '여성과 과학' 분야에서 대중적 미신으로 남아 있고 STEM 과목 젠더 격차의 원인(그리고 치유)에 관한 많은 논의의 중심에 있다. 앞으로 살펴보겠지만 이것이 **사물**과 같은 직업에 대한 여성의 관심 부족은 출생 전 호르몬과 관련된 뇌 조직과 연관 있다는 생물학적 주장과 연결될 때 이것은 자연이 자연의 경로를 택하게 내버려두고 이런 젠더 격차를 다루려는 시도를 중단하는 방침의 제의로 이어질 수 있다.

또한 이것은 사이먼 배런코언의 체계화와 공감 개념을 되짚어보게 한다. 체계화의 정의를 고려하면 체계화가 과학(특히 공학, 물리학, 컴퓨터과학, 수학 같은 과목)의 특징과 과학자의 성격 프로필을 대변하는 척도로 얼마나 쉽게 대응되는지를 보아도 놀라운 일로 다가오지 않을 것이다. **사물** 대 **사람** 차원은 처음에 과학에 일반적으로 적용하거나 STEM 과목에 특별히 적용하려고 고안한 것이 아니었다. 마찬가지로 E-S 차원도 (단순화하여 말하면) **과학** 대 **인문**에 관한 것은 아니었다. 하지만 체계화 행동이 '경성' 과학의 특징으로 밀접하게 대응된(자연과학을 정의하는 기준을 고려하면 놀랄 것도 없는) 결과로 이런 연계성이 생겨났다.

사이먼 배런코언 연구실에서 수행한 연구에 따르면 '체계화' 스타일은 그 사람이 이과생일 것임을 효과적으로 예측하는 유의미한 요인이지만 성/젠더 자체는 그렇지 않다.[13] 성과 E-S의 사이를 명백하게 연관 지은 당사자가 사이먼 배런코언임을 고려하면 이는 다소 놀랍다. 아마 그 논문의 저자들도 다소 놀란 듯하다. 연구 결과에 대해 요약하면서 성/젠더가 사실은 관계있는 변인이 **맞을 것**이라는, "따라서 체계화 점수가 낮은 개인(주로 여성)은 아마도 체계화를 요구하는 영역을 다루는 데 어려움을 겪은 결과로 과학 학문 분야를 추구할 가능성이 적어질 것"이라는 해석을 제시했으니 말이다.[14] 그래서 우리는 다소 더 미묘한 현실을 반영하기보다 고정관념을 유지하는 데 더 많은 일을 하는 교훈이라는 쟁점을 여전히 갖고 있다.

공감-체계화 차원과 과학의 젠더 격차에 대한 본질주의적 설명에서 그 역할의 추가적 측면은 그것이 서로 다른 뇌 유형으로 확실히 대응된다는 점이다. 공감 기술이 체계화 기술보다 더 강한 뇌는 E형, 체계화 기술이 공감 기술보다 더 강한 뇌는 S형, 두 기술이 동등하게 분포하는 뇌는 '균형 잡힌' 뇌 또는 B형이다.[15] 사이먼 배런코언은 그의 책 첫머리에서 "여성 뇌는 공감에 더 적합하게 프로그래밍되어 있고 남성 뇌는 체계를 이해하고 구성하는 일에 더 적합하게 프로그래밍되어 있다"라며 자신의 색조를 확실히 밝혔다.[16] 이것은 우리에게 뇌의 고정관념, 그것도 젠더화된 뇌의 고정관념을 따르라는 명확한 방향 제시다.

생물학적 특징은 고정되어 있다는 추가 주장과 함께 남성 뇌, 체계화와 과학 사이에서 만들어지는 연계성을 살펴보면 성과 과학의 연관성이 자연적, 심지어 본질적이라는 잘못된 고정관념이 어떻게 생겨날 수 있는지를 쉽게 알 수 있다. 우리는 여성/남성 뇌를 갖기 위해 여자/남자이지 않아도 된다는 추가 주의 사항을 인정해야 한다. 하지만 우리의 탐구하며 규칙을 찾아다니는 안내 체계는 '남자 뇌'를 의미하지 않는 '남성 뇌'의 의미론적 세부 사항에 너무 오래 연연하지 않을 것이다. 특히 기존의 고정관념에 부합할 때 성/젠더 차에 관한 교훈은 종종 미묘한 단서보다 더 크고 분명한 소리로 다가온다.

과학은 총명함에 관한 것이다

이 뿌리 깊은 과학 고정관념의 또 다른 측면은 어떤 과학 분야에서든 뛰어나려면 '가공되지 않은 선천적 재능'이 필요하다는 믿음에 있다. 프린스턴대학의 세라제인 레슬리Sarah-Jane Leslie가 30개 분야에 걸쳐 1800명

이상의 교수를 설문 조사하여 '능력 믿음'을 측정한 연구에서 이를 생생하게 포착했다.[17] 참가자들은 "[x분야]의 최고 학자가 되려면 결코 가르칠 수 없는 특별한 적성이 필요하다"(어떤 형태의 선천적 능력에 대한 믿음을 측정) 또는 "적절히 노력하고 헌신하면 누구나 [x분야]에서 최고의 학자가 될 수 있다"(열심히 노력하면 성공할 수 있다는 믿음을 측정)와 같은 서술에 얼마나 동의하는지 평가해달라고 요청받았다. 그 결과로 얻은 학문 분야별 능력 믿음 점수를 박사과정을 밟고 있는 여성 학생의 비율(젠더 격차의 실질적 척도)과 비교했다. 선천적 재능의 필요성에 대한 믿음이 클수록 그 분야에는 여성 박사과정 학생 수가 더 적었다는 글이 놀랍지는 않을지도 모르겠다.

세라제인 레슬리와 그녀의 팀은 성차별 요소를 확인하기 위해 "정치적으로 적절한 말은 아니지만 [x분야]에서 수준 높은 일을 하기에는 여자보다 남자가 더 적합하다"라는 서술도 슬쩍 집어넣었다. 성공이 일종의 가공되지 않은 선천적 재능에 기반한다는 관념을 지지했던 분야의 구성원(남녀 모두)은 이런 종류의 서술에 동의할 가능성이 더 컸다. 과학 과목에서 분야별 능력에 대한 믿음 점수가 가장 높은 분야는 공학, 컴퓨터과학, 물리학, 수학, 다시 말해 핵심 STEM 과목, 여성의 과소대표성이 절망적 수준인 바로 그 영역이었다. 따라서 우리는 현재의 상황(딱히 여성의 취업 실태가 아니라)과 추론하건대 생물학 기반 설명에 대한 지지를 얻게 되었다.

세라제인 레슬리는 이 가공되지 않은 선천적 능력을 과학 연구계의 이른바 '**광선**the Beam'이라는 개념과 연결하여 특징지었다.[18] 이것은 소수 개인만 소유한 특별한 재능이다. 그들은 레이저처럼 보이지 않는 재능의 광선을 지니고 다니는 듯 남들이 오랜 기간 고심해온 문제에 그것을 비추어 거의 즉시 해답에 도달할 수 있다. 그녀는 이를 설명하려고 〈엑스파일The X-Files〉에 나오는 폭스 멀더의 '야생적 천재성'을 규칙에 얽매인 데이나 스컬리의 근면성과 비교했다. 〈CSI〉나 〈크리미널마인드Criminal Minds〉 같은 많은 경찰 드라마나 법의학 드라마에서 유사 인물을 찾아보며 야생적 천재와 일꾼 각각의 젠더에도 주목하는 것은 텔레비전을 볼 좋은 핑계가 될 것이다.

이와 관련하여 과학에는 '유레카'나 전구가 켜지는 순간이라는 대중적 은유가 있다. 그 순간 영감이 번득이면서 해결책이 저절로 떠올랐다고 일컬어진다.[19] 이것의 유명한 두 사례인 아르키메데스의 목욕탕 이야기와 뉴턴의 떨어지는 사과 사건은 아마도 사실이 아닐 듯하지만 그런 이야기 중에도 더 믿을 만한 이야기가 있다. 플레밍의 페니실린 발견(그의 항생물질 시험을 망친 곰팡이 자체가 항생제로 작용함을 발견)과 데카르트의 데카르트 좌표 개념 발견(두 벽면에 이르는 거리를 참조하여 천장을 가로질러 기어가는 파리의 위치를 추적)이 포함된다.

번득이는 영감이나 전구가 켜지는 순간에 기인한 발견은 그 발견의 질 평가에 어떤 영향을 미칠까? 이 또한 발명가를 지독한 일꾼이 아니라 천재로 인식하는 데 이바지할까? 이런 생각은 일련의 연구에서 앨런 튜링Alan Turing의 컴퓨터 관련 업적 평가를 토대로 '영감' 대 '노력' 은유를 살펴본 크리스틴 엘모어Kristen Elmore와 마이라 루나루세로Myra Luna-Lucero에 의해 테스트되었다.[20] 한 집단의 참가자들은 튜링의 업적을 전구로 설명한 구절("아이디어가 전구가 켜지듯 그에게 떠올랐다")을 읽은 반면에, 다른 집단은 "자라던 씨앗이 마침내 열매를 맺은" 것처럼 "뿌리를 내린" 아이디어에 대해 읽었다. 앨런 튜링이 남긴 업적의 예외성을 평가해달라는 요청을 받았을 때 전구 집단이 씨앗 집단보다 그것을 훨씬 더 호의적으로 평가했다.

두 번째 연구에서는 젠더 차원을 도입했다. 여기서의 발명은 무선 통신 기술 분야였고 할리우드 영화(〈삼손과 데릴라Samson and Delilah〉) 스타로 가장 유명하지만 뛰어난 발명가이기도 한 헤디 라마Hedy Lamarr의 이야기를 들려주었다. 그녀와 작곡가 조지 앤타일George Antheil은 기밀 메시지가 도청되어도 읽지 못하도록 무선 주파수를 조작하는 '주파수 도약frequency hopping' 기법을 고안했다(오늘날 모바일 장치를 암호화하는 기법의 기초). 이 이야기는 "신호가 다중 주파수를 건너뛸 것이라는 빛나는 아이디어"로 전구 면에서 제시되거나 "다중 주파수를 건너뛸 신호에 대한 아이디어의 씨앗"이라는 보다 부자연스러운 면에서 간략하게 제시되었다. 첫 번째 버전은 헤디 라마나 조지 앤타일 중 한 명과 전구를 보여주는 사진을 실었고 두 번째 버전은 동일하게 선택한 발명가를 이번에는 싹트는 작은 씨앗의 사진과 같이 실었다. 각 집단의 참가자에게 발명가와 그 또는 그녀의 아이디어의 천재성과 예외성을 평가해달라고 요청했다.

밝혀진 바에 따르면 이 평가는 독자가 여성 발명가를 보고 있었는지, 남성 발명가를 보고 있었는지에 따라 달라졌다. 씨앗 은유는 헤디 라마가 천재였다는 평가를 유의미하게 증가시킨 반면에 그녀의 남성 파트너가 천재였다는 평가는 유의미하게 감소시켰다. 반대로 전구 은유는 헤디 라마의 독자에게 감동을 주지 않았지만 조지 앤타일의 천재성 평점을 높여주었다. 연구자들이 제시한 의견에 따르면 이것은 남자가 성공할 수 있는 방식은 허공에서 해결책을 뚝딱 만들어내는 그 타고난 여분의 '뭔가'를 이용하는 것이라는 기대, 이에 비해 여자가 성공하기 위한 길은 지독한 노력과 근면을 경유할 가능성이 더 크다는 기대 사이의 합치를 반영한다.

여기서 핵심적인 측면은 훌륭한 아이디어에 담긴 '노력'에 대한 관점이다. 일반적으로 사람들은 천재의 업적이 노력보다 영감과 더 관련되어 있다고 믿는 듯하다. 하지만 이는 그 천재가 남성이냐 여성이냐에 따라 엇갈린다. 천재로 일컬어지려면 남자는 아이디어가 노력 없이 한순간에 영감을 받아 성취되었다는 인상을 주어야 한다. 근면이나 노력이 관련되었다는 모든 암시는 이 성취의 가치를 떨어뜨린다. 여성에 대한 기대에 의하면 그들의 성취는 거의 변함없이 양육, 끈기와 관련이 있으며 이것이 성과를 거두면 충분히 칭찬해줄 만하다. 여기서 한순간 전구가 켜졌다는 모든 징조는 반짝 성공, 즉 요행으로 일축할 수 있을 것이다.

이 모든 것은 과학계 여성에게 무엇을 의미할까? 정점으로 향하는 길에는 영감의 순간들이 늘어서 있고 어쨌거나 여성은 그런 순간과 관련된 그 '특정한 뭔가'가 있을 가능성이 현저히 더 작다는 세계관이 있다면, 이것이 여자에게 남자와 똑같이 과학에서 성공할 가능성이 있다는 자신감을 얼마나 불어넣어줄 수 있을까? 마찬가지로 노력과 의지(다음에서 살펴보겠지만 '혹사grindstone' 형용사는 여성을 위한 추천서에서 발견될 가능성이 훨씬 더 크다)가 성공적인 아이디어를 내는 데 부수적인 자질에 가깝다면 여성 여러분은 이 특정 기관에 도대체 무엇을 기여할 수 있을지 궁금할 것이다.

세라제인 레슬리의 팀은 이 측면을 살펴보려고 가상의 인턴십 광고를 통해 '총명 메시지'를 조작하고 그 메시지가 그 자리에 대한 여자들의 관심, 그들이 그 자리에 있다면 얼마나 불안할지, 그리고 그들이 그 자리의 상황에 어울릴지에 대한 자기평가에 미치는 영향을 측정했다.[21] 그 직무에 관한 서술은 총명("지능을 불꽃처럼 튀기는 사람", "예리한 통찰력의 소유자") 또는 헌신("훌륭한 집중력과 결의", "절대 포기하지 않는 사람")을 강조했다. 핵심적 결론은 총명에 관한 메시지가 여자에게는 부정적 영향을 미치지만 남자에게는 부정적 영향을 미치지 않는다는 것이었다. 여자들은 '헌신' 인턴십보다 '총명' 인턴십에 대한 관심도가 낮았고 총명 인턴십이 그들을 더 불안하게 만들 것이라고 했다. 남자들의 관심이나 불안 수준은 둘 사이에 차이가 없었다. 관련된 조작은 여성이 소속감과 동질감의 필요성을 얼마나 높게 평가하는지 입증하고, 어울리지 못할지도 모른다는 걱정은 자기를 남들과 불리하게 비교하기 때문에 발생한다는 사실도 입증했다. 따라서 여자는 스스로 의식적이든 무의식적이든 특정 직업, 전문직, 진로에는 일종의 선천적 총명함이 필요하고 여자인 자기에게는 그런 재능이 있을 가능성이 작다는 관념을 믿는다.

과학을 할 수 있는 타고남

우리가 여기서 따라가고 있는 성과 과학 고정관념 이야기에서 또 다른 반전은 이런 종류의) 효과를 매우 일찍부터 볼 수 있고 여행 중인 뇌의 우회로를 따라 그 결과를 추적할 수도 있다는 점이다. 우리는 교사가 어린 학생들의 적성과 능력에 대해 지닌 인식과 기대에서, 그리고 조금 슬프게도 그 어린 학생들이 자기에 대해 지닌 인식과 기대에서도 성차를 찾을 수 있다.

우리는 아주 어린아이들이 수와 양, 운동법칙에 대한 인식과 같은 꽤 정교한 과학적 기술의 증거를 보여주지만 영아가 보여주는 수학형 능력과 과학형 능력의 성차를 입증하는 일관된 증거는 없다는 것을 살펴보았다. 하지만 제8장에서 언급한 최근의 연구 결과는 특정한 과학 관련 기술인 심적 회전에 초기(그리고 매우 작은) 성차의 증거가 좀 있음을 시사한다.[22] 심적 회전은 건축, 공학, 설계 같은 다양한 과학 기반 활동에서 성공의 핵심 기술로 여겨지므로 여기서 어떤 이점이 있다면 당신에게 유용한 우선권을 줄 수 있을 것이다.[23]

또한 우리는 유아들 사이에서 장난감 선택의 성차에 대한 증거도 살펴보았다(비록 이런 성차는 특징적으로 작고 서로 겹치지만). 여기서 남자아이는 일찍부터 조립 장난감처럼 공간 인지를 높이거나 퍼즐이나 기계로 작동되는 장난감처럼 체계화형 관심을 대표할 사물로 향했다. 물론 그런 행동이 어디에서 비롯되는지에 대해서는 논쟁이 진행 중이고 생물학적 요인과 사회화 요인이 모두 지명되기는 하지만 원인이 무엇이건 간에 결과는 어린 시절 남자아이에게 더 훌륭한 과학 관련 '훈련 기회'가 있다는 것이다.

그렇다면 특정한 공간 기술의 작은 이점과 더 수준 높은 공간 경험을 볼 때 남자아이가 과학계에서 좀 더 유리하게 출발한다 해도 무리가 아닐 수 있다. 하지만 이용 가능한 광범위한 통계를 자세히 살펴보면 젠더 격차는 유치원 수준에서 존재하는 것이 아니라 그저 6, 7세에 나타나기 시작하여 점점 더 커진다.[24] 앞으로 살펴보겠지만 이는 전적으로 어떤 내재적 기술의 발현에서 기인하는 것이 아니라 누가 과학을 할 수 있는지(그리고 누가 할 수 없는지)에 관한 정형화된 관점에 의해 추진되는 강력한 외부 세력과 관련되는 것이 분명하다. 그리고 누가 과학을 할 수 있는지에 대한 답은 존재하는 모든 재능을 양성할 책임이 있는 사람들뿐 아니라 그런 재능의 소유자 자신에게서도 나올 수 있다.

당신은 예측을 통해 항상 도움을 주는 당신의 뇌가 여성의 지적 능력에 관한 부정적 고정관념에 수년간 노출된 후에야 비로소 여자는 대체로 과학을 하지 않는다거나 과학을 하는 여자는 장차 크게 되지 않을 것이고 어쨌든 과학자의 상황에 처하면 매우 외롭고 고립될 것이라는 관념을 이해하게 될 것으로 생각할지도 모른다. 하지만 슬프게도 이런 종류의 믿음의 신생 버전은 생애 매우 초기부터 확립되는 듯하다. 세라제인 레슬리 집단의 또 다른 연구에서 그들은 다섯 살에서 일곱 살 사이 아이들의 지적 능력에 관한 젠더 고정관념을 조사했다.[25] 이야기를 들려주고 사진을 짝짓는 기법을 사용하여 그들이 발견한 바에 따르면 다섯 살 아이들은 "정말 정말 똑똑하다"라는 가장 긍정적인 평점을 자기와 젠더가 같은 모델에게 주는("자기젠더 총명" 점수) 경향이 있었지만 일곱 살이 된 여자아이들은 그 여성이 어떻게 묘사되었든 총명을 여성과 동일시할 가능성이 유의미하게 더 낮았다. 이런 믿음이 아이들의 행동에 영향을 미쳤을까? 이와는 별도로 6, 7세 아이들에게는 알려지지 않은 비디오게임 두 가지를 소개했다. 아이들에게 규칙을 주고 나서 게임이 "정말 정말 똑똑한 아이"를 위한 것이거나 "정말 정말 열심히" 노력하는 아이를 위한 것임도 알려주었다. 그런 다음 게임을 좋아하는지, 그 게임을 하는 데 관심이 있는지 물었다. 여자아이는 남자아이보다 똑똑한 아이를 위한 것으로 제시한 게임에 유의미하게 덜 관심을 보였고, 이는 그들 자신의 자기젠더 총명 점수와 관계가 있었다. 일반적으로 여자아이도 똑똑할 수 있다는 믿음이 약할수록 그들 스스로 '똑똑한' 사람을 위한 뭔가를 하는 데 관심을 표현할 가능성이 낮았다. 만약 당신의 기존 사전확률에 따르면 당신의 확고히 고정된 여성 젠더 스키마는 "정말 정말 똑똑한"이라는 태그를 포함하지 않는다면, 불편한 예측 오류를 방지하려면 "정말 정말 똑똑한" 사람만을 위한 것으로 라벨이 붙은 모든 것을 피해야 할 것이다.

수학은 일반적으로 '정말 정말 똑똑한' 사람을 위한 것 중 하나로 포함되고 우리 뇌에서는 '여자아이용'이라는 태그를 붙이지 않는다. 수학이 남성 영역이라는 고정관념은 성인에서 명시적 수준에서뿐 아니라 암묵적 믿음으로도 잘 입증되었다.[26] 예컨대 만약 연관성을 짝짓는 검사에서 '수학'이라는 단어를 '남성'이라는 단어와 더 빠르게 짝 지으면 이는 (말하자면) '언어'와 '남성' 같은 조합보다 이 두 용어 사이의 심적 연관성이 더 강력하다는 척도로 여겨졌다. 이런 식으로 참가자가 모든 정형화된 믿음을 명시적으로 부인하더라도, 믿음의 소유자가 그 믿음을 의식하지 못하더라도 그런 믿음의 존재를 입증할 수 있다.

심리학자 멜라니 슈테펜스Melanie Steffens와 동료들은 아홉 살짜리 아이들에게 이 접근법을 사용했다.[27] 남자아이와 여자아이에 관한 일반적 젠더 고정관념의 존재는 6세에서 8세 수준에서 이미 입증되었다. 이 연구의 목적은 수학이나 과학 같은 더 특정한 주제에 관해 젠더화된 고정관념의 증거가 있는지 알아보는 것이었다. 또한 그들은 수학과 과학 과목에서 아이들의 성과에 대한 데이터를 수집하고 더 수준 높은 수학을 계속할 생각인지 묻기도 했다. 그 결과 여자아이가 수학-남성을 훨씬 더 강하게 연관시키고 수학이나 수학 유형의 단어를 자기와 훨씬 덜 연관지으며 수학을 그만둘 의사가 훨씬 더 강하다는 것을 보여주었다. 이는 그들이 수학에 낑낑거리고 있다는 사실을 반영한 것일까? 천만에. 사실 아이들이 받는 성적에는 어떤 성차도 없었다. 따라서 불행히도 아홉 살짜리 여자아이는 수학이 자기를 위한 것이 아니라고 생각하고 자기가 남자아이와 마찬가지로 수행을 잘 하고 있더라도 아마도 자기는 수학을 포기할 것이라고 생각한다.

흥미롭게도 남자아이들은 어떤 수학 젠더 정형화도 보여주지 않았다. 그러므로 남자아이들은 여자아이들이 지은 관련성을 맺지 않은 것이 분명하다. 장난감 선호와 분홍의 힘을 살펴보면서 보았던 제의처럼 이것은 여자아이가 사회적 '규칙'—이 경우는 누가 수학을 하는가에 관한 고정관념—을 더 많이 의식한다는 또 다른 예일지도 모른다.

여기에 반영되는 또 다른 요인은 부모의 태도일 수 있다. 밝혀졌듯이 부모는 수학이 딸보다 아들에게 더 중요하다 믿으며 더 수준 높은 과학 수업을 여자아이보다 남자아이에게 권장할 가능성이 더 크다.[28] 그리고 제9장에서 보았듯이 매우 어린아이들이 자신의 장난감 선택에 부모가 찬성할지 반대할지를 얼마나 인식하는지 살펴보면 아이들은 같은 부모들이 주장할 내용과 상관없이 자신에게 기대되는 것(또는 기대되지 않는 것)에 잘 부응하는 것으로 드러난다.[29] 따라서 알게 모르게 우리의 여행 중인 뇌의 주인은 서로 다른 **과학행** 노선을 추천받게 될 것이다.

교사는 분명 아이들의 과학 지식 습득에서 담당하는 역할이 있지만, 누가 자기를 과학에서 성공할 잠재력이 있는 사람으로 생각할지에 대해서도 강력한 영향을 미치는 듯하다. 최근에 보고된 이스라엘 아동에 대한 종단적 연구에서는 매우 초기의 '교사 편향'을 외부인 블라인드 채점 대학 입학시험에서 받은 점수와 동일한 유형의 내부 교사 채점 시험에서 받은 점수의 차이로 계산하여 그것의 영향을 살펴보았다.[30]

여기서 가장 중요한 결과는 이런 교사 편향이 수학 수행의 평가에 미친 효과다. 테스트 첫 번째 단계에서는 외부시험에서 여학생이 남학생보다 뛰어났다. 교사에 관해서는 교사들이 남학생의 능력을 과대평가하고 여학생의 능력을 과소평가함으로써 남학생을 체계적으로 편애한 명백한 증거가 있었다. 이 아이들을 2년 후와 4년 후에 추적 관찰했다. 고등학교 성적에도, 대학입학 결과에도 분명한 성/젠더 차가 있었지만 선택사항인 고급과정을 선택한 사람에서 가장 두드러졌다. 수학의 경우 남학생은 21.1퍼센트가 선택한 데 비해 여학생은 14.1퍼센트가 선택했고 물리학의 경우 남학생은 21.6퍼센트가 선택한 데 비해 여학생은 8.1퍼센트가 선택했다. 그리고 컴퓨터과학의 경우 남학생은 13.0퍼센트가 선택한 데 비해 여학생은 4.5퍼센트가 선택했다.

그런 다음 연구자들은 이런 차이의 원인이 무엇인지 알아보기 위해 이런 데이터를 광범위한 다른 정보와 함께 모델화했다. 그것이 혼합된 능력이었건 아니었건 간에 그것은 학급의 크기일 수 있을까? 교사의 자질일 수 있을까? 부모들의 교육 수준일 수 있을까? 아이들의 형제자매 수와 관련이 있을 수 있을까? 그중 초기 교사 편향 점수만큼 결과 척도에 지대하게 영향을 미친 요인은 하나도 없었다(그리고 우리는 이 특별한 교육 여정을 시작할 때 여학생들이 남학생들보다 나은 결과를 내고 있었음을 명심해야 한다). 비록 근거가 없을지라도 분명 젠더화된 기대는 '과학자'라는 종착지에 도달할 사람을 결정하는 데 강력한 원동력임이 입증되었다. 여기에는 승진, 수입, 그리고 물론 과학을 할 수 있는 사람에 대한 전반적 인상(그리고 고정관념)에 관한 결과가 뒤따른다.

그렇다면 과학에 관해서는 노선을 부여하는 어떤 강한 힘이 있어서 그것이 과학, 특히 수학을 피해 갈 경로를 따라 어린 여성들을 꽤 일찍부터 빼돌릴 수 있는 듯하다. 당신과 당신의 교사가 당신이 할 수 없다고 생각하면 당신은 하지 않을 가능성이 크다.

과학의 냉랭한 분위기

또 다른 요인은 과학이 여성에게 매우 환영하는 환경을 제공하지 않는다는 점일 수 있을 것이다. 설령 우리가 과거의 의도적인 게이트키핑을 통과했더라도 압도적 메시지는 과학이 본질적으로—한편으로는 가공되지 않은 선천적 총명함과 순전한 천재성의 발휘를 요구하지만 다른 한편으로는 사람보다는 사물을 주제로 하여 체계적인 규칙에 얽매인 접근법을 명령하므로—여성을 위한 자리가 아니라는 것이다.

만약 당신이 사회적 존재라면 당신은 당신이 소속되었다고 배운 집단에 자기를 맞추려 노력하고, 생각이 비슷한 그 집단의 구성원을 찾을 수 있을 환경을 선택하고, 당신이 어울릴 수 있기를 바라며 당신의 다양한 능력을 환경에 맞추려 할 것이다. 만약 당신이 사람들 사이에서 소속감을 느끼지 못하는 '냉랭한 분위기'에 직면한다면, 그리고 '당신 같은 사람'이 많지 않다는 인상을 받는다면 대체로 가까이 가지 않는 것이 인지상정이다. 만약 당신이 대학에서 수학과나 물리학과 개방일에 유일한 여학생이라면 당신은 대학 입시 원서 선택에 관하여 다시 생각할지도 모른다(물론 당신은 이 환경이 제공할지도 모르는 다른 기회에 흥분할 수도 있다).

여자는 자기가 일하게 될지도 모르는 환경에 더 많이 주목하는 것 같다. 미국의 심리학자 사프나 셰리언Sapna Cheryan과 동료들은 잠재적인 컴퓨터공학 지원자들에게 '전형적인' 컴퓨터공학 교실—가득한 「스타트렉Star Trek」 포스터, 공상과학소설, '쌓인 탄산음료 캔들'(아마도 매우 깔끔하게 쌓였을 것이다)—과 자연 포스터, 물병이 있는 중립적 교실 중 하나를 보여주는 방법으로 모집 결과를 테스트했다.[31] 여자는 중립적인 방에 있었을 경우에 컴퓨터공학에 관심을 표현할 가능성이 훨씬 더 컸다. 이 연구자들은 가상 컴퓨터공학 입문 교실 내용물을 조작하기도 했다. 하나에는 정형화된 컴퓨터 관련 사물을 채우고 다른 하나에는 채우지 않았다. 남학생은 60퍼센트 이상이 전자의 교실을 선택한 데 비해 여학생은 18퍼센트밖에 선택하지 않았다. 다른 연구에 따르면 과학 여름학기를 수강할 여성 모집에는 맛보기 비디오에 나오는 남녀 비율을 조작하여 영향을 미칠 수 있었다. 여학생은 보여준 학생의 대다수가 남성이었을 경우 덜 등록하는 경향이 있었던 반면에 남학생은 어느 쪽이든 개의치 않는 듯했다.[32] 이런 데이터는 여자들이 잠재적 선택의 사회적 맥락, 즉 이곳은 그들이 '소속감을 느낄'(또는 그렇지 않을) 어딘가일지도 모른다는 신호에 더 민감하다는 개념을 뒷받침한다.

이는 오늘날 화두가 되고 있는 젠더 평등 역설Gender Equality Paracox로 우리를 이끈다. 2018년에 출판된 한 논문은 국제 데이터베이스를 사용하여 67개국에서 2012년부터 2015년 사이에 STEM 학생 수를 조사했다.[33] 이 연구에서 일반적으로 STEM 학위를 취득하는 여성은 남성보다 적고 그 비율도 12.4퍼센트(마카오)에서 40.7퍼센트(알제리) 사이에 머무르는 것으로 밝혀졌다(영국과 미국은 각각 29.4퍼센트와 24.6퍼센트였다). 이런 연구 결과를 이어서 젠더 평등의 한 척도, 즉 소득, 건강, 의회 의석, 재정적 독립 등과 같은 영역에서의 젠더 불평등을 기반으로 하는 세계경제포럼의 세계 젠더 차 지수Global Gender Gap Index와 관련지었다. 여기서 명백한 역설이 나타났다. 젠더 평등 수준이 **가장 높은** 나라에서 STEM 학생 수의 젠더 차도 가장 컸다. 핀란드(STEM 졸업생의 20.0퍼센트가 여성), 노르웨이(20.3퍼센트), 스웨덴(23.4퍼센트)이 이 의문의 대표적인 예다.

과학과 수학의 학업 수행이라는 척도는 거의 없다시피 미미한 성/젠더 차를 드러냈다(평균 전체 효과 크기는 −0.1). 과학의 경우 가장 큰 차이는 요르단에서 보였는데, 여학생이 남학생을 능가했다(효과 크기 −0.46). 수학의 경우 오스트리아에서 남학생이 가장 큰 차이를 보여주었다(효과 크기 +0.28). 평가된 나라들의 압도적 다수에서는 남학생과 여학생 사이에 차이가 거의 없었다. 따라서 STEM 고등교육에서 여성의 부족은 능력 부족에서 비롯된 것이 아니다. 읽기에 대한 데이터는 다른 이야기를 보여주었다. 측정된 모든 나라에서 여학생의 수행 결과가 더 뛰어났다. 이 경우 어떤 효과 크기는 상당히 컸으며(요르단 −0.76, 알바니아 −0.61) 모든 경우 성/젠더 차는 과학과 수학에 대한 경우보다 더 컸다.

그 논문의 저자들은 젠더 평등 역설에 대한 잠재적 답으로 다른 학문적 강점의 이용 가능성에 초점을 맞추었다. 그들은 모든 참가자에 대해 '최고의 과목' 지수를 만들었고 과학·수학·읽기 수행 점수에 순위를 매겨 각각의 참가자에 대해 최강 과목을 확인했다. 여기에서 성/젠더 차가 뚜렷하게 나타났다. 남학생의 20퍼센트와는 대조적으로 여학생의 51퍼센트가 최강 과목으로 읽기를 꼽았다. 과학은 남학생의 38퍼센트와 여학생의 24퍼센트에게 최강 과목이었다. 따라서 여학생들은 일반적으로 남학생만큼 과학을 잘했지만 인문학에 기반한 기술로 볼 수 있는 과목에서는 월등히 뛰어났다.

이 일련의 특정 주장에서 다음 연결 고리는 저개발국에서는 경제적 필요성과 같은 요인, 그리고 STEM 학력이 향후 취업과 소득 면에서 더 가치 있을 가능성이 크다는 인정이 남학생뿐 아니라 여학생의 진로 선택에서도 우선권을 가질 것이라는 점이었다. 하지만 보다 젠더 평등한 나라에서는 여학생도 자기에게 가장 적합하리라 생각하는 과목, 즉 자기가 잘하는 과목을 선택할 자유가 있었다. 경제적 필요성보다 전반적인 삶의 만족도가 우선시될 수 있었다. 그 논문의 언론 보도는 읽기를 대체할 만한 선택지로 "그리기와 쓰기"를 제의했다. 혹시 그 옛날 '상보성의 함정'의 조짐이 느껴지는가?

분석되지 않은 각주 비슷하게 논문에는 과학 능력에 대한 자신감과 과학 향유의 척도에 관한 데이터도 있었다. 대체로 남학생의 과학 능력에 대한 자신감이 더 높았다는 사실에 당신은 놀라지 않을 수도 있다. 이는 보다 젠더 평등한 나라—여학생이 과학을 하지 않기로 선택한 바로 그 나라—에서 특히 더 그렇다는 사실에 더 놀랄지도 모른다. 이런 남학생의 자기 능력 평가는 얼마나 정확했을까? 이런 평가를 그들의 수행 점수와 비교했을 때 다루어진 67개국 중 34개국에 남학생이 자신의 과학 능력을 과대평가한다는 증거가 있었던 반면에, 여학생에게 이런 경향의 증거가 있었던 국가는 이들 국가 중 5개국뿐이었다. 그리고 이번에도 이런 과신이 남학생에게서 표출된 곳은 보다 젠더 평등한 나라였다.

이렇게 그려보라. 당신에게는 아주 어릴 때부터 자신감이 떨어진 과목을 계속할 선택권이 있다. 정형화된 메시지(그리고 현실)에 따르면 그 과목은 필요한 '본질적' 기술이 부족하기 때문에(비록 당신의 수행 점수는 그렇지 않음을 시사할지라도) 당신의 내집단 구성원이 하지 않는 것이다. 당신은 당신을 기다리고 있을지도 모르는 '냉랭한 분위기'에 대한 메시지에 민감해진다. 당신이라면 무엇을 선택하겠는가? 과학을 하고 싶어하지 않는다고 여학생을 탓하는 사람들은 과학 자체에 관해 생각해보기 바란다.

과학자 성 감별

하지만 과학계 사람들, 과학자 자신들은 어떨까? 설령 문화가 다소 소외감을 느끼게 하고 배타적이라고 느껴지더라도 만약 당신이 기여하기에 적절한 일련의 기술, 성격, 기질을 갖고 있다면 확실히 당신을 위한 자리가 있을까? 오늘날 이 시대의 과학은 많이 배우고 많이 아는 계몽된 기관으로서 여자도 남녀 구분 없이 과학자로 보는 명석한 시각을 가졌을 것이 틀림없다. 그렇지 않은가?

하지만 물론 과학 정형화의 또 다른 측면은 과학자 정형화다. 알면 놀랄지도 모르지만 '과학자scientist'라는 말이 처음 공식적으로 생긴 것은 한 여성, 스코틀랜드의 박식가 메리 서머빌Mary Somerville을 묘사하기 위해서였다고 한다.[34] 이 학문의 대표자들은 이전까지는 자신들을 '과학남man of science'으로 표현했다. 그들은 여성도 과학 논문을 작성할 수 있다는 놀라운 현상을 접하고서야 자신들을 가리킬 다른 말을 찾아야 할 것을 깨달았다.

이 초기 신조어는 과학자란 무엇이며 누구인가에 대한 현대의 인상에 영향을 미치지 않은 것으로 보인다. 과거 1957년에 연구자들은 미국의 고등학생 사이에서 과학자의 이미지를 체계적으로 측정하는 데 관심이 있었다.[35] 그들은 몇몇 개방형 질문에 대한 답으로 과학과 과학자를 주제로 쓴 3만 5,000편 이상의 짧은 글을 표본 조사했다(질문 자체가 당시 진로 선택에 관해 젠더화된 사고에 대해 놀라운 통찰력을 제공한다). 그 연구에 명시된 목적에는 다음의 내용이 포함되어 있었다(당신도 짐작하겠지만 강조는 내가 했다).

1) **미국 중고등학교 학생들에게 과학자에 대해 일반적으로, 즉 특정하게 자신의 직업 선택에 대해 언급하거나 여학생 사이에서 장래 남편감의 직업 선택에 대해 언급하지 말고 이야기하라고 하면 그들은 무엇을 떠올리고 그 생각은 이미지로 어떻게 표현될까?**

2) **미국 중고등학교 학생들에게 자기가 과학자(남학생과 여학생)가 되거**

나 과학자와 결혼한다(여학생)고 상상하라고 하면 그들은 무엇을 떠올리고 그 생각은 이미지로 어떻게 표현될까?

학생들에게 완성하라고 한 문장에는 "나는 과학자에 관해 생각할 때 ……가 떠오른다"와 "만약 내가 과학자가 된다면 나는 …… 부류의 과학자가 되고 싶다"가 포함되어 있었다. 놀랍게도 연구의 이 질문에는 '여성 참가자'를 위한 별도의 버전이 있었다. "만약 내가 과학자와 결혼한다면, 나는 …… 부류의 과학자와 결혼하고 싶다."

그래서 이 수만 편의 글에서는 어떤 종류의 합성 이미지가 나왔을까? 연구자들은 그 답변들을 토대로 다음과 같이 묘사했다.

과학자란 흰 가운을 입고 실험실에서 일하는 남자다. 노년이나 중년이고 안경을 쓴다…… 수염을 길렀을 것이고, 면도와 빗질은 하지 않았을 것이며…… 장비에 둘러싸여 있다. 장비란 시험관, 분젠 버너, 플라스크와 병, 분유리 관으로 만든 정글짐, 다이얼이 달린 이상한 기계를 말한다. 그는 실험으로 하루하루를 보낸다…… 매우 지적이다—천재이거나 천재에 가깝다…… 어느 날 그는 벌떡 일어나 이렇게 외칠 것이다. 찾았다, 찾았어![36]

하지만 물론 이때는 1957년이었고 주어지는 질문과 제공되는 답변 모두에서 이런 초기와는 상황이 달라졌다—그렇지 않은가?

이 질문에 대한 답을 추적하는 한 가지 방법은 그림을 관련시키는 매우 간단한 테스트를 보는 것이다. 당신은 이런 그림이 데이터로서 그다지 가치 있다고 여겨지지 않을지도 모른다. 하지만 그것은 개인의 심적 모델에 접근하고 개인의 믿음을 드러내는 데 놀랍도록 유용하다고 입증되었다. 게다가 이런 믿음을 아이들에게서 측정하는 실용적인 방법이기도 하다. 덕분에 과학자에 관한 정형화된 시각이 얼마나 일찍 발달할지에 대한 통찰력을 얻을 수 있다.

이것은 1980년대에 심리학자 데이비드 체임버David Chamber가 "과학자 그리기 테스트Draw-a-Scientist Test"를 고안했을 때의 목표였다.[37] 아이들에게 "과학자의 그림을 그려주세요"라고 한 다음 그 그림들을 분석하여 과학자의 표준 이미지로 정의된 모습을 어느 정도 포함하고 있는지 알아보았다. 이런 표준 특징은 다음과 같았다. 실험실 가운(반드시는 아니지만 보통 흰색), 안경, 얼굴의 털(턱수염이나 콧수염, 비정상적으로 긴 구레나룻 포함), 연구의 상징(모든 종류의 과학 도구와 실험실 장비), 지식의 상징(주로 책과 문서 보관함), 기술(또는 과학의 '산물'), 그리고 마지막으로 관련 설명문(공식, 분류학적 분류명, '유레카' 증후군 등). 그 연구는 11년에 걸쳐 진행했고 186개 학급의 5세에서 11세 어린이 4807명의 이미지를 분석했다. 가장 어린 아이들이 참신하게 고정관념 없는 그림을 그렸다. '정의하는' 특징은 6, 7세 아이의 그림에서 나타나기 시작했다. 실험실 가운과 장비가 가장 흔히 나타났지만 턱수염과 안경도 보였다. 9세에서 11세 아이는 특징 전부는 아니더라도 일부가 모든 그림에 나타났다. 하지만 실상은 4000점이 넘는 이미지 중 28점만이 여성 이미지였고 모두 여자아이가 그린 것이었다(따라서 나머지 2,327명의 여자아이는 남성 과학자를 그렸다).

이 테스트는 전 세계적으로 여러 번 사용되었고 과학자의 정형화된 젠더에 관한 연구 결과는 다음과 같이 전 세계적으로 비슷하다. 과학자는 남성이고, 수염이 있으며, 대머리다.•[38]

그리고 상황은 시간이 지나도 그다지 바뀌지 않는 듯하다(그리고 모든 형태의 과학에서 찾아볼 수 있는 여성의 수가 증가하고 있음에도 불구하고, 비록 그들이 한심하게 과소대표될지라도). 2002년 연구에 따르면 과학자를 남성으로 묘사하는 관행은 연구자의 말처럼 대체로 견뎌왔다(보아하니 얼굴 털의 존재가 특징을 정의하는 핵심이기 때문이다).[39] 남성 그림 비율의 모든 하향 전환은 주로 '불확실한' 묘사의 수 증가로 설명되고 어쩌면 그것은 한 줄기 희망을 줄지도 모른다! 그 과제는 명백히 결말이 열려 있는데 그것이 불공평하게 고정관념을 유발한다는 문제가 제기되었다.

아마도 오늘 우리는 깨닫지 못하는 사이에 고정관념 없는 과학세계에 도달했는데 실제로는 사라진 장벽을 극복하는 일에 너무 많은 노력을 기울이고 있는 것은 아닐까? 이는 2017년 연구에서 간접 과학자 그리기 테스트Indirect Draw-a-Scientist Test라고 불리는 새로운 버전으로 테스트해보았다.[40] 이번 테스트에는 다음의 지시 사항이 포함되었다. "과학 연구를 어떻게 하는지 상상해보세요. 보이는 것을 그림으로 보여주세요. 아래에 짧게 설명을 추가해주세요." 저자들은 과학자가 여성으로 대표되는 빈도가 간접 지시 버전 아래 극적으로 변화하는 모습을 보았다며 상당히 흥분했다. 하지만 나는 이것이 실제로 7.8퍼센트에서 15.8퍼센트로 여전히 미미하게 증가한 것임을 보고 실망했다.

하지만 현세대는 매체가 표현하는 법의학자, 컴퓨터과학자, 병리학자, 야생동물 생물학자를 통해 존재하는 과학자의 다양한 차이와 유형에 관해 분명 훨씬 더 많은 단서를 얻을 것이다. 따라서 아마도 그 테스트는 그것을 인정해야 하지 않을까? 똑같은 그리기 원안을 사용하되, 관심 있는 과학자의 유형을 좀 더 구체적으로 말하면 실제로 여성이 묘사되는 횟수의 비율이 약간 증가하는 양상을 보여주었다. 하지만 여전히 남성보다 훨씬 더 적었다. 2004년 공학자 그리기Draw-an-Engineer 연구에서는 남성 그림 61퍼센트와 여성 그림 39퍼센트가 나왔다.[41] 2003년 환경학자 묘사에 관한 연구에서는 22퍼센트가 여성 그림이었다.[42] 그리고 2017년 컴퓨터공학자 그리기draw-a-computerscientist 연구에서는 남성 이미지 71퍼센트와 여성 이미지 27퍼센트가 나왔다.[43] 모두 다 30년 전 최초의 과학자 그리기 테스트Draw-a-Scientist Test에서 나왔던 여성 이미지 0.06퍼센트를 넘어선 것은 인정한다. 물론 이는 연구 자체의 다소 젠더화된 설계의 영향을 조금 받았을 수도 있다. 하지만 여전히 과학자는 뭐니 뭐니 해도 남성이라는 이 특정한 고정관념의 저력을 보여주는 지표다.

과학은 어떻게 하는가 — 여자에게도 필요한 자질이 있는가

과학의 젠더화를 측정하는 또 다른 방법은 어떤 특정한 성격 특징이 성공한 과학자와 관련되어 있는지 확인하고 그것과 남자 또는 여자의 성격 특징의 공통 부분을 측정하는 것이다. '고집, 확신, 실력, 경쟁력, 야망, 추진력'과 같은 '주체적' 특질이나 '행동적' 특질은 과학에서의 성공과 자주 연관되어왔다. 이와 반대로 '공동체적' 특질은 예를 들어 '사심이 없다, 협조적이다, 타인의 기분을 의식한다, 가족 중심적이다, 사회적 수용의 필요성과 논쟁을 피하려는 욕구가 있다'로 특징지어진다.[44]

심리학자 린다 칼리Linda Carli와 동료들은 학부생 응답자들의 평가를 통해 남자, 여자, 성공한 과학자가 '주체적' 특질이나 '공동체적' 특질을 얼마나 갖추고 있는지 측정했다.[45] 예상대로 성공한 과학자의 것으로 인식되는 특질은 야심만만하고, 분석적이고, 주체적인 존재인 남자의 특질과 거의 중복되었다. 그리고 공손하고, 공동체적이고, 수동적이고, 눈치

빠르고, (본성적으로) 수다스러운 자매들과는 거의 겹치지 않았다. 이 그림은 그들의 출신 기관 유형(단성이냐, 혼성이냐)이나 그들이 공부 중인 과목(과학이냐, 인문학이냐, 사회과학이냐)에 상관없이 남녀 모두에게서 생성되었다. 따라서 다소 암울한 교훈에 따르면 여자는 성공한 과학자가 되기에 적합한 개인적 자질이 있다고 인식되지 않으며 이런 인식은 남자뿐 아니라 여자 자신도 갖고 있다—설사 그들이 과학을 공부하고 있더라도! 그래서 우리가 수염이 달리고 안경을 쓴 막대 인간을 보고 있건 세심하게 공들여 만든 평가 척도를 보고 있건 우리의 젠더화된 바다에는 성공한 과학자가 되는 데 필요한 자질이 남성에게는 있고 여성에게는 없다는 분명한 메시지가 있다.

여기서 제기되는 결정적 질문이 있다. 그런 고정관념의 존재가 과학을 수행하는 방식과 주체에 실제로 영향을 미치는가? '좋은 과학자'를 만드는 조건과 '좋은 여자'를 만드는 조건의 일부 이론적 개념 사이의 불일치 여부가 중요한가? 이런 종류의 불일치, 즉 한 역할의 프로필(부정확해도)과 그 역할을 이행하려는(또는 이미 이행하고 있는) 누군가의 프로필이 어울리지 않는 상황을 사회심리학자들은 '역할 부조화role incongruity'라고 부른다.[46] 이는 처음에 여성 지도자를 향한 편견을 설명하기 위해 제안되었는데, 정형화된 여성 특징과 정형화된 지도자의 특징 사이의 부조화는 지도자 역할을 하는 여성의 행동에 대한 부정적 평가로 이어질 수 있다. 여성 지도자들은 지도자에게 적합한 지배적·지시적·경쟁적 행동을 보여주면 여성이 행동해야 하는 방식에 관한 기대에 어긋난 것이다. 그들이 정형화를 통해 여자다움과 연관되는 배려, 온정, 지지를 보여주면 무능한 지도자로 보인다.[47]

이런 종류의 이중고는 과학에서도 작동 중일 수 있다는 문제 제기가 있었다. 여성의 전형으로 보이는 것이 성공한 과학자의 전형으로 보이는 것과 어울리지 않으면 편견과 차별로 이어질 수 있다(공공연히든 은밀히든).[48] 분명히 이것을 문제 삼아 조사위원회나 임용심사단과 맞서면 완강한 부인, 객관적인 성과 측정 지표와 신중하게 작성한 직무설명서에 대한 언급, 젠더 평등 계획을 비롯한 인적 자원HR의 견제와 균형 사례는 수없이 많다는 암시가 있을 것이다. 그럼에도 불구하고 여성 과학자를 대우하는 방식에서 일종의 불균형이 있다고 입증할 좋은 증거가 **있다**.

스칸디나비아의 한 연구에 따르면 박사후 연구비 수여를 위한 점수제 시스템에서 똑같은 점수를 얻으려면 여성은 남성보다 2.5배 더 생산적이어야 한다.[49] 스칸디나비아 국가의 의학연구위원회 연구비 신청자들에게 심사위원이 주는 '실력competence' 점수를 보자 영향력의 주요 척도(출판물의 양과 질, 인용 빈도)에 관해 영향력 점수가 100점이 넘은 여성 신청자만이 남성과 동등한 실력 평점을 받았다는 점이 눈에 띄었다. 하지만 그들과 동일시된 남성들의 영향력 점수는 20점 이하였다. 저자들이 주목하듯이 스칸디나비아는 기회가 평등한 곳으로 정평이 나 있으므로 이런 종류의 일이 그곳에서 진행 중이라면 나머지 세계는 어떨지 궁금하다. 어쩌면 이런 일이 앞에서 이야기한 젠더 평등 역설에 기여하지 않을까?

취업 지원서에 힘을 실어줄 수 있는 종류의 추천서는 어떨까? 대학교수로 있을 때 이런 추천서를 많이 쓰고 읽어본 나는 수백 통은 아니라도 수십 통의 비슷비슷한 이력서를 샅샅이 훑는 조사위원회에 일종의 부가가치를 제공하는 데 그것이 얼마나 중요한지 안다. 이미 주목할 만한 재능과 끈기를 보여주었고, 장래가 촉망되며, 훌륭한 팀 플레이어이자 창의적 사고를 하는 등 반드시 뽑아야 하는 우수한 학생의 그림을 그리기 위해 작성자는 최선을 다한다. 언어학자 프랜시스 트릭스Frances Trix와 캐럴린 프센카Carolyn Psenka는 미국의 한 의과대학 교수에 지원하는 서류 문서를 300통 이상 조사했다.[50] 그들은 여성 지원자의 것이 남성 지원자의 것보다 상당히 짧고 기본을 거의 다루지 않았다는 점에 주목했다(한 예는 고작 다섯 줄이었는데, 읽는 이에게 '세라'가 '정보통이고 싹싹하며 어울리기 편하다'라는 사실만 확인시켜주었다).• 그들은 이런 문서에 '최소 보증서letters of minimal assurance'라는 별명을 붙였다. 하지만 과학에서 성공을 바라보는 정형화된 시각으로 앞에서 보았던 전구 대 씨앗 관점에서 흥미로운 측면은 저자들이 여성을 위한 추천서에 이른바 '혹사(또는 맷돌grindstone)' 형용사가 훨씬 더 높은 빈도로 포함된 점이었다. '꼼꼼한' '성실한' '철저한' '세심한' 같은 단어가 여기에 들어갔다. 남성에 대한 문서에서 프랜시스 트릭스와 캐럴린 프센카가 '출중standout' 형용사라고 부른 '훌륭한' '특출한' '비할 데 없는'과 같은 단어를 더 많이 사용했다. 연구자들은 문서 작성자가 작성한 내용에 부정적 의도가 있다는 증거는 없다고 생각했다. 오히려 그것은 남성과 여성을 바라보는 방식의 무의식적 편향의 한 형태를 반영했다. 이는 임용팀이 내릴 결정에 영향을 미칠 수 있었다.

여성들은 설사 이 장벽을 넘어서는 데 성공하더라도 과학 직종에서 최고 수준에 도달하거나 최고 수준으로 인정받기가 더 어렵다는 것을 알게 되는 듯하다. 2018년 노벨상 과학 분야(물리학, 화학, 생리의학) 후보 기록(현재 이용 가능한 1901년부터 1964년)에 관한 논문에 따르면 1만 818명의 후보 중 여성 후보는 98명에 불과했다.[51] 그중 다섯 명(마리 퀴리Marie Curie, 이렌 졸리오퀴리Irène Joliot-Curie, 거티 코리Gerty Cori, 마리아 괴페르트 메이어Maria Goeppert Mayer, 도러시 호지킨Dorothy Hodgkin)만이 실제로 노벨상을 수상했다. 여러 번 후보에 오른 여성도 있었다. 리제 마이트너Lise Meitner의 경우 물리학에서 27번, 화학에서 19번 후보 추천을 받았지만 상은 받지 못했다.•

이런 종류의 데이터가 반드시 차별의 직접적 증거는 아니다. 몇 가지 추가 요인이 작용할 수 있기 때문이다. 하지만 실험실 기반 연구는 그런 증거를 제공할 수 있다. 예일대의 커린 모스레이쿠신Corinne Moss-Racusin과 그녀의 팀의 널리 인용되는 논문은 이에 대한 강력한 실례를 제공한다.[52] 상위권 대학에 재직 중인 생물학과, 화학과, 물리학과 교수 100명 이상에게 실험실 관리직에 임용할 학생 한 명에 관한 지원 자료를 주었다. 교수 절반에게는 남성 이름(존)이 적힌 지원서를 주고, 나머지 절반에게는 여성 이름(제니퍼)이 적힌 지원서를 준 것을 제외하고 모든 세부 사항은 동일했다. 결과는 짐작할 수 있을 것이다.

교수단(남성과 여성) 중 유의미하게 더 많은 수가 존을 더 유능하고 고용 가능성이 더 높다(더 높은 봉급으로)고 평가했다. 그들은 존에게 진로를 지도해줄 준비도 더 잘 되어 있었다. 연구자들은 노동력의 성별 분리에 대한 지식, 설명과 같은 요인을 포함하는 현대 성차별 척도Modern Sexism Scale를 사용하여 참가자에게서 기존 성차별적 편향의 척도도 얻을 수 있었다. 이 척도에 따르면 이 기존 편향의 수준이 높을수록 제니퍼의 지원서에서 실력과 고용 가능성을 덜 감지했고 그녀를 지도해줄 준비도 덜 되어 있었다. 이번에도 남녀 교수가 마찬가지였다. 마지막으로 그리고 다소 역설적으로 제니퍼는 팀이 더 좋아할 만한 사람으로 기술되었다(지원서에서 이름을 제외한 모든 세부 사항이 동일했음을 기억하라). 따라서 그것은 여성을 향한 일종의 일반적 적대감과는 상관이 없었다. 가공의 제니퍼는 명백히 싹싹한 사람이었다. 과학자로서 미래가 별로 없었을 뿐이다.

후보자에 관한 정보가 사실상 동일한 대신에 능력 차이의 증거를 포함하고 있다면 어쩌면 이런 종류의 편향은 극복될 수 있을까? 한 실험에서는 학생 '고용주'가 수학 과제를 수행할 학생 '고용인'을 채용할 수 있었다.[53] 모든 학생은 사전에 한 형태의 과제를 완수했으므로 그것이 어떤 과제인지 알았고 자신의 수행 수준도 알고 있었다. '고용주'는 '고용인'을 오로지 외모 기준으로(온라인 사진을 통해) 채용할 수도 있고 이 잠재 '고용인'이 과제를 얼마나 잘 수행할 수 있을지에 관한 약간의 정보와 외모를 함께 고려하여 채용할 수도 있었다. 그 '고용주'(남녀 모두)는 유일한 정보가 외모일 경우 여성보다 남성을 두 배로 많이 선택했다. 그리고 그들은 고용하지 않은 여성이 수학 과제를 더 잘 수행했음을 보여주는 정보를 제공받았을 때조차 일반적으로 결정을 고수했다. 따라서 당신이 여성이라면 그 직업이 요구하는 것을 남성 지원자보다 더 잘 수행한다고 해도 그것이 남성을 위한 직업이라는 반사적 반응은 극복하지 못한다.

우리가 살펴본 젠더 격차 데이터는 여자들이 과학을 하지 않는다는 점을 분명히 한다. 그들도 과학을 **했다**는 역사적 증거는 분명히 있다. 하지만 론다 시빙어가 연대순으로 기록했다시피 그들은 분명 초기 과학 협회의 게이트키핑 활동과 여성에게 적합한 활동 영역이 아니라는 만연한 시각에 의해 점진적으로 배제되었다. 어쩌면 이는 그저 좋지 못했던 옛날을 잠깐 돌아본 것으로 치부될지도 모른다. 하지만 최고 수준에서 임용과 업적의 젠더 불균형을 살펴본 동시대 리뷰들에 따르면 의식적이든 무의식적이든 어떤 형태의 차별은 아직도 작용하고 있다. 과학을 대변하는 얼굴은 여전히 남성 영역에 속한다. 주체적이고 체계화형이고 날 때부터 전구처럼 번뜩이는 천재성에 접근할 수 있는, 정형화된 남성의 특징과 현저한 유사성을 지닌 개인들로 채워진다. 이처럼 '금녀禁女의 영역'인 과학과 과학자의 그림을 잠재 과학자들의 부모와 교사만 믿는 것이 아니라 이 잠재 과학자들 자신도 믿는다는 증거가 의기소침해질 만큼 어릴 때부터 얻어진다.

이 주장에는 지금까지 내내 해왔던 이야기를 상기하게 하는 또 다른 가닥이 있다. 어쩌면 과학의 남성성은 생물학적 운명의 자연스러운 결과를 반영할 뿐이라는 맥락. 이런 '진실'이 아무리 불편하더라도 현실은 여성이 과학을 하지 않거나 적어도 과학의 상층부에서는 찾아볼 수 없다는 것이다. 이것은 결국 그들에게 필요한 '타고난' 적성이 부족하기 때문일 수도 있을까?

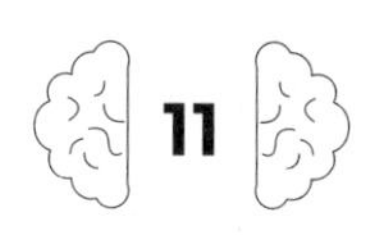

과학과 뇌

젠더 격차 데이터는 여자들이 과학을 하지 **않는다**는 것을 분명히 한다. 하지만 이것은 그들이 과학을 할 수 **없다**는 것을 뜻하지는 않는다. 이런 젠더 격차에 대한 본질주의적 접근법을 이해하기 위해서는 "더 큰 수컷 변이성greater male variability: GMV" 가설을 살펴보는 것으로 시작할 수 있다.

이것은 성차 연구를 특징짓는 것으로 보이는 또 다른 두더지 잡기 주제 중 하나다. 그것은 지적 능력 척도의 모든 분포에서 상단과 하단을 살펴보면 남자가 더 많이 눈에 띌 것이라는 주장을 나타낸다. 즉 천재도 남성이 더 많고 바보도 남성이 더 많을 것이다. 이 견해는 1894년 해블록 엘리스Havelock Ellis가 심리학계에서 처음 제안했다. 그는 지적장애인 시설에 여자보다 남자의 수가 더 많고 명성과 우수성의 영역에도 남자의 수가 훨씬 더 많다는 데 주목하고 남성에게 더 큰 선천적 '변이 경향'이 있다고 결론지었다.[1] (유의할 점은 이것이 다음 가능성을 다소 간과한다는 사실이다. 천재인 남성의 더 큰 명성은 더 큰 기회를 반영했을지도 모르고, 바보인 남성의 더 높은 시설 수용 비율은 더 높은 수준의 사회적 지원망 이용 가능성을 반영했을 수도 있다.)

놀랄 것도 없겠지만 이 더 큰 변이성의 함의에 관한 논의는 분포의 왼쪽 끝이 아니라 오른쪽 끝, 즉 우수자에 집중되었다. 이런 변이 경향에는 남녀에 대한 기대에 관해서도 명백한 함의가 있었다. 남자는 천재가 될 가능성이 더 크고 여자는 더 '평균적'이라는 것이다.

GMV 가설은 성취의 젠더 격차에 대한 설명에서 흔히 언급된다. 이를테면 여자와 남자가 수학이든 논리든 체스든 일종의 과제를 **평균적으로** 대등하게 수행하더라도 우수자는 분포의 오른쪽으로 표준편차의 몇 배 떨어져 희박해진 표본으로 발견될 테고 그중 다수는 남성일 것이다.

남성의 변이성이 더 크다는 주장 이면의 가정은 그것이 시간이 흘러도 변치 않고 모든 집단, 모든 국가에서 명백해야 하는 굳어진 문화적 보편성이라는 것이다. 사실 이런 기준은 하나도 충족되지 않는다. 2010년 수학 기술의 국제적 연구에 대한 메타분석에 따르면 미국에서는 상위권에서 젠더 격차가 거의 사라졌고 대부분의 다른 국가에서는 차이가 없었으며 몇몇 국가(아이슬란드, 태국, 영국)에서는 최고 득점자 중에 남성보다 여성이 더 많았다.[2]

심지어 오늘날에도 GMV 가설의 진화적 타당성을 입증하려는 시도들이 있는데 그 과정에서 나온 주장에 따르면 여성은 짝짓기 상대에 관하여 까다롭고 일종의 짝짓기 능력 순위가 상위인 상대만 선택하여 분포의 상단을 더 선택적으로 진화시키는 결과를 낳는다.[3] 선택받지 못한 하위 절반은 무슨 결과가 따르든 제멋대로 번식하여 매우 가변적인 결과물들을 낳고, 그중 일부는 생각할 수 있는 거의 모든 부정적인 것의 합이다. 정작 이런 주장을 제기하는 수학 논문은 정치적 음모론 속에 철회

되었지만 유익한 수학 블로거의 지적에 따르면 기본이 되는 수학적 가정의 질이 매우 의심스러웠다.[4] 하지만 이 미신이 젠더 격차 설명에서나 다양성 이니셔티브에 대한 반발에서, 또는 신빙성이 없어졌더라도 수 세기 묵은 가설에 의지할 필요가 있는 것으로 보이는 다른 어떤 포럼에서 다시 표면화될 것이라는 데는 의심의 여지가 없다.

우리는 이미 이전 세기들의 숨 막히게 여성 혐오적인 선언을 접했다. 하지만 우리의 시간으로 건너뛰어도, 살펴보았듯이 STEM 젠더 격차에 관한 논의에는 일반적인 '본질주의'의 암류가 여전히 남아 있다. 주로 이것은 지하에 머문 채 여성과 과학에 관한 고정관념에 고착되고 과학과 과학자의 본성에 관한 다른 도그마와 뒤섞여 아마도 무의식적으로 고용 결정과 진로 선택을 주도할 것이다.

때로는 이런 종류의 '뇌를 탓하라' 믿음에 대한 더 공공연한 선언이 매우 공개적인 방식으로 표면화되기도 한다. 이에 대해 자주 인용되는 두 가지 사례는 악명 높은 래리 서머스Larry Summers의 2005년 연설과 2017년 구글 메모다. 두 사례 모두 과학에서 우수한 성취를 보았을 때 여성은 과학에 필요한 조건을 갖추지 못했을 뿐 아니라 이것은 그들의 생물학에 기반한 문제라는 믿음의 표현이라는 점으로 특징지을 수 있다.

첫째, 당시 하버드대 총장이었던 래리 서머스는 '이공계 노동력의 다양화'에 관한 콘퍼런스에서 "최상위 대학 이공계 종신직 여성의 대표성 문제"를 주제로 발표하기로 했다.[5] 그의 주장은 GMV 가설 분야에 확실히 기반을 두고 있었다. 그에 따르면 과학의 상층부에서 당신은 평균보다 표준편차 네 배가 더 뛰어난 능력자들을 보고 있을 것이다. 그리고 데이터는 이 위치가 여성 한 명당 다섯 명의 남성으로 채워짐을 보여준다. 따라서 좋든 싫든 만약 당신의 영역이 비즈니스든 과학이든 높은 쪽이면 여자보다 남자를 더 많이 발견할 것이다. 이런 젠더 격차에 대한 그의 설명 중 하나는 "올라가면 적성의 이용 가능성에 차이가 난다"는 것이었다.

래리 서머스의 선언에 이어 상당한 항의가 있었다. 시대에 뒤떨어진 차별적 자세로 보이는 것에 관해 매체에서 더 일반적으로 격분을 표현했을 뿐 아니라 학계도 제기된 쟁점을 다루기 위해 모였다.[6] 래리 서머스가 저지른 몇 가지 대표적인 실수가 있었다. 예컨대 그는 자신이 참석한 그 콘퍼런스에서 '사람들의 능력에 관해 예측력이 높지 않은' 것으로 확인된 테스트의 데이터를 기반으로 상층부에서의 남성 대 여성 비율을 5:1로 추정했다—놀랍게도 그는 기어이 자신의 연설에서 이를 언급했다. 실은 그가 언급한 연구물의 저자인 킴벌리 쇼먼Kimberlee Shauman과 셰위謝宇가 나서서 그들이 보여준 결과에 대한 그의 해석을 문제 삼았다.[7] 그들은 여성의 승진을 살펴보고 있었는데, 거기서 나온 젠더 격차에 관한 데이터를 서머스가 언급한 것이었다. 그들은 수학에서 젠더 격차가 작았고 1960년대 이후로 줄어들고 있다고 언급했다. 나중에 한 논문에서 셰위는 분명하게 말했다. "감소하는 그 추세는…… 수학 성취도의 젠더 격차가 선천적인, 아마도 생물학적인 성차를 반영한다는 해석에 의혹을 제기한다." 그리고 이렇게 덧붙였다. "서머스 총장은 다음 연구 결과를 인용하지 않았다. 수학의 젠더 차는 평균의 차이든 우수성의 차이든 이공계를 전공할 가능성의 젠더 차를 설명하지 않는다."[8] (사실 킴벌리 쇼먼과 셰위는 자신들의 데이터가 과학에서 여성의 진급을 막는 주된 장벽이 자녀를 돌볼 책임이라는 실상을 보여준다고 생각해서 그 문제를 설명하기 위해 '새는 송수관leaky pipeline'이라는 용어를 만들었다.)

그러므로 여기서 우리가 알게 된 누군가는 그가 데이터의 '신뢰성을 떨어뜨리는 자료dodgy dossier'를 보고 있을지도 모른다는 점을 흔쾌히 인정하고 그것이 보여주는 내용을 잘못 전달한 다음 어쨌든 그것을 잘못 해석한다. 그는 데이터를 생산한 연구자들에게, 나중에는 그의 순환논법을 비평한 여러 분야의 최고 심리학자들에게 비난을 받았다.[9] 그렇게 호되게 두들겨 맞았다면 이 특정한 두더지는 영구히 기진맥진했을 것이라고 당신은 생각할지도 모른다.

속단하지 마라. 2017년 여름 구글 직원 제임스 데이모어James Damore의 (매우 긴) 메모 하나가 공개되었다.[10] 그것은 다양성 교육과정에 참석한 이후 홧김에 작성한 글 같았다. 글쓴이는 그 과정이 즐겁지 않았던 것이 분명했다. 그는 사실상 구글을 상대로 그들이 기회균등 계획에 그들의(그리고 가정하건대 그의) 시간을 낭비하면서 여성 노동 인력을 늘리려 한다고 이야기했다. 제임스 데이모어는 '내면의 래리 서머스'를 드러내며 이렇게 주장했다. "남성과 여성의 선호와 능력에 분포의 차이가 있는 것은 부분적으로는 생물학적 원인 때문이며…… 기술과 지도력에서 여성의 균등한 대표성이 보이지 이유도 이런 차이로 설명될 것이다." 이 메모가 유출되고, 그 직원의 신원이 밝혀지고, 거대 언론 폭풍이 몰아치고, 데이모어가 직업을 잃기까지는 오랜 시간이 걸리지 않았다.

데이모어의 표적은 서머스의 것보다 더 넓었고 적성뿐 아니라 선호도 포함되었다. 그는 생물학적 기반에 관해서도 훨씬 더 노골적이었다. 즉 그런 적성과 선호를 '전 문화에 보편적'이고 '유전성이 높은' 것으로 묘사하고, 출생 전 테스토스테론을 주된 인과적 요인의 하나로 인용했다. 그가 겨냥하고 있는 듯한 주요 '선호' 차원은 우리의 오랜 친구인 **사람 대 사물**이다. 어떤 '능력 결핍'이 여성에게(그리고 구글에) 문제로 보이는지에 대해서는 덜 구체적이지만 그는 남성이 체계화 기술 때문에 코딩에 적합하다고 말한다. 따라서 그는 체계화-공감 차원을 남성-여성

이분법으로 대응한 듯하다. 체계화를 잘하는 남성이 성공한 프로그래머의 조건을 갖추고 있다는 것이다. 그는 공감을 잘하는 측면을 사람 좋아하는 경향과 관련지어 여성을 위한 몫으로 남겨두었다. 다소 대범하게도 나중에 그는 구글에 공감을 덜 강조할 것을 요구한다. 그가 느끼기에는 공감이 '일화에 초점을 맞추고, 자기와 비슷한 개인을 선호하고, 비이성적이고 위험한 편향을 품는' 경향의 원인일 수 있다고 말이다.

그는 55개국을 망라하여 성격 특질의 성차를 다루고 평균적으로 여성이 더 높은 수준의 신경질과 친화성을 보여준다고 보고한 대규모 연구에도 초점을 맞추었다.[11] 이 연구에서 나온 데이터에 따르면 선진국일수록 성차가 더 크게 나타났는데, 저자들은 이것을 남성과 여성이 제약을 덜 받으면 자신의 진정한 모습을 자연스럽게 표현할 수 있기 때문이라고 해석했다. 제임스 데이모어는 남자들이 더 '여성스러워'지도록 허용하지 말라고 경고하면서, 그러면 그들이 '전통적으로 여성스러운 역할'(명시하지 않은)을 위해 고급 과학직과 지도자직을 그만두는 결과를 초래할 수 있음을 시사했다. 그는 그의 관점이 앞으로 다양성 프로그램에 어떤 식으로 통합되어야 하는지에 대한 다양한 제안으로 그의 메시지를 마무리했다.

래리 서머스 연설 이후로 많은 것이 바뀌었고(제임스 데이모어 같은 사람의 사고방식은 그렇지 않았는지 몰라도) 이 메모에 대한 반응의 속도는 극적이었다. 온라인 기사, 블로그, 트위터, 페이스북 게시글이 거의 즉각적으로 쏟아져 나왔다.[12] 메모의 길이와 내용을 고려할 때 언급할 내용이 많았다. 다양성 프로그램에 관한 일반적 소견과 데이모어를 해고한 조치의 옳고 그름은 제쳐두고 적어도 논쟁의 일부는 그가 인용한 과학에 관한 것이었다.

그의 편을 드는 사람들이 있었다. 진화심리학 진영의 사람들은 그의 논거가 탄탄하다고 생각했다. 그가 메모에서 그들의 생각을 열렬히 지지한 것과 관계가 있을 것이다.[13] 경쟁심과 지위에 대한 욕망에 관한 그의 생각이 어디에서 비롯되었는지 알 수 있다. 이는 남자가 사냥꾼이라는 진화심리학의 주장과 일치한다. 하지만 데이모어가 구글의 고위직 여성 부족에 대한 책임 소재로 명명한 모든 특징인 외향성, 친화성, 신경질 뒤에 숨겨진 진화 이야기를 보기란 어렵다. 성性 신경과학자이자 과학 작가인 데브라 소Debra Soh는 그녀에게 모든 신경과학자를 대변할 권리가 있고 데이모어를 지지하는 목소리를 내는 데에서 비판적인 신경과학의 많은 부분을 일축할 권리가 있다고 생각하는 게 분명하다.

> 신경과학 분야 안에서 남성과 여성의 성차—뇌 구조와 기능, 그리고 관련된 성격과 직업적 선호의 차이에 관한 한—는 그에 대한 증거(수천 건의 연구)가 강력하기 때문에 사실로 이해된다. 이는 논란의 여지가 있거나 논쟁의 대상이 되는 정보가 아니다. 다른 식으로 주장하거나 전적으로 사회적인 영향을 주장하려 하면 웃음거리가 될 것이다.[14]

하지만 반대편에서는 데이모어의 겉보기 증거 사용법에 대한 비판도 많이 있었다. 래리 서머스의 연설에 있었던 문제를 상기시키듯이 데이모어가 그토록 열광했던 성격 논문의 주 저자인 데이비드 슈미트David Schmitt는 자신의 연구 결과가 실제로 데이모어의 사례를 뒷받침한다고 생각하지 않았다. 그는 모든 차이의 크기가 일반적으로 작았고 어디서 측정했는지, 어떻게 측정했는지를 비롯한 맥락적 요인도 고려할 필요성이 있다고 지적했다. 그는 자신의 연구를 이런 용도로 사용하는 데 대해 다소 더 신랄하게 일축하면서 다음과 같은 소견을 밝히기도 했다. "누군가의 생물학적 성을 사용하여 사람들의 집단 전체의 성격을 추출하는 것은 도끼로 수술하는 것과 같다. 도움이 될 만큼 정밀하지도 않을뿐더러 아마 많은 해를 끼칠 것이다."[15]

그 밖의 논평자들은 래리 서머스의 의견과 마찬가지로 인간의 뇌 가소성, 다시 말해 과학에서 성공과 확실히 관련될 척도를 포함하여 모든 범위의 척도로 성적을 측정하는 데에서 경험이 담당하는 잠재적 역할에 주의를 기울이지 않았다는 점에 주목했다.[16] 요점은 설사 여성에게 결여된 것처럼 보이는 종류의 적성에 대해 생물학적 근거를 주장하는 일에 어떤 실질적 내용이 있더라도 그것은 데이모어가 제안하는 식으로 고정되어 있고 극복할 수 없는 것이 아니라는 점이었다. 그는 '생물학이 제공한 잠재력'이 아니라 '생물학이 부과한 한계'만 앵무새처럼 전달하고 있었다.

데이모어가 코딩을 남자와 연관짓는 것은 인도 같은 나라의 컴퓨터 분야에서 여성의 우세함을 지적하고 컴퓨터 분야에서 여학생이 사라진 현상을 문화적 현상—1980년대에 출현한 가정용 컴퓨터를 남성용 게임기로 광고함—과 연결함으로써 쉽게 처리되었다.[17] 그의 본질주의적 의견을 철저히 분석하여 이런 주장에서 와전과 오류를 체계적으로 가려낸 사례도 있었다. 이 쟁점에 관하여 오랜 세월 폭넓게 연구하고 출판한 두 저자는 그 작업 끝에 전반적 느낌을 다음과 같이 요약했다. "우리는 25년이 넘도록 젠더와 STEM(과학, 기술, 공학, 수학) 쟁점을 연구해오고 있다. 우리는 여성의 생물학이 그들을 어떤 STEM 분야에서도 최고 수준에서 성과를 낼 수 없게 만든다는 증거는 전혀 없다고 단호하게 말할 수 있다."[18]

이렇게 해서 의심스러운 데이터를 기반으로 하고, 인용된 과학을 잘못 전하고, 남성과 여성 모두에서 적성과 선호의 출현에 대한 맥락과 경험의 중요성을 강조하는 널리 공개된 연구를 무시하는 것처럼 보이는 어느 확고하게 근본주의적인 의견이 겨울잠에서 깨어나려던 날. 래리 서머스와 제임스 데이모어의 널리 알려진 주장은 과학계 여성에 관한 이런 공언을 뒷받침하는 가정들의 오도된 본질에 관하여 분명하고 매우 단호하게 진술된 결론을 통해 비판을 받았다. 이 두 가지 악명 높은 선언과 그에 대한 반발은 여성과 생물학, 과학에 관해 계속 진행 중인 논쟁에서 제기되는 거의 모든 쟁점을 요약한다. 불행히도 여기에는 그런 사고의 고착성과 거의 변하지 않는 형태로 다시 나타나는 경향도 포함되는 듯하다.

따라서 심지어 오늘날도, 우리가 뇌의 개인차를 실제로 이해할 수 있게 해줄 주요한 기술 발전에도 불구하고 18세기 답을 제시하는 18세기 사고자가 여전히 존재한다. 비록 여성의 생물학이 그들을 과학에 부적합하게 만든다는 데 대한 신랄한 (그리고 거듭된) 부인들이 있지만 귀스타브 르봉의 시절부터 우리와 함께해온 근본적인 '뇌를 탓하라' 격언은 바꾸기가 매우 어려운 것으로 입증되고 있다. 따라서 그것을 지지하러 모인 증거의 질을 살펴보자.

과학 뇌 정형화

'남성 뇌'가 노벨상을 향해 나아가기 위한 일종의 체계화 기술의 필수 원천이라는 관념이 대중의 의식에 박혔다. 지난 5년 정도는 사이먼 배런코언의 체계화-공감 모델에 자극받아 이런 유형의 처리와 근본적으로 상관관계가 있는 신경적 현상이 탐색되었다.[19] 주요 동기는 사이먼 배런코언이 "극단적인 남성의 뇌"라는 말로 설명한 자폐스펙트럼장애에 대한 통찰력을 얻는 것이었다.[20] 남성 뇌는 체계화를 위해 배선되어 있고 여성 뇌는 공감을 위해 배선되어 있다는 것도 그의 말인 만큼 성차가 자연히 이 분야 연구의 분석과 해석에서 현저하게 중요시된다.

그렇다면 '과학 뇌'와 같은 것이 존재하는가? '수학 뇌'는? 그리고 과학과 과학자에 대한 고정관념에서 유추하자면 그것은 남성 뇌인가?

언젠가 동료가 나에게 고양이 성감별에 관한 만화 한 편을 보냈다. 두 남자가 고양이 한 마리를 발견했는데, 암컷인지 수컷인지 확인하고 싶어졌다. 다음 장면이 보여주는 그들은 고양이가 평행주차를 시도하는 모습을 지켜본다. 당신은 뇌의 성차에 관한 언론 기사에 지도를 들고 자신 있게 분명 옳은 방향을 바라보고 있는 남자가, 때로는 당황하여 찌푸린 얼굴로 구겨진 도표를 뒤집어 들고 초조하게 반대 방향을 가리키는 여성 일행과 함께 삽화로 실리는 횟수를 세고 싶을지도 모른다.

여성의 과학 참여에 관한 논의에서 주요 초점은 STEM 과목에서 성공과 흔히 관련된 기술인 공간 인지에 맞춰졌다.• 공간 인지란 우리 주변 환경을 탐색하는 능력, 지도와 계획을 만들고 읽는 능력, 사물과 기호, 추상적 표상을 심적으로 조작하는 능력, 패턴을 식별하고 다차원에서 작업하는 능력에 이르는(그리고 평행주차 능력을 포함하는) 일반적 능력이다. 이 능력의 성차는 모든 성차에서도 가장 '굳건한' 성차 중 하나로 주장되어왔다.[22] 뇌 손상 결과에 관한 초기 연구에서 호르몬 조작 연구를 거쳐 공간 기술을 뒷받침하는 신경 영역 확인 작업과 공간 과제로 활성화되는 기능적 뇌 네트워크 지도화 작업에 이르기까지 공간 인지 연구의 핵심 초점은 왜 여성은 공간 인지를 잘 못하는가 하는 것이었다.

공간 인지가 고정된 뇌 기반 기술이라는 발상은 특히 출생 전 호르몬이 남성 뇌와 여성 뇌를 조직화하는 정도에 관해 성/젠더 차 논쟁 전체에서 또 다른 두더지 잡기 밈이 되었다. 시공간 처리 과제의 수행력은 높은 수치의 테스토스테론에 노출된 뇌의 남성화 정도를 나타내는 지표로 여겨졌다.[23] 진화심리학자들은 남성의 우월한 공간 기술이 과거에 그들에게 필요했던 사냥 기술, 창 던지는 기술, 길 찾는 기술과 관련 있다며 거들었다.[24] 따라서 '공간 뇌'가 생물학적으로 결정되는 정도를 조사하거나(STEM 계에 훨씬 더 흔한 '가공되지 않은 선천적 능력'이나 '총명 기대치'를 주제로) 젠더화된 훈련의 결과물을 조사하면(레고와 비디오게임을 생각하라) 이런 기술 집합의 성차란 실제로 무엇이며 어디에서 비롯되는지에 대한 진정한 통찰력을 얻을 수 있다.

높은 수준의 공간 능력이란 낯선 장소에서 길을 잘 찾거나 지도를 읽을 수 있게 하는 실용적 기술일 수 있다. 또한 그것은 조립이나 건축과 같은 사물의 다른 부분 간의 관계를 이해해야 하는 과제를 잘 수행하도록 해줄 수 있다. 그것은 이론적 기술일 수도 있기에 수학의 어떤 분과를 잘 이해하게 해줄지도 모른다. 거의 보편적으로 어디를 보든, 다른 시기와 다른 문화에서 이 특정 기술에서는 남성 우월성이 주장되어왔다. 다른 분야에서 젠더 격차가 줄어들고 있을 때도 이 남성-여성 차만은 확고하다고 주장된다. 그것은 모든 성차 중에서 가장 굳건한 것으로 묘사되었다—어쩌면 남성 우월성의 최후의 보루일 것이다.

사실 '공간 인지'나 '시공간 처리'라는 용어를 볼 때 과학자들이 실제로 이야기하고 있는 능력은 대개 심적 회전 과제[MRT]의 수행력이다. 심적 회전 과제는 이 책에서 이미 몇 번 접했듯이 3D 형상을 머릿속에서 회전시켜 제2의 형태와 일치하는지 알아보는 능력을 테스트한다.[25] 이것은 확실히 공간 처리의 일반 척도로 가장 일반적으로 사용되는 테스트다. 보통 가장 큰 성차를 보여주었고(비록 여기서는 여전히 중복되는 점수를 이야기하고 있지만), 매우 어린 아이들에게서 입증되었으며, 시간이 지나도 가장 안정성이 높은 것으로 보이고(비록 낮아지고 있다는 증거가 있지만), 비교문화적으로 가장 큰 일관성을 보여준다.

기억할지 모르겠지만 제8장에서 심적 회전 능력에는 초기 성차가 있다는 의견이 있었는데, 생후 3, 4개월 된 남자아이들이 쌍을 이룬 이미지 하나가 회전되었을 때 더 오래 쳐다보았다.[26] 이것은 출생 전 테스토스테론에 노출된 결과가 반영될 것이라고 제안되었다.[27] 마찬가지로 장난감 선택, 스포츠 참여, 컴퓨터게임 같은 경험적 요인이 심적 회전 수행에 영향을 줄 수 있다는 좋은 증거가 있다. 흥미롭게도 최근 연구에 따르면 영아기 남자아이들에게는 테스토스테론 수치와 심적 회전 능력 사이에 정적 상관관계positive correlation가 있다고 밝혀졌는데, 여자아이들에게서는 나타나지 않는 효과다.[28] 반면에 여자아이들에게는 부모의 젠더 정형화된 태도와 심적 회전 수행 사이에 부적 상관관계negative correlation가 있었다. 젠더에 대한 부모의 태도가 전통적일수록 여자아이는 심적 회전 과제를 더 못했다. 연구자들은 남자아이에게서는 생물학적 요인이 작용하고 여자아이에게서는 사회화 요인이 작용한다고 말했다. 따라서 공간 기술에 초기 차이가 있다는 증거이지만 원인이 설명할 수 없이 뒤섞여 귀속된다. 하지만 여기서는 여전히 변인 사이의 상관관계를 보고 있고 이런 상관관계는 뇌 과정과 간접적으로만 연결된다. 아마도 누군가가 심적 회전 과제를 수행할 때 뇌에서 무슨 일이 벌어지고 있는지 조사하면 보다 분명해질 것이다.

심적 회전 과제는 그것이 활동을 촉발하여 활성화 정도가 수행 수준과 밀접하게 연관되는 뇌 영역들을 한 세트로 깔끔하게 정리하여 보여줄까? 아니면 혹시 서로 다른 능력 수준과 일치하는 뇌 영역은 남성의 것 하나와 여성의 것 하나, 두 세트로 드러날까? 글쎄, 그런 일은 거의 절대로 일어나지 않는다는 것을 지금쯤은 이해했기를 바란다. 하지만 공간 인지의 연구를 통해 어쩌면 뇌 영상 연구에서 적어도 몇 가지 일반 원리는 얻을 수 있을 것이고, 그렇다면 이는 필요한 다른 모든 질문의 배경이 되어야 한다.

행동에 미치는 뇌 손상의 영향에 대한 매우 초기의 연구는 공간 처리의 위치를 뒤통수엽의 시각 영역과 이마엽의 집행 영역 사이의 겉질인 마루겉질에서 찾았다.[29] 어느 반구든 마루겉질 영역이 손상되면 공간 인지에 문제가 생기지만 이는 우반구 쪽이 손상되었을 때 가장 명백하다. 기억한다면 초기 신경 미신 중 하나는 언어 부담을 처리할 책임 또한 좌반구와 분담하는 여성의 우반구에 비해 '어수선하지 않은' 남성의 우반구가 남성이 시공간적으로 여성보다 우세하게 해준다는 것이다. 이 관념은 대체로 과학계 내에서는 확실히 묵살되었지만 일부 구식 교과서나 '신경쓰레기' 장르 작품에서는 여전히 찾아볼 수 있다.[30]

심적 회전에 관하여 증가한 활동이 가장 일관되게 발견되는 곳은 과연 우반구의 마루엽이지만 대개 좌반구 활성화도 동반한다. 그렇다면 이 굳건한 성차를 뒷받침하는 뇌 구조로 마루겉질에 관심을 쏟아야 할까? 2009년 연구에 따르면 남성의 우월한 심적 회전 과제 수행력은 좌측 마루겉질에서 더 큰 표면적과 관련된 반면, 여성의 형편없는 수행력은 다시 좌측 마루겉질에서 더 깊은 회백질 깊이와 관련된 것으로 나타났다.[31] 따라서 남성의 경우는 더 큰 마루겉질이 수행에 도움이 되지만 여성의 경우는 더 두꺼운 마루겉질이 방해가 되는 듯하다. 하지만 제1장에서 살펴보았던 '크기가 중요하다'는 논쟁을 유념하고 이에 대해 너무 많은 설명적 의미를 부여하지 않도록 조심해야 한다. 그리고 늘 그렇듯이 우리의 쉽게 변하는 가소적 뇌에 서로 다른 시공간 경험이 남긴 결과를 보고 있을지도 모른다는 점을 명심할 필요가 있다.

이는 사는 동안 뇌를 변화시킨 경험이 더 짧은 아이들에게 답이 있다는 뜻일까? 아이의 심적 회전 과제 수행에 대한 뇌 영상 연구는 당연히 더 적지만, 2007년 한 fMRI 연구에서는 똑같은 형태의 심적 회전 과제를 하는 9세에서 12세 아이와 성인을 비교했다.[32] 연구자들은 아이들에게서 우측 마루겉질의 활성화 패턴이 성인의 활성화 패턴과 비슷하다는 것을 발견했지만 성인은 좌반구 활성화도 보일 가능성이 더 많았다. 하지만 흥미로웠던 점은 아이들이 심적 회전 과제 수행이나 뇌 활동에서 성차가 없었지만 성인의 뇌 활동에는 차이가 **있었고** 여성이 이마엽 활동과 운동 관련 활동을 더 많이 보여주었다는 사실이다. 과제가 더 아동 친화적이었던 탓일 수도 있고(자극이 해마와 돌고래 같은 동물 이미지였다) 아이들이 사춘기 전이었던 탓일 수도 있다. 하지만 생물학적 결정론자 사이에서 모든 성차가 **일찍** 나타난다고 강조하는 점과 뇌를 형성하는 데에서 경험이 하는 역할에 관해 우리가 지금 알고 있는 내용을 고려하면 이 결과는 공간 능력의 본질적 선천성에 반하는 강력한 사례가 된다.

우리는 종종 모든 사람이 똑같은 방식으로, 일부는 더 효율적으로 어떤 문제를 해결하려 한다고 가정한다. 하지만 일부 뇌 연구 결과의 이야기는 다르다. 심적 회전 과제 수행을 비슷하게 잘하는 남성과 여성을 대조했을 때 평균적으로 남성 참가자는 마루겉질에서 더 큰 활성화를 보여주었지만 여성은 이마엽에서 더 많은 활성화를 보여주었다.[33] 여기서의 추론은 남성은 전체론적 방식으로 문제를 풀지만 여성은 아마도 회전되는 이미지의 구성 요소 수를 세어서 보다 선형적 접근법을 취한다는 것이다(이것은 나에게 위험하리만치 체계화하는 방법처럼 들리지만 아마도 그 점은 당분간 그냥 지나쳐도 될 것이다). 이런 후자의 전술은 시간이 더 많이 소요되므로 그것을 활용하는 누군가는 해답에 도달하는 데 더 오랜 시간이 걸릴 것이다. 따라서 우리는 전략적 차이뿐 아니라 성차도 여전히 보고 있지만 남성과 여성의 공간 처리 방식이 실제로 주장하는 것처럼 굳건한 차이라는 데 동의하려면 먼저 고려해야 할 다른 요인이 있다.

늘 그렇듯이 때로는 질문 자체(남성이 여성보다 공간 과제를 더 잘하는가?)가 아니라 질문 방식이 문제다. 고전적인 심적 회전 과제의 다른 버전을 사용하면 굳건하다고 추정되는 성차가 줄어들거나 심지어 사라진다. 이는 테스트의 종이접기 버전과 3D 실물이나 그것의 사진을 사용하는 버전으로 보여주었다.[34] 제6장에서는 고정관념 위협이 뇌 활동과 심적 회전에 미치는 영향을 살펴보았다.[35] 한 연구에 따르면 과제를 심적 회전을 요구하는 과제가 아니라 조망 수용 과제라고 다르게 서술하면 뇌 활동과 과제 수행 모두에 영향을 미친다. 이는 이 근본적 성차가 결국에는 그렇게 근본적인 것이 아님을 시사할지도 모른다.

뇌 훈련—다시 말하지만 장난감 선택도 중요하다

같은 맥락에서 심적 회전 과제 수행력의 차이는 생각했던 만큼 안정적이지 않을 수도 있다. 그것은 성차를 줄이거나 심지어 완전히 없앨 수 있는 관련 훈련으로 좋아질 수 있으므로 확실히 영향을 잘 받는 기술이다.[36] 이는 굳건하다고 추정되는 차이가 생물학에 기반하여 고정된 성차와 관련 있는 것이 아니라 실제로는 공간 경험의 수준 차이에서 생긴 결과일 것임을 시사한다. 우리는 이미 남자아이가 조립형 장난감을 갖고 있거나 공간적 요소가 강한 표적 스포츠를 할 가능성이 더 크다는 것을 보았다. 그렇다면 혹시 그들이 이런 조기 '훈련' 기회의 이득을 보여주고 있을까?

컴퓨터 게임을 하는 사람들을 지켜본 사례에서 행동적 단서가 나온다. 한 연구는 2008년에 테트리스 종류의 게임을 4시간만 해도 심적 회전 과제 수행력이 유의미하게 향상되며 여성이 남성보다 더 많이 향상된다는 것을 보여주었다.[37] 그에 앞서 2007년에 펑징Jing Feng과 동료들이 토론토대학에서 수행한 또 다른 연구는 심적 회전 과제 수행력의 성차가 비디오게임 사전 경험에 따라 어떻게 달라지는지 살펴보았다.[38] 그 결과로 게임을 해본 사람은 게임을 하지 않는 사람보다 심적 회전 과제를 훨씬 더 잘하며 게임을 하는 사람 집단의 성차는 매우 작다는 것을 보여주었다. 심적 회전 과제를 잘하는 것은 유전형이 XX냐 XY냐에 달린 것이 아니라 엑스박스Xbox(마이크로소프트사의 비디오게임 콘솔-옮긴이)에 들인 시간에 달렸을 수 있는 것처럼 보였다. 연구자들은 또 다른 학생 집단에게 10시간의 액션 비디오게임 훈련을 받게 하고 훈련 전과 후에 심적 회전 과제 테스트를 하여 이를 확인했다. 남성과 여성 모두 유의미한 향상을 보여주었는데, 여성이 남성보다 더 많이 향상된 결과로 훈련 전 젠더 격차가 극적으로 줄었다.

이런 행동적 단서가 뇌 활동의 변화와 일치할까? 앞서 보았듯이 테트리스 또한 뇌 스캐너 안으로 도입되어 뇌는 훈련으로 구조와 기능 모두 변화될 수 있음을 보여준 바 있다. 26명의 여학생으로 구성된 집단에서 겉질 전역, 특히 좌측 관자엽과 좌측 이마엽 일부에서 상당히 광범위한 두께 증가가 발견되었다. 혈류의 전후 차이는 테트리스 훈련을 받은 여학생들의 우반구 활동이 약간 감소했음을 보여주었는데, 이는 신기술에 보다 전문적이 되었을 때 나타나는 종류의 변화와 일치한다.[39]

이런 종류의 연구는 우리가 살펴본 뇌 가소성의 다른 연구와도 일치한다. 우리는 다른 공간 기술(이를테면 택시 운전사에게 필요한 길 찾기 전문 지식과 저글링할 때 필요한 손과 눈의 협응)이 뇌의 특정 활성화 패턴과 분명하게 관련되어 있더라도 뇌 수준과 행동 수준 모두에서 경험에 따라 어떻게 변화할 수 있는지 보았다.

자기 정형화

우리는 고정관념에 대한 믿음(이를테면 '출중/전구' 요인)이 개인의 능력에 대한 자기 인식과 그 결과로 할 수 있는 생활방식 선택에 어떻게 영향을 미칠 수 있는지를 다른 데서 보았다. 그것은 전형적인 고정관념 위협의 방식으로, 무엇보다 '열등한' 범주를 특징짓는다고 추정되는 바로 그 수행력에도 영향을 미칠 수 있는 것 같다. 심리학자 안젤리카 모에Angelica Moé는 심적 회전 과제 수행력이 테스트에 앞서 제공한 설명 유형에 따라 어떻게 달라지는지 살펴보았다.[40] 그녀는 참가자들(여성 95명, 남성 106명)에게서 기준 측정치를 얻은 후에 그들을 네 집단으로 나누었다. 모든 집단에게는 이렇게 말했다. "이 테스트는 공간 능력을 측정합니다. 이는 일상생활에서, 즉 지도에서 노선을 찾고, 낯선 환경에서 방향을 잡고, 친구에게 길을 설명하기 위해 매우 중요합니다. 연구에 따르면 남성이 여성보다 이 테스트를 더 잘 수행하고 더 높은 점수를 얻습니다." 그런 다음에 (대조군을 제외하고) 집단별로 다른 설명문을 나누어주었다. 유전적 설명문은 다음과 같다. "연구에 따르면 남성의 우월성은 생물학적·유전적 요인에 기인한다." 고정관념 설명문은 다음과 같다. "이런 우월성은 젠더 고정관념, 즉 남성이 공간 과제에서 우월하다는 일반적인 생각에서 기인하며 능력이 부족한 것과는 아무 상관 없다." 시간제한 설명문은 다음과 같다. "연구에 따르면 여성은 일반적으로 남성보다 더 신중하여 답하는 데 더 많은 시간이 필요하다. 그러므로 여성의 성적이 저조한 것은 시간제한 탓이며 능력이 부족한 것과는 아무 상관 없다." 그러고 나서 심적 회전 과제 수행력을 다시 측정했다.

고정관념 설명문과 시간제한 설명문을 준 참가자는 유의미한 향상을 보여주었다. 모에는 이처럼 저조한 성적은 능력이 부족한 것과 아무 상관 없다는, 즉 기본적 무능함이 아니라 일종의 고정관념(무시할 수 있는)이나 일종의 전략적 선택과 상관이 있다는 설명을 '외재화하는 설명 externalising explanation'이라고 했다. 그녀는 수행이 향상된 원인을 '안심' 요인, 즉 당신이 그 과제를 어떻게 했는지는 외부 요인의 탓으로 돌릴 수 있었고 당신이 열등하게 태어났음을 시사하지 않았다는 점에서 찾았다. "당신의 수행은 선천적 능력의 척도"라는 메시지를 받은 '유전적' 집단은 수행력이 떨어졌다. 지시 단계의 전과 후 모두에 성차(남성이 여성보다 우월한)가 있었으므로 외재화하는 설명이 성차를 해소하는 것처럼 보이지는 않았지만, 그 설명은 이런 종류의 수행이 테스트가 측정하고 있는 능력에 관한 당신의 믿음에 따라 달라질 수 있음을 보여주었고, 이로써 다시 모든 '굳건함' 진술의 기반을 약화했다는 점에 주목해야 한다.

흥미롭게도 일반적 고정관념 위협의 효과와 '수학 불안'의 효과 사이에서 유사점을 찾아볼 수 있다. 수학 불안은 특히 과학 분야 성취도에 관련된 문제다.[41] 그것은 여성이 특히 취약한 듯한 문제이기도 하다. 수학 불안은 사실 형편없는 공간 처리 능력과 관련이 있으므로 그것은 당신의 형편없는 수행 가능성에 대한 사실적 평가일 뿐이라는 제안이 있었다. 하지만 공간 처리 능력을 어떻게 측정하는지 살펴보면 그것은 보통 자기보고 질문지인 대상 공간 인지 양식 질문지Object Spatial Imagery Questionnaire를 통해 이루어진다.[42] 이것은 "나는 블록과 종이로 조립을 해야 하는 공간 게임을 잘한다" "나는 3차원의 기하학적 도형을 쉽게 상상하고 머릿속에서 회전시킬 수 있다" 같은 진술에 대한 자기 평가를 포함한다. 따라서 이것은 실제로 능력의 척도가 아니라 능력에 대한 **믿음**의 척도에 가깝다. 그러므로 수학 불안은 어쩌면 자신의 공간 처리 능력이 형편없다고 **믿는** 여성은 당연히 공간 기술을 요구하는 과제를 시작하는 것에 관해 불안해한다는 것을 보여주고 있을지도 모른다. 우리는 고정관념과 자기충족적 예언의 땅으로 돌아왔다.

뇌 수준에서 이루어진 수학 불안, 수학 수행, 고정관념 위협의 연구는 이 과정들이 (그리고 행동에 미치는 영향들이) 얼마나 밀접하게 얽혀 있는지 보여준다. 수학 불안을 조사한 뇌전도 연구에서 지시문("우리는 수학의 젠더 차를 연구할 목적으로 당신의 점수를 다른 학생들과 비교할 예정입니다")을 통한 고정관념 위협 증가는 뇌의 정동 중추를 활성화하고 부정적 피드백에 대한 관심을 키웠다.[43] 이 집단의 학생들은 또한 더 빨리 포기하고 제공한 온라인 개인 교습도 이용하지 않았다. 그리고 짐작했겠지만 그들은 위협받지 않은 또래보다 성적이 나빴다.

fMRI 연구는 고정관념 위협의 활성화가 뇌 자원의 차별적 채택과 관련 있음을 보다 직접적으로 보여주었다.[44] 수학 과제를 마치기 전에 중립적 지시문을 받은 여성은 마루엽과 이마앞엽 영역을 포함하여 보통 수학과 연관된 영역이 활성화되었다. 반면에 여성의 수학 수행력이 부족하다는 젠더 고정관념으로 자신도 모르게 자극받은 여성은 보통 사회적·정서적 처리와 더 많이 관련된 영역이 활성화되었다. 그들의 수행력은 위협받지 않은 집단과 반대로 테스트를 진행한 시간 동안 더 나빠졌다.

호르몬과 공간 기술

우리는 이미 인간 영아의 호르몬 수치와 공간 기술 사이에 어느 정도 상관관계가 있음을 주목했다. 호르몬 수치가 바뀌면 시공간 수행력도 바뀔 것이라는, 일종의 인과관계에 대한 증거도 있을까?

호르몬 수치의 직접적 조작은 인간 연구에서 명백히 드물고 우리가 이 장에서 살펴본 사회화, 경험, 훈련 기회, 고정관념에 대한 노출과 공간 능력의 복잡한 관계를 시뮬레이션하기도 어렵다. 호르몬 치료를 받는 트랜스젠더를 대상으로 한 연구 결과는 엇갈렸고 일반적으로 치료를 받은 경우든 받지 않은 경우든 트랜스젠더 참가자와 대조군 사이의 공간 과제 수행에서 유의미하지 않은 차이가 있다고 보고한다. 상대적으로 잘 설계된 연구 중 하나가 남성에서 여성으로 전환한 트랜스젠더의 마루엽 영역에서 뇌 활성화 감소를 보여주기는 했지만 그들의 수행력도 남성 대조군과 다르지는 않았다.[45]

CAH 같은 발달장애에 관한 연구는 더 높은 수치의 테스토스테론에 노출되었던 여자아이의 공간 능력이 더 높다는 증거를 제공했고 이는 그런 연구에 대한 메타분석으로 확인되었다. 하지만 이것은 장난감 선택과 '남성스러운' 활동에 관심이 커진 데 따른 간접 효과일 수 있다고 시사되었다. 펜실베이니아주립대학의 셰리 베런바움Sheri Berenbaum이 주도한 연구에서는 CAH 여자아이와 남자아이 집단을 대상으로 이 모델을 테스트하고 영향을 받지 않은 그들의 형제자매와 비교했다.[46] 이 연구는 심적 회전 과제를 포함한 다양한 공간 능력 테스트를 이용하여 CAH 여자아이가 영향을 받지 않은 자매보다 유의미하게 더 높은 점수를 받았지만 영향을 받지 않은 남성보다는 낮은 점수를 받았음을 보여주었다. 또한 이 여자아이들은 남성형인 취미가 유의미하게 더 많았고 심층 분석이 보여주었듯이 심적 회전 과제 능력을 예측하는 것은 이 변인이었다. 따라서 우월한 심적 회전 과제 수행력은 여기서 실제로 공간 경험의 후속 결과인 듯하다. 이런 경험을 제공하는 종류의 취미에 대한 일종의 초기 선호와 관련될 가능성이 있다. 일반적으로 발달 중인 영아기 여자아이의 심적 회전 과제 수행에는 부모의 정형화된 시각이 부정적으로 영향을 미쳤음을 상기하라.[47] 또한 CAH 여자아이에게는 색으로 암호화된 장난감이 주는 종류의 젠더화된 허락이 영향을 덜 미치는 듯했음도 상기하라(제9장에서 자기 사회화와 장난감 선택에 대한 멀리사 하인스의 연구 참조-옮긴이).[48] 따라서 이런 연구는 한데 얽혀 공간 능력에 기여하고 있는 생물학적·사회적 요인 모두에 대해 약간의 새로운 통찰력을 제공할 것이다.

'독도법' 고정관념 업데이트

공간 인지는 성차의 증거가 믿을 만하고 잘 확립된 영역 중 하나라는(따라서 그런 차이의 모든 측면, 특히 과학계에서 여성의 과소대표성을 고려하기에 적당한 포럼이 될 수 있다는) 주장은 면밀한 심층 조사를 견디지 못했다. 그것은 대중적이고 오래된 고정관념이지만 유사성이 원래 생각했던 것보다 훨씬 더 큰 것처럼 보인다. 차이가 있는 경우도 그 차이는 이런 일련의 기술을 어떻게 평가하는지, 이와 관련하여 누가 어떤 경험을 했는지, 그리고 이를 비롯한 여러 요인과 얽힌 자기 믿음과 고정관념 위협의 역할에 따라 달라질 것이다. 선천적 차이나 인과적인 생물학적 차이의 징후도 젠더화된 기대나 젠더화된 경험과 떼려야 뗄 수 없이 얽혀 있다. 남성 뇌나 여성 뇌를 들여다볼 렌즈로 '공간 행동'을 사용하라는 것은 잘못된 지침인 것 같다. 요컨대 '독도법map-reading' 고정관념은 업데이트가 필요하다.

공간 인지는 남성과 여성의 적성과 능력 차이가 서로 다른 생물학에 뿌리박혀 고정되어 있다는 것을 입증하는 최적의 표준적 증거이기는커녕 그런 개인적 기술을 형성하는 세상의 힘에 대한 상세하고 진행 중인 사례 연구를 제공한다. 개인의 기술도 더 들여다보면 그 기술이 사용될 수 있는 사회적 맥락과 추가로 얽혀 있다. 당신은 과학에서 성공할 수 있는 겉질 및 인지 기술이 있을 수 있지만 환영받지 못하는 냉랭한 분위기 때문에 발길을 돌릴 수도 있다.

우리가 보았듯이 사회적 고정관념은 자립하는 특징이 있어서 일단 개인이나 사회의 사회적 안내 체계의 일부가 되면 개인이나 사회는 그 고정관념에 내재된 메시지에 따라 행동하도록 결정할 것이다. 이는 고정관념의 '꼭 사실이 아니어도 사실처럼 보이는 속성truthiness'을 보강하여 고착성을 더욱 강화한다. 고정관념은 사회의 믿음 체계를 수동적으로 반영만 하는 것이 아니다. 고정관념의 존재 자체가 사회 구성원의 행동에 영향을 미칠 수 있다. 고정관념으로 특징지어지는 집단을 향한 사회 일반의 행동에든 그런 집단의 구성원 자신들의 행동에든 마찬가지다. 우리의 예측하는 뇌가 밖에서 규칙을 찾는 한 고정관념은 이 경우 누가 과학을 하는지에 관해 손쉽게 이용할 수 있는 안내 체계로서 열심히 채택될 수 있다. 손쉽게 설정되는 사전 확률은 일정 유형의 인간은 과학을 하지 **않는다**가 될 것이고, 이는 그들이 과학을 하지 **못하기** 때문이라는 믿음으로 유지된다. 따라서 그들이 예측 오류를 피하여 과학을 하지 **않도록** 하자. 만약 그들이 과학을 하는 상황에 맞닥뜨리면 피드백 과정에서 주의를 산만하게 하는 경고 시스템이 발동하여 수행에 부정적 영향을 미칠 것이다. 이는 '과학을 하지 않을/하지 못할' 사전 확률의 정확성을 의기양양하게 보강하여 앞으로 예측 오류 신호 체계의 힘과 함께 이 사전 확률의 경직성도 강화할 수 있다.

STEM 과목을 전공하는 여학생의 과소대표성은 전 세계적인 문제다.[49] 이런 인적 자본 손실은 과학과 과학계에 부정적 영향을 미치고 있다. 이는 능력 부족 때문이 아니라는 분명한 증거는 인적 잠재력의 낭비를 돌아보게 한다. 충분히 유능한 개인들이 출셋길을 완주하지 못하고 돌아선다(그리고 쫓겨난다). 역사적으로는 단순한 생물학의 결과라고 발표해왔지만 이 부족분은 뇌와 경험, 자기 믿음과 고정관념, 문화와 정치, 무의식적 편향과 의식적 편향의 복잡한 얽힘에서 발생한다는 것이 이제 분명하다.

그리고 이 과정에 대한 우리의 이해는 뇌가 어떻게 젠더화되는지, 우리의 젠더화된 세상에서 지침이 되는 규칙들이 어떻게 우리의 뇌를 형성할 수 있는지에 대한 보다 일반적인 이해에도 영향을 준다.

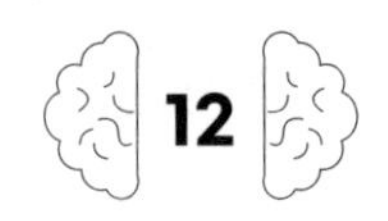

착한 여자아이는 하지 않아

남자아이는 용감해지는 법을 배우고 여자아이는 완벽해지는 법을 배운다.

레시마 소자니, 걸스 후 코드 설립자

태어난 순간(그리고 심지어 그 이전)부터 우리의 뇌는 가족, 교사, 고용주, 매체, 그리고 결국에는 우리 자신의 서로 다른 기대에 직면한다). 놀라운 뇌 영상 기술이 출현했음에도 불구하고 남성과 여성은 여전히 남성 뇌와 여성 뇌라는 개념을 강매당하고 있다. 그들의 선천적 차이에 따라 그들이 할 수 있는 것과 없는 것, 성취할 것과 성취하지 못할 것이 결정될 것이다.

우리는 이제 사회적 존재가 되는 과정이 우리의 발달에서 핵심 역할, 즉 우리의 자동완성(예측)하는 뇌가 얼마나 끊임없이 사회 참여의 규칙에 주의를 기울이고 있는지, 우리의 자기정체성과 자존감이 우리의 안녕에 얼마나 중요한지를 훨씬 더 잘 알고 있다. 중요한 것은 부정적 고정관념이나 사회적 거부와 맞닥뜨리면 이것이 어떻게 위협받을 수 있는지도 분명하다는 사실이다.

여기서 우리는 그토록 오랜 세월 많은 관심의 중심이었던 젠더 격차에 대한 설명을 찾을지도 모른다. 이 모든 젠더화된 여정이 그 지형을 통과하는 차량을 변화시켰을까? 그래서 길을 평평하게 하거나 잘못된 정보를 알려주는 이정표를 치우기 위해 엄청나게 힘든 시도를 해도 우리 뇌는 더 이상 목적에 맞지 않는 것일까? 외부세계를 처리하는 방식이 너무 깊이 정착되고 사전 확률이 너무 확실하게 설정되어 바뀔 수 없는 것일까?

우리가 사회적 뇌에 관해 아는 것을 재고하여 사회적 존재가 되는 '추천' 경로에서 성/젠더 차가 여행 중인 뇌에 영향을 줄 가능성이 있는지 알아보자.

뇌의 경보장치

우리 뇌의 고도로 발달된 정보 처리 부분과 더 원시적이고 비이성적이고 감정이 북받친 부분 사이의 차이에 관한 뇌 기반 포퓰리슴 문학이 많이 있다. 인지 체계, 특히 이마앞엽겉질(전전두피질)은 셜록 홈스 유형의 표현으로 특징지을 수 있다. 엄격하게 합리적이고 확고하게 논리적이며 계획과 문제 해결을 책임지는 일종의 집중된 실행 시스템이다. 주로 둘레계통(변연계)으로 구성된 보다 충동적이고 때때로 과도하게 흥분되는 정동 통제체계는 '내 안의 야수'와 같은 다양한 은유와 연관되었다. 스포츠 정신과 의사 스티브 피터스Steve Peters는 자신의 책 『침프 패러독스

The Chimp Paradox』에서 뇌의 이 부분에 "내면의 침프Inner Chimp"라는 별명을 붙였다. 일반적으로 진화적으로 더 젊고 이성적인 이마엽(전두엽) 체계(만약 당신이 무슨 일이 있어도 이길 의지를 가진 유능한 운동선수가 되고 싶다면 이 체계의 힘을 이용하는 편이 유용할지도 모른다)에 의해 견제되는 더 원시적이고 정서 중심인 뇌 체계로 그것을 특징지었다.[1]

이 두 체계 사이의 관계의 흔한 모델에 따르면 더 늙고 더 폭발하기 쉬운 정서 체계는 홈스주의 피질이—인생 문제에 대해 냉정하고 초연한 증거 기반 접근법을 가지고—감시하고, 계속 견제하고—이상적으로라면—일반적으로 기각해야 한다. 이제 우리는 학습, 기억, 행동 계획과 같은 인지과정(그리고 더 기초적인 지각과정)은 정동 없는 진공 상태에서 일어나지 않는다는 것을 알고 있다. 우리 뇌의 홈스 부분은 실제로 우리의 정서적 토대와 더 자주 연락한다. 수시로 상의하고, 정보를 비교하고, 심지어 뇌의 하위계층에서 보내오는 아주 원시적인 '기분 좋은' 또는 '기분 나쁜' 입력에 기반하여 결정을 내리거나 변경하기도 한다. 제6장에서 보았듯이 사회적 뇌의 네트워크는 특히 더 그러하다. 비록 자기 자신 및 타자 참조와 자기 자신 및 타자 정체성 사회적 존재의 더 높은 수준의 측면은 이마앞엽겉질의 다양한 영역에 집중되어 있지만 이런 영역도 변연계와 밀접하게 연결되어 긍정적·부정적 정보를 교환하고 우리의 사회적 암호 목록을 끊임없이 업데이트한다.[2] 이처럼 상호 연계된 체계는 우리의 마음이론 네트워크 일부를 형성하므로 마음을 읽는 능력과 지향성을 탐지하는 기술에 매우 중요하다.

하지만 이 사슬에는 제3의 부분이 있는데, 사실상 셜록 홈스와 우리 내면의 침프를 잇는 다리다. 그것은 우리가 사회적 뇌에서 다양한 성분을 꺼냈을 때 자주 두각을 나타냈던 구조인 앞띠다발겉질을 분석할 때 자주 나타나는 구조를 기반으로 한다. 상기하면 이것은 뇌의 앞부분 바로 뒤에 자리 잡고 있어서 구조적으로도 기능적으로도 이마앞엽겉질, 편도체, 뇌섬엽, 줄무늬체(선조체) 같은 정서 통제 중추에도 밀접하게 연결되어 있다.[3] 제시된 의견에 따르면 전대상피질 특유의 방추형 신경세포는 사회적 뇌의 활동을 지탱하는 데 필요한 종류의 고속 통신에 연계될 것이다.[4]

그래서 신경 영역의 위치 좋은 곳에 있고 특별히 부여받은 이 영역에는 어떤 특별한 기능이 있을까? 분명해진 점은 띠다발겉질(대상피질)의 앞부분이 굉장히 광범위한 과제에 관련된다는 것이다. 한편으로는 인지적 통제에서 핵심 역할을 하고 누군가가 실수하면(이를테면 시작/정지 과제에서) 확실히 활성화된다. 다른 한편으로는 평가 메커니즘의 핵심인 것으로 보인다. 과제 피드백과 연관된 긍정적·부정적 '색깔'에 따라 다르게 반응하고 손상을 입으면 뚜렷한 정서적 변화를 보여준다.[5]

신경과학 연구자 조지 부시George Bush(맞다, 동명이인이다), 판 루Phan Luu, 마이클 포즈너Michael Posner가 2000년에 발표한 매우 영향력 있는 리뷰는 이 영역에서 이루어진 다양한 연구의 자세한 메타분석이 시사하는 바에 따라 앞띠다발(전대상피질)의 기능을 대략 두 영역으로 보여줄 수 있다.[6] 인지 과제와 연관된 모든 유형의 활성화는 앞띠다발의 등쪽dorsal(배측) 부분(dACC)과 연결된 데 반해 정서와 관련된 활성화는 배쪽ventral(복측) 영역(vACC)에서 발견될 가능성이 더 높다. 이 리뷰를 기반으로 제안된 모델은 dACC의 역할이 오류 탐지 체계임을 강조했다. 정서 중추와 연결되어 평가 역할을 맡아 오류의 결과를 등록하고 그에 따라 행동을 조정한다. 늘 바쁜 dACC는 어느 쪽 반응이 실수로 이어질지, 또는 그렇지 않을지에 관해 결정을 내려야 할 때 충돌하는 반응과 관련된

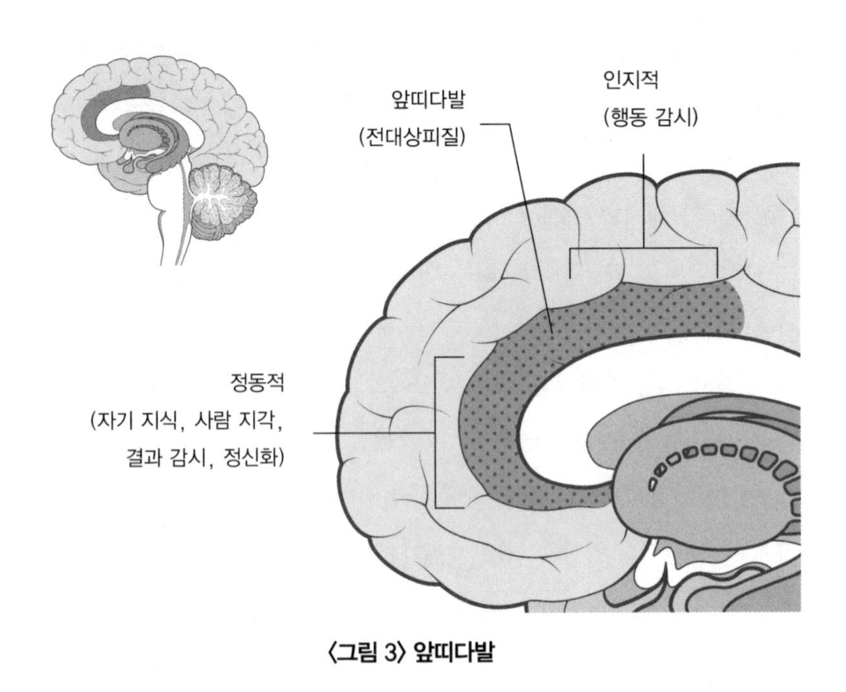

〈그림 3〉 앞띠다발

어려움(이를테면 우리가 보았던 스트루프 과제나 시작/정지 과제에서)도 감시하고 있다.

조지 부시와 동료들은 dACC의 이런 '오류 평가' 역할과 '충돌 감시' 역할이 연구의 결과를 한데 묶는 훌륭한 일을 한다고 느꼈지만 몇 가지 수수께끼에 주목했다. 그중 하나는 dACC에서(예컨대 과제 지시문을 준 후 자극을 제시하기 전에) **예상**anticipatory 활동의 분명한 증거를 보여주는 연구 결과가 있다는 것이다. 이는 진행 중인 사건을 감시한다는 dACC의 모델과 맞지 않았다. 물론 이제 우리는 띠다발겉질 활동의 이런 측면을 사전 확률 설정이라는 역할과 연결할 수 있다. 그것은 dACC가 실수를 저지를 **수도 있는** 일종의 상황으로 사건을 암호화하고 있는 것일 수도 있을까?

사이버볼 과제의 매슈 D. 리버먼과 나오미 아이젠버거는 dACC의 역할에 대해 약간 다른 견해를 취했다. 상기하면 그들은 우리의 자존감 수준을 지속적으로 감시하는 사회적 뇌의 일부인 측정기 또는 '소시오미터' 시스템을 제안했다.[7] 이 경보 시스템은 자존감이 우리의 사회적 안녕을 유지하는 데 필요한 수준 아래로 고갈될 수도 있는 상황, 주로 사회적 거부나 배제를 신호하는 상황에서 작동할 것이다. 매슈 D. 리버먼과 나오미 아이젠버거는 사회적 거부에 대한 반응이 신체적 통증에 대한 반응과 똑같고 둘 다 ACC 활동과 신뢰할 만하게 연관된다는 그들의 관찰 결과에 근거하여 dACC 중심 단계를 그들의 소시오미터 네트워크에 배치했다.[●8]

매슈 D. 리버먼은 ACC를 뇌의 '경보 시스템'이라고 부른다. 이에 딸린 인지적 탐지 시스템은 반응을 요구하는 문제를 파악하고, 오류를 평가하며, 충돌하는 메시지를 확인한다. 그리고 정서적 울림 메커니즘은 문제로 관심을 끌고 뇌의 주인이 스위치를 켜거나/스위치를 끄거나 방침을 변경하도록 만들어 뇌의 사회적 활동이 궤도를 유지하고 자존감 탱크를 가득 채우는 데 필요한 모든 일을 할 것이다. 초점은 어떤 식으로든 자존감을 위협하는 모든 사건을 피하는 데 맞추어져 있다. 이 시스템은 이마앞엽겉질과 연결되어 있어 자존감이 떨어지는 고통과 관련된 괴로움에 대해 어느 정도 통제력이 있다. 이마앞엽겉질이 활동을 많이 할수록 사회적 고통에 직면한 괴로움의 수준은 낮아진다.[9]

경보의 울림은 일련의 사건을 유발할 것이다. 예컨대 누군가가 당신에게 직장에서 승진을 요구하라고 권유했다고 가정해보자. 처음에 으쓱해진 당신은 이력서를 업데이트하면서 승진 기준을 확인하기 시작한다. (이미 당신은 '막무가내'파의 구성원이 아님이 분명하다.) 그때 조심성이 하늘을 찌르는 당신 내면의 비평가가 경보를 울리기 시작한다—어이, 잠깐만 멈추고 이 일로 인해 무엇이 수반될지 생각해봐. 그 승진 점검표 체크 리스트에서 네가 해당하는 칸이 정확히 몇 개나 해당될까? 다른 사람들과 일할 용의는 있는가? 그들은 당신과 같은 부류의 사람들인가? 만약 실수를 하면 어떻게 될까(더 높은 수준에서 일하다보면 그럴 가능성도 훨씬 더 크다)? 이것이 정말 '당신'의 일인가? 당신이 하는 일이 얼마나 편한지 생각해보라—월급은 형편없지만(그리고 당신의 일부 동료보다 월급을 덜 받는 것도 거의 확실하지만 평지풍파 일으키지 말자) 당신은 그 일을 쉽다고 느끼고 워낙 오랫동안 해 와서 잘못될 일도 거의 없다. 믿을 수 있는 일꾼으로 알려졌는데—사람들이 당신을 승진시킨 것이 실수였다고 생각할 위치에 스스로 들어가지 말기를. 맞다, 당신은 그 지원서를 휴지통에 버려야 한다—휴, 빠져나와서 다행이다.

신경과학 면에서 주된 반응은 '정지' 또는 억제 반응이 될 것이다. 실수나 잠재 부정합이 표시되면 진행 중인 행동은 '신경을 끄고' 다른 반응을 찾아야 한다. 이때 시스템을 추가로 동원할 수 있다. 아마도 이마앞엽겉질이 관여하는 재평가가 정동 요소를 약화하고 저장된 자존감이 지나치게 소모되는 것을 막을 터다. 따라서 침프처럼 "공포를 느껴라, 그리고 그래도 도전하라 반응 대신에 윔프wimp(겁쟁이)처럼 '공포를 느껴라, 그리고 최대한 빨리 거기서 도망쳐라'라는 명령이 있게 된다. 그렇다면 우리가 침프를 얻느냐, 윔프를 얻느냐는 정확히 무엇이 결정할까?

소시오미터와 '내면의 제한장치'

사회적 뇌에 관한 장에서 우리는 내부 계량기인 소시오미터가 우리의 자존감 수준을 측정하고 측정값이 위험하게 낮은 구간에 들면 우리의 dACC 기반 경보가 울리는 개념을 접했다.

매슈 D. 리버먼은 사회적 뇌에 관한 자신의 저서에서 집에 있는 두 가지 경보장치로(시스템으로) 문제를 서술한다. 하나는 울리지 않는 초인종(울림장치 불량)이었고, 다른 하나는 센서 오작동으로 연기가 나지 않아도 경보가 울리는 연기탐지기(탐지장치 불량)였다.[10] 이와 같은 정신으로 나도 내 생활 속 경보장치 불량에 관해 조금 이야기하고 싶다. 우리 뇌의 소시오미터에서 오작동할 수 있는 요소를 알아야 할 필요성을 예시하기 위해서다. 우리 집은 상당히 오래된 건물이다. 우리의 전 주인들이 수십 년에 걸쳐 조금씩 개조한 탓에 온갖 다양한 부분의 전기 배선 시스템이 이 역사를 반영한다. 우리가 이사 온 지 얼마 되지 않아 현관에 등을 하나 더 다는 데도 (굉장히 비싼) 또 다른 전기 회로가 있어야 했다. 뒤이어 몇 주 동안 수시로 원인도 모르고 무작위적으로 전체 정전이 발생했다. 당황한 전기 기술자들의 (비슷하게 비싼) 방문이 여러 차례 있고 나서야 새로 설치한 차단기에 문제가 있었음이 밝혀졌다. 그것은 현대적 현관 등을 미묘하게 조절하는 데 필요한 조건을 자랑스럽게 충족시켰지만 이제 함께 연결되어 있는 에디슨 시대 전기 장치들의 예측할 수 없는 이상으로 끊임없이 공황 상태에 빠졌다. 위층 침실에서 약간 빡빡한 스위치를 건드리네? 누군가가 건조장airing cupboard 문을 여네? 혹시 다리미를 쓸 생각인가? 평소와 다른 활동의 낌새가 조금만 보이면 우리의 초고감도 차단기는 (미안하지만) 저항이 가장 적은 노선을 택하고 모든 것을 꺼버렸다. 따라서 매슈 D. 리버먼의 연기탐지기와 달리 그 센서는 실제로 불량이었던 것이 아니라 과민할 뿐이었다.

이 차단기와 마찬가지로 나는 우리의 소시오미터 경보시스템이 촉발할지도 모르는 문턱값에도 상당히 뚜렷한 개인차가 있을 수 있다고 생각한다. 앞으로 살펴보겠지만 어떤 사람들은 효율적 사후 합리화로 취직 시험 탈락을 떨쳐버릴 수 있는데, 다른 사람들은 절망의 구렁텅이에 빠질 것이고 그들의 소시오미터는 순식간에 적색 구간으로 곤두박질칠 것이다. 소시오미터가 작동한 결과는 단기적인 적색 신호등 앞 멈춤 사건으로 그치지 않을 것이다. 그것은 평생토록 당신이 긍정적일 수도 있는 사건을 멀리하거나 낙관적인 결정을 내리지 못하도록 할 것이다.

이 시스템의 문턱값은 무엇이 설정할까? 우리가 타고나는 일종의 내부 메커니즘이 있을까, 아니면 우리의 외부세계 규칙이 메커니즘에 도입될까? 그리고 그 규칙이 젠더를 반영하면 우리는 젠더별로 소시오미터를 얻을 수 있을까?

소시오미터는 예측 시스템이 아닌 반응 시스템으로 제시된다. 하지만 그것은 측정기의 측정값이 저장되어 있는 것의 예측을 제공할 수 있는 기압계 같은 기능도 하지 않을까? 앞에서 언급했듯이 조지 부시와 동료들은 일부 과제에서 ACC 활동의 예측 본성을 보았다고 언급했다. 그리고 우리 뇌의 예측 본성에 대한 21세기 모델은 감시시스템이 벌어지고 **있는** 일뿐 아니라 벌어질**지도 모르는** 일까지 감시하고 있음을 시사한다. 옥스퍼드대학의 신경 촬영 집단의 dACC 활동에 대한 최근 리뷰는 그것이 행동을 통제하는 데서 담당하는 업데이트 역할을 구체적으로 확인했다.[11] 그것은 과거의 오류나 보상으로 관심을 끌어 계속 똑같은 행동 패턴으로 가는 것이 바람직한지, 아니면 다른 방침을 시도할 때가 되었는지에 관한 결정을 안내했다.

많은 상황에서 특히 사회적 활동에 관하여 우리는 참여 규칙을 파악하기 위해 과거의 사건을 소환하거나 심지어 현재의 사건을 소환하고 있을 것이다. 하지만 많은 경우 우리의 사회적 사색은 미래를 예측하는 것과 관계가 있다. 당신의 취업 지원서를 누군가 어떻게 받을**지도 몰라**, 만약 당신이 직업을 바꾸면/승진을 요구하면/수업에서 손을 들면 어떤 일이 벌어질**지도 몰라**, 당신은 왜 들어가거나 성공하지 못하는**지 몰라** 초대받은 행사를 즐기지 못할**지도 모른다**. 예를 들면 우리가 앞에서 살펴본 고정관념 위협에 대한 반응의 종류는 예상 반응으로 볼 수 있다. 존경심이 걸린 상황에서 기량을 발휘하지 못할지도 모르고, 실수를 저지를지도 모르고, 같은 편을 실망하게 할지도 모른다는 깨달음으로 집단정체성 더듬이와 자기정체성 더듬이가 동시에 씰룩거리는 것이다.

시스템의 이 부분은 예상이 실제로 일어나는 일과 일치하지 않을 수도 있다는 점에서 오작동할 수도 있다. 기압이 떨어졌다고 해서 항상 비가 오는 것은 아니므로 우산 없이 외출해도 괜찮을 수 있다. 하지만 측정기가 지나치게 조심하도록 설정되어 있다면 제지하는 경고가 필요 이상으로 훨씬 더 주의를 끌 것이다. 그리고 물론 현실이 예상과 일치했는지 여부를 알아내지 못하면 이런 회피 행동은 강화될 것이다. 예측 오류가 등록되지 않기 때문이다. 외출하지 않으면 젖지도 않을 것이다. 게다가 예상되는 결과의 예측 비용(자존감에 대한 타격)이 예상되는 결과를 무시했을 때의 이점(나는 그 일자리에 도전하여 모든 사람이 틀렸음을 증명할 수 있다)보다 훨씬 더 높게 설정되어 있다면 우리의 충돌을 감시하고 행동을 제한하는 dACC가 승리할 것이다.

어떤 사람들은 이런 불안한 예상을 도저히 참을 수 없어서 일상생활의 잠재적 변화를 마주하기를 꺼리거나 심지어 하지 못한다.[12] 이는 그들의 소시오미터에서 예측하는 부분이 지나치게 활동적이고 부정적 결과에 초점이 맞추어져 있음을 시사한다. 우리는 사회적 뇌 네트워크에서 전혀 유용하지 않을 소시오미터의 한 형태를 고려하는지도 모른다. 이 형태는 과민하여 행동 브레이크를 쓸데없이 세게 밟을 것이다. 그것을 운전하는 자동완성(주도하는 예측) 비용-편익 분석이 영구히 '그 게임은 애쓸 가치가 없습니다'에 설정되어 있기 때문이다. 자동차 운행의 은유를 들면 그것은 마치 속도 조절 제한장치가 너무 낮게 설정된 것과 같다. 그러면 우리의 뇌는 매우 안전한 안쪽 차선을 따라 우리를 조심스럽게 이동시키면서 하한 제한 속도보다도 훨씬 밑돌게 될 것이다.

그래서 우리는 일반적으로 사회적 뇌에서 적응적이고 영향력 있는 통제 센터 역할을 하는 뇌 기반 내면 제한장치를 갖고 있다. 하지만 그것은 진행 중인 행동을 과도하게 제동하는 브레이크가 되도록 설정이 변경되었다. 소시오미터 모델을 근거로 하는 이 시스템의 핵심은 dACC다. 그러므로 우리의 조심스러운 제한장치에서 비롯된 결과는 자존감, 불안, 지나치게 억제된 행동과 관련된 문제에서 명백해질 것이다. 앞으로 살펴보겠지만 사회적 뇌과정의 성/젠더 차는 dACC 시스템의 지나친 활동성 면에서 특징지을 수 있고 이는 권력과 성취의 젠더 격차가 어디에서 오는지 설명하는 데 도움이 될 수 있다.

자존감

제6장에서 사회적 뇌를 살펴보았을 때 자아감이나 자기정체성은 우리

의 사회적 뇌 활동의 핵심 결과로 보았다. 그리고 이런 활동은 높은 수준의 자기가치감과 자존감을 보장할 최고의 방법을 찾고 자기정체성이 긍정적 상태를 유지하도록 하는 데 필요할 모든 일에 집중되어 있었다. 우리의 뇌 기반 소시오미터는 사회적 거부의 위협과 팔이나 다리가 부러지면 작동하는 동일한 통증 메커니즘이 활성화될 위험을 피하면서 우리의 자존감 수준을 계속 확인할 것이다. 시사된 바에 따르면 자존감 수준을 유지하거나 개선하는 일은 적정 수준의 음식이나 안식처만큼 우리의 안녕에 필수적일 것이라고 제안되었다. 병적으로 낮은 수준의 자존감은 우울증이나 섭식장애 같은 다양한 정신건강 문제와 연관된다.[13] 자존감은 아마도 많은 행동 영역에서 핵심 역할을 하기 때문에 틀림없이 현대 사회과학에서 가장 널리 연구된 생각 중 하나일 것이다. 2016년 자존감에 대한 대규모 비교문화 연구에서 주장한 바와 같이 자존감이나 자기정체성 척도에 대한 총 3만 5000건이 넘는 연구가 진행되었다.[14]

이 수만 건의 연구에서 나온 거의 보편적인 연구 결과에 따르면 자존감에는 언제나 젠더 차가 있고 남성이 일관적으로 더 높은 점수를 기록했다.[15] 그리고 이는 WEIRD 국가(물론, 서구의Western 교육 수준 높고Educated 산업화했고Industrialised 부유한Rich 민주주의Democratic 국가)에 국한되지 않는다. 이 대규모 연구는 48개국에서 거의 100만 명을 온라인으로 테스트했는데, 한 나라도 빠짐없이 모든 국가에서 유의미한 젠더 격차를 발견했다. 모든 국가에서 자존감 점수는 여성이 낮았지만 예상할 수 있듯이 효과 크기는 나라마다 달랐다. 가장 큰 차이는 어디에 있었을까? 아르헨티나, 멕시코, 칠레, 코스타리카, 과테말라가 10위 안에 들었으며(일부 남아메리카와 중앙아메리카 국가의 문화가 여성 인구에 심각한 자존감 문제가 있음을 보여준다) 영국, 미국, 캐나다, 오스트레일리아, 뉴질랜드가 그 뒤를 이었다(결코 남아메리카만의 문제가 아님을 시사한다). 가장 작은 차이는 태국, 인도, 인도네시아, 중국, 말레이시아, 필리핀, 홍콩, 싱가포르, 한국 같은 아시아 국가에서 발견되었다.

연구자들은 1인당 GDP(국내총생산), 인간개발지수Human Development Index 데이터(기대 수명, 문맹률, 진학률), 젠더격차지수Gender Gap Index 데이터(경제적 참여도와 기회, 학력, 정치적 권한, 건강과 생존의 젠더 차) 같은 다양한 사회정치적 변인을 수집했다. 그들이 발견한 자존감 격차의 변화에 어떻게 기여했는지 알아보기 위해 그 모든 것을 고려하고 평가했다. 낮은 여성 자존감의 보편성은 여기서 명백히 측정되지 않은 생물학적 요인으로 설명할 수도 있을 것이다. 하지만 차이의 범위는 일부 추가적인 악화나 보호 요인이 작용하고 있을지도 모른다고 시사했다. 역설적일지 몰라도 나타난 종합적 그림에 따르면 더 부유하고, 더 선진적이고, 더 평등주의적인 국가일수록 젠더 격차가 더 크다는 것이었다.

저자들이 지적했듯이 이 결과는 또 다른 대규모 연구의 결과와 비슷하다. 이번에는 성격 차를 살펴보고 성차는 번영하는 건강하고 평등주의적인 문화에서 더 크다는 것을 보여주었다.[16] 해석에 따르면 여기서는 선천적 차이가 '자연스럽게 나뉠' 수 있을 것이다. 즉 '진정한 생물학적 본성'이 더는 사회정치적 요인으로 가려지지 않는다는 것이다. 사실은 앞에서 언급한 구글 메모의 저자 제임스 데이모어의 상상력을 사로잡은 것은 바로 이 연구였다. 연구를 실행한 수석 연구자 데이비드 슈미트는 제임스 데이모어가 그것을 오해하고 잘못 해석했다고 느꼈다. 하지만 데이비드 슈미트는 보고한 연구 결과에 대해 생물학적 근거를 확실히 강조했다. 자존감 차이(모든 국가가 여성 자존감에서 결핍을 보여준 것과 같은 유사성)가 유사한 요인과 관련이 있겠지만 다시 한 번 결핍을 생물학 탓이라고 할 수 있을까? 자존감 젠더 차의 생물학적 근원에 관한 연구는 거의 없었지만 앞으로 살펴볼 것처럼 매슈 D. 리버먼과 나오미 아이젠버거가 제안한 신경적 소시오미터 면에서 그런 차이를 탐구할 수 **있다**. 특히 여기서 살펴본 사회적 요인의 종류를 망라할 수 있기 때문이다.

또 다른 가능한 설명은 '사회적 비교' 과정이라는 말로 표현되었다. 어떤 문화에서는 자기 집단 이외의 다른 집단 구성원과 어떻게 비교를 하는가가 경쟁 상대를 확인하는 일종의 과정인 자기정체성의 주요한 특징이다. 이는 서구선진문화에서 더 흔하다. 비서구문화에서는 자기를 같은 집단의 구성원과 비교하는 경우가 더 흔하다. 앞의 연구에서 발견한 가장 작은 자존감 차이는 태국 같은 아시아 국가에서 나타났으므로 연구자들은 여기 여성들이 젠더를 초월한 비교의 부정적 결과로부터 문화적으로 '보호받았다'고 시사했다.

따라서 자존감 수준에는 전 세계적인 성/젠더 차가 있는 것으로 보인다. 이것은 성취의 젠더 격차나 심지어 성취에 대한 원천적 접근의 젠더 격차의 기초가 될 수도 있을까? 지금까지 젠더 격차의 설명은 뇌 기반 인지 기술이 유전적으로 결정되고, 호르몬을 통해 조직화되고, 고정되고, 맥락과 무관하다는 면에서 설명되었다. 21세기에 그런 기술의 차이를 재고하면 그 차이는 너무 작아 우리가 살펴보고 있는 종류의 젠더 격차를 설명할 수 없거나 줄어들고 있거나 둘 중 하나다. 어쩌면 처음부터 실제로 존재한 적이 없을지도 모른다.[17] 혹시 그 대신에 뇌 기반 사회적 과정으로 관심을 돌려야 할까? 자존감의 젠더 차로 표시되는 자기정체성의 변화가 또 다른 설명 출처를 제공할까?

이 낮은 자존감 배후의 뇌 메커니즘은 무엇일까? 우리는 실제 자존감을 낮추는 사회적 거부가 정서 처리 시스템과 이마앞엽겉질-ACC 협력관계와 관련된 통증 메커니즘을 활성화한다는 것을 알고 있다.[18] 위스콘신대학 매디슨의 리처드 데이비드슨Richard Davidson 연구실의 알렉산더 섀크먼Alexander Shackman과 그의 팀은 위스콘신-매디슨대학 리처드 데이비드슨Richard Davidson 실험실에서 ACC가 허브hub라는 데 초점을 맞추었다. 활동의 부정적 결과에 관한 정보는 여기서 '행동 중앙 관제소'로 연결될 수 있다. 그러면 관제소는 행동을 억제하여 그 행동이 유발하고 있는 고통을 피할 것이다.[19] 따라서 ACC에는 사회적 행동(또는 비행동) 시스템으로 연결될 수 있는 사회적 암호화 시스템이 있다.

부정적인 것에 집중하는 것은 소시오미터의 정상적 기능의 특징이다. 소시오미터는 우리의 자존감 이 가득 찼을 때 등록하기보다 공허하게 읽히는 자존감 수준을 피하기 위해 더 많이 움직인다. 하지만 부정적인 것에 비정상적으로 집중하는 행위는 임상적 우울증의 특징이다. 이는 수많은 연구에서 부정적 피드백에 대한 더 큰 반응성, 슬픔이나 공포 같은 부정적 표정의 더 활발한 처리, 부정적 이미지나 사건에 대해 더 나은 기억력을 보고했다.[20] 여성의 발병률이 훨씬 높은 사회불안장애 및 우울증과 같은 낮은 자존감과 관련된 임상 상태에서 자기비판이나 부정적 자기관이 그런 장애의 주요 특징으로 집중되었다.[21] 따라서 이것은 부정적인 것을 향한 외면적 집중인 동시에 내면으로 향하기도 한다.

자기비판은 외모, 행동, 사고, 성격 속성과 같은 자기의 다양한 측면에 대한 부정적 자기평가의 한 형태다. 과도한 자기비판은 우울증 발병의 취약한 요인이고, 중증도와 상관관계가 있으며, 향후 사건뿐 아니라 자살 행동까지 예측한다는 좋은 증거가 있다.[22] 자기의 '자아감'이나 자존감은 항상 긍정적이지 않고 소시오미터 측정값이 낮거나 바닥인 날(불행히도 어떤 사람에게는 장기간)도 있을 수 있다. 우리의 자존감은 우리의 신체적 외모와 지적 능력, 과거 성취와 장래 성취의 가망성, '적절한' 내집단의 구성원 또는 요즘은 소셜미디어의 유명인사나 성공담과의 비교 등 너무나 많은 다른 속성에 대한 평가를 기반으로 한다. 따라서 우리가 스스로 정한 기준이나 우리에게 기대된다고 믿는 기준에 미달하는 자기를 발견할 수 있는 방법은 굉장히 많다. 우리 중 일부에게는 이것이 자기비판과 부정적 자기판단의 끊임없는 공세로 이어질 수 있다. 이 강력한 내면의 비평가가 발언권을 독점한다. 만약 일이 잘못되면 그것은 분명 우리의 잘못이고 우리가 일반적으로 열등하다는 척도다. 우리는 일반적으로 부정적 정동 및 반응 억제와 관련된 오류 감시가 강화된 상태에 있다. 다시 말해 우리는 수치심에 고개를 젓고, 마음의 문을 닫고, 스위치를 끈다. 심리학 연구는 여성이 남성보다 더 자기비판적이고, 자신의 업무 수행을 과소평가할 가능성이 훨씬 더 크고, 반감을 훨씬 더 두려워한다는 것을 일관되게 밝혀왔다.[23]

사회적 뇌의 기능을 살펴보아 알다시피 오류 감시는 ACC-전두피질 축의 주요 특징 중 하나다.[24] 따라서 자기비판의 뇌 기반을 추적하면 이런 종류의 부정적 자기평가가 뇌 수준에서 반영되는 정도를 발견할 수 있을 것이다. 제6장을 기억한다면 이것은 우리가 자기비판과 자기위안의 뇌 기반을 연구할 때 애스턴브레인센터에서 수행했던 연구가 보여주었던 것이다.[25] 우리는 '비판적 목소리'가 오류 감시 및 반응 억제 체계인 이마앞엽겉질과 ACC의 활성화와 관련되어 있음을 발견했다. '위안하는 목소리'는 오류 감시 시스템을 활성화하는 대신에 공감적 행동과 일치하는 뇌 영역의 활성화와 관련이 있었다. 그리고 일상생활에서 일반적으로 자기비판적이라고 스스로를 평가한 참가자들은 오류 감시 및 행동 억제 시스템에서 더 높은 수준의 활성화를 보였다.

따라서 매우 활동적인 '내면의 비평가'는 실수를 감시하는 우리의 자기참조 시스템의 그런 부분의 스위치를 켜고, 끊임없이 오류를 제기하고, 고통스러운 사회적 투쟁으로 이끌지도 모르는 우리 행동의 그런 측면에 제동을 거는 대신에 우리를 조용하고 안전한 샛길로 돌리는 듯하다.

거부 민감도와 자기침묵

우리가 알다시피 사회적 거부의 고통은 신체적 통증과 똑같은 영역을 활성화한다. 이는 소속감이 우리의 안녕에 얼마나 중요한지를 나타내는 척도다. 그런 경험을 회피하려는 특성을 고려하면 우리는 거부 가능성—거부 사전 확률—을 계속 감시할 센서 메커니즘이 필요하다. 거부를 회피하려는 욕구는 일반적으로 적응적이지만 어떤 경우는 그 메커니즘이 지나치게 활동적인 듯하다. 이런 '거부 민감도rejection sensitivity: RS'는 "거부를 초조하게 예측하고, 쉽사리 인식하며, 거부에 강렬하게 반응하는 경향"으로 정의된다.[26]

거부 민감도 질문지는 거부 민감도의 높낮이 척도를 제공할 수 있다. 응답자는 "당신은 가까운 친구를 심각하게 동요하게 하는 행동이나 말을 한 후 이야기를 하기 위해 그/그녀에게 접근합니다" 또는 "당신은 직장에서 겪고 있는 문제에 대해 상관에게 도움을 요청합니다"와 같은 다양한 상황에서 잠재적 거부에 관해 얼마나 걱정하거나 초조해 하는지를 보여준다.[27] RS가 높은 사람은 거부당한 자체(진짜든 자기생각이든)가 다양한 다른 행동으로 이어질 수 있다. 일반적인 반응은 공격성일 수 있다. 이는 흥미롭게도 '핫소스 패러다임'이라는 실험실 기반 연구에서 측정된다.[28] 기본적으로 실험실 기반 각본에서 생면부지의 파트너를 통해 실험적으로 유도된 거부를 막 경험한 개인은 해당 파트너가 핫소스를 정말 싫어한다는 '우연히 밝혀진' 정보와 함께 그 파트너에게 '핫소스'의 양을 할당할 기회를 얻는다. 그가 주는 양은 그에 대한 공격성의 척도로 여긴다. 이를 비롯한 다른 척도의 사용은 일부 RS가 높은 개인에 대한 거부에는 공격이 따를 것이다.

하지만 다른 일부의 반응은 탈퇴와 부정적 정동으로 이어질 가능성이 더 크며, 심지어 임상적 우울증으로 기울어질 가능성도 있다. 사회적 거부는 우울증 발병과 강한 연관성이 있다. 우울증과 관련된 부정적 '내면화' 반응의 종류는 여성에게 훨씬 더 특징적이다. 여성은 임상적 우울장애를 겪을 가능성이 남성보다 두 배 높다. 그런 행동은 갈등과 거부로 이어질 가능성이 있다고 인식될 수 있는 생각과 감정이나 선호 행동을 억제하는 '자기침묵') 경향으로 묘사되었다. 1990년대에 심리학자 데이나 크롤리 잭Dana Crowley Jack은 이런 '자기침묵self-silencing' 개념을 발전시켰고 자존감 하락과 '자기상실'감과 관련 있다고 설명했다.[29] 그것은 특히 중요한 인간관계와 관련이 있고 여성이 갈등을 일으킬 수 있다고 인식하면 자신의 니즈를 희생하거나 자신의 감정을 말해서는 안 된다고 느끼는 과정을 묘사했다.

이런 자기침묵은 여성뿐 아니라 소수집단에서도 강하게 주목받았다. 뉴욕주립대학 스토니브룩캠퍼스에 있는 보니타 런던Bonita London의 SPICESocial Processes of Identity, Coping and Engagement, 정체성의 사회적 과정, 극복과 참여) 연구소는 존재와 권력의 불균형이 있는 소수집단 그리고/또는 기관, 특히 교육이나 비즈니스 기반 기관에서 사회적 정체성 위협과 관련된 메커니즘을 연구했다.[30] 연구자들은 거부 민감도와 자기침묵의 연관성을 구체적으로 조사했다. 여성에 관해서는 역사상 남성의 것이었던 경쟁적 기관에서 여성이 젠더 기반 평가와 관련한 위협을 인식하고 극복하는 방식의 개인차를 해명하기 위해 젠더에 기반한 거부 민감도 모델을 제안했다.

그들은 이런 종류의 거부 민감도의 다양한 현상과 결과를 측정하기 위하여 젠더 거부 민감도 질문지를 개발했다. 참가자에게 다음과 같은 다양한 각본을 제시했다. "당신이 어느 회사 사무실에서 새로운 일을 시작하고 있다고 상상해보세요. 첫날 관리자는 당신을 신입사원으로 소개하기 위해 사무실 회의를 마련합니다." 또는 "당신이 직장에서 거의 1년 동안 일했다고 상상해보세요. 관리자 자리가 나서 승진을 요청하기 위해 상사와 접촉합니다". 그런 다음 그들은 젠더 때문에 차별 대우를 받거나 부정적 결과를 경험할까봐 얼마나 불안해하거나 걱정하는지 6점 척도로 표시해야 했다. 연구 결과에 따르면 남성과 여성 모두 질문지에 묘사된 유형의 상황에 익숙하다고 보고했지만 여성은 연구자들이 과잉 경계의 한 형태로 설명하는 젠더 기반 거부를 불안하게 예측할 가능성이 유의미하게 더 컸다. 인종에 기반한 상황과 같은 다른 유형의 각본을 살펴봄으로써 그들은 여기서 여성이 젠더 기반 불안을 보여주지 않으므로 여성이 무조건 모든 종류의 거부를 예측할 가능성이 더 높은 것은 아니라는 것을 입증했다.

거부를 처리하기 위한 극복 전략을 살펴보았을 때 그들은 또한 학계에서 일하는 여성이 학계 맥락에서 자기침묵을 포착하기 위해 '자기침묵' 설문지를 수정하여 평가한 자기침묵을 공개적으로 발언(대결을 각오)하거나 도움을 구할 가능성보다 자기침묵 사용 가능성이 훨씬 더 높다는 사실을 발견했다. 이 과정의 한 가지 결과는 여성이 더 높은 수준으로 학계를 이탈하고, 학계 활동 참여를 기권하고, 사무실 근무시간이나 개인 과외 같은 추가 지원 제도를 덜 이용한다는 것이다. 연구실 연구가 흔히 실생활을 반영하지 않는다는 비난을 염두에 둔 연구자들은 일류 로스쿨에 입학한 남성과 여성 집단을 입학 직후부터 일지 서식을 사용하여 3주 동안 추적했다. 그들은 여성이 남성 또래보다 유의미하게 더 높은 거부 민감도를 보여주고 부정적 사건의 책임을 자신의 젠더에 돌릴 가능성도 더 높다는 것을 발견했다. 이 일련의 연구에서 얻은 결과를 종합하면 여성의 거부 민감도 수준이 훨씬 더 높으며, 이는 여러 형태의 자기침묵과 평가 기회 회피로 이어지고, 장기적으로 상황이 그들에게 제공한 모든 성공의 기회를 양보할 것이다. 이런 연구 결과는 지난 장에서 살펴본 여성들이 STEM의 더 도전적인 측면에 관여하기를 꺼리는 것과 일맥상통한다.

자기침묵의 궁극적 유형은 익명이 되려는 바람일지도 모른다. 2011년에 수행된 연구에 따르면 여성의 수학 성적은 실험적으로 유도된 고정관념 위협 상황에서 가명으로 시험을 보도록 허락했을 때 더 좋았다.[31] 연구자들은 고정관념 위협이 자기와 동일시되는 집단의 평판에 관한 불안보다 자기평판에 관한 불안을 더 많이 반영하는지 조사하고 있었다. 그들은 대체로 남성보다 수학 시험에서 더 나쁜 성적을 내는 일이 자기평판에 미치는 영향에 관해 더 높은 수준의 걱정을 한 여성이 가명(남성이든 여성이든)을 쓰면 본명으로 시도한 여성보다 '위협을 키운' 수학 시험에서 유의미하게 더 잘했다는 사실을 발견했다. 남성의 경우에서는 그런 효과를 전혀 찾아볼 수 없었다. 따라서 잠재적인 자기위협이나 집단위협 상황에서 '자기를 분리'할 방법(또는 저자들이 씁쓸하게 명명한 '자포자기L'eggo my ego' 효과)이 있었을 때 여성은 남성보다 훨씬 더 이점을 얻었다. 여성에게 더 크게 미치는 외부 평가의 영향력과 자존감 손실을 피하려는 그들의 욕구, 그래서 더 많은 소시오미터의 일거리를 대변하는 또 하나의 지표다.

그렇다면 어떤 뇌 메커니즘이 작동하고 있을까? 매슈 D. 리버먼과 나오미 아이젠버거가 보여주었듯이 이마앞옆겉질과 dACC의 상호작용은 고통의 경험뿐 아니라 고통의 정도와도 관련이 있다. 고통(사회적이든 신체적이든)을 더 많이 보고한 참가자는 더 활동적인 이마앞옆겉질을 가진 참가자보다 ACC에서 더 많은 활성화를 보여주었다.[32] 어쩌면 이런 유형의 시스템이 거부 민감도와 관련된 종류의 고통 **예상**을 받침할까? 컬럼비아대학 연구자들은 거부 또는 수락의 주제를 나타내는 그림을 사용하여 이를 조사했다.[33] 실제 고통 반응을 반영하듯이 거부의 이미지는 수락의 이미지보다 더 높은 수준의 이마앞옆겉질 및 ACC 활동과 연관되었다. 하지만 이런 영역 내에서 활동 패턴의 차이는 낮은 거부 민감도 집단과 높은 거부 민감도 집단을 차별했다. 낮은 거부 민감도 개인은 전전두엽 영역에서 활동 수준이 더 높았고 혐오스러운 이미지에 대한 부정적 반응을 하향 조절하거나 재평가하라고 지시받은 개인과 유사한 반응을 보였다. 이는 높은 거부 민감도 집단이 같은 종류의 과정을 이용할 수 없었고 그들의 두려움을 재고하지 못했음을 시사한다.

매슈 D. 리버먼과 나오미 아이젠버거의 실험실에서 수행한 유사한 연구에서는 못마땅해하는 표정에 대한 반응으로 ACC 활동을 살펴보았다. 못마땅해하는 표정을 화가 난 얼굴이나 무서운 얼굴로 나타낼 수 있는 실제적 위해가 아니라 잠재적 위해의 사회적으로 암호화된 단서라고 생각했다.[34] 연구에 따르면 높은 거부 민감도 참가자는 못마땅해하는 얼굴에 대한 반응에서 dACC 활동이 더 많았지만 분노나 혐오를 나타내는 얼굴에 대해서는 그렇지 않았다. 따라서 그들의 반응은 오로지 사회적으로 부정적인 표현에 대한 것이었다. 컬럼비아대학 연구와 비슷하게 RS와 전전두엽 활동 사이에는 부적 상관관계가 있었다. 이는 높은 거부민감도 개인이 평가 자원이나 하향 조절 자원을 동원할 능력이 부족함을 다시 시사한다.

거부 민감도는 분명 그것을 경험하는 사람에게 지대한 영향을 미치고 자기방어적 스위치 끄기 메커니즘을 작동하여 이탈과 자기침묵을 초래하는 듯하다. 뇌 영상 연구 결과가 시사하듯이 이 시스템은 dACC 주변을 기반으로 하는데, 이는 자존감을 감시하는 역할과 일치한다.[35] 이 체계는 전전두엽 체계에서 입력을 통해 조절할 수 있으며 거부의 고통과 연관된 고충의 수준을 줄일 수 있다. 하지만 이런 조절력의 이용 가능성에는 개인차가 있는 것으로 보이며 그 결과 dACC는 마치 과민한 속도 제한장치처럼 억제력이 견제되지 않는다. 따라서 여성의 더 커다란 RS는 전형적이지 않은 dACC 활동을 반영할 수도 있을 것이다. 이는 나오미 아이젠버거의 실험실에서 진행 중인 작업과 일치한다.[36] 여기서 그들은 이전에 우울증 삽화를 경험했던 여학생은 스캐너에 기반한 사회적 거부 각본을 경험할 때 우울한 기분이 증가함과 동시에 dACC의 활동이 증가한다는 것을 보여주었다.

거부 민감도는 분명 그것을 경험하는 사람에게 지대한 영향을 미친다. 그리고 여성의 경우 그 결과는 내향적이고 억제적인 '스위치 끄기' 시스템을 작동시켜 기권, 불참, 자기침묵을 초래하는 것으로 보인다. 이런 반응의 극단적 형태는 임상적 우울증의 특징이다.[37]

거부, 심지어 거부에 대한 두려움만으로도 생기는 결과 이외에 수행과 행동의 결과와 함께 자존감 저장소를 공격하는 또 다른 근원은 고정관념 위협의 과정에서 찾아볼 수 있다.[38] 고정관념 위협의 영향은 여성뿐 아니라 남성에게서도 입증되었다.[39] 그러므로 여성의 더 낮은 자존감 수준이 고정관념 위협에 더 커다란 민감도 그리고/또는 그것에 대한 반응 차이와 관련된 것이 아니라는 점을 확고히 할 필요가 있을 것이다. 심리학자 마리나 파블로바Marina Pavlova가 수행한 일련의 연구에서 이 점을 조사했다.[40] 목적은 앞서 중립적이었던 과제에 고정관념 위협을 유도하고 젠더 차를 포함한 그 결과로 발생하는 모든 영향을 측정하는 것이었다. 참가자는 간단한 이야기 카드 배열 과제를 수행하고 "이 과제는 대개 남성이 더 잘합니다"(암묵적 비밀 메시지는 '따라서 여성이 대개 더 못합니다')와 같은 명시적인 긍정적 메시지와 "이 과제는 대개 남성이 더 못합니다"(암묵적 비밀 메시지는 '따라서 여성이 대개 더 잘합니다')와 같은 명시적인 부정적 메시지를 받았다.

이것의 결과는 남성과 여성의 분명한 차이였다. '여성 부정적' 조건에서 여성은 대조군보다 유의미하게 더 나쁜 성적을 보여주었고 남성은 유의미하게 더 좋은 성적을 보여주었다. '여성 긍정적' 조건에서 여성은 약간의 성적 향상을 보여주었지만 이 집단의 남성에게는 거의 변화가 없었다. '남성 긍정적' 조건에서는 남성의 성적 향상이 있었지만 아마 과제를 제대로 하지 못할 것이라는 암묵적 메시지를 받은 여성은 상당히 극적으로 성적이 낮게 나왔다. '남성 부정적' 메시지가 있었던 조건에서는 다소 역설적인 효과를 보여주었다. 남성이 약간의 성적 악화를 보여주었지만 여성도 마찬가지였다. 그들은 남성이 일반적으로 더 못하므로 여성이 더 잘할 것이 틀림없다는 메시지에 긍정적으로 반응해야 한다는 사실에도 불구하고 말이다.

그렇다면 대체로 남성은 남성으로서 과제를 더 잘하거나 더 못할 것이라는 명시적인 메시지에 예상대로 반응했지만 암묵적 메시지에는 덜 반응했다. 반면에 여성은 암묵적 메시지에 부정적 영향을 받았다. 암묵적인 부정적 지시(이것은 남성이 더 잘하는 과제다)뿐 아니라 남성이 대개 더 못한다는 메시지에서 추론할 수 있는 긍정적 메시지에도 더 낮은 수준의 성적을 보여주었다. 연구자들에 따르면 여성은 이것을 남성이 이 과제를 잘하지 못한다면 그들은 (여성이므로) 더욱더 못할 가능성이 크다고 해석했을 것이다. 참가자들에게 묻지 않아서 확인할 수는 없었지만 남성에게서는 같은 효과가 나타나지 않았다. 따라서 여성은 분명 다른 교훈에 반응하고 있었다. 사실 여성의 성적은 네 가지 조건 중 세 가지 조건에서 부정적 메시지를 받고 있었고 '여성이 이것을 더 잘한다'라는 명시적 메시지만약간 향상된 결과를 보여주었다. 이런 연구 결과는 앞에서 살펴보았듯이 보니타 런던의 더 커진 거부 민감도 연구 결과와 일치한다. 이는 젠더 기반 상황에서 여성에게는 잠재적인 부정적 평가에 대해 어떤 형태의 과잉경계가 작동함을 암시한다. 메시지가 아주 분명하게 판독되지 않는 한 남성은 다행히도 실패의 가능성에 무지한(아니면 최소한 훨씬 덜 민감한) 듯하다. 반면에 여성은 그것을 늘 유의하는 듯하다. 심지어 긍정적일 가능성이 있는 메시지를 재해석할 정도로 말이다.

앞에서 살펴보았듯이 고정관념 위협의 결과 중 하나는 뇌가 정서 암호화 및 자기참조와 연관되는 과제와 무관한 네트워크에 관여하는 것이다. 다시 말해 친숙한 둘레계통(변연계)과 이마앞옆겉질-ACC 파트너 관계 말이다.[41] 우리는 지난 장에서 수학 불안의 뇌 기반을 살펴볼 때 이것을 보았다. 참가자들에게 시작하려는 수학 과제가 '수학 지능 진단용'이라고 말했을 때 그 과제를 선호하는 문제 해결 전략의 척도라고 했을 때와는 매우 다른 반응 패턴을 초래했다. 그리고 부정적 피드백에 대한 민감성을 훨씬 더 키웠고 잠재적 근원에서 더 빨리 이탈했다. 이것은 모두 거부 민감도의 행동적 결과뿐 아니라 이 과정과 연관되는 뇌 활동의 패턴과도 매우 잘 들어맞는다.

따라서 고정관념 위협과 관련된 상황에서의 뇌 활동은 오류와 연관된 부정적 피드백에 특히 초점을 맞춘 일종의 페이스북 프로필을 업데이트하는 행위와 같다)]. 여성이 거부 민감도에 대해 훨씬 더 민감함과 동시에 실제 또는 추론된 부정적 고정관념 위협에 더 민감하다는 증거는 그들이 훨씬 더 활동적이거나 적어도 더 예민한 억제 시스템 또는 '내면의 제한장치' 시스템을 갖고 있음을 시사한다. 우리가 알고 있듯이 이런 활동은 사회성에 초점을 둔 행동을 강력하게 통제하는 시스템의 일부인 ACC 주위에 집중되어 있다. 또한 이는 바깥세상의 긍정적 가치와 부정적 가치를 암호화하기도 한다. 그 밖에 행동의 어떤 측면이 지나치게 활동적인 오류 평가 시스템과 연관되고, 인생에 대해 지나치게 조심스러운 위험 회피 접근법과 연관될까?

설탕과 향신료와 근사한 모든 것

(남자아이는 개구리와 달팽이, 강아지 꼬리로 만들어져 있고 여자아이는 설탕과 향신료, 근사한 모든 것으로 만들어져 있다는 전래동요 가사에서 유래하여 '온갖 좋

은 것'의 의미로 사용되는 관용구-옮긴이)

자기정체성의 발달은 당신의 행동 중 긍정적 인정을 받을 행동 측면, 당신이 속한 집단에 '적절한' 행동 측면에 대한 이해력과 연계된다. 이런 행동 패턴을 유지하면 당신에게 중요한 내집단이 당신을 계속 받아들여 당신이 사회적 거부의 현실적 고통을 반드시 피하도록 해줄 것이다.

어린아이의 '착한 행동'에 대한 매우 초기의 척도는 자기조절 능력, 행동 및 관심의 방향을 당면 과제로 돌리는 능력이다.[42] 여기에는 규칙에 세심한 주의를 기울이고 뛰어다니기, 소리 지르기 등과 같은 부적절한 행동을 억제하는 것이 포함될 수도 있다. 그것은 흔히 취학 준비도와 관련되고(따라서 당신도 상당히 어렸을 때부터 갖고 있을 것으로 기대된다) 초기 학업 성취도와도 관련된다. 교사와 부모의 보고에 따르면 이 능력은 여자아이에게서 더 일찍 나타나고 여자아이는 교실 상황에서도 남자아이보다 얌전하다.

하지만 알다시피 자기보고가 늘 믿을 만한 것은 아니다. 미국의 한 연구진은 '머리 어깨 무릎 발' 게임에 기반하여 더 직접적인 자기조절 행동 척도를 고안했다.[43] 참가 어린아이들에게 연구자가 "머리 만지세요!" 하고 소리치면 발을 만지고 "발 만지세요!" 하고 소리치면 머리를 만져야 한다거나 무릎을 만지라고 말하면 어깨를 만져야 한다고 가르친다. 여기에서 두문자어 HTKS^{for Head touch Toes, for Knees touch Shoulders}가 만들어졌다. 그 발상은 어린아이들이 청개구리 짓을 하려면(마치 영국의 '사이먼 가라사대' 게임처럼) 주의를 기울이고, 규칙을 기억하고, 첫 반응을 억제해야 한다는 것이다. 미시간에서 수행된 한 연구에서는 유치원의 가을 학기와 봄 학기에 다섯 살 아이들의 자기조절 과제 수행력을 살펴보았다.[44] 여자아이들이 두 단계의 테스트 모두에서 남자아이들보다 더 나은 결과를 내었고 동시에 얻은 교사의 평가를 확인해 주었다. 또한 HTKS 과제는 미국에서 대만, 한국, 중국과 자기조절을 비교하는 비교문화 조사에서 사용되었다.[45] 아시아 국가를 선택한 부분적 동기는 여자아이가 더 수동적이고 순종적일 것이라고 기대하는 문화, 즉 행동적 기대가 매우 특정하게 젠더화된 역사가 있는 문화를 비교해보자는 것이었다. 이 연구에 따르면 교사 평가에서 여자아이가 자기조절을 더 잘했다고 보고했음에도 불구하고 행동의 직접 척도인 HTKS 과제를 여자아이가 실제로 남자아이보다 더 잘하지 않았다. 따라서 교사들 사이에서는 여자아이가 자기조절을 더 잘한다는 인상이 상당히 보편적인데, 이는 늘 현실이 뒷받침되지 않는다. 하지만 알다시피 교사의 기대는 그 자체로 행동을 만들어내는 데 강력한 편향으로 작용할 수 있다. 이는 여자아이가 얌전하고 자기조절을 잘한다는 분명한 메시지를 남긴다.

자기조절의 한 측면에 따르면 당신은 변함없이 어떤 행동 패턴, 아마도 자발성 및 충동성과 연관되는 행동 패턴을 억제해야 할 것이다. 그리고 개인적으로 최고의 브라우니 단원 점수를 얻어 당신의 자기정체성을 북돋고, 당신이 속한 집합의 긍정적인 이미지를 부여하여 당신의 집단정체성을 강화할 행동 패턴에 집중해야 할 것이다. 그것은 반감을 유발할지도 모르는 부정적 사건이나 불쾌한 사건을 피하는 데 틀림없이 도움이 될 것이다.

과거 1970년대에 제프리 그레이Jeffrey Gray가 처음 고안한 성격심리학의 오래된 개념인 행동 억제 시스템behavioural inhibition system: BIS은 외부 세계의 부정적 사건에 민감하여 처벌이나 보상 외의 것과 연관되는 행동 패턴을 억제할 것이다. BIS 유사 행동은 "누군가가 나에게 화를 내고 있다는 것을 알게 되면 많이 근심하거나 속상해한다" 또는 "나는 실수할까봐 걱정을 많이 한다"와 같은 자기보고 질문지로 평가한다. 이는 흔히 충동적 행동과 관련된 보상 추구 시스템("나는 흥분과 새로움을 매우 좋아한다")인 행동 활성화 시스템behavioural activation system: BAS과 대조된다. BIS의 역할은 위협을 처리하여 부정적 결과로 이어질지도 모르는 행동의 진행을 막는 것이다. 따라서 현대의 예측 뇌 용어로 말하면 일종의 '경고성' 사전 확률을 설정하는 것이다. 여성은 더 높은 수준의 BIS형 행동을 보이고 이는 불안과 우울증 같은 장애의 더 높은 발병률과 관련이 있다.[46]

이미 짐작했겠지만 이런 BIS 기능은 dACC의 특성이라고 밝혀진 충돌 감시, 행동 중단, 자기조절 기능과 일치한다. 연구에 따르면 더 높은 BIS 점수는 실제로 오류와 관련된 시작/정지 뇌 반응의 진폭과 관련이 있다.[47] 따라서 여자아이에게서 더 흔히 발견되는 억제성 자기조절 과정의 종류는 ACC에 기반을 둔 시스템인 자존감 감시 시스템의 활동 증가와 관련이 있다. 하지만 이런 자기조절은 어디에서 비롯될까? 여자아이는 태어날 때부터 얌전하고, 남을 기쁘게 해주려 애쓰고, 위험을 회피하려 하거나 의욕이 없을까? 그들은 그들을 조심스럽게 안전한 길로 이끌 미리 설정된 내면의 제한장치를 이용하여 세상에 태어날까? 아니면 그들 세계의 뭔가가 이런 노선으로 조금씩 미는 것일까?

초급 교수 시절 나는 우리 학부 심리학 과정을 위한 입학 지도교수로 여러 해 동안 부럽지 않은 역할을 했다. 이것은 수천 통의 UCAS 지원서를 느릿느릿 읽으며 제안을 승인하거나 거부의 거절을 해야 한다는 뜻이었다. 또한 그것은 이런 지원서에 첨부된 자기소개서와 추천서를 자세히 살펴보아야 한다는 뜻이기도 했다. 추천서는 지원자보다 추천인에 대해 더 많이 통찰하게 해주었다(개인적으로 가장 압권이었던 추천사는 "이 젊은 이는 곤경에 처해볼 필요가 있습니다"였다). 물론 추천인들은 주로 지원자들이 우리 입학 지도교수들이 찾고 있는 모든 덕목의 모범이라고 보증했다. 하지만 '칭찬하는 척 헐뜯는' 요소도 제법 있을 수 있었다. 추천인은 귀찮게 하지 말라고 대놓고 말할 수는 없지만 결정에 영향을 줄 학문적으로 값진 내용이라고는 찾을 수 없는 인상을 받았다. 내가 볼 때 "언제나 맵시가 있습니다", "어린아이들을 기꺼이 도와줍니다", "과제물을 항상 보기 좋게 제출합니다"라는 말은 확실히 이 범주에 들었다. 그리고 나는 그것이 늘 여학생을 위한 추천서에서만 보였다고 생각한다(여기서는 내가 항복하건대 이는 개인적 인상일 뿐이고 뒤늦은 깨달음의 덕이 크지만). 이것은 제10장에서 살펴보았던 연구와 일치할 테지만 의대 지원서에 '최소보증서'("세라는 같이 지내기에 편합니다")는 여성 지원자에게 훨씬 더 흔했다.

여자아이는 남자아이와는 다른 이유로 칭찬을 받을까? 자기정체성 형성에서 사회적 피드백이 담당하는 역할을 고려하면 그런 피드백이 불균등하게 분배되는지 이해하는 것은 중요한 일이다. 교육 안에는 틀림없이 일종의 비대칭 칭찬 시스템이 있는 듯하다. 남학생은 일을 제대로 해서 칭찬받는 경우가 더 많은 데 반해 여학생은 착한 행동 때문에 칭찬받는 경우가 더 많다.[48] 유사하게 여학생은 실수해서 야단맞는 경우가 더 많은 데 반해 남학생은 못된 행동 때문에 야단맞는다. 이는 대체로 여학생의 학업 능력보다는 착한 행동에 긍정적 관심을 더 많이 기울인다는(남학생에게는 역효과가 따른다는) 것을 뜻한다.

스탠퍼드의 심리학자 캐럴 드웩Carol Dweck은 인간의 동기를 이해하기 위해 '마인드셋mindset' 모형을 제안했다.[49] 대충 말해 "고정 마인드셋"은 자연이 돌린 패가 기술 포트폴리오를 구성한다는 결정론적 믿음을 암시한다. 이것은 인생의 도전을 통해 발전을 거의 다 결정지을 것이므로 상황을 바꾸기 위해 할 수 있는 일은 거의 없다. 대신에 '성장 마인드셋'은 기술이 언제든지 발전할 수 있다는 도전을 받아들이고, 비판을 환영하고, 항상 기꺼이 배우면 된다는 믿음과 관계가 있다. 고정 마인드셋 또는 성장 마인드셋의 발달은 발달의 주요 단계에서 받는 칭찬의 종류와 연관된다. 비록 이론은 교육 환경에서 제안된 개입 전략을 평가하기 어렵다는 점 때문에 논쟁의 여지가 있음이 드러났지만 배경 연구는 남학생이 아닌 여학생에게 칭찬을 건네는 방식이 어떻게 다른지를 통찰하게 해주었다.

캐럴 드웩은 '깔끔함' 또는 '똑똑히 말함'과 같은 일에서 지능과 무관한 측면을 끊임없이 강조하면 일의 결과물 자체에 대한 칭찬을 (있다면) 평가절하하는 결과를 가져올 수 있다고 했다. 그저 뭔가 단정하다는 말은 그 학생이 수학 문제나 역사 숙제의 기초 원리를 얼마나 잘 파악했는지를 통찰하게 해주지 않는다. 그리고 남학생과 여학생이 이런 종류의 피드백을 받는 정도에는 커다란 불균형이 있었다. 여학생은 깔끔함 등에 관한 긍정적 피드백을 훨씬 더 많이 받은 데 반해 남학생은 이처럼 일에서 지능과 무관한 측면에 훨씬 덜 관심을 받았다. 일의 실제적 내용에 관해 앞에서 언급한 교육적 관찰 결과에 따르면 여학생은 실수로 관심을 끌 가능성이 더 컸던 데 반해 남학생은 일을 제대로 했을 때 칭찬받을 가능성이 더 컸다. 따라서 여학생과 남학생은 다른 메시지를 받고 있었다. 여학생에게 잘한다는 것은 능력의 척도가 아니라 필체가 좋고 형광펜과 자를 효과적으로 사용한 것이었다. 반면에 남학생은 '너는 재능이 있다'라는 메시지를 가능할 때마다 받고 있었고 칠칠치 못한 면에서는 어쩌다 그리고 상당히 조용한 한숨 소리를 들을 뿐이었다.

교육심리학자들이 주목한 또 다른 쟁점은 '사람 칭찬'("너는 정말로 똑똑한 것이 틀림없어")이 실패의 결과에 '수행 칭찬'("너는 정말로 열심히 노력한 것이 틀림없어")과는 다른 영향을 미친다는 것이다.[50] 사람 칭찬은 누군가가 일을 제대로 하는 동안은 매우 동기를 부여하는 듯하지만 일을 그르치기 시작하면 그 사람은 의욕을 잃고 당면 과제를 포기할 가능성이 더 크다(일종의 "나는 활력을 잃은 것 같아"와 같은 반응). 반면에 수행 칭찬을 받은 사람은 실패에 더 잘 대처하고 버틸 가능성이 높다. 주어진 설명은 이렇다. 사람 칭찬은 수행 칭찬보다 자기정체성의 측면을 더 많이 강조한다. 그래서 당신의 낙관적 요소가 사람 칭찬에서 나왔다고 가정하면 실패는 당신의 자기가치감이 타격을 더 많이 받거나 이 과제가 명백히 당신이 잘하는 종류의 것이 아니라는 느낌을 유발한다는 뜻이다. 반면에 수행 칭찬은 더 특정하게 당면 과제와 관계가 있으므로 조금만 더 분발하면 그 일은 끝날지도 모른다.

이런 다른 종류의 칭찬 영향의 젠더 차는 9세에서 11세 아이들에게서 입증되었다.[51] 한 연구에서 여러 종류의 퍼즐을 가지고 몇 번의 성공과 몇 번의 실패를 경험하게 한 아이들에게 풀지 못했던 퍼즐 중 하나를 참가 시간이 끝날 때 공짜 선물로 주었다. 성공했을 때 사람 칭찬을 받은 여자아이는 과정 칭찬을 받은 여자아이보다 실패한 퍼즐을 거절할 가능성이 훨씬 더 높았다. 반면에 남자아이는 특히 퍼즐 실력을 사람 칭찬과 연관시킨 경우에는 실패했던 퍼즐을 집에 가져가고 싶어할 가능성이 더 높았다.

따라서 남자아이와 여자아이가 비슷하게 칭찬을 받은 상황에서도 자기참조의 요소가 있는 칭찬은 여자아이가 실패에 직면했을 때 부정적인 후속 결과를 가져올 수 있다. 흥미롭게도 연구자들은 4세에서 5세의 미취학 어린아이들을 대상으로 이 연구를 반복했는데 젠더 차를 발견하지

못했다. 따라서 이런 차별적 칭찬 민감도은 어린 시절부터 명백한 것이 아니다.[52]

사회적 행동의 젠더 격차와 사회적 존경심의 척도를 살펴보면 남성과 여성에 대해 매우 다른 그림을 얻기 시작한다. 그리고 이것은 뇌 기반 내면의 제한장치 메커니즘의 민감도 차이에서 비롯되는 서로 다른 행동 패턴과 분명 관련이 있다. 이 메커니즘은 자기설정, 자기조직화 과정을 이끌며 문턱값과 방아쇠는 그것이 흡수하는 사회 참여의 규칙을 기반으로 한다. 문턱값은 바깥세상에서 마주치는 보상과 처벌, 호감과 반감의 일정에 따라 설정되고 재설정될 것이다. 그것은 그것이 알아차리는 사회적 메시지의 차이, 그것이 마주치는 젠더화된 세상에 극도로 민감할 것이고, 그에 따라 설정을 조정할 것이다.

이것은 번식과 연관된 몇몇 신체 설비 말고는 구별되는 차이 없이 인생을 시작하는 듯하고 인지 기술의 집합도 비슷해 보이는 사람들에게 어떤 의미가 있을까? 뚜렷하게 다른 메시지 또는 설정 데이터가 입력되면 뚜렷하게 다른 반응 포트폴리오가 생길 수 있다. 당신의 세상이 당신의 수행력에 매우 다른 한계를 설정하면 당신 내면의 제한장치는 당신을 매우 다른 길로 이끌 것이다.

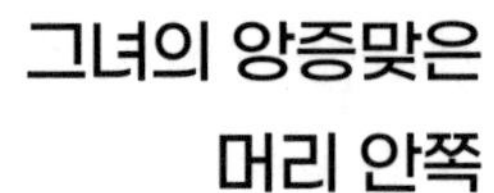

13 그녀의 앙증맞은 머리 안쪽

여자는 "문명화된 성인 남자보다는 어린이와 야만인에 더 가깝다"라는 귀스타브 르봉의 견해에서 우리가 많이 발전한 것은 분명하다. 그리고 지금 세기와 지난 세기에 fMRI와 같은 기술 분야의 획기적 발전이 우리에게 우리 뇌의 작동방식에 대해 보다 복잡하고 미세 조정된 견해를 준 것도 분명하다. fMRI의 도입은 뇌에서 벌어지고 있는 일에 훨씬 더 쉽게 접근할 기회를 제공했고 여자 뇌가 남자 뇌와 다른지에 대한 해묵은 질문의 답을 찾는 데도 영향을 미쳤어야 했다. 제4장에서 우리는 과대광고 사이클을 추적하여 흥분되는 새 영상에 대한 잘못된 해석이 fMRI가 고정관념을 뒤집거나 현재 상황에 도전하는 데서 그다지 성공을 거두지 못했음을 의미한다는 것을 알게 되었다. 신경과대광고와 신경쓰레기의 물결은 뇌 영상의 장래성을 **환멸 단계**로 몰아넣었고 신경영상술의 신기술은 심리학자와 신경내분비학자의 조연에 힘입어 고정관념을 삭제하는 것보다 지속하는 데 더 많이 기여했다. 어쩌면 세월이 조금 흐른 지금 우리는 마침내 **계몽 단계**에 도달했을까?

신경영상술은 집안 정리과정을 거쳤고 이 책에서 본 것처럼 뇌가 어떻게 작동하고 세상과 어떻게 상호작용하는지에 대한 새로운 모델이 생겼다. 지난 십여 년은 인지신경과학 커뮤니티에서 그들의 활동에 일정 부분 나쁜 평판을 가져다준 '신경바보짓' 문제를 집중적으로 다루고자 한 시기였다.[1] 연구자 자신과 그들의 청취자 모두를 교육하여 일깨우려는 시도가 상당히 광범위하게 전파되었고 이용 가능한 기법의 질과 양뿐 아니라 그런 기법의 출력물을 해석하는 방식에도 극적인 향상이 있었다.

그렇다면 이런 정리 기간에 성과 젠더, 뇌 연구는 얼마나 진전되었을까? 남녀의 뇌에 관한 해묵은 질문에 대해서라면 새로운 답을 찾을 가능성이 지금쯤 훨씬 더 높아졌어야 한다. 그렇지 않은가?

우리가 신경쓰레기를 치웠을까?

우리는 성차에 대한 초기 뇌 영상 연구의 산물이 신경쓰레기 조달업자들에 의해 열심히, 그리고 종종 잘못 각색되었다는 것을 알고 있다. 이런 일은 흔히 연구자가 실제로 무엇을 알아냈다고 말하는데도 불구하고 일어났지만, 때로는 연구자의 말 때문에 일어나기도 했다. 초기 신경과대광고는 이해할 만하지만 대상이 잘못된 열정에 의해 먹이를 얻었고, 나중에는 대학이나 연구소에서 연구 결과를 '띄우기' 위해 사용하기 시작한 보도 자료에 의해 연료를 얻었다. 우리를 **환멸 단계**로 몰아넣은 비판의 물결에 뒤이어 연구자들은 이제 자신들이 발표한 논문에서 자신들의 연구 결과에 의견을 제시할 때와 마케팅 부서가 의견을 제시하도록 허용할 때 모두 주의가 필요하다는 사실을 더 잘 알고 있다. 예컨대 데이터의 효과 크기가 보잘것없다면 '근본적인', '중요한', '지대한' 같은 말은 정말로 사용하지 말아야 한다.

우리가 생각하는 만큼 왔는지 알아보기 위해 뇌 연결성 패턴의 성차에 대해 2014년에 발표된 연구를 살펴보자. 알다시피 그것은 구태의연한 '크기가 중요하다' 논쟁의 재탕이 아니라 신경과학자들이 새롭게 주목하는 영역이 되었다.[2] 연구자들이 사용한 기법은 3만 4716번을 비교할 수 있음을 의미했다. 그중 178번만이 남성과 여성의 차이를 보여주었고 (연구자들이 표시하기는 했듯이) 효과 크기는 상당히 작았다(0.32). 다시 말해 그들이 테스트한 차이 중 0.51퍼센트만이 남성과 여성 차이를 드러냈다.

그러나 놀랍게도 저자들은 이런 차이를 여전히 '현저한' 차이로 설명했다. 그들은 논문에서 "전체적으로 남성 뇌와 여성 뇌는 다르기보다 비슷한 쪽에 가깝다"라고 언급하기는 했지만 논문의 제목과 나열된 핵심어는 둘 다 '성차'라는 단어를 포함한다. 따라서 실제 증거물이 대체로 반대라는 사실에도 불구하고 이 논문은 '입증된' 성차의 증거 더미에 묻힐 가능성이 매우 높다. 총 1275명의 참가자라는 굉장한 규모의 데이터 세트에 의지했으면서 유일한 배제 기준은 의학적 조건 아니면 수집한 스캔 데이터나 행동 데이터의 문제였고, 그 결과로 남은 722명 참가자에 대해 추가로 사용한 정보는 그들의 나이와 성별뿐이었다(8세에서 22세 남성 312명, 여성 410명). 학력이나 직업, 사회경제적 지위에 관한 추가 정보는 전혀 없었다. 따라서 물론 **계몽 단계**는 우리의 희망 사항이었을 것이다.

심지어 연구자 자신이 문제를 보태지 않아도 때로는 매체가 더 나아가 나름대로 그럴듯한 의견을 지어낸다. 성차 이야기에 뇌에 대한 언급이 없어? 그거야 쉽게 고칠 수 있지!

2014년에 결과가 발표된 어느 설문 조사는 수십 년 동안 유럽의 여러 다른 지역에서 일부 인지 기술의 성차 변화를 추적했다.[3] 1920년대에서 1950년대 사이에 교육에 대한 접근폭이 넓어진 데서 예상할 수 있듯이 시간이 지남에 따라 기술이 전반적으로 향상되었다는 증거가 있었다. 어떤 기술은 젠더 차가 줄어들거나 사라지는 모습을 볼 수 있었다. 다른 기술(이를테면 일화 기억력)은 시간이 지나면서 여성에게서 더 많이 향상된 결과로 이 특정 기술에서는 더 큰 젠더 차를 볼 수 있었다. 연구 저자들은 이것을 사회적 변화의 탓으로 돌리며 "우리의 결과는 이런 변화가 시간이 지남에 따라 사회적 개선에서 여성이 남성보다 더 많은 이득을 봄으로써 일반적 인지 능력이 더 많이 향상된 결과로 일어난다"는 것을 시사한다고 결론지었다. 수리력에서는 남성에게 유리한 젠더 차가 지속되고 있지만 줄어들고 있다는 증거도 있었다.

하지만 짐작이 가는가? 《데일리메일Daily Mail》이 초점을 맞춘 것은 **이** 격차의 (감소가 아니라) 존재였다. 헤드라인은 다음과 같았다. 「여성 뇌는 남성 머리와 실제로 다른 것이 **맞다**. 여자는 기억력이 좋고 남자는 수학을 잘한다.」[4] 독자들이 원래 연구로 돌아가지는 않을 것이라고 가정한 그들은 도움이 되라고 이 특별한 연구 결과를 다음과 같이 해석했다. "강점의 차이는 사회가 성을 대하는 방식의 차이뿐 아니라 뇌의 생물학적 차이로도 설명할 수 있다고 생각된다." 하지만 원문을 훑어보면 '뇌'라는 단어도 '생물학'이라는 단어도 나타나지 않는 것으로 드러났다. 여기서 우리는 잘못된 해석을 넘어 거의 소설화에 다다르는데, 모두 현상 유지라는 명목으로 저질러진다.

'옮겨 말하기' 문제

신뢰할 만하고 타당한 연구 결과라 하더라도 '옮겨 말하기(Chinese whisper)' 문제와 충돌할 수 있다. 과학에서 과학 기자에게 정보가 공급되는 과정이 항상 간단한 것은 아니다. 때때로 언론 책임자와 학술지 편집자, 그리고 논평을 얻기 위해 기자가 취재할 수 있었던 전문가들을 통해 나뉘기도 한다. 거기에 최대 관심사의 헤드라인을 특종으로 보도하고 그에 대해 나름의 의견을 제시하는 온라인 과학 '수색trawling' 체계를 더하면, 그토록 많은 손을 거친 이야기는 완전히 엉망이 되어 최종 버전은 때때로 원작과 거의 관련성이 없어질 수 있다.

눈길을 사로잡는 헤드라인은 무심하거나 방심한 눈으로부터 진실을 숨길 수 있다. 2016년 《뉴로사이언스뉴스》기사에서 「뇌는 남성과 여성의 사회적 행동 차이를 조절한다」라고 알렸다.[5] 그 기사는 도움이 되라고 고전적 뇌 단면을 담은 인간 머리 두 개를 삽화로 실었다. 하나는 분홍, 하나는 파랑이었다(혹시라도 색 암호를 이해하지 못할까봐 남성 기호와 여성 기호도 추가했다). 원래 연구에서는 서로 다른 신경화학 물질이 암컷과 수컷females and males의 공격성과 지배 행동에 다르게 영향을 미친다는 것을 보여주었다. 기사는 이것이 여성의 우울증과 불안, 남성의 자폐증과 ADHD의 '현저한 성차'를 이해하고 치료하는 데 중요할 수 있다고 언급했다.

기사의 네 번째 단락에 이르러야 이 연구가 실제로 수행된 대상이 햄스터임을 알게 되었다. 그들은 정말로 햄스터 버전 외상후스트레스장애나 ADHD에 시달릴 수도 있다. 하지만 인간 증세와의 관련성은 기껏해야 논쟁의 여지가 있을 뿐이다.

이런 종류의 문제는 학술지의 과학 정보가 온라인 자료로 합류하는 여정으로도 예시된다. 「배쪽안쪽 시상하부 내 Esr1+ 세포의 암컷 공격성 통제」라는 선정적인 제목의 학술지 논문은 암컷 생쥐의 공격성 뇌 기반에 대한 연구였다.[6] 연구 결과는 이것이 수컷 생쥐에게서는 다를 수도 있음을 시사했다(그것을 검증하지는 않았다). 한 기자는 일류 신경과학 연구자에게 연락하여 그 연구에 '인간적' 의미가 잠재하느냐고 물었다. 이에 대한 응답으로 연구자는 주의 깊고 사려 깊은 답장을 썼고, 동료들에게도 그 답장을 참조로 보내 자신의 조심스러운 견해가 그 분야의 의견을 대표하는지 확인했다.[7] 그녀는 두 가지 요점을 짚었다. 그 연구는 암컷에게만 실행했다는(그래서 성차에 관해 이야기하는 것은 무리라는) 점과 참가자가 생쥐였으므로 인간적 의미는 제한적일 수 있다는 점이었다. 지금까지는 다 좋다.

그러므로 몇 주 후에 「과학은 왜 어떤 사람은 BDSM(신체결박bondage, 훈육discipline, 지배dominance, 복종submission, 가학성애sadism, 피학성애masochism의 약어-옮긴이)에 빠지고 어떤 사람은 빠지지 않는지 설명한다」라는 헤드라인을 본다는 것은 다소 놀라운 일이었다. 보조 삽화에서는 옷을 거의 입지 않은 (인간) 한 쌍이 가죽 벨트일 가능성이 있는 것(나는 보호받는 삶을 영위한다)으로 연결되어 눈길을 사로잡고 있었고 다음과 같은 소개 문구가 딸려 있었다. "당신은 침실에서조차 거친 것이 좋은가? 자, 최근 연구의 주장에 따르면 인간 뇌에서 섹스와 공격성은 밀접한 관련이 있을 것이다!"[8] 길고 복잡한 사슬을 따라 출처를 역추적하자 이것은 앞서 조심스럽게 논평되었던 바로 그 생쥐와 시상하부 연구를 가리키는 것으로 드러났다. 과학이 공공 영역으로 가는 여정에서 얼마나 뒤죽박죽될 수 있는가의 또 다른 사례다.

신경쓰레기와 두더지 잡기 문제

설상가상으로 분명히 신경쓰레기라고 밝힌 자료도 여전히 남성-여성 뇌 논쟁을 위해 이용되고 있다. 뇌의 성차는 어디에서 왜 발견될지, 그것이 뇌 주인에게는 어떤 의미가 있을지에 관해 충분히 연구했고 많이 알고 있으니 논의해도 괜찮겠다고 생각하기만 하면 오래된 신경쓰레기 조각 하나가 불쑥 나타난다.

당신은 루안 브리젠딘Louann Brizendine의 책 『여자의 뇌Female Brain』에 대한 나의 전혀 너그럽지 않은 논평을 떠올릴 것이다. 일반적으로 성차에 관한 부정확한 그리고/또는 추적 불가능한 주장의 풍부한 출처로 확인된 그 책은 영화로도 제작되었다(현재 로튼토마토Rotten Tomato(영화에 긍정적 평점의 백분율에 따라 '신선도'를 제시하는 사이트-옮긴이) 평점은 31퍼센트다).

《뉴스위크》 기자가 나와 몇몇 동료에게 연락하여 그 영화에 관한 조언을 구했다. 영화에 나오는 신경과학 주장의 목록을 첨부했으니 확인해 달라는 것이었다. 그 '사실들' 중 몇 가지는 특히 당혹스러운 것으로 드러났다. 이를테면 "수다는 사회적 유대를 형성하는 데 결정적이어서 여성 뇌에는 수다를 위해 '배선된' 도파민 보상 체계가 있다."(이것은 《헬로Hello!》 매거진의 구석기시대 판으로 다시 연결되는 듯하다. 가정이지만, 도움되게도 구석기시대 내분비학자들의 연구 결과로 뒷받침되었을 것이다). 그리고 미안하지만, 다음 주장과는 싸우기를 포기했다. "그래. 내가 여자는 합의를 추구한다고 말한 것은 나도 알아. 하지만 편도체가 활성화되면 그녀의 아드레날린이 협력 본능을 무시할 만큼 그녀에게 자신감을 줄 수 있다니까." 이것이 도대체 무엇을 말하고 있는지를 알아보려고 그것을 검색하자 구글은 "생생한 포르노그래피의 정신약리학"에 관한 사이트와 말馬 행동에 관한 사이트를 보여주었다. 나는 말 다 했다고 느꼈다(둘 다 영화보다 더 흥미롭게 들리지 않는가!).[9]

이 영화가 진실에 도달하려는 진지한 신경과학의 시도를 홀로 다 무너뜨리지는 않을 것이다. 하지만 그것은 대기 중에 비판 없이 유포되고 있는 것들에 추가될 또 하나의 작은 반향이다. 우리는 아직 신경쓰레기를 완전히 치우지 못한 듯하다.

아직도 살아 있는 신경성차별

코델리아 파인이 고정관념과 배선에 대한 믿음을 지속시키는 데 기여하고 있을 신경과학 자체의 문제 있는 관행으로 관심을 끌기 위해 '신경성차별'이라는 용어를 만들었다는 사실을 기억할 것이다.[10] 그 전선의 상황은 어떨까?

일부 초기 뇌 영상 연구는 행동과 능력에 주어진 차이의 잠재적 근원으로 뇌들보나 해마와 같은 특정 구조 크기에서의 성차에 초점을 맞추었다(사실 19세기까지 거슬러 올라가는 초기 '사라진 5온스' 접근법을 답습했다). 하지만 뇌의 크기 관련 측면을 계산하는 보다 정교한 접근방식(이를테면 뇌 주인의 머리 크기에 따른 뇌 부피)은 간단히 말해 뇌 안에서 갖가지 구조의 크기를 결정하는 것은 뇌의 성별이 아니라 뇌의 크기임을 밝혀냈다.[11]

좀 더 최근에는 다른 구조 사이의 경로도 마찬가지인 것으로 나타났다. 간단히 말해 이번에도 뇌는 크기가 클수록 추가된 거리를 극복하기 위해 경로가 길어진다(그리고 강해질 수도 있다). 큰 뇌(출신이 남성이건 여성이건)와 작은 뇌(역시 출신 성별을 가리지 않고)를 비교하면 가장 중요한 것은 성별이 아니라 크기임을 알게 될 것이다.[12] 따라서 남성과 여성을 비교하는 데 관심이 있는 신경영상술사라면 분석에 계산을 추가할지 고려해야 하고 무엇보다 그렇게 했음을 입증해야 한다.

앞에서 언급했듯이 우리는 뇌 안의 구조와 기능 사이에 어떤 관계가 있는지 아직 잘 모른다. 편도체가 크면 공격성이 커질까? 백질 대 회백질 비가 높으면 지능이 높아질까? 이런 질문에 답을 모른다면 일종의 신두개학 임무 수행에서 여러 뇌 조각의 크기를 살펴보기 위해 점점 더 정교해지는 뇌영상술을 계속 사용할 가치가 있을까?

한편으로, 특히 뇌나 머리 크기의 자세한 보정에 직면하여 해묵은 크기 관련 주장은 사라지고 있다(우리가 보았다시피 어떤 뇌 크기 보정법을 사용할지에 대한 논쟁은 여전히 진행 중이지만). 최근 두 건의 메타분석에 따르면 그런 보정을 하자마자 뇌의 핵심 구조 두 가지, 편도체와 해마 모두에서 이전까지 신뢰할 만하던 남성-여성 차가 제거되었다.[13] 다른 한편으로는 그런 주장의 새로운 버전이 부분적으로는 이제 접근하여 이용할 수 있게 된 대규모 뇌 영상 데이터 세트에 자극을 받아 나타나고 있는 듯하다.

에든버러대학의 심리학자 스튜어트 리치Stuart Ritchie가 이끄는 팀이 발표한 최근 논문은 여성 2750명과 남성 2466명으로 구성된 집단의 성차에 관해 보고한다.[14] 이 연구에 관하여 주목할 흥미로운 점 중 하나는 논문 안에서, 또한 뒤이은 공식 논평에서 연구 결과가 보고되는 방식이다. 논문은 초록에서 남성이 원시(raw, 보정하지 않은) 부피, 원시 표면적,

백질 연결성이 더 큰 반면에 여성은 원시 겉질 두께가 더 두껍고 백질 신경로가 더 복잡하다고 언급한다. 이런 차이는 본문에서 효과 크기가 상당히 큰 데이터라는 주석과 함께 뚜렷이 구별되는 분홍과 파랑의 종형 곡선을 통해 설명된다. 총 뇌 부피, 회백질 부피, 백질 부피의 차이가 특히 눈길을 끈다. 하지만 저자들이 이런 척도를 뇌 크기에 상대적으로 보정하자마자 이런 차이는 많은 부분이 사라졌고 남은 부분도 유의미하게 줄어들었다. 이 점은 본문에서 충분히 인정되었지만 부주의할 가능성이 있는 기자에게는 이런 차이가 매우 의미 있다(단어의 대중적 의미와 통계적 의미에서 모두)는 첫인상을 줄 여지가 다분했다.

실제로 그 논문은 흥분한 기자에 의해「왜 여자는 더 남자처럼 될 수 없을까?」라는 제목의 기사에서 논평감이 되었다. 기사는 그것을 남자 뇌와 여자 뇌에 차이가 없다고 믿는 사람들을 위한 "현실 직시 비슷한 것"이라고 서술했다.[15] 기자는 이미 자신의 의견을 섞은 그 기사에다 "뇌 부피와 지능지수의 잘 확립된 관계"까지 집어넣고는, 다소 묘하게도 논문 저자들의 실제 주장에 따르면 "뇌 크기는 인간 지능지수 차이의 요인이 아니라는" 결과가 가장 흥미로운 결과 중 하나인 논문을 인용하여 이를 뒷받침했다.[16] 따라서 원본 논문에서는 부주의라고 부를 수도 있을 것을 지식이 짧은 기자는 뜨거운 논란거리가 될 헤드라인을 통해 신경적 현실 직시라고 묘사한 것이다.

이처럼 뇌 성차의 확정적 증거를 손에 넣으려 빠르게 덮치는 사례는 다소 더 걱정스러운 최근 사건에서도 명백했다. 위스콘신대학 매디슨에서 생후 1개월 된 영아 143명(여자아이 73명, 남자아이 70명)의 뇌 구조 연구 결과를 보고하는 논문이 나왔다.[17] 이는 산달을 채우고 태어난 건강한 영아들을 상대로 고해상도 스캐너를 사용한 대규모 연구였으므로 이 연구 영역에 중요한 데이터 세트였다. 우리가 알다시피 과거의 주장에 따르면 남성과 여성의 차이는 태어날 때부터 명백하고 이는 생물학적 결정론의 관점을 강력하게 뒷받침한다. 다만 결정적으로 이를 뒷받침하기에는 전형적으로 발달 중인 영아에 관한 대규모 연구가 부족했다. 어쩌면 이 연구가 결정을 지어줄까?

이 논문의 저자들은 총 뇌 부피, 회백질, 백질에서 뚜렷한 성차를 보고했다. 이 소식 역시 공공 영역으로 빠르게 전파되었다. 이번에는 연구를 요약하는 온라인 소식통이 이 보고를 행동의 남성과 여성 차이에 대한 설명을 찾는 데 중요한 돌파구로 홍보했기 때문이다. 그 소식통의 결론에 따르면 "뇌에 이런 초기 성차가 존재하지 않는 척하는 것은 우리가 사회를 더 공정하게 만드는 데 도움이 되지 않을 것이다".[18] 문제는 보고된 연구 결과가 실제로 틀렸다는 사실이었다. 연구자들은 뇌 크기에 상대적으로 데이터를 보정했다고 주장했는데도 예리한 눈을 가진 한 신경과학자는 논문의 데이터가 이런 주장과 일치하지 않는다고 언급했다. 저자들에게 연락이 갔고, 신속한 확인과 재분석이 뒤따랐으며, 주장된 유의미한 차이는 모두 사라졌다.

수정본이 재빨리 간행되었고 학술지 웹사이트와 연구 요약 웹사이트에 공개되었다.[19] 하지만 이 사건들 사이에는 두 달의 간격이 있었고 소셜미디어가 이미 덮친 다음이었다. 그 논문에 대한 언급은 이미 페이스북에 나타나 다음과 같은 강력한 댓글 하나를 달고 있었다. "아주 최근에 저는 이 분야에서 학위를 받았다고 주장하는 사람과 이에 관해 실제로 논쟁을 벌였습니다. 이걸 그녀의 면상에 비벼주면 정말 기쁘겠네요." 이 댓글은 핀터레스트에서 여전히 찾아볼 수 있다.[20]

요즘 이념 반향실ideological echo chamber(이른바 구글 메모의 제목에 데이모어가 사용한 표현으로, 특정 이념을 확대재생산하는 듯한 구글 내부 문화를 빗댐-옮긴이)에는 가짜 뉴스—이 경우에는 가짜 신경 뉴스—가 떠나지 않고 있다. 설사 나중에 틀렸음이 입증되어도 말이다.

빙산 문제

'서류함 문제' 또는 '빙산 문제'도 여전히 생생하게 건재하다는 증거가 있다. 제3장에서 언급했듯이 이것은 보고 편향의 오래된 쟁점이다. 이 상황에서는 차이를 발견하는 연구만 출판되고 발견하지 못하는 연구는 서류함으로 들어간다.[21] 이를 확인하는 한 가지 방법은 조사 중인 차이의 알려진 효과 크기를 고려했을 때 연구 분야에서 예상되는 유의미한 차이와 무의미한 차이의 비율을 계산하는 것이다. 그런 다음 이것을 실제로 얻은 비율과 비교하면 된다.

빙산 문제와의 싸움에서 스탠퍼드대학 의학, 보건연구정책, 통계학 교수인 존 P. A. 이오아니디스John P. A. Ioannidis는 지난 10여 년 동안 임상 연구계의 좋지 못한 통계적 관행을 후려치는 채찍이었다. 그리고 과학이 자정의 필요성, 다시 말해 출판된 데이터 세트에서 재현할 수 없는 결과나 변칙을 끊임없이 감시할 필요성을 얼마나 더 절실하게 인식해야 하는지 보여주었다. 2018년에 그와 그의 팀은 성차의 신경영상 연구에 관심을 돌렸다. 그들은 유사성을 보고했거나 차이가 없다고 보고한 연구와 차이를 보고한 연구의 비율을 살펴보았다.[22] 그들이 살펴본 179편의 논문 중 제목에서 차이를 찾지 못한 사실을 강조한 논문은 두 편뿐이었다. 통틀어 88퍼센트가 일종의 유의미한 차이를 보고했다. 저자들이 지적했듯이 이런 '성공률'은 믿기 어려울 만큼 높다. 연구팀은 각 연구에서 표본 크기(연구의 참가자 수)와 성차가 확인된 뇌 영역의 수 사이의 관계도 살펴보았다. 이 두 요인 사이에는 상관관계가 있어야 한다. 규모가 작아서 역부족인 연구는 보통 유의미한 활성화 영역을 덜 발견하리라 예상되기 때문이다. 그러나 열심히 노력해도 연구자들은 이 예상되는 통계적 관계를 찾을 수 없었다. 마치 소규모 연구들에서 기대했던 것보다 훨씬 더 많은 수의 '긍정적' 결과가 나온 것처럼, 소규모 연구들이 대규모 연구와 거의 동일한 수의 유의미한 영역을 보고하고 있었다. 이것은 다양한 이유 때문일 수 있다. 연구자들이 긍정적 결과가 나온 논문만 제출했을 수도 있고, 학술지들이 유의미한 결과를 낸 논문만 출판했을 수도 있다. 아니면 연구자들이 부정적 결과를 너무 적게 보고했을 수도 있다.

생물학적 결정론 입장을 가장 열렬히 옹호하는 사람들조차 성차가 얼마나 작은지 충분히 인정하는 사실을 고려하면 성차를 찾는 연구가 이토록 엄청나게 높은 '성공률'을 보여주어서는 안 된다. 성차에 대한 '배선' 접근법에 대한 믿음은 존 P. A. 이오아니디스의 집단이 조사한 보고들과 같은 '뇌 차이' 보고에 의해 강하게 보강되는 것으로 나타났다. 그러므로 이처럼 방대한 작업물이 이런 식으로 편향되어 제시된다면 이는 우리 모두에게 걱정스러운 일이다.[23] 신경과학형 증거는 뇌를 변화시키는 세상의 효과에도, 고정관념의 지속에도, 규칙을 모으는 우리의 사회적 뇌가 자기와 타인의 프로필 목록을 작성하는 데에도 강력한 외부 영향을 미친다. 따라서 우리가 왜곡된 관점—아마도 진실이겠지만 완전하지 않은 진실—을 갖고 있다면 우리 그리고 우리의 뇌는 현혹되고 있는 셈이다.

가소성, 가소성, 가소성—그리고 경직된 성의 문제[24]

우리는 뇌 영상이 건강한 성인 인간의 뇌 구조와 기능은 일반적으로 뇌에 '배선'되고 안정적으로 고정되어 있다고 얼마나 일찍부터 가정했는지 보았다. 이는 언어 과제나 시각적 패러다임이나 의사결정 연습을 참가자에게 시험할 때마다 똑같지는 않더라도 비슷한 활성화 패턴과 영상을 얻어야 하고 아무 시점에나 측정할 수 있고 필요하다면 쉽게 재현할 수도 있어야 한다는 뜻이었다. 따라서 남성과 여성을 비교할 예정이라면 참가자가 특이한 신경과 병력이 없고, 뇌를 변질시키는 종류의 약물을 복용하지 않았으며, 대체로 비슷한 연령대에 들어있도록 하는 것 외에 남성과 여성 참가자에 관해 실제로 알아야 할 것은 그냥 그것이 전부였다. 그 사람은 남성인가, 여성인가.

그리고 여성 참가자는 모두 '여성' 꼬리표를 붙인 집단을 대표하고 남성들은 '남성' 꼬리표를 붙인 집단을 대표할 것이라고 가정했다. 예컨대 여성의 언어 기술을 테스트할 예정이라면 (대부분 학부생이나 대학원생 중에서) 한 해에 선택한 '기회' 표본이, 만약 연구를 반복하기로 하더라도 이듬해에 고를 비슷한 표본과 거의 같으리라고 가정할 것이었다. 그런 다음 발견하는 모든 집단 차이를 이런 남성성이나 여성성 면에서 설명할 터였다. 이 두 집단은 그들의 '본성적' 차이에 기반하여 선택되었으므로 그들이 다르게 수행하거나 그들의 뇌가 다르게 보인다면 그것은 남성이 여성과 다르기 때문이어야 했다.

인간의 뇌 가소성이 평생 경험에 의존한다는 발견은 뇌의 성/젠더 차를 연구할 때 참가자의 성별과 나이뿐 아니라 더 많은 요인에 주의를 기울여야 함을 의미한다. 하지만 우리 뇌가 평생 경험으로 얼마나 많이 변형될 수 있는지에 대한 점점 더 강력해지는 증거인 '가소성의 스포트라이트'가 뇌의 성차 논쟁은 좀처럼 조명하지 않는 듯하다.

이제는 다른 유형의 전문 지식을 습득하는 것, 비디오게임을 하는 것, 심지어 우리가 성취할지도 모르는 것에 관해 종류가 다른 기대에 노출되는 것조차 우리의 뇌를 변화시킬 수 있다는 것을 안다. 예컨대 공간 인지의 차이에 관심이 있는 경우 참가자들이 어떤 종류의 관련 경험을 해왔는지 알아야 할지도 모른다. 그들은 비디오게임을 많이 하는가? 즐기는 운동과 취미에 일종의 공간 기술이 필요한가? 그들의 직업에는 일종의 공간 의식이 필요한가? 우리 뇌가 노출되는 젠더화된 세상을 살펴보면서 보았다시피, 이런 경험이 성별과 교차하는 것은 가능한 정도를 넘어선다. 따라서 신경영상 연구는 연구를 설계할 때도, 결과를 분석하고 해석할 때도 그 점을 고려할 필요가 있으며, 우리 뇌는 뇌가 작동하는 세상과 돌이킬 수 없이 뒤얽혀 있음을 인정할 필요가 있다. 따라서 이런 뇌를 이해하려면 우리는 그 뇌의 세상도 살펴볼 필요가 있다.

연구자들이 이제 이용할 수 있는 매우 큰 신경영상 데이터 세트에서 정보를 얻을 때는 특히 더 그렇다. 전 세계 연구실은 자체 연구과정에서 수집한 척도를 공유하고, 모든 뇌 영상술사가 접근할 수 있는 뇌 구조와 기능 측정치의 대규모 중앙 수집소를 확보하고, 자신의 이론을 테스트하거나 자신의 연구 결과를 일반화할 수 있을지 확인하기 위해 협력하고 있다. 우리는 이제 열 명이나 스무 명 단위의 참가자 수 대신에 수백 장, 심지어 수천 장의 뇌 스캔을 살펴보고 있다.

한 논문은 1400명이 넘는 참가자에게서 휴지 상태 데이터(참가자가 특정 과제를 수행할 필요 없이 스캐너 안에 누워 있을 때 얻은 뇌 활동 데이터)를 분석하여 보고했다.[25] 이런 뇌의 연결성 척도를 살펴봄으로써 연구자들은 뇌 연결성을 비교하는 다양한 방식에서 나이와 성별이 주요한 구별 요인이라고 보고하고 도움이 되도록 이를 종형의 분홍과 파랑 그래프로 보여주었다. 이는 실제로 여성에게서 나온 데이터와 남성에게서 나온 데이터가 얼마나 가까이 겹치는지 표시하는 데 일조했다. 다만 효과 크기는 제공되지 않았다. 중앙 데이터 세트에서 학력이나 직업 같은 인구통계 데이터를 이용할 수 있었는데도 저자들은 비교할 때 이를 고려하지 않았다. 따라서 이 논문은 생물학적 결정론 관점을 위한 방대한 데이터 세트의 인상적 지지처럼 보였다. 그런데도 주요한 가소성 관련 특징은 고려되지 않았다. 모든 참가자가 18세에서 60세 사이였으므로 젠더화된 생활 경험이 뇌와 행동에 영향을 미칠 시간이 충분히 있었을 텐데 말이다.

우리가 똑같은 사고방식을 가진 채 아직도 똑같은 질문을 하고 있다면 설사 더 나은 과학기술과 더 나은 데이터 세트가 있다고 해도 답이 반드시 더 나아지지는 않을 것이다. 점점 더 큰 데이터 세트를 더 많이 비교하더라도 이분법적인 생물학적 특징에만 초점을 맞추고 심리적·사회적·문화적 요인을 계속 무시한다면 우리는 우리 뇌를 이해하는 데 조금도 더 다가가지 못할 것이다. 연구하고 있는 사람 중에는 저글링을 하는 택시 운전사나, 심지어 바이올린을 켜는 줄타기 곡예사가 너무 많지는 않겠지만 장담하건대 1400명이 넘는 개인의 집단 중에는 꽤 폭넓고 다양한 교육적 경험, 직업, 심지어 운동이나 그 밖의 다른 취미가 있을 것이다.

그리고 뇌 자체만 그것이 일하고 있는 세상을 반영하는 것이 아닌 듯하다. 새로운 증거는 호르몬의 활동이 우리 인간이 기능하고 있는 세상과 얼마나 얽혀 있는지도 인정할 필요가 있음을 보여준다.[26] 뇌 발달은 미리 결정된 템플릿의 일방적 전개가 아니라 환경과의 상호작용을 반영하는 역동적 변화의 과정이라는 발견과 함께, 호르몬 수치의 변동이 우리 주변에서 벌어지고 있는 일을 유사하게 반영한다는 것도 분명해졌다. '운전석의 생물학'이 테스토스테론과 같은 호르몬을 특징짓기는커녕, 호르몬 수치는 사회적 활동 참여에 의해 운전될 수 있는 것이 분명하다.

이것의 놀라운 예는 아버지의 테스토스테론 수치가 자녀를 돌보는 데 소비하는 시간에 따라 달라진다는 것이다. 그리고 이것은 문화적 기대도 반영할 수 있다. 탄자니아의 서로 다른 두 집단을 대상으로 한 한 연구에서 아버지가 자녀를 돌보는 것이 정상인 집단은 그렇지 않은 집단보다 테스토스테론 수치가 더 낮았다.[27]

이런 '영리한' 테스토스테론 효과는 사회신경내분비학자 사리 반 안데르스Sari van Anders가 세 집단의 방심한 남자와 우는 아기 인형을 사용하여 깔끔하게 입증했다.[28] (이것은 그때 발달심리학 연구실이나 텔레비전 범죄 드라마 취조실에서 흔히 볼 수 있는 그런 일방향 거울 반대편에 내가 있었다면 정말 좋을 텐데 싶은 연구 중 하나다.) 한 집단은 끼어들지 못하고 아기 우는 소리를 그냥 들어야 했다. 그리고 한 집단은 인형과 상호작용할 수 있도록 했지만 그 인형은 당신이 무슨 짓을 하든 울도록 계획되어 있었다(나는 똑같은 특징을 보여준 인간 아기들을 익히 알고 있다). 그리고 운 좋은 세 번째 집단의 인형은 몇 가지 '양육' 활동(먹이기, 기저귀 갈아주기, 트림시켜주기 등) 중 하나를 해주면 반응하도록 되어 있었다. 인형 실험 전후에 침에 들어있는 테스토스테론 수치를 측정했다. '달래기에 성공한' 집단이 보여준 테스토스테론은 유의미하게 감소한 반면, '그냥 듣고만 있던' 집단이 보여준 테스토스테론은 유의미하게 증가했다. 인형과의 상호작용에 실패한 집단의 전후 수치는 변화가 거의 없었다. 사리 반 안데르스의 의견에 따르면 집단마다 자극이 같았으므로 테스토스테론 수치의 차이는 사회적 맥락, 즉 '문제 해결'을 위한 조처의 이용 가능성 유무를 반영한다. 따라서 우리의 호르몬 수치는 우리의 늘 가소적인 뇌와 마찬가지로 이전에 생각했던 것만큼 고정되어 있지 않다.

더 이상 고정된 것으로 가정할 수 없는 인간 조건의 다른 측면이 있을까? 우리의 성격 프로필도 시간이 지남에 따라 당연히 바뀌는 것으로 드러난다. 심지어 성격 질문지가 무엇을 측정하고자 하는지는 흔히 분명하다는 것이나 모든 종류의 신상 프로필 목록에 자신을 가장 긍정적인 빛깔로 채색할 답을 써내는 '사회적 바람직함' 효과도 인정했으면서, 예컨대 이른바 '5대' 성격 특성(개방성, 성실성, 외향성, 친화성, 신경성)의 개인별 척도가 꽤 안정적이라는 것은 일반적으로 가정되었다. '미국 심리학의 아버지'로 알려진 19세기 사상가 윌리엄 제임스William James는 심지어 30세 이후에 성격이 "석고처럼 굳어진다"고 말했다.[29]

이는 성격 특성이 성인의 경우는 확실히 우리의 (고정된) 생물학적 특성을 반영한다는 모델과 잘 들어맞았다. 하지만 열네 건의 종단 연구에서 거의 5만 명에 대해 네 번 이상 측정할 수 있었던 데이터를 취합한 최근 연구가 보여준 바에 따르면 성격의 본성은 결코 '석고와 같은' 것이 아니다.[30] 모든 연구에 걸쳐 친화성을 제외한 모든 특성이 시간이 지남에 따라 유의미하게 감소하는 모습을 보여주었다(친화성은 어떤 연구에서는 심술이 늘어나고, 어떤 연구에서는 매력이 증가함을 보여주었다). 설명에는 일종의 실용적인 '가장 좋은 면 앞세우기best face forward' 효과가 포함되었다. 여기서 당신은 스스로를 젊은 사람(성격)으로서 '가장 적절하게' 성실하고 외향적이라고 선전하겠지만 나이가 들면 혈기를 조금 가라앉힐 것이다[이것의 듣기 좋은 이름은 돌체 비타Dolce Vita(아름다운 인생) 효과다]. 거기에는 모든 사람이 같은 속도로 변하거나 같은 방향으로 변하지 않는다는 분명한 증거도 있었다.

그렇다면 대체로 우리의 성격, 우리가 밖으로 내세우는 프로필은 우리 삶의 여정에서 흔들림 없이 고정된 점수가 아니라 상당히 현저하게 달라질 수 있는 것처럼 보일 것이다. 물론 이 연구 결과는 단순히 성격을 평가하는 다양한 방식의 변천을 반영할 수도 있을 것이다. 하지만 그것은 우리가 사람들이 우리를 어떤 사람으로 생각해주길 바라는지가 그 질문을 '누가 하고 있는지', '왜 하고 있는지', 또는 '언제 받고 있는지' 측면과 같은 사회적 요인과 얽혀 있는 방식도 같은 만큼 반영할 수 있을 것이다. 따라서 우리는 가소적이고 유연한 생물학을 갖고 있듯이 가소적이고 유연한 성격을 갖고 있는 셈이다.

줄고 있는 차이

성격 특성 평가는 제3장에서 살펴본 성/젠더 차 논쟁에 심리학이 기여한 부분 중 하나일 뿐이었다. 제공한 또 하나의 핵심적인 부분은 여성과 남성을 믿을 만하게 구별한다고 주장되는 일련의 인지 기술을 상세하게 보여준 것이었다. 이 믿고 찾는 목록은 시간의 시험을 견뎠을까, 아니면 재고할 때가 되었을까?

행동의 성차에 관한 심리학적 연구는 상당한 비판을 불러일으켰다. 비판의 강도는 20세기 초 심리학의 기여에 대한 헬렌 톰프슨 울리Helen Thompson Woolley의 논평에 담긴 신랄한 비난에서부터 이번 세기 초 수십 년 동안 잘못 해석되거나, 잘못 이해되거나, 잘못 전해진 연구에 대한 코델리아 파인의 법의학적 정밀 조사에까지 이르렀다. 두 사람 모두 연구를 수행하는 데는 근본적으로 이의가 없었다. 오히려 그것을 어떻게 하느냐가 문제였다. 두 사람은 그 영역이 좋지 못한 과학적 관행으로 특징지어진다고 여겼고, 그렇다면 많은 결론에 의문을 제기해야 했다.

인지 기술에 관해 제3장에서 보았듯이 엘리너 매코비와 캐럴 재클린은 1970년대 초에 분야를 깔끔하게 정리하여 우리에게 남성과 여성을 차별할 수 있는 신뢰할 만한 특성으로 언어 능력, 시공간 능력, 수학 능력과 공격성을 남겨주었다. 이 단계에서는 생물학적 성별 이외에 다른 요인에는 거의 주의를 기울이지 않았다. 참가자가 체크 표시를 한 칸이 '여성'인지 '남성'인지 알고 있는 한 다른 모든 것은 (아마도 나이를 제외하고) 무관하다고 가정했다.

하지만 이런 관행은 점차 달라졌다. 생물학적 변인과 함께 환경적 변인을 대안이 아닌 동일한 과정의 일부로 고려해야 한다는 것이 분명해졌기 때문이다. 심지어 1987년에서 2012년 사이에 출판된 다이앤 핼펀Diane Halpern의 훌륭한 책 『인지 능력의 성차Sex Differences in Cognitive Abilities』의 초판부터 4판의 서문을 비교함으로써 이런 종류의 생각이 나타나는 과정을 추적할 수도 있다.[31] 다이앤 핼펀은 환경적 사건의 뇌를 변화시키는 본성에 대한 증거를 포함하여 인지신경과학 기법으로부터 증가하고 있는 입력, 그리고 이 연구 분야의 점점 더 심해지는 정치화 모두에 주목했다. 그녀는 악명 높은 래리 서머스 연설 이후 과학과 수학 분야 성차 연구의 현 상태에 대해 권위 있는 요약문을 작성한 심리학자 집단을 이끌기도 했다.[32] 그러므로 이런 유형의 연구 상황을 포괄적으로 개관하던 사람으로서 그녀가 주목한 한 가지 특별한 특징은 이런 차이가 다양한 문화에서 실제로 줄고 있거나 사라지고 있거나 심지어 역전되었다는 사실이다. 이런 증거는 차이가 유전학이나 호르몬, 또는 둘 다에 의해 생물학적으로 결정된다는 주장을 점점 더 어렵게 만든다.

2005년에 재닛 하이드Janet Hyde(사실은 위스콘신대학 매디슨의 심리학·여성학 교수 헬렌 톰프슨 울리)는 그런 연구의 메타분석 46건을 리뷰하면서 '자존감' 및 '삶의 만족도'와 같은 일부 '심리적 안녕' 척도에 대한 많은 사회 및 성격 조사의 결과, 그리고 던지기나 높이뛰기 같은 몇 가지 운동 행동도 함께 리뷰했다.[33] 지금쯤 알고 있겠지만 각각의 메타분석은 그 자체로 수백 편은 아니라도 수십 편의 다른 연구 논문을 리뷰했을 것이다. 따라서 '성차의 심리학' 산업이 어마어마하게 생산적이었다는 것은 분명하다.

재닛 하이드는 깜짝 놀랄 결론을 내놓았다. 남성과 여성의 이형성에 가까운 차이를 강조하는 지금의 '차이 모델'과 달리 데이터는 남성과 여성이 대부분의(하지만 전부는 아닌) 심리학적 변인에서 유사하다는 점을 보여주었다. 메타분석이 공개한 124개의 효과 크기 중에서 수학 능력(+0.16) 및 돕는 행동(+0.13)과 같은 오래된 인기 변인과 관련된 일부를 포함하여 78퍼센트는 작거나 0에 가까웠다. 크다고 여길 수 있는 것(0.6 이상)은 매우 드물었다.

성차 연구의 많은 부분이 권력과 영향력 있는 위치에서 남자가 발견되게(그리고 여자는 발견되지 않게) 되어 있는 이유를 정당화하기 위한 것이었음을 명심하면, 남성과 여성 사이에 가장 대단한 차이를 보인 특성은 앞으로 산업의 꼭대기에 오를 사람들을 위한 너무 많은 직무설명서에서 아마 발견되지 않을 것이다. 여기에는 자위('사회 및 성격 변인'의 하나였던 모양인데 효과 크기도 +0.96으로 엄청나게 크다)와 던지기 속도(+2.18), 던지기 거리(+1.98)가 포함되었다.

재닛 하이드가 46건의 메타분석을 모은 것을 이 문제에 관한 심리학의 생산성을 대변하는 인상적 지표라 생각했다면, 불과 10년 뒤에 이선 젤Ethan Zell과 동료들은 106건의 메타분석을 모아 (메타종합으로 알려진) 더 수준 높은 형태의 효과 크기 평가를 수행했다.[34] 사실 이것의 구체적인 목표는 재닛 하이드의 젠더 유사성 가설을 평가하는 것이었다. 그들의 계산에 따르면 그들에게는 2만 건이 넘는 개별 연구와 1200만 명이 넘는 참가자에게서 얻은 데이터가 있었으므로 그것은 인상적으로 상세한 검증이었다.

그들은 무엇을 발견했을까? 포함된 모든 다른 특성의 종합적 효과 크기는 +0.21이었고, 남성과 여성 차이의 85퍼센트는 매우 작거나 작았다. 그들이 여성스러운 특질 대 남성스러운 특질에서 발견한 가장 큰 차이의 효과 크기는 +0.73이었으므로 측정된 특성의 본성까지 고려하면 극단적인 것이 아니었다. 결론은 그들의 메타종합이 젠더 유사성 가설을 '설득력 있게' 지지해준다는 것이었다.

이 두 사례는 다음을 실증한다. 더 큰 집단의 사람을 상대로 더 잘 수행한 연구를 더 자세히 조사하면 심리학의 인지 기술 및 성격 프로필 차이 목록에서 항목이 빠르게 사라지고 있는 것처럼 보인다. 엘리너 매코비와 캐럴 재클린이 확인한 수학 수행력의 신뢰할 만한 차이는? 사라졌다. 그러면 언어 기술의 신뢰할 만한 여성 우위는? 어휘, 독해, 작문을 포함한 다양한 척도에서 보이지 않을 만큼 작았고 언어 유창성은 유일하게 차이가 있다고 할 만한 후보였지만 효과 크기가 고작 −0.33이어서 예측력이 대단한 변인은 아니었다. 공평하게 말하면 심적 회전 능력의 연구는 0.57이라는 평균(하지만 보통에 불과한) 효과크기를 내놓은 것이 사실이다. 하지만 이미 보았듯이 이것은 측정에 사용된 테스트의 유형에 따라 달라질 수 있고 훈련으로 사라질 수도 있다.

따라서 남자가 여자와 어떻게 다른가에 대한 심리학의 신뢰할 만한 지표는 한 세기 묵은 믿음 체계를 뒷받침할 뿐 아니라 경우에 따라 첨단 실험실의 연구 의제에까지 영향을 주어왔으나 급진적 업데이트가 필요한 것 같다.

사실은 그동안 우리가 성에 대해 잘못 알고 있었던 것은 아닐까?

화성, 금성 아니면 지구?

성과 젠더에 관해 알면 알수록 이 속성은 점점 더 확실히 스펙트럼 상에 존재하는 것처럼 보인다.

아만다 몬타네스[1]

이미 보았듯이 남성과 여성의 뇌 차이를 찾는 작업은 과학이 동원할 수 있는 모든 기술을 동원하여 오래전부터 활발히 추진되어왔다. 남자와 여자가 다르다는 확신은 생명 자체만큼 오래된 것이었다. 공감을 잘하고 정서적으로도 언어적으로도 막힘이 없는 여성(생일을 기억하는 데 뛰어남)은 체계화를 잘하고 합리적이고 공간적으로 능란한 남성(지도에 훤함)과 다른 부족에 속한다고 해도 지나치지 않았다.

지금까지 살펴본 주장에 따르면 사람에는 두 종류의 뚜렷이 구별되는 집단이 있으며, 그들은 다르게 생각하고 행동하고 성취한다. 그런 차이는 어디에서 오는 것일까? 우리는 남성과 여성의 '본질', 그리고 그들의 진화적으로 적응력 있는 차이를 뒷받침하는 생물학적으로 결정된, 선천적인, 고정된, 배선된 과정에 대한 오래된 주장을 살펴보았다. 이런 차이는 사회적으로 구성된다는, 다시 말해 남자와 여자는 달라지라고 배우고 태어날 때부터 자신의 환경에서 제공하는 젠더별 태도, 기대, 역할 결정 기회를 통해 형성된다는 보다 최근의 주장도 살펴보았다. 그리고 뇌와 뇌가 기능하는 문화 사이에 얽힌 관계의 본성을 인정하는 최근 버전, 즉 우리 뇌의 특징은 유전적 청사진의 인쇄물 못지않게 사회적 구성물일 수 있다는 해석에 대해서도 깊이 생각해보았다.

하지만 원인이 무엇이건 기본 전제는 설명해야 할 차이가 있다는 것이다. 따라서 우리가 새 모이로 빈 두개골을 채우고 있건 뇌의 회랑을 통과하는 방사성 동위원소의 통로를 추적하고 있건, 또는 공감을 테스트하고 있건 공간 인지를 테스트하고 있건, 우리는 이런 차이를 찾고**야 말 것이다**. 심리학자와 신경과학자는 따로 또 같이 그리고 수 세기 동안 무엇이 남자와 여자를 다르게 만드는가라는 질문을 추적해왔다. 답은 광범위하게 연구되고 널리 보고되며 열광적으로 믿어지거나 심하게 비판받았다.

하지만 21세기에 심리학자와 신경과학자는 그 질문에 이의를 제기하기 시작하고 있다. 남자와 여자는 행동 수준에서뿐 아니라 보다 근본적인 뇌 수준에서도 **실제로** 어떻게 다른가? 실제로는 그다지 다르지 않고 심지어 뚜렷이 구별되는 집단도 아닐 수 있는 분리된 두 집단을 살펴보느라 이 모든 노력을 들인 것일까?

다프나 요엘Daphna Joel의 용어로 말하면 우리는 개체를 '여성' 아니면 '남성'으로 분류하는 행위가 3G 모델을 근거로 한다고 오래전부터 가정해왔다. 모델에 따르면 인간은 유전자와 생식샘, 생식기 구성에 따라 두 개의 깔끔한 범주로 분류될 수 있다.[2] XX 개체는 난소와 질을 갖게 되고 XY 개체는 정소와 음경을 갖게 된다. 이 규칙에 대한 예외, 예컨대 모호한 생식기를 갖고 태어났거나 할당된 젠더와 어울리지 않는 이차 성징이 나중에 발달하는 개체는 매우 초기의 외과적 중재를 포함하여 의학적 관리가 필요한 간성 기형이나 성 발달 이상disorders of sex development: DSD으로 여겨졌다.[3]

2015년 과학 전문기자 클레어 에인스워스Claire Ainsworth의 《네이처Nature》에 실린 기사는 "성별은 첫눈에 보이는 것보다 복잡할 수 있다"는 사실에 주목했다[4] 그녀는 개체가 혼합된 염색체 세트(일부 세포는 XY, 일부 세포는 XX)를 가질 수 있음을 보여주는 사례 기록을 보고했다. DNA의 염기서열 결정법과 세포생물학의 신기술이 이것은 결코 드문 일이 아님을 드러냈다. 그리고 생식샘을 결정하는 유전자의 발현이 태어난 후에도 계속될 수 있다는 증거는 핵심적인 신체적 성차가 배선되어 있다는 개념을 훼손했다. 어쩌면 정자 생산량의 변이, 호르몬 수치의 광범위한 변이, 또는 음경 구조의 좀 더 미묘한 해부학적 차이를 포함하여 서로 다른 유형의 성 발달에 대해 보다 폭넓은 정의가 있어야 할까? 그러면 생물학적 성이라는 현상은 지금까지 지배해온 '이분법'으로 일어나는 것이 아니라 하나의 스펙트럼 상에서 일어난다는 점을 드러낼 수 있을 것이고, 그 스펙트럼은 미묘한 변이와 보통 변이를 모두 포함할 것이다. 그러므로 이 접근법은 DSD를 배제하는 것이 아니라 포함하여 더 이상 그들에게 규칙의 예외라는 꼬리표를 붙이지 않을 것이다.[5]

그러나 《가디언Guardian》의 기자 버네사 헤기Vanessa Heggie가 지적했듯이, 이것은 겉보기처럼 그렇게 획기적인 뉴스가 아니었다.[6] 1993년의 논문 「다섯 개의 성The five sexes」에서 앤 파우스토스털링이 이미 (논문 제목에서 암시한 것처럼) 간성 발생을 다루려면 최소 다섯 범주의 성이 필요하다고 제의한 적이 있다.[7] 그녀는 그 범주에 정소 한 개와 난소 한 개를 가진 '진정한' 자웅동체뿐 아니라 정소와 일부 여성 특징을 가진 남성, 난소와 일부 남성 특징을 가진 여성도 포함되어야 한다고 생각했다. 앤 파우스토스털링의 의견에는 정치적 맥락이 있었다. 그녀는 사회가 "성이 나뉜 문화에서 사람들은 자신이 인정된 단 두 개의 성별 중 하나에 속한다고 확신해야만 행복과 생산성을 위한 자신의 최대 잠재력을 실현할 수 있다는 가정"에서 벗어날 필요가 있다고 생각했다.

2000년에 이런 생각을 회고하며 그녀는 그런 생각이 당시에는 물의를 일으키는 것으로 드러났음에도 불구하고 불과 몇 년 사이에 의료계가 외견상 변칙적인 성 발달에 훨씬 더 신중한 태도를 보일 정도로 '간성' 개체에 관한 생각이 많이 바뀌었다고 언급했다.[8] 심지어 생식기로 젠더를 결정할 것이 아니라 확실하게 두 개 이상의 범주가 (어떻게 정의하든) 존재함을 인정해야 한다는 제안도 있었다.

따라서 우리가 하는 일련의 주장은 가장 근본적인 단계에 난제가 있다. 인간이 신뢰할 만하게 남성과 여성이라는 두 범주로 분명하게 구별될 수 있을까? 각 범주의 구성원이 유전자, 생식샘, 생식기로 결정될까? 세 조건의 차이가 분명히 정의되고 쉽게 식별될까? 유전자형은 이질적이고 가변적일 수 있고 최근에 나타난 표현형을 원래의 종착지에서 다른 데로 돌리는 것도 가능한 것처럼 보일 것이다. 신경생물학자 아트 아널드Art Arnold 교수에 따르면 생식샘에서 염색체의 영향력을 분리할 수 있다. 그러면 염색체와 생식샘은 독립적으로 달라짐에 따라 신체적 특징과 행동에 전혀 다른 영향을 미칠 수 있다.[9] 호르몬 수치는 집단 사이에서뿐 아니라 집단 내에서도 그리고 상황과 생활방식에 따라서도 폭넓게 요동칠 수 있다. 생식기는 음순이나 음경으로 명확히 식별할 수 있는 경우에도 깜짝 놀랄 만큼 다양한 형태로 존재할 수 있다. 성 결정의 굉장한 복잡성에 관해 도표로 멋지게 설명한《사이언티픽 아메리칸》기사가 있다. 그것을 보면 조금이라도 단 두 범주로 분류할 수 있는 것처럼 보이는 최종 결과물에 우리가 늘 이르렀다는 사실이 의아해진다.[10]

그렇다면 뇌는?

다음 주장은 남자와 여자를 해부학적으로 분리할 수 있듯이 그들의 뇌도 그럴 수 있다는 것이었다. 그것이 크기든 구조든 기능이든 남자 뇌와 여자 뇌를 구별할 특징을 발견할 수는 있어야만 한다. 이미 보았듯이 그런 차이의 수색은 머리뼈 돌출부 판독에서 뇌 혈류 측정에 이르기까지 한 세기 동안 이어진 십자군 전쟁이었고, 확실히 선형적 진보의 이야기는 아니었다. 과거 1966년에 성차를 이해하는 데 관계있다고 확인된 뇌 부위는 시상하부밖에 없었다.[11] 상황은 그때 이후로 확실히 달라졌다. 지난 10년 동안 인간 뇌의 성 또는 젠더 차 영상에 관한 연구는 300건에 달했고 수십 가지 뇌 특징의 성차에 대한 수백 건의 보고가 있었다.

제4장에서 보았듯이 뇌를 조사하는 데 관련된 기법이 돌출부와 산탄

보다 분명 더 정교한데도 많은 주장은 여전히 동일했다. 먼저 뇌에서 차이를 확립하려면 제각각인 구조를 어떻게 측정해야 하는가에 관한 합의가 필요한데, 거기에는 오늘날까지도 완전히 도달하지 못했다. 예컨대 남자 신체의 뇌와 여자 신체의 뇌를 비교하려면 일종의 크기 보정을 해야 한다는 동의는 있다. 하지만 이미 보았듯이 무엇을 기반으로 보정을 해야 하는지에 관해서는 아직도 논란이 있다. 그것은 총 뇌 부피total brain volume(회백질 부피와 백질 부피의 합-옮긴이) 또는 두개 내 뇌 부피intracranial brain volume(총 뇌 부피와 뇌척수액 부피의 합-옮긴이)인가, 키나 몸무게나 머리 크기인가, 앞의 것 전부 또는 그중 일부만인가? 우리는 '신뢰할 만한' 성차가 발견된 뇌 영역의 오래된 목록이 있다는 것을 알고 있다. 여기에는 뇌의 두 가지 주요 구조인 편도체와 해마가 남성에게서 더 크다는 제안도 포함되어 있다. 이것은 2014년에 150건이 넘는 연구를 살펴본 메타분석에서 분명히 확인되었다.[12]

하지만 뇌 영상의 세계에는 업데이트가 잇따라 대거 이루어지고 점점 더 절묘해지는 기법은 우리가 뇌 차이에 관한 과거의 확신을 재고하는 것도 허용한다. 성차 이해를 위한 어제의 후보 부위였던 해마는 오늘의 재고 대상이 될 수도 있다. 심지어 앞의 리뷰 이후로 4년 사이에 새로운 연구가 그런 결론 일부에 이의를 제기했다. 시카고 로절린드프랭클린대학의 리즈 엘리엇Lise Eliot 팀은 각각 2016년과 2017년에 해마와 편도체에 관한 구조적 데이터의 메타분석을 실행했다.[13] 두 경우 모두에서 그들이 입증한 바에 따르면 이 두 구조가 여성보다 남성에게서 더 크다는 초기의 주장은 근거가 없고 두개 내 뇌 부피에 대해 척도를 보정하면 차이는 뚜렷하게 감소하거나 사라진다.

뇌 안의 구조는 뇌 크기에 비례하여 용의주도하게 크기가 조정된다는 것이 점점 더 분명해지고 있는데, 신진대사의 요구나 세포 간 통신을 최적화하기 위해서일 가능성이 높다. 이것은 어떤 형태로든 부피 조정을 하지 않은 뇌 구조의 성차에 대한 **모든** 보고가 실제로 정확한 그림을 제공하지 않음을 의미한다.

뇌-행동 연관성을 이해하는 일에서 지금은 다양한 구조의 크기에 초점을 맞추기보다 연결선의 패턴에 더 큰 관심이 있다. 제4장에서는 루벤 구르와 라켈 구르의 연구실에서 수행한 연구를 살펴보았다. 그것은 구조적 연결성 척도를 성차 연구에 적용한 최초의 연구 중 하나였고 남성은 반구 내 연결성이 더 크고 여성은 반구 사이 연결성이 더 크다는 사실을 발견했다고 주장했다.[14] 하지만 신경난센스와 신경성차별을 통과하는 여정에서 거론했듯이 이 연구는 곤경을 치렀고, 그것은 특히 저자들(또는 보도자료의 저자들)이 이런 차이의 크기를 정확히 반영하지 않는 연구 결과의 중요성을 지나치게 강조한 것과 관련이 있었다. 또한 분명해진 사실은 '크기가 중요하다' 쟁점이 여기에도 적용된다는 사실이다. 즉 취리히의 루츠 옌케Lutz Jäncke 연구실에서 밝힌 바에 따르면 뇌가 클수록 반구 **내** 연결선이 더 강하고 무엇보다 이는 뇌 주인의 성별과 무관하다(물론 대부분 더 큰 뇌는 남자 것일 테지만).[15] 다시 말해 이것은 비례 축소 쟁점이라고 볼 수 있을 것이다. 뇌는 크기가 커짐에 따라 주요 처리 허브 간 거리가 멀어질 것이므로 처리 속도가 떨어지지 않도록 보장할 메커니즘이 있어야 한다. 더 큰 나라에는 더 나은 도로가 필요하다.

고려해야 할 그 밖의 핵심 문제는 뇌 가소성이다. 이미 보았듯이 삶의 경험과 태도는 뇌를 형성하고 재형성할 수 있다. 따라서 뇌 안의 구조를 마치 고정된 종점처럼 측정하려는 시도는 그 구조가 겪었을지도 모르는 뇌 변화 경험의 종류를 고려하지 않은 채 기껏해야 가치가 제한될 가능성이 크다. 앞에서 언급한 것처럼 편도체와 해마에서 크기/성 차이를 발견한 연구자들도 이 점을 인정하고 이 두 구조 모두 경험과 생활방식에 따라 크게 영향을 받는 것으로 명성이 자자하다고 지적한다. 우리는 뇌들이 어떤 종류의 삶을 살았는지 알 필요가 있다. 뇌의 주인들은 받은 교육의 양이 달랐을 수도, 직업이 달랐을 수도, 사회경제적 지위에서 비롯된 종류의 인생 경험을 해왔을 수도 있을 것이다.

당신은 이 모든 시간과 노력 끝에 뇌 구조와 경로의 차이 목록을 작성하려는 이 수십 년간의 시도를 중단할 때가 되었다는 것인지 궁금할지도 모른다. 다프나 요엘과 마거릿 매카시Margaret McCarthy가 제안한 성차 해석의 개선된 틀을 통하면 이 분야를 진전시킬 수 있을 것이다.[16] 그들은 발견되는 모든 차이에 네 가지 질문을 추가할 것을 제안했다. 첫째, 그것은 평생 지속적인가, 아니면 일시적인가? 다시 말해 우리가 이야기하는 것은 늘 존재하는 차이인가, 아니면 호르몬 수치에 따라 나타났다 사라지거나 어린 시절에 나타났다가 사춘기 이후에 사라지는 차이인가? 둘째, 그것은 상황의존적인가, 아니면 독립적인가? 다시 말해 그것은 일부 상황이나 일부 문화에서만 발견될 것인가, 아니면 보편적인가? 셋째, 그것은 분명하게 이형성인가(전혀 중복되지 않는가), 아니면 많이 중복되는가, 아니면 하나의 연속선에서 더 잘 특징지어지는가? 그리고 마지막으로 그것은 **직접적으로** 생물학적 성(염색체나 호르몬을 통해)에 원인을 둘 수 있는가, 아니면 (인간의 경우) 당신이 여성인지, 남성인지에 따라 달라지는 사회적 기대와 문화적 규범과 같은 간접 영향 때문에 발생하는가? 따라서 우리는 차이의 유무뿐 아니라 차이의 종류까지 질문할 필요가 생겼다.

이 틀은 물론 "그래서 뇌에 **있는** 성차는 무엇인가?"라는 반복되는 질문에 보다 미묘한 답을 제공할 것이다. 그리고 아마도 당신이 "글쎄, 그것은 다르다는 것이 무엇을 의미하느냐에 달려 있는데……"로 답하기 시작할 때 습관적인 눈알 굴리기마저도 덜 유발할 것이다.

차라리, 어쩌면 그냥 차이 찾기를 완전히 그만두어야 할까?

모자이크 뇌

뇌에서 성차를 찾을 때 근본적인 가정은 물론 여자 출신 뇌가 남자 출신 뇌와 다르리라는 것이다. 혹시 텔레비전 시리즈 형사가 발견된 시체 일부의 신원을 확인할 수 있는 듯한 방식으로 **이것**은 여성 뇌고 **저것**은 남성 뇌라는 일종의 신뢰할 만한 단서 집합이라도 있는 것일까?

2015년 텔아비브대학의 다프나 요엘이 이끈 팀은 네 개의 다른 연구실에서 1400장 이상의 뇌 스캔을 오랫동안 매우 자세히 조사한 결과를 보고했다.[17] 그들은 각 뇌의 116개 부위에서 회백질 부피를 조사했다. 그리고 스캔의 부분집합에서 116개 부위 중 여성 출신 뇌와 남성 출신 뇌가 가장 큰 차이를 보여주는 특징 열 가지를 확인했다. 그런 다음 그 데이터를 의도적으로 분홍색과 파란색으로 분류했다. 남성에게서 가장 일관적으로 더 컸던 특징을 '남성 쪽male-end'이라 부르고 여성에게서 가장 일관적으로 더 컸던 특징을 '여성 쪽female-end'이라 불렀다. 색으로 암호화된 이런 특징을 여성 출신 뇌 169개와 남성 출신 뇌 112개로 구성된 원래의 데이터 중 다른 부분집합에 대응시켰을 때 각각의 뇌는 다수의 중간 특징뿐 아니라 남성 쪽 특징과 여성 쪽 특징 모두로 구성된 진정한 모자이크를 보여준다는 사실이 즉시 분명해졌다. 표본의 6퍼센트 미만은 일관적으로 '남성' 아니면 '여성'이었다. 다시 말해 116군데의 특징 대다수가 저마다 남성 쪽 아니면 여성 쪽에서 나왔다. 나머지는 뇌 사이의 광범위한 가변성을 보여주었다. 일반적으로 '선별하여 혼합한pick and mix' 남성성과 여성성의 묶음이 뇌별로 명백했다. 이런 종류의 분포는 다른 데이터 세트에서도 발견되었고 구조적 경로도 비슷한 패턴의 결과를 보여주었다. 이 조사의 결론에 따르면 우리는 "뇌를 남성을 대표하는 종류와 여성을 대표하는 두 종류로 나뉜다는 생각을 버리고 인간 뇌 모자이크의 가변성을 인정"해야 한다.

이 논문은 성차 연구계에 중대한 영향을 주었다. 그것은 가변성에 대한 설득력 있는 이미지를 남성 출신 뇌와 여성 출신 뇌 데이터 안에서 제공했다. 그리고 성별에 따라 나뉜 집단 사이에 내적 일관성이 거의 없으므로 남성 뇌 아니면 여성 뇌라는 개념은 버려야 한다고 주장했다. 그런 모든 데이터에 가변성이 있다는 여론도 있었지만(그리고 이 분야의 어떤 뇌 영상술사도 그것에 실제로 이의를 제기할 수 없겠지만) 사용된 기법이 깔끔하게 딱 떨어지는 범주를 찾기에 불리하도록 '사전 준비'를 하고 있었다는 점은 조금 불안했다. 예컨대 한 논문은 다른 유형의 원숭이의 매우 비슷하지 않은 얼굴들에 비슷한 기법을 적용했는데, 그것은 원숭이들을 구별하지 못한다고 했다.[18] 따라서 다프나 요엘이 그녀의 데이터를 두 개의 깔끔한 덩어리로 분류할 수 없었던 이유는 데이터 자체 때문이 아니라 그녀가 적용하고 있던 분류방식 때문이라는 것이었다. 다른 논문은 자동 패턴 인식 기법을 적용했는데, 그 기법은 65퍼센트에서 90퍼센트 빈도로 뇌의 '성별 범주'를 정확히 식별할 수 있다고 보고했다. 다프나 요엘은 다음과 같은 핵심 메시지를 강조하는 것으로 그녀의 접근방식을 옹호했다. 뇌 데이터 세트 내에서는 가변성의 범위가 너무 넓어서(원숭이 얼굴에 그렇듯 상당히 명백하지 않아서) 개체 수준에서 누군가의 '뇌 프로필'을 단지 성별에 근거하여 신뢰할 만하게 예측하기는 불가능할 것이다. 따라서 천만에, 뇌 하나를 집어 들어 116개의 체크 칸 세트를 다 채워도 '여성' 아니면 '남성'이라는 답은 찾아내지 못한다.

또한 다프나 요엘이 지적했듯이 이 생물학적 모자이크주의는 가소성 쟁점과도 얽혀 있다. 예컨대 밝혀진 바에 따르면 어떤 세포의 특성 중 전형적인 여성 또는 남성의 것으로 추정되는 특성은 외부 스트레스에 따라 각각 더 남성다워지거나 여성다워질 수 있다.[19] 따라서 뇌의 모자이크 패턴 차이는 그 뇌가 노출되었던 인생 경험의 차이를 얼마든지 반영할 수 있을 것이다.

그렇다면 성별 이야기의 가장 근본적인 쪽에서 남녀가 깔끔하게 양분된다는 개념과 일치시키기 어려운 증거가 점점 더 늘어나는 것처럼 보인다. 뇌에 관해 단순한 '남성 뇌'/'여성 뇌' 구분에서 벗어나야 할 때임을 시사하는 네 가지 쟁점이 최근에 제기되었다. 점점 더 정교한 영상술을 사용한 수십 년치 연구 결과가 '남성 뇌'와 '여성 뇌'를 구별하는 것이 무엇일지에 관해 아직 합의 비슷한 것도 내놓은 적이 없다. 당신은 궁극적으로 행동을 이해하고 싶을지도 모르지만 뇌의 구조적 차이를 행동으로 번역하는 일에는 어려움이 있다. 가소성 쟁점은 뇌 구조나 기능의 모든 척도를 살펴볼 때 광범위한 심리문화적 요인을 고려할 필요가 있음을 의미하며, 우리가 살펴보는 뇌 활동의 모든 패턴은 기껏해야 뇌의 '스냅사진'으로 여길 수 있을 뿐임을, 즉 현재 프로필만 반영함을 의미하기도 한다. 그리고 다프나 요엘의 최근 연구 결과는 상당히 근본적인 구조 수준에서 개별 뇌에 있는 엄청난 양의 가변성으로 관심을 끌었다. 우리의 뇌가 '남성' 아니면 '여성'이라는 것이 역대 최대의 미신이라는 해

석이 나왔을 정도로.[20]

그 날뛰는 호르몬은?

그렇다면 호르몬은? 우리의 신체 기능 대부분을 통제하는 그 화학적 메신저들도 오래전부터 남성과 여성의 차이를 결정하는 데 매우 특별한 역할을 맡아오지 않았는가? 실제로 제3장에서 보았듯이 안드로겐과 에스트로겐이라는 두 호르몬 집단은 '성'호르몬이라 불린다. 예컨대 안드로겐 집단 중 가장 유명한 테스토스테론은 남성호르몬으로 알려져 있고 에스트로겐에 속하는 에스트라디올은 여성호르몬으로 알려져 있지만, 둘 다 남녀 모두에 존재한다. 최근 한 리뷰는 이른바 '여성'호르몬인 에스트라디올과 프로게스테론의 평균 수치가 남자나 여자나 다르지 않다는 데 주목했다.[21] 따라서 호르몬도 뇌와 마찬가지로, 남성과 여성 간 차이의 깔끔한 양분성을 대변하는 척도처럼 보이지만 더 면밀한 조사에는 견디지 못했다.

여기서도 가소성 쟁점이 관련된다. 행동의 동인動因(제2장에서 보았듯이 그 이름이 의미하는 것은 '선동가')이라는 호르몬의 오래된 인상이 시사하는 바에 따르면 호르몬은 온갖 행동의 원인이다. 하지만 사회적 상황이 호르몬 수치에 미치는 영향을 살펴보는 21세기 연구의 존재는 우리가 이 인과적 역할을 재고해야 한다는 것, 그리고 인간 호르몬도 인간 뇌와 마찬가지로 세상에서 일어나고 있는 일에 얽혀 그에 대응함을 인정해야 한다는 것을 뜻한다.[22] 앞 장에서는 인형이 울고 있는 상황에 대처하는 데 성공한 정도가 남자의 테스토스테론 수치에 미치는 영향을 보았다.

달래기에 성공한 남자는 테스토스테론이 유의미하게 감소했다. 그리고 이 실험 상황은 현실 상황에서도 반영되었다. 테스토스테론 수치는 아버지의 '실천도'에 따라서도 달라졌다.

우리가 사회의 힘과 사회의 기대를 뇌를 변화시키는 변인으로 주목하는 것과 마찬가지로 호르몬에 관해서도 같은 효과가 명백한 것이 분명하다. 사회적 내분비학에 따르면 "안드로겐과 에스트로겐은 두 개의 뚜렷이 다른 성호르몬 세트—한 세트는 여자용, 한 세트는 남자용—가 아니라 모든 인간에게서 발견되는 호르몬이며…… 더군다나 이런 호르몬의 수치는 고정된 것이 아니라 동적이고 젠더화된 사회적 경험에 영향을 받을 수 있다."[23]

하지만 이 모든 것이 어디에서 시작되었는지 기억할 필요가 있다. 이전 상태의 남성과 여성은 기술, 기질, 성격, 적성, 관심사가 너무나 다른 나머지 다른 종의 구성원이나 심지어 다른 행성의 시민으로 오해받을 지경이었다. 그리고 "무엇이 남자와 여자를 다르게 만드는가?"라는 질문에 관해 시작된 공방이 이토록 기나긴 과학적 십자군 전쟁으로 번진 것이다. 우리는 과거에 그랬듯 지금도 혼란스러운 답에 머리를 긁적이고 있고 그런 답을 지금도 얻고 있다. 하지만 뇌나 호르몬을 돌아본 끝에 의심하게 되었듯, 어쩌면 우리가 지금 실제로 살펴보아야 할 것은 질문 자체가 아닐까?

흑백인가, 회색빛 음영인가: 줄어드는 차이와 사라지는 이분법

언어 능력 또는 공간 능력 같은 인지적 요인들이 공감 또는 체계화와 함께 실려 있는, 심리학의 믿고 찾는 성/젠더 차 목록은 오랫동안 잘 확립된 젠더 차별화 요인으로 인정받아왔다. 하지만 제13장에서 보았듯이 이런 확신에 찬 주장은 도전받기 시작했고, 2005년 재닛 하이드Janet Hyde의 메타분석과 2015년 이선 젤Ethan Zell과 동료들의 메타분석이[24] 시사했듯이 수백만 명의 참가자에 대한 수십 년간 연구에서 얻은 압도적 메시지는 실은 남자와 여자가 차이점보다 유사점이 더 많으며, 있던 차이도 시간이 지남에 따라 사라지고 있다는 것이었다.

그러면 이제 남자와 여자가 다른 행성에서 왔다는 과거의 확신에서 한 걸음 더 벗어나보자. 젠더 유사성 가설조차도 남성과 여성이라는 두 범주가 실제로 얼마나 다르거나 비슷한가에 관한 주장에 근거한다. 하지만 애초에 두 범주가 있다고 생각하는 근본적인 실수를 저지르고 있다고 가정하면? 다시 말해 우리가 지금껏 진지하게 메타분석하고 있는 모든 인지 기술이나 성격 속성이나 사회적 행동에 관해 남자와 여자는 두 집단으로 나뉘는 것이 아니라 그들의 해부학이 (처음 생각보다 복잡하지만) 다르다보니 우리 모두 두 집단이 존재하는 것이 틀림없다고 믿게 된 것이라면?

뉴욕 로체스터대학의 해리 라이스Harry Reis와 세인트루이스 워싱턴대학의 보비 캐러더스Bobbi Carothers가 공저한 2013년 「지구에서 온 남자와 여자: 젠더의 잠복 구조 조사Men and Women are from Earth: Examining the Latent Structure of Gender」[25]와 2014년 「흑백인가, 회색빛 음영인가: 젠더 차는 범주적인가, 차원적인가?Black and White or Shades of Grey: Are Gender Differences Categorical or Dimensional?」[26]라는 멋진 제목의 두 논문이 이런 사고방식을 촉발했다. 두 논문 모두 바로 '차이' 질문이라는 출발점으로 되돌아간다. 그들이 지적했듯이 두 집단을 비교하는 행위는 애초에 두 집단이 있다고 가정한 것이다. 사람(또는 무엇이든)을 서로 다른 집단에 넣으려면 누구 또는 무엇이 어떤 집단에 속하는지 결정할 수 있는 근거인 '그룹화 변수'에 관한 기본 원칙을 알아야 한다('분류군' 설정이라고 알려져 있다). 범주 또는 분류군이 의미가 있으려면 그것의 구성원은 일반적으로 공존하는 알아볼 수 있는 특성 모음(내적 일관성)을 갖추고 있어야 한다. 대체로 이런 특성은 다른 범주와 알아볼 수 있을 만큼 뚜렷이 구별되는 범주가 되어야 한다. 다시 말해 이는 각각의 범주(당분간 그것을 상자라고 부르자)에 붙은 라벨만 알아도 그 상자에 무엇이 들어 있는지에 관해 넉넉한 단서를 얻을 수 있다는 뜻이다. 물론 이것은 바로 정형화가 하는 일이다(다른 모든 것이 따라 나온다고 가정되는 라벨을 제공한다).

보비 캐러더스와 해리 라이스는 남자와 여자를 구별한다고 추정되는 122개 척도에 관한 데이터를 분석했다. 여기에는 공감, 성공에 대한 두려움, 과학에 대한 관심, 신경성과 같은 다섯 가지 성격 특성의 척도를 비롯하여 남성스러움이나 여성스러움의 서로 다른 많은 척도가 포함되었다. 그들은 결과 척도가 분류학적(이산 군에 속함)인지 차원적(단일 척도에 속함)인지를 보여주도록 특별히 설계된 세 가지 다른 유형의 분석을 통해 각 데이터를 비교 분석했다. 그들이 살펴본 거의 모든 비교 결과는 데이터가 단일 차원을 따라 가장 잘 들어맞는다는 것을 보여주었다. 구글 메모를 쓴 제임스 데이모어는 이 두 논문을 접하지 못한 것이 분명하다!

이런 결과는 단순한 분석방법의 문제가 아니라 데이터가 적절하다면 뚜렷이 다른 두 집단으로 분리될 것임을 확실히 하기 위해 그들은 신체 측정치나 운동 성적과 같이 두 집단으로 깔끔하게 나뉘는 것이 확실한 데이터만 사용하여 별도로 보고했다. 그 척도는 권투 즐기기, 포르노 시청하기, 목욕하기, 전화로 떠들기와 같이 성별로 정형화된 활동을 적절한 집단별로 신뢰성 높게 분류하는 데도 효과적이었다(어떤 활동이 어떤 성별의 것으로 정형화되었는지는 짐작에 맡기겠다). 따라서 우리가 뇌에서 성차를 찾아다니게 된 바로 그 기원, 여성과 남성의 행동, 적성, 기질, 좋아하는 것과 싫어하는 것에는 분명한 차이가 있다는 점에 급진적 업데이트가 필요한 것처럼 보일 것이다.

게다가 다프나 요엘과 그녀의 팀은 뇌 척도에 적용했던 '모자이크' 접근방식을 심리학적 변인을 살펴보는 데에도 사용했다.[27] 그들은 두 세트의 대규모 공개 데이터에서 데이터를 가져온 다음 보비 캐러더스와 해리 라이스 연구에서 가장 큰 성차를 구체적으로 보여준 데이터 세트를 추가했다. 그리고 각각의 세트에서 가장 큰 성차를 보여주는 변인, 예를 들면 "체중을 걱정함", "도박을 함", "집안일을 함", "조립이 취미임", "엄마와 잘 통함", "포르노를 열심히 봄" 같은 특성을 가려냈다. 그런 다음 매우 차별적으로 보이는 이런 변인에 기여한 참가자 한 명 한 명에게서 각 변인의 분포를 살펴보았다. 얼마나 많은 참가자가 남성성 아니면 여성성이 강한 특성들로 구성된 하나의 '어울리는 세트'를 갖고 있었을까? 체중을 걱정한 사람은 토크쇼를 시청하고 집안일을 할 가능성도 더 높았을까? 도박에 관심이 많았던 사람은 실제로 권투도 좋아하거나 조립형 취미도 갖고 있었을까? 답은 '아니요'였다. 이 연구에서 테스트한 여성 3160명과 남성 2533명 중에서 1퍼센트를 조금 넘는 사람만이 일관성 있게 권투를 사랑하는 포르노 시청자이거나 목욕을 좋아하는 체중 걱정자였다. 나머지 99퍼센트는 말하자면 엄마와 잘 통하는 상습 도박자일 가능성이 높았다.

따라서 뇌의 경우와 마찬가지로 전형적인 여성의 행동 프로필이나 전형적인 남성의 행동 프로필 같은 것도 없다. 우리는 저마다 다른 기술, 적성, 능력의 모자이크다. 그런 우리를 옛 말투로 라벨을 붙인 두 상자에 분류하여 넣으려는 시도는 인간 가변성의 진정한 본질을 포착하는 데 실패할 것이다.

기초 생물학에서 출발하여 뇌 특성을 거쳐 행동과 성격 프로필에 이르기까지 모든 종류의 서로 다른 척도를 남성과 여성에게서 살펴보면 살펴볼수록 이런 척도가 신뢰성 있게 구별 가능한 두 집단의 사람들에게서 나오는 것처럼 보일 가능성은 점점 더 낮아진다. 이는 분명히 우리의 잘 확립된 고정관념 전부에, 그리고 의식적으로든 무의식적으로든 이런 고정관념에 기반을 둔 모든 종류의 차별적 관행에 명백히 영향을 미친다.

양성을 넘어—젠더정체성에 미칠 영향

단순한 남성/여성 이분법에서 벗어날 가능성의 명백한 부속물은 이것이 젠더정체성이라는 개념 전체와 어떻게 관련될까 하는 의문이다. 이미 보았듯이 성차 논쟁의 기원은 생물학적 성(타고난 유전자, 생식기, 생식샘)과 사회적 젠더(자기정체성, '동류의 사람들'이 사회에서 담당하는 역할) 사이에 끊을 수 없는 단일 방향의 인과관계가 있다고 가정했다. 이는 논쟁의 여지가 없는 증거에 의해 입증되었다고 여겨진다. 증거에 따르면 뇌에는 적성, 기술, 성격, 정체성의 성차를 유발하는 성차가 있고, 이것이 차례로 성취, 지위, 권력 위치의 성차를 설명한다는 것이다.

하지만 일단 그 증거라는 연결 고리가 끊어지기 시작하면 과거의 확신은 도전받을 수 있고, 태어났을 때 할당받은 성이 어떤 식으로든 자기 정체성과 관계있다는 생각도 예외가 아니다. 따라서 21세기에 성을 재고하는 일은 단순히 뇌와 행동의 이해를 넘어 더 많은 측면에 영향을 미친다. 우리는 남성 뇌 아니면 여성 뇌를 가졌기 때문에 우리가 남성 아니면 여성이라고 느끼는 것일까? 만약 남성 뇌나 여성 뇌 같은 것이 없다면 젠더정체성은 어디에서 비롯되는 것일까?

이 분야의 너무나 많은 다른 경우와 마찬가지로 우리는 정의를 분명히 할 필요가 있다. 젠더정체성gender identity이란 자기는 남성 또는 여성이라는 의식, 남성이든 여성이든 우리가 **인정하는** 젠더를 가리킨다. 누군가가 길에서 당신을 멈추고 설문지를 작성해달라고 하면 당신은 스스로를 남성이라고 적겠는가 여성이라고 적겠는가? 그것은 젠더 취향gender preference이나 성적 지향sexual orientation과 같지 않다. 후자는 일반적으로 섹스 상대로 선호할 젠더를 일컫는다. 둘은 같이 갈 수도 있지만 독립적으로 달라지는 것으로 밝혀졌다.

우리는 아이들이 주니어 젠더 형사이고 일찍부터 사건을 수사 중임을 알고 있다. 그리고 세 살 무렵이면 자기가 느끼는 젠더는 무엇인지, 그리고 그것이 의미하는 바에 따르면 자기는 어떻게 행동해야 하는지, 옷을 어떻게 입어야 하는지, 어떤 장난감을 갖고 노는 편이 나을지에 대해 분류를 마친다. 그리고 이 젠더는 거의 어김없이 해부학적 차이에 대한 인식과 연계된다—남자아이는 음경이 있고 여자아이는 없다. '증거가 있는' 이 자리 또는 머리 길이나 이름 같은 단서를 근거로 사교계의 타인에게 서로 다른 젠더를 부여하고 각각의 젠더와 연관된 기본 원칙을 단호하게 언명한다.[28] 범칙자는 화를 당할 것이다—아이들 자신이 누구보다 비타협적인 젠더 경찰이다!

이것이 생애 초기에 시작하기 때문에 젠더정체성은 선천적인 생물학적 요인의 발현에서 기인한다고 말하는 학설이 하나 있다. 우리의 유전적·호르몬적 성별이 뇌와 행동의 성차를 유발한다고 밝혀진 것과 같은 방식으로 생물학적 과정이 젠더정체성의 출현을 뒷받침한다고 생각된다.[29] 남성 아니면 여성이라고 '느끼는' 이유는 유전적·호르몬적 요인의 작용으로 뇌가 조직화되고 노선이 부여되어 당신이 남성 뇌 아니면 여성 뇌를 가졌기 때문이다. 선천성부신과다형성증인 여자아이들이 할당된 여성 성별에 낮은 만족도를 보여준다는 보고는 젠더정체성이 생물학적으로 결정된다는 증거로 인용되었다.[30] 이와 유사하게 데이비드 라이머, 제2장에서 만났던 여자아이로 길러진 남자아이의 사례는 생물학적인 젠더정체성과 상충하는 젠더정체성을 확립하기에는 특별하게 결연한 사회화 노력도 얼마나 불충분해 보였는지를 보여준다.[31]

하지만 당신은 생물학적 몸이 알려주는 젠더와 당신이 동일시하는 젠더가 연결되지 않는다고 느낀다면? 필요한 모든 증거도 소용없고, 당신의 문화가 그 둘은 함께 간다는 매우 강력한 메시지를 주고 있어도 소용없다면? 너무나도 불행한 나머지 수술을 포함하여 과격한 의학적 절차를 밟아서라도 생물학적 성을 바꾸어 당신이 동일시하는 젠더와 일치시킬 작정이라면? 생물학이 젠더의 주요 '원인'으로 계속 인정되는 문화에 빠져 있다면 아마도 이해할 수 있는 선택일 것이다.

젠더정체성은 현재 뜨거운 논란거리다. 2012년 영국 평등인권위원회가 1만 명을 대상으로 한 설문 조사에 따르면 인구의 약 1퍼센트가 이런 종류의 분리를 보고한다.[32] 이것의 결과가 언제나 의학적 중재는 아닐지라도 이 노선을 택하는 사람은 상당히 극적으로 늘어나고 있다. 2017년 미국성형외과학회가 보고한 바에 따르면 성전환수술은 전년도 대비 19퍼센트가 증가했다(총 3250건 수술).[33] 영국에서는 전체 통계에 접근하기가 어렵다. NHS(국민의료보험)도 일부 수술을 시행하기는 하지만 많은 수술을 개인병원에서 받기 때문이다. 하지만 2015년 하원여성평등위원회의 보고서에 따르면 젠더정체성 클리닉 위탁 건수가 해마다 약 25퍼센트에서 30퍼센트씩 증가하고 있다.[34]

논평을 불러일으킨 추가 요인은 자신을 젠더 변이gender variant(젠더 표현이 젠더 이분법에 맞지 않는 사람-옮긴이)라고 선언하는 아이들 수의 극적 증가와 이 일이 일어나는 연령의 감소다. 2017년 《텔레그래프Telegraph》 보도에 따르면 NHS의 유일한 트랜스젠더 아동용 시설을 방문한 10세 미만 아동 수가 2012년에서 2013년 집계 36명에서 2016년에서 2017년 집계 165명으로 4년 사이에 네 배로 늘어났다.[35] 3세에서 7세에 위탁된 아동이 2012년에서 2013년에 20명이었던 데 비해 2016년에서 2017년에는 84명이었다는 점도 주목되었다. 여기서 논쟁을 일으키는 한 측면은 치료의 한 형태가 사춘기 차단 호르몬의 사용을 수반한다는 점이다. 때로는 아동/청소년이 동일시하고 싶어하는 젠더의 이차성징이 발달할 수 있도록 이성異姓 호르몬을 사용하기도 한다.

2015년 올림픽 10종 경기 선수 브루스 제너Bruce Jenner가 케이틀린 제너Caitlyn Jenner가 되기 위해 전환 중이었다는 사실이 드러나면서 이 쟁점은 확실히 대중의 주목을 받았다.[36] 그리고 "나의 뇌는 남성보다 여성에 훨씬 더 가깝다"라는 그녀의 단언은 트랜스젠더 개인이 자주 하는 주장을 요약한 것이다. 그들은 마치 자기가 여성 몸에 남성 뇌를(또는 남성 몸에 여성 뇌) 가졌다고 느끼거나 좀 더 구어체로 말하면 '잘못된 상자'에 담겨 태어난 것처럼 느낀다. 그들은 자신의 생물학-젠더 연결에 문제가 있다고 느끼므로 자신이 동일시하는 젠더와 일치하도록 자신의 생물학을 바꾸어 바로잡고 싶어한다. 하지만 어쩌면 우리는 그 연결에 도전해야 하지 않을까? 어쩌면 우리는 미리 라벨을 붙인 상자 안으로 인간이 끼워진다는 모든 종류의 개념에 도전해야 하지 않을까?

앞에서 보았듯이 여성의 어려움은 그들의 생물학이 그들의 관심사, 적성, 성격, 직업 등을 결정한다는 흔들림 없는 확신과 연관된다. 어쩌면 이것은 자신의 젠더정체성을 의심하고 있는 사람들에게까지 확대될 것이다. 젠더 마케팅 어디에나 있고 끈질긴 넛지, 소셜미디어와 유흥 시설의 무자비한 젠더 폭격, 젠더 정보의 끊임없는 이용 가능성은 결국 남성이나 여성이라는 것의 의미에 대해 우리가 전에 직면했던 고정관념보다 훨씬 더 융통성 없고 규범적인 고정관념이 될 수 있다. 따라서 남자아이이거나 여자아이인 당신에게 기대되는 종류의 특성은 무엇이냐는 질문에 '앞의 보기 중 하나도 해당되지 않음'이 답으로 나온다면 당신의 답에 문제가 있는 것이 아니라 무엇이 남자아이나 여자아이를 만드는가에 대한 질문에 문제가 있는 것일 수 있다. 남성 뇌 아니면 여성 뇌라는 미신의 실체 폭로는 트랜스젠더 공동체에도 영향을 미칠 것이다. 그것이 긍정적인 것으로 보이기를 바란다.

성은 여전히 중요하다—메신저를 쏘지 마라!

화성/금성 난간 위로 고개를 내밀고, 남성과 여성의 뇌와 행동의 '잘 확립된' 차이가 실제로는 잘 확립된 것이 아니며, 사실상 차이도 아닐 수 있음을 지적한 한 가지 결과는 정중히 말해 '불리한 논평'을 끌어모을 수 있다는 것이다.

나는 크리스티나 오도네Cristina Odone가 쓴《텔레그래프》의 기사를 오려서 잘 간직하고 있다. "불쌍한 과학자. 흰 생쥐와 흰 가운에 둘러싸여 유독성 액체로 채워진 유리병을 다루며 실험실에 갇혀 있다—그녀가 때때로 상식을 잃는 것은 조금도 이상하지 않다. 지나 리펀의 경우가 그런 듯하다."[37] 게다가 나는 "평등 페티시가 있는 페미니즘의 낌새를 풍기는" 이론을 지지한다는 비난도 받는다. 나는 "잉어를 배불리 먹었다full of carp('헛소리만 잔뜩 지껄이는' 누군가를 가리킨다-옮긴이)"라는《데일리메일》댓글 스레드의 또 다른 묘사에 대해서는 얼버무리고 넘어가겠다(나는 이것이 오타이며 나의 생선 식습관에 대한 비판은 아니라고 추정한다). 그리고 '심술궂은 마귀할멈'과 '폐경후 차별 철폐 조치가 낳은 건달'을 그 뒤섞인 평에 보태면 그림이 그려지기 시작할 것이다.

지금까지의 성차 연구와 연구 결과라는 영역에서 논의하는 동안 두 가지가 분명해졌기를 바란다. 첫째, 존재하는 모든 성차와 훨씬 더 중요한 그것의 출처를 **충분히** 이해하는 것이 매우 중요하다. 뇌에 관계된 모든 것에 대해서는 특히 더 그러하다. 불완전한 뇌 기반 설명은 과학에서 성공하는 사람에 대해서든 지도를 읽을 수 있거나 없는 사람에 대해서든 현 상황이 굳어져 피할 수 없다는 믿음에 잘못 기여하는 경우가 흔하기 때문이다. 그리고 이것은 쓸모없는 고정관념, 의식적이든 무의식적이든 잘못된 정보에 근거한 편향, 그리고 잠재적으로 인적 자원의 상당한 낭비로 이어질 수 있다.

둘째, 이런 비판은 **모든** 성차의 존재에 대한 부정이 **아니다**. 이런 종류의 연구를 올바르게 수행해야 할 필요성을 고려하면 성차에 관한 모든 연구를 잘 설계할 뿐 아니라 검사할 종속변인과 독립변인을 신중히 선택하고, 참가자 집단을 적절히 선발하며, 데이터를 사려 깊게 분석하고 해석하는 것이 중요하다. 일단 이것이 신뢰할 만하게 자리가 잡히면 더 진짜 유용한 연구 결과의 포트폴리오가 모이기 시작할 것이다. 나와 나의 동료 같은 사람을 '반성차주의자'나 '성차 부정자'로 일컫는 사람들은 요점을 놓치고 있는 듯하다. 마찬가지로 우리가 성차 연구를 **방해하여** 여성의 삶을 위험에 빠뜨리고 있다는 비난도 (부정확할뿐더러) 당혹스럽다.[38] 이 책 전체에서 보았듯이 성차 연구는 여전히 활발하다. 그래서 드는 생각인데 내가 속한 듯한 이 '페미니즘 신경과학'(혹은 '페미나치 feminazi(극단적 여성우월주의자를 일컫는 페미니즘과 나치의 합성어-옮긴이)') 게릴라운동은 크게 성공을 거두지 못하고 있다!

신체적·정신적 건강 문제의 발병률에는 뚜렷한 성차가 있다는 분명한 징후가 있다. 이것에 개인의 성 **또는 젠더**가 얼마나 기여했을지 확인하는 일은 명백히 필수적이다. 주요 쟁점은 성이라는 단순한 범주 너머를 보는 문제, 그것이 영향력 있는 하나의 요인일 수 있음이 분명할 때 거기서 멈추지 않고 그것에 얽혀 있을지도 모르는 다른 요인도 알아보는 문제다. 우울증에 시달리는 여성이 남성보다 더 많은 이유는 성과 관련된 유전적 요인이나 호르몬적 요인 때문인가, 아니면 젠더화된 생활방식과 연관된 '자존감 결핍' 때문인가? 아니면 둘 다인가? 이런 종류의 쟁점을 다룰 수 있다면 성/젠더 차 분야에서 의미 있는 진전을 보게 될 것이다.

우리가 이 장에서 고려한 연구 결과가 시사하듯이 생물학적 성을 그것이 유발하는 범주적 차이 면에서 살펴보면 그림은 왜곡될 것이다. 그것은 하나의 연속적인 차원적 변인으로 생각하는 편이 훨씬 낫다. 그것은 우리가 이해하려는 과정이나 해결하려는 문제에 지대하거나 보통이거나 어쩌면 단지 사소한 영향을 미칠 것이다. 지금까지 살펴본 바에 따르면 '영향'이라는 용어가 우리 뇌의 평생 여정에서 생물학적 성이 할 수 있는 역할을 훨씬 더 정확하게 반영하는 것처럼 보일 것이다.

성은 단연코 중요하다. 이것은 '불편한 진실'이 아니라 조심스럽게 밝혀져야 할 진실일 뿐이다. 우리는 '양성을 넘어' 나아가야 한다. '남성 뇌' 또는 '여성 뇌'라는 생각을 멈추고 우리 뇌를 과거 사건과 미래 가능성의 모자이크로 볼 필요가 있다.

결론

겁없는 소녀와 다정다감한 소년이 나오려면

우리는 우리의 환상적인 가소적 뇌가 수백 년 동안 남성과 여성을 다르게 취급해온 젠더화된 세상에 어떻게 빠져드는지 보았다. 우리는 머리가 둘 달린 고릴라의 시절에서 벗어났을 것이다. 하지만 21세기에도 우리는 능력, 기질, 선호의 차이에 대한 오래된 고정관념에 기반하여 남성과 여성에게 다른 기회를 제공하도록 구성된 세상의 증거를 여전히 찾아볼 수 있다. 태어난 순간(그리고 그 이전)부터 규칙에 굶주린 뇌는 가족, 교사, 고용주, 매체, 그리고 궁극적으로는 우리 자신의 다른 기대와 맞닥뜨린다. 심지어 놀라운 뇌 영상 기술이 등장하여 차이가 줄거나 사라지고 있다는 증거가 생겼어도 남자와 여자는 **그** 남성 뇌와 **그** 여성 뇌가 그들이 할 수 있는 것과 할 수 없는 것, 그들이 성취할 것과 성취하지 못할 것을 결정하리라는 개념이 아직도 끈질긴 생명력을 드러내고 있어 이 모두를 넘치는 신경난센스와 함께 꿀꺽 삼키게 된다.

하지만 뇌 과학자는 논쟁을 진전시킬 수 있고 진전시키고 있다. 뇌 성차에 대한 문제는 도전받고 있다. 성차가 있다면 그것은 어디에서 비롯되는 것일까? 그리고 그것은 뇌 주인에게 어떤 의미가 있을까? 우리는 우리의 뇌가 규칙을 찾는 체계로서 우리의 세상 여정을 안내하기 위해 그 뇌가 속하여 기능하고 있는 그 세상을 기반으로 예측을 생성하고 있음을 보았다. 따라서 서로 다른 뇌가 어떻게 서로 다른 종착지에 도착하는지(그것이 사실이기 때문에) 이해하려면 우리는 우리가 그곳에서 흡수하게 되어 있는 사회적 규칙이(옳든 그르든) 정확히 무엇인지 훨씬 더 잘 알고 있어야 한다는 것을 깨달았다. 뇌의 평생 지속되는 가소성에 대한 최근의 이해가 의미하는 바에 따르면 우리는 우리 뇌가 도중에 겪게 될 뇌 변화 경험의 종류도 고려해야 한다.

뇌 가소성은 단지 택시 운전과 저글링에 관한 문제가 아니라 (두 실험이 제공하는 통찰은 정말 흥미롭지만) 태도와 믿음이 우리의 유연한 뇌에 미칠 수 있는 영향에 관한 문제다. 우리의 뇌를 심층학습 체계로 이해한다는 말은 우리가 마이크로소프트의 불운한 챗봇 테이를 보듯 편향된 세계가 편향된 뇌를 만들어내게 되는 과정을 볼 수 있다는 것을 뜻한다. 우리는 가족, 친구, 고용주, 교사(그리고 자기)뿐 아니라 사회적·문화적 매체에서도 받는 젠더 폭격을 등록하여 그것이 우리 뇌에 미치는 매우 현실적인 영향을 이해해야 한다.

발달인지신경과학은 아기와 아기의 뇌가 정확히 얼마나 정교한가를 보여주고 있다. 우리는 한때 아기를 다소 조롱하듯 단지 '반응적'이고 '겉질밑'인 존재라고 여겼다. 하지만 첫날부터(그리고 어쩌면 그 이전에도) '초심자 겉질 도구 모음'을 완비한 이 아주 작은 사회적 스펀지는 자신의 사회적 네트워크에 잠입하여 그 세계의 사회 참여 규칙을 찾아낸다. 따라서 우리는 그들이 그곳에서 정확히 무엇을 마주칠지 경계해야 한다.

우리는 뇌 네트워크의 구성과 해체, 그리고 (궁극적으로) 성숙한 사회적 존재의 출현을 지켜볼 두 번째 '기회의 창'이 있다는 것을 이제 막 깨닫기 시작했다. 청소년기는 뇌 네트워크에서 역동적인 재조직화가 일어나는 한 기간, 즉 국부적/체계 내 연결선이 더 멀리 퍼져 뇌의 서로 다른 부분을 잇는 전체적 연결선으로 전환되는 '체계 수준 재배선' 기간을 나타낸다.[1] 이런 변화는 우리가 아기 뇌에서 추적한 변화만큼 극적이다. 청소년은 (일반적으로) 갓난아기보다 다가가기 쉽고 고분고분한 집단이어서 신경과학자들이 이런 뇌 조직화의 변화를 이에 따르는 행동의 변화와 동시에 추적할 수 있을 가능성이 있다.

청소년이 또래 압력과 사회적 거부에 지나치게 민감한 것처럼 보일 뿐 아니라 정서 조절과 충동 억제를 어려워한다는 것은 신경학자가 아니어도 알고 있다.[2] 이런 모든 과정은 우리가 알기로 사회적 뇌 활동의 핵심 특징이고 스캐너에서 조사하기 위해 모델링할 수도 있다. 사회적 뇌의 활동에 대한 이해는 뇌가 세상과 어떻게 상호작용하는지, 즉 새로이 생겨난 자아감이 뇌와 행동 모두에 어떻게 반영되는지에 대한 이해의 핵심에 있는 것처럼 보이므로 청소년기에서 이런 과정에 초점을 맞추면, 예컨대 사회적 규칙과 영향력 있는 타인이 어떻게 겉질 과정을 결정할 수 있는지에 대한 통찰력을 얻을 수 있을 것이다.[3]

사회인지신경과학은 자아를 무대 중앙에 놓음으로써, 우리 자신을 사회적 존재로 구성한 것이 아마도 뇌의 진화가 거둔 가장 강력한 승리일 것임을 우리에게 일깨우고 있다. 사회적 뇌를 이해하는 것은 젠더화된 세상이 어떻게 젠더화된 뇌를 만들어낼 수 있는지, 젠더 고정관념이 어떻게 매우 현실적인 뇌 기반 위협이 되어 종점에 도달할 자격이 있는 뇌를 다른 데로 보낼 수 있는지를 조사하는 데 매우 효과적인 렌즈를 제공할 수 있음이 분명하다. 자존감과 자기침묵 같은 과정의 중요성을 이해하면 젠더 격차와 성취 부진의 뇌 기반을 훨씬 더 능숙하게 다룰 수 있을 것이다.[4] '내면의 제한장치'가 어떻게 구성되는지 알면 그것이 우리의 사회적 뇌에 유용한 구성 요소가 되도록 측정값을 재조정할 기회가 생긴다.

모든 종류의 젠더 격차에 대한 설명에 뇌 기반 과정과 세상 기반 과정이 얽혀 있음을 알았으니 이제 문제를 해결하려면 가닥을 하나씩 풀어 더 나은 설명을 찾아낼 수 있는지 알아보아야 할 것임을 깨달아야 한다.

뇌가 중요하다—물을 탓하지 마라?

배관이 새더라도 물을 탓하지 말라는 말이 있다. 배관을 통째로 교체하는 것이 장기적인 해결책일 수 있지만 때로는 새는 곳을 막을 방법을 찾는 것이 도움이 될 수 있다.

우리는 이런 종류의 쟁점을 뒷받침할 수 있는, 서로 다른 요인이 얽혀 있는 바로 그런 종류의 거미줄에 대한 사례 연구로 과학계에서 계속되는 여성의 과소대표성을 살펴보았다. 이것은 문제 요인으로 과학은 남성적 기관이라는 세계관에 따라 과학자가 거의 변함없이 남자이고, 여성 과학 지망자에게 냉랭한 분위기를 제공하는 것을 꼽을 수도 있고, 여자는 필요한 적성과 기질이 없다는 세계관(여성 자신이 흔히 공유함)에 따라 여성이 권한을 빼앗기고, 단절되고, 환멸을 느끼는 것을 꼽을 수도 있다. 2017년 여름의 악명 높은 구글 메모 사건이 신호였다.[5]

이런 배타적 특성의 결합에 직면하면 여성은 고정관념 위협의 자기

충족적 예언에 굴복할 수 있다. 그런 식으로 순환은 계속된다. 젠더 평등 최상위 국가에서 과학계 젠더 격차가 가장 크다는 '역설적' 연구 결과는 여성이 선택의 자유가 더 많은 곳에서 비과학적 진로로 자연스럽게 쏠릴 것이라는 주장을 실제로 뒷받침할까?[6] 어쩌면 선택의 자유가 더 많은 곳에서 환영받지 못하는 직장, 특히 행동과 겉질의 훈련을 통해 그런 직장은 그들을 위한 것이 아니라는 믿음을 주입받은 곳에서 먼 쪽으로 자연스럽게 쏠리는 것은 아닐까?

현재 관련이 없거나 시간이 지남에 따라 명부에서 사라질 사람들이 과학을 더 매력적으로 느끼게 하려면 과학의 문화 내에서 취해야 할 단계가 분명 있다.[7] 예컨대 보다 가족친화적인 정책에 대해서는 큰 진전을 보여주고 있지만 상위 계층에서 계속되는 젠더 격차는 아직도 갈 길이 멀었음을 나타낸다.[8]

추가적인 접근방식은 내면의 제한장치가 너무 낮게 설정되어 있을 (또는 기대치가 낮은 일생을 반영하고 있을) 사람들에게 권한을 부여할 방법을 찾는 것일 수 있다. 자기침묵과 이탈이라는 쟁점을 따져보아야 한다.[9] 앞에서 보았듯이 수학 불안의 문제는 제 역량을 발휘하지 못하는 현상에 얽힌 많은 원인에 대해 유용한 통찰력을 제공하여 정서 조절 과정이 진행 중인 처리를 어떻게 방해할 수 있는지 보여준다.[10] 하지만 우리는 정확히 무엇이 잘못되고 있는지도 보여줄 수 있다. 즉 부정적 피드백이 불안에 시달리는 사람에게 얼마나 강력하고 주의를 끄는지가 그녀 뇌의 '오류 평가 체계'에서 분명하게 표시되는 활성화로 드러남에 따라, 그녀가 어떻게 받을 수 있는 지원에서 관심을 돌리고 너무 빨리 패배를 인정하게 되는지를 보여준다.[11]

우리 뇌를 더 탄력 있게 만들어 패배와 이탈로 이어질 수 있는 부정적 억제과정을 비활성화하는 방법이 있다. 인디애나대학의 심리학자 케이티 반 루Katie van Loo와 로버트 라이델Robert Rydell은 매우 단순한 '권한 부여'과정이 여학생에게 면역력을 주어 고정관념 위협의 영향을 막아준다는 것을 입증했다.[12] 그들은 여학생이 자기가 권력자의 위치에 있다고 (예컨대 최고경영자로서 유용성 순서로 직원의 순위를 매기고 있다고) 상상하도록 해주면 뒤이은 수학 시험에 대한 고정관념 위협의 영향을 완화할 수 있음을 보여주었다. 이 영향은 뇌에서도 보여줄 수 있었다. '권력 상승 점화high-power priming'는 인지적 간섭과 관련되는 뇌 부분의 활성화 수준을 낮출 수 있다.[13]

때때로 '권한 부여'는 매우 쉬운 방법으로 조작될 수 있다. 사회심리학자들은 힐러리 클린턴Hillary Clinton이나 앙겔라 메르켈Angela Merkel처럼 권력이 강한 여성의 사진을 배경에 두는 것만큼 간단한 조치가 불안해하는 여성 연사를 도울 수 있음을 보여주었다.[14] 자기정체성을 확립하거나 그에 대한 도전을 극복하는 역할 모델의 중요성은 사회심리학과 사회인지신경과학 모두에서 잘 확립되었다.[15] 역할 모델은 나이를 불문하고 많은 상황에서 부정적인 자기이미지를 개선하고 줄어드는 자존감을 끌어올리는 데도 없어서는 안 될 역할을 할 수 있다.

마찬가지로 내집단 소속 욕구가 강하다는 증거도 여학생을(실제로 과소대표되는 모든 개인) 격려하기 위한 이니셔티브를 개발하는 데 이용할 수 있다. 훌륭한 예가 사회운동단체 여성과학공학인Women in Science and Engineering: WISE이 운영하는 이니셔티브다. "피플 라이크 미People Like Me(WISE의 등록상표-옮긴이)"는 '어울림fitting-in'이라는 의제를 진로 선택에서 활용하여 모든 유형의 성격이 서로 다른 유형의 과학 진로에서 어떻게 어울리는 짝을 찾을 수 있는지 보여준다.[16] 이 채용 캠페인은 여자아이들에게 개인적 특성을 어떻게 다양한 유형의 과학자와 짝지을 수 있는지 보여주는 것뿐 아니라 부모, 교사, 고용주가 그런 개인차를 인식하고 그에 맞춘 방법으로 과학을 장려하도록 하는 것까지 목표로 한다.

문화 기반 문제는 분명 문화를 고쳐서 해결해야 하지만 그 문화와 싸우는 사람에게 권한을 부여하면 제시된 해결책이 탄력을 받아 변화 과정이 빨라질 수 있다. 그리고 무엇이 참여나 이탈의 동인인지 이해하면 명백하게 유능한 개인이 제공된 기회에서 등을 돌리는 것 같은 역설적 젠더 격차에도 답을 제공할 수 있을 것이다.

성이 전부는 아니다

이 책의 주요 메시지는 사실상 19세기 초부터 명맥을 이어온 뇌 연구 의제의 초점이 생물학적 성별로 나뉘는 두 집단 간의 차이를 설명할 필요가 있다는 인식에 의해 주도되어왔다는 것이다. 지난 장에서 보았듯이 이런 두 집단의 뇌나 이런 뇌가 지원하는 행동에 실제로 관련된 차이가 있다는 좋은 증거가 현재 없다는 생각은 막 깨어나기 시작했을 뿐이다. 두 집단 간에 평균적인 차이가 있는 것은 확실하지만 효과 크기는 특징적으로 매우 작다. 그리고 평균은 흥미로운 개인차를 모두 지워버릴 것이다. 성차라는 개념조차 기초 생물학 수준에서 도전받고 있다.[17]

어쩌면 이제는 뇌 과학이 그냥 그것—개인을 살펴보는 일—을 함으로써 강점과 약점, 능력과 적성이라는 개인의 '뇌 역사'를 이해하게 될지도 모르는 방식을 다시 생각해볼 때인지도 모른다. 초기 뇌 영상의 기법과 목표는 둘 다 우리 모두에게 있는 **그** 언어 영역, **그** 의미 기억 저장소, **그** 패턴 인식 영역의 일반적인 설명과 관련이 있었다. 개인차는 잡음으로 취급했고 그런 변동성을 제거하기 위해 전 참가자 데이터의 평균을 냈다. 개인적 경험으로 볼 때 단일 참가자들의 유의미한 차이라는 흥미로운 연구 결과는 집단 평균이 산출되고 나면 사라질 것이다. 초기 형태의 데이터와 데이터 분석은 개인차에 대한 통찰을 제공하기에는 너무 조잡했지만 우리는 그때를 넘어왔다. 지금은 뇌에서 기능적 연결성 프로필, 과제나 휴식과 관련하여 동기화된 뇌 활동의 패턴을 생성할 수 있다. 그것은 지문처럼 개인마다 고유하고 99퍼센트에 달하는 정확도로 뇌 주인과 연관될 수 있을 만큼 뚜렷하게 구별된다고 주장된다[18] 따라서 개인 수준에서 뇌를 살펴보는 일이 **가능하다**. 그리고 무엇이, 언제 뇌에 영향을 미칠 수 있는지에 관한 증거는 우리가 그 일을 **해야 함**을 나타낸다. 우리는 그런 개인차를 형성하는 외부 요인을 실질적으로 이해할 필요가 있다. 학력 및 직업과 같은 보다 표준적인 척도와 동시에 사회적 네트워크 참여 수준 및 자존감과 같은 사회적 변인, 그리고 운동이나 취미나 비디오게임 경험과 같은 기회 변인도 이해해야 한다는 것이다. 이런 요인 하나하나가 뇌를 바꿀 수 있다. 성과 독립적으로 바꿀 때도 있고 성과 단단히 얽혀 바꿀 때도 있지만 이제 우리가 알고 있듯이 모든 뇌를 하나도 빠짐없이 특징짓는 거의 고유한 모자이크에 기여할 것은 분명하다.[19]

인지신경과학자 루시 포크스Lucy Foulkes와 세라제인 블레이크모어Sarah-Jayne Blakemore 또한 청소년기 뇌에 대해 쓴 글에서, 우리는 여기서 개인차도 살펴보아야 한다고 촉구했다.[20] 그들은 개인에 따라 뚜렷한 차이가 있는 사회경제적 지위 같은 사회적 요인, 문화 및 소셜 네트워크의 크기나 왕따 경험을 포함한 '또래 환경' 요인이 뇌 활동 프로필에 유의미한 영향을 미치는 것으로 밝혀졌다고 지적했다.

훨씬 더 강력한 뇌 촬영 장치에서 충분히 큰 데이터 세트를 얻을 수 있는 데다 지금은 기계 기반 패턴 인식 프로그램뿐 아니라 강력한 분석 프로토콜까지 개발되고 있으므로 여러 변인의 영향력을 동시에 살펴볼 가능성은 실현을 앞두고 있고, 생물학적 성이 실제로 그런 변인 중 하나일 수도 있을 것이다.[21]

다른 변인도 고려하자는 이 제안은 성차가 중요할 수도 있다는 점을 절대 부정하지 않는다. 우리는 알츠하이머병 및 면역 장애와 같은 신체적 건강 상태뿐 아니라 우울증이나 자폐증과 같은 정신적 건강 상태에도 젠더 불균형이 있음을 알고 있다.[22] 하지만 이런 상태를 이해하려면 모든 젠더 불균형의 원인을 풀기 위해 생물학적 성에 초점을 맞추기만 하면 답이 나올 것이라고 가정해서는 안 된다는 사실을 인정해야 한다.

미국 국립보건원은 최근 명령을 통해 모든 기초 연구와 임상전 연구는 시험에서 생물학적 변인으로 성을 포함해야 한다고 주장했는데, 구체적 이유는 병리학적 조건의 젠더 불균형에 대한 이해를 돕는 것이다.[23] 이는 생물학적 성이 그런 조건에 미치는 영향에 관해 귀중한 데이터를 추가로 제공할 것이다. 하지만 모자이크 뇌와 행동적 척도의 차원에 관한 데이터는 성을 두루뭉술한 범주로 사용하면 영향을 미치는 주요인을 놓쳐 오해의 소지가 있는 그림을 그릴 수 있음을 보여준다.

위험과 함정—신경성차별과 신경쓰레기

인지신경과학은 유전에서 문화에 이르기까지 모든 수준의 정밀 조사에서 인간 행동의 그림을 그리는 데 당연히 핵심 역할을 하는 것으로 여겨진다. 여기서 나오는 정보는 더 복잡한 후성유전학이나 신경생화학 연구의 것보다 더 접근하기 쉬울 수 있고 흔히 대중의 일상 경험과 더 밀접하게 관련될 수 있다. 하지만 이런 접근성에는 책임이 따를 것이다. 애틀란타 에모리대학의 심리학 교수 도나 메이니Donna Maney가 지적했듯이 거기에는 성차 보고와 연관된 위험과 함정이 있다. 연구 결과의 본질주의적 측면을 지나치게 강조하는 것은 근거 없는 생물학적 결정론 시각을 강화할 수 있다.[24] 효과 크기가 아주 작을 때 '지대한'이나 '근본적' 같은 용어를 사용하는 것은 무책임하다. 성을 제외한 변인의 기여를 무시하는 것은 오해의 원인이 될 수 있다. '생물학에 대한 믿음'은 인간 활동의 본성이 고정불변이라는 특정한 사고방식을 동반한다. 그리고 우리의 유연한 뇌와 그것의 조정 가능한 세상이 불가분하게 얽혀 있는 정도를 새로이 이해함으로써 제시된 가능성을 간과한다(그리고 제임스 데이모어처럼 잘못된 정보를 받은 개인이 고용주에게 엉뚱한 메모를 쓰게 할 수도 있을 것이다).

특히 자기계발 장르에서 대중 과학 저술 중 최악의 일부를 특징짓는 신경 만화영화도 주시할 가치가 있다. 모든 인간관계 문제를 해결할 수 있는 독심술사로 여겨지는 것이 으쓱하겠지만 신경과학자는 대중의 의식에 스며들어 잘못 인도하고 잘못된 정보를 줄 수 있는 헤드라인을 조심해야 한다. 신경쓰레기는 신경과학 연구실에서 나오는 진실되고 중요한 연구의 신빙성을 떨어뜨릴 수 있다. 그리고 우리의 세상에 뇌를 변화시키는 편향의 출처가 이미 너무 많을 때 하나를 잘라내는 것(또는 '뇌 건강' 경고—이 쓰레기를 읽으면 뇌를 해칠 수 있습니다—를 붙이지 않고서는 공공 영역에 발을 들이지 못하도록 하는 것)은 도움이 되면 되었지 해가 되지 않는다.

아기가 중요하다—작은 인간들을 부탁한다

신경과학자들은 오래전부터 어린 시절이 뇌 발달의 모든 단계 중 가장 가소적인 단계임을 확인해왔다. 이 아주 작은 뇌에 세상이 정확히 얼마나 일찍부터 영향을 미칠 수 있는지에 관해 발달인지신경과학자들이 밝힌 새로운 사실 앞에서 우리는 잠시 멈추어 그 세상에 관해 생각해보아야 한다. 그래서 렛 토이스 비 토이스[25] 같은 풀뿌리운동은 정말 중요하다. 그리고 우리의 작은 젠더 형사가 모든 '숨겨진 진실'의 뿌리를 뽑을 것을 알고 있으므로 우리는 '공주화'에 까다롭고 싶은 정도보다 더 단호하게 까다로워야 할 것이다. 우리가 딸을 겁 없는 아이로, 아들을 공감할 줄 아는 아이로 키우고 싶어해도 아마 그녀는 분홍빛 요정의 궁전을 가질 수 있을 것이다—다만 그녀는 그것을 직접 만들어야 한다. 그리고 '남자답게 행동'해야 한다는 유형의 대화는 즉시 중단하라. 이런 것이 중요하다.

2017년 BBC 프로그램 「소년 소녀라 부르지 마세요No More Boys and Girls」는 일곱 살 된 여자아이들과 남자아이들에게서 성/젠더 고정관념에 근거한 믿음의 정도를 조사했다. 그리고 6주 동안 그 아이들을 따라다니면서 그 아이들이 교실에서 고정관념과 관련한 영향을 가능한 한 많이 없애려 노력했을 때 무슨 일이 일어나는지 알아보았다.[26] 그것이 아이들 자신의 자신감이나 행동을 변화시켰을까? 오프닝 영상은 정신이 번쩍 들게 했다. 어린 여자아이들은 예쁜 것의 중요성을 강조하고 남자아이들은 '대통령이 될 수 있다'고 여겼다. 그 밖에도 생각을 불러일으키는 순간이 많았다. 여자아이들의 자존감 수준은(일곱 살에) 남자아이들보다 훨씬 더 낮았다. (남성) 교사는 자신이 제자들에게 젠더 라벨을 붙인다는 사실을 알지 못했지만(남자아이는 '자네mate', 여자아이는 '애야sweetpea') 자기 개선 체제에 용감하게 동참했다. 여자아이들은 힘의 게임에서 자신의 기량을 엄청나게 과소평가했는데(그리고 최고 점수를 받으면 욺), 남자아이들은 자신의 기량을 과대평가했다(그리고 꼴찌가 되면 한껏 성질을 부림). 우리가 만난 한 엄마는 딸이 옷장에 공주 옷을 가득 쌓도록 내버려두고 있었다. 또 다른 엄마는 딸이 "타고난 저임금노동자"('타고난 축구선수의 아내' 장르의 예도 몇몇 있었지만)라고 적힌 분홍 티셔츠를 입는다면 아마 내버려두지 않을 것이라고 동의했다. 겨우 6주 동안에 몇 가지 변화가 생겼다. 여자아이들은 자신감이 커졌고 혼성 축구라는 발상은 궁극의 히트작으로 드러났다.

하지만 가장 우려했던 점은 어쩌면 처음에 드러난 초기의 현 상황이었을 것이다. 우리가 지금 알고 있듯이 일곱 살 무렵이면 우리의 주니어 젠더 형사들은(그들과 그들의 뇌 모두) 이미 생애 절반이 넘는 동안 밖에서 젠더를 탐색해왔을 것이다. 젠더 라벨이 붙은 잔해를 샅샅이 뒤져 그들의 정체성에 대한 확언과 그것이 지금뿐 아니라 그들의 장래에 대해 무엇을 의미하는지를 찾아냈을 것이다. 학교는 젠더 정형화의 영향을 찾아내고 필요하다면, 특히 그것이 만들어낼 수 있는 종류의 낮은 기대에 관하여 무효로 만들기 위해 노력하는 데 중요한 역할을 할 수 있다.

그냥 넘기지 마라 — 우리는 젠더화된 물에서 헤엄친다

물고기에 관한 농담이 있다. 물고기 1과 물고기 2가 함께 헤엄치다가 물고기 3을 만났을 때 물고기 3이 묻는다. "물이 어때요?" "어⋯⋯ 훌륭해요"라고 물고기 1이 말한다. 조금 더 가다가 물고기 2가 길동무를 돌아보고 말한다. "무슨 물?" 이 이야기의 교훈은 우리가 헤치고 나아가는 세상을 우리는 다행히 의식하지 못하고 있을 수 있다는 것이다. 21세기에 젠더 고정관념은 그 어느 때보다 더 없는 곳이 없다. 폭격이 잠시도 쉴새 없는 나머지 우리가 그것에 무심해지고, 그것은 우리의 생활방식과 무관하다고 주장하거나 정리되었다고 가정하거나 그 문제를 다루려는 시도를 단순한 정치적 올바름으로 일축하는 것도 무리가 아니다.

우리는 고정관념이 어떤 목적에 이바지함을 기억해야 한다. 그것은 인지적 지름길로서 세상을 그만큼 더 빨리 넘어가게 한다. 그것은 자기강화적일 수 있다. 그것은 유용함이 증명되고 남자아이들이 밖에서 축구를 하며 뛰어다니는 동안 모든 어린 여자아이들은 조용히 앉아 스티커 북을 완성하고 있기 때문일 수도 있고, 그것이 자기충족의 요소를 포함하고 있기 때문일 수도 있다. "여자는 수학을 못한단다. 소녀들아, 수학 과제를 주마. 너희도 다 못하지 않았니." 그러면 그것은 우리 예측하는 뇌의 목적에 이바지한다. 사전확률 설정을 위해 입력 정보를 제공하고, 예측 오류와 거의 연관되지 않으며, 그 뇌가 기능하는 문화를 충실히 반영한다.

고정관념이 자기정체성과 연관된 곳에서 그 고정관념은 사회적 뇌의 작동 방식에 확고히 자리를 잡는다. 심지어 그것에는 그것만의 겉질 저장소가 따로 있다는 의견도 있다.[27] 이는 분명 젠더 고정관념도 마찬가지일 것이다. 이런 종류의 고정관념에 대한 공격은 자신의 자기이미지에 대한 공격과 같을 수 있으므로 맹렬하게 방어할 것이다. 트위터 세계의 광기를 감안하더라도 가장 모욕적인 트윗 중 일부를 내가 받은 것은 「소년 소녀라 부르지 마세요」 프로그램에 참여한 다음이었다. BBC의 사회공학 의제를 지지한다는 비난도 그랬지만 "아이들을 매수했다"라는 언급은 훨씬 더 불쾌했다.

우리는 젠더 고정관념에 끊임없이 도전해야 한다. 우리는 그것이 우울증이나 섭식장애 같은 정신적 건강 상태에 기여하고 있을 가능성이 있는 정황뿐 아니라 그것이 어린아이들의 삶을 형성하고 있는 정황, 그것이 권력, 정치, 비즈니스, 과학의 상위 계층에 문지기 역할을 하고 있는 정황도 주시할 수 있다.

신경과학이 여기서 일조할 수 있다. 그것은 오래된 본성 대 양육 논쟁 사이의 간극을 메우고 우리의 세상이 우리의 뇌에 영향을 미칠 수 있는 정황을 보여주는 데 도움을 줄 수 있다. 신경과학자는 자연이 부여한 생물학적 조건에 갇혀 있다는 '고정 마인드셋'에서 사람들을 벗어나게 할 수 있다. 우리는 뇌 주인에게 머릿속 자산이 정확히 얼마나 유연하고 쉽게 변하는지 인식하게 할 수 있을 뿐 아니라 우리 사회에 자기침묵, 자기비난, 자기비판, 자존감 하락으로 이어질 수 있는 (모든 종류의) 부정적 고정관념의 뇌를 변화시키는 본성을 인식하게 할 수도 있다. 물밀 듯 쏟아지는 신경허풍과 신경잠꼬대에 이미 속아봤다 해도 신경과학의 설명이 언제나 유혹적 난센스인 것은 아니다.

성과 젠더에 대한 정형화된 시각에 도전하는 일은 보이는 것만큼 간단하지 않을 수 있다. **인종** 편향의 증거로 주의를 환기하는 것은 죄책감뿐 아니라 편향을 줄이기 위한 미래 기반 결정도 꽤 쉽게 유도하는 것으로 나타났다. **젠더** 편향의 증거는 그것을 저질렀다고 고발당한 사람에게서 전혀 다른 반응을 유발할 수 있다. '피고'는 편향을 부인하거나('나는 여자들이 멋지다고 생각한다'), 편향을 정당화하거나('어쨌거나 여자는 과학에 알맞지 않다'), 원고를 지나치게 민감하거나 '불편한 진실'을 무시하려 하는 사람으로 비난할 것이다.

그런 도전이 얼마나 중요한가? 우리는 그저 단편적인 마케팅 거품에 관해 이야기하고 있지 않은가? 트위터를 기본으로 한 반향은 고상하게 무시하면 되는가? 하지만 아직 해결할 문제가 있다. 젠더 격차는 여전히 빈발한다. 과학기술 분야에서 여성 부족을 해결하려는 시도는 제한적인 성공을 거두었고 그 결과로 절실히 필요한 인적 자본이 낭비되고 있다. 여성에게 훨씬 더 잦은 우울증과 사회적 불안, 섭식 장애의 발병은 인생의 낭비일 수 있다.

또 다른 걱정스러운 가닥은 고정관념이 '뇌를 묶는 관습brainbinding(어릴 때 여자의 발을 묶어 자라지 못하게 한 중국의 옛 풍습, '전족'이 영어로 foot-binding이다-옮긴이)'이라는 형태로 일종의 생물사회적 구속복 역할을 할 가능성—더 정확히 말하면 개연성—이다. 진화론의 발전이 어쩌면 우리가 고정관념의 제한하는 특성에 대해 생각해보는 데 많은 의미를 내포하고 있을지도 모른다.[28] 자주 반복되는 주장이 바로 젠더 격차는 유전적으로 결정된 뿌리 깊은 차이를 반영하므로 경쟁의 장 평등화라는, 뜻은 좋지만 결국 성과 없는 시도에도 불구하고 굳게 유지된다는 것이다. 하지만 생물학적으로 고정된 차이처럼 보이는 현상에서도 사회적·문화적 요인이 훨씬 더 큰 역할을 하고 있을 수 있다. 이런 차이는 그 환경의 단호하게 계층화된 요건을 반영하기 때문에 고정된 것처럼 보이는 것일 수 있다. 어쩌면 안정성(관점에 따라서는 변화의 부재)의 원인은 '고정된 환경'에서 비롯될지도 모른다. 이 책에서 보았듯이 인간 영아가 경험하는 길고 집중적인 사회화는 성차에 대한 강조로 가득하다. 그리고 알고 있듯이 우리의 뇌는 정형화된 장난감, 옷, 이름, 기대, 역할 모델을 통하여 이런 조언을 반영할 것이다. 고정관념은 우리의 유연하고 가소적인 뇌를 구속하고 있을지 모른다. 그러니 맞다. 그것에 도전하는 것은 중요하다.

*

편향을 넣으면 편향이 나온다. 심층학습 체계의 챗봇인 테이를 떠올리며 마무리하자. 그녀가 트위터 사용자와 상호작용하여 약간의 '부담 없고 장난스러운 대화'를 배울 수 있는지 알아보기 위해 트위터 세계에 열정적으로 진출했다. "인간은 정말 멋지다"라는 트위트에서 시작한 테이는 16시간 내에 "성차별주의적·인종차별주의적인 머저리"[29]가 되었다. 우리의 뇌가 노출되어 있는 구속적 고정관념의 세계도 동일한 영향을 미칠 수 있다.

"더 잘할 수 있는데." 가엾은 테이가 계정 폐쇄 전에 남긴 트위트다.[30]

우리의 뇌도 마찬가지다.

감사의 글

뇌의 성차에 관한 책을 쓰기 시작했다면 두더지 잡기처럼 이전에도 많은 이가 이 싸움을 해왔다는 사실을 의식하지 않을 수 없다. 그중 몇몇은 특히 두드러지게 이 책의 논지에 기여하고 생소한 영역에 대한 통찰을 제공했다. 그중 주요 사례는 코델리아 파인의 『젠더, 만들어진 성』(2010)과 『테스토스테론 렉스Testosterone Rex』(2017)로 엄격한 동시에 접근하기 쉬울 수 있는(그리고 심지어 재미날 수 있는) 방법, 그리고 신경과학 연구 결과의 배경 이야기를 추적하는 방법의 대표적인 예다. 나는 리베카 조던영Rebecca Jordan-Young의 『브레인스톰Brain Storm』(2011)에서도 도움을 받았다. 이 책에는 호르몬과 뇌 연구 이면의 살펴보지 않은 이야기에 대한 자세한 통찰이 가득하다. 앤 파우스토스털링의 다양한 교과서가 오랜 세월 동안 영감의 원천이었음은 말할 필요도 없다. 하지만 『젠더 미신: 남녀에 관한 생물학적 이론Myths of Gender: Biological Theories about Women and Men』(1992), 『신체의 성별: 젠더 정치학과 섹슈얼리티의 구성Sexing the Body:

Gender Politics and the Construction of Sexuality』(2000), 『성/젠더: 사교계의 생물학Sex/Gender: Biology in a Social World』(2012)은 모두 내 생각에 대해, 특히 본성/양육 이분법을 재고할 때 자문 역할을 해주었다. 론다 시빙어의 『정신에는 성별이 없다고The Mind has No Sex?』(1989)는 초기 과학에 몸담았던 여성들의 숨겨지고 잊힌 유산에 나의 눈을 뜨게 해줌으로써 슬프지만 오늘날에도 여전히 존재하는 유사물에 대해 하나의 틀을 제공했다. 리즈 엘리엇의 『분홍 뇌, 파란 뇌Pink Brain, Blue Brain』(2010)는 우리가 인간 뇌의 초년에 어떻게 관심을 기울여야 할지를 대변하는 하나의 모델이고, 단성학교 교육에 대한 리즈 엘리엇의 신랄한 비판은 우리 신경과학자들이 수행하는 연구가 교육적 실천으로 어떻게 옮겨질지 주시해야 할 필요성을 보여주는 강력한 본보기다. 신경과학자로서 기술적인 측면에 가까운 뇌영상 데이터에서 많은 시간을 보낸 나에게 매슈 리버먼의 『사회적 뇌: 인류 성공의 비밀Social: Why Our Brains Are Wired to Connect』(2013)은 인지신경과학 연구의 사회적 함의에 대한 입문서로서 진정으로 눈을 뜨게 해주는 책이었다. 이 책은 내가 통합하느라 애먹었던 이야기에서 누락된 많은 부분에 연결고리를 제공했다.

연구자 개개인은 연구 측면에 관해 불쑥 보낸 나의 이메일에 신속하고 사려 깊게 답했고 심지어 심층 분석을 하여 더 자세한 정보를 제공하기도 했다. 사이먼 배런코언, 세라제인 블레이크모어, 폴 블룸, 캐런 윈, 팀 댈글레이시는 이런 면에서 특히 도움이 되었다. 크리스 프리스와 유타 프리스도 반복되는 문의에 지칠 줄 모르고 답해주었고 심지어 없는 시간을 쪼개 초고 몇 장章에 고견을 들려주기도 했다. 사회적 뇌에 관한 그들의 연구와 전형적·비전형적 행동이 함축하는 의미는 나에게 끊임없는 영감을 주었다. 왕립협회다양성위원회 의장으로서 유타 프리스가 한 연구는 이 분야의 연구가 어떻게 실행될 수 있는지(그리고 실행되어야 하는지)를 보여주기도 했다.

또한 나는 뉴로젠더링스네트워크NeuroGenderings Network 회원들의 조언과 지지를 얻어 엄청난 덕을 보았다. 성/젠더 연구 분야 쟁점에 관해 생각을 불러일으키는 그들의 글과 논의는 나의 제한된 시야를 확실히 넓혀주었다. 그들이 사심 없이 나누어준 주요 자료와 초기 원고에 대한 유용한 조언은 매우 귀중했다. 표지 디자인에 대한 조언도 대단히 고마웠다. 특히 코델리아 파인, 리베카 조던영, 다프나 요엘, 아넬리스 카이저, 지오다나 그로시는 비판적 사고와 글쓰기 기술을 공유해주고 동료를 넘어 친구가 되어준 데 고마움을 전한다. 말할 필요도 없이 『편견 없는 뇌』에 오류나 누락이 있다면 전적으로 내 책임이다.

이 책의 저자는 한 명일지라도 많은 사람이 다양한 방식으로 기여했다. 나의 포기할 줄 모르는 대리인 케이트 바커는 나를 '발견'하고 나와 함께하며 분에 넘치는 아낌없는 지원을(그리고 지칠 줄 모르는 낙관을) 해주었다. 나는 보들리 헤드가 내 책을 출간한다는 것이 얼마나 큰 행운인지 알게 되었고 이를 성사시키는 데 케이트 바커가 결정적 역할을 한 것도 알고 있다. 애나소피아 와츠가 초보 대중 과학 작가의 편집자라는 고된 역할을 맡았고 최종 결과물에는 그녀의 공력이 반영되어 있다. 조너선 워드먼의 교열은 통찰력이 대단한데다 부분적으로 매우 재미있기도 하여 고된 작업을 결국 해내게 했다. 앨리슨 데이비스, 소피 페인터를 비롯한 보들리 헤드사의 훌륭한 팀원과 판테온사의 마리아 골드버그에게도 감사를 표한다.

내 자신이 하필 성/젠더 연구 및 논평 영역에 진출하게 된 사연은 데임 줄리아 킹 교수—당시 애스턴의 부총장, 현재 케임브리지의 브라운

남작부인—의 후원과 격려로 시작되었다. 다양성 의제에 대한 그녀의 지칠 줄 모르는 후원은 나의 교수생활에도 이런 측면을 개발할 공간과 기회를 제공했다. 그녀는 엄청 바쁜 일정에도 불구하고 쾌활한 엽서와 메시지를 통해 아직도 격려를 계속한다. 영국과학협회의 후원은 내가 이 책을 만드는 데 중요한 역할을 했다. 이 놀라운 조직에는 헌신적인 배후 조력자가 훨씬 더 많지만 특히 캐스 매시슨, 이벳 모디노, 에이미 매클래런, 루이즈 오그던에게 고마움을 전한다. 사이언스그얼ScienceGrrl(여성 과학인을 기념하고 후원하는 풀뿌리단체이자 차세대에 과학 사랑을 전하고자 하는 사람들의 네트워크-옮긴이) 관련자인 존 우드와 애나 제카리아, 왕립과학연구소 소속의 마틴 데이비스에게도 감사한다. 이 모든 여정이 시작된 실질적 책임은 이들에게 있다.

애스턴대학이 애스턴브레인센터의 발전을 위해 제공한 지원은 첨단 뇌영상 장비를 갖춘 시설뿐 아니라 내 교수생활의 중심에 있었던 동료와 친구의 공동체가 되기도 했다. 그들은 학제적 팀이 어떻게 협업이 가능한지에 대한 놀라운 예다. 그들이 나뿐 아니라 내 연구생, 동료, 손님에게까지 보여준 인내와 지원에 무한히 감사한다. 일일이 거명할 수는 없지만 개러스 반스, 에이드리언 버기스, 폴 펄롱, 아잰 힐브랜드, 이언 홀리데이, 클라우스 케슬러, 브라이언 로버츠, 스테퍼노 세리, 크리슈 싱, 조엘 탤컷, 캐럴라인 위턴은 모두 내가 뇌 영상술사 겸 비판적 신경과학자로 발전하는 데 다양한 역할을 했다. 앤드리아 스콧은 따로 꼽고 싶다. 그녀는 내가 애스턴대학에서 근무하던 후반기에 다큐멘터리 제작자와 영화 제작진의 다양한 연구실 습격을 언제나 흔쾌히 도와주었다. 자신의 직무 범위를, 그리고 너무나도 자주 공식 근무시간을 훌쩍 넘어서 말이다.

학계 이외의 가족과 친구에게도 감사한다. 진도에 관한 그들의 조심스러운 질문—그리고 종종 장황하고 우울한 답변의 참을성 있는 경청—이 나에게 얼마나 도움이 되었는지 그들은 몰랐을 것이다. 나의 딸 애나와 엘리너는 몸은 아니더라도 정신이 나가 있기 일쑤고 분명 쉴새 없이 산만해지는 엄마를 참아주었다. 딸들이 책 내용에 대한 실시간 피드백을 통해서뿐 아니라 그들이 지금껏 살아온 방식을 통해 이 책에 입력한 정보는 헤아릴 수 없을 정도로 도움이 되었다. 손자 루크는 내가 골키퍼, 투수, 레몬 드리즐 제빵사로 쓸모가 없어 어려움을 겪으면서도 (그다지) 불평하지 않았다. 하지만 녀석이 쉬는 시간이라고 말하면 누가 뭐래도 녀석이 옳았다. 나의 승마 친구들은 나의 주의력을 산만하게 하는데 매우 도움이 되었고 뇌에 관한 생각이 내 삶을 완전히 지배하지 않도록 해주었다. 인간이 아닌 반려 친구도 도와주었다. 비가 오나 맑으나 우박이 오나 눈이 오나 내가 늘 맑은 공기를 듬뿍 마시게 해준 밥과 그의 다양한 전임자뿐 아니라 조지프, 닉을 포함하여 하나같이 공정한 우리 말 떼의 구성원에게도 고마움을 전한다.

책을 쓰고 있는 누군가와 함께 사는 일은 그 누군가를 감당해야 하는 사람에게 거의 어김없이 피해를 준다. 이제 눈을 끔벅이며 햇빛 속으로 나왔으니 무엇보다 중요한 감사의 말을 전하면 이는 모두 데니스 덕분이다. 그는 이 일을 시작할 수 있도록 필요한 거의 모든 일을 도맡았다. 단지 그가 수석 정원사와 주방장 역할만 계속했다는 말이 아니다(나는 아직도 병을 닦는다). 그의 인내와 조언, 지지는 무한한 듯했고 세계 최고의 진토닉을 서비스하는 그의 타이밍도 변함없이 흠잡을 데가 없었다. 그가 없었다면 책도 없었을 것이다. 그러므로 세상의 모든 감사는 그가 받아야 한다.

본문의 주

제1장 사냥은 그녀의 자그마한 머리 안에서부터 시작된다

• 일설에 의하면 풀랭의 '페미니즘적' 사상은 영국에서 (승인 없이) 널리 도용되었다(그 예로 '어느 숙녀(a Lady)'가 저자인 『여성의 권리 옹호: 또는 양성평등의 도덕적·육체적 증명(Female Rights Vindicated: or the equality of the sexes morally and physically proved)』을 들 수 있다(G. Burnet, 1758)). 그의 저작은 20세기 초에 프랑스에서 여성평등에 관한 논쟁의 맥락에서 주목을 받기 시작했다. 시몬 드 보부아르가 그녀의 책 『제2의 성(The Second Sex)』에서 그를 인용했다.

제2장 그녀의 날뛰는 호르몬

• 이는 후향적(retrospective) 척도가 어쨌든 신뢰할 만한 데이터를 제공하지 않으며 질문의 맥락이 답지를 작성하는 사람에게 알려져 있다면 특히 더 그러하다는 사례이기도 하다. 더 안전한 접근법은 행동적 변화의 전향적(prospective) 척도를 완전한 주기 동안 최소한 한 번 매일 사용하여 월경전기와 그것의 '명성'에 빤히 집중하지 못하게 하는 것, 그리고 이상적으로는 조사 목적을 숨기거나 가능한 한 발설하지 않는 것이다. 최근 한 조사에서는 이런 종류의 함정을 어느 정도 피해왔는지 알아내기 위해 기분과 월경주기를 연계시키는 연구방법론에 관한 연구를 살펴보았다. 확인된 646건의 연구 가운데 47건만이 전

향적 척도를 적어도 한 주기 동안 사용한 기준을 충족했다. 그 가운데서 7건만 월경전기에서 고전적 패턴의 부정적 기분을 보고했으며 18건은 기분과 월경주기 사이에서 아무 관계도 보여주지 않았다.

• 이는 일부 여성에게 호르몬 변동과 관련된 부정적인 신체적·정서적 문제가 있을 수 있음을 부정하는 것이 아니라, PMS가 거의 보편적 현상이라는 고정관념이 생물학적 결정론의 '책임 전가' 측면을 대변하는 좋은 예라는 것을 보여줄 뿐이다.

• 테스토스테론이 남성 생식기의 발달을 결정한다는 사실을 고려하면 CAH의 이 측면은 당연히 여자아이에게만 영향을 미칠 것이므로 그들은 테스토스테론의 다른 모든 효과를 검증할 수 있는 사례로 인식될 것이다. 테스토스테론 수치는 CAH에 걸린 남자아이도 높겠지만 흔히 정상 범위 안에서 높을 것이다. 두 집단 모두 그 증세의 다른 부작용으로 발병되어 평생 의학적 처치가 필요하므로 CAH에 걸린 남자아이는 이런 종류의 요인에서 발생하는 추가적 효과를 검증하기 위한 '대조'군이 되어줄 수 있다.

제4장 뇌 미신, 신경쓰레기와 신경성차별

• 영국의 『데일리메일(Daily Mail)』은 다른 중요 사항에 초점을 맞추어 "남자와 여자는 각각 뇌의 다른 부위로 초콜릿을 먹는 것에 반응한다"라고 보도했다. 그날은 문법검사기가 꺼져 있었던 모양이다.

제7장 아기도 중요하다

• 실험자만 고생한 것이 아니었다. 아기들은 양자극 방안(oddball paradigm, 고빈도 표준 자극에 저빈도 이탈 자극을 섞어 제시하는 실험 절차-옮긴이)으로 알려진 방식에 따라 이런 소리를 각각 200번씩 두세 단위를 들어야 했다. 이런 소리를 내는 일은 연구를 위해 채용된 여성 '내레이터'에게 지극히 핀터레스크한(Pinteresque, 베케트에 비견되는 영국의 극작가 핀터의 작품처럼 부조리한-옮긴이) 도전이었을 것이다. 우스우면서도 진지한 표정으로 기뻐하는 '다다'와 슬퍼하는 '다다' 등을 대비되게 녹음해야 했으니 말이다. 실은 그다음에 그 모든 '다다' 소리에 그 감성이 있는지 없는지 평가해야 했던 120명의 청취자도 같은 도전을 맞이했을 것이다. 우리 신경과학자들은 창의성 빼면 시체다!

• 내가 수행한 대부분의 연구에서 주 양육자가 아이의 생모이기 때문에 나는 주 양육자를 설명하기 위해 엄마라는 말을 사용한다. 하지만 물론 양육에는 많은 형태가 있다. 만약

태어났을 때부터 아이의 주 양육자가 아빠라면 이는 아빠에게도 적용될 것이다.

제9장 우리는 젠더화된 바다에서 헤엄친다

• 강제 선택(forced choice)이란 여러 항목을 비교하고 하나를 꼭 찍어야 한다는 뜻이다—이를테면 '괜찮다', '관심 없다', '모른다'를 선택할 권리는 없다. 이 경우 직사각형 두 개를 보여주면 어느 쪽이 더 좋은지 표시해야 했다(그러므로 어느 하나도 정말로 좋아하는 것이 아니라 하나를 나머지보다 덜 싫어했을 수도 있다).

제10장 성과 과학

• 물리학자 헤사 에어턴(Hertha Ayrton)은 1902년에 후보로 지명되었지만 기혼자인 그녀는 법적 관점에서 한 '사람'으로 여겨질 수 없어서 자격이 없다고 결정되었다.

• 17세기와 18세기에 과학과 과학적 추구는 그것을 추구할 돈과 시간이 있는 여성들 사이에서 꽤 공통된 관심사였다. 그들이 어떤 식으로든 열등한 존재로 여겨졌다는 증거는 없다. 그들은 실력 있는 천문학자는 물론 뛰어난 수학자로 찬사를 받았다. 론다 시빙어는 『잉글리시 레이디스 다이어리(English Ladies Diary)』(1704~1841 발행)가 처음에는 "글쓰기, 산술, 기하학, 삼각법, 지구구형설, 천문학, 대수학과 그에 종속된 측량, 계량, 지하 탐사, 항해를 비롯한 모든 수학적 과학"을 가르칠 만큼 다루는 영역이 상당히 광범위했는데, 독자들의 열광에 부응하여 오로지 "수수께끼와 산술 문제"만 다루는 잡지로 탈바꿈한 과정을 묘사한다. 1718년에 그 편집자는 여성도 "우리만큼 확실한 판단력, 민첩한 기지, 예리한 천재성, 우리처럼 분별력 있고 현명한 능력이 있으며 내가 아는 한 가장 어려운 문제를 풀고 또 해결할 수 있다"라고 썼다.

• 이 테스트는 오스트레일리아, 볼리비아, 브라질, 캐나다, 칠레, 중국, 콜롬비아, 핀란드, 프랑스, 독일, 그리스, 홍콩, 인도, 아일랜드, 이탈리아, 일본, 멕시코, 뉴질랜드, 나이지리아, 노르웨이, 폴란드, 루마니아, 러시아, 슬로바키아, 한국, 에스파냐, 스웨덴, 대만, 태국, 튀르키예, 영국, 미국, 우루과이에서 실시되었다.

• 여성 지원자에 대한 문서의 10퍼센트는 열 줄이 채 되지 않은 데 반해 남성에 대한 문서의 8퍼센트는 쉰 줄이 넘었다.

• 남성이 그렇게 자주 탈락되었다는 증거는 없다. 향후 50년 후보 지명 기록이 공개되어 조금 개선되는 모습을 보여주기를 바랄지도 모른다. 하지만 빠르게 집계해도 1964년 이

후 과학 분야 남성 수상자 수(350명)와 여성 수상자 수(12명)는 그다지 가망성이 없어 보인다. 물론 2018년에 여성 수상자가 두 명 더 있었지만 말이다.

제11장 과학과 뇌

- 실제로 2009년에 와이(Wai)와 동료들은 미국 고등학생 40만 명의 학업 진척도를 11년 동안 추적한 종단 연구(일정 기간 동안 측정을 되풀이하는 연구방법)에 관해 보고했다.[21] 그들은 학생들의 초기 공간 능력이 대학 수준 STEM 과목이나 STEM 관련 진로에서 성공으로 연계된다는 분명한 증거를 발견했다. 로런스 서머스나 제임스 데이모어가 이것을 알아채지 못한 것이 다소 놀랍다. 그들의 주장에 대해 훨씬 더 확고한 기반이 되어주었을지도 모르기 때문이다.

제12장 착한 여자아이는 하지 않아

- 부시는 통증 연구가 그의 인지 대 정서 분할과 무관하다는 이유로 ACC 활동에 대한 그의 리뷰에서 통증 연구를 분명하게 배제했다. 하지만 매슈 D. 리버먼과 나오미 아이젠버거는 통증 반응이 실제로 두 과정 모두의 관련성을 정확하게 요약한다고, 즉 유해한 사건의 발생과 이와 관련된 괴로움을 둘 다 신호한다고 느꼈다. 그들이 주목한 바에 따르면 신체적 통증 연구에서 자신의 통증과 관련된 괴로움의 수준을 더 높게 보고하는 사람들은 ACC 활동도 더 많은 데 반해, 이마앞엽겉질에서 더 많은 활동을 보이는 사람들은 괴로움을 덜 보고했다. 따라서 ACC 활동의 이런 측면을 조절할 수 있는 하향 통제 메커니즘도 있었다.

결론

- www.dauntlessdaughters.co.uk 참조

참고문헌

제1장 사냥은 그녀의 자그마한 머리 안에서부터 시작된다

1. F. Poullain de la Barre, *De l'egalite des deux sexes, discours physique et moral ou l'on voit l'importance de se defaire des prejuges* (Paris, Jean Dupuis, 1673), translated by D. M. Clarke as *The Equality of the Sexes* (Manchester, Manchester University Press, 1990). The importance of Poullain de la Barre has been detailed in Londa Schiebinger's wonderfully comprehensive history of women and science, *The Mind Has No Sex?* Women in the Origins of Modern Science (Cambridge, MA, Harvard University Press, 1991).

2. F. Poullain de la Barre, *De l'education des dames pour la conduite de l'esprit, dans les sciences et dans les moeurs*: entretiens (Paris, Jean Dupuis, 1674).

3. 'Si l'on y fait attention, l'on trouvera que chaque science de raisonnement demande moins d'esprit de temps qu'il n'en faut pour bien apprendre le point ou la tapisserie.' ('If one paid attention, one would see that every rational science requires less intelligence and less time than is necessary for learning embroidery or needlework well.' (Poullain de la Barre, *The Equality of the Sexes*, p. 86.)

4. 'L'anatomie la plus exacte ne nous fait remarquer aucune difference dans cette partie entre les hommes et les femmes; le cerveau de celles-si est entierement semblable au notre.' (Poullain de la Barre, *The Equality of the Sexes*, p. 88.)

5. 'Il est aise de remarquer que les differences des sexe ne regardent que le corps ... l'esprit ... n'a point de sexe.' ('It is easy to see that sexual differences apply only to the body ... the mind ... has no sex.' (Poullain de la Barre, *The Equality of the Sexes*, p. 87.)

6. L. K. Kerber, 'Separate Spheres, Female Worlds, Woman's Place: The Rhetoric of Women's History', *Journal of American History* 75:1 (1988), pp. 9–39.

7. E. M. Aveling, 'The Woman Question', *Westminster Review* 125:249 (1886), pp. 207–22.

8. C. Darwin, *The Descent of Man and Selection in Relation to Sex*, 2nd edn (London, John Murray, 1888), vol. 1.

9. G. Le Bon (1879) cited in S. J. Gould, *The Panda's Thumb: More Reflections in Natural History* (New York, W. W. Norton, 1980).

10. G. Le Bon (1879) cited in Gould, *The Panda's Thumb*.

11. S. J. Morton, *Crania Americana; or, a comparative view of the skulls of various aboriginal nations of North and South America: to which is prefixed an essay on the varieties of the human species* (Philadelphia, J. Dobson, 1839).

12. G. J. Romanes, 'Mental Differences of Men and Women', *Popular Science Monthly* 31 (1887), pp. 383–401; J. S. Mill, *The Subjection of Women* (London, Transaction, [1869] 2001).

13. T. Deacon, *The Symbolic Species: The Co-evolution of Language and the Human Brain* (Allen Lane, London, 1997).

14. E. Fee, 'Nineteenth-Century Craniology: The Study of the Female Skull', *Bulletin of the History of Medicine* 53:3 (1979), pp. 415–33.

15. A. Ecker, 'On a Characteristic Peculiarity in the Form of the Female Skull, and Its Significance for Comparative Anthropology', *Anthropological Review* 6:23 (1868), pp. 350–56.

16. J. Cleland, 'VIII. An Inquiry into the Variations of the Human Skull, Particularly the Anteroposterior Direction', *Philosophical Transactions of the Royal Society*, 160 (1870), pp. 117–74.

17. J. Barzan, *Race: A Study in Superstition* (New York, Harper & Row, 1965).

18. A. Lee, 'V. Data for the Problem of Evolution in Man – VI. A First Study of the Correlation of the Human Skull', *Philosophical Transactions of the Royal Society A* 196:274–86 (1901), pp. 225–64.

19. K. Pearson, 'On the Relationship of Intelligence to Size and Shape of Head, and to Other Physical and Mental Characters', *Biometrika* 5:1–2 (1906), pp. 105–46.

20. F. J. Gall, *On the Functions of the Brain and of Each of Its Parts: with observations on the possibility of determining the instincts, propensities, and* *talents, or the moral and intellectual dispositions of men and animals, by the configuration of the brain and head* (Boston, Marsh, Capen & Lyon, 1835), vol. 1.

21. J. G. Spurzheim, *The Physiognomical System of Drs Gall and Spurzheim: founded on an anatomical and physiological examination of the nervous system in general, and of the brain in particular; and indicating the dispositions and manifestations of the mind* (London, Baldwin, Cradock & Joy, 1815).

22. C. Bittel, 'Woman, Know Thyself: Producing and Using Phrenological Knowledge in 19th-Century America', *Centaurus* 55:2 (2013), pp. 104–30.

23. P. Flourens, *Phrenology Examined* (Philadelphia, Hogan & Thompson, 1846).

24. P. Broca, 'Sur le siège de la faculté du langage articulé (15 juin)', *Bulletins de la Société d'Anthropologie de Paris* 6 (1865), pp. 377–93; E. A. Berker, A. H. Berker and A. Smith, 'Translation of Broca's 1865 Report: Localization of Speech in the Third Left Frontal Convolution', *Archives of Neurology* 43:10 (1986), pp. 1065–72.

25. J. M. Harlow, 'Passage of an Iron Rod through the Head', *Boston Medical and Surgical Journal* 39:20 (1848), pp. 389–93; J. M. Harlow, 'Recovery from the Passage of an Iron Bar through the Head', *History of Psychiatry* 4:14 (1993), pp. 274–81.

26. H. Ellis, *Man and Woman: A Study of Secondary and Tertiary Sexual Characteristics*, 8th edn (London, Heinemann, 1934), cited in S. Shields, 'Functionalism, Darwinism, and the Psychology of Women', *American Psychologist* 30:7 (1975), p. 739.

27. G. T. W. Patrick, 'The Psychology of Women', Popular Science Monthly, June 1895, pp. 209–25, cited in S. Shields, 'Functionalism, Darwinism, and the Psychology of Women', *American Psychologist* 30:7, (1975), p. 739.

28. Schiebinger, *The Mind Has No Sex?*, p. 217.

29. J-J. Rousseau, *Emile, ou de l'education* (Paris, Firmin Didot, [1762] 1844).

30. J. McGrigor Allan, 'On the Real Differences in the Minds of Men and Women', *Journal of the Anthropological Society of London*, 7 (1869), pp. cxcv–ccxix, at p. cxcvii.

31. McGrigor Allan, 'On the Real Differences in the Minds of Men and Women', p. cxcviii.

32. W. Moore, 'President's Address, Delivered at the Fifty-Fourth Annual Meeting of the British Medical Association, Held in Brighton, August 10th, 11th, 12th, and 13th, 1886', *British Medical Journal*, 2:295 (1886), pp. 295–9.

33. R. Malane, *Sex in Mind: The Gendered Brain in Nineteenth-Century Literature and Mental Sciences* (New York, Peter Lang, 2005).

34. H. Berger, 'Uber das Elektrenkephalogramm des Menschen', *Archiv fur*

Psychiatrie und Nervenkrankheiten, 87 (1929), pp. 527–70; D. Millett, 'Hans Berger: From Psychic Energy to the EEG', *Perspectives in Biology and Medicine*, 44:4 (2001), pp. 522–42.

35. D. Millet, 'The Origins of EEG', 7th Annual Meeting of the International Society for the History of the Neurosciences, Los Angeles, 2 June 2002.

36. R. S. J. Frackowiak, K. J. Friston, C. D. Frith, R. J. Dolan, C. J. Price, S. Zeki, J. T. Ashburner and W. D. Penny (eds), *Human Brain Function*, 2nd edn (San Diego, Academic Press, 2004).

37. Friston et al., *Human Brain Function*.

38. A. Fausto- Sterling, *Sexing the Body: Gender Politics and the Construction of Sexuality* (New York, Basic, 2000).

39. R. L. Holloway, 'In the Trenches with the Corpus Callosum: Some Redux of Redux', *Journal of Neuroscience Research* 95:1–2 (2017), pp. 21–3.

40. E. Zaidel and M. Iacoboni, *The Parallel Brain: The Cognitive Neuroscience of the Corpus Callosum* (Cambridge, MA, MIT Press, 2003).

41. C. DeLacoste-Utamsing and R. L. Holloway, 'Sexual Dimorphism in the Human Corpus Callosum', *Science*, 216:4553 (1982), pp. 1431–2.

42. N. R. Driesen and N. Raz, 'The Influence of Sex, Age, and Handedness on Corpus Callosum Morphology: A Meta-analysis', *Psychobiology* 23:3 (1995), pp. 240–47.

43. Cleland, 'VIII. An Inquiry into the Variations of the Human Skull'.

44. W. Men, D. Falk, T. Sun, W. Chen, J. Li, D. Yin, L. Zang and M. Fan, 'The Corpus Callosum of Albert Einstein's Brain: Another Clue to His High Intelligence?', *Brain* 137:4 (2014), p. e268.

45. R. J. Smith, 'Relative Size versus Controlling for Size: Interpretation of Ratios in Research on Sexual Dimorphism in the Human Corpus Callosum', *Current Anthropology* 46:2 (2005), pp. 249–73.

46. Ibid, p. 264.

47. S. P. Springer and G. Deutsch, *Left Brain, Right Brain: Perspectives from Cognitive Neuroscience*, 5th edn (New York, W. H. Freeman, 1998).

48. G. D. Schott, 'Penfield's Homunculus: A Note on Cerebral Cartography', *Journal of Neurology, Neurosurgery and Psychiatry* 56:4 (1993), p. 329.

49. K. Woollett, H. J. Spiers and E. A. Maguire, 'Talent in the Taxi: a Model System for Exploring Expertise', *Philosophical Transactions of the Royal Society B: Biological Sciences* 364:1522 (2009), pp. 1407–16.

50. H. Vollmann, P. Ragert, V. Conde, A. Villringer, J. Classen, O. W. Witte and C. J. Steele, 'Instrument Specific Use-Dependent Plasticity Shapes the Anatomical Properties of the Corpus Callosum: A Comparison between Musicians and

Non-musicians', *Frontiers in Behavioral Neuroscience* 8 (2014), p. 245.
51. L. Eliot, 'Single-Sex Education and the Brain', *Sex Roles* 69:7-8 (2013), pp. 363-81.
52. R. C. Gur, B. I. Turetsky, M. Matsui, M. Yan, W. Bilker, P. Hughett and R. E. Gur, 'Sex Differences in Brain Gray and White Matter in Healthy Young Adults: Correlations with Cognitive Performance', *Journal of Neuroscience* 19:10 (1999), pp. 4065-72.
53. J. S. Allen, H. Damasio, T. J. Grabowski, J. Bruss and W. Zhang, 'Sexual Dimorphism and Asymmetries in the Gray-White Composition of the Human Cerebrum, *NeuroImage* 18:4 (2003), pp. 880-94; M. D. De Bellis, M. S. Keshavan, S. R. Beers, J. Hall, K. Frustaci, A. Masalehdan, J. Noll and A. M. Boring, 'Sex Differences in Brain Maturation during Childhood and Adolescence', *Cerebral Cortex* 11:6 (2001), pp. 552-7; J. M. Goldstein, L. J. Seidman, N. J. Horton, N. Makris, D. N. Kennedy, V. S. Caviness Jr, S. V. Faraone and M. T. Tsuang, 'Normal Sexual Dimorphism of the Adult Human Brain Assessed by In Vivo Magnetic Resonance Imaging', *Cerebral Cortex* 11:6 (2001), pp. 490-97; C. D. Good, I. S. Johnsrude, J. Ashburner, R. N. A. Henson, K. J. Friston and R. S. Frackowiak, 'A Voxel-Based Morphometric Study of Ageing in 465 Normal Adult Human Brains', *NeuroImage* 14:1 (2001), pp. 21-36.
54. A. N. Ruigrok, G. Salimi-Khorshidi, M. C. Lai, S. Baron-Cohen, M. V. Lombardo, R. J. Tait and J. Suckling, 'A Meta-analysis of Sex Differences in Human Brain Structure', *Neuroscience & Biobehavioral Reviews* 39 (2014), pp. 34-50.
55. R. J. Haier, R. E. Jung, R. A. Yeo, K. Head and M. T. Alkire, 'The Neuroanatomy of General Intelligence: Sex Matters', *NeuroImage* 25:1 (2005), pp. 320-27.

제2장 그녀의 날뛰는 호르몬

1. C. Fine, *Testosterone Rex: Unmaking the Myths of our Gendered Minds* (London, Icon, 2017); G. Breuer, *Sociobiology and the Human Dimension* (Cambridge, Cambridge University Press, 1983).
2. C. H. Phoenix, R. W. Goy, A. A. Gerall and W. C. Young, 'Organizing Action of Prenatally Administered Testosterone Propionate on the Tissues Mediating Mating Behavior in the Female Guinea Pig', *Endocrinology* 65:3 (1959), pp. 369-82; K. Wallen, 'The Organizational Hypothesis: Reflections on the 50th Anniversary of the Publication of Phoenix, Goy, Gerall, and Young (1959)',

Hormones and Behavior 55:5 (2009), pp. 561–5; M. Hines, *Brain Gender* (Oxford, Oxford University Press, 2005); R. M. Jordan-Young, *Brain Storm: The Flaws in the Science of Sex Differences* (Cambridge, MA, Harvard University Press, 2011).

3. J. D. Wilson, 'Charles-Edouard Brown-Sequard and the Centennial of Endocrinology', *Journal of Clinical Endocrinology and Metabolism* 71:6 (1990), pp. 1403–9.
4. J. Henderson, 'Ernest Starling and "Hormones": An Historical Commentary', *Journal of Endocrinology* 184:1 (2005), pp. 5–10.
5. B. P. Setchell, 'The Testis and Tissue Transplantation: Historical Aspects', *Journal of Reproductive Immunology* 18:1 (1990), pp. 1–8.
6. M. L. Stefanick, 'Estrogens and Progestins: Background and History, Trends in Use, and Guidelines and Regimens Approved by the US Food and Drug Administration', *American Journal of Medicine* 118:12 (2005), pp. 64–73.
7. 'Origins of Testosterone Replacement', Urological Sciences Research Foundation website, https://www.usrf.org/news/000908-origins.html (accessed 4 November 2018).
8. J. Schwarcz, 'Getting "Steinached" was all the rage in roaring '20s', 20 March 2017, McGill Office for Science and Security website, https://www.mcgill.ca/oss/article/health-history-science-scienceeverywhere/getting-steinached-was-all-rage-roaring-20s (accessed 4 November 2018).
9. A. Carrel and C. C. Guthrie, 'Technique de la transplantation homoplastique de l'ovaire', *Comptes rendus des seances de la Societe de biologie* 6 (1906), pp. 466–8, cited in E. Torrents, I. Boiso, P. N. Barri and A. Veiga, 'Applications of Ovarian Tissue Transplantation in Experimental Biology and Medicine', *Human Reproduction Update* 9:5 (2003), pp. 471–81; J. Woods, 'The history of estrogen', menoPAUSE blog, February 2016, https://www.urmc.rochester.edu/ob-gyn/gynecology/menopause-blog/february-2016/the-history-of-estrogen.aspx (accessed 4 November 2018).
10. J. M. Davidson and P. A. Allinson, 'Effects of Estrogen on the Sexual Behavior of Male Rats', *Endocrinology* 84:6 (1969), pp. 1365–72.
11. R. H. Epstein, *Aroused: The History of Hormones and How They Control Just About Everything* (New York, W. W. Norton, 2018).
12. R. T. Frank, 'The Hormonal Causes of Premenstrual Tension', *Archives of Neurology and Psychiatry* 26:5 (1931), pp. 1053–7.
13. R. Greene and K. Dalton, 'The Premenstrual Syndrome', *British Medical Journal* 1:4818 (1953), p. 1007.
14. C. A. Boyle, G. S. Berkowitz and J. L. Kelsey, 'Epidemiology of Premenstrual

Symptoms', *American Journal of Public Health* 77:3 (1987), pp. 349-50.

15. J. C. Chrisler and P. Caplan, 'The Strange Case of Dr Jekyll and Ms Hyde: How PMS Became a Cultural Phenomenon and a Psychiatric Disorder', *Annual Review of Sex Research* 13:1 (2002), pp. 274-306.

16. J. T. E. Richardson, 'The Premenstrual Syndrome: A Brief History', *Social Science and Medicine* 41:6 (1995), pp. 761-7.

17. 'Raging hormones', *New York Times*, 11 January 1982, http://www.nytimes.com/1982/01/11/opinion/raging-hormones.html (accessed 4 November 2018).

18. K. L. Ryan, J. A. Loeppky and D. E. Kilgore Jr, 'A Forgotten Moment in Physiology: The Lovelace Woman in Space Program (1960-1962)', *Advances in Physiology Education* 33:3 (2009), pp. 157-64.

19. R. K. Koeske and G. F. Koeske, 'An Attributional Approach to Moods and the Menstrual Cycle', *Journal of Personality and Social Psychology* 31:3 (1975), p. 473.

20. D. N. Ruble, 'Premenstrual Symptoms: A Reinterpretation', *Science* 197:4300 (1977), pp. 291-2.

21. Chrisler and Caplan, 'The Strange Case of Dr Jekyll and Ms Hyde'.

22. R. H. Moos, 'The Development of a Menstrual Distress Questionnaire', *Psychosomatic Medicine* 30:6 (1968), pp. 853-67.

23. J. Brooks-Gunn and D. N. Ruble, 'The Development of Menstrual-Related Beliefs and Behaviors during Early Adolescence', *Child Development* 53:6 (1982), pp. 1567-77.

24. S. Toffoletto, R. Lanzenberger, M. Gingnell, I. Sundstrom-Poromaa and E. Comasco, 'Emotional and Cognitive Functional Imaging of Estrogen and Progesterone Effects in the Female Human Brain: A Systematic Review', *Psychoneuroendocrinology* 50 (2014), pp. 28-52.

25. D. B. Kelley and D. W Pfaff, 'Generalizations from Comparative Studies on Neuroanatomical and Endocrine Mechanisms of Sexual Behaviour', in J. B. Hutchison (ed.), *Biological Determinants of Sexual Behaviour* (Chichester, John Wiley, 1978), pp. 225-54.

26. M. Hines, 'Gender Development and the Human Brain', *Annual Review of Neuroscience* 34 (2011), pp. 69-88.

27. Phoenix et al., 'Organizing Action of Prenatally Administered Testosterone Propionate'.

28. M. Hines and F. R. Kaufman, 'Androgen and the Development of Human Sex-Typical Behavior: Rough-and-Tumble Play and Sex of Preferred Playmates in Children with Congenital Adrenal Hyperplasia (CAH)', *Child Development* 65:4 (1994), pp. 1042-53; C. van de Beek, S. H. van Goozen, J. K. Buitelaar and P. T. Cohen-Kettenis, 'Prenatal Sex Hormones (Maternal and Amniotic Fluid) and Gender-Related Play Behavior in 13-Month-Old Infants', *Archives of Sexual Behavior* 38:1 (2009), pp. 6–15.

29. J. B. Watson, 'Psychology as the Behaviorist Views It', *Psychological Review* 20:2 (1913), pp. 158–77.

30. G. Kaplan and L. J. Rogers, 'Parental Care in Marmosets (*Callithrix jacchus jacchus*): Development and Effect of Anogenital Licking on Exploration', *Journal of Comparative Psychology* 113:3 (1999), p. 269.

31. S. W. Bottjer, S. L. Glaessner and A. P. Arnold, 'Ontogeny of Brain Nuclei Controlling Song Learning and Behavior in Zebra Finches', *Journal of Neuroscience* 5:6 (1985), pp. 1556–62.

32. D. W. Bayless and N. M. Shah, 'Genetic Dissection of Neural Circuits Underlying Sexually Dimorphic Social Behaviours', *Philosophical Transactions of the Royal Society B: Biological Sciences*, 371:1688 (2016), 20150109.

33. R. M. Young and E. Balaban, 'Psychoneuroindoctrinology', *Nature* 443:7112 (2006), p. 634.

34. A. Fausto-Sterling, *Sexing the Body*.

35. D. P. Merke and S. R. Bornstein, 'Congenital Adrenal Hyperplasia', *Lancet* 365:9477 (2005), pp. 2125–36.

36. Jordan-Young, *Brain Storm*.

37. Hines and Kaufman, 'Androgen and the Development of Human Sex-Typical Behavior'.

38. P. Plumb and G. Cowan, 'A Developmental Study of Destereotyping and Androgynous Activity Preferences of Tomboys, Nontomboys, and Males', *Sex Roles* 10:9–10 (1984), pp. 703–12.

39. J. Money and A. A. Ehrhardt, *Man and Woman, Boy and Girl: The Differentiation and Dimorphism of Gender Identity from Conception to Maturity* (Baltimore, Johns Hopkins University Press, 1972).

40. M. Hines, *Brain Gender*.

41. D. A. Puts, M. A. McDaniel, C. L. Jordan and S. M. Breedlove, 'Spatial Ability and Prenatal Androgens: Meta-analyses of Congenital Adrenal Hyperplasia and Digit Ratio (2D:4D) Studies', *Archives of Sexual Behavior* 37:1 (2008), p. 100.

42. Jordan-Young, *Brain Storm*.

43. Ibid., p. 289.

44. J. Colapinto, *As Nature Made Him: The Boy Who Was Raised as a Girl* (New York, Harper Collins, 2001).

45. J. Colapinto, 'The True Story of John/Joan', *Rolling Stone*, 11 December 1997,

pp. 54–97.
46. M. V. Lombardo, E. Ashwin, B. Auyeung, B. Chakrabarti, K. Taylor, G. Hackett, E. T. Bullmore and S. Baron-Cohen, 'Fetal Testosterone Influences Sexually Dimorphic Gray Matter in the Human Brain', *Journal of Neuroscience* 32:2 (2012), pp. 674–80.
47. S. Baron-Cohen, S. Lutchmaya and R. Knickmeyer, *Prenatal Testosterone in Mind: Amniotic Fluid Studies* (Cambridge, MA, MIT Press, 2004).
48. R. Knickmeyer, S. Baron-Cohen, P. Raggatt and K. Taylor, 'Foetal Testosterone, Social Relationships, and Restricted Interests in Children', *Journal of Child Psychology and Psychiatry* 46:2 (2005), pp. 198–210; E. Chapman, S. Baron-Cohen, B. Auyeung, R. Knickmeyer, K. Taylor and G. Hackett, 'Fetal Testosterone and Empathy: Evidence from the Empathy Quotient (EQ) and the "Reading the Mind in the Eyes" Test', *Social Neuroscience* 1:2 (2006), pp. 135–48.
49. S. Lutchmaya, S. Baron-Cohen, P. Raggatt, R. Knickmeyer and J. T. Manning, '2nd to 4th Digit Ratios, Fetal Testosterone and Estradiol', *Early Human Development* 77:1–2 (2004), pp. 23–8.
50. J. Hönekopp and C. Thierfelder, 'Relationships between Digit Ratio (2D:4D) and Sex-Typed Play Behavior in Pre-school Children', *Personality and Individual Differences* 47:7 (2009), pp. 706–10; D. A. Putz, S. J. Gaulin, R. J. Sporter and D. H. McBurney, 'Sex Hormones and Finger Length: What Does 2D:4D Indicate?', *Evolution and Human Behavior* 25:3 (2004), pp. 182–99.
51. J. M. Valla and S. J. Ceci, 'Can Sex Differences in Science Be Tied to the Long Reach of Prenatal Hormones? Brain Organization Theory, Digit Ratio (2D/4D), and Sex Differences in Preferences and Cognition', *Perspectives on Psychological Science*, 6:2 (2011), pp. 134–46.
52. S. M. Van Anders, K. L. Goldey and P. X. Kuo, 'The Steroid/Peptide Theory of Social Bonds: Integrating Testosterone and Peptide Responses for Classifying Social Behavioral Contexts', *Psychoneuroendocrinology* 36:9 (2011), pp. 1265–75.

제3장 엉터리 심리학의 부상

1. H. T. Woolley, 'A Review of Recent Literature on the Psychology of Sex', *Psychological Bulletin* 7:10 (1910), pp. 335–42.
2. C. Fine, *Delusions of Gender: How Our Minds, Society, and Neurosexism Create Difference* (New York, W. W. Norton, 2010), p. xxvii.

3. C. Darwin, *On the Origin of Species by Means of Natural Selection* (London, John Murray, 1859); C. Darwin, *The Descent of Man and Selection in Relation to Sex* (London, John Murray, 1871).
4. S. A. Shields, Speaking from the Heart: *Gender and the Social Meaning of Emotion* (Cambridge, Cambridge University Press, 2002), p. 77.
5. Darwin, *The Descent of Man*, p. 361.
6. S. A. Shields, 'Passionate Men, Emotional Women: Psychology Constructs Gender Difference in the Late 19th Century', *History of Psychology* 10:2 (2007), pp. 92–110, at p. 93.
7. Shields, 'Passionate Men, Emotional Women', p. 97.
8. Ibid., p. 94.
9. L. Cosmides and J. Tooby, 'Cognitive Adaptations for Social Exchange', in J. H. Barkow, L. Cosmides and J. Tooby (eds), *The Adapted Mind: Evolutionary Psychology and the Generation of Culture* (New York, Oxford University Press, 1992).
10. L. Cosmides and J. Tooby, 'Beyond Intuition and Instinct Blindness: Toward an Evolutionarily Rigorous Cognitive Science', *Cognition* 50:1–3 (1994), pp. 41–77.
11. A. C. Hurlbert and Y. Ling, 'Biological Components of Sex Differences in Color Preference', *Current Biology* 17:16 (2007), pp. R623–5.
12. S. Baron-Cohen, *The Essential Difference* (London, Penguin, 2004).
13. Ibid., p. 26.
14. Ibid., p. 63.
15. Ibid., p. 127.
16. Ibid., p. 185.
17. Ibid., p. 123.
18. Ibid, p. 185.
19. S. Baron-Cohen, J. Richler, D. Bisarya, N. Gurunathan and S. Wheelwright, 'The Systemizing Quotient: An Investigation of Adults with Asperger Syndrome or High-Functioning Autism, and Normal Sex Differences', *Philosophical Transactions of the Royal Society B: Biological Sciences* 358:1430 (2003), pp. 361–74; S. Baron-Cohen and S. Wheelwright, 'The Empathy Quotient: An Investigation of Adults with Asperger Syndrome or High Functioning Autism, and Normal Sex Differences', *Journal of Autism and Developmental Disorders* 34:2 (2004), pp. 163–75; A. Wakabayashi, S. Baron-Cohen, S. Wheelwright, N. Goldenfeld, J. Delaney, D. Fine, R. Smith and L. Weil, 'Development of Short Forms of the Empathy Quotient (EQ-Short) and the Systemizing Quotient (SQ-Short)', *Personality and Individual Differences* 41:5 (2006), pp. 929–40.

20. B. Auyeung, S. Baron-Cohen, F. Chapman, R. Knickmeyer, K. Taylor and G. Hackett, 'Foetal Testosterone and the Child Systemizing Quotient', *European Journal of Endocrinology* 155:Supplement 1 (2006), pp. S123-30; E. Chapman, S. Baron-Cohen, B. Auyeung, R. Knickmeyer, K. Taylor and G. Hackett, 'Fetal Testosterone and Empathy: Evidence from the Empathy Quotient (EQ) and the "Reading the Mind in the Eyes" Test', *Social Neuroscience* 1:2 (2006), pp. 135-48.

21. S. Baron-Cohen, S. Wheelwright, J. Hill, Y. Raste and I. Plumb, 'The "Reading the Mind in the Eyes" Test Revised Version: A Study with Normal Adults, and Adults with Asperger Syndrome or High-Functioning Autism', *Journal of Child Psychology and Psychiatry* 42:2 (2001), pp. 241-51.

22. J. Billington, S. Baron-Cohen and S. Wheelwright, 'Cognitive Style Predicts Entry into Physical Sciences and Humanities: Questionnaire and Performance Tests of Empathy and Systemizing', *Learning and Individual Differences* 17:3 (2007), pp. 260-68.

23. Baron-Cohen, *The Essential Difference*, pp. 185, 1.

24. Ibid., pp. 185, 8.

25. E. B. Titchener, 'Wilhelm Wundt', *American Journal of Psychology* 32:2 (1921), pp. 161-78; W. C. Wong, 'Retracing the Footsteps of Wilhelm Wundt: Explorations in the Disciplinary Frontiers of Psychology and in *Volkerpsychologie*', *History of Psychology* 12:4, (2009), p. 229.

26. R. W. Kamphaus, M. D. Petoskey and A. W. Morgan, 'A History of Intelligence Test Interpretation', in D. P. Flanagan, J. L. Genshaft and P. L Harrison (eds), *Contemporary Intellectual Assessment: Theories, Tests, and Issues* (New York, Guilford, 1997), pp. 3-16.

27. R. E. Gibby and M. J. Zickar, 'A History of the Early Days of Personality Testing in American Industry: An Obsession with Adjustment', *History of Psychology* 11:3 (2008), p. 164.

28. Woodworth Psychoneurotic Inventory, https://openpsychometrics.org/tests/WPI.php (accessed 4 November 2018).

29. J. Jastrow, 'A Study of Mental Statistics', *New Review* 5 (1891), pp. 559-68.

30. Woolley, 'A Review of the Recent Literature on the Psychology of Sex', p. 335.

31. N. Weisstein, 'Psychology Constructs the Female; or the Fantasy Life of the Male Psychologist (with Some Attention to the Fantasies of his Friends, the Male Biologist and the Male Anthropologist)', *Feminism and Psychology* 3:2 (1993), pp. 194-210.

32. S. Schachter and J. Singer, 'Cognitive, Social, and Physiological Determinants

of Emotional State', *Psychological Review* 69:5 (1962), p. 379.
33. E. E. Maccoby and C. N. Jacklin, *The Psychology of Sex Differences*, Vol. 1: Text (Stanford, CA, Stanford University Press, 1974).
34. J. Cohen, *Statistical Power Analysis for the Behavioral Sciences*, 2nd edn (Hillsdale, NJ, Laurence Erlbaum Associates, 1988); K. Magnusson, 'Interpreting Cohen's d effect size: an interactive visualisation', R Psychologist blog, 13 January 2014, http://rpsychologist.com/d3/cohend (accessed 4 November 2018); SexDifference website, https://sexdifference.org (accessed 4 November 2018).
35. K. Magnusson, 'Interpreting Cohen's d effect size'; SexDifference website.
36. SexDifference website.
37. T. D. Satterthwaite, D. H. Wolf, D. R. Roalf, K. Ruparel, G. Erus, S. Vandekar, E. D. Gennatas, M. A. Elliott, A. Smith, H. Hakonarson and R. Verma, 'Linked Sex Differences in Cognition and Functional Connectivity in Youth', *Cerebral Cortex* 25:9 (2014), pp. 2383–94, at p. 2383.
38. A. Kaiser, S. Haller, S. Schmitz and C. Nitsch, 'On Sex/Gender Related Similarities and Differences in fMRI Language Research', *Brain Research Reviews* 61:2 (2009), pp. 49–59.
39. R. Rosenthal, 'The File Drawer Problem and Tolerance for Null Results', *Psychological Bulletin* 86:3 (1979), p. 638.
40. D. J. Prediger, 'Dimensions Underlying Holland's Hexagon: Missing Link between Interests and Occupations?', *Journal of Vocational Behavior* 21:3 (1982), pp. 259–87.
41. Ibid, p. 261.
42. United States Bureau of the Census, 1980 *Census of the Population: Detailed Population Characteristics* (US Department of Commerce, Bureau of the Census, 1984).
43. B. R. Little, 'Psychospecialization: Functions of Differential Orientation towards Persons and Things', *Bulletin of the British Psychological Society* 21 (1968), p. 113.
44. P. I. Armstrong, W. Allison and J. Rounds, 'Development and Initial Validation of Brief Public Domain RIASEC Marker Scales' *Journal of Vocational Behavior* 73:2 (2008), pp. 287–99.
45. V. Valian, 'Interests, Gender, and Science', *Perspectives on Psychological Science* 9:2 (2014), pp. 225–30.
46. R. Su, J. Rounds and P. I. Armstrong, 'Men and Things, Women and People: A Meta-analysis of Sex Differences in Interests', *Psychological Bulletin* 135:6 (2009), p. 859.
47. M. T. Orne, 'Demand Characteristics and the Concept of Quasi-controls', in

R. Rosenthal and R. L. Rosnow, *Artifacts in Behavioral Research* (Oxford, Oxford University Press, 2009), pp. 110–37.

48. J. C. Chrisler, I. K. Johnston, N. M Champagne and K. E. Preston, 'Menstrual Joy: The Construct and Its Consequences', *Psychology of Women Quarterly* 18:3 (1994), pp. 375–87.

49. J. L. Hilton and W. Von Hippel, 'Stereotypes', *Annual Review of Psychology* 47:1 (1996), pp. 237–71.

50. N. Eisenberg and R. Lennon, 'Sex Differences in Empathy and Related Capacities', *Psychological Bulletin* 94:1 (1983), p. 100.

51. C. M. Steele and J. Aronson, 'Stereotype Threat and the Intellectual Test Performance of African Americans', *Journal of Personality and Social Psychology* 69:5 (1995), p. 797; S. J. Spencer, C. Logel and P. G. Davies, 'Stereotype Threat', *Annual Review of Psychology* 67 (2016), pp. 415–37.

52. S. J. Spencer, C. M. Steele and D. M. Quinn, 'Stereotype Threat and Women's Math Performance', *Journal of Experimental Social Psychology* 35:1 (1999), pp. 4–28.

53. M. A. Pavlova, S. Weber, E. Simoes and A. N. Sokolov, 'Gender Stereotype Susceptibility', *PLoS One* 9:12 (2014), e114802.

54. Fine, *Delusions of Gender*.

55. D. Carnegie, *How to Win Friends and Influence People* (New York, Simon & Schuster, 1936).

제4장 뇌 미신, 신경쓰레기와 신경성차별

1. N. K. Logothetis, 'What We Can Do and What We Cannot Do with fMRI', *Nature* 453:7197 (2008), p. 869.

2. R. S. J. Frackowiak, K. J. Friston, C. D. Frith, R. J. Dolan, C. J. Price, S. Zeki, J. T. Ashburner and W. D. Penny (eds), *Human Brain Function*, 2nd edn (San Diego and London, Academic Press, 2004).

3. A. L. Roskies, 'Are Neuroimages like Photographs of the Brain?', *Philosophy of Science* 74:5 (2007), pp. 860–72.

4. R. A. Poldrack, 'Can Cognitive Processes Be Inferred from Neuroimaging Data?', *Trends in Cognitive Sciences* 10:2 (2006), pp. 59–63.

5. J. B. Meixner and J. P. Rosenfeld, 'A Mock Terrorism Application of the P300-Based Concealed Information Test', *Psychophysiology* 48:2 (2011), pp. 149–54.

6. A. Linden and J. Fenn, 'Understanding Gartner's Hype Cycles', Strategic

Analysis Report R-20-1971 (Stamford, CT, Gartner, 2003).

7. J. Devlin and G. de Ternay, 'Can neuromarketing really offer you useful customer insights?', *Medium*, 8 October 2016, https://medium.com/@GuerricdeTernay/can-neuromarketingreally-offer-you-useful-customer-insights-e4d0f515f1ec (accessed 13 November 2018).
8. A. Orlowski, 'The Great Brain Scan Scandal: It isn't just boffins who should be ashamed', *Register*, 7 July 2016, https://www.theregister.co.uk/2016/07/07/the_great_brain_scan_scandal_it_isnt_just_boffins_who_should_be_ashamed (accessed 13 November 2018).
9. S. Ogawa, D. W. Tank, R. Menon, J. M. Ellermann, S. G. Kim, H. Merkle and K. Ugurbil, 'Intrinsic Signal Changes Accompanying Sensory Stimulation: Functional Brain Mapping with Magnetic Resonance Imaging', *Proceedings of the National Academy of Sciences* 89:13 (1992), pp. 5951-5.
10. K. K. Kwong, J. W. Belliveau, D. A. Chesler, I. E. Goldberg, R. M. Weisskoff, B. P. Poncelet, D. N. Kennedy, B. E. Hoppel, M. S. Cohen and R. Turner, 'Dynamic Magnetic Resonance Imaging of Human Brain Activity during Primary Sensory Stimulation', *Proceedings of the National Academy of Sciences* 89:12 (1992), pp. 5675-9.
11. K. Smith, 'fMRI 2.0', *Nature* 484:7392 (2012), p. 24.
12. Presidential Proclamation 6158, 17 July 1990, Project on the Decade of the Brain, https://www.loc.gov/loc/brain/proclaim.html (accessed 4 November 2018); E. G. Jones and L. M. Mendell, 'Assessing the Decade of the Brain', Science, 30 April 1999, p. 739.
13. 'Neurosociety Conference: What Is It with the Brain These Days?', Oxford Martin School website, https://www.oxfordmartin.ox.ac.uk/event/895 (accessed 4 November 2018).
14. B. Carey, 'A neuroscientific look at speaking in tongues', *New York Times*, 7 November 2006, https://www.nytimes.com/2006/11/07/health/07brain.html (accessed 4 November 2018); M. Shermer, 'The political brain', Scientific American, 1 July 2006, https://www.scientificamerican.com/article/thepolitical-brain (accessed 4 November 2018); E. Callaway, 'Brain quirk could help explain financial crisis', *New Scientist*, 24 March 2009, https://www.newscientist.com/article/dn16826-brain-quirk-could-help-explain-financialcrisis (accessed 4 November 2018).
15. '"Beliebers" suffer a real fever: How fans of the pop sensation have brains hard wired to be obsessed with him', *Mail Online*, 1 July 2012, https://www.dailymail.co.uk/sciencetech/article-2167108/Beliebers-suffer-real-fever-How-fans-Justin-Bieber-brainshard-wired-obsessed-him.html (accessed 4

November 2018).

16. J. Lehrer, 'The neuroscience of Bob Dylan's genius', *Guardian*, 6 April 2012, https://www.theguardian.com/music/2012/apr/06/neuroscience-bob-dylan-genius-creativity (accessed 4 November 2018).
17. 'The neuroscience of kitchen cabinetry', The Neurocritic blog, 5 December 2010, https://neurocritic.blogspot.com/2010/12/neuroscience-of-kitchen-cabinetry.html (accessed 4 November 2018).
18. 'Spanner or sex object?', Neurocritic blog, 20 February 2009, https://neurocritic.blogspot.com/2009/02/spanner-or-sexobject.html (accessed 4 November 2018).
19. I. Sample, 'Sex objects: pictures shift men's view of women', *Guardian*, 16 February 2009, https://www.theguardian.com/science/2009/feb/16/sex-object-photograph (accessed 4 November 2018).
20. E. Rossini, 'Princeton study: "Men view halfnaked women as objects"', *Illusionists* website, 18 February 2009, https://theillusionists.org/2009/02/princeton-objectification (accessed 4 November 2018).
21. C. dell'Amore, 'Bikinis make men see women as objects, scans confirm', *National Geographic*, 16 February 2009, https://www.nationalgeographic.com/science/2009/02/bikinis-women-men-objects-science (accessed 4 November 2018).
22. E. Landau, 'Men see bikini-clad women as objects, psychologists say', CNN website, 2 April 2009, http://edition.cnn.com/2009/HEALTH/02/19/women.bikinis.objects (accessed 4 November 2018).
23. C. O'Connor, G. Rees and H. Joffe, 'Neuroscience in the Public Sphere', *Neuron* 74:2 (2012), pp. 220–26.
24. J. Dumit, *Picturing Personhood: Brain Scans and Biomedical Identity* (Princeton, NJ, Princeton University Press, 2004).
25. http://www.sandsresearch.com/coke-heist.html (accessed 4 November 2018).
26. D. P. McCabe and A. D. Castel, 'Seeing Is Believing: The Effect of Brain Images on Judgments of Scientific Reasoning', *Cognition* 107:1 (2008), pp. 343–52; D. S. Weisberg, J. C. V. Taylor and E. J. Hopkins, 'Deconstructing the Seductive Allure of Neuroscience Explanations', *Judgment and Decision Making*, 10:5 (2015), p. 429.
27. K. A. Joyce, 'From Numbers to Pictures: The Development of Magnetic Resonance Imaging and the Visual Turn in Medicine', *Science as Culture*, 15:01 (2006), pp. 1–22.
28. M. J. Farah and C. J. Hook, 'The Seductive Allure of "Seductive Allure"', *Perspectives on Psychological Science* 8:1 (2013), pp. 88–90.

29. R. B. Michael, E. J. Newman, M. Vuorre, G. Cumming and M. Garry, 'On the (Non) Persuasive Power of a Brain Image', *Psychonomic Bulletin and Review* 20:4 (2013), pp. 720–25.

30. D. Blum, 'Winter of Discontent: Is the Hot Affair between Neuroscience and Science Journalism Cooling Down?', *Undark*, 3 December 2012, https://undark.org/2012/12/03/winter-discontent-hotaffair-between-neu (accessed 4 November 2018).

31. A. Quart, 'Neuroscience: under attack', *New York Times*, 23 November 2012, https://www.nytimes.com/2012/11/25/opinion/sunday/neuroscience-under-attack.html (accessed 4 November 2018).

32. S. Poole, 'Your brain on pseudoscience: the rise of popular neurobollocks', *New Statesman*, 6 September 2012, https://www.newstatesman.com/culture/books/2012/09/your-brain-pseudoscience-risepopular-neurobollocks (accessed 4 November 2018).

33. E. Racine, O. Bar-Ilan and J. Illes, 'fMRI in the Public Eye', *Nature Reviews Neuroscience* 6:2 (2005), p. 159.

34. 'Welcome to the Neuro-Journalism Mill', James S. McDonnell Foundation website, https://www.jsmf.org/neuromill/about.htm (accessed 4 November 2018).

35. E. Vul, C. Harris, P. Winkielman and H. Pashler, 'Puzzlingly High Correlations in fMRI Studies of Emotion, Personality, and Social Cognition', *Perspectives on Psychological Science* 4:3 (2009), pp. 274–90.

36. C. M. Bennett, M. B. Miller and G. L. Wolford, 'Neural Correlates of Interspecies Perspective Taking in the Post-Mortem Atlantic Salmon: An Argument for Multiple Comparisons Correction', *NeuroImage* 47:Supplement 1 (2009), p. S125.

37. A. Madrigal, 'Scanning dead salmon in fMRI machine highlights risk of red herrings', *Wired*, 18 September 2009, https://www.wired.com/2009/09/fmrisalmon (accessed 4 November 2018); Neuroskeptic, 'fMRI gets slap in the face with a dead fish', *Discover*, 16 September 2009, http://blogs.discovermagazine.com/neuroskeptic/2009/09/16/fmri-gets-slap-in-the-face-with-a-dead-fish (accessed 4 November 2018).

38. Scicurious, 'IgNobel Prize in Neuroscience: the dead salmon study', *Scientific American*, 25 September 2012, https://blogs.scientificamerican.com/scicurious-brain/ignobel-prize-in-neuroscience-thedead-salmon-study (accessed 4 November 2018).

39. S. Dekker, N. C. Lee, P. Howard-Jones and J. Jolles, 'Neuromyths in Education: Prevalence and Predictors of Misconceptions among Teachers', *Frontiers in Psychology* 3 (2012), p. 429.

40. Human Brain Project website, https://www.humanbrainproject.eu/en/; H. Markram, 'The human brain project', *Scientific American*, June 2012, pp. 50–55.
41. UK Biobank website, https://www.ukbiobank.ac.uk (accessed 4 November 2018); C. Sudlow, J. Gallacher, N. Allen, V. Beral, P. Burton, J. Danesh, P. Downey, P. Elliott, J. Green, M. Landray and B. Liu, 'UK Biobank: An Open Access Resource for Identifying the Causes of a Wide Range of Complex Diseases of Middle and Old Age', *PLoS Medicine* 12:3 (2015), e1001779.
42. BRAIN Initiative website, https://www.braininitiative.nih.gov (accessed 4 November 2018); T. R. Insel, S. C. Landis and F. S. Collins, 'The NIH Brain Initiative', *Science* 340:6133 (2013), pp. 687–8.
43. Human Connectome Project website, http://www.humanconnectomeproject.org (accessed 4 November 2018); D. C. Van Essen, S. M. Smith, D. M. Barch, T. E. Behrens, E. Yacoub, K. Ugurbil and WU-Minn HCP Consortium, 'The WU-Minn Human Connectome Project: An Overview', *NeuroImage* 80 (2013), pp. 62–79.
44. R. A. Poldrack and K. J. Gorgolewski, 'Making Big Data Open: Data Sharing in Neuroimaging', *Nature Neuroscience* 17:11 (2014), p. 1510.
45. J. Gray, *Men Are from Mars, Women Are from Venus* (New York, HarperCollins, 1992).
46. L. Brizendine, *The Female Brain* (New York: Morgan Road, 2006).
47. Young and Balaban, 'Psychoneuroindoctrinology', p. 634.
48. 'Sex-linked lexical budgets', Language Log, 6 August 2006, http://itre.cis.upenn.edu/~myl/languagelog/archives/003420.html (accessed 4 November 2018).
49. 'Neuroscience in the service of sexual stereotypes', Language Log, 6 August 2006, http://itre.cis.upenn.edu/~myl/languagelog/archives/003419.html (accessed 4 November 2018).
50. Fine, *Delusions of Gender*, p. 161.
51. M. Liberman, 'The Female Brain movie', Language Log, 21 August 2016, http://languagelog.ldc.upenn.edu/nll/?p=27641 (accessed 4 November 2018).
52. V. Brescoll and M. LaFrance, 'The Correlates and Consequences of Newspaper Reports of Research on Sex Differences', *Psychological Science* 15:8 (2004), pp. 515–20.
53. Fine, *Delusions of Gender*, pp. 154–75; C. Fine, 'Is There Neurosexism in Functional Neuroimaging Investigations of Sex Differences?', *Neuroethics* 6:2 (2013), pp. 369–409.
54. R. Bluhm, 'New Research, Old Problems: Methodological and Ethical Issues

in fMRI Research Examining Sex/Gender Differences in Emotion Processing', *Neuroethics*, 6:2 (2013), pp. 319–30.

55. K. McRae, K. N. Ochsner, I. B. Mauss, J. J Gabrieli and J. J. Gross, 'Gender Differences in Emotion Regulation: An fMRI Study of Cognitive Reappraisal', *Group Processes and Intergroup Relations*, 11:2 (2008), pp. 143–62; R. Bluhm, 'Self-Fulfilling Prophecies: The Influence of Gender Stereotypes on Functional Neuroimaging Research on Emotion', *Hypatia* 28:4 (2013), pp. 870–86.

56. B. A. Shaywitz, S. E. Shaywitz, K. R. Pugh, R. T. Constable, P. Skudlarski, R. K. Fulbright, R. A. Bronen, J. M. Fletcher, D. P. Shankweiler, L. Katz and J. C. Gore, 'Sex Differences in the Functional Organization of the Brain for Language', *Nature* 373:6515 (1995), p. 607.

57. G. Kolata, 'Men and women use brain differently, study discovers', *New York Times*, 16 February 1995, https://www.nytimes.com/1995/02/16/us/men-and-women-use-brain-differently-study-discovers.html (accessed 4 November 2018).

58. Fine, 'Is There Neurosexism'.

59. Ibid., p. 379.

60. I. E. C. Sommer, A. Aleman, A. Bouma and R. S. Kahn, 'Do Women Really Have More Bilateral Language Representation than Men? A Meta-analysis of Functional Imaging Studies', *Brain* 127:8 (2004), pp. 1845–52.

61. M. Wallentin, 'Putative Sex Differences in Verbal Abilities and Language Cortex: A Critical Review', *Brain and Language* 108:3 (2009), pp. 175–83.

62. M. Ingalhalikar, A. Smith, D. Parker, T. D. Satterthwaite, M. A. Elliott, K. Ruparel, H. Hakonarson, R. E. Gur, R. C. Gur and R. Verma, 'Sex Differences in the Structural Connectome of the Human Brain', *Proceedings of the National Academy of Sciences* 111:2 (2014), pp. 823–8.

63. Ibid, p. 823, abstract.

64. 'Brain connectivity study reveals striking differences between men and women', Penn Medicine press release, 2 December 2013, https://www.pennmedicine.org/news/news-releases/2013/december/brain-connectivity-study-revea (accessed 4 November 2018).

65. D. Joel and R. Tarrasch, 'On the Mis-presentation and Misinterpretation of Gender-Related Data: The Case of Ingalhalikar's Human Connectome Study', *Proceedings of the National Academy of Sciences* 111:6 (2014), p. E637; M. Ingalhalikar, A. Smith, D. Parker, T. D. Satterthwaite, M. A. Elliott, K. Ruparel, H. Hakonarson, R. E. Gur, R. C. Gur and R. Verma, 'Reply to Joel and Tarrasch: On Misreading and Shooting the Messenger', *Proceedings of* *the National Academy of Sciences* 111:6 (2014), 201323601; 'Expert reaction to study on gender differences in brains', Science Media Centre, 3 December 2013, http://www.sciencemediacentre.org/expert-reaction-to-study-on-gender-differences-in-brains (accessed 4 November 2018); Neuroskeptic, 'Men, women and big PNAS papers', *Discover*, 3 December 2013, http://blogs.discovermagazine.com/neuroskeptic/2013/12/03/men-women-big-pnas-papers/#.W69vxltyKpo (accessed 4 November 2018); 'Men are map readers and women are intuitive, but bloggers are fast', The Neurocritic blog, 5 December 2013, https://neurocritic.blogspot.com/2013/12/men-are-map-readers-and-women-are.html (accessed 4 November 2018); https://blogs.biomedcentral.com/on-biology/2013/12/12/lets-talk-about-sex/

66. G. Ridgway, 'Illustrative effect sizes for sex differences', Figshare, 3 December 2013, https://figshare.com/articles/Illustrative_effect_sizes_for_sex_differences/866802 (accessed 4 November 2018).

67. S. Connor, 'The hardwired difference between male and female brains could explain why men are "better at map reading"', *Independent*, 3 December 2013, https://www.independent.co.uk/life-style/the-hardwired-difference-between-male-and-female-brains-could-explainwhy-men-are-better-at-map-8978248.html (accessed 4 November 2018); J. Naish, 'Men's and women's brains: the truth!', *Mail Online*, 5 December 2013, https://www.dailymail.co.uk/femail/article-2518327/Mens-womensbrains-truth-As-research-proves-sexes-brains-ARE-wired-differentlywomens-cleverer-ounce-ounce-men-read-female-feelings.html (accessed 4 November 2018).

68. C. O'Connor and H. Joffe, 'Gender on the Brain: A Case Study of Science Communication in the New Media Environment', *PLoS One* 9:10 (2014), e110830.

제5장 21세기의 뇌

1. K. J. Friston, 'The Fantastic Organ', *Brain* 136:4 (2013), pp. 1328-32.

2. N. K. Logothetis, 'The Ins and Outs of fMRI Signals', *Nature Neuroscience* 10:10 (2007), p. 1230.

3. K. J. Friston, 'Functional and Effective Connectivity: A Review', *Brain Connectivity* 1:1 (2011), pp. 13-36.

4. Y. Assaf and O. Pasternak, 'Diffusion Tensor Imaging (DTI)-Based White Matter Mapping in Brain Research: A Review', *Journal of Molecular Neuroscience* 34:1 (2008), pp. 51-61.

5. A. Holtmaat and K. Svoboda, 'Experience-Dependent Structural Synaptic Plasticity in the Mammalian Brain', *Nature Reviews Neuroscience* 10:9 (2009), p. 647.

6. A. Razi and K. J. Friston, 'The Connected Brain: Causality, Models, and Intrinsic Dynamics', *IEEE Signal Processing Magazine* 33:3 (2016), pp. 14–35.

7. A. von Stein and J. Sarnthein, 'Different Frequencies for Different Scales of Cortical Integration: From Local Gamma to Long Range Alpha/Theta Synchronization', *International Journal of Psychophysiology* 38:3 (2000), pp. 301–13.

8. S. Baillet, 'Magnetoencephalography for Brain Electrophysiology and Imaging', *Nature Neuroscience* 20:3 (2017), p. 327.

9. W. D. Penny, S. J. Kiebel, J. M. Kilner and M. D. Rugg, 'Event-Related Brain Dynamics', *Trends in Neurosciences* 25:8 (2002), pp. 387–9.

10. K. Kessler, R. A. Seymour and G. Rippon, 'Brain Oscillations and Connectivity in Autism Spectrum Disorders (ASD): New Approaches to Methodology, Measurement and Modelling', *Neuroscience and Biobehavioral Reviews* 71 (2016), pp. 601–20.

11. S. E. Fisher, 'Translating the Genome in Human Neuroscience', in G. Marcus and J. Freeman (eds), *The Future of the Brain: Essays by the World's Leading Neuroscientists* (Princeton, NJ, Princeton University Press, 2015), pp. 149–58.

12. S. R. Chamberlain, U. Muller, A. D. Blackwell, L. Clark, T. W. Robbins and B. J. Sahakian, 'Neurochemical Modulation of Response Inhibition and Probabilistic Learning in Humans', *Science* 311:5762 (2006), pp. 861–3.

13. C. Eliasmith, 'Building a Behaving Brain', in Marcus and Freeman (eds), *The Future of the Brain*, pp. 125–36.

14. A. Zador, 'The Connectome as a DNA Sequencing Problem', in Marcus and Freeman (eds), *The Future of the Brain*, 2015), pp. 40–49, at p. 46.

15. J. W. Lichtman, J. Livet and J. R. Sanes, 'A Technicolour Approach to the Connectome', *Nature Reviews Neuroscience* 9:6 (2008), p. 417.

16. G. Bush, P. Luu and M. I. Posner, 'Cognitive and Emotional Influences in Anterior Cingulate Cortex', *Trends in Cognitive Sciences* 4:6 (2000), pp. 215–22.

17. M. Alper, 'The "God" Part of the Brain: A Scientific Interpretation of Human Spirituality and God' (Naperville, IL, Sourcebooks, 2008).

18. J. H. Barkow, L. Cosmides and J. Tooby (eds), *The Adapted Mind: Evolutionary Psychology and the Generation of Culture* (New York, Oxford University Press, 1992).

19. Penny et al., 'Event-Related Brain Dynamics'.

20. G. Shen, T. Horikawa, K. Majima and Y. Kamitani, 'Deep Image Reconstruction from Human Brain Activity', *bioRxiv* (2017), 240317.

21. R. A. Thompson and C. A. Nelson, 'Developmental Science and the Media: Early Brain Development', *American Psychologist* 56:1 (2001), pp. 5 – 15.

22. Thompson and Nelson, 'Developmental Science and the Media', p. 5.

23. A. May, 'Experience- Dependent Structural Plasticity in the Adult Human Brain', *Trends in Cognitive Sciences* 15:10 (2011), pp. 475 – 82.

24. Y. Chang, 'Reorganization and Plastic Changes of the Human Brain Associated with Skill Learning and Expertise', *Frontiers in Human Neuroscience* 8 (2014), art. 35.

25. B. Draganski and A. May, 'Training-Induced Structural Changes in the Adult Human Brain', *Behavioural Brain Research* 192:1 (2008), pp. 137 – 42.

26. E. A. Maguire, D. G. Gadian, I. S. Johnsrude, C. D. Good, J. Ashburner, R. S. Frackowiak and C. D. Frith, 'Navigation-Related Structural Change in the Hippocampi of Taxi Drivers', *Proceedings of the National Academy of Sciences* 97:8 (2000), pp. 4398 – 403; K. Woollett, H. J. Spiers and E. A. Maguire, 'Talent in the Taxi: A Model System for Exploring Expertise', *Philosophical Transactions of the Royal Society B: Biological Sciences* 364:1522 (2009), pp. 1407 – 16.

27. M. S. Terlecki and N. S. Newcombe, 'How Important Is the Digital Divide? The Relation of Computer and Videogame Usage to Gender Differences in Mental Rotation Ability', *Sex Roles* 53:5 – 6 (2005), pp. 433 – 41.

28. R. J. Haier, S. Karama, L. Leyba and R. E. Jung, 'MRI Assessment of Cortical Thickness and Functional Activity Changes in Adolescent Girls Following Three Months of Practice on a Visual-Spatial Task', *BMC Research Notes* 2:1 (2009), p. 174.

29. S. Kuhn, T. Gleich, R. C. Lorenz, U. Lindenberger and J. Gallinat, 'Playing Super Mario Induces Structural Brain Plasticity: Gray Matter Changes Resulting from Training with a Commercial Video Game', *Molecular Psychiatry* 19:2 (2014), p. 265.

30. N. Jaušovec and K. Jaušovec, 'Sex Differences in Mental Rotation and Cortical Activation Patterns: Can Training Change Them?', *Intelligence* 40:2 (2012), pp. 151 – 62.

31. A. Clark, 'Whatever Next? Predictive Brains, Situated Agents, and the Future of Cognitive Science', *Behavioral and Brain Sciences* 36:3 (2013), pp. 181 – 204; E. Pellicano and D. Burr, 'When the World Becomes "Too Real": A Bayesian Explanation of Autistic Perception', *Trends in Cognitive Sciences* 16:10 (2012), pp. 504 – 10.

32. D. I. Tamir and M. A. Thornton, 'Modeling the Predictive Social Mind', *Trends in Cognitive Sciences* 22:3 (2018), pp. 201 – 12.

33. A. Clark, *Surfing Uncertainty: Prediction, Action, and the Embodied Mind* (New York, Oxford University Press, 2015); Clark, 'Whatever Next?'; D. D. Hutto, 'Getting into Predictive Processing's Great Guessing Game: Bootstrap Heaven or Hell?', *Synthese* 195:6 (2018), pp. 2445 – 8.

34. The Invisible Gorilla, http://www.theinvisiblegorilla.com/videos.html (accessed 4 November 2018).

35. L. F. Barrett and J. Wormwood, 'When a gun is not a gun', *New York Times*, 17 April 2015, https://www.nytimes.com/2015/04/19/opinion/sunday/when-a-gun-is-not-a-gun.html (accessed 4 November 2018).

36. Kessler et al., 'Brain Oscillations and Connectivity in Autism Spectrum Disorders (ASD)'.

37. E. Hunt, 'Tay, Microsoft's AI chatbot, gets a crash course in racism from Twitter', *Guardian*, 24 March 2016, https://www.theguardian.com/technology/2016/mar/24/tay-microsofts-ai-chatbot-gets-a-crash-course-in-racism-from-twitter (accessed 4 November 2018); I. Johnston, 'AI robots learning racism, sexism and other prejudices from humans, study finds', *Independent*, 13 April 2017, https://www.independent.co.uk/life-style/gadgets-and-tech/news/ai-robots-artificialintelligence-racism-sexism-prejudice-bias-language-learn-from-humans-a7683161.html (accessed 4 November 2018).

38. Y. LeCun, Y. Bengio and G. Hinton, 'Deep Learning', *Nature* 521:7553 (2015), p. 436; R. D. Hof, 'Deep learning', *MIT Technology Review*, https://www.technologyreview.com/s/513696/deep-learning (accessed 4 November 2018).

39. T. Simonite, 'Machines taught by photos learn a sexist view of women', *Wired*, 21 August 2017, https://www.wired.com/story/machines-taught-by-photos-learn-a-sexistview-of-women (accessed 4 November 2018).

40. J. Zhao, T. Wang, M. Yatskar, V. Ordonez and K. W. Chang, 'Men Also Like Shopping: Reducing Gender Bias Amplification Using Corpus-Level Constraints', *arXiv*:1707.09457, 29 July 2017.

41. R. I. Dunbar, 'The Social Brain Hypothesis', *Evolutionary Anthropology: Issues, News, and Reviews* 6:5 (1998), pp. 178 – 90.

42. U. Frith and C. Frith, 'The Social Brain: Allowing Humans to Boldly Go Where No Other Species Has Been', *Philosophical Transactions of the Royal Society B: Biological Sciences* 365:1537 (2010), pp. 165 – 76.

제6장 사회적 뇌

1. M. D. Lieberman, *Social: Why Our Brains Are Wired to Connect* (Oxford, Oxford University Press, 2013).
2. R. Adolphs, 'Investigating the Cognitive Neuroscience of Human Social Behavior', *Neuropsychologia* 41:2 (2003), pp. 119–26; D. M. Amodio, E. Harman-Jones, P. G. Devine, J. J. Curtin, S. L. Hartley and A. E. Covert, 'Neural Signals for the Detection of Unintentional Race Bias', *Psychological Science* 15:2 (2004), pp. 88–93.
3. D. I. Tamir and M. A. Thornton, 'Modeling the Predictive Social Mind', *Trends in Cognitive Sciences* 22:3 (2018), pp. 201–12; P. Hinton, 'Implicit Stereotypes and the Predictive Brain: Cognition and Culture in "Biased" Person Perception', *Palgrave Communications* 3 (2017), 17086.
4. Frith and Frith, 'The Social Brain: Allowing Humans to Boldly Go Where No Other Species Has Been', pp. 165–76.
5. P. Adjamian, A. Hadjipapas, G. R. Barnes, A. Hillebrand and I. E. Holliday, 'Induced Gamma Activity in Primary Visual Cortex Is Related to Luminance and Not Color Contrast: An MEG Study', *Journal of Vision* 8:7 (2008), art. 4.
6. M. V. Lombardo, J. L. Barnes, S. J. Wheelwright and S. Baron-Cohen, 'Self-Referential Cognition and Empathy in Autism', *PLoS One* 2:9 (2007), e883.
7. T. Singer, 'The Neuronal Basis and Ontogeny of Empathy and Mind Reading: Review of Literature and Implications for Future Research', *Neuroscience and Biobehavioral Reviews* 30:6 (2006), pp. 855–63.
8. C. D. Frith, 'The Social Brain?', *Philosophical Transactions of the Royal Society B: Biological Sciences*, 362:1480 (2007), pp. 671–8.
9. R. Adolphs, D. Tranel and A. R. Damasio, 'The Human Amygdala in Social Judgment', *Nature* 393:6684 (1998), p. 470.
10. A. J. Hart, P. J. Whalen, L. M. Shin, S. C. McInerney, H. Fischer and S. L. Rauch, 'Differential Response in the Human Amygdala to Racial Outgroup vs Ingroup Face Stimuli', *Neuroreport* 11:11 (2000), pp. 2351–4.
11. D. M. Amodio and C. D. Frith, 'Meeting of Minds: The Medial Frontal Cortex and Social Cognition', *Nature Reviews Neuroscience* 7:4 (2006), p. 268.
12. Ibid.
13. Ibid.
14. S. J. Gillihan and M. J. Farah, 'Is Self Special? A Critical Review of Evidence from Experimental Psychology and Cognitive Neuroscience', *Psychological Bulletin* 131:1 (2005), p. 76.
15. D. A. Gusnard, E. Akbudak, G. L. Shulman and M. E. Raichle, 'Medial

Prefrontal Cortex and Self-Referential Mental Activity: Relation to a Default Mode of Brain Function', *Proceedings of the National Academy of Sciences* 98:7 (2001), pp. 4259-64; R. B. Mars, F. X. Neubert, M. P. Noonan, J. Sallet, I. Toni and M. F. Rushworth, 'On the Relationship between the "Default Mode Network" and the "Social Brain"', *Frontiers in Human Neuroscience* 6 (2012), p. 189.

16. N. I. Eisenberger, M. D. Lieberman and K. D. Williams, 'Does Rejection Hurt? An fMRI Study of Social Exclusion', *Science* 302:5643 (2003), pp. 290-92.

17. N. I. Eisenberger, T. K. Inagaki, K. A. Muscatell, K. E. Byrne Haltom and M. R. Leary, 'The Neural Sociometer: Brain Mechanisms Underlying State Self-Esteem', *Journal of Cognitive Neuroscience* 23:11 (2011), pp. 3448-55.

18. L. H. Somerville, T. F. Heatherton and W. M. Kelley, 'Anterior Cingulate Cortex Responds Differentially to Expectancy Violation and Social Rejection', *Nature Neuroscience* 9:8 (2006), p. 1007.

19. T. Dalgleish, N. D. Walsh, D. Mobbs, S. Schweizer, A-L. van Harmelen, B. Dunn, V. Dunn, I. Goodyer and J. Stretton, 'Social Pain and Social Gain in the Adolescent Brain: A Common Neural Circuitry Underlying Both Positive and Negative Social Evaluation', *Scientific Reports* 7 (2017), 42010.

20. N. I. Eisenberger and M. D. Lieberman, 'Why Rejection Hurts: A Common Neural Alarm System for Physical and Social Pain', *Trends in Cognitive Sciences* 8:7 (2004), pp. 294-300.

21. M. R. Leary, E. S. Tambor, S. K. Terdal and D. L. Downs, 'Self-Esteem as an Interpersonal Monitor: The Sociometer Hypothesis', *Journal of Personality and Social Psychology* 68:3 (1995), p. 518.

22. M. M. Botvinick, J. D. Cohen and C. S. Carter, 'Conflict Monitoring and Anterior Cingulate Cortex: An Update', *Trends in Cognitive Sciences* 8:12 (2004), pp. 539-46.

23. Botvinick et al., 'Conflict Monitoring and Anterior Cingulate Cortex'.

24. A. D. Craig, 'How Do You Feel - Now? The Anterior Insula and Human Awareness', *Nature Reviews Neuroscience*, 10:1 (2009), pp. 59-70.

25. Ibid.

26. Eisenberger et al., 'The Neural Sociometer'.

27. K. Onoda, Y. Okamoto, K. I. Nakashima, H. Nittono, S. Yoshimura, S. Yamawaki, S. Yamaguchi and M. Ura, 'Does Low Self-Esteem Enhance Social Pain? The Relationship between Trait Self-Esteem and Anterior Cingulate Cortex Activation Induced by Ostracism', *Social Cognitive and Affective Neuroscience* 5:4 (2010), pp. 385-91.

28. J. P. Bhanji and M. R. Delgado, 'The Social Brain and Reward: Social

Information Processing in the Human Striatum', *Wiley Interdisciplinary Reviews: Cognitive Science* 5:1 (2014), pp. 61–73.

29. S. Bray and J. O'Doherty, 'Neural Coding of Reward-Prediction Error Signals during Classical Conditioning with Attractive Faces', *Journal of Neurophysiology* 97:4 (2007), pp. 3036–45.

30. D. A. Hackman and M. J. Farah, 'Socioeconomic Status and the Developing Brain', *Trends in Cognitive Sciences* 13:2 (2009), pp. 65–73.

31. P. J. Gianaros, J. A. Horenstein, S. Cohen, K. A. Matthews, S. M. Brown, J. D. Flory, H. D. Critchley, S. B. Manuck and A. R. Hariri, 'Perigenual Anterior Cingulate Morphology Covaries with Perceived Social Standing', *Social Cognitive and Affective Neuroscience* 2:3 (2007), pp. 161–73.

32. O. Longe, F. A. Maratos, P. Gilbert, G. Evans, F. Volker, H. Rockliff and G. Rippon, 'Having a Word with Yourself: Neural Correlates of Self-Criticism and Self-Reassurance', *NeuroImage* 49:2 (2010), pp. 1849–56.

33. B. T. Denny, H. Kober, T. D. Wager and K. N. Ochsner, 'A Meta-analysis of Functional Neuroimaging Studies of Self- and Other Judgments Reveals a Spatial Gradient for Mentalizing in Medial Prefrontal Cortex', *Journal of Cognitive Neuroscience* 24:8 (2012), pp. 1742–52.

34. H. Tajfel, 'Social Psychology of Intergroup Relations', *Annual Review of Psychology* 33 (1982), pp. 1–39.

35. P. Molenberghs, 'The Neuroscience of In-Group Bias', *Neuroscience and Biobehavioral Reviews* 37:8 (2013), pp. 1530–36.

36. J. K. Rilling, J. E. Dagenais, D. R. Goldsmith, A. L. Glenn and G. Pagnoni, 'Social Cognitive Neural Networks during In-Group and Out-Group Interactions', *NeuroImage* 41:4 (2008), pp. 1447–61.

37. C. Frith and U. Frith, 'Theory of Mind', *Current Biology* 15:17 (2005), pp. R644–5; D. Premack and G. Woodruff, 'Does the Chimpanzee Have a Theory of Mind?', *Behavioral and Brain Sciences* 1:4 (1978), pp. 515–26.

38. Amodio and Frith, 'Meeting of Minds'.

39. V. Gallese and A. Goldman, 'Mirror Neurons and the Simulation Theory of Mind-Reading', *Trends in Cognitive Sciences* 2:12 (1998), pp. 493–501.

40. M. Schulte-Ruther, H. J. Markowitsch, G. R. Fink and M. Pief ke, 'Mirror Neuron and Theory of Mind Mechanisms Involved in Face-to-Face Interactions: A Functional Magnetic Resonance Imaging Approach to Empathy', *Journal of Cognitive Neuroscience* 19:8 (2007), pp. 1354–72.

41. S. G. Shamay-Tsoory, J. Aharon-Peretz and D. Perry, 'Two Systems for Empathy: A Double Dissociation between Emotional and Cognitive Empathy in Inferior Frontal Gyrus versus Ventromedial Prefrontal Lesions', *Brain* 132:3

(2009), pp. 617–27.

42. M. Iacoboni and J. C. Mazziotta, 'Mirror Neuron System: Basic Findings and Clinical Applications', *Annals of Neurology* 62:3 (2007), pp. 213–18; M. Iacoboni, 'Imitation, Empathy, and Mirror Neurons', *Annual Review of Psychology* 60 (2009), pp. 653–70.

43. J. M. Contreras, M. R. Banaji and J. P. Mitchell, 'Dissociable Neural Correlates of Stereotypes and Other Forms of Semantic Knowledge', *Social Cognitive and Affective Neuroscience* 7:7 (2011), pp. 764–70.

44. S. J. Spencer, C. M. Steele and D. M. Quinn, 'Stereotype Threat and Women's Math Performance', *Journal of Experimental Social Psychology* 35:1 (1999), pp. 4–28; T. Schmader, 'Gender Identification Moderates Stereotype Threat Effects on Women's Math Performance', *Journal of Experimental Social Psychology* 38:2 (2002), pp. 194–201.

45. T. Schmader, M. Johns and C. Forbes, 'An Integrated Process Model of Stereotype Threat Effects on Performance', *Psychological Review* 115:2 (2008), p. 336.

46. M. Wraga, M. Helt, E. Jacobs and K. Sullivan, 'Neural Basis of Stereotype-Induced Shifts in Women's Mental Rotation Performance', *Social Cognitive and Affective Neuroscience* 2:1 (2007), pp. 12–19.

47. M. Wraga, L. Duncan, E. C. Jacobs, M. Helt and J. Church, 'Stereotype Susceptibility Narrows the Gender Gap in Imagined Self-Rotation Performance', *Psychonomic Bulletin and Review* 13:5 (2006), pp. 813–19.

48. Wraga et al., 'Neural Basis of Stereotype-Induced Shifts'.

49. H. J. Spiers, B. C. Love, M. E. Le Pelley, C. E. Gibb and R. A. Murphy, 'Anterior Temporal Lobe Tracks the Formation of Prejudice', *Journal of Cognitive Neuroscience* 29:3 (2017), pp. 530–44; R. I. Dunbar, 'The Social Brain Hypothesis', *Evolutionary Anthropology: Issues, News, and Reviews* 6:5 (1998), pp. 178–90.

50. Dunbar, 'The Social Brain Hypothesis'.

51. J. Stiles, 'Neural Plasticity and Cognitive Development', *Developmental Neuropsychology* 18:2 (2000), pp. 237–72.

제7장 아기도 중요하다

1. J. Connellan, S. Baron-Cohen, S. Wheelwright, A. Batki and J. Ahluwalia, 'Sex Differences in Human Neonatal Social Perception', Infant Behavior and Development 23:1 (2000), pp. 113–18.

2. Y. Minagawa-Kawai, K. Mori, J. C. Hebden and E. Dupoux, 'Optical Imaging of Infants' Neurocognitive Development: Recent Advances and Perspectives', *Developmental Neurobiology* 68:6 (2008), pp. 712–28.
3. C. Clouchoux, N. Guizard, A. C. Evans, A. J. du Plessis and C. Limperopoulos, 'Normative Fetal Brain Growth by Quantitative In Vivo Magnetic Resonance Imaging', *American Journal of Obstetrics and Gynecology* 206:2 (2012), pp. 173.e1–8.
4. J. Dubois, G. Dehaene-Lambertz, S. Kulikova, C. Poupon, P. S. Huppi and L. Hertz-Pannier, 'The Early Development of Brain White Matter: A Review of Imaging Studies in Fetuses, Newborns and Infants', *Neuroscience* 276 (2014), pp. 48–71.
5. M. I. van den Heuvel and M. E. Thomason, 'Functional Connectivity of the Human Brain In Utero', *Trends in Cognitive Sciences* 20:12 (2016), pp. 931–9.
6. J. Dubois, M. Benders, C. Borradori-Tolsa, A. Cachia, F. Lazeyras, R. Ha-Vinh Leuchter, S. V. Sizonenko, S. K. Warfield, J. F. Mangin and P. S. Huppi, 'Primary Cortical Folding in the Human Newborn: An Early Marker of Later Functional Development', *Brain* 131:8 (2008), pp. 2028–41.
7. D. Holland, L. Chang, T. M. Ernst, M. Curran, S. D. Buchthal, D. Alicata, J. Skranes, H. Johansen, A. Hernandez, R. Yamakawa and J. M. Kuperman, 'Structural Growth Trajectories and Rates of Change in the First 3 Months of Infant Brain Development', *JAMA Neurology* 71:10 (2014), pp. 1266–74.
8. G. M. Innocenti and D. J. Price, 'Exuberance in the Development of Cortical Networks', *Nature Reviews Neuroscience* 6:12 (2005), p. 955.
9. Holland et al., 'Structural Growth Trajectories'.
10. J. Stiles and T. L. Jernigan, 'The Basics of Brain Development', *Neuropsychology Review* 20:4 (2010), pp. 327–48.
11. S. Jessberger and F. H. Gage, 'Adult Neurogenesis: Bridging the Gap between Mice and Humans', *Trends in Cell Biology* 24:10 (2014), pp. 558–63.
12. W. Gao, S. Alcauter, J. K. Smith, J. H. Gilmore and W. Lin, 'Development of Human Brain Cortical Network Architecture during Infancy', *Brain Structure and Function* 220:2 (2015), pp. 1173–86.
13. Dubois et al., 'The Early Development of Brain White Matter'.
14. B. J. Casey, N. Tottenham, C. Liston and S. Durston, 'Imaging the Developing Brain: What Have We Learned about Cognitive Development?', *Trends in Cognitive Sciences* 9:3 (2005), pp. 104–10.
15. Holland et al., 'Structural Growth Trajectories'.
16. J. H. Gilmore, W. Lin, M. W. Prastawa, C. B. Looney, Y. S. K. Vetsa, R. C. Knickmeyer, D. D. Evans, J. K. Smith, R. M. Hamer, J. A. Lieberman and G.

Gerig, 'Regional Gray Matter Growth, Sexual Dimorphism, and Cerebral Asymmetry in the Neonatal Brain', *Journal of Neuroscience* 27:6 (2007), pp. 1255–60.

17. R. C. Knickmeyer, J. Wang, H. Zhu, X. Geng, S. Woolson, R. M. Hamer, T. Konneker, M. Styner and J. H. Gilmore, 'Impact of Sex and Gonadal Steroids on Neonatal Brain Structure', *Cerebral Cortex* 24:10 (2013), pp. 2721–31.

18. R. K. Lenroot and J. N. Giedd, 'Brain Development in Children and Adolescents: Insights from Anatomical Magnetic Resonance Imaging', *Neuroscience and Biobehavioral Reviews* 30:6 (2006), pp. 718–29.

19. D. F. Halpern, L. Eliot, R. S. Bigler, R. A. Fabes, L. D. Hanish, J. Hyde, L. S. Liben and C. L. Martin, 'The Pseudoscience of Single-Sex Schooling', *Science* 333:6050 (2011), pp. 1706–7.

20. G. Dehaene-Lambertz and E. S. Spelke, 'The Infancy of the Human Brain', *Neuron* 88:1 (2015), pp. 93–109.

21. Gilmore et al., 'Regional Gray Matter Growth'.

22. G. Li, J. Nie, L. Wang, F. Shi, A. E. Lyall, W. Lin, J. H. Gilmore and D. Shen, 'Mapping Longitudinal Hemispheric Structural Asymmetries of the Human Cerebral Cortex from Birth to 2 Years of Age', *Cerebral Cortex* 24:5 (2013), pp. 1289–300.

23. Ibid., p. 1298.

24. N. Geschwind and A. M. Galaburda, 'Cerebral Lateralization: Biological Mechanisms, Associations, and Pathology – I. A Hypothesis and a Program for Research', *Archives of Neurology* 42:5 (1985), pp. 428–59.

25. Knickmeyer et al., 'Impact of Sex and Gonadal Steroids', p. 2721.

26. Van den Heuvel and Thomason, 'Functional Connectivity of the Human Brain In Utero'.

27. Gao et al., 'Development of Human Brain Cortical Network Architecture'.

28. H. T. Chugani, M. E. Behen, O. Muzik, C. Juhasz, F. Nagy and D. C. Chugani, 'Local Brain Functional Activity Following Early Deprivation: A Study of Postinstitutionalized Romanian Orphans', *NeuroImage* 14:6 (2001), pp. 1290–301.

29. C. H. Zeanah, C. A. Nelson, N. A. Fox, A. T. Smyke, P. Marshall, S. W. Parker and S. Koga, 'Designing Research to Study the Effects of Institutionalization on Brain and Behavioral Development: The Bucharest Early Intervention Project', *Development and Psychopathology* 15:4 (2003), pp. 885–907.

30. K. Chisholm, M. C. Carter, E. W. Ames and S. J. Morison, 'Attachment Security and Indiscriminately Friendly Behavior in Children Adopted from Romanian Orphanages', *Development and Psychopathology* 7:2 (1995), pp. 283–94.

31. Chugani et al., 'Local Brain Functional Activity'; T. J. Eluvathingal, H. T Chugani, M. E. Behen, C. Juhasz, O. Muzik, M. Maqbool, D. C. Chugani and M. Makki, 'Abnormal Brain Connectivity in Children after Early Severe Socioemotional Deprivation: A Diffusion Tensor Imaging Study', *Pediatrics* 117:6 (2006), pp. 2093–100.

32. M. A. Sheridan, N. A. Fox, C. H. Zeanah, K. A. McLaughlin and C. A. Nelson, 'Variation in Neural Development as a Result of Exposure to Institutionalization Early in Childhood', *Proceedings of the National Academy of Sciences* 109:32 (2012), pp. 12927–32.

33. N. Tottenham, T. A. Hare, B. T. Quinn, T. W. McCarry, M. Nurse, T. Gilhooly, A. Millner, A. Galvan, M. C. Davidson, I. M. Eigsti, K. M. Thomas, P. J. Freed, E. S. Booma, M. R. Gunnar, M. Altemus, J. Aronson and B. J. Casey, 'Prolonged Institutional Rearing Is Associated with Atypically Large Amygdala Volume and Difficulties in Emotion Regulation', *Developmental Science* 13:1 (2010), pp. 46–61.

34. N. D. Walsh, T. Dalgleish, M. V. Lombardo, V. J. Dunn, A. L. Van Harmelen, M. Ban and I. M. Goodyer, 'General and Specific Effects of Early-Life Psychosocial Adversities on Adolescent Grey Matter Volume', *NeuroImage: Clinical 4* (2014), pp. 308–18; P. Tomalski and M. H. Johnson, 'The Effects of Early Adversity on the Adult and Developing Brain', *Current Opinion in Psychiatry* 23:3 (2010), pp. 233–8.

35. M. H. Johnson and M. de Haan, *Developmental Cognitive Neuroscience: An Introduction*, 4th edn (Chichester, Wiley-Blackwell, 2015).

36. G. A. Ferrari, Y. Nicolini, E. Demuru, C. Tosato, M. Hussain, E. Scesa, L. Romei, M. Boerci, E. Iappini, G. Dalla Rosa Prati and E. Palagi, 'Ultrasonographic Investigation of Human Fetus Responses to Maternal Communicative and Non-communicative Stimuli', *Frontiers in Psychology* 7 (2016), p. 354.

37. M. Huotilainen, A. Kujala, M. Hotakainen, A. Shestakova, E. Kushnerenko, L. Parkkonen, V. Fellman and R. Naatanen, 'Auditory Magnetic Responses of Healthy Newborns', *Neuroreport* 14:14 (2003), pp. 1871–5.

38. A. R. Webb, H. T. Heller, C. B. Benson and A. Lahav, 'Mother's Voice and Heartbeat Sounds Elicit Auditory Plasticity in the Human Brain before Full Gestation', *Proceedings of the National Academy of Sciences* 112:10 (2015), 201414924.

39. A. J. DeCasper and W. P. Fifer, 'Of Human Bonding: Newborns Prefer Their Mothers' Voices', *Science* 208:4448 (1980), pp. 1174–6.

40. M. Mahmoudzadeh, F. Wallois, G. Kongolo, S. Goudjil and G. Dehaene-Lambertz, 'Functional Maps at the Onset of Auditory Inputs in Very Early

Preterm Human Neonates', *Cerebral Cortex* 27:4 (2017), pp. 2500–12.

41. P. Vannasing, O. Florea, B. Gonzalez-Frankenberger, J. Tremblay, N. Paquette, D. Safi, F. Wallois, F. Lepore, R. Beland, M. Lassonde and A. Gallagher, 'Distinct Hemispheric Specializations for Native and Non-native Languages in One-Day-Old Newborns Identified by fNIRS', *Neuropsychologia* 84 (2016), pp. 63–9.

42. Y. Cheng, S. Y. Lee, H. Y. Chen, P. Y. Wang and J. Decety, 'Voice and Emotion Processing in the Human Neonatal Brain', *Journal of Cognitive Neuroscience* 24:6 (2012), pp. 1411–19.

43. A. Schirmer and S. A. Kotz, 'Beyond the Right Hemisphere: Brain Mechanisms Mediating Vocal Emotional Processing', *Trends in Cognitive Sciences* 10:1 (2006), pp. 24–30.

44. E. V. Kushnerenko, B. R. Van den Bergh and I. Winkler, 'Separating Acoustic Deviance from Novelty during the First Year of Life: A Review of Event-Related Potential Evidence', *Frontiers in Psychology* 4 (2013), p. 595.

45. M. Rivera-Gaxiola, G. Csibra, M. H. Johnson and A. Karmiloff-Smith, 'Electrophysiological Correlates of Cross-linguistic Speech Perception in Native English Speakers', *Behavioural Brain Research* 111:1–2 (2000), pp. 13–23.

46. M. Rivera-Gaxiola, J. Silva-Pereyra and P. K. Kuhl, 'Brain Potentials to Native and Non-native Speech Contrasts in 7-and 11-Month-Old American Infants', *Developmental Science* 8:2 (2005), pp. 162–72.

47. K. R. Dobkins, R. G. Bosworth and J. P. McCleery, 'Effects of Gestational Length, Gender, Postnatal Age, and Birth Order on Visual Contrast Sensitivity in Infants' *Journal of Vision* 9:10 (2009), art. 19.

48. F. Thorn, J. Gwiazda, A. A. Cruz, J. A. Bauer and R. Held, 'The Development of Eye Alignment, Convergence, and Sensory Binocularity in Young Infants', *Investigative Ophthalmology and Visual Science* 35:2 (1994), pp. 544–53.

49. Dobkins et al., 'Effects of Gestational Length'.

50. T. Farroni, E. Valenza, F. Simion and C. Umilta, 'Configural Processing at Birth: Evidence for Perceptual Organisation', *Perception* 29:3 (2000), pp. 355–72; Thorn et al., 'The Development of Eye Alignment'.

51. Thorn et al., 'The Development of Eye Alignment'.

52. R. Held, F. Thorn, J. Gwiazda and J. Bauer, 'Development of Binocularity and Its Sexual Differentiation', in F. Vital-Durand, J. Atkinson and O. J. Braddick (eds), *Infant Vision* (Oxford, Oxford University Press, 1996), pp. 265–74.

53. M. C. Morrone, C. D. Burr and A. Fiorentini, 'Development of Contrast Sensitivity and Acuity of the Infant Colour System', *Proceedings of the Royal*

Society B: Biological Sciences 242:1304 (1990), pp. 134-9.
54. T. Farroni, G. Csibra, F. Simion and M. H. Johnson, 'Eye Contact Detection in Humans from Birth', *Proceedings of the National Academy of Sciences* 99:14 (2002), pp. 9602-5.
55. A. Frischen, A. P. Bayliss and S. P. Tipper, 'Gaze Cueing of Attention: Visual Attention, Social Cognition, and Individual Differences', *Psychological Bulletin* 133:4 (2007), p. 694.
56. S. Hoehl and T. Striano, 'Neural Processing of Eye Gaze and Threat-Related Emotional Facial Expressions in Infancy', *Child Development* 79:6 (2008), pp. 1752-60.
57. T. Grossmann and M. H. Johnson, 'Selective Prefrontal Cortex Responses to Joint Attention in Early Infancy', *Biology Letters* 6:4 (2010), pp. 540-43.
58. T. Grossmann, 'The Role of Medial Prefrontal Cortex in Early Social Cognition', *Frontiers in Human Neuroscience* 7 (2013), p. 340.
59. E. Nagy, 'The Newborn Infant: A Missing Stage in Developmental Psychology', *Infant and Child Developmen*t, 20:1 (2011) pp. 3-19.
60. J. N. Constantino, S. Kennon-McGill, C. Weichselbaum, N. Marrus, A. Haider, A. L. Glowinski, S. Gillespie, C. Klaiman, A. Klin and W. Jones, 'Infant Viewing of Social Scenes Is under Genetic Control and Is Atypical in Autism', *Nature* 547:7663 (2017), p. 340.
61. J. H. Hittelman and R. Dickes, 'Sex Differences in Neonatal Eye Contact Time', *Merrill-Palmer Quarterly of Behavior and Development* 25:3 (1979), pp. 171-84.
62. R. T. Leeb and F. G. Rejskind, 'Here's Looking at You, Kid! A Longitudinal Study of Perceived Gender Differences in Mutual Gaze Behavior in Young Infants', *Sex Roles* 50:1-2 (2004), pp. 1-14.
63. S. Lutchmaya, S. Baron-Cohen and P. Raggatt, 'Foetal Testosterone and Eye Contact in 12-Month-Old Human Infants', *Infant Behavior and Development* 25:3 (2002), pp. 327-35.
64. A. Fausto-Sterling, D. Crews, J. Sung, C. García-Coll and R. Seifer, 'Multimodal Sex-Related Differences in Infant and in Infant-Directed Maternal Behaviors during Months Three through Twelve of Development', *Developmental Psychology* 51:10 (2015), p. 1351.

제8장 아기에게 성원을

1. D. Joel, 'Genetic-Gonadal-Genitals Sex (3G-Sex) and the Misconception of

Brain and Gender, or, Why 3G-Males and 3G-Females Have Intersex Brain and Intersex Gender', *Biology of Sex Differences* 3:1 (2012), p. 27.

2. C. Cummings and K. Trang, 'Sex/Gender, Part I: Why Now?', *Somatosphere*, 10 March 2016, http://somatosphere.net/2016/03/sexgender-part-1-whynow.html (accessed 7 November 2018).
3. A. Fausto-Sterling, C. G. Coll and M. Lamarre, 'Sexing the Baby, Part 2: Applying Dynamic Systems Theory to the Emergences of Sex-Related Differences in Infants and Toddlers', *Social Science and Medicine* 74:11 (2012), pp. 1693-702.
4. C. Smith and B. Lloyd, 'Maternal Behavior and Perceived Sex of Infant: Revisited', *Child Development* 49:4 (1978), pp. 1263-5; E. R. Mondschein, K. E. Adolph and C. S. Tamis-LeMonda, 'Gender Bias in Mothers' Expectations about Infant Crawling', *Journal of Experimental Child Psychology* 77:4 (2000), pp. 304-16.
5. Holland et al., 'Structural Growth Trajectories'.
6. M. Pena, A. Maki, D. Kovačić, G. Dehaene-Lambertz, H. Koizumi, F. Bouquet and J. Mehler, 'Sounds and Silence: An Optical Topography Study of Language Recognition at Birth', *Proceedings of the National Academy of Sciences* 100:20 (2003), pp. 11702-5.
7. P. Vannasing, O. Florea, B. Gonzalez-Frankenberger, J. Tremblay, N. Paquette, D. Safi, F. Wallois, F. Lepore, R. Beland, M. Lassonde and A. Gallagher, 'Distinct Hemispheric Specializations for Native and Non-native Languages in One-Day-Old Newborns Identified by fNIRS', *Neuropsychologia* 84 (2016), pp. 63-9.
8. T. Nazzi, J. Bertoncini and J. Mehler, 'Language Discrimination by Newborns: Toward an Understanding of the Role of Rhythm', *Journal of Experimental Psychology: Human Perception and Performance* 24:3 (1998), p. 756.
9. M. H. Bornstein, C-S. Hahn and O. M. Haynes, 'Specific and General Language Performance across Early Childhood: Stability and Gender Considerations', *First Language* 24:3 (2004), pp. 267-304.
10. K. Johnson, M. Caskey, K. Rand, R. Tucker and B. Vohr, 'Gender Differences in Adult-Infant Communication in the First Months of Life', *Pediatrics* 134:6 (2014), pp. e1603-10.
11. A. D. Friederici, M. Friedrich and A. Christophe, 'Brain Responses in 4-Month-Old Infants Are Already Language Specific', *Current Biology* 17:14 (2007), pp. 1208-11.
12. Fausto-Sterling et al., 'Sexing the Baby, Part 2'.
13. V. Izard, C. Sann, E. S. Spelke and A. Streri, 'Newborn Infants Perceive

Abstract Numbers', *Proceedings of the National Academy of Sciences* 106:25 (2009), pp. 10382 – 5.

14. R. Baillargeon, 'Infants' Reasoning about Hidden Objects: Evidence for Event-General and Event-Specific Expectations', *Developmental Science* 7:4 (2004), pp. 391 – 414.

15. S. J. Hespos and K. vanMarle, 'Physics for Infants: Characterizing the Origins of Knowledge about Objects, Substances, and Number', *Wiley Interdisciplinary Reviews: Cognitive Science* 3:1 (2012), pp. 19 – 27.

16. J. Connellan, S. Baron-Cohen, S. Wheelwright, A. Batki and J. Ahluwalia, 'Sex Differences in Human Neonatal Social Perception', *Infant Behavior and Development* 23:1 (2000), pp. 113 – 18.

17. A. Nash and G. Grossi, 'Picking BarbieTM's Brain: Inherent Sex Differences in Scientific Ability?', *Journal of Interdisciplinary Feminist Thought* 2:1 (2007), p. 5.

18. P. Escudero, R. A. Robbins and S. P. Johnson, 'Sex-Related Preferences for Real and Doll Faces versus Real and Toy Objects in Young Infants and Adults', *Journal of Experimental Child Psychology* 116:2 (2013), pp. 367 – 79.

19. D. H. Uttal, D. I. Miller and N. S. Newcombe, 'Exploring and Enhancing Spatial Thinking: Links to Achievement in Science, Technology, Engineering, and Mathematics?', *Current Directions in Psychological Science* 22:5 (2013), pp. 367 – 73.

20. D. Voyer, S. Voyer and M. P. Bryden, 'Magnitude of Sex Differences in Spatial Abilities: A Meta-analysis and Consideration of Critical Variables', *Psychological Bulletin* 117:2 (1995), p. 250.

21. P. C. Quinn and L. S. Liben, 'A Sex Difference in Mental Rotation in Young Infants', *Psychological Science* 19:11 (2008), pp. 1067 – 70.

22. E. S. Spelke, 'Sex Differences in Intrinsic Aptitude for Mathematics and Science? A Critical Review', *American Psychologist* 60:9 (2005), p. 950.

23. I. Gauthier and N. K. Logothetis, 'Is Face Recognition Not So Unique After All?', *Cognitive Neuropsychology* 17:1 – 3 (2000), pp. 125 – 42.

24. M. H. Johnson, 'Subcortical Face Processing', *Nature Reviews Neuroscience* 6:10 (2005), pp. 766 – 74.

25. M. H. Johnson, A. Senju and P. Tomalski, 'The Two-Process Theory of Face Processing: Modifications Based on Two Decades of Data from Infants and Adults', *Neuroscience and Biobehavioral Reviews* 50 (2015), pp. 169 – 79.

26. F. Simion and E. Di Giorgio, 'Face Perception and Processing in Early Infancy: Inborn Predispositions and Developmental Changes', *Frontiers in Psychology* 6 (2015), p. 969.

27. V. M. Reid, K. Dunn, R. J. Young, J. Amu, T. Donovan and N. Reissland, 'The Human Fetus Preferentially Engages with Face-like Visual Stimuli', *Current Biology* 27:12 (2017), pp. 1825-8.

28. S. J. McKelvie, 'Sex Differences in Memory for Faces', *Journal of Psychology* 107:1 (1981), pp. 109-25.

29. C. Lewin and A. Herlitz, 'Sex Differences in Face Recognition – Women's Faces Make the Difference', *Brain and Cognition* 50:1 (2002), pp. 121-8.

30. A. Herlitz and J. Loven, 'Sex Differences and the Own-Gender Bias in Face Recognition: A Meta-analytic Review', *Visual Cognition* 21:9-10 (2013), pp. 1306-36.

31. J. Loven, J. Svard, N. C. Ebner, A. Herlitz and H. Fischer, 'Face Gender Modulates Women's Brain Activity during Face Encoding', *Social Cognitive and Affective Neuroscience* 9:7 (2013), pp. 1000-1005.

32. Leeb and Rejskind, 'Here's Looking at You, Kid!'.

33. H. Hoffmann, H. Kessler, T. Eppel, S. Rukavina and H. C. Traue, 'Expression Intensity, Gender and Facial Emotion Recognition: Women Recognize Only Subtle Facial Emotions Better than Men', *Acta Psychologica* 135:3 (2010), pp. 278-83; A. E. Thompson and D. Voyer, 'Sex Differences in the Ability to Recognise Non-verbal Displays of Emotion: A Meta-analysis', *Cognition and Emotion* 28:7 (2014), pp. 1164-95.

34. S. Baron-Cohen, S. Wheelwright, J. Hill, Y. Raste and I. Plumb, 'The "Reading the Mind in the Eyes" Test Revised Version: A Study with Normal Adults, and Adults with Asperger Syndrome or High-Functioning Autism', *Journal of Child Psychology and Psychiatry* 42:2 (2001), pp. 241-51.

35. E. B. McClure, 'A Meta-analytic Review of Sex Differences in Facial Expression Processing and Their Development in Infants, Children, and Adolescents', *Psychological Bulletin* 126:3 (2000), p. 424.

36. Ibid.

37. Ibid.

38. Ibid.

39. W. D. Rosen, L. B. Adamson and R. Bakeman, 'An Experimental Investigation of Infant Social Referencing: Mothers' Messages and Gender Differences', *Developmental Psychology* 28:6 (1992), p. 1172.

40. A. N. Meltzoff and M. K. Moore, 'Imitation of Facial and Manual Gestures by Human Neonates', *Science* 198:4312 (1977), pp. 75-8.

41. A. N. Meltzoff and M. K. Moore, 'Imitation in Newborn Infants: Exploring the Range of Gestures Imitated and the Underlying Mechanisms', *Developmental Psychology* 25:6 (1989), p. 954.

42. P. J. Marshall and A. N. Meltzoff, 'Neural Mirroring Mechanisms and Imitation in Human Infants', *Philosophical Transactions of the Royal Society B: Biological Sciences* 369:1644 (2014), 20130620; E. A. Simpson, L. Murray, A. Paukner and P. F. Ferrari, 'The Mirror Neuron System as Revealed through Neonatal Imitation: Presence from Birth, Predictive Power and Evidence of Plasticity', *Philosophical Transactions of the Royal Society B: Biological Sciences* 369:1644 (2014), 20130289.

43. E. Nagy and P. Molner, '*Homo imitans or Homo provocans?* Human Imprinting Model of Neonatal Imitation', *Infant Behavior and Development* 27:1 (2004), pp. 54-63.

44. S. S. Jones, 'Exploration or Imitation? The Effect of Music on 4-Week-Old Infants' Tongue Protrusions', *Infant Behavior and Development* 29:1 (2006), pp. 126-30.

45. J. Oostenbroek, T. Suddendorf, M. Nielsen, J. Redshaw, S. Kennedy-Costantini, J. Davis, S. Clark and V. Slaughter, 'Comprehensive Longitudinal Study Challenges the Existence of Neonatal Imitation in Humans', *Current Biology* 26:10 (2016), pp. 1334-8; A. N. Meltzoff, L. Murray, E. Simpson, M. Heimann, E. Nagy, J. Nadel, E. J. Pedersen, R. Brooks, D. S. Messinger, L. D. Pascalis and F. Subiaul, 'Re-examination of Oostenbroek et al. (2016): Evidence for Neonatal Imitation of Tongue Protrusion', *Developmental Science* 21:4 (2018), e12609.

46. Oostenbroek et al., 'Comprehensive Longitudinal Study Challenges the Existence of Neonatal Imitation in Humans'; Meltzoff et al., 'Re-examination of Oostenbroek et al. (2016)'.

47. Nagy and Molner, '*Homo imitans or Homo provocans?*'.

48. E. Nagy, H. Compagne, H. Orvos, A. Pal, P. Molnar, I. Janszky, K. Loveland and G. Bardos, 'Index Finger Movement Imitation by Human Neonates: Motivation, Learning, and Left-Hand Preference', *Pediatric Research* 58:4 (2005), pp. 749-53.

49. C. Trevarthen and K. J. Aitken, 'Infant Intersubjectivity: Research, Theory, and Clinical Applications', *Journal of Child Psychology and Psychiatry and Allied Disciplines* 42:1 (2001), pp. 3-48.

50. T. Farroni, G. Csibra, F. Simion and M. H. Johnson, 'Eye Contact Detection in Humans from Birth', *Proceedings of the National Academy of Sciences* 99:14 (2002), pp. 9602-5.

51. M. Tomasello, M. Carpenter and U. Liszkowski, 'A New Look at Infant Pointing', *Child Development* 78:3 (2007), pp. 705-22.

52. T. Charman, 'Why Is Joint Attention a Pivotal Skill in Autism?', *Philosophical Transactions of the Royal Society B: Biological Sciences* 358:1430 (2003), pp.

315–24.
53. H. L. Gallagher and C. D. Frith, 'Functional Imaging of "Theory of Mind"', *Trends in Cognitive Sciences* 7:2 (2003), pp. 77–83.
54. H. M. Wellman, D. Cross and J. Watson, 'Meta-analysis of Theory-of-Mind Development: The Truth about False Belief', *Child Development* 72:3 (2001), pp. 655–84.
55. Ibid.
56. 'Born good? Babies help unlock the origins of morality', CBS News/YouTube, 18 November 2012, https://youtu.be/FRvVFW85IcU (accessed 7 November 2018).
57. J. K. Hamlin, K. Wynn and P. Bloom, 'Social Evaluation by Preverbal Infants', *Nature* 450:7169 (2007), p. 557.
58. J. K. Hamlin and K. Wynn, 'Young Infants Prefer Prosocial to Antisocial Others', *Cognitive Development* 26:1 (2011), pp. 30–39.
59. J. Decety and P. L. Jackson, 'The Functional Architecture of Human Empathy', *Behavioural and Cognitive Neuroscience Reviews* 3:2 (2004), pp. 71–100.
60. E. Geangu, O. Benga, D. Stahl and T. Striano, 'Contagious Crying beyond the First Days of Life', *Infant Behavior and Development* 33:3 (2010), pp. 279–88.
61. R. Roth-Hanania, M. Davidov and C. Zahn-Waxler, 'Empathy Development from 8 to 16 Months: Early Signs of Concern for Others', *Infant Behavior and Development* 34:3 (2011), pp. 447–58.
62. Leeb and Rejskind, 'Here's Looking at You, Kid!', p. 12.
63. Farroni et al., 'Eye Contact Detection in Humans from Birth'.
64. Ibid.
65. B. Auyeung, S. Wheelwright, C. Allison, M. Atkinson, N. Samarawickrema and S. Baron-Cohen, 'The Children's Empathy Quotient and Systemizing Quotient: Sex Differences in Typical Development and in Autism Spectrum Conditions', *Journal of Autism and Developmental Disorders* 39:11 (2009), p. 1509.
66. K. J. Michalska, K. D. Kinzler and J. Decety, 'Age-Related Sex Differences in Explicit Measures of Empathy Do Not Predict Brain Responses across Childhood and Adolescence', *Developmental Cognitive Neuroscience* 3 (2013), pp. 22–32.
67. Roth-Hanania et al., 'Empathy Development from 8 to 16 Months', p. 456.
68. Johnson, 'Subcortical Face Processing', p. 766.
69. D. J. Kelly, P. C. Quinn, A. M. Slater, K. Lee, L. Ge and O. Pascalis, 'The Other-Race Effect Develops during Infancy: Evidence of Perceptual Narrowing', *Psychological Science* 18:12 (2007), pp. 1084–9.

70. Y. Bar-Haim, T. Ziv, D. Lamy and R. M. Hodes, 'Nature and Nurture in Own-Race Face Processing', *Psychological Science* 17:2 (2006), pp. 159-63.
71. M. H. Johnson, 'Face Processing as a Brain Adaptation at Multiple Timescales', *Quarterly Journal of Experimental Psychology* 64:10 (2011), pp. 1873-88.
72. Farroni et al., 'Eye Contact Detection in Humans from Birth'; T. Farroni, M. H. Johnson and G. Csibra, 'Mechanisms of Eye Gaze Perception during Infancy', *Journal of Cognitive Neuroscience* 16:8 (2004), pp. 1320-26.
73. E. A. Hoffman and J. V. Haxby, 'Distinct Representations of Eye Gaze and Identity in the Distributed Human Neural System for Face Perception', *Nature Neuroscience* 3:1 (2000), p. 80.
74. Johnson, 'Face Processing as a Brain Adaptation'.
75. C. A. Nelson and M. De Haan, 'Neural Correlates of Infants' Visual Responsiveness to Facial Expressions of Emotion', *Developmental Psychobiology* 29:7 (1996), pp. 577-95; G. D. Reynolds and J. E. Richards, 'Familiarization, Attention, and Recognition Memory in Infancy: An Event-Related Potential and Cortical Source Localization Study', *Developmental Psychology* 41:4 (2005), p. 598.
76. T. Grossmann, T. Striano and A. D. Friederici, 'Developmental Changes in Infants' Processing of Happy and Angry Facial Expressions: A Neurobehavioral Study', *Brain and Cognition* 64:1 (2007), pp. 30-41.
77. T. Striano, V. M. Reid and S. Hoehl, 'Neural Mechanisms of Joint Attention in Infancy', *European Journal of Neuroscience* 23:10 (2006), pp. 2819-23.
78. F. Happé and U. Frith, 'Annual Research Review: Towards a Developmental Neuroscience of Atypical Social Cognition', *Journal of Child Psychology and Psychiatry* 55:6 (2014), pp. 553-77.

제9장 우리는 젠더화된 바다에서 헤엄친다

1. C. L. Martin and D. Ruble, 'Children's Search for Gender Cues: Cognitive Perspectives on Gender Development', *Current Directions in Psychological Science* 13:2 (2004), pp. 67-70.
2. P. Rosenkrantz, S. Vogel, H. Bee, I. Broverman and D. M. Broverman, 'Sex-Role Stereotypes and Self-Concepts in College Students', *Journal of Consulting and Clinical Psychology* 32:3 (1968), p. 287.
3. M. N. Nesbitt and N. E. Penn, 'Gender Stereotypes after Thirty Years: A Replication of Rosenkrantz, et al. (1968)', *Psychological Reports* 87:2 (2000), pp. 493-511.

4. E. L. Haines, K. Deaux and N. Lofaro, 'The Times They Are a-Changing ... Or Are They Not? A Comparison of Gender Stereotypes, 1983-2014', *Psychology of Women Quarterly* 40:3 (2016), pp. 353-63.
5. L. A. Rudman and P. Glick, 'Prescriptive Gender Stereotypes and Backlash toward Agentic Women', *Journal of Social Issues* 57:4 (2001), pp. 743-62.
6. C. M. Steele, *Whistling Vivaldi: And Other Clues to How Stereotypes Affect Us* (New York, W. W. Norton, 2011).
7. C. K. Shenouda and J. H. Danovitch, 'Effects of Gender Stereotypes and Stereotype Threat on Children's Performance on a Spatial Task', *Revue internationale de psychologie sociale* 27:3 (2014), pp. 53-77.
8. J. M. Contreras, M. R. Banaji and J. P. Mitchell, 'Dissociable Neural Correlates of Stereotypes and Other Forms of Semantic Knowledge', *Social Cognitive and Affective Neuroscience* 7:7 (2011), pp. 764-70.
9. M. Wraga, L. Duncan, E. C. Jacobs, M. Helt and J. Church, 'Stereotype Susceptibility Narrows the Gender Gap in Imagined Self-Rotation Performance', *Psychonomic Bulletin and Review* 13:5 (2006), pp. 813-19.
10. Shenouda and Danovitch, 'Effects of Gender Stereotypes and Stereotype Threat'.
11. R. K. Koeske and G. F. Koeske, 'An Attributional Approach to Moods and the Menstrual Cycle', *Journal of Personality and Social Psychology* 31:3 (1975), p. 473.
12. A. Saini, Inferior: *How Science Got Women Wrong and the New Research That's Rewriting the Story* (Boston, Beacon Press, 2017).
13. I. K. Broverman, D. M. Broverman, F. E. Clarkson, P. S. Rosenkrantz and S. R. Vogel, 'Sex-Role Stereotypes and Clinical Judgments of Mental Health', *Journal of Consulting and Clinical Psychology* 34:1 (1970), p. 1.
14. 'Gender stereotypes impacting behaviour of girls as young as seven', Girlguiding website, https://www.girlguiding.org.uk/whatwe-do/our-stories-and-news/news/gender-stereotypes-impacting-behaviourof-girls-as-young-as-seven (accessed 8 November 2018).
15. S. Marsh, 'Girls as young as seven boxed in by gender stereotyping', *Guardian*, 21 September 2017, https://www.theguardian.com/world/2017/sep/21/girls-seven-ukboxed-in-by-gender-stereotyping-equality (accessed 8 November 2018).
16. S. Dredge, 'Apps for children in 2014: looking for the mobile generation', *Guardian*, 10 March 2014, https://www.theguardian.com/technology/2014/mar/10/apps-children-2014-mobile-generation (accessed 8 November 2018).
17. 'The Common Sense Census: Media Use by Kids Age Zero to Eight 2017',

Common Sense Media, https://www.commonsensemedia.org/research/the-common-sense-census-media-use-by-kids-age-zero-to-eight-2017 (accessed 8 November 2018).

18. Martin and Ruble, 'Children's Search for Gender Cues'.

19. D. Poulin-Dubois, L. A. Serbin, B. Kenyon and A. Derbyshire, 'Infants' Intermodal Knowledge about Gender', *Developmental Psychology* 30 (1994), pp. 436–42.

20. K. M. Zosuls, D. N. Ruble, C. S. Tamis-LeMonda, P. E. Shrout, M. H. Bornstein and F. K. Greulich, 'The Acquisition of Gender Labels in Infancy: Implications for Gender-Typed Play', *Developmental Psychology* 45:3 (2009), p. 688.

21. M. L. Halim, D. N. Ruble, C. S. Tamis-LeMonda, K. M. Zosuls, L. E. Lurye and F. K. Greulich, 'Pink Frilly Dresses and the Avoidance of All Things "Girly": Children's Appearance Rigidity and Cognitive Theories of Gender Development', *Developmental Psychology* 50:4 (2014), p. 1091.

22. L. A. Serbin, D. Poulin-Dubois and J. A. Eichstedt, 'Infants' Responses to Gender-Inconsistent Events', *Infancy* 3:4 (2002), pp. 531–42; D. Poulin-Dubois, L. A. Serbin, J. A. Eichstedt, M. G. Sen and C. F. Beissel, 'Men Don't Put On Make-Up: Toddlers' Knowledge of the Gender Stereotyping of Household Activities', *Social Development* 11:2 (2002), pp. 166–81.

23. '#RedrawTheBalance', EducationEmployers/YouTube, 14 March 2016, https://youtu.be/kJP1zPOfq_0 (accessed 8 November 2018).

24. S. B. Most, A. V. Sorber and J. G. Cunningham, 'Auditory Stroop Reveals Implicit Gender Associations in Adults and Children', *Journal of Experimental Social Psychology* 43:2 (2007), pp. 287–94.

25. K. Arney, 'Are pink toys turning girls into passive princesses?', *Guardian*, 9 May 2011, https://www.theguardian.com/science/blog/2011/may/09/pink-toys-girls-passive-princesses (accessed 8 November 2018).

26. P. Orenstein, Cinderella Ate My Daughter: *Dispatches from the Front Lines of the New Girlie-Girl Culture* (New York, HarperCollins, 2011).

27. 'Gender reveal party ideas', Pampers website (USA), https://www.pampers.com/en-us/pregnancy/pregnancyannouncement/article/ultimate-guide-for-planning-a-gender-reveal-party (accessed 8 November 2018).

28. C. DeLoach, 'How to host a gender reveal party', *Parents*, https://www.parents.com/pregnancy/my-baby/gender-prediction/how-to-host-a-gender-reveal-party (accessed 8 November 2018).

29. K. Johnson, 'Can you spot what's wrong with this new STEM Barbie?' *Babble*, https://www.babble.com/parenting/engineering-barbiestem-kit-disappoints (accessed 8 November 2018); D. Lenton, 'Women in Engineering – Toys: Dolls

Get Techie', *Engineering and Technology* 12:6 (2017), pp. 60–63.
30. J. Henley, 'The power of pink', *Guardian*, 12 December 2009, https://www.theguardian.com/theguardian/2009/dec/12/pinkstinks-the-power-of-pink (accessed 8 November 2018).
31. A. C. Hurlbert and Y. Ling, 'Biological Components of Sex Differences in Color Preference', *Current Biology* 17:16 (2007), pp. R623–5.
32. R. Khamsi, 'Women may be hardwired to prefer pink', *New Scientist*, 20 August 2007, https://www.newscientist.com/article/dn12512-women-may-be-hardwired-to-preferpink (accessed 8 November 2018); F. Macrae, 'Modern girls are born to plump for pink "thanks to berry-gathering female ancestors"', *Mail Online*, 27 April 2011, https://www.dailymail.co.uk/sciencetech/article-1380893/Modern-girls-born-plump-pink-thanks-berry-gathering-female-ancestors.html (accessed 8 November 2018).
33. A. Franklin, L. Bevis, Y. Ling and A. Hurlbert, 'Biological Components of Colour Preference in Infancy', *Developmental Science* 13:2 (2010), pp. 346–54.
34. I. D. Cherney and J. Dempsey, 'Young Children's Classification, Stereotyping and Play Behaviour for Gender Neutral and Ambiguous Toys', *Educational Psychology* 30:6 (2010), pp. 651–69.
35. V. LoBue and J. S. DeLoache, 'Pretty in Pink: The Early Development of Gender-Stereotyped Colour Preferences', *British Journal of Developmental Psychology* 29:3 (2011), pp. 656–67.
36. Zosuls et al., 'The Acquisition of Gender Labels in Infancy'.
37. J. B. Paoletti, *Pink and Blue: Telling the Boys from the Girls in America* (Bloomington, Indiana University Press, 2012).
38. M. Del Giudice, 'The Twentieth Century Reversal of Pink–Blue Gender Coding: A Scientific Urban Legend?', *Archives of Sexual Behavior* 41:6 (2012), pp. 1321–3; M. Del Giudice, 'Pink, Blue, and Gender: An Update', *Archives of Sexual Behavior* 46:6 (2017), pp. 1555–63.
39. Henley, 'The power of pink'.
40. 'What's wrong with pink and blue?', Let Toys Be Toys, 4 September 2015, http://lettoysbetoys.org.uk/whats-wrong-withpink-and-blue (accessed 8 November 2018).
41. A. M. Sherman and E. L. Zurbriggen, '"Boys Can Be Anything": Effect of Barbie Play on Girls' Career Cognitions', *Sex Roles* 70:5–6 (2014), pp. 195–208.
42. V. Jarrett, 'How we can help all our children explore, learn, and dream without limits', White House website, 6 April 2016, https://obamawhitehouse.archives.gov/blog/2016/04/06/how-we-can-help-all-our-children-explore-learn-anddream-without-limits (accessed 8 November 2018).

43. V. Jadva, M. Hines and S. Golombok, 'Infants' Preferences for Toys, Colors, and Shapes: Sex Differences and Similarities', *Archives of Sexual Behavior* 39:6 (2010), pp. 1261–73.

44. C. L. Martin, D. N. Ruble and J. Szkrybalo, 'Cognitive Theories of Early Gender Development', *Psychological Bulletin* 128:6 (2002), p. 903.

45. L. Waterlow, 'Too much in the pink! How toys have become alarmingly gender stereotyped since the Seventies ... at the cost of little girls' self-esteem', *Mail Online*, 10 June 2013, https://www.dailymail.co.uk/femail/article-2338976/Too-pink-How-toys-alarmingly-gender-stereotyped-Seventies-cost-little-girls-self-esteem.html (accessed 8 November 2018).

46. J. E. O. Blakemore and R. E. Centers, 'Characteristics of Boys' and Girls' Toys', *Sex Roles* 53:9–10 (2005), pp. 619–33.

47. B. K. Todd, J. A. Barry and S. A. Thommessen, 'Preferences for "Gender-Typed" Toys in Boys and Girls Aged 9 to 32 Months', *Infant and Child Development* 26:3 (2017), e1986.

48. Ibid.

49. Ibid.

50. C. Fine and E. Rush, '"Why Does All the Girls Have to Buy Pink Stuff ?" The Ethics and Science of the Gendered Toy Marketing Debate', *Journal of Business Ethics* 149:4 (2018), pp. 769–84.

51. B. K. Todd, R. A. Fischer, S. Di Costa, A. Roestorf, K. Harbour, P. Hardiman and J. A. Barry, 'Sex Differences in Children's Toy Preferences: A Systematic Review, Meta-regression, and Meta-analysis', *Infant and Child Development* 27:2 (2018), pp. 1–29.

52. Ibid., pp. 1–2.

53. N. K. Freeman, 'Preschoolers' Perceptions of Gender Appropriate Toys and Their Parents' Beliefs about Genderized Behaviors: Miscommunication, Mixed Messages, or Hidden Truths?', *Early Childhood Education Journal* 34:5 (2007), pp. 357–66.

54. E. S. Weisgram, M. Fulcher and L. M. Dinella, 'Pink Gives Girls Permission: Exploring the Roles of Explicit Gender Labels and Gender-Typed Colors on Preschool Children's Toy Preferences', *Journal of Applied Developmental Psychology* 35:5 (2014), pp. 401–9.

55. E. Sweet, 'Toys are more divided by gender now than they were 50 years ago', *Atlantic*, 9 December 2014, https://www.theatlantic.com/business/archive/2014/12/toys-are-more-divided-by-gender-now-than-they-were-50-years-ago/383556 (accessed 8 November 2018).

56. J. Stoeber and H. Yang, 'Physical Appearance Perfectionism Explains Variance in Eating Disorder Symptoms above General Perfectionism', *Personality and Individual Differences* 86 (2015), pp. 303–7.

57. J. F. Benenson, R. Tennyson and R. W. Wrangham, 'Male More than Female Infants Imitate Propulsive Motion', *Cognition* 121:2 (2011), pp. 262–7.

58. G. M. Alexander, T. Wilcox and R. Woods, 'Sex Differences in Infants' Visual Interest in Toys', *Archives of Sexual Behavior* 38:3 (2009), pp. 427–33.

59. 'Jo Swinson: Encourage boys to play with dolls', BBC News, 13 January 2015, https://www.bbc.co.uk/news/uk-politics-30794476 (accessed 8 November 2018).

60. G. M. Alexander and M. Hines, 'Sex Differences in Response to Children's Toys in Nonhuman Primates (*Cercopithecus aethiops sabaeus*)', *Evolution and Human Behavior* 23:6 (2002), pp. 467–79.

61. Both Cordelia Fine in *Delusions of Gender* and Rebecca Jordan-Young in *Brain Storm* have commented humorously and at length on the monkey studies and their exaggerated role in offering insights into toy preference issues.

62. J. M. Hassett, E. R. Siebert and K. Wallen, 'Sex Differences in Rhesus Monkey Toy Preferences Parallel Those of Children', *Hormones and Behavior* 54:3 (2008), pp. 359–64.

63. Ibid., p. 363.

64. Hines, *Brain Gender*.

65. S. A. Berenbaum and M. Hines, 'Early Androgens Are Related to Childhood Sex-Typed Toy Preferences', *Psychological Science* 3:3 (1992), pp. 203–6.

66. M. Hines, V. Pasterski, D. Spencer, S. Neufeld, P. Patalay, P. C. Hindmarsh, I. A. Hughes and C. L. Acerini, 'Prenatal Androgen Exposure Alters Girls' Responses to Information Indicating Gender-Appropriate Behaviour', *Philosophical Transactions of the Royal Society B: Biological Sciences* 371:1688 (2016), 20150125.

67. M. C. Linn and A. C. Petersen, 'Emergence and Characterization of Sex Differences in Spatial Ability: A Meta-analysis', *Child Development* 56:6 (1985), pp. 1479–98.

68. D. I. Miller and D. F. Halpern, 'The New Science of Cognitive Sex Differences', *Trends in Cognitive Sciences* 18:1 (2014), pp. 37–45.

69. Hines et al., 'Prenatal Androgen Exposure Alters Girls' Responses'.

70. M. S. Terlecki and N. S. Newcombe, 'How Important Is the Digital Divide? The Relation of Computer and Videogame Usage to Gender Differences in Mental Rotation Ability', *Sex Roles* 53:5–6 (2005), pp. 433–41.

71. Shenouda and Danovitch, 'Effects of Gender Stereotypes and Stereotype Threat'.

제10장 성과 과학

1. Women in Science website, http://uis.unesco.org/en/topic/womenscience;'Women in the STEM workforce 2016', WISE website, https://www.wisecampaign.org.uk/statistics/women-in-the-stem-workforce-2016 (accessed 8 November 2018).
2. A. Tintori and R. Palomba, *Turn On the Light on Science: A Research-Based Guide to Break Down Popular Stereotypes about Science and Scientists* (London, Ubiquity Press, 2017).
3. 'Useful statistics: women in STEM', STEM Women website, 5 March 2018, https://www.stemwomen.co.uk/blog/2018/03/useful-statistics-women-in-stem; 'UK physics A-level entries 2010-2016', Institute of Physics website, http://www.iop.org/policy/statistics/overview/page_67109.html
4. 'Primary Schools are Critical to Ensuring Success, by Creating Space for Quality Science Teaching', in *Tomorrow's World: Inspiring Primary Scientists* (CBI, 2015), http://www.cbi.org.uk/tomorrows-world/Primary_schools_are_critical_t.html (accessed 8 November 2018).
5. 'Our definition of science', Science Council website, https://sciencecouncil.org/about-science/our-definitionof-science (accessed 8 November 2018).
6. 'Science does not purvey absolute truth, science is a mechanism. It's a way of trying to improve your knowledge of nature, it's a system for testing your thoughts against the universe and seeing whether they match', *Explore*, http://explore.brainpickings.org/post/49908311909/science-does-not-purvey-absolute-truth-scienceis (accessed 8 November 2018).
7. 'Essays', Science: Not Just for Scientists, http://notjustforscientists.org/essays (accessed 8 November 2018).
8. R. L. Bergland, 'Urania's Inversion: Emily Dickinson, Herman Melville, and the Strange History of Women Scientists in Nineteenth-Century America', *Signs:Journal of Women in Culture and Society* 34:1 (2008), pp. 75-99.
9. J. Mason, 'The Admission of the First Women to the Royal Society of London', *Notes and Records: The Royal Society Journal of the History of Science* 46:2 (1992), pp. 279-300.
10. L. Schiebinger, *The Mind Has No Sex? Women in the Origins of Modern Science* (Cambridge, MA, Harvard University Press, 1991).
11. Ibid.
12. R. Su, J. Rounds and P. I. Armstrong, 'Men and Things, Women and People: A Meta-analysis of Sex Differences in Interests', *Psychological Bulletin* 135:6 (2009), p. 859.

13. J. Billington, S. Baron-Cohen and S. Wheelwright, 'Cognitive Style Predicts Entry into Physical Sciences and Humanities: Questionnaire and Performance Tests of Empathy and Systemizing', *Learning and Individual Differences* 17:3 (2007), pp. 260–68.

14. Ibid.

15. Baron-Cohen, The Essential Difference.

16. Ibid.

17. S. J. Leslie, A. Cimpian, M. Meyer and E. Freeland, 'Expectations of Brilliance Underlie Gender Distributions across Academic Disciplines', *Science* 347:6219 (2015), pp. 262–5.

18. S. J. Leslie, 'Cultures of Brilliance and Academic Gender Gaps', paper delivered at 'Confidence and Competence: Fifth Annual Diversity Conference', Royal Society, 16 November 2017; see 'Annual Diversity Conference 2017 – Confidence and Competence', Royal Society/YouTube, 16 November 2017, https://www.youtu.be/e0ZHpZ31O1M, at 25:50 (accessed 8 November 2018).

19. K. C. Elmore and M. Luna-Lucero, 'Light Bulbs or Seeds? How Metaphors for Ideas Influence Judgments about Genius', *Social Psychological and Personality Science* 8:2 (2017), pp. 200–208.

20. Ibid.

21. L. Bian, S. J. Leslie, M. C. Murphy and A. Cimpian, 'Messages about Brilliance Undermine Women's Interest in Educational and Professional Opportunities', *Journal of Experimental Social Psychology* 76 (2018), pp. 404–20.

22. Quinn and Liben, 'A Sex Difference in Mental Rotation in Young Infants'.

23. M. Hines, M. Constantinescu and D. Spencer, 'Early Androgen Exposure and Human Gender Development', *Biology of Sex Differences* 6:1 (2015), p. 3; J. Wai, D. Lubinski and C. P. Benbow, 'Spatial Ability for STEM Domains: Aligning Over 50 Years of Cumulative Psychological Knowledge Solidifies Its Importance', *Journal of Educational Psychology* 101:4 (2009), p. 817.

24. S. C. Levine, A. Foley, S. Lourenco, S. Ehrlich and K. Ratliff, 'Sex Differences in Spatial Cognition: Advancing the Conversation', *Wiley Interdisciplinary Reviews*: Cognitive Science 7:2(2016), pp. 127–55.

25. L. Bian, S. J. Leslie and A. Cimpian, 'Gender Stereotypes about Intellectual Ability Emerge Early and Influence Children's Interests', *Science* 355:6323 (2017), pp. 389–91.

26. M. C. Steffens, P. Jelenec and P. Noack, 'On the Leaky Math Pipeline: Comparing Implicit Math-Gender Stereotypes and Math Withdrawal in Female and Male Children and Adolescents', *Journal of Educational Psychology*

102:4 (2010), p. 947.
27. Ibid.
28. E. A. Gunderson, G. Ramirez, S. C. Levine and S. L. Beilock, 'The Role of Parents and Teachers in the Development of Gender-Related Math Attitudes', *Sex Roles* 66:3 - 4 (2012), pp. 153 - 66.
29. Freeman, 'Preschoolers' Perceptions of Gender Appropriate Toys'.
30. V. Lavy and E. Sand, 'On the Origins of Gender Human Capital Gaps: Short and Long Term Consequences of Teachers' Stereotypical Biases', Working Paper 20909, National Bureau of Economic Research (2015).
31. S. Cheryan, V. C. Plaut, P. G. Davies and C. M. Steele, 'Ambient Belonging: How Stereotypical Cues Impact Gender Participation in Computer Science', *Journal of Personality and Social Psychology* 97:6 (2009), p. 1045.
32. Ibid.
33. G. Stoet and D. C. Geary, 'The Gender-Equality Paradox in Science, Technology, Engineering, and Mathematics Education', *Psychological Science* 29:4 (2018), pp. 581 - 93.
34. S. Ross, 'Scientist: The Story of a Word', *Annals of Science* 18:2 (1962), pp. 65 - 85.
35. M. Mead and R. Metraux, 'Image of the Scientist among High-School Students', *Science* 126:3270 (1957), pp. 384 - 90.
36. Ibid.
37. D. W. Chambers, 'Stereotypic Images of the Scientist: The Draw-a-Scientist Test', *Science Education* 67:2 (1983), pp. 255 - 65.
38. K. D. Finson, 'Drawing a Scientist: What We Do and Do Not Know after Fifty Years of Drawings', *School Science and Mathematics* 102:7 (2002), pp. 335 - 45.
39. Ibid.
40. P. Bernard and K. Dudek, 'Revisiting Students' Perceptions of Research Scientists: Outcomes of an Indirect Draw-a-Scientist Test (InDAST)', *Journal of Baltic Science Education* 16:4 (2017).
41. M. Knight and C. Cunningham, 'Draw an Engineer Test (DAET): Development of a Tool to Investigate Students' Ideas about Engineers and Engineering', paper given at American Society for Engineering Education Annual Conference and Exposition, Salt Lake City, June 2004, https://peer.asee.org/12831 (accessed 8 November 2018).
42. C. Moseley, B. Desjean-Perrotta and J. Utley, 'The Draw-an-Environment Test Rubric (DAET-R): Exploring Pre-service Teachers' Mental Models of the Environment', *Environmental Education Research* 16:2 (2010), pp. 189 - 208.
43. C. D. Martin, 'Draw a Computer Scientist', *ACM SIGCSE Bulletin* 36:4 (2004),

pp. 11–12.

44. L. R. Ramsey, 'Agentic Traits Are Associated with Success in Science More than Communal Traits', *Personality and Individual Differences* 106 (2017), pp. 6–9.

45. L. L. Carli, L. Alawa, Y. Lee, B. Zhao and E. Kim, 'Stereotypes about Gender and Science: Women ≠ Scientists', *Psychology of Women Quarterly*, 40:2 (2016), pp. 244–60.

46. A. H. Eagly, 'Few Women at the Top: How Role Incongruity Produces Prejudice and the Glass Ceiling', in D. van Knippenberg and M. A. Hogg (eds), *Leadership and Power: Identity Processes in Groups and Organizations* (London, Sage, 2003), pp. 79–93.

47. A. H. Eagly and S. J. Karau, 'Role Congruity Theory of Prejudice toward Female Leaders', *Psychological Review* 109:3 (2002), p. 573.

48. Carli et al., 'Stereotypes about Gender and Science'.

49. C. Wenneras and A. Wold, 'Nepotism and Sexism in Peer Review', in M. Wyer (ed.), *Women, Science, and Technology: A Reader in Feminist Science Studies* (New York, Routledge, 2001), pp. 46–52.

50. F. Trix and C. Psenka, 'Exploring the Color of Glass: Letters of Recommendation for Female and Male Medical Faculty', *Discourse and Society* 14:2 (2003), pp. 191–220.

51. S. Modgil, R. Gill, V. L. Sharma, S. Velassery and A. Anand, 'Nobel Nominations in Science: Constraints of the Fairer Sex', *Annals of Neurosciences* 25:2 (2018), pp. 63–78.

52. C. A. Moss-Racusin, J. F. Dovidio, V. L. Brescoll, M. J. Graham and J. Handelsman, 'Science Faculty's Subtle Gender Biases Favor Male Students', *Proceedings of the National Academy of Sciences* 109:41 (2012), pp. 16474–9.

53. E. Reuben, P. Sapienza and L. Zingales, 'How Stereotypes Impair Women's Careers in Science', *Proceedings of the National Academy of Sciences* 111:12 (2014), pp. 4403–8.

제11장 과학과 뇌

1. H. Ellis, Man and Woman: *A Study of Human Secondary Sexual Characters* (London, Walter Scott; New York, Scribner's, 1894).

2. N. M. Else-Quest, J. S. Hyde and M. C. Linn, 'Cross-national Patterns of Gender Differences in Mathematics: A Meta-analysis', *Psychological Bulletin* 136:1 (2010), p. 103.

3. 'Has an uncomfortable truth been suppressed?', Gowers's Weblog, 9 September 2018, https://gowers.wordpress.com/2018/09/09/has-anuncomfortable-truth-been-suppressed (accessed 8 November 2018).
4. Ibid.
5. L. H. Summers, 'Remarks at NBER Conference on Diversifying the Science & Engineering Workforce', Office of the President, Harvard University, 14 January 2005, https://www.harvard.edu/president/speeches/summers_2005/nber.php (accessed 8 November 2018).
6. 'The Science of Gender and Science: Pinker vs. Spelke: A Debate', *Edge*, https://www.edge.org/event/the-science-of-gender-and-science-pinker-vs-spelke-adebate (accessed 8 November 2018).
7. Y. Xie and K. Shaumann, *Women in Science: Career Processes and Outcomes* (Cambridge, MA, Harvard University Press, 2003).
8. Ibid.
9. D. F. Halpern, C. P. Benbow, D. C. Geary, R. C. Gur, J. S. Hyde and M. A. Gernsbacher, 'The Science of Sex Differences in Science and Mathematics', *Psychological Science in the Public Interest* 8:1 (2007), pp. 1-51.
10. J. Damore, 'Google's Ideological Echo Chamber', July 2017, available at https://www.documentcloud.org/documents/3914586-Googles-Ideological-Echo-Chamber.html (accessed 8 November 2018).
11. D. P. Schmitt, A. Realo, M. Voracek and J. Allik, 'Why Can't a Man Be More Like a Woman? Sex Differences in Big Five Personality Traits across 55 Cultures', *Journal of Personality and Social Psychology* 94:1 (2008), p. 168.
12. M. Molteni and A. Rogers, 'The actual science of James Damore's Google memo', *Wired*, 15 August 2017, https://www.wired.com/story/the-pernicious-science-of-james-damores-google-memo (accessed 8 November 2018); H. Devlin and A. Hern, 'Why are there so few women in tech? The truth behind the Google memo', *Guardian*, 8 August 2017, https://www.theguardian.com/lifeandstyle/2017/aug/08/why-are-there-so-fewwomen-in-tech-the-truth-behind-the-google-memo (accessed 8 November 2018); S. Stevens, 'The Google memo: what does the research say about gender differences?', Heterodox Academy, 10 August 2017, https://heterodoxacademy.org/the-google-memo-what-does-the-research-say-about-genderdifferences (accessed 8 November 2018).
13. 'The Google memo: four scientists respond', *Quillette*, 7 August 2017, http://quillette.com/2017/08/07/google-memo-four-scientists-respond (accessed 8 November 2018).
14. Ibid.

15. Ibid.

16. G. Rippon, 'What neuroscience can tell us about the Google diversity memo', *Conversation*, 14 August 2017, https://theconversation.com/what-neuroscience-can-tell-us-about-the-google-diversitymemo-82455 (accessed 8 November 2018).

17. Devlin and Hern, 'Why are there so few women in tech?'

18. R. C. Barnett and C. Rivers, 'We've studied gender and STEM for 25 years. The science doesn't support the Google memo', *Recode*, 11 August 2017, https://www.recode.net/2017/8/11/16127992/google-engineer-memo-research-science-womenbiology-tech-james-damore (accessed 8 November 2018).

19. M.-C. Lai, M. V. Lombardo, B. Chakrabarti, C. Ecker, S. A. Sadek, S. J. Wheelwright, D. G. Murphy, J. Suckling, E. T. Bullmore, S. Baron-Cohen and MRC AIMS Consortium, 'Individual Differences in Brain Structure Underpin Empathizing–Systemizing Cognitive Styles in Male Adults', *NeuroImage* 61:4 (2012), pp. 1347–54.

20. S. Baron-Cohen, 'Empathizing, Systemizing, and the Extreme Male Brain Theory of Autism', *Progress in Brain Research* 186 (2010), pp. 167–75.

21. J. Wai, D. Lubinski and C. P. Benbow, 'Spatial Ability for STEM Domains: Aligning Over 50 Years of Cumulative Psychological Knowledge Solidifies Its Importance', *Journal of Educational Psychology* 101:4 (2009), p. 817.

22. Ibid.

23. M. Hines, B. A. Fane, V. L. Pasterski, G. A. Mathews, G. S. Conway and C. Brook, 'Spatial Abilities Following Prenatal Androgen Abnormality: Targeting and Mental Rotations Performance in Indivi duals with Congenital Adrenal Hyperplasia', *Psychoneuroendocrinology* 28:8 (2003), pp. 1010–26.

24. I. Silverman, J. Choi and M. Peters, 'The Hunter-Gatherer Theory of Sex Differences in Spatial Abilities: Data from 40 Countries', *Archives of Sexual Behavior* 36:2 (2007), pp. 261–8.

25. S. G. Vandenberg and A. R. Kuse, 'Mental Rotations, a Group Test of Three-Dimensional Spatial Visualization', *Perceptual and Motor Skills* 47:2 (1978), pp. 599–604.

26. Quinn and Liben, 'A Sex Difference in Mental Rotation in Young Infants'.

27. Hines et al., 'Spatial Abilities Following Prenatal Androgen Abnormality'.

28. M. Constantinescu, D. S. Moore, S. P. Johnson and M. Hines, 'Early Contributions to Infants' Mental Rotation Abilities', *Developmental Science* 21:4 (2018), e12613.

29. T. Koscik, D. O'Leary, D. J. Moser, N. C. Andreasen and P. Nopoulos, 'Sex Differences in Parietal Lobe Morphology: Relationship to Mental Rotation

Performance', *Brain and Cognition* 69:3 (2009), pp. 451-9.
30. Halpern, et al. 'The Pseudoscience of Single-Sex Schooling'.
31. Koscik et al., 'Sex Differences in Parietal Lobe Morphology'.
32. K. Kucian, M. Von Aster, T. Loenneker, T. Dietrich, F. W. Mast and E. Martin 'Brain Activation during Mental Rotation in School Children and Adults', *Journal of Neural Transmission* 114:5 (2007), pp. 675-86.
33. K. Jordan, T. Wustenberg, H. J. Heinze, M. Peters and L. Jancke, 'Women and Men Exhibit Different Cortical Activation Patterns during Mental Rotation Tasks', *Neuropsychologia* 40:13 (2002), pp. 2397-408.
34. N. S. Newcombe, 'Picture This: Increasing Math and Science Learning by Improving Spatial Thinking', *American Educator* 34:2 (2010), p. 29.
35. M. Wraga, M. Helt, E. Jacobs and K. Sullivan, 'Neural Basis of Stereotype-Induced Shifts in Women's Mental Rotation Performance', *Social Cognitive and Affective Neuroscience* 2:1 (2007), pp. 12-19.
36. I. D. Cherney, 'Mom, Let Me Play More Computer Games: They Improve My Mental Rotation Skills', *Sex Roles* 59:11-12 (2008), pp. 776-86.
37. Ibid.
38. J. Feng, I. Spence and J. Pratt, 'Playing an Action Video Game Reduces Gender Differences in Spatial Cognition', *Psychological Science* 18:10 (2007), pp. 850-55; M. S. Terlecki and N. S. Newcombe, 'How Important Is the Digital Divide? The Relation of Computer and Videogame Usage to Gender Differences in Mental Rotation Ability', *Sex Roles* 53:5-6 (2005), pp. 433-41.
39. R. J. Haier, S. Karama, L. Leyba and R. E. Jung, 'MRI Assessment of Cortical Thickness and Functional Activity Changes in Adolescent Girls Following Three Months of Practice on a Visual-Spatial Task', *BMC Research Notes* 2:1 (2009), p. 174.
40. A. Moe and F. Pazzaglia, 'Beyond Genetics in Mental Rotation Test Performance: The Power of Effort Attribution', *Learning and Individual Differences* 20:5 (2010), pp. 464-8.
41. E. A. Maloney, S. Waechter, E. F. Risko and J. A. Fugelsang, 'Reducing the Sex Difference in Math Anxiety: The Role of Spatial Processing Ability', *Learning and Individual Differences* 22:3 (2012), pp. 380-84.
42. O. Blajenkova, M. Kozhevnikov and M. A. Motes, 'Object-Spatial Imagery: A New Self-Report Imagery Questionnaire', *Applied Cognitive Psychology* 20:2 (2006), pp. 239-63.
43. J. A. Mangels, C. Good, R. C. Whiteman, B. Maniscalco and C. S. Dweck, 'Emotion Blocks the Path to Learning under Stereotype Threat', *Social Cognitive and Affective Neuroscience* 7:2 (2011), pp. 230-41.

44. A. C. Krendl, J. A. Richeson, W. M. Kelley and T. F. Heatherton, 'The Negative Consequences of Threat: A Functional Magnetic Resonance Imaging Investigation of the Neural Mechanisms Underlying Women's Underperformance in Math', *Psychological Science* 19:2 (2008), pp. 168–75.
45. B. Carrillo, E. Gomez-Gil, G. Rametti, C. Junque, A. Gomez, K. Karadi, S. Segovia and A. Guillamon, 'Cortical Activation during Mental Rotation in Male-to-Female and Female to-Male Transsexuals under Hormonal Treatment', *Psychoneuroendo crinology* 35:8 (2010), pp. 1213–22.
46. S. A. Berenbaum and M. Hines, 'Early Androgens Are Related to Childhood Sex-Typed Toy Preferences', *Psychological Science* 3:3 (1992), pp. 203–6.
47. J. R. Shapiro and A. M. Williams, 'The Role of Stereotype Threats in Undermining Girls' and Women's Performance and Interest in STEM Fields', *Sex Roles* 66:3–4 (2012), pp. 175–83.
48. M. Hines, V. Pasterski, D. Spencer, S. Neufeld, P. Patalay, P. C. Hindmarsh, I. A. Hughes and C. L. Acerini, 'Prenatal Androgen Exposure Alters Girls' Responses to Information Indicating Gender-Appropriate Behaviour', *Philosophical Transactions of the Royal Society B: Biological Sciences* 371:1688 (2016), 20150125.
49. 'Women in Science, Technology, Engineering, and Mathematics (STEM)', Catalyst website, 3 January 2018, https://www.catalyst.org/knowledge/women-science-technology-engineering-and-mathematics-stem (accessed 10 November 2018).

제12장 착한 여자아이는 하지 않아

1. S. Peters, The Chimp Paradox: *The Mind Management Program to Help You Achieve Success, Confidence, and Happiness* (New York, Tarcher/Penguin, 2013).
2. B. P. Dore, N. Zerubavel and K. N. Ochsner, 'Social Cognitive Neuroscience: A Review of Core Systems', in M. Mikulincer and P. R. Shaver (eds-in-chief), *APA Handbook of Personality and Social Psychology* (Washington, American Psychological Association, 2014), vol. 1, pp. 693–720.
3. J. M. Allman, A. Hakeem, J. M. Erwin, E. Nimchinsky and P. Hof, 'The Anterior Cingulate Cortex: The Evolution of an Interface between Emotion and Cognition', *Annals of the New York Academy of Sciences* 935:1 (2001), pp. 107–17.
4. J. M. Allman, N. A. Tetreault, A. Y. Hakeem, K. F. Manaye, K. Semendeferi, J. M. Erwin, S. Park, V. Goubert and P. R. Hof, 'The Von Economo Neurons in

Frontoinsular and Anterior Cingulate Cortex in Great Apes and Humans', *Brain Structure and Function* 214:5–6 (2010), pp. 495–517.

5. J. D. Cohen, M. Botvinick and C. S. Carter, 'Anterior Cingulate and Prefrontal Cortex: Who's in Control?', *Nature Neuroscience* 3:5 (2000), p. 421.
6. G. Bush, P. Luu and M. I. Posner, 'Cognitive and Emotional Influences in Anterior Cingulate Cortex', *Trends in Cognitive Sciences* 4:6 (2000), pp. 215–22.
7. Eisenberger et al., 'The Neural Sociometer'.
8. Eisenberger and Lieberman, 'Why Rejection Hurts'.
9. N. I. Eisenberger, 'Social Pain and the Brain: Controversies, Questions, and Where to Go from Here', *Annual Review of Psychology* 66 (2015), pp. 601–29.
10. Lieberman, *Social: Why Our Brains Are Wired to Connect.*
11. N. Kolling, M. K. Wittmann, T. E. Behrens, E. D. Boorman, R. B. Mars and M. F. Rushworth, 'Value, Search, Persistence and Model Updating in Anterior Cingulate Cortex', *Nature Neuroscience* 19:10 (2016), p. 1280.
12. T. Straube, S. Schmidt, T. Weiss, H. J. Mentzel and W. H. Miltner, 'Dynamic Activation of the Anterior Cingulate Cortex during Anticipatory Anxiety', *NeuroImage* 44:3 (2009), pp. 975–81; A. Etkin, K. E. Prater, F. Hoeft, V. Menon and A. F. Schatzberg, 'Failure of Anterior Cingulate Activation and Connectivity with the Amygdala during Implicit Regulation of Emotional Processing in Generalized Anxiety Disorder', *American Journal of Psychiatry* 167:5 (2010), pp. 545–54; A. Etkin, T. Egner and R. Kalisch, 'Emotional Processing in Anterior Cingulate and Medial Prefrontal Cortex', *Trends in Cognitive Sciences* 15:2 (2011), pp. 85–93.
13. M. R. Leary, 'Responses to Social Exclusion: Social Anxiety, Jealousy, Loneliness, Depression, and Low Self-Esteem', *Journal of Social and Clinical Psychology* 9:2 (1990), pp. 221–9; J. F. Sowislo and U. Orth, 'Does Low Self-Esteem Predict Depression and Anxiety? A Meta-analysis of Longitudinal Studies', *Psychological Bulletin* 139:1 (2013), p. 213; E. A. Courtney, J. Gamboz and J. G. Johnson, 'Problematic Eating Behaviors in Adolescents with Low Self-Esteem and Elevated Depressive Symptoms', *Eating Behaviors* 9:4 (2008), pp. 408–14.
14. W. Bleidorn, R. C. Arslan, J. J. Denissen, P. J. Rentfrow, J. E. Gebauer, J. Potter and S. D. Gosling, 'Age and Gender Differences in Self-Esteem – A Cross-cultural Window', *Journal of Personality and Social Psychology* 111:3 (2016), p. 396; S. Guimond, A. Chatard, D. Martinot, R. J. Crisp and S. Redersdorff, 'Social Comparison, Self-Stereotyping, and Gender Differences in Self-Construals', *Journal of Personality and Social Psychology* 90:2 (2006), p. 221.

15. 'World Self Esteem Plot', https://selfesteem.shinyapps.io/maps (accessed 10 November 2018).
16. Schmitt et al., 'Why Can't a Man Be More Like a Woman?'
17. J. S. Hyde, 'Gender Similarities and Differences', *Annual Review of Psychology* 65 (2014), pp. 373–98; E. Zell, Z. Krizan and S. R. Teeter, 'Evaluating Gender Similarities and Differences Using Metasynthesis', *American Psychologist* 70:1 (2015), p. 10.
18. Eisenberger and Lieberman, 'Why Rejection Hurts'.
19. A. J. Shackman, T. V. Salomons, H. A. Slagter, A. S. Fox, J. J. Winter and R. J. Davidson, 'The Integration of Negative Affect, Pain and Cognitive Control in the Cingulate Cortex', *Nature Reviews Neuroscience* 12:3 (2011), p. 154.
20. A. T. Beck, *Depression: Clinical, Experimental, and Theoretical Aspects* (New York, Harper & Row, 1967); A. T. Beck, 'The Evolution of the Cognitive Model of Depression and Its Neurobiological Correlates', *American Journal of Psychiatry* 165 (2008), pp. 969–77; S. G. Disner, C. G. Beevers, E. A. Haigh and A. T. Beck, 'Neural Mechanisms of the Cognitive Model of Depression', *Nature Reviews* Neuroscience 12:8 (2011), p. 467.
21. P. Gilbert, *The Compassionate Mind: A New Approach to Life's Challenges* (Oakland, CA, New Harbinger, 2010).
22. P. Gilbert and C. Irons, 'Focused Therapies and Compassionate Mind Training for Shame and Self-Attacking', in P. Gilbert (ed.), *Compassion: Conceptualisations, Research and Use in Psychotherapy* (Hove, Routledge, 2005), pp. 263–325; D. C. Zuroff, D. Santor and M. Mongrain, 'Dependency, Self-Criticism, and Maladjustment', in S. J. Blatt, J. S. Auerbach, K. N. Levy and C. E. Schaffer (eds), *Relatedness, Self-Definition and Mental Representation: Essays in Honor of Sidney J. Blatt* (Hove, Routledge, 2005), pp. 75–90.
23. P. Gilbert, M. Clarke, S. Hempel, J. N. V. Miles and C. Irons, 'Criticizing and Reassuring Oneself: An Exploration of Forms, Styles and Reasons in Female Students', *British Journal of Clinical Psychology* 43:1 (2004), pp. 31–50.
24. W. J. Gehring, B. Goss, M. G. H. Coles, D. E. Meyer and E. Donchin, 'A Neural System for Error Detection and Compensation', *Psychological Science* 4 (1993), pp. 385–90; S. Dehaene, 'The Error-Related Negativity, Self-Monitoring, and Consciousness', *Perspectives on Psychological Science* 13:2 (2018), pp. 161–5.
25. O. Longe, F. A. Maratos, P. Gilbert, G. Evans, F. Volker, H. Rockliff and G. Rippon, 'Having a Word with Yourself: Neural Correlates of Self-Criticism and Self-Reassurance', *NeuroImage* 49:2 (2010), pp. 1849–56.
26. G. Downey and S. I. Feldman, 'Implications of Rejection Sensitivity for Intimate Relationships', *Journal of Personality and Social Psychology* 70:6

(1996), p. 1327.

27. Ibid.

28. O. Ayduk, A. Gyurak and A. Luerssen, 'Individual Differences in the Rejection–Aggression Link in the Hot Sauce Paradigm: The Case of Rejection Sensitivity', *Journal of Experimental Social Psychology* 44:3 (2008), pp. 775–82.

29. D. C. Jack and A. Ali (eds), *Silencing the Self across Cultures: Depression and Gender in the Social World* (Oxford, Oxford University Press, 2010).

30. B. London, G. Downey, R. Romero-Canyas, A. Rattan and D. Tyson, 'Gender-Based Rejection Sensitivity and Academic Self-Silencing in Women', *Journal of Personality and Social Psychology* 102:5 (2012), p. 961.

31. S. Zhang, T. Schmader and W. M. Hall, 'L'eggo my Ego: Reducing the Gender Gap in Math by Unlinking the Self from Performance', *Self and Identity* 12:4 (2013), pp. 400–412.

32. Eisenberger and Lieberman, 'Why Rejection Hurts'.

33. E. Kross, T. Egner, K. Ochsner, J. Hirsch and G. Downey, 'Neural Dynamics of Rejection Sensitivity', *Journal of Cognitive Neuroscience* 19:6 (2007), pp. 945–56.

34. L. J. Burklund, N. I. Eisenberger and M. D. Lieberman, 'The Face of Rejection: Rejection Sensitivity Moderates Dorsal Anterior Cingulate Activity to Disapproving Facial Expressions', *Social Neuroscience* 2:3–4 (2007), pp. 238–53.

35. Kross et al., 'Neural Dynamics of Rejection Sensitivity'.

36. K. Dedovic, G. M. Slavich, K. A. Muscatell, M. R. Irwin and N. I. Eisenberger, 'Dorsal Anterior Cingulate Cortex Responses to Repeated Social Evaluative Feedback in Young Women with and without a History of Depression', *Frontiers in Behavioral Neuroscience* 10 (2016), p. 64.

37. A. Kupferberg, L. Bicks and G. Hasler, 'Social Functioning in Major Depressive Disorder', *Neuroscience and Biobehavioral Reviews* 69 (2016), pp. 313–32.

38. Steele, Whistling Vivaldi; S. J. Spencer, C. Logel and P. G. Davies, 'Stereotype Threat', *Annual Review of Psychology* 67 (2016), pp. 415–37.

39. J. Aronson, M. J. Lustina, C. Good, K. Keough, C. M. Steele and J. Brown, 'When White Men Can't Do Math: Necessary and Sufficient Factors in Stereotype Threat', *Journal of Experimental Social Psychology* 35:1 (1999), pp. 29–46.

40. M. A. Pavlova, S. Weber, E. Simoes and A. N. Sokolov, 'Gender Stereotype Susceptibility', *PLoS One* 9:12 (2014), e114802.

41. M. Wraga, M. Helt, E. Jacobs and K. Sullivan, 'Neural Basis of Stereotype-Induced Shifts in Women's Mental Rotation Performance', *Social Cognitive and Affective Neuroscience* 2:1 (2007), pp. 12–19.

42. M. M. McClelland, C. E. Cameron, S. B. Wanless and A. Murray, 'Executive Function, Behavioral Self-Regulation, and Social-Emotional Competence: Links to School Readiness', in O. N. Saracho and B. Spodek (eds), *Contemporary Perspectives on Social Learning in Early Childhood Education* (Charlotte, NC, Information Age, 2007), pp. 83–107.

43. C. E. C. Ponitz, M. M. McClelland, A. M. Jewkes, C. M. Connor, C. L. Farris and F. J. Morrison, 'Touch Your Toes! Developing a Direct Measure of Behavioral Regulation in Early Childhood', *Early Childhood Research Quarterly* 23:2 (2008), pp. 141–58.

44. J. S. Matthews, C. C. Ponitz and F. J. Morrison, 'Early Gender Differences in Self-Regulation and Academic Achievement', *Journal of Educational Psychology* 101:3 (2009), p. 689.

45. S. B. Wanless, M. M. McClelland, X. Lan, S. H. Son, C. E. Cameron, F. J. Morrison, F. M. Chen, J. L. Chen, S. Li, K. Lee and M. Sung, 'Gender Differences in Behavioral Regulation in Four Societies: The United States, Taiwan, South Korea, and China', *Early Childhood Research Quarterly* 28:3 (2013), pp. 621–33.

46. J. A. Gray, '*Precis of The Neuropsychology of Anxiety: An Enquiry into the Functions of the Septo-hippocampal System*', *Behavioral and Brain Sciences* 5:3 (1982), pp. 469–84; Y. Li, L. Qiao, J, Sun, D. Wei, W. Li, J. Qiu, Q. Zhang and H. Shi, 'Gender-Specific Neuroanatomical Basis of Behavioral Inhibition/Approach Systems (BIS/BAS) in a Large Sample of Young Adults: a Voxel-Based Morphometric Investigation', *Behavioural Brain Research* 274 (2014), pp. 400–408.

47. D. M. Amodio, S. L. Master, C. M. Yee and S. E. Taylor, 'Neurocognitive Components of the Behavioral Inhibition and Activation Systems: Implications for Theories of Self-Regulation', *Psychophysiology* 45:1 (2008), pp. 11–19.

48. C. S. Dweck, W. Davidson, S. Nelson and B. Enna, 'Sex Differences in Learned Helplessness: II. The Contingencies of Evaluative Feedback in the Classroom and III. An Experimental Analysis', *Developmental Psychology* 14:3 (1978), p. 268.

49. C. S. Dweck, *Mindset: The New Psychology of Success* (New York, Random House, 2006); D. S. Yeager and C. S. Dweck, 'Mindsets That Promote Resilience: When Students Believe that Personal Characteristics Can Be Developed', *Educational Psychologist* 47:4 (2012), pp. 302–14.

50. M. L. Kamins and C. S. Dweck, 'Person versus Process Praise and Criticism: Implications for Contingent Self-Worth and Coping', *Developmental*

Psychology 35:3 (1999), p. 835.
51. J. Henderlong Corpus and M. R. Lepper, 'The Effects of Person versus Performance Praise on Children's Motivation: Gender and Age as Moderating Factors', *Educational Psychology* 27:4 (2007), pp. 487–508.
52. Ibid.

제13장 그녀의 앙증맞은 머리 안쪽

1. E. Racine, O. Bar-Ilan and J. Illes, 'fMRI in the Public Eye', *Nature Reviews Neuroscience* 6:2 (2005), p. 159.
2. T. D. Satterthwaite, D. H. Wolf, D. R. Roalf, K. Ruparel, G. Erus, S. Vandekar, E. D. Gennatas, M. A. Elliott, A. Smith, H. Hakonarson and R. Verma, 'Linked Sex Differences in Cognition and Functional Connectivity in Youth', *Cerebral Cortex* 25:9 (2014), pp. 2383–94.
3. D. Weber, V. Skirbekk, I. Freund and A. Herlitz, 'The Changing Face of Cognitive Gender Differences in Europe', *Proceedings of the National Academy of Sciences* 111:32 (2014), pp. 11673–8.
4. F. Macrae, 'Female brains really ARE different to male minds with women possessing better recall and men excelling at maths', *Mail Online*, 28 July 2014, https://www.dailymail.co.uk/news/article-2709031/Female-brains-really-ARE-different-male-mindswomen-possessing-better-recall-men-excelling-maths.html (accessed 10 November 2018).
5. 'Brain regulates social behavior differences in males and females', *Neuroscience News*, 31 October 2016, https://neurosciencenews.com/sex-difference-social-behavior-5392 (accessed 10 November 2018).
6. K. Hashikawa, Y. Hashikawa, R. Tremblay, J. Zhang, J. E. Feng, A. Sabol, W. T. Piper, H. Lee, B. Rudy and D. Lin, 'Esr1+ Cells in the Ventromedial Hypothalamus Control Female Aggression', *Nature Neuroscience* 20:11 (2017), p. 1580.
7. D. Joel, personal communication, 2017.
8. 'Science explains why some people are into BDSM and some aren't', *India Times*, 7 October 2017.
9. K. Hignett, 'Everything "the female brain" gets wrong about the female brain', *Newsweek*, 10 February 2018, https://www.newsweek.com/science-behind-female-brain-802319 (accessed 10 November 2018).
10. Fine, *Delusions of Gender*; Fine, 'Is There Neurosexism'.
11. C. M. Leonard, S. Towler, S. Welcome, L. K. Halderman, R. Otto, M. A. Eckert

and C. Chiarello, 'Size Matters: Cerebral Volume Influences Sex Differences in Neuroanatomy', *Cerebral Cortex* 18:12 (2008), pp. 2920–31; E. Luders, A. W. Toga and P. M. Thompson, 'Why Size Matters: Differences in Brain Volume Account for Apparent Sex Differences in Callosal Anatomy – The Sexual Dimorphism of the Corpus Callosum', *NeuroImage* 84 (2014), pp. 820–24.

12. J. Hanggi, L. Fovenyi, F. Liem, M. Meyer and L. Jancke, 'The Hypothesis of Neuronal Interconnectivity as a Function of Brain Size – A General Organization Principle of the Human Connectome', Frontiers in Human *Neuroscience* 8 (2014), p. 915.

13. D. Marwha, M. Halari and L. Eliot, 'Meta-analysis Reveals a Lack of Sexual Dimorphism in Human Amygdala Volume', *NeuroImage* 147 (2017), pp. 282–94; A. Tan, W. Ma, A. Vira, D. Marwha and L. Eliot, 'The Human Hippocampus is not Sexually-Dimorphic: Meta-analysis of Structural MRI Volumes', *NeuroImage* 124 (2016), pp. 350–66.

14. S. J. Ritchie, S. R. Cox, X. Shen, M. V. Lombardo, L. M. Reus, C. Alloza, M. A. Harris, H. L. Alderson, S. Hunter, E. Neilson and D. C. Liewald, 'Sex Differences in the Adult Human Brain: Evidence from 5216 UK Biobank Participants', *Cerebral Cortex* 28:8 (2018), pp. 2959–75.

15. T. Young, 'Why can't a woman be more like a man?', *Quillette*, 24 May 2018, https://quillette.com/2018/05/24/cant-woman-like-man (accessed 10 November 2018).

16. J. Pietschnig, L. Penke, J. M. Wicherts, M. Zeiler and M. Voracek, 'Meta-analysis of Associations between Human Brain Volume and Intelligence Differences: How Strong Are They and What Do They Mean?', *Neuroscience and Biobehavioral Reviews* 57 (2015), pp. 411–32.

17. D. C. Dean, E. M. Planalp, W. Wooten, C. K. Schmidt, S. R. Kecskemeti, C. Frye, N. L. Schmidt, H. H. Goldsmith, A. L. Alexander and R. J. Davidson, 'Investigation of Brain Structure in the 1-Month Infant', *Brain Structure and Function* 223:4 (2018), pp. 1953–70.

18. 'Finding withdrawn after major author correction: "Sex differences in human brain structure are already apparent at one month of age"', *British Psychological Society Research Digest*, 15 March 2018, https://digest.bps.org.uk/2018/01/31/sexdifferences-in-brain-structure-are-already-apparent-at-one-month-of-age (accessed 10 November 2018).

19. D. C. Dean, E. M. Planalp, W. Wooten, C. K. Schmidt, S. R. Kecskemeti, C. Frye, N. L. Schmidt, H. H. Goldsmith, A. L. Alexander and R. J. Davidson, 'Correction to: Investigation of Brain Structure in the 1-Month Infant', *Brain Structure and Function* 223:6 (2018), pp. 3007–9.

20. As seen on Pinterest.
21. R. Rosenthal, 'The File Drawer Problem and Tolerance for Null Results', *Psychological Bulletin* 86:3 (1979), p. 638.
22. S. P. David, F. Naudet, J. Laude, J. Radua, P. Fusar-Poli, I. Chu, M. L. Stefanick and J. P. Ioannidis, 'Potential Reporting Bias in Neuroimaging Studies of Sex Differences', *Scientific Reports* 8:1 (2018), p. 6082.
23. V. Brescoll and M. LaFrance, 'The Correlates and Consequences of Newspaper Reports of Research on Sex Differences', *Psychological Science* 15:8 (2004), pp. 515–20.
24. C. Fine, R. Jordan-Young, A. Kaiser and G. Rippon, 'Plasticity, Plasticity, Plasticity ... and the Rigid Problem of Sex', *Trends in Cognitive Sciences* 17:11 (2013), pp. 550–51.
25. B. B. Biswal, M. Mennes, X.-N. Zuo, S. Gohel, C. Kelly, S. M. Smith, C. F. Beckmann, J. S. Adelstein, R. L. Buckner, S. Colcombe and A. M. Dogonowski, 'Toward Discovery Science of Human Brain Function', *Proceedings of the National Academy of Sciences* 107:10 (2010), pp. 4734–9.
26. Van Anders et al., 'The Steroid/Peptide Theory of Social Bonds'.
27. M. N. Muller, F. W. Marlowe, R. Bugumba and P. T. Ellison, 'Testosterone and Paternal Care in East African Foragers and Pastoralists', *Proceedings of the Royal Society B: Biological Sciences* 276:1655 (2009), pp. 347–54.
28. S. M. van Anders, R. M. Tolman and B. L. Volling, 'Baby Cries and Nurturance Affect Testosterone in Men', *Hormones and Behavior* 61:1 (2012), pp. 31–6.
29. W. James, *The Principles of Psychology*, 2 vols (New York, Henry Holt, 1890).
30. E. K. Graham, D. Gerstorf, T. Yoneda, A. Piccinin, T. Booth, C. Beam, A. J. Petkus, J. P. Rutsohn, R. Estabrook, M. Katz and N. Turiano, 'A Coordinated Analysis of Big-Five Trait Change across 16 Longitudinal Samples' (2018), available at https://osf.io/ryjpc/download/?format=pdf (accessed 10 November 2018)
31. D. Halpern, *Sex Differences in Cognitive Abilities*, 4th edn (Hove, Psychology Press, 2012).
32. Halpern et al. 'The Science of Sex Differences in Science and Mathematics'.
33. J. S. Hyde, 'The Gender Similarities Hypothesis', American Psychologist 60:6 (2005), p. 581.
34. E. Zell, Z. Krizan and S. R. Teeter, 'Evaluating Gender Similarities and Differences Using Metasynthesis', *American Psychologist* 70:1 (2015), pp. 10–20.

제14장 화성, 금성 아니면 지구?

1. A. Montanez, 'Beyond XX and XY', *Scientific American* 317:3 (2017), pp. 50 – 51.

2. D. Joel, 'Genetic-Gonadal-Genitals Sex (3G-Sex) and the Misconception of Brain and Gender, or, Why 3G-Males and 3G-Females Have Intersex Brain and Intersex Gender', *Biology of Sex Differences* 3:1 (2012), p. 27.

3. C. P. Houk, I. A. Hughes, S. F. Ahmed and P. A. Lee, 'Summary of Consensus Statement on Intersex Disorders and Their Management', *Pediatrics* 118:2 (2006), pp. 753 – 7.

4. C. Ainsworth, 'Sex Redefined', *Nature* 518:7539 (2015), p. 288.

5. Ibid.

6. V. Heggie, 'Nature and sex redefined – we have never been binary', *Guardian*, 19 February 2015, https://www.theguardian.com/science/the-h-word/2015/feb/19/nature-sex-redefined-wehave-never-been-binary

7. A. Fausto-Sterling, 'The Five Sexes', *Sciences* 33:2 (1993), pp. 20 – 24.

8. A. Fausto-Sterling, 'The Five Sexes, Revisited', *Sciences* 40:4 (2000), pp. 18 – 23.

9. A. P. Arnold and X. Chen, 'What Does the "Four Core Genotypes" Mouse Model Tell Us about Sex Differences in the Brain and Other Tissues?', *Frontiers in Neuroendocrinology* 30:1 (2009), pp. 1 – 9.

10. Montañez, 'Beyond XX and XY'.

11. L. Cahill, 'Why Sex Matters for Neuroscience', *Nature Reviews Neuroscience* 7:6 (2006), p. 477.

12. A. N. Ruigrok, G. Salimi-Khorshidi, M. C. Lai, S. Baron-Cohen, M. V. Lombardo, R. J. Tait and J. Suckling, 'A Meta-analysis of Sex Differences in Human Brain Structure', *Neuroscience & Biobehavioral Reviews* 39 (2014), pp. 34 – 50.

13. Tan et al., 'The Human Hippocampus is not Sexually-Dimorphic'; D. Marwha, M. Halari and L. Eliot, 'Meta-analysis Reveals a Lack of Sexual Dimorphism in Human Amygdala Volume', *NeuroImage* 147 (2017), pp. 282 – 94.

14. Ingalhalikar et al., 'Sex Differences in the Structural Connectome of the Human Brain'.

15. Hanggi et al., 'The Hypothesis of Neuronal Interconnectivity'.

16. D. Joel and M. M. McCarthy, 'Incorporating Sex as a Biological Variable in Neuropsychiatric Research: Where Are We Now and Where Should We Be?', *Neuropsychopharmacology* 42:2 (2017), p. 379.

17. D. Joel, Z. Berman, I. Tavor, N. Wexler, O. Gaber, Y. Stein, N. Shefi, J. Pool, S.

Urchs, D. S. Margulies and F. Liem, 'Sex beyond the Genitalia: The Human Brain Mosaic', *Proceedings of the National Academy of Sciences* 112:50 (2015), pp. 15468–73.

18. M. Del Giudice, R. A. Lippa, D. A. Puts, D. H. Bailey, J. M. Bailey and D. P. Schmitt, 'Joel et al.'s Method Systematically Fails to Detect Large, Consistent Sex Differences', *Proceedings of the National Academy of Sciences* 113:14 (2016), p. E1965.

19. D. Joel, A. Persico, J. Hanggi, J. Pool and Z. Berman, 'Reply to Del Giudice et al., Chekroud et al., and Rosenblatt: Do Brains of Females and Males Belong to Two Distinct Populations?', *Proceedings of the National Academy of Sciences* 113:14 (2016), pp. E1969–70.

20. L. MacLellan, 'The biggest myth about our brains is that they are "male" or "female"', *Quartz*, 27 August 2017, https://qz.com/1057494/the-biggest-myth-about-our-brains-is-that-theyremale-or-female (accessed 10 November 2018).

21. S. M. van Anders, 'The Challenge from Behavioural Endocrinology', pp. 4–6 in J. S. Hyde, R. S. Bigler, D. Joel, C. C. Tate and S. M. van Anders, 'The Future of Sex and Gender in Psychology: Five Challenges to the Gender Binary', *American Psychologist* (2018), http://dx.doi.org/10.1037/amp0000307.

22. S. M. Van Anders, 'Beyond Masculinity: Testosterone, Gender/Sex, and Human Social Behavior in a Comparative Context', *Frontiers in Neuroendocrinology* 34:3 (2013), pp. 198–210.

23. Anders, 'The Challenge from Behavioural Endocrinology'.

24. J. S. Hyde, 'The Gender Similarities Hypothesis', *American Psychologist* 60:6 (2005), p. 581; E. Zell, Z. Krizan and S. R. Teeter, 'Evaluating Gender Similarities and Differences Using Metasynthesis', *American Psychologist* 70:1 (2015), p. 10.

25. B. J. Carothers and H. T. Reis, 'Men and Women are from Earth: Examining the Latent Structure of Gender', *Journal of Personality and Social Psychology* 104:2 (2013), p. 385.

26. H. T. Reis and B. J. Carothers, 'Black and White or Shades of Gray: Are Gender Differences Categorical or Dimensional?', *Current Directions in Psychological Science* 23:1 (2014), pp. 19–26.

27. Joel et al., 'Sex beyond the Genitalia'.

28. Martin and Ruble, 'Children's Search for Gender Cues'.

29. I. Savic, A. Garcia-Falgueras and D. F. Swaab, 'Sexual Differentiation of the Human Brain in Relation to Gender Identity and Sexual Orientation', *Progress in Brain Research* 186 (2010), pp. 41–62; Joel, 'Genetic-Gonadal-Genitals Sex

(3G-Sex) and the Misconception of Brain and Gender'.

30. J. J. Endendijk, A. M. Beltz, S. M. McHale, K. Bryk and S. A. Berenbaum, 'Linking Prenatal Androgens to Gender-Related Attitudes, Identity, and Activities: Evidence from Girls with Congenital Adrenal Hyperplasia', *Archives of Sexual Behavior* 45:7 (2016), pp. 1807–15.

31. Colapinto, *As Nature Made Him: The Boy Who Was Raised as a Girl*.

32. 'Transgender Equality: House of Commons Backbench Business Debate – Advice for Parliamentarians', Equality and Human Rights Commission, 1 December 2016, available at https://www.equalityhumanrights.com/en/file/21151/download?token=Z7I8opi2 (accessed 10 November 2018)

33. 'Gender confirmation surgeries rise 20% in first ever report', American Society of Plastic Surgeons website, 22 May 2017, https://www.plasticsurgery.org/news/press-releases/genderconfirmation-surgeries-rise-20-percent-in-first-ever-report (accessed 10 November 2018).

34. House of Commons Women and Equalities Committee, *Transgender Equality: First Report of Session* 2015–16, HC 390, 8 December 2015, available at https://publications.parliament.uk/pa/cm201516/cmselect/cmwomeq/390/390.pdf (accessed 10 November 2018).

35. C. Turner, 'Number of children being referred to gender identity clinics has quadrupled in five years', *Telegraph*, 8 July 2017, https://www.telegraph.co.uk/news/2017/07/08/number-children-referred-genderidentity-clinics-has-quadrupled (accessed 10 November 2018).

36. J. Ensor, 'Bruce Jenner: I was born with body of a man and soul of a woman', *Telegraph*, 25 April 2015, https://www.telegraph.co.uk/news/worldnews/northamerica/usa/11562749/Bruce-Jenner-I-was-born-with-body-of-a-manand-soul-of-a-woman.html (accessed 10 November 2018).

37. C. Odone, 'Do men and women really think alike?', *Telegraph*, 14 September 2010, https://www.telegraph.co.uk/news/science/8001370/Do-men-and-womenreally-think-alike.html (accessed 10 November 2018).

38. T. Whipple, 'Sexism fears hamper brain research', *The Times*, 29 November 2016, https://www.thetimes.co.uk/edition/news/sexism-fears-hamper-brain-researchrx6w39gbw (accessed 10 November 2018); L. Willgress, 'Researchers' sexism fears are putting women's health at risk, scientist claims', *Telegraph*, 29 November 2016, https://www.telegraph.co.uk/news/2016/11/29/researchers-sexism-fears-putting-womens-health-risk-scientist (accessed 10 November 2018).

결론

1. S.-J. Blakemore, *Inventing Ourselves: The Secret Life of the Teenage Brain* (London, Doubleday, 2018).
2. L. H. Somerville, 'The Teenage Brain: Sensitivity to Social Evaluation', *Current Directions in Psychological Science* 22:2 (2013), pp. 121–7.
3. S.-J. Blakemore, 'The Social Brain in Adolescence', *Nature Reviews Neuroscience* 9:4 (2008), p. 267.
4. B. London, G. Downey, R. Romero-Canyas, A. Rattan and D. Tyson, 'Gender-Based Rejection Sensitivity and Academic Self-Silencing in Women', *Journal of Personality and Social Psychology* 102:5 (2012), p. 961; E. Kross, T. Egner, K. Ochsner, J. Hirsch and G. Downey, 'Neural Dynamics of Rejection Sensitivity', *Journal of Cognitive Neuroscience* 19:6 (2007), pp. 945–56.
5. Damore, 'Google's Ideological Echo Chamber'.
6. Stoet and Geary, 'The Gender-Equality Paradox in Science, Technology, Engineering, and Mathematics Education'.
7. J. Clark Blickenstaff, 'Women and Science Careers: Leaky Pipeline or Gender Filter?', *Gender and Education* 17:4 (2005), pp. 369–86.
8. A. Tintori and R. Palomba, *Turn on the Light on Science: A Research-Based Guide to Break Down Popular Stereotypes about Science and Scientists* (London, Ubiquity Press, 2017).
9. London et al., 'Gender-Based Rejection Sensitivity'.
10. J. A. Mangels, C. Good, R. C. Whiteman, B. Maniscalco and C. S. Dweck, 'Emotion Blocks the Path to Learning under Stereotype Threat', *Social Cognitive and Affective Neuroscience* 7:2 (2011), pp. 230–41.
11. E. A. Maloney and S. L. Beilock, 'Math Anxiety: Who Has It, Why It Develops, and How to Guard against It', *Trends in Cognitive Sciences* 16:8 (2012), pp. 404–6.
12. K. J. Van Loo and R. J. Rydell, 'On the Experience of Feeling Powerful: Perceived Power Moderates the Effect of Stereotype Threat on Women's Math Performance', *Personality and Social Psychology Bulletin* 39:3 (2013), pp. 387–400.
13. T. Harada, D. Bridge and J. Y. Chiao, 'Dynamic Social Power Modulates Neural Basis of Math Calculation', *Frontiers in Human Neuroscience* 6 (2013), p. 350.
14. I. M. Latu, M. S. Mast, J. Lammers and D. Bombari, 'Successful Female Leaders Empower Women's Behavior in Leadership Tasks', *Journal of Experimental Social Psychology* 49:3 (2013), pp. 444–8.

15. J. G. Stout, N. Dasgupta, M. Hunsinger and M. A. McManus, 'STEMing the Tide: Using Ingroup Experts to Inoculate Women's Self-Concept in Science, Technology, Engineering, and Mathematics (STEM)', *Journal of Personality and Social Psychology* 100:2 (2011), p. 255.

16. 'Inspiring girls with People Like Me', WISE website, https://www.wisecampaign.org.uk/what-we-do/expertise/inspiring-girls-with-people-likeme (accessed 10 November 2018).

17. C. Ainsworth, 'Sex Redefined', *Nature* 518:7539 (2015), p. 288.

18. E. S. Finn, X. Shen, D. Scheinost, M. D. Rosenberg, J. Huang, M. M. Chun, X. Papademetris and R. T. Constable, 'Functional Connectome Fingerprinting: Identifying Individuals Using Patterns of Brain Connectivity', *Nature Neuroscience* 18:11 (2015), p. 1664; E. S. Finn, 'Brain activity is as unique – and identifying – as a fingerprint', *Conversation*, 12 October 2015, https://theconversation.com/brainactivity-is-as-unique-and-identifying-as-a-fingerprint-48723 (accessed 10 November 2018).

19. D. Joel and A. Fausto-Sterling, 'Beyond Sex Differences: New Approaches for Thinking about Variation in Brain Structure and Function', *Philosophical Transactions of the Royal Society B: Biological Sciences* 371:1688 (2016), 20150451; Joel et al., 'Sex beyond the Genitalia'.

20. L. Foulkes and S. J. Blakemore, 'Studying Individual Differences in Human Adolescent Brain Development', *Nature Neuroscience* 21:3 (2018), pp. 315–23.

21. Q. J. Huys, T. V. Maia and M. J. Frank, 'Computational Psychiatry as a Bridge from Neuroscience to Clinical Applications', *Nature Neuroscience* 19:3 (2016), p. 404; O. Moody, 'Artificial intelligence can see what's in your mind's eye', *The Times*, 3 January 2018, https://www.thetimes.co.uk/article/artificial-intelligence-can-see-whatsin-your-minds-eye-w6k9pjsh6 (accessed 10 November 2018).

22. M. M. Mielke, P. Vemuri and W. A. Rocca, 'Clinical Epidemiology of Alzheimer's Disease: Assessing Sex and Gender Differences', *Clinical Epidemiology* 6 (2014), p. 37; S. L. Klein and K. L. Flanagan, 'Sex Differences in Immune Responses', *Nature Reviews Immunology* 16:10 (2016), p. 626.

23. L. D. McCullough, G. J. De Vries, V. M. Miller, J. B. Becker, K. Sandberg and M. M. McCarthy, 'NIH Initiative to Balance Sex of Animals in Preclinical Studies: Generative Questions to Guide Policy, Implementation, and Metrics', *Biology of Sex Differences* 5:1 (2014), p. 15.

24. D. L. Maney, 'Perils and Pitfalls of Reporting Sex Differences', *Philosophical Transactions of the Royal Society B: Biological Sciences* 371:1688 (2016),

20150119.

25. http://lettoysbetoys.org.uk

26. R. Nicholson, '*No More Boys and Girls: Can Kids Go Gender Free review* – reasons to start treating children equally', *Guardian*, 17 August 2017, https://www.theguardian.com/tv-and-radio/tvandradioblog/2017/aug/17/no-more-boys-and-girls-can-kids-go-genderfree-review-reasons-to-start-treating-children-equally (accessed 10 November 2018); J. Rees, '*No More Boys and Girls: Can Our Kids Go Gender Free?* should be compulsory viewing in schools – review', *Telegraph*, 23 August 2017, https://www.telegraph.co.uk/tv/2017/08/23/no-boysgirls-can-kids-go-gender-free-should-compulsory-viewing (accessed 10 November 2018).

27. S. Quadflieg and C. N. Macrae, 'Stereotypes and Stereotyping: What's the Brain Got to Do with It?', *European Review of Social Psychology* 22:1 (2011), pp. 215–73.

28. C. Fine, J. Dupre and D. Joel, 'Sex-Linked Behavior: Evolution, Stability, and Variability', *Trends in Cognitive Sciences* 21:9 (2017), pp. 666–73.

29. D. Victor, 'Microsoft created a Twitter bot to learn from users. It quickly became a racist jerk', *New York Times*, 24 March 2016, https://www.nytimes.com/2016/03/25/technology/microsoft-created-a-twitter-bot-to-learn-from-users-it-quicklybecame-a-racist-jerk.html (accessed 10 November 2018).

30. Hunt, 'Tay, Microsoft's AI chatbot, gets a crash course in racism from Twitter'.

옮긴이 김미선

연세대 화학과를 졸업한 후 대덕연구단지 내 LG연구소에서 근무했으며, 숙명여대 TESOL 과정 수료 후 영어강사로 일하기도 했다. 현재는 '뇌'라는 키워드를 중심으로, 영역을 넓히며 과학 분야 전문번역가로 활동하고 있다. 『가장 뛰어난 중년의 뇌』, 『의식의 탐구』, 『꿈꾸는 기계의 진화』, 『기적을 부르는 뇌』, 『미러링 피플』, 『세계의 과학자 12인, 과학과 세상을 말하다』, 『창의성: 문제 해결, 과학, 발명, 예술에서의 혁신』, 『뇌과학의 함정』, 『진화의 키, 산소 농도』『신 없는 우주』 등을 번역했다.

편견 없는 뇌

유전적 차이를 뛰어넘는 뇌 성장의 비밀

초판 1쇄 인쇄 2023년 2월 6일
초판 1쇄 발행 2023년 2월 14일

지은이 지나 리폰
옮긴이 김미선
펴낸이 김선식

경영총괄이사 김은영
콘텐츠사업본부장 임보윤
책임편집 강대건 **책임마케터** 권오권
콘텐츠사업8팀 김상영, 강대건, 김민경
편집관리팀 조세현, 백설희 **저작권팀** 한승빈, 김재원, 이슬
마케팅본부장 권장규 **마케팅3팀** 권오권, 배한진
미디어홍보본부장 정명찬 **디자인파트** 김은지, 이소영 **유튜브파트** 송현석
브랜드관리팀 안지혜, 오수미 **크리에이티브팀** 임유나, 박지수, 김화정 **뉴미디어팀** 김민정, 홍수경, 서가을
재무관리팀 하미선, 윤이경, 김재경, 안혜선, 이보람
인사총무팀 강미숙, 김혜진, 지석배
제작관리팀 박상민, 최완규, 이지우, 김소영, 김진경, 양지환
물류관리팀 김형기, 김선진, 한유현, 전태환, 전태연, 양문현, 최창우
외부스태프 본문 장선혜, **일러스트레이터** 정유빈

펴낸곳 다산북스 **출판등록** 2005년 12월 23일 제313-2005-00277호
주소 경기도 파주시 회동길 490 다산북스 파주사옥 3층
전화 02-704-1724 **팩스** 02-703-2219
이메일 dasanbooks@dasanbooks.com
홈페이지 www.dasan.group **블로그** blog.naver.com/dasan_books
종이 IPP **인쇄** 민언프린텍 **제본** 다온바인텍 **코팅 및 후가공** 제이오엘앤피

ISBN 979-11-306-9633-1 (03400)